朝倉物理学大系

荒船次郎|江沢 洋|中村孔一|米沢富美子＝編集

22

# 超 伝 導

高田康民

［著］

朝倉書店

編集

## 荒船次郎
東京大学名誉教授

## 江沢　洋
学習院大学名誉教授

## 中村孔一
明治大学名誉教授

## 米沢富美子
元慶應義塾大学名誉教授

# まえがき

　1990年頃，朝倉書店から『朝倉物理学大系』シリーズで「超伝導」の教科書を独自の視点からページ制限なく納得いくまで書いて下さいとの依頼があった．はじめは BCS 理論を中心にしてエリアシュバーグ理論に触れて終わる予定で気楽に引き受けたが，一旦書き始めると BCS 理論中心の記述では独自の視点を出すのは難しく，より基礎的な立場に立ち返ろうとするうちに第一原理のハミルトニアンにまで立ち戻ってしまった．そこで，それを出発点にクーロン相互作用を丁寧に取り扱う多体理論の立場から固体中の多電子系における電子間有効相互作用について基本的理解を深めつつ，超伝導転移温度 $T_c$ を定量計算する枠組みを説明し，かつ，その計算手法を駆使して得られる物理を詳述するという内容からなる特色ある教科書を書く計画を立てた．

　しかしながら，この執筆計画を厳格に実行していく途上には幾つもの障害が立ちはだかっていることがすぐに実感された．とりわけ，基本的に難解な概念や事象を教科書として求められる簡明な解説でうまく読者に伝えたいと願っても，どの教科書，また，どの関連論文を見ても，それらの難解な事柄のほとんどは真正面から取り上げられず，なかなか自分が本当に分かりたいことが書かれていないのである．通常はこの段階で諦めて，まだ十分に研究されていない難しいことには触れないで済ませるのが大人の知恵であろうが，私は（難しく，それ故に他の人が避けていることには益々それにのめり込んでしまうという性格が災いして）ついつい深入りしてしまった．そして，適当な参考文献がない事柄については自分で研究し，納得してから教科書として書き上げようとまで思い詰めてしまった．実際，1990年以降の約30年間，私の研究課題の選択基準は世界的に流行っているテーマだからとか，周りにいる有能な研究者に関連するテーマだからとかではなく，この教科書の構成上，必要になってくる事柄

を順次究めていくようなものになってしまった．

　このような努力の下，最初の教科書『多体問題』（朝倉物理学大系第9巻）は1999年に出版され，均一密度の電子ガス系の多体問題に焦点を当てた．これは1990年代後半までに自分独自の観点からこの系の全容をほぼ把握したと思ったからで，この系を通して捉えた交換相関効果の物理を解説した．その10年後の2009年に次の教科書『多体問題特論』（朝倉物理学大系第15巻）を出版した．これは前巻から一歩進んで，不均一密度の電子ガス系における多体問題を取り扱ったが，その際，密度汎関数理論とグリーン関数法を対峙させた構成にして両方の理論をより深い観点から学べるように配慮した．なお，この巻全体の中心は私が既にその定式化をほぼ終えていた自己エネルギー改訂演算子理論，特にその理論に至る根本哲学とそれを基盤に実際的な計算手法として具現化したGWΓ法の解説であった．

　ところで，朝倉書店の元々の要望は「超伝導」の教科書で，その記述の中心は$T_c$の第一原理計算の解説であると約束していた．しかも，この約束を遅くとも定年退職前に果たすように要請されていた．しかし，$T_c$の問題にしてもマクミランの公式のようなプリミティブな段階に止めるという妥協は到底できなかったので，密度汎関数超伝導理論のより深い研究と共に独自手法の開発も一層推進させてから教科書執筆に移りたいと思いつつ遅々として筆が進まなかった2016年に定年を迎えてしまった．そこで，これ以上の出版の遅れを避けるために，その時点で得られていた$T_c$計算に関する研究成果や知識をひとまず取りまとめた項目を中心に据えると共に，約1年をかけて重い電子系の超伝導や有機超伝導体，銅酸化物高温超伝導体，鉄系超伝導体，そして，超高圧下の水素母体金属における100 Kを大きく越える高温超伝導などを広範囲に調査し，それに基づいてエキゾチック超伝導体全体を要約・俯瞰して書き上げた項目も加えたのが本教科書『超伝導』（朝倉物理学大系第22巻）である．なお，フォノン機構の超伝導を深く理解させる目的で電子フォノン相互作用やそれに起因するポーラロンの概念や関連事項をごく初歩から最先端まで詳述した項目があることも本書の大きな特徴であろう．

　本書を読み進める上での注意として，各章ごとはもちろんのこと，各節ごとも独立して読めるように配慮されている．そのため，それぞれの節の冒頭には

導入部の項目が設けられている．もちろん，全体は有機的に連携するように構成されていて，他の章や節，項，および，その中の式の参照が有効・有用な場合には適宜引用される．さらに，先述の著書『多体問題』（第 I 巻）や『多体問題特論』（第 II 巻）との密接な連携も考えてあって，たとえば，第 I 巻の 4.1.3 項は I.4.1.3 項，第 II 巻の式 (1.35) は式 (II.1.35) として引用される．

最後になってしまったが，私の 3 人の恩師，植村泰忠教授，Al Overhauser 教授，そして，Walter Kohn 教授，および，大変お世話になった安原洋教授に改めて感謝したい．この先生方は，それぞれ，2005 年，2011 年，2016 年，2014 年に既に鬼籍に入られたが，お教えいただいたことは私の中で今も輝いており，そのお陰で本書も最後まで書ききることができた．また，密度汎関数超伝導理論に関して，約 35 年前に Walter の研究室でポスドク仲間としてオフィスを共用して以来の友人である Hardy Gross 教授に多くのことを教わったことに感謝したい．それから，本書の内容の多くは約 45 年にわたる私の研究に沿って書かれているが，共同研究の場合にはそれぞれの共同研究者に厚くお礼をいいたい．とりわけ，堀田貴嗣教授，Tian Cui 教授，Ashok Chatterjee 教授，山上浩志教授，小泉裕康教授，前橋英明博士，および，大学院生であった下元正義博士，福屋翔太博士，堀知新博士，樋口高年氏，真崎誠氏らとの交流は有益であった．そして，朝倉書店編集部の諸氏には本書の出版にこぎ着けるまでの諸事について大変お世話になった．特に，遅筆の私に対する励ましは大きな助けであった．

2019 年 7 月

高田康民

# 目　　次

1. 電子フォノン複合系 ........................................... 1
   1.1 断熱近似とその破れ ....................................... 1
       1.1.1 断熱近似の物理的意味合い ........................... 1
       1.1.2 断熱ポテンシャルと断熱補正 ......................... 2
       1.1.3 水素原子における陽子の質量効果 ..................... 4
       1.1.4 水素分子における断熱ポテンシャル ................... 9
       1.1.5 水素分子の断熱近似解 .............................. 17
       1.1.6 4体クーロン系の拡散モンテカルロ解析 ............... 23
       1.1.7 電子陽子液滴状態 .................................. 28
       1.1.8 粒子間相関の状況変化 .............................. 30
       1.1.9 非断熱遷移過程の摂動理論 .......................... 33
       1.1.10 非断熱相互分極束縛機構 ........................... 38
   1.2 格子力学 ................................................ 41
       1.2.1 断熱近似下の結晶格子の調和振動と動的行列 .......... 41
       1.2.2 長波長音波と弾性体力学 ............................ 45
       1.2.3 格子振動の量子化とフォノンの導入 .................. 49
       1.2.4 イオン間2体相互作用総和系におけるフォノン ........ 50
       1.2.5 フォノン基準振動の第一原理計算 .................... 57
       1.2.6 密度汎関数摂動理論 ................................ 59
       1.2.7 フォノンの状態密度 ................................ 63
   1.3 電子フォノン相互作用 .................................... 66
       1.3.1 一般的考察 ........................................ 66

- 1.3.2 微小振動の仮定と電子フォノン摂動ハミルトニアン ……… 68
- 1.3.3 音響型総和則 ……… 70
- 1.3.4 断熱近似下でのフォノンによる1電子状態の変化 ……… 73
- 1.3.5 内殻電子の無い系 ……… 76
- 1.4 フレーリッヒ–ポーラロン ……… 78
  - 1.4.1 フレーリッヒ–ハミルトニアン ……… 78
  - 1.4.2 グリーン関数法によるアプローチ ……… 81
  - 1.4.3 自己エネルギー ……… 83
  - 1.4.4 3点バーテックス関数とハートリー–フォック近似 ……… 86
  - 1.4.5 裸の電子間相互作用と有効電子間相互作用 ……… 87
  - 1.4.6 1電子系の弱結合極限 ……… 90
  - 1.4.7 1電子系のハートリー–フォック近似解 ……… 94
  - 1.4.8 強結合極限:ランダウ–ペカー理論 ……… 101
  - 1.4.9 中間結合領域:リー–ロウ–パインス理論とそれを超える試み ……… 107
  - 1.4.10 ファインマンの方法 ……… 116
  - 1.4.11 ダイアグラム量子モンテカルロ法 ……… 122
  - 1.4.12 バイポーラロン:グリーン関数法のアプローチ ……… 130
  - 1.4.13 バイポーラロン:変分法のアプローチ ……… 136
  - 1.4.14 多ポーラロン系 ……… 140
- 1.5 格子模型上のポーラロン ……… 141
  - 1.5.1 連続体近似から格子模型へ:ハバード–ホルスタイン模型 ……… 141
  - 1.5.2 ラング–フィルゾフ変換 ……… 144
  - 1.5.3 1サイト問題:"原子極限"での厳密解と動的局在の概念 ……… 145
  - 1.5.4 ホルスタイン–ポーラロン ……… 153
  - 1.5.5 2および4サイト系の数値計算 ……… 156
  - 1.5.6 ハバード–ホルスタイン鎖:CDW–SDW境界の金属相 ……… 168
  - 1.5.7 ヤーン–テラー–ポーラロン系のハミルトニアン ……… 175
  - 1.5.8 $E \otimes e$系での断熱近似:幾何学的エネルギーの概念 ……… 180
  - 1.5.9 1サイト$E \otimes e$系での厳密解と擬角運動量保存則 ……… 182
  - 1.5.10 $E \otimes e$ヤーン–テラー–ポーラロン:弱結合領域 ……… 186

1.5.11　$E \otimes e$ ヤーン–テラー–ポーラロン：強結合領域 ………… 192
　　　1.5.12　$T \otimes t$ ヤーン–テラー–ポーラロン ……………………… 194

2. 超伝導研究の歴史と BCS 理論 …………………………………… 202
　2.1　超伝導現象と超伝導研究の歩み ……………………………… 202
　　　2.1.1　基本的実験事実 ……………………………………… 202
　　　2.1.2　現象論としての GL 理論 …………………………… 205
　　　2.1.3　引力的電子間有効相互作用模型と BCS 理論 ……… 208
　　　2.1.4　BCS 理論の成功とゲージ対称性の破れ …………… 211
　　　2.1.5　温度グリーン関数法による BCS 理論の発展 ……… 212
　　　2.1.6　フォノン機構の超伝導：BCS ハミルトニアンを越えて … 215
　　　2.1.7　元素金属・合金・化合物系におけるフォノン機構 … 217
　　　2.1.8　重い電子系とスピン揺らぎ機構 …………………… 219
　　　2.1.9　分子性有機導体系：ハーフフィルド系での超伝導 … 222
　　　2.1.10　銅酸化物超伝導体系 ………………………………… 228
　　　2.1.11　鉄系超伝導体系 ……………………………………… 232
　　　2.1.12　その他の超伝導物質群 ……………………………… 238
　　　2.1.13　超伝導理論の現状と展望 …………………………… 240
　2.2　BCS 超伝導体の熱力学的性質 ……………………………… 243
　　　2.2.1　電子対揺らぎの伝搬子 ……………………………… 244
　　　2.2.2　クーパー不安定性 …………………………………… 247
　　　2.2.3　クーパー問題とフェルミ面効果 …………………… 249
　　　2.2.4　有限の $q$ と $\omega$ における電子対揺らぎの伝搬子 …… 251
　　　2.2.5　ハートリー–フォック–ゴルコフ近似 ……………… 254
　　　2.2.6　異常温度グリーン関数 ……………………………… 255
　　　2.2.7　ギャップ方程式 ……………………………………… 259
　　　2.2.8　ギャップ関数の温度変化 …………………………… 261
　　　2.2.9　熱力学ポテンシャル ………………………………… 264
　　　2.2.10　エントロピーと電子比熱 …………………………… 265
　　　2.2.11　電子対の波動関数 …………………………………… 268

- 2.2.12　GL の自由エネルギーの導出 ............................................. 270
- 2.3　BCS 超伝導体の応答関数 ..................................................... 273
  - 2.3.1　ロンドン方程式とマイスナー効果 ................................... 273
  - 2.3.2　外部電磁場下の電荷電流応答関数 ................................... 276
  - 2.3.3　電流応答核とマイスナー効果 ....................................... 278
  - 2.3.4　ロンドンの堅さ ..................................................... 282
  - 2.3.5　バンド絶縁体とマイスナー効果 ..................................... 283
  - 2.3.6　非対角長距離秩序（ODLRO） ....................................... 285
  - 2.3.7　電流密度バーテックス：南部表示とワード恒等式 .................... 286
  - 2.3.8　南部–ゴールドストーンモード ....................................... 292
  - 2.3.9　光学伝導度 .......................................................... 294
  - 2.3.10　ランダウ反磁性 .................................................... 296
  - 2.3.11　時間反転対称な摂動：超音波吸収 ................................... 297
  - 2.3.12　時間反転対称性を破る摂動：核磁気共鳴 ............................ 302
- 2.4　BCS 理論の周辺 ............................................................. 308
  - 2.4.1　異方的クーパー対形成と非従来型超伝導 ............................ 309
  - 2.4.2　不純物効果 .......................................................... 313

3. 超伝導機構の微視的機構とその転移温度の第一原理計算 ................... 321
  - 3.1　グリーン関数法のアプローチとエリアシュバーグ理論 ................ 321
    - 3.1.1　超伝導転移温度 $T_c$ の定量評価はなぜ必要かつ重要か？ ........ 321
    - 3.1.2　電子フォノン模型における超伝導理論の基礎 .................... 323
    - 3.1.3　1電子グリーン関数の解析性・対称性と成分分解 ................. 325
    - 3.1.4　クーロン斥力部分の分離とエリアシュバーグ関数 ................ 327
    - 3.1.5　ミグダルの定理 .................................................. 328
    - 3.1.6　電子正孔対称性とエリアシュバーグ理論の構成 .................. 330
    - 3.1.7　擬クーロンポテンシャルの導入 .................................. 332
    - 3.1.8　エリアシュバーグ関数の第一原理計算 ........................... 333
    - 3.1.9　マクミランやアレン–ダインスの $T_c$ 公式 ...................... 335
    - 3.1.10　$MgB_2$：BCS 超伝導体の代表例 ................................ 337

3.1.11　エリアシュバーグ理論のまとめと問題点 ················ 340
3.2　$G^0W^0$ 近似：第一原理からの $\mu^*$ の決定 ·················· 342
　3.2.1　エリアシュバーグ理論を超える試み：GISC 法 ············· 342
　3.2.2　$G^0W^0$ 近似におけるギャップ方程式 ···················· 347
　3.2.3　$G^0W^0$ 近似における対相互作用の意味合い ·············· 349
　3.2.4　$SrTiO_3$：強誘電量子臨界領域の超伝導 ················· 352
　3.2.5　グラファイト層間化合物：その標準模型と最高 $T_c$ 予測 ····· 356
3.3　密度汎関数超伝導理論 ··········································· 362
　3.3.1　基本的な状況認識 ········································ 362
　3.3.2　基本原理：KS–BdG 方程式 ································ 364
　3.3.3　$T_c$ を決定するギャップ方程式 ··························· 367
　3.3.4　対相互作用汎関数：弱相関弱結合領域 ···················· 368
　3.3.5　対相互作用汎関数：グロスらの試み ······················ 369
　3.3.6　対相互作用汎関数：一般の場合 ·························· 371
3.4　強相関強結合系：常圧下室温超伝導の夢 ·························· 374
　3.4.1　短コヒーレンス長の超伝導における $T_c$ 計算の一般論 ······ 374
　3.4.2　強相関強結合極限でのハバード–ホルスタイン模型 ········· 376
　3.4.3　$A_3C_{60}$：引力斥力拮抗系におけるポーラロン対の超伝導 ···· 380
　3.4.4　常圧下室温超伝導体への見通し ·························· 383

**参考文献と注釈** ····················································· 386

**索　　引** ··························································· 401

# 1
## 電子フォノン複合系

### 1.1 断熱近似とその破れ

#### 1.1.1 断熱近似の物理的意味合い

 本書に先立って出版された『朝倉物理学大系 9. 多体問題』(以後, I 巻と呼ぼう.) の I.2.1 節 (I 巻の 2.1 節) では, 物性理論における第一原理からのハミルトニアンと呼ばれている $H_{\rm FP}$ が具体的に書き下されている. これは原子核電子複合系を記述する基本のハミルトニアンであり, 自然の階層構造のうちで凝縮系物理学が対象とする階層[1]を微視的な見地から理解する際の基礎的, かつ, 根本的な出発点となるものである. また, I.2.3 節で解説された断熱近似の妥当性を考慮すれば, この $H_{\rm FP}$ に含まれる原子核の運動エネルギー項 $T_N$ は第 1 近似としては無視できる. したがって, 固体物理学を中心とするいわゆる「堅い物質 (hard matter) 研究」における主たる対象は $H_{\rm FP}$ から $T_N$ を取り除いたハミルトニアン $H_e \,(\equiv H_{\rm FP} - T_N)$ に還元されることになる.
 この $H_e$ においては, 原子核の位置座標 $\bm{R}$ は運動の恒量 (すなわち, $[H_e, \bm{R}] = 0$) であり, このため, 量子力学的な演算子ではなく, 単なるパラメータとして取り扱うことができる. (なお, 複数個の原子核がある場合, $\bm{R}$ は原子核系の位置座標全体を指すものと理解されたい. 同様に, 電子系の位置座標 $\bm{r}$ といえば, 電子座標全体, 必要に応じてそのスピン変数すら含むものと理解されたい.) そして, この $H_e$ は物質中の多電子系を第一原理的に規定するもので, 様々な多体理論手法を用いて研究されてきているが, 特に, 『朝倉物理学大系 15. 多体問題特論』(以後, II 巻と呼ぼう.) では, 密度汎関数理論やグリーン関数法を用いた解析が紹介されている.

さて，この断熱近似を超えて $T_N$ に起因する非断熱効果までも正確に取り込む一つの定式化は既に I.2.3.1 項（I 巻の 2.3.1 項）で提示されている．その定式化は形式論ではあるが，それを基礎にして断熱近似の適用限界に関する一般的な議論が I.2.3.3 項でなされている．その議論を踏まえると，$H_e$ を解いて得られる電子状態が縮退（あるいは，ほぼ縮退）している状況下では，断熱近似の適用に当たって特別の注意を払う必要があることが分かる．そして，フェルミ準位近傍で連続的な電子状態が存在する金属もそのような縮退系の一例と考えられ，実際，I.2.3.3 項の末尾ではそのことが示唆されているが，そこではこの問題に対する具体的な取り扱い方の説明はない．

ところで，通常，断熱近似の下では，まず，任意に与えられた各原子核の配置状況 $\{\boldsymbol{R}\}$ に応じて電子系全体の量子力学的運動状態を決め，次に，その電子系全体の運動状況を反映したポテンシャル下で各原子核の運動を量子力学的に決定するという手続きが取られている．したがって，この手続きを取る限り，原子核系の運動状況が電子系のそれに反映されることはない．しかるに，非断熱効果が無視できなくなると，原子核系の運動状況によって電子系の状態が変化することになる．逆にいえば，「原子核系の運動状況が電子系のそれに影響を与えない」ということが断熱近似の物理的意味合いであり，一番重要なポイントといえる．

以上のことを考慮に入れると，本章の主たる課題は，金属における原子核系の運動が電子系のそれに反映される状況（すなわち，原子核系と電子系の運動がお互いに自己無撞着に決定されていく様相）を明確にすることである．ただ，この課題に立ち向かう前に，本節では，まず，断熱近似を復習し，それと共に，その近似の精度に関する定量的な議論を行うことによって断熱近似それ自体への理解を深め，さらに，それを越える非断熱効果に対する物理感覚を養いたいと思う．

### 1.1.2　断熱ポテンシャルと断熱補正

断熱近似に至る物理的な考察は I.2.3.1 項で詳しく述べたので，ここではそれを繰り返すことはしないが，前項で触れた断熱近似における一連の手続きを数学的に明確に記述しておこう．

まず，基本課題は原子核電子複合系 $H_{\mathrm{FP}}\,(=T_N+H_e)$ の基底状態エネルギー $E_0$ とそれに対応する基底波動関数 $\Psi_0(\bm{r},\bm{R})$ の決定である．すなわち，

$$(T_N+H_e)\,\Psi_0(\bm{r},\bm{R}) = E_0\,\Psi_0(\bm{r},\bm{R}) \tag{1.1}$$

を解くことである．この際，電子の質量 $m$ は考察対象の原子核の質量 $M$ よりもずっと小さい（それゆえ，ボルン–オッペンハイマー (Born–Oppenheimer) の断熱パラメータ $(m/M)^{1/4}$ が小さい）ことを利用すれば，$\Psi_0(\bm{r},\bm{R})$ は

$$\Psi_0(\bm{r},\bm{R}) = \varphi_0(\bm{r}\!:\!\bm{R})\,\phi_0(\bm{R}) \tag{1.2}$$

のような特殊な形を持つ変分波動関数で高い精度で近似することができる．ここで，原子核系の座標 $\bm{R}$ を単なるパラメータとして含む電子系の波動関数 $\varphi_0(\bm{r}\!:\!\bm{R})$ は与えられた $\bm{R}$ で指定される $H_e$ の基底状態であり，その基底状態エネルギーは一般に $\bm{R}$ に依存するので $\varepsilon_0(\bm{R})$ と書くと，

$$H_e\,\varphi_0(\bm{r}\!:\!\bm{R}) = \varepsilon_0(\bm{R})\,\varphi_0(\bm{r}\!:\!\bm{R}) \tag{1.3}$$

を満たすことになる．この $\varepsilon_0(\bm{R})$ はボルン–オッペンハイマーの**断熱ポテンシャル**と呼ばれ，原子核系の基底波動関数 $\phi_0(\bm{R})$ を決定する際の原子核に働くポテンシャルの主要項である．実際，$\phi_0(\bm{R})$ は

$$\left[T_N+\varepsilon_0(\bm{R})+V_{\mathrm{ac}}(\bm{R})\right]\phi_0(\bm{R}) = E_0^{\mathrm{AA}}\,\phi_0(\bm{R}) \tag{1.4}$$

というシュレディンガー方程式の基底状態解であり，得られる基底状態エネルギー $E_0^{\mathrm{AA}}$ は求める $E_0$ の近似値ということになる．（AA は Adiabatic Approximation の略称である．）ここで，**断熱補正**と呼ばれる $V_{\mathrm{ac}}(\bm{R})$ は

$$V_{\mathrm{ac}}(\bm{R}) = \langle\varphi_0|T_N|\varphi_0\rangle_e \equiv \int d\bm{r}\,\varphi_0^*(\bm{r}\!:\!\bm{R})\,T_N\,\varphi_0(\bm{r}\!:\!\bm{R}) \tag{1.5}$$

のように定義される．（ac は adiabatic correction の略称である．）この式で $T_N$ は $\varphi_0(\bm{r}\!:\!\bm{R})$ の $\bm{R}$ 依存部分に作用する．そして，積分は $\bm{r}$ についてのみ行うことを $\langle\cdots\rangle_e$ のように平均値記号に添え字 $e$ を付けて示している．

ところで，$\varepsilon_0(\bm{R})$ は $m/M=0$（断熱極限）で評価され，$m/M$ には依存しないが，$V_{\mathrm{ac}}(\bm{R})$ は $T_N$ が $M^{-1}$ に比例することから $m/M$ について線形に変化する．そして，通常，その係数は巨大ではないので，$m/M\ll 1$ の場合，こ

れは $\varepsilon_0(\boldsymbol{R})$ に比べて無視できる．この $V_{\mathrm{ac}}(\boldsymbol{R})$ を無視して式 (1.4) を解く近似方式は（狭義の意味で）ボルン–オッペンハイマー (BO) 近似と呼ばれ，それによって得られる基底状態エネルギーを $E_0^{\mathrm{BO}}$ と書こう．

この BO 近似は $V_{\mathrm{ac}}(\boldsymbol{R})$ をきちんと取り入れて式 (1.4) を解く**断熱近似**とは（厳密な議論をする立場からは）区別される．この区別は変分計算の観点からは大変重要で，シュレディンガー–リッツの変分原理から $E_0^{\mathrm{AA}} \geq E_0$ は常に成り立つが，$E_0^{\mathrm{BO}}$ と $E_0$ の間にはこのような変分エネルギーの上限値に関する不等式は成立しない．なお，その定義から $V_{\mathrm{ac}}(\boldsymbol{R}) \geq 0$ なので，$E_0^{\mathrm{AA}} \geq E_0^{\mathrm{BO}}$ は常に成り立つ．また，$V_{\mathrm{ap}}(\boldsymbol{R}) \equiv \varepsilon_0(\boldsymbol{R}) + V_{\mathrm{ac}}(\boldsymbol{R})$ で定義される $V_{\mathrm{ap}}(\boldsymbol{R})$ は**断熱ポテンシャル**（ap：adiabatic potential）と呼ばれる．

### 1.1.3　水素原子における陽子の質量効果

前項で簡単に取りまとめた断熱近似における一連の数学手続きを具体的に水素原子，あるいは，もう少し問題を一般化して，$+e$ の正電荷を持つ質量 $M$ の粒子と $-e$ の負電荷を持つ質量 $m$ の粒子から構成され，その質量比 $m/M$ は自由に変えられるクーロン引力で結びついた 2 体系 ($M^+m^-$) に適用して考えてみよう．

この ($M^+m^-$) の 2 体クーロン系で負電荷粒子を通常の電子とした場合，正電荷粒子としてトリチウム $T$ を考えると $m/M = 1/5537 = 1.806 \times 10^{-4}$ であるが，重陽子 $D$ では $m/M = 1/3670 = 2.725 \times 10^{-4}$，陽子 $p$ で $m/M = 1/1836 = 5.447 \times 10^{-4}$，また，反ミューオン $\mu^+$ で $m/M = 1/206.8 = 4.836 \times 10^{-3}$，そして，陽電子（ポジトロン）$e^+$ では $m/M = 1$ まで変化する．さらに，半導体中の電子正孔系（**1 励起子問題**）を考えると，$m/M$ は伝導帯や価電子帯の状況に応じて 0.01 のオーダーから 1 のオーダーまでいろいろと変化し得る．したがって，($M^+m^-$) 系で質量比 $m/M$ が 0 から 1 まで連続的に変わる状況を統一的に研究すれば，上に挙げたような様々な系への直接的な応用が考えられる．また，物理的な観点からは，この研究によって陽子の量子振動効果が詳しく調べられることが意義深い．特に，BO 近似や断熱近似が妥当と考えられる質量比 $m/M$ の範囲に関する詳しい知見が得られることになる．なお，これから本節では，正電荷粒子がたとえ陽子でなくても，それを"陽子"と呼ぶことにし

よう．一方，負電荷粒子はここでは常に通常の電子としよう．ちなみに，$m/M$ が 1 より大きい場合は正電荷粒子と負電荷粒子の役割を交換すれば，$m/M$ が 1 より小さい場合に還元されてしまうので，たとえ $m/M > 1$ の状況を考えたとしても，何ら新しい物理状況は生まれてこないことになる．

さて，ここで取り扱う $(M^+ m^-)$ 系は厳密解が解析的に得られている代表的な量子力学系であり，あらゆる初等的な量子力学の教科書[2]がその厳密解に触れているものである．そこで，その厳密解の復習から始めることにしよう．解くべきシュレディンガー方程式は[3]

$$\left( \frac{\boldsymbol{P}^2}{2M} + \frac{\boldsymbol{p}^2}{2m} - \frac{e^2}{|\boldsymbol{r} - \boldsymbol{R}|} \right) \Psi_0(\boldsymbol{r}, \boldsymbol{R}) = E_0 \, \Psi_0(\boldsymbol{r}, \boldsymbol{R}) \tag{1.6}$$

であるが，これを解く第一歩として重心座標 $\boldsymbol{R}_{\rm CM} \equiv (M\boldsymbol{R} + m\boldsymbol{r})/(M+m)$ と相対座標 $\boldsymbol{\rho} \equiv \boldsymbol{r} - \boldsymbol{R}$ を導入しよう．これらに対応する運動量は全運動量 $\boldsymbol{P}_{\rm total} = \boldsymbol{P} + \boldsymbol{p}$ と相対運動量 $\boldsymbol{\pi} = (M\boldsymbol{p} - m\boldsymbol{P})/(M+m)$ である．すると，$\boldsymbol{R} = \boldsymbol{R}_{\rm CM} - m/(M+m)\,\boldsymbol{\rho}$ や $\boldsymbol{r} = \boldsymbol{R}_{\rm CM} + M/(M+m)\,\boldsymbol{\rho}$ が得られ，また，$\boldsymbol{P} = M/(M+m)\,\boldsymbol{P}_{\rm total} - \boldsymbol{\pi}$ や $\boldsymbol{p} = m/(M+m)\,\boldsymbol{P}_{\rm total} + \boldsymbol{\pi}$ も得られる．これらを代入すると，式 (1.6) のシュレディンガー方程式は

$$\left( \frac{\boldsymbol{P}_{\rm total}^2}{2(M+m)} + \frac{\boldsymbol{\pi}^2}{2\mu} - \frac{e^2}{|\boldsymbol{\rho}|} \right) \Psi_0(\boldsymbol{R}_{\rm CM}, \boldsymbol{\rho}) = E_0 \, \Psi_0(\boldsymbol{R}_{\rm CM}, \boldsymbol{\rho}) \tag{1.7}$$

の形に書き直せる．ここで，$\mu \equiv Mm/(M+m)$ は換算質量である．

この方程式で重心運動は自由運動なので，その最低エネルギー状態は $\boldsymbol{P}_{\rm total} = \boldsymbol{0}$ で指定される．そして，対応する波動関数は $\boldsymbol{R}_{\rm CM}$ に依存しないので，$\Psi_0(\boldsymbol{R}_{\rm CM}, \boldsymbol{\rho})$ を単に $\Psi_0(\boldsymbol{\rho})$ と書くと，式 (1.7) は球対称 1 体ポテンシャル場の問題に還元され，その束縛状態の固有関数は $\rho \equiv |\boldsymbol{\rho}|$ として一般に

$$\Phi_{nlm_z}(\boldsymbol{\rho}) = R_{nl}(\rho) Y_{lm_z}(\theta, \varphi) = \frac{P_{nl}(\rho)}{\rho} Y_{lm_z}(\theta, \varphi) \tag{1.8}$$

の形に書くことができる．ここで，$\theta$ や $\varphi$ は $\boldsymbol{\rho}$ の極座標表示における角度で，$\boldsymbol{\rho} = (\rho \sin\theta \cos\varphi, \rho \sin\theta \sin\varphi, \rho \cos\theta)$ であり，球面調和関数 $Y_{lm_z}(\theta, \varphi)$ は

$$-\left[ \frac{1}{\sin\theta} \frac{\partial}{\partial \theta}\left( \sin\theta \frac{\partial}{\partial \theta} \right) + \frac{1}{\sin^2\theta} \frac{\partial^2}{\partial \varphi^2} \right] Y_{lm_z}(\theta, \varphi) = l(l+1) Y_{lm_z}(\theta, \varphi) \tag{1.9}$$

$$-i \frac{\partial}{\partial \varphi} Y_{lm_z}(\theta, \varphi) = m_z Y_{lm_z}(\theta, \varphi) \tag{1.10}$$

を満たす角運動量演算子の固有関数で，軌道角運動量量子数 $l$ と方位量子数 $m_z (= -l, -l+1, , \cdots, l)$ で指定される．また，主量子数 $n (= 1, 2, 3, \cdots)$ と $l (= 0, 1, , \cdots, n-1)$ で指定される動径部分の波動関数 $R_{nl}(\rho)$ に $\rho$ をかけた $P_{nl}(\rho) [\equiv R_{nl}(\rho)\rho]$ は 2 階の常微分方程式

$$\left[ -\frac{1}{2\mu}\frac{d^2}{d\rho^2} - \frac{e^2}{\rho} + \frac{l(l+1)}{2\mu\rho^2} \right] P_{nl}(\rho) = \epsilon_n P_{nl}(\rho) \tag{1.11}$$

の解で境界条件 $P_{nl}(0) = P_{nl}(\infty) = 0$ を満たすものである．この方程式の固有関数は（ここでは省略するが，）ラゲール培関数を用いて書き表される．そして，対応するエネルギー固有値は $n$ だけに依存するので $\epsilon_n$ と書くと，

$$\epsilon_n = -\frac{e^2}{2a_{\rm B}^*}\frac{1}{n^2} \quad \text{ただし，} a_{\rm B}^* = \frac{m}{\mu}a_{\rm B} = \frac{1}{\mu e^2} \tag{1.12}$$

ということになる．ここで，$m$ は電子質量として $a_{\rm B} \equiv 1/me^2 = 0.529$ Å (1 Å $= 10^{-10}$ m $= 0.1$ nm) はボーア半径である．したがって，求める基底状態は $(n, l, m_z) = (1, 0, 0)$ の状態で，その波動関数 $\Psi_0(\boldsymbol{\rho}) [\equiv \Phi_{100}(\boldsymbol{\rho})]$ は $Y_{00}(\theta, \varphi) = 1/\sqrt{4\pi}$ に注意しつつ原子単位で書くと，

$$\Psi_0(\boldsymbol{\rho}) = \frac{1}{\sqrt{\pi}}\left(\frac{M}{M+m}\right)^{3/2}\exp\left(-\frac{M}{M+m}\rho\right) \tag{1.13}$$

であり，また，対応する基底状態エネルギー $E_0$ は

$$E_0 \equiv \epsilon_1 = -\frac{1}{2}\frac{M}{M+m} \tag{1.14}$$

ということになる．ちなみに，原子単位では，長さは $a_{\rm B}$，エネルギーは hartree, すなわち，$e^2/a_{\rm B} = 2$ Ry $= 27.21$ eV を単位として測ることになる．

この基底状態における相対運動の運動エネルギーやポテンシャルエネルギーの期待値は I.2.2.2 項で証明したビリアル定理を適用すると，

$$\left\langle \frac{\boldsymbol{\pi}^2}{2\mu} \right\rangle = -\frac{1}{2}\left\langle -\frac{e^2}{\rho} \right\rangle = -E_0 \tag{1.15}$$

の関係式で式 (1.14) の $E_0$ と結びついている．この結果，および，$\boldsymbol{P}_{\rm total} = \boldsymbol{0}$ の場合には $\boldsymbol{p} = \boldsymbol{\pi} = -\boldsymbol{P}$ であることを使うと，電子や陽子の運動エネルギー，$T_e$ や $T_N$，の期待値は，それぞれ，hartree 単位で

$$\langle T_e \rangle = \frac{\mu}{m} \left\langle \frac{\boldsymbol{\pi}^2}{2\mu} \right\rangle = \frac{1}{2} \left( \frac{M}{M+m} \right)^2 \tag{1.16}$$

$$\langle T_N \rangle = \frac{\mu}{M} \left\langle \frac{\boldsymbol{\pi}^2}{2\mu} \right\rangle = \frac{1}{2} \frac{Mm}{(M+m)^2} \tag{1.17}$$

であることが分かる.

次に, 同じ $(M^+m^-)$ 系を断熱近似で調べよう. この場合, 式 (1.3) は式 (1.6) で $M \to \infty$ という断熱極限を取って得られるものなので, $\varphi_0(\boldsymbol{r}:\boldsymbol{R})$ や $\varepsilon_0(\boldsymbol{R})$ については, それぞれ, 式 (1.13) や式 (1.14) で $M \to \infty$ とすれば, それらの具体形を書き下すことができる. すなわち,

$$\varphi_0(\boldsymbol{r}:\boldsymbol{R}) = \frac{1}{\sqrt{\pi}} e^{-|\boldsymbol{r}-\boldsymbol{R}|} \tag{1.18}$$

$$\varepsilon_0(\boldsymbol{R}) = -\frac{1}{2} \tag{1.19}$$

である. そして, $\varepsilon_0(\boldsymbol{R})$ は定数 $-1/2$ であるから, BO 近似での陽子の基底波動関数 $\phi_0^{\mathrm{BO}}(\boldsymbol{R})$ も定数で, そのため, エネルギー $E_0^{\mathrm{BO}}$ は

$$E_0^{\mathrm{BO}} = -\frac{1}{2} \tag{1.20}$$

で与えられることになる.

また, $V_{\mathrm{ac}}(\boldsymbol{R})$ は式 (1.5) に式 (1.18) の $\varphi_0(\boldsymbol{r}:\boldsymbol{R})$ を代入して計算されるが, これは $\boldsymbol{r}-\boldsymbol{R}$ の関数なので $\partial^2 \varphi_0(\boldsymbol{r}:\boldsymbol{R})/\partial \boldsymbol{R}^2 = \partial^2 \varphi_0(\boldsymbol{r}:\boldsymbol{R})/\partial \boldsymbol{r}^2$ であり, また, 式 (1.16) で与えられた $\langle T_e \rangle$ の $M \to \infty$ での極限値 $1/2$ を用いると,

$$V_{\mathrm{ac}}(\boldsymbol{R}) = \langle \varphi_0 | T_N | \varphi_0 \rangle_e = \frac{m}{M} \langle \varphi_0 | T_e | \varphi_0 \rangle_e = \frac{m}{M} \lim_{M \to \infty} \langle T_e \rangle = \frac{1}{2} \frac{m}{M} \tag{1.21}$$

が得られる. このように, $V_{\mathrm{ac}}(\boldsymbol{R})$ も定数なので, 断熱近似での陽子の基底波動関数 $\phi_0^{\mathrm{AA}}(\boldsymbol{R})$ もやはり定数で, そのエネルギー $E_0^{\mathrm{AA}}$ は

$$E_0^{\mathrm{AA}} = -\frac{1}{2} + \frac{1}{2} \frac{m}{M} = -\frac{1}{2} \left( 1 - \frac{m}{M} \right) \tag{1.22}$$

ということになる.

これらの近似値, $E_0^{\mathrm{BO}}$ や $E_0^{\mathrm{AA}}$, を式 (1.14) で与えられた厳密な値 $E_0$ と比べると $E_0^{\mathrm{BO}} < E_0 < E_0^{\mathrm{AA}}$ であるが, それぞれの相対誤差を求めると,

$$\frac{\Delta E_0^{\mathrm{BO}}}{E_0} \equiv \frac{|E_0^{\mathrm{BO}} - E_0|}{E_0} = \frac{m}{M}, \tag{1.23}$$

$$\frac{\Delta E_0^{\mathrm{AA}}}{E_0} \equiv \frac{|E_0^{\mathrm{AA}} - E_0|}{E_0} = \left( \frac{m}{M} \right)^2 \tag{1.24}$$

となる．これから分かるように，断熱近似は BO 近似に比べて格段に相対誤差を小さくする．実際，相対誤差を 1%以下にするためには，後者では $m/M \leq 0.01$ が必要であるのに対し，前者では $m/M$ が 0.1 以下でよい．なお，実際の陽子では $m/M = 1/1836$ であるので，たとえ BO 近似でも 0.05%（断熱近似では $3 \times 10^{-5}$%）の相対誤差である．

　最後に，式 (1.22) で与えられた $E_0^{\mathrm{AA}}$ の持つ物理的意味合いをもう少し詳しく解説しよう．通常，水素原子の基底状態エネルギーは断熱極限（$M \to \infty$）で考えられている．そして，その極限では式 (1.14) の厳密解 $E_0$ は $E_0^{\mathrm{AA}}$ と同様に $-1/2\,\mathrm{hartree}$ を与えている．この断熱極限から少し離れて断熱領域（$m/M$ はゼロではないが，$m/M \ll 1$ の場合）では，$E_0$ は $E_0^{\mathrm{AA}}$ でよく近似され，その絶対値は $1/2\,\mathrm{hartree}$ よりも $m/2M\,\mathrm{hartree}$ だけ小さくなる．この結果は水素原子を 1 陽子 1 電子束縛系と考えると，陽子が静止していると考えた場合（$M \to \infty$）よりも動き回りうると考えた場合（$M < \infty$）の方がその束縛エネルギーは $m/2M\,\mathrm{hartree}$ だけ小さくなること（すなわち，束縛が弱くなること）を意味している．

　ところで，式 (1.17) によれば，この $m/2M\,\mathrm{hartree}$ の値は $m/M \ll 1$ における陽子の運動エネルギー $\langle T_N \rangle$ そのものであることが分かる．したがって，電子系に由来する束縛エネルギーは $M \to \infty$ として計算した結果（$1/2$ hartree）がそのまま有効で，陽子の運動エネルギーが増加した分だけ束縛エネルギーが減少したものという解釈が成り立つ．

　そこで，この解釈の妥当性を調べるために，陽子運動（陽子の量子振動）の振動幅 $a_N$ を見積もってみよう．そのために，式 (1.15) を使って，まず，$\langle |\boldsymbol{\rho}|^{-1} \rangle$ を計算すると，これは $M/(M+m)\,a_{\mathrm{B}}^{-1}$ であるので，$a_N$ は

$$a_N \approx \langle |\boldsymbol{R} - \boldsymbol{R}_{\mathrm{CM}}|^{-1} \rangle^{-1} = \frac{m}{M+m} \langle |\boldsymbol{\rho}|^{-1} \rangle^{-1} = \frac{m}{M} a_{\mathrm{B}} \quad (1.25)$$

と評価される．これから，$a_N$ は電子運動の空間的な拡がり幅である $a_{\mathrm{B}}$ と比べて $a_N/a_{\mathrm{B}} = m/M \ll 1$ であることが分かる．それゆえ，たとえ陽子が運動していたとしても，電子軌道は陽子の運動領域を常に事実上すべて包み込んでいることになり，古典電磁気学におけるガウスの定理から容易に分かるように，電子から見た電子陽子相互作用自体は陽子の運動によって何らの変更も受けな

い．言い換えれば，陽子の運動状況が電子の運動状況に何ら反映されていない（断熱近似成立の条件が満足される）ので，電子系に由来する束縛エネルギーはそのままで，$m/M \ll 1$ における全束縛エネルギーの減少量は単に陽子の運動エネルギー増加分だけということになる．

### 1.1.4 水素分子における断熱ポテンシャル

前項で考えた1陽子の運動では，BO近似であれ，断熱近似であれ，いずれの場合もその基底波動関数 $\phi_0(\boldsymbol{R})$ が定数というごく簡単な結果になった．今度はもう少し複雑な系，すなわち，陽子と電子がそれぞれ2つある水素分子，あるいは，もう少し一般化して，$+e$ の正電荷を持つ質量 $M$ の粒子（"陽子"と呼ぼうとするもの）が2個と $-e$ の負電荷を持つ質量 $m$ の粒子（通常の電子と考えるもの）が2個から構成される4体クーロン系 ($M^+M^+m^-m^-$) で，その質量比 $m/M$ が0から1まで自由に変化する場合を考えよう．

なお，よく知られているように，$m/M \ll 1$ である実際の水素分子は水素原子2つを凝集して水素分子1つを作り上げる化学結合 H+H $\to$ H$_2$ の結果として形成されるものである．これは2つのサブシステムの凝集機構を考える際の一番簡単な例であり，それゆえ，この種の凝集機構の微視的な理論を展開する上で水素分子は基礎的，かつ，基本的なものになる[4]．したがって，本節におけるこれからの重要な課題は，この化学結合という概念で捉えられる凝集機構が $m/M$ が大きくなって"陽子"の運動効果が増大すると共にどのように変容していくかを知ることである．

さて，クーロン相互作用でお互いに結びつき，全体としては中性であるこの4体系 ($M^+M^+m^-m^-$) を表現する第一原理のハミルトニアン $H_\mathrm{FP}$ をこれまでと同様に陽子の運動エネルギー演算子 $T_N$ と残りの部分 $H_e$ の和として $H_\mathrm{FP} = T_N + H_e$ のように書くと，$T_N$ と $H_e$ は，それぞれ，

$$T_N = -\frac{1}{2M}\frac{\partial^2}{\partial \boldsymbol{R}_1^2} - \frac{1}{2M}\frac{\partial^2}{\partial \boldsymbol{R}_2^2} \tag{1.26}$$

$$\begin{aligned}H_e =& -\frac{1}{2m}\frac{\partial^2}{\partial \boldsymbol{r}_1^2} - \frac{1}{2m}\frac{\partial^2}{\partial \boldsymbol{r}_2^2} + \frac{e^2}{|\boldsymbol{R}_1 - \boldsymbol{R}_2|} + \frac{e^2}{|\boldsymbol{r}_1 - \boldsymbol{r}_2|} \\ & - \frac{e^2}{|\boldsymbol{r}_1 - \boldsymbol{R}_1|} - \frac{e^2}{|\boldsymbol{r}_2 - \boldsymbol{R}_1|} - \frac{e^2}{|\boldsymbol{r}_1 - \boldsymbol{R}_2|} - \frac{e^2}{|\boldsymbol{r}_2 - \boldsymbol{R}_2|}\end{aligned} \tag{1.27}$$

で与えられる.

このハミルトニアンの基底状態の解は，$M$ が一般の大きさの場合はもちろんのこと，たとえ断熱極限（$M \to \infty$）で $T_N = 0$ であったとしても，解析的には求められない．しかしながら，このような少数クラスター系の基底状態については，配位間相互作用 (Configuration Interaction：CI) 法[5] を含む精巧な変分法か，量子モンテカルロ法，とりわけ，拡散モンテカルロ（Diffusion Monte Carlo：DMC）法[6] を用いれば，（エネルギーで 5〜6 桁以上の）十分な精度の数値解[7, 8] が得られる．この意味で，この系も十分に正確な解が既に知られているものである.

以下，まず本項では断熱極限を考えて水素分子に対する断熱ポテンシャルを求め，その結果を物理的に考察する．そして，次項ではその結果に基づいて断熱近似解やそれが表す物理状況を説明する．さらに次々項以降では，この近似解を正確な数値解と比較しながら，真の基底波動関数に含まれる物理情報，特に，種々の物理量の質量比依存性に関する情報を与えて，それらを総合的に判断して導かれる 4 体クーロン系基底状態の物理像を解説する.

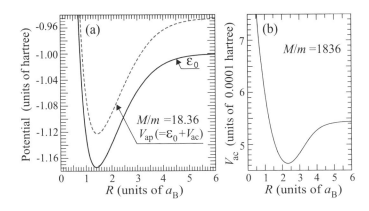

図 1.1　(a) $(M^+ M^+ m^- m^-)$ 系でのボルン–オッペンハイマーの断熱ポテンシャル $\varepsilon_0(R)$ の正確な結果（hartree 単位）．(b) 水素分子系（$M/m = 1836$）における断熱補正 $V_{\text{ac}}(R)$ の正確な結果（0.0001 hartree 単位）．断熱ポテンシャル $V_{\text{ap}}(R)$ は $\varepsilon_0(R)$ と $V_{\text{ac}}(R)$ の和で与えられるが，$V_{\text{ac}}(R)$ は $m/M$ に比例するので，断熱極限（$M \to \infty$）では $V_{\text{ap}}(R) = \varepsilon_0(R)$ であるが，たとえば，$M$ が陽子質量の 1/100 の場合，(a) の波線で示されたような $V_{\text{ap}}(R)$ になる.

$M \to \infty$ の断熱極限の場合,2つの陽子間の距離を $R (\equiv |\boldsymbol{R}_1 - \boldsymbol{R}_2|)$ とすると,任意の $R$ のそれぞれに対して2中心場下の2電子系の基底状態を解いて得られる基底状態エネルギーがボルン-オッペンハイマーの断熱ポテンシャル $\varepsilon_0(R)$ ということになる.コロス (Kolos) らは詳細な変分計算を長年にわたって実行し,この $\varepsilon_0(R)$,および,水素分子系に対する断熱補正 $V_{ac}(R)$ を $R$ の全域で精密に決定した[9].彼らによって得られた $\varepsilon_0(R)$ や $V_{ac}(R)$ の結果は図 1.1 に示されている.これらは共に非調和性の強いポテンシャルである.なお,DMC でも $\varepsilon_0(R)$ を計算することができるが,その結果は統計誤差の範囲内でこの図の結果とよく一致する.

この $\varepsilon_0(R)$ を正しく得るために必要な物理的考察やその大まかな振る舞いについては,既に II.2.3.9 項で比較的詳しく解説した.たとえば,$R \to \infty$ の極限では,基底状態にある水素原子が独立に 2 つある状況 (H+H) が全体系の基底状態であり,したがって,その全エネルギーは hartree 単位で $2 \times (-0.5) = -1.0$ となる.そして,この極限状況に漸近する領域では 2 つの水素原子間にはお互いに相手を双極子分極させることによって生じる引力的相互作用,すなわち,ファンデルワールス (Van der Waals) 力が働く.これは $R^{-6}$ に比例する長距離ポテンシャルであり,実際,$\varepsilon_0(R)$ の漸近形は hartree 単位で $-1.0 - 8.8/R^6$ のようになっている.

逆の 2 陽子融合極限($R \to 0$)では,$\varepsilon_0(R)$ の主要項は陽子間クーロン斥力ポテンシャル $R^{-1}$ hartree で正の無限大に発散するので,この状況下では水素分子は形成され得ない[10].ちなみに,$\lim_{R \to 0}[\varepsilon_0(R) - 1/R]$ の値は(断熱極限下の)ヘリウム原子における基底状態エネルギーに等しい.そして,その基底状態では,2 つの電子はスピン・シングレット状態にあり,空間的には同じ 1s 軌道を占め,お互いに強い相関を持ちながら運動している[11].この運動状況は 1s 軌道 2 つの積にジャストローの相関因子をかけた軌道波動関数で適切に記述される.なお,電子相関によって他の電子の遮蔽効果が小さくなるので,各電子は中心の $+2e$ の正電荷に(相関効果を考えない場合よりも)より強く引きつけられる.すなわち,この 1s 軌道の拡がりはハートリー-フォック近似におけるそれよりも小さくなる.

さて,図 1.1 によれば,以上の両極限に挟まれた中間領域で $\varepsilon_0(R)$ は最小に

なり，その最小値 $-1.1744$ hartree を与える $R$ の値，$R_0 (\equiv 1.401\, a_{\rm B})$，が断熱極限での水素分子の結合長ということになる[12]．この $R \approx R_0$ 近傍での 2 電子系の基底波動関数 $\varphi_0(\boldsymbol{r}_1\sigma_1; \boldsymbol{r}_2\sigma_2 : \boldsymbol{R})$ において，スピン状態はシングレットであることは自明だが，軌道部分については少し注意を要する．

1927 年に発表されたハイトラー–ロンドン–杉浦 (Heitler–London–Sugiura) 理論[13]では，その軌道部分は $R$ が無限大から次第に小さくして $R_0$ に近づけた状況として記述された．すなわち，2 つの独立した水素原子の状況から出発して，$R \approx R_0$ 近傍で各水素原子に付随した 1s 電子雲がお互いに重なり合ったとしても，$\rm H^+ + H^-$ の状態はエネルギー的にはとても許されず，それゆえ，2 電子が常に相関を持って H+H の状況を保ちながら 2 つの陽子間を跳び移り，結合軌道を作るものと考えられた．具体的には，水素原子の 1s 軌道関数 $\phi_{1\rm s}(\boldsymbol{r})$ と上下のスピン状態，$\alpha(\sigma)$ と $\beta(\sigma)$，を用いて，

$$\varphi_0^{\rm HLS}(\boldsymbol{r}_1\sigma_1; \boldsymbol{r}_2\sigma_2 : \boldsymbol{R}) = \frac{\phi_{1\rm s}(\boldsymbol{r}_1+\frac{\boldsymbol{R}}{2})\phi_{1\rm s}(\boldsymbol{r}_2-\frac{\boldsymbol{R}}{2}) + \phi_{1\rm s}(\boldsymbol{r}_1-\frac{\boldsymbol{R}}{2})\phi_{1\rm s}(\boldsymbol{r}_2+\frac{\boldsymbol{R}}{2})}{\sqrt{2(1+S^2)}}$$

$$\times \frac{\alpha(\sigma_1)\beta(\sigma_2) - \beta(\sigma_1)\alpha(\sigma_2)}{\sqrt{2}} \quad (1.28)$$

という変分試行関数が構成された．ここで，2 つの陽子を結ぶベクトルを $\boldsymbol{R}$ として，各陽子の位置は，それぞれ，$\boldsymbol{R}_1 = -\boldsymbol{R}/2$，$\boldsymbol{R}_2 = \boldsymbol{R}/2$ である．また，$S$ は電子雲の重ね合わせ積分

$$S \equiv \int d\boldsymbol{r}\, \phi_{1\rm s}(\boldsymbol{r}+\frac{\boldsymbol{R}}{2})\phi_{1\rm s}(\boldsymbol{r}-\frac{\boldsymbol{R}}{2}) \quad (1.29)$$

として定義された．今，$\phi_{1\rm s}(\boldsymbol{r})$ を

$$\phi_{1\rm s}(r) = \sqrt{\frac{\lambda^3}{\pi}} e^{-\lambda r} \quad (1.30)$$

と仮定した場合，その軌道の拡がりは $\lambda^{-1}$ であり，この $\lambda$ を用いると $S$ は

$$S = \left(1 + \lambda R + \frac{\lambda^2 R^2}{3}\right) e^{-\lambda R} \quad (1.31)$$

のように与えられる．そして，距離 $R$ での全エネルギー $\varepsilon_0^{\rm HLS}(R)$ は

$$\varepsilon_0^{\rm HLS}(R) = \langle H_e \rangle_e \equiv \frac{\langle \varphi_0^{\rm HLS} | H_e | \varphi_0^{\rm HLS} \rangle_e}{\langle \varphi_0^{\rm HLS} | \varphi_0^{\rm HLS} \rangle_e} \quad (1.32)$$

から直接的に計算される．その結果，通常の 1s 軌道に対応する $\lambda^{-1} = a_{\rm B}$ の

場合，$R = R_0^{\mathrm{HLS}} \equiv 1.664\, a_\mathrm{B}$ で $\varepsilon_0^{\mathrm{HLS}}(R)$ はその最小値 $-1.1165$ hartree を取る．これらの結果は $R_0 = 1.401\, a_\mathrm{B}$ や $\varepsilon_0(R_0) = -1.1744$ hartree という正確な値とよく一致しているものと判断された．

比較のために，各電子が全く相関なしに 2 陽子間を独立に跳び移る状況も調べておこう．そのために，「分子軌道 (Molecular Orbital)」という 1 電子近似の概念下で構成される次のような変分試行関数

$$\varphi_0^{\mathrm{MO}}(\boldsymbol{r}_1\sigma_1; \boldsymbol{r}_2\sigma_2 : \boldsymbol{R})$$
$$= \frac{[\phi_{1s}(\boldsymbol{r}_1 + \frac{\boldsymbol{R}}{2}) + \phi_{1s}(\boldsymbol{r}_1 - \frac{\boldsymbol{R}}{2})][\phi_{1s}(\boldsymbol{r}_2 + \frac{\boldsymbol{R}}{2}) + \phi_{1s}(\boldsymbol{r}_2 - \frac{\boldsymbol{R}}{2})]}{2(1+S)}$$
$$\times \frac{\alpha(\sigma_1)\beta(\sigma_2) - \beta(\sigma_1)\alpha(\sigma_2)}{\sqrt{2}} \tag{1.33}$$

を考えよう．この $\varphi_0^{\mathrm{MO}}$ には，H+H と $\mathrm{H}^+ + \mathrm{H}^-$ の状況が同じ統計的重みで含まれている．$\varphi_0^{\mathrm{HLS}}$ の場合と同様に，この変分関数に対しても変分エネルギー $\varepsilon_0^{\mathrm{MO}}(R)$ を計算すると，$\lambda^{-1} = a_\mathrm{B}$ の場合，その最小エネルギーは $R = R_0^{\mathrm{MO}} \equiv 1.60\, a_\mathrm{B}$ で $\varepsilon_0^{\mathrm{MO}}(R) = -1.0974$ hartree のようになり，$\varepsilon_0^{\mathrm{HLS}}(R)$ の最小値に及ばないため，$\varphi_0^{\mathrm{HLS}}$ で記述されている相関を持った跳び移りという概念の重要性が裏付けされたものと思われた．そして，この $\varphi_0^{\mathrm{HLS}}$ を使って電子の運動エネルギーの期待値 $\langle T_e \rangle_e$ を計算すると，$\langle T_e \rangle_e$ の $R \to \infty$ での値，1.0 hartree，よりも $R = R_0^{\mathrm{HLS}}$ での値の方が減少することから，水素分子形成という化学結合の本質は運動領域が拡大したことによる電子の運動エネルギーの利得に求められると考えられた．

しかしながら，II.2.3.9 項で紹介したように，リューデンバーグ (Ruedenberg) は化学結合が起こる場合，$\langle T_e \rangle_e$ は 1.0 hartree よりも必ず増大することをビリアル定理に基づいて指摘し，このハイトラー–ロンドン–杉浦理論による化学結合の概念は誤りであること[14]を明確にした．同じビリアル定理によれば，ポテンシャルエネルギーの期待値 $\langle V \rangle_e$ は $R \to \infty$ でのそれよりも低下する（これは負なので，絶対値でいえば，増大する）ので，むしろ，この $\langle V \rangle_e$ の低下をもたらす物理過程が化学結合の本質ということになる．

そこで，ハイトラー–ロンドン–杉浦理論を超えて，より高度な変分試行関数を用いた解析が行われるようになった．一番簡単な高度化は，$\varphi_0^{\mathrm{HLS}}$ の形は

式 (1.28) のままにして，$\phi_{1s}(r)$ の定義式 (1.30) で $\lambda$ を $a_B^{-1}$ と決めないで，$R$ に依存した変分パラメータとすることである．すると，$R = \tilde{R}_0 \equiv 1.4064\, a_B$ で $\varepsilon_0^{\mathrm{HLS}}(\tilde{R}_0) = -1.139$ hartree という最小エネルギーが得られ，しかも，ビリアル定理が満たされるようになった．そして，$R = \tilde{R}_0$ で最適化された $\lambda$ は $1.166\, a_B^{-1}$ であるので，1s 軌道は水素原子の場合よりも収縮し，その収縮で $R = \tilde{R}_0$ での $\langle V \rangle_e$ は $R \to \infty$ でのそれよりも低下した．したがって，化学結合の本質は軌道波動関数の収縮による電子と陽子との引力ポテンシャルエネルギーの利得に求められることになる．なお，この波動関数の収縮は同時に各陽子近傍での電子の運動エネルギーの増大をもたらすが，その増大分の多くは運動領域の拡大によって打ち消されている．

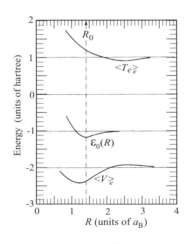

図 1.2　断熱極限下の水素分子における基底状態エネルギー，電子の運動エネルギーの期待値，および，ポテンシャルエネルギーの期待値の $R$ 依存性．

図 1.2 には，$\varepsilon_0(R)$ と並んで，正確に計算された電子の運動エネルギーの期待値 $\langle T_e \rangle_e$ と全系のポテンシャルエネルギーの期待値 $\langle V \rangle_e$ の $R$ 依存性が示されている．このとき，ビリアル定理は $R \to \infty$ と $R = R_0$ でのみ成り立つが，確かに，$R \approx R_0$ では $\langle T_e \rangle_e$ は 1.0 hartree よりも上昇している．そして，$R$ が $R_0$ よりも大きくなってくると，電子軌道の収縮が緩和されて運動エネルギーが減少してきている．

このように,ハイトラー–ロンドン–杉浦理論の描像では結合軌道を取ることによる電子の運動エネルギーの減少が化学結合の主因とされたが,真実はそうではなくて,各陽子サイトにおけるポテンシャルエネルギーの利得が凝集の主要推進力である.なお,このポテンシャルエネルギーの利得が可能になった背景には,結合軌道形成によってもたらされた各陽子サイトでの電子の運動エネルギー圧の低下があることも確かな事実である.もう少し詳しく言えば,2つの陽子の間で電子が交換できる可能性が生じたことが引き金(駆動力)になって運動エネルギー圧が減少し,その結果,各陽子サイトで電子波動関数の収縮が促されてポテンシャルエネルギーの利得が生じ,それによって化学結合が実現するという一連のプロセスが起こっているのである.この引き金効果を重く見る立場からは,ちょうど核子間力が中間子の交換で生じると考えたように,陽子間に電子交換による電子糊が働いて2陽子が結合して水素分子ができたという簡単化された(むしろ,簡単化されすぎたというべき)ストーリーが語られてきたことになる.

図 1.2 に示された $\langle T_e \rangle_e$ の結果は図 1.1 に描かれている $V_{\mathrm{ac}}(R)$ の振る舞いを理解する上でも大変に役に立つ.実際,定義式 (1.5) によって $V_{\mathrm{ac}}(R)$ を計算する場合,式 (1.28) や式 (1.33) で表されるような $\varphi_0(\boldsymbol{r}_1\sigma_1; \boldsymbol{r}_2\sigma_2 : \boldsymbol{R})$ を用いると,水素原子の場合の式 (1.21) と同様に,$V_{\mathrm{ac}}(R) = (m/M)\langle T_e \rangle_e$ が成り立つ.厳密な基底波動関数 $\varphi_0$ はもっと複雑な $\boldsymbol{r}$ や $\boldsymbol{R}$ への依存性を示すはずなので必ずしもこの関係式が正確であるとは言い切れないが,しかし,変分試行関数 $\varphi_0^{\mathrm{HLS}}$ の精度を考慮すれば,かなりよい近似で $V_{\mathrm{ac}}(R) \approx (m/M)\langle T_e \rangle_e$ の関係式が成り立つことが期待される.特に,$R \to \infty$ では,この関係式は厳密に成り立ち,それゆえ,$V_{\mathrm{ac}}(R) \to m/M = 5.447 \times 10^{-4}$ hartree になっている.また,$V_{\mathrm{ac}}(R)$ は $R \approx 2.5 a_{\mathrm{B}}$ で最小になるが,これは $\langle T_e \rangle_e$ の振る舞いとよく符合する.なお,この $V_{\mathrm{ac}}(R)$ の最小を与える $R$ が $R_0$ よりもかなり大きくなるので,断熱ポテンシャル $V_{\mathrm{ap}}(R)$ を最小にする $R$ は $m/M$ の増大と共に $R_0$ よりも大きくなっていく.

この項を終えるにあたり,電子相関の効果についても触れておこう.この効果が水素分子を形成する化学結合の主因になり得ないことは電子が1つしかない $\mathrm{H}_2^+$ 分子の存在からも容易に理解できる.一方,ハイトラー–ロンドン–杉浦

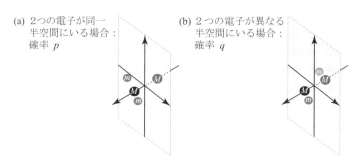

図 1.3 確率 $p$ と $q$ の定義：水素分子の 2 つの陽子を結ぶ線分を 2 等分する平面で分割される半空間を考え，その半空間の同じ側に 2 つの電子が同時にいる確率を $p$，別々の側にいる確率を $q$ と定義する．

理論による変分試行関数の考え方では，電子相関が大変に強いという印象を与えている．そこで，その効果の強さを定量的にみてみよう．

今，水素分子の 2 つの陽子を結ぶ線分を 2 等分する平面を考え，その平面で分割される半空間の同じ側に 2 つの電子が同時に存在する（すなわち，大まかには $H^-+H^+$ の状況の）確率を $p$，別々の半空間に存在する（大まかには $H+H$ の状況の）確率を $q$ としよう（図 1.3 参照）．もちろん，$p+q=1$ である．この $p$ はハイトラー–ロンドン–杉浦型の変分試行関数 $\varphi_0^{\mathrm{HLS}}$ では

$$p = \frac{2}{1+S^2}\left[T(1-T) + \frac{S^2}{4}\right] \tag{1.34}$$

のように簡単に計算される．ここで，$S$ は式 (1.31) で与えられ，一方，$T$ は

$$T = \frac{2+\lambda R}{4} e^{-\lambda R} \tag{1.35}$$

である．すると，$\lambda = a_{\mathrm{B}}^{-1}$ と取ろうが，$\lambda = 1.166 a_{\mathrm{B}}^{-1}$ であろうが，$p \approx 0.35$ である．（詳しくいえば，前者では $p = 0.354$，後者では $p = 0.358$ である．）これは $p:q \approx 1:2$ を意味する．一方，分子軌道型の変分試行関数 $\varphi_0^{\mathrm{MO}}$ では，$\phi_{1s}$ の形によらず，$p=q=0.5$，すなわち，$p:q=1:1$ となる．

ところで，この $p$ や $q$ は DMC で容易に計算できる量である．筆者らの計算によれば，断熱極限の水素分子では $p \approx 0.42$，すなわち，$p:q \approx 3:4$ 程度であることが分かった．これはちょうど，ハイトラー–ロンドン–杉浦型と分子軌道型の中間の値である．そこで，もしも変分試行関数として，これら 2 つを折

衷したようなもの，すなわち，

$$\varphi_0^{\text{hybrid}}(\boldsymbol{r}_1\sigma_1;\boldsymbol{r}_2\sigma_2:\boldsymbol{R})$$
$$=\left\{A_1\left[\phi_{1s}(\boldsymbol{r}_1+\frac{\boldsymbol{R}}{2})\phi_{1s}(\boldsymbol{r}_2-\frac{\boldsymbol{R}}{2})+\phi_{1s}(\boldsymbol{r}_1-\frac{\boldsymbol{R}}{2})\phi_{1s}(\boldsymbol{r}_2+\frac{\boldsymbol{R}}{2})\right]\right.$$
$$\left.+A_2\left[\phi_{1s}(\boldsymbol{r}_1+\frac{\boldsymbol{R}}{2})\phi_{1s}(\boldsymbol{r}_2+\frac{\boldsymbol{R}}{2})+\phi_{1s}(\boldsymbol{r}_1-\frac{\boldsymbol{R}}{2})\phi_{1s}(\boldsymbol{r}_2-\frac{\boldsymbol{R}}{2})\right]\right\}$$
$$\times\frac{\alpha(\sigma_1)\beta(\sigma_2)-\beta(\sigma_1)\alpha(\sigma_2)}{\sqrt{2}} \tag{1.36}$$

の形を仮定すると，$p:q\approx 3:4$ の再現のためには，$A_1=0.455$，$A_2=0.137$ であればよいので，$A_1:A_2\approx 3:1$ ということになる．これは分子軌道型のように無相関ではないが，ハイトラー–ロンドン–杉浦型ほどには強相関でもないという状況であり，これが水素分子の実情ということになる．

ちなみに，コロスらが変分計算に際して，高精度のエネルギー期待値を得るために重要になった試行関数作成上のポイントは2つあって，一つは1体電子軌道の最適化の問題で，電子が一方の陽子の近傍に存在するとき，その1体波動関数は 1s 型に限らずにもう一方の陽子の方向への分極効果を持つ $2p_z$ の混成を加えることであった．そして，もう一つはここで触れた電子相関の問題であり，その効果を導入するためには，たとえば，ジャストロー因子を用いて変分波動関数を記述すればよいということであった．

### 1.1.5 水素分子の断熱近似解

前項で高精度の断熱ポテンシャル $V_{\text{ap}}(R)$ が求められたので，式 (1.4) に代入して2陽子系の基底波動関数 $\phi_0(\boldsymbol{R}_1 I_1, \boldsymbol{R}_2 I_2)$ とそのエネルギー $E_0^{\text{AA}}$ を決定しよう．ここで，$I_i$ は陽子 $i(=1,2)$ の核スピンである．今の場合，この $V_{\text{ap}}(R)$ は2陽子の相対距離 $R$ だけの関数なので，まず，スピン部分を分離して $\phi_0(\boldsymbol{R}_1 I_1, \boldsymbol{R}_2 I_2) = \phi_0(\boldsymbol{R}_1, \boldsymbol{R}_2)\chi(I_1, I_2)$ と書き，さらに，式 (1.6) を解いたときと同じ要領で，2陽子系の重心運動と相対運動を分離する．すると，重心運動は自由運動なので，基底状態ではその全運動量がゼロの状態になり，そのため，$\phi_0(\boldsymbol{R}_1, \boldsymbol{R}_2)$ は相対座標 $\boldsymbol{R}$ だけの関数と考えればよい．そこで，それを単に $\phi_0(\boldsymbol{R})$ と書くと，式 (1.4) は

$$\left[-\frac{1}{M}\frac{\partial^2}{\partial \boldsymbol{R}^2} + V_{\mathrm{ap}}(R)\right]\phi_0(\boldsymbol{R}) = E_0^{\mathrm{AA}}\phi_0(\boldsymbol{R}) \tag{1.37}$$

のように書き直すことができる．ここで，2陽子系の換算質量は $M/2$ であることに注意されたい．

この式 (1.37) は式 (1.7) と同じ構造なので，$\boldsymbol{R}$ の極座標 $(R,\theta,\varphi)$ を導入して式 (1.8) のように角度部分を球面調和関数 $Y_{JJ_z}(\theta,\varphi)$ を使って，

$$\phi_0(\boldsymbol{R}) = \frac{P_{nJ}(R)}{R} Y_{JJ_z}(\theta,\varphi) \tag{1.38}$$

のような形に書くと，この $P_{nJ}(R)$ の満たすべき方程式は

$$\left[-\frac{1}{M}\frac{d^2}{dR^2} + V_{\mathrm{ap}}(R) + \frac{J(J+1)}{MR^2}\right]P_{nJ}(R) = E_0^{\mathrm{AA}} P_{nJ}(R) \tag{1.39}$$

であり，その境界条件は $P_{nJ}(0) = P_{nJ}(\infty) = 0$ である．以上，まとめると，2 陽子系の断熱近似下における波動関数 $\phi_0(\boldsymbol{R}_1 I_1, \boldsymbol{R}_2 I_2)$ は

$$\phi_0(\boldsymbol{R}_1 I_1, \boldsymbol{R}_2 I_2) = \frac{P_{nJ}(R)}{R} Y_{JJ_z}(\theta,\varphi) \chi(I_1, I_2) \tag{1.40}$$

と表されることになり，その核スピン部分の波動関数 $\chi(I_1, I_2)$ はシングレット（パラ水素：para–$H_2$）か，トリプレット（オルソ水素：ortho–$H_2$）である．そして，2陽子系全体が陽子の交換に際してフェルミオンの交換関係を満たす必要があることから，パラ水素では全角運動量量子数 $J$ は偶数 ($J = 0, 2, 4, \cdots$)，オルソ水素では奇数 ($J = 1, 3, 5, \cdots$) のみが許される．したがって，基底状態は $J = 0$ であるパラ水素で実現されることになり，その場合に方程式 (1.39) を解き，その最低エネルギー状態を決定すれば，それが求める断熱近似解ということになる．ちなみに，式 (1.39) は水素分子の "重心系座標"，特に，動径方向に注目した表現なので，分子は "細長いもの" というイメージを与えているが，分子運動全体を外部から眺めることになる "実験系座標" での表現では，等方的に回転しているこの基底状態の $J = 0$ の分子は "丸いもの" である．実際，水素分子を単位として結晶が作られる水素固体の低圧相では，各水素分子は丸いものというイメージで捉えるのが正しい見方である．

ところで，$V_{\mathrm{ap}}(R)$ はその関数値が数値として与えられているだけなので，方程式 (1.39) は数値的に解かざるを得ない．しかしながら，その基底状態の高精

度解は今日ではパソコンでも簡単に求められるものである．そのようにして得られる結果を具体的に示す前に，実際の水素分子（$M/m = 1836$）を念頭に置きつつ，この方程式の近似解析解を解説しておこう．

まず，$V_{\rm ap}(R)$ が最小になる $R$ の値 $R_{\rm ap}$ の周りでこの関数を展開して

$$V_{\rm ap}(R) \approx V_{\rm HA}(R) \equiv V_{\rm ap}(R_{\rm ap}) + \frac{1}{2}\left.\frac{d^2 V_{\rm ap}(R)}{dR^2}\right|_{R=R_{\rm ap}}(R-R_{\rm ap})^2 \quad (1.41)$$

のように 2 次の項まで考慮した調和ポテンシャル $V_{\rm HA}(R)$ で近似しよう（調和近似 Harmonic Approximation：HA）．なお，水素分子の場合には $V_{\rm ap}(R)$ はほぼ $\varepsilon_0(R)$ と等しいので，$R_{\rm ap} = R_0$ と考えてよい．そして，陽子のゼロ点振動の振れ幅が $R_0$ 自身に比べてずっと小さい（$|R-R_0| \ll R_0$）と仮定しよう．すると，$R$ から $x (\equiv R - R_0)$ に変数変換して書くと，式 (1.39) は

$$\left[-\frac{1}{2M_0}\frac{d^2}{dx^2} + \frac{1}{2}M_0\omega_0^2 x^2 + V_0 + B_0 J(J+1)\right]\Psi(x) = \varepsilon_{nJ}\Psi(x) \quad (1.42)$$

という 1 次元調和振動子に対するシュレディンガー方程式に還元され，その境界条件は $\Psi(\pm\infty) = 0$ という通常のものと考えてよい．ここで，$P_{nJ}(R)$ を $\Psi(x)$，$E_0^{\rm AA}$ を $\varepsilon_{nJ}$ と書き，また，パラメータ $M_0$，$V_0$，$B_0$，$\omega_0$ は，それぞれ，$M_0 \equiv M/2$，$V_0 \equiv V_{\rm ap}(R_0)$，$B_0 \equiv 1/MR_0^2$，

$$\omega_0 \equiv \sqrt{\frac{2}{M}\left.\frac{d^2 V_{\rm ap}(R)}{dR^2}\right|_{R=R_0}} \quad (1.43)$$

のように定義されている．これら物理量 $V_0$，$B_0$，$\omega_0$ の水素分子に対する具体的な値は（$R_0 = 1.401\,a_{\rm B}$ に注意して）$V_0 = -1.1744$ hartree，$B_0 = 7.55$ meV，$\omega_0 = 0.544$ eV である．

量子力学の標準的教科書[2)] で 1 次元調和振動子の項を参照すれば容易に分かるように，この方程式 (1.42) のエネルギー固有値 $\varepsilon_{nJ}$ は

$$\varepsilon_{nJ} = V_0 + B_0 J(J+1) + \omega_0\left(n + \frac{1}{2}\right) \quad (1.44)$$

で与えられる．ここで，$n$ は $n = 0, 1, 2, 3, \cdots$ である．この $\varepsilon_{nJ}$ において，量子数 $J$ は分子全体の回転自由度の運動を規定するもので，その基底状態（$J=0$）から第 1 励起状態（$J=2$）への励起エネルギーは $6B_0 = 45.3$ meV $\approx 0.05$ eV となる．一方，量子数 $n$ は分子の動径方向に沿った振動自由度の運動（バイブ

ロン：vibron）に対応するもので，その基底状態（$n=0$）から第 1 励起状態（$n=1$）への励起エネルギーは $\omega_0 \approx 0.5$ eV である．この振動励起エネルギーの大きさは回転励起エネルギーの約 10 倍であると同時に，断熱極限での水素分子の束縛エネルギー $E_B \equiv |V_0 + 1.0|$ hartree $= 4.744$ eV $\approx 5$ eV の約 1/10 になっている．この束縛エネルギーは電子励起を伴うものであり，水素分子の解離エネルギーと呼んでもよい．

このように，水素分子では電子励起，分子振動，分子回転のそれぞれを特徴付ける励起エネルギーの尺度が一桁ずつ異なるという見事な階層構造を示している．この階層構造のおかげで，

$$\frac{J(J+1)}{MR^2} \approx B_0 J(J+1) - 2B_0 J(J+1)\frac{x}{R_0} + 3B_0 J(J+1)\frac{x^2}{R_0^2} \quad (1.45)$$

という展開において，右辺第 2 項で記述される振動励起と回転励起の絡み合いの効果とか，その第 3 項で表される回転励起による $\omega_0$ への繰り込み効果は，$|x| \ll R_0$ という条件と相まって，小さくて無視できることになる．それゆえ，式 (1.39) から式 (1.42) への還元の際に，式 (1.45) の右辺第 1 項のみを残したのである．すなわち，回転運動を考える場合には振動運動は凍結されていると考えて，$J(J+1)/MR^2$ という回転エネルギー項で $R$ を調和振動子のゼロ点振動における $R$ の平均値 $R_0$ で置き換えてよかったのである．

この階層構造の存在は質量比パラメータ $\sqrt{m/M}$ が水素分子では約 0.02 で小さいことを直接的に反映している．少し脱線するが，これを大まかに議論しておこう．今，調和振動子のバネ定数を $K$ と書こう．すると，$\omega_0 \approx \sqrt{K/M}$ である．また，この $K$ を使って振動のポテンシャルエネルギーを書くと，$Kx^2/2$ であるが，$x \approx R_0$ になったとき（すなわち，分子が解離したとき），このポテンシャルの大きさがほぼ $E_B$ になると考えられる．そして，この $E_B$ は Ry のオーダーなので，$KR_0^2 \approx E_B \approx me^4 = 1/ma_B^2$ となるはずである．しかるに，$R_0 \approx a_B$ なので，結局，$K \approx 1/mR_0^4$ ということになる．すると，$\omega_0/E_B \approx \omega_0/KR_0^2 \approx 1/R_0^2\sqrt{KM} \approx \sqrt{m/M}$ が得られる．また，$B_0/\omega_0 \approx 1/MR_0^2\sqrt{K/M} = 1/R_0^2\sqrt{KM} \approx \sqrt{m/M}$ となるので，結局，

$$E_B : \omega_0 : B_0 \approx \sqrt{M/m} : 1 : \sqrt{m/M} \quad (1.46)$$

ということになる．

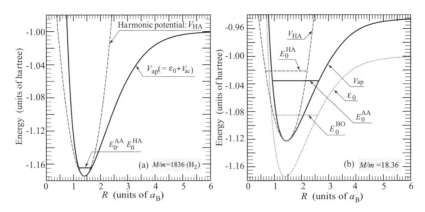

図 1.4 断熱近似での 4 体クーロン系の基底状態エネルギー $E_0$ を BO 近似や調和近似での $E_0$ と比較したもの. (a) 水素分子 ($M/m = 1836$) では, いずれの $E_0$ もほぼ同じで, $-1.1645$ hartree になるが, たとえば, (b) のように $M$ が陽子質量の 1/100 では ($M/m = 18.36$), それぞれの $E_0$ は大きく異なる.

さて, 方程式 (1.39) に戻って, $J = 0$ における基底状態を数値的に解こう. 図 1.4 には, 水素分子の場合について断熱ポテンシャル $V_{ap}(R)$ (実線) やそれを調和近似したポテンシャル $V_{HA}(R)$ (破線) が $R$ の関数としてプロットされている. そして, それに関連して, それぞれのポテンシャル下での基底状態エネルギー $E_0$ が示されている. なお, この図の精度では 2 つの $E_0$ の間には有意な差は見られず, 共によい精度で $E_0 = -1.1645$ hartree であり, これは式 (1.44) で与えられる $\varepsilon_{00}$ と等しくなる. もちろん, $V_{ap}(R)$ と $\varepsilon_0(R)$ はほぼ等しいので, BO 近似でも同じ $E_0$ が得られる.

ただ, $E_0$ には違いがないといっても $R$ の $\phi_0(\boldsymbol{R})$ についての期待値 $\langle R \rangle$ として定義される平均分子長 (あるいは, 結合長: bond length) $R_e$ は調和近似では $R_e = R_0 = 1.401 a_B$ であるのに対して, 断熱近似では $R_e = 1.448 a_B$ のように $R_0$ からかなり増大している. この増大は強い非調和性を持つ $V_{ap}(R)$ 下での陽子のゼロ点振動が $\sqrt{\langle (R - R_e)^2 \rangle} \approx 0.25 a_B$ のように比較的大きな平均振幅 (この場合, $\sqrt{\langle (R - R_e)^2 \rangle}/R_e = 0.17$) を持っていることの反映である. 実際, $M$ を大きくしてゼロ点振動の振幅を小さくすると, $R_e$ は $R_0$ に近づいていく. たとえば, $M/m = 3670$ の重水素分子 $D_2$ では $R_e = 1.434 a_B$, $M/m = 5537$ のトリチウム分子 $T_2$ では $R_e = 1.428 a_B$ となる.

反対に，$M$ を小さくすると，$R_e$ だけでなく，$E_0$ 自体の値もそれぞれの近似で大きく変わってくる．図 1.4(b) では $M$ が陽子質量の $1/100$ である $M/m = 18.36$ の場合に各近似での $E_0$ が示されている．一般に，断熱近似での $E_0^{\mathrm{AA}}$ は BO 近似のそれ $E_0^{\mathrm{BO}}$ と調和近似のそれ $E_0^{\mathrm{HA}}$ との間の値，$E_0^{\mathrm{BO}} < E_0^{\mathrm{AA}} < E_0^{\mathrm{HA}}$，になる．そして，お互いの違いはかなり大きい．

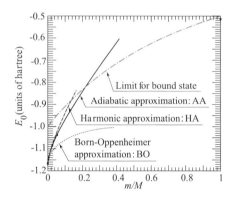

図 1.5　4 体クーロン系の基底状態エネルギー $E_0$ を断熱近似，BO 近似，および，調和近似のそれぞれで求めたものを質量比 $m/M$ の関数としてプロットした結果．この 4 体クーロン系が束縛状態として存在するためには，$E_0$ は独立した "水素原子"（2 体クーロン系）2 つに分裂した場合の基底状態エネルギーである $\widetilde{E}_0 \equiv -M/(m+M)$ hartree（一点鎖線）よりも低くなる必要がある．

これらの結果も含めて，$E_0^{\mathrm{AA}}$ や $E_0^{\mathrm{BO}}$，そして，$E_0^{\mathrm{HA}}$ を $m/M$ の関数としてプロットしたものが図 1.5 である．なお，この 4 体クーロン系が束縛状態であるためには，"水素原子"（2 体クーロン系）2 つに解離した状態のエネルギー $\widetilde{E}_0 \equiv -M/(m+M)$ hartree（一点鎖線：式 (1.14) の $\epsilon_1$ の 2 倍）よりも $E_0$ は低くなければならない．しかしながら，図 1.5 から分かるように，$m/M > 0.22$ の場合，$E_0^{\mathrm{AA}} > \widetilde{E}_0$ となってしまうので，断熱近似においては $m/M > 0.22$ の 4 体クーロン系では束縛状態は存在しないという結論になる．この結論の正否は次項で検討するが，そもそも，この近似では $m/M$ がさらに大きくなって 0.4 を越えると，式 (1.39) の数値解を求めることも段々と困難になってくる．ちなみに，この $\widetilde{E}_0$ を用いると，任意の $m/M$ における "水素分子"（4 体クーロン系）の束縛エネルギー $E_B$ は

$$E_B \equiv \widetilde{E}_0 - E_0 \tag{1.47}$$

で定義されることになる.

さて，$m/M$ をゼロから次第に大きくしていくと，$E_0^{\mathrm{AA}}$ は $E_0^{\mathrm{BO}}$ とはすぐに違いが顕著になるが，$E_0^{\mathrm{HA}}$ との違いは $m/M < 0.1$ ではあまり顕著ではない．とりわけ，$m/M < 0.04$ では両者にほとんど違いは見られない．したがって，式 (1.44) で与えられた $E_0^{\mathrm{HA}}$ に対する近似解析表現を用いると，断熱近似において，この質量比領域 $0 \leq m/M < 0.04$ での $E_B$ は

$$E_B \approx \left(0.1744 - 0.3979\sqrt{\frac{m}{M}}\right)\frac{M}{m+M}\,\mathrm{hartree} \tag{1.48}$$

でよく近似されることが分かる．ちなみに，この式 (1.48) を用いて $E_B < 0$ となる質量比領域を求めると，$m/M > 0.192$ となり，これは図 1.5 の結果で示唆されていた $m/M > 0.22$ と比較的よい一致を示すので，式 (1.48) 自体は $m/M \geq 0.04$ でも第 1 近似として悪くない結果を与えていると思われる．

この式 (1.48) の結果を化学結合に対する陽子の量子振動効果という観点から眺めると，前項で解説した断熱極限での値，$E_B = 0.1744\ \mathrm{hartree}$，と比較して（"励起子単位" と呼ばれている $M/(m+M)$ というエネルギー尺度の変換因子を別にすれば），分子の束縛エネルギーはバイブロンのゼロ点振動エネルギーの分だけ減少している（すなわち，化学結合が弱められている）ということが見て取れる．そして，このゼロ点振動効果の増大と同時に $R_e$ で評価される分子の大きさが増大してくる．もちろん，この増大は束縛が弱くなったためであるとも解釈できる．なお，この $R_e$ の増大に関連して，もし，分子が外的要因のために大きさの決まったある "容器" に入れられた（あるいは，圧力をかけられた）としたら，陽子の量子振動は強い影響を受け，そのため，外圧に対して強い抵抗力を示すであろうことが予想される[15]．いずれにしても，この陽子の化学結合に対する量子振動効果は 1.1.3 項で解説した水素原子の束縛に対する陽子のそれと同じ性格のものといえる．

### 1.1.6　4 体クーロン系の拡散モンテカルロ解析

前項で得られた断熱近似解の精度を $m/M$ の全域にわたって評価しよう．そのために，拡散モンテカルロ（DMC）法という数値手法を式 (1.26) の $T_N$ と

式 (1.27) の $H_e$ の和であるハミルトニアン $H_{\mathrm{FP}}$ で規定される系に適用し，それによって得られる基底状態の厳密解と断熱近似解を比較しよう．

DMC の詳しい解説，とりわけ，この手法をプログラムコードとして計算機に実装する上でのノウハウ，は専門書[6, 16]に譲るが，この手法の原理自体は大変簡単である．今，$H_{\mathrm{FP}}$ で記述される系における時間に依存する状態を $\Psi(\boldsymbol{r}, \boldsymbol{R}; t)$ と書くと，これが満たすべきシュレディンガー方程式は

$$i\frac{\partial \Psi(\boldsymbol{r}, \boldsymbol{R}; t)}{\partial t} = H_{\mathrm{FP}} \Psi(\boldsymbol{r}, \boldsymbol{R}; t) \tag{1.49}$$

であるが，時間変数 $t$ を虚時間 $\tau (\equiv it)$ に変換して，$\Psi(\boldsymbol{r}, \boldsymbol{R}; t) \to \Psi(\boldsymbol{r}, \boldsymbol{R}; \tau)$ と書くと，

$$\frac{\partial \Psi(\boldsymbol{r}, \boldsymbol{R}; \tau)}{\partial \tau} = -H_{\mathrm{FP}} \Psi(\boldsymbol{r}, \boldsymbol{R}; \tau) \tag{1.50}$$

が得られる．初期状態 $\Psi(\boldsymbol{r}, \boldsymbol{R}; 0)$ を使ってこの方程式を形式的に解くと，

$$\Psi(\boldsymbol{r}, \boldsymbol{R}; \tau) = e^{-\tau H_{\mathrm{FP}}} \Psi(\boldsymbol{r}, \boldsymbol{R}; 0) \tag{1.51}$$

となる．そこで，適当な試行波動関数 $\Psi_T(\boldsymbol{r}, \boldsymbol{R})$ を考えて，それを $\Psi(\boldsymbol{r}, \boldsymbol{R}; 0)$ とし，そして，$H_{\mathrm{FP}}$ を対角化する正規直交基底 $\{\Psi_n(\boldsymbol{r}, \boldsymbol{R})\}$ とそれに対応する $H_{\mathrm{FP}}$ のエネルギー固有値 $\{E_n\}$ ($n = 0, 1, 2, \cdots$) を用い，$\{\Psi_n(\boldsymbol{r}, \boldsymbol{R})\}$ の完全性 ($\sum_n |\Psi_n\rangle\langle\Psi_n| = 1$) に注意すると，式 (1.51) は

$$\Psi(\boldsymbol{r}, \boldsymbol{R}; \tau) = e^{-\tau H_{\mathrm{FP}}} \Psi_T(\boldsymbol{r}, \boldsymbol{R}) = \sum_{n=0}^{\infty} e^{-\tau E_n} \Psi_n(\boldsymbol{r}, \boldsymbol{R}) \langle\Psi_n|\Psi_T\rangle \tag{1.52}$$

のように書き直すことができる．もし，$H_{\mathrm{FP}}$ の基底状態が縮退していないとすると，$E_0 < E_1 \leq E_2 \leq E_3 \leq \cdots$ として，$\tau \to \infty$ （もう少し正確にいうと，$\tau$ が $1/(E_1 - E_0)$ よりも十分に大きいとき）には，$\Psi(\boldsymbol{r}, \boldsymbol{R}; \tau)$ は

$$\Psi(\boldsymbol{r}, \boldsymbol{R}; \tau) \to e^{-\tau E_0} \langle\Psi_0|\Psi_T\rangle \Psi_0(\boldsymbol{r}, \boldsymbol{R}) \tag{1.53}$$

となる．したがって，$\Psi_T(\boldsymbol{r}, \boldsymbol{R})$ が $\langle\Psi_0|\Psi_T\rangle \neq 0$ のように選ばれている限りはその詳細によらずに，十分な虚時間 $\tau$ が経過した後の $\Psi(\boldsymbol{r}, \boldsymbol{R}; \tau)$ は，規格化因子を別にすれば，厳密に正しい $H_{\mathrm{FP}}$ の基底状態 $\Psi_0(\boldsymbol{r}, \boldsymbol{R})$ に収束し，同時に，その時間変化因子を調べることから基底状態エネルギー $E_0$ の厳密な値が分か

ることになる.

　この虚時間軸に沿った波動関数の変化を追跡する方法はモンテカルロ法で古典粒子の拡散方程式を解く場合と類似しているので，拡散モンテカルロ法と呼ばれている．具体的には，$f(\bm{r}, \bm{R}; \tau) \equiv \Psi_T(\bm{r}, \bm{R})\Psi(\bm{r}, \bm{R}; \tau)$ で定義される "分布関数" を考え，その時間変化は式 (1.50) を用いて導出されるフォッカー–プランク（Fokker–Planck）型の方程式に従って計算される．そして，モンテカルロ計算は $\tau$ が十分に大きい場合の分布関数 $f(\bm{r}, \bm{R}; \infty)$（これは定数係数を除けば $\Psi_T \Psi_0$ に等しいもの）を用いたメトロポリスアルゴリズム[17]を活用して実行されることになる．なお，式 (1.52) の展開から明らかなように，たとえ基底状態が縮退していても，($\tau \to \infty$ で最終的に収束する $\Psi_0(\bm{r}, \bm{R})$ は $\Psi_T(\bm{r}, \bm{R})$ の選択に依存してしまうものの）$E_0$ 自体は $\tau \to \infty$ での時間変化因子の解析から一意的に決定されることが理解されよう．

　以上の解説からも分かるように，DMC で効率的に高精度の結果を得るためには $\Psi_T(\bm{r}, \bm{R})$ の適切な選択が必須である．これは $\Psi_0(\bm{r}, \bm{R})$ を求めるためだけではなく，($H_{\rm FP}$ とは非可換な）任意の演算子 $A$ の期待値 $\langle A \rangle$ を精度よく決定するためにも重要である．実際，$\langle A \rangle$ を DMC で求める場合,

$$\langle A \rangle \equiv \frac{\langle \Psi_0 | A | \Psi_0 \rangle}{\langle \Psi_0 | \Psi_0 \rangle} \approx 2 \frac{\langle \Psi_T | A | \Psi_0 \rangle}{\langle \Psi_T | \Psi_0 \rangle} - \frac{\langle \Psi_T | A | \Psi_T \rangle}{\langle \Psi_T | \Psi_T \rangle} \tag{1.54}$$

という「外挿推定値（extrapolated estimator）」[18]が用いられる．ここで，最右辺の第 1 項は $\tau$ が十分に大きい場合の分布関数 $f(\bm{r}, \bm{R}; \infty)$ を用いたモンテカルロ積分計算，第 2 項は分布関数 $\Psi_T^2$ 下でのモンテカルロ積分計算である．このように $\langle A \rangle$ を評価すれば，たとえ $\Psi_T$ が $\Psi_0$ から $O(\delta)$ の誤差でずれていても，$\langle A \rangle$ は $O(\delta^2)$ の誤差で計算されることになるが，$\delta$ がオーダー 1 のような粗い近似関数 $\Psi_T$ ではこの外挿推定値を使う意義も薄れる．

　通常，$\Psi_T$ は変分パラメータを含む変分試行関数として与えられ，分布関数 $\Psi_T^2$ 下で $H_{\rm FP}$ の期待値を計算し，その最適化からその変分パラメータは決定される（変分モンテカルロ法 Variational Monte Carlo：VMC）．4 体クーロン系で任意の $m/M$ に対して十分に有効で精巧な $\Psi_T(\bm{r}, \bm{R})$ として[8]

$$\Psi_T(\boldsymbol{r}, \boldsymbol{R}) = \exp\left[J_M(|\boldsymbol{R}_1 - \boldsymbol{R}_2|) + J_m(|\boldsymbol{r}_1 - \boldsymbol{r}_2|)\right]$$
$$\times \left\{ \exp\left[\sum_{i=1}^{2}\left(\frac{c_1 r_{ii} + c_2 r_{ii}^2}{1 + d_1 r_{ii}} + \frac{c_1 r_{i\bar{i}} + c_3 r_{i\bar{i}}^2}{1 + d_2 r_{i\bar{i}}}\right)\right] \right.$$
$$\left. + \exp\left[\sum_{i=1}^{2}\left(\frac{c_1 r_{ii} + c_3 r_{ii}^2}{1 + d_2 r_{ii}} + \frac{c_1 r_{i\bar{i}} + c_2 r_{i\bar{i}}^2}{1 + d_1 r_{i\bar{i}}}\right)\right]\right\} \quad (1.55)$$

のような（規格化はされていない）関数形を考えよう．ここで，$r_{ij} \equiv |\boldsymbol{r}_i - \boldsymbol{R}_j|$ であり，$\bar{i}$ は $\bar{i} \equiv 3 - i$ のように定義されている．また，$\alpha = M$（陽子），あるいは，$m$（電子）として，ジャストロー因子 $J_\alpha(r)$ は

$$J_\alpha(r) = \frac{a_{1\alpha}r + a_{2\alpha}r^2 + a_{3\alpha}r^3 + a_{4\alpha}r^4}{1 + b_{1\alpha}r + b_{2\alpha}r^2 + b_{3\alpha}r^3} \quad (1.56)$$

のように仮定されている．この $\Psi_T(\boldsymbol{r}, R)$ には 19 個のパラメータが含まれているが，カスプ定理を用いると，これらのうちの 3 つは

$$a_{1M} = a_{1m} = \frac{1}{2}, \quad c_1 = -\frac{M}{M+m} \quad (1.57)$$

のように決められる．残りの 16 個のパラメータは変分的に最適化される．

VMC で最適化されたこの $\Psi_T$ から出発して DMC を用いて得た 4 体クーロン系の厳密な基底状態エネルギー $E_0^{\mathrm{DMC}}$ が $m/M$ の関数として図 1.6 に示

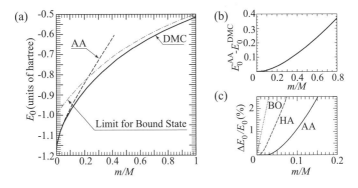

図 1.6 (a) 4 体クーロン系の基底状態エネルギー $E_0$ を $m/M$ の関数として与えたもの．DMC による厳密な値 $E_0^{\mathrm{DMC}}$（実線：モンテカルロ計算に伴う統計誤差は線の太さ以下）と断熱近似（AA）の値 $E_0^{\mathrm{AA}}$（破線）が一点鎖線で与えられた $\widetilde{E}_0 (\equiv -M/(m+M)$ hartree) と比較されている．また，(b) では絶対誤差 $E_0^{\mathrm{AA}} - E_0^{\mathrm{DMC}}$ が，(c) では相対誤差 $(E_0^{\mathrm{AA}} - E_0^{\mathrm{DMC}})/E_0^{\mathrm{DMC}}$ が BO 近似や調和近似における結果も含めて示されている．

されている.なお,モンテカルロ計算に伴う統計誤差はこの図の尺度では線の太さ以下である.比較のために,断熱近似における結果 $E_0^{\rm AA}$,および,その絶対誤差 $E_0^{\rm AA} - E_0^{\rm DMC}$ や相対誤差 $|E_0^{\rm AA} - E_0^{\rm DMC}|/E_0^{\rm DMC}$ が示されている.特に,相対誤差については BO 近似や調和近似についても計算し,断熱近似の場合と比較した.また,4 体クーロン系における束縛状態の有無を調べるために,この 4 体系が 2 体クーロン系 2 つに分裂した場合の基底状態エネルギー $\widetilde{E}_0 (\equiv -M/(m+M)$ hartree) も 1 点鎖線でプロットされている.

断熱近似の定義それ自体から,$m/M$ が小さい場合,$E_0^{\rm AA}$ は $O(m/M)$ まで正しいエネルギーを与えることは分かっている.それゆえ,絶対誤差は $(m/M)^2$ に比例するが,図 1.6 において注目すべきことは,その係数が大きくなく,しかも,$m/M$ の 3 次以上の高次の項の寄与は小さいということである.したがって,たとえ $m/M = 0.1$ であっても相対誤差は 1%に過ぎない.一方,$m/M$ の 1 次の補正項を含まない BO 近似では $m/M = 0.01$ で相対誤差は既に 1%に達する.ちなみに,これらの結果が水素原子(2 体クーロン系)について式 (1.23) や式 (1.24) で解析的に与えられた結果と定量的にも全く一致していることは驚きに値する.

図 1.7 には,平均分子長(結合長)$R_e (\equiv \langle R \rangle)$ とその相対ゆらぎ $\Delta R/R_e (\equiv \sqrt{\langle (R-R_e)^2 \rangle}/R_e)$ が描かれている.図 1.6 の基底状態エネルギー $E_0$ の結果と同様に,$R_e$ や $\Delta R$ の結果についても,$m/M < 0.1$ ならば,AA と DMC の

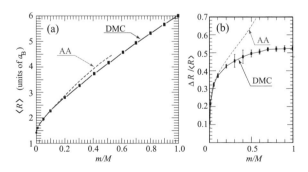

図 1.7 (a) $m/M$ の関数としての 4 体クーロン系の平均分子長(結合長)$R_e \equiv \langle R \rangle$ で,DMC による厳密な値(統計誤差棒付き)と断熱近似での結果を比較している.(b) 結合長の相対ゆらぎ $\Delta R/R_e \equiv \sqrt{\langle (R-R_e)^2 \rangle}/R_e$ を示している.

間に有意な差は認められない．したがって，少なくとも $m/M < 0.1$ では，断熱近似は定量的にも信頼できる高精度の近似手法であることが分かる．

一方，$m/M > 0.1$ では DMC と断熱近似の結果は異なってくる．特に，$m/M > 0.22$ ではその相違は顕著になる．この場合，断熱近似では $E_0^{AA} > \widetilde{E}_0$ であり，かつ，結合長の相対ゆらぎも急激に増大するが，これとは対照的に，DMC による厳密解ではいかなる $m/M$ であろうと $E_0^{DMC} < \widetilde{E}_0$ であり，かつ，結合長の相対ゆらぎも 0.53 を決して越えないので，4体クーロン系の基底状態は常に束縛状態を形成していることが分かる．そして，その束縛エネルギー $E_B$ は $m/M > 0.4$ では

$$E_B = 0.032 \frac{M}{m+M} \text{ hartree} = 0.032 \frac{mM}{m+M} e^4 \qquad (1.58)$$

でよく近似される[19]．この式 (1.58) には，式 (1.48) の関数形で示唆されるゼロ点振動エネルギーというような概念が含まれていない．実際，式 (1.58) の最右辺から分かるように，この $E_B$ は電子と陽子の交換に対して対称的であり，これはこの束縛状態において電子と陽子は対等の役割を果たしていることを暗示している．いずれにしても，これは断熱近似における化学結合の概念，すなわち，電子交換によって生じる化学糊を用いた2陽子の結合とは全く異なる機構による束縛状態の形成といえる．

### 1.1.7 電子陽子液滴状態

このように，質量比 $m/M$ が大体 0.1 から 0.2 を境にして基底状態の状況が定性的に大きく変化することが分かってきた．質量比が大きい領域での束縛機構の解明は次々項以降で行うこととして，その前に本項および次項ではこの状態変化を DMC を使ってもう少し詳しく調べてみよう．

まず，陽子の運動状況，特に $m/M$ が増加した場合の変化を見るために，陽子の角度平均対分布関数 $g_{MM}(R)$ を計算しよう．この関数は2つの陽子が相対距離 $R$ で確認される確率を表すもので，

$$g_{MM}(R) \equiv \frac{1}{4\pi} \int d\boldsymbol{r}_1 d\boldsymbol{r}_2 d\boldsymbol{R}_1 d\boldsymbol{R}_2 \, \delta(|\boldsymbol{R}_1 - \boldsymbol{R}_2| - R) |\Psi_0(\boldsymbol{r}, \boldsymbol{R})|^2 \qquad (1.59)$$

のように定義される．もちろん，断熱極限 $(m/M \to 0)$ では $g_{MM}(R)$ は

$R_0 = 1.401a_B$ として $\delta(R-R_0)$ に比例するが，$m/M$ の増加と共に陽子のゼロ点振動が生じることによってこのデルタ関数に幅が付いてくる．この関数の DMC による計算結果が図 1.8 に示されている．現実の水素分子 ($m/M = 5.45 \times 10^{-4}$) では，$g_{MM}(R)$ は $R_0$ に近い点を中心として，半値半幅が $0.25a_B$ のピーク構造を持っているが，これは断熱近似で既に知られていた結果と一致する．

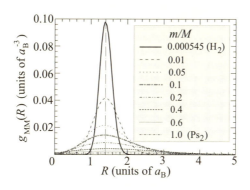

図 1.8 4 体クーロン系における陽子の角度平均対分布関数 $g_{MM}(R)$ の DMC 計算によって得られた結果．質量比 $m/M$ は水素分子におけるように大変小さい値からポジトロニウム分子に対応する 1 まで大きく変化させている．

さらに $m/M$ を大きくしていくと，$g_{MM}(R)$ におけるピークの高さが減少すると同時に，その半値半幅が急激に増大していく．そして，ついには $m/M \approx 0.1$ のところで初めて $g_{MM}(0)$ が有意にゼロからずれてきて，2 陽子の位置交換が現実的に起こってくる．（ちなみに，今はパラ水素で核スピン状態が違う 2 つの陽子を取り扱っているので，パウリの排他則は考えなくてよいことに注意されたい．）そして，$m/M > 0.4$ になると，$g_{MM}(R)$ におけるピーク構造自体が見えなくなってくるが，これは陽子の内部構造が完全に消えたことを意味する．すなわち，分子の骨格がしっかりとあって，その上で 1.1.5 項で議論したような振動運動と回転運動が分離して考えられるような状況ではなくて，各陽子の波動関数がお互いに重なり合いつつ，系全体に拡がっているという状況に変化したのである．もちろん，電子については $m/M \to 0$ の場合も含めて常に各電子の波動関数がお互いに重なり合いつつ，系全体に拡がっている状況にあるので，電子と陽子を併せて考えれば，両者共に系全体を液体のように満たしてい

る状態，電子陽子液滴状態（Electron–Proton Droplet State），が出現しているということになる．なお，半導体物理の分野では陽子ではなく，正孔を取り扱うことになるので，「電子正孔液滴状態」とも呼ばれる．また，ポジトロニウム分子 $Ps_2$ では，「電子陽電子液滴状態」が実現していることになる．

ちなみに，この変化を逆向きに眺めると，$m/M$ の減少につれて電子陽子液滴状態から陽子の内部構造が出現するような状態（陽子の "格子" 状態）への転移と見なせる．すると，この陽子の状態変化は I.4.1.1 項で触れた低密度電子ガス系におけるウィグナー結晶化（Wigner crystalization）と同じ性格の転移が起こっていると考えてもよい．なお，電子ガスのようなマクロの系では，この変化はある特定の密度パラメータ $r_s$（おそらく，$r_s \approx 100$）で相転移が起こったものとして観測されるはずであるが，4体クーロン系のような有限系では，厳密にいえば相転移は起こらず，状態間のクロスオーバーとしてしか観測されないので，ある特定の $m/M$ でこの変化が突然起こるというようなものではないが，$m/M = 1$ と $m/M = 0$ の両極限での陽子状態を比較すれば，両者は定性的に全く違う状態であると認識できる．

### 1.1.8　粒子間相関の状況変化

この4体クーロン系における凝集機構の中核というわけではないが，$m/M$ の変化と共に粒子間相関がどのように変化するかを調べることは興味深い．

まず，断熱極限では，2つの陽子はお互いに $R_0$ の距離を保って静止しているだけなので，陽子相関は自明である．一方，電子相関は既に 1.1.4 項で議論したが，その際，その効果の強さを定量的に捉える指標として，図 1.3 で定義された確率 $p$ が導入された．この $p$ は電子相関が働かない場合は 0.5 になるが，それが働いてくると 0.5 よりも小さくなる．そして，DMC 計算によれば，$m/M = 0$ では $p = 0.42$ であることを見出していた．

そこで，次の問題は $m/M$ を増加させて陽子の量子振動を強めた場合，一体，電子相関は強弱いずれの方向に変化していくのだろうかということである．この問題に答えるべく，$m/M$ の関数として指標 $p$ を DMC で計算した．その結果が図 1.9 に示されている．計算誤差は大きいが，**質量比 $m/M$ の増加と共に $p$ は単調に減少する**（すなわち，**電子相関は強くなっていく**）ことが分かる．

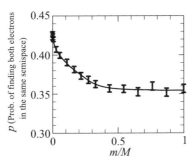

図 1.9　電子相関効果の強さを測る確率 $p$ の $m/M$ 依存性.

特に，断熱近似が有効な領域（$m/M$ が約 0.2 以下）では $p$ は急激に減少する．一方，$m/M > 0.4$ で電子陽子液滴状態がはっきりと出現している状況では $p$ は大変緩やかな変化を示しており，最終的に $m/M \to 1$ で $p$ は約 0.35 に収束する．ちなみに，この $p \approx 0.35$ という値はハイトラー–ロンドン–杉浦型の変分試行関数における $p$ の値にちょうど等しいものであり，かなり強い電子相関が働いている状況を示唆する値といえる．

このように，$m/M$ の増加は電子相関の増大を導くことが分かったので，この結果を物理的に解釈してみよう．まず，$m/M$ が小さくて陽子の分子骨格が存在する場合から考えよう．$m/M \to 0$ の断熱極限では，各電子は静止した陽子の引力中心に引き寄せられて，結果として，お互いの斥力にもかかわらず，2 つの電子が同じ狭い領域に同時に存在する確率が増えてしまう．すると，これは外形上は相関（すなわち，電子間の避け合い効果）をあまり考慮していない運動のように見えるので，$p$ は 0.5 からそれほど大きく減少しないことになる．しかしながら，一旦，陽子が量子振動で動くようになると，電子から見て引力中心が空間の定まった点にあるわけではない（言い換えれば，引力中心位置がぼやけてくる）ので，電子陽子引力効果と同時に電子間斥力効果もより考慮した運動が可能になり，そのため，$p$ の値が減少する．次に，$m/M$ がさらに大きくなって電子陽子液滴状態が出現している場合を考えると，上で述べた「引力中心位置のぼやけ」という概念が，いわば，その理想極限まで実現された状況になる．そして，この理想極限では電子相関の問題は電子ガス系におけるそれとほぼ同じものと考えられる．（なお，電子ガス系では各電子は引力中心位置の

ことに全く注意を払わずに他の電子との避け合い効果を最優先にするので，電子相関がよく効いた運動をする．）しかも，電子数が 2 個に固定されたままで図 1.7 に示すように系のサイズが増していくので，$m/M$ の増加と共に平均の電子密度が低下して，より電子相関効果が効く（$p$ が単調減少していく）ようになると理解される．[20)]

電子相関だけでなく，電子陽子全系の平均配位状況，とりわけ，電子陽子液滴状態でのそれを調べておこう．そのためには電子間，陽子間，電子陽子間の平均距離を推測してみる必要がある．そこで，まず，式 (1.27) の $H_e$ を分解して，電子系の運動エネルギー部分 $T_e$，陽子間ポテンシャル部分 $V_{NN}$，電子間ポテンシャル部分 $V_{ee}$，および，電子陽子間ポテンシャル部分 $V_{eN}$ の和として，$H_e = T_e + V_{NN} + V_{ee} + V_{eN}$ と書こう．すると，たとえば，$V_{NN}$ の期待値 $\langle V_{NN} \rangle$ を求めると，陽子間平均距離 $\langle r_{NN} \rangle$ は $\langle V_{NN} \rangle \approx e^2/\langle r_{NN} \rangle$ から評価される．同様に，$\langle V_{ee} \rangle \approx e^2/\langle r_{ee} \rangle$ や $\langle V_{eN} \rangle \approx -4e^2/\langle r_{eN} \rangle$ から電子間平均距離 $\langle r_{ee} \rangle$ や電子陽子間平均距離 $\langle r_{eN} \rangle$ が評価されることになる．

図 1.10 には，DMC で計算した各ポテンシャルの期待値が $m/M$ の関数としてプロットされている．この図でまず注目されるのは，$\langle V_{eN} \rangle$ が $m/M$ のほぼ全域で常に基底状態エネルギー $E_0$ の大体 3 倍，すなわち，$\langle V_{eN} \rangle \approx 3E_0$，であることである．しかるに，ビリアル定理から，

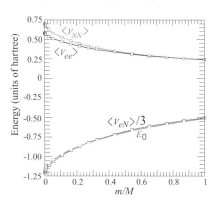

図 1.10　4 体クーロン系における電子間，陽子間，電子陽子間に働くポテンシャルエネルギーの期待値を $m/M$ の関数としてプロットしたもの．比較のため，基底状態エネルギー $E_0$ も示している．

$$E_0 = \langle T_N \rangle + \langle T_e \rangle + \langle V_{NN} \rangle + \langle V_{ee} \rangle + \langle V_{eN} \rangle$$
$$= -\langle T_N \rangle - \langle T_e \rangle = \frac{1}{2}\Big(\langle V_{NN} \rangle + \langle V_{ee} \rangle + \langle V_{eN} \rangle\Big) \quad (1.60)$$

が成り立つ．また，図 1.10 によれば，$m/M > 0.4$ の電子陽子液滴状態では $\langle V_{NN} \rangle = \langle V_{ee} \rangle$ がよく成り立っているので，これらをすべて考え合わせると，

$$\langle V_{eN} \rangle : \langle V_{ee} \rangle : \langle V_{NN} \rangle = 3E_0 : -E_0/2 : -E_0/2 \quad (1.61)$$

という比例関係が大変よい精度で得られることになる．この結果から各粒子間平均距離の比を推定すると，

$$\langle r_{eN} \rangle : \langle r_{ee} \rangle : \langle r_{NN} \rangle = 4/3 : 2 : 2 \approx 1 : \sqrt{2} : \sqrt{2} \quad (1.62)$$

となる．この比例関係から想像できる電子陽子全系の古典的なイメージでの空間配位は，電子と陽子が交互に 4 つの頂点を占める正方形構造である．実際，このように正方形配位すれば，電子間斥力相関と陽子間斥力相関を共に強く保ちながら同時に電子陽子間引力相関も十分に満足させられることになる．したがって，4 つの粒子がこの**正方形相関**の下で系全体を動き回っているという描像が電子陽子液滴状態での運動状況を具象化したものといえよう．

なお，化学結合の概念が適用される $m/M$ が小さい領域では，電子と陽子の間の対称性が崩れてきて，$\langle V_{NN} \rangle > \langle V_{ee} \rangle$ であるので，$m/M > 0.4$ の場合と全く同じ議論はできない．しかしながら，大雑把には，正方形相関という概念が電子間距離が陽子間距離よりも長くなった菱形相関という概念に取って代わられたものという見方ができよう．この $\langle r_{ee} \rangle > \langle r_{NN} \rangle$ という結果は，陽子間には電子糊による引力が有効に働いているが，電子間には"陽子糊"が電子糊ほどには有効に働いていないためと解釈される．

### 1.1.9 非断熱遷移過程の摂動理論

断熱近似を越えて，非断熱効果までも正確に取り扱うボルン–黄（Born–Huang）による定式化[21]は I.2.3.1 項で提示されていた．本項，および，次項では，その枠組みに従いながら，$m/M > 0.22$ の 4 体クーロン系で，断熱近似では出現が期待されない束縛状態が現実には非断熱効果のおかげで存在可能になる物理

的機構[8)]を考察しよう．

まず，シュレディンガー方程式 (1.3) に注目しよう．そこでは，力学変数ではなく，単なるパラメータとしての $\boldsymbol{R}$ を含む電子系のハミルトニアン $H_e(\boldsymbol{r}:\boldsymbol{R})$ を考え，その基底状態 $\varphi_0(\boldsymbol{r}:\boldsymbol{R})$ だけを考慮した．しかしながら，同じ $H_e(\boldsymbol{r}:\boldsymbol{R})$ を使って各 $\boldsymbol{R}$ ごとに電子系に対する完全関数系を提供する正規直交基底 $\{\varphi_\nu(\boldsymbol{r}:\boldsymbol{R})\}$ が定義される．このとき，$\varphi_\nu(\boldsymbol{r}:\boldsymbol{R})$ は

$$H_e(\boldsymbol{r}:\boldsymbol{R})\,\varphi_\nu(\boldsymbol{r}:\boldsymbol{R}) = \varepsilon_\nu(\boldsymbol{R})\,\varphi_\nu(\boldsymbol{r}:\boldsymbol{R}) \tag{1.63}$$

のシュレディンガー方程式を満たす．ここで，$\nu = 0, 1, 2, 3, \cdots$ であり，このうち $\nu = 0$ の状態は式 (1.3) の $\varphi_0(\boldsymbol{r}:\boldsymbol{R})$ そのものである．一般の励起状態やその固有エネルギーは，それぞれ，$\nu \geq 1$ である $\nu$ を使って $\varphi_\nu(\boldsymbol{r}:\boldsymbol{R})$ と $\varepsilon_\nu(\boldsymbol{R})$ である．もちろん，各 $\boldsymbol{R}$ において量子数 $\nu$ に関する正規直交条件

$$\langle \varphi_\nu(\boldsymbol{r}:\boldsymbol{R}) | \varphi_{\nu'}(\boldsymbol{r}:\boldsymbol{R}) \rangle_e = \delta_{\nu\nu'} \tag{1.64}$$

が成り立っている．

次に，シュレディンガー方程式 (1.4) を拡張しよう．そのために，$\varepsilon_0(\boldsymbol{R})$ の代わりに $\nu$ に依存した BO の断熱ポテンシャル $\varepsilon_\nu(\boldsymbol{R})$ を考え，また，式 (1.5) の断熱補正 $V_{\mathrm{ac}}(\boldsymbol{R})$ の代わりに $V_{\mathrm{ac}}^{(\nu)}(\boldsymbol{R})$ を

$$V_{\mathrm{ac}}^{(\nu)}(\boldsymbol{R}) = \langle \varphi_\nu(\boldsymbol{r}:\boldsymbol{R}) | T_N | \varphi_\nu(\boldsymbol{r}:\boldsymbol{R}) \rangle_e \tag{1.65}$$

という定義で導入すると，各 $\nu$ ごとに陽子系に対する完全関数系を提供する正規直交基底 $\{\phi_\lambda^{(\nu)}(\boldsymbol{R})\}$ が，次のシュレディンガー方程式

$$\left[T_N + \varepsilon_\nu(\boldsymbol{R}) + V_{\mathrm{ac}}^{(\nu)}(\boldsymbol{R})\right] \phi_\lambda^{(\nu)}(\boldsymbol{R}) = E_\lambda^{(\nu)}\,\phi_\lambda^{(\nu)}(\boldsymbol{R}) \tag{1.66}$$

を満たす固有関数 $\phi_\lambda^{(\nu)}(\boldsymbol{R})$ の組として定義される．ここで，$\lambda = 0, 1, 2, 3, \cdots$ とする．なお，$\phi_0^{(0)}(\boldsymbol{R})$ は式 (1.4) における $\phi_0(\boldsymbol{R})$ に他ならず，また，$E_0^{(0)} = E_0^{\mathrm{AA}}$ である．そして，各 $\nu$ について

$$\langle \phi_\lambda^{(\nu)}(\boldsymbol{R}) | \phi_{\lambda'}^{(\nu)}(\boldsymbol{R}) \rangle_p \equiv \int d\boldsymbol{R}\, \phi_\lambda^{(\nu)}(\boldsymbol{R})^* \phi_{\lambda'}^{(\nu)}(\boldsymbol{R}) = \delta_{\lambda\lambda'} \tag{1.67}$$

という量子数 $\lambda$ に関する正規直交条件が満足されている．

以上の準備の下で，電子系に対する完全系 $\{\varphi_\nu(\boldsymbol{r}:\boldsymbol{R})\}$ と陽子系に対するそ

れ $\{\phi_\lambda^{(\nu)}(\boldsymbol{R})\}$ を組み合わせて，全系に対する完全関数系 $\{\Psi_{\nu\lambda}(\boldsymbol{r},\boldsymbol{R})\}$ を

$$\Psi_{\nu\lambda}(\boldsymbol{r},\boldsymbol{R}) \equiv \varphi_\nu(\boldsymbol{r}:\boldsymbol{R})\phi_\lambda^{(\nu)}(\boldsymbol{R}) \tag{1.68}$$

という定義で導入しよう．すると，式 (1.1) のシュレディンガー方程式を解く問題は，①この完全関数系基底における $H_{\mathrm{FP}}$ の行列表現の導出と②その行列を対角化した場合の基底状態ベクトル $\Psi_0$ とその固有値である基底状態エネルギー $E_0$ の決定という 2 段階過程の遂行に帰着される．

まず，第 1 段階における行列要素 $\langle\Psi_{\nu\lambda}|H_{\mathrm{FP}}|\Psi_{\nu'\lambda'}\rangle$ の導出計算では，上記の式 (1.63)～(1.68) に注意しながら式変形を進めると，

$$\begin{aligned}\langle\Psi_{\nu\lambda}|H_{\mathrm{FP}}|\Psi_{\nu'\lambda'}\rangle &= \langle\Psi_{\nu\lambda}|T_N|\Psi_{\nu'\lambda'}\rangle + \langle\phi_\lambda^{(\nu)}|\langle\varphi_\nu|H_e|\varphi_{\nu'}\rangle_e|\phi_{\lambda'}^{(\nu')}\rangle_p \\ &= E_\lambda^{(\nu)}\delta_{\nu\nu'}\delta_{\lambda\lambda'} + \langle\Psi_{\nu\lambda}|F-\delta_{\nu\nu'}V_{\mathrm{ac}}^{(\nu)}|\Psi_{\nu'\lambda'}\rangle \end{aligned} \tag{1.69}$$

のような結果が得られる．ここで導入された $F$ は $T_N$ に由来する非断熱遷移過程の中核を担う演算子で，陽子の量子振動によって誘起される電子励起過程を記述している．そして，その行列要素を具体的に書き下すと，

$$\begin{aligned}\langle\Psi_{\nu\lambda}|F|\Psi_{\nu'\lambda'}\rangle &= \langle\phi_\lambda^{(\nu)}|\langle\varphi_\nu|T_N|\varphi_{\nu'}\rangle_e|\phi_{\lambda'}^{(\nu')}\rangle_p \\ &\quad -\frac{1}{M}\sum_{i=1}^{2}\langle\phi_\lambda^{(\nu)}|\langle\varphi_\nu|\frac{\partial}{\partial\boldsymbol{R}_i}|\varphi_{\nu'}\rangle_e\cdot\frac{\partial}{\partial\boldsymbol{R}_i}|\phi_{\lambda'}^{(\nu')}\rangle_p \end{aligned} \tag{1.70}$$

である．

この $T_N$ 由来の演算子 $F$ や断熱補正 $V_{\mathrm{ac}}^{(\nu)}$ はオーダー $m/M$ の大きさであるので，この $m/M$ が小さい場合はこれらは共に小さくなる．そこで，パラメータ $m/M$ を展開パラメータとする摂動理論を展開することにして，式 (1.69) 右辺最終式第 2 項の部分を摂動項 $H_1$ と考えよう．そして，$H_{\mathrm{FP}} = H_0 + H_1$ と書いて，残りの対角行列になっている部分を非摂動項 $H_0$ としよう．

ちなみに，この $H_1$ の行列要素を $\nu = \nu'$ の場合について考えると，$V_{\mathrm{ac}}^{(\nu)}(\boldsymbol{R})$ の定義式 (1.65)，および，空間反転対称性から $\langle\varphi_\nu|(\partial/\partial\boldsymbol{R}_i)\varphi_\nu\rangle_e = 0$ であることに注意すれば，$\lambda$ や $\lambda'$ にかかわらずに $\langle\Psi_{\nu\lambda}|H_1|\Psi_{\nu\lambda'}\rangle = 0$ であることが容易に分かる．この結果，今の基底の選択では $\lambda \neq \lambda'$ の場合，$\langle\Psi_{\nu\lambda}|H_{\mathrm{FP}}|\Psi_{\nu\lambda'}\rangle = 0$ ということになり，これは電子状態の変化なしに陽子の振動状態の変化は決し

て起こらないことを意味する.

このように定義された摂動項 $H_1$ に関して通常の摂動展開理論を適用すると, $H_{\mathrm{FP}}$ の基底状態 $\Psi_0(\boldsymbol{r},\boldsymbol{R})$ やそのエネルギー $E_0$ は, それぞれ,

$$\Psi_0(\boldsymbol{r},\boldsymbol{R}) = \Psi_{00}(\boldsymbol{r},\boldsymbol{R}) + \sum_{\nu \neq 0}\sum_{\lambda} \frac{\langle \Psi_{\nu\lambda}|H_1|\Psi_{00}\rangle}{E_0^{(0)} - E_\lambda^{(\nu)}} \Psi_{\nu\lambda}(\boldsymbol{r},\boldsymbol{R}) + \cdots \quad (1.71)$$

$$E_0 = E_0^{(0)} + \sum_{\nu \neq 0}\sum_{\lambda} \frac{|\langle \Psi_{\nu\lambda}|H_1|\Psi_{00}\rangle|^2}{E_0^{(0)} - E_\lambda^{(\nu)}} + \cdots \quad (1.72)$$

の展開式に従って計算される. なお, 上述した $H_1$ の性質から $\nu = 0$ で $\lambda \neq 0$ という状態が中間状態に寄与することはない. また, $\nu \neq 0$ では, $\langle \Psi_{\nu\lambda}|H_1|\Psi_{00}\rangle = \langle \Psi_{\nu\lambda}|F|\Psi_{00}\rangle$ であることに注意されたい.

ところで, 今の4体クーロン系では, $E_0$ は DMC で, また, $E_0^{(0)}\,(=E_0^{\mathrm{AA}})$ は断熱近似で既に求められている. そして, その差 $\Delta E_0\,(\equiv E_0 - E_0^{(0)})$ は (図 1.6(b) に示された $-\Delta E_0$ がそうであるように) 常に負であり, しかも, その計算結果は少なくとも $m/M < 0.5$ では $(m/M)^2$ に比例している. また, たとえ $m/M \geq 0.5$ であってもこの $(m/M)^2$ に比例する関係はあまり大きくは損なわれない. したがって, $\Delta E_0$ の大部分は式 (1.72) における 2 次の項からの寄与と考えてよく, その寄与のおかげで $m/M > 0.22$ においても式 (1.47) で定義された束縛エネルギー $E_B$ が正に止まり, 束縛状態が存在するようになったと結論される. 実際, $\nu \geq 1$ の場合, $E_\lambda^{(\nu)} > E_0^{(0)}$ であるので, この 2 次の摂動エネルギーは常に負で, 束縛エネルギーの増大に寄与している. そして, 物理的には, これは 2 次の非断熱遷移仮想分極過程によるエネルギー利得であるので, **4 体クーロン系の $m/M > 0.22$ における束縛機構では非断熱分極効果がその中核を担う**といってよい.

さて, I.4.4 節や I.4.6.4 項で議論したように, 一般に分極効果を特徴付ける物理量は 2 つあって, 一つは分極遷移の強さの尺度を与える振動子強度 $F_0$, もう一つは, 分極遷移する励起エネルギーの平均値 $\Omega_0$ である. そこで, 今の非断熱分極過程においてもこれらの物理量を定量的に評価したい. この評価のためには, 厳密にいえば, 式 (1.72) における 2 次の摂動エネルギー表式に現れるすべての励起状態の情報が必要になる. しかしながら, 現実には, たとえ 4 体クーロン系のような簡単な系でも, いくつかの代表的な励起状態について $\Psi_{\nu\lambda}(\boldsymbol{r},\boldsymbol{R})$

や $E_\lambda^{(\nu)}$ を具体的に得ること[22]がせいぜいできることであって，とてもすべての情報を得るすべもない．ただ，個別の $E_\lambda^{(\nu)}$ ではなく，平均励起エネルギー $\Omega_0$ を求めるためだけならば，次のような方法が考えられる．

まず，2次の摂動エネルギー表式の分母において，$E_\lambda^{(\nu)}$ を $\nu$ や $\lambda$ に依存しないある平均エネルギー $\langle E_\lambda^{(\nu)} \rangle$ にすべて置き換えよう．すると，$\Delta E_0$ は

$$\Delta E_0 \approx \sum_{\nu \neq 0} \sum_\lambda \frac{|\langle \Psi_{\nu\lambda}|F|\Psi_{00}\rangle|^2}{E_0^{(0)} - \langle E_\lambda^{(\nu)}\rangle} = \frac{\langle \Psi_{00}|F^2|\Psi_{00}\rangle - |\langle \Psi_{00}|F|\Psi_{00}\rangle|^2}{E_0^{(0)} - \langle E_\lambda^{(\nu)}\rangle} \quad (1.73)$$

のように近似される．そこで，式 (1.73) 右辺最終式の分母と分子を，それぞれ，$-\Omega_0^{(4\text{Body})}$ と $F_0^{(4\text{Body})}$ と書くと，$\Delta E_0 \approx -F_0^{(4\text{Body})}/\Omega_0^{(4\text{Body})}$ となる．ここで，**非断熱遷移振動子強度**と呼ぶべき $F_0^{(4\text{Body})}$ は

$$\begin{aligned}
F_0^{(4\text{Body})} = &\langle \phi_0^{(0)}|\langle \varphi_0|T_N^2|\varphi_0\rangle_e|\phi_0^{(0)}\rangle_p \\
&+ \frac{1}{M^2}\sum_{i,j=1}^{2}\Big\langle \phi_0^{(0)}\Big|\Big\langle \varphi_0\Big|\frac{\partial}{\partial \boldsymbol{R}_i}\Big(\frac{\partial}{\partial \boldsymbol{R}_j}\Big|\varphi_0\Big\rangle_e \cdot \frac{\partial}{\partial \boldsymbol{R}_j}\Big) \cdot \frac{\partial}{\partial \boldsymbol{R}_i}\Big|\phi_0^{(0)}\Big\rangle_p \\
&- \Big|\langle \phi_0^{(0)}|V_{\text{ac}}^{(0)}|\phi_0^{(0)}\rangle_p\Big|^2
\end{aligned} \quad (1.74)$$

のように書き下される．したがって，$\Psi_{00}(\boldsymbol{r},\boldsymbol{R})$ の情報さえあれば，モンテカルロ法による多重積分計算で $F_0^{(4\text{Body})}$ の具体的な値を得ることができる．一方，平均励起エネルギーである $\Omega_0^{(4\text{Body})}\,(=\langle E_\lambda^{(\nu)}\rangle - E_0^{(0)})$ は $\Delta E_0$ 自体は既に分かっているので，

$$\Omega_0^{(4\text{Body})} = -\frac{F_0^{(4\text{Body})}}{\Delta E_0} \quad (1.75)$$

の関係式から評価すればよい．

このようにして計算された $F_0^{(4\text{Body})}$ と $\Omega_0^{(4\text{Body})}$ の結果が $m/M$ の関数として図 1.11 にプロットされている．比較のために，この図には2体クーロン系における非断熱遷移振動子強度 $F_0^{(2\text{Body})}$ と平均励起エネルギー $\Omega_0^{(2\text{Body})}$ も破線で示されている．なお，簡単な計算から分かるように，これらは

$$F_0^{(2\text{Body})} = \left(\frac{m}{M}\right)^2 \quad \text{hartree}^2 \quad (1.76)$$

$$\Omega_0^{(2\text{Body})} = 2\left(1 + \frac{m}{M}\right) \quad \text{hartree} \quad (1.77)$$

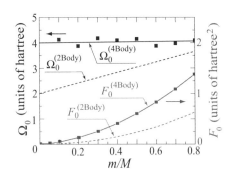

図 1.11  2体,および,4体クーロン系における非断熱遷移振動子強度 $F_0$ と平均励起エネルギー $\Omega_0$ の $m/M$ 依存性.

で与えられる.この $\Omega_0^{(2\text{Body})}$ の値 ($\approx 2$ hartree) は 2 体クーロン系の $-E_0^{\text{AA}}$ の値自体 ($\approx 0.5$ hartree) の約 4 倍なので,これは非断熱分極の主要遷移過程は連続状態への励起ということを意味する.同じ結論は 4 体クーロン系の平均励起エネルギー $\Omega_0^{(4\text{Body})}$ についてもいえる.なお,$\Omega_0^{(4\text{Body})}$ は $m/M$ にあまり依存せず,ほぼ 4 hartree で,$\Omega_0^{(2\text{Body})}$ の約 2 倍になっている.同様に,非断熱遷移振動子強度についても $F_0^{(4\text{Body})} \approx 2 F_0^{(2\text{Body})}$ であることは,非断熱分極束縛機構の強さは関与する粒子数にほぼ比例することを示唆しているようで,大変に興味深い.

### 1.1.10 非断熱相互分極束縛機構

前項では,式 (1.72) における 2 次摂動エネルギーの数学表現に基づいて,4 体クーロン系の $m/M > 0.22$ における束縛機構として非断熱分極効果を議論した.ここでは,今節全体のまとめも兼ねて,もっと物理的な観点から,特に 2 陽子間に働く引力機構という立場から,この機構を考察しよう.

まず,断熱極限 ($m/M \to 0$) から復習しよう.この場合,1.1.4 項で詳しく述べたように,2 つの陽子は化学結合という概念によって,すなわち,ごく簡単にいえば電子交換による電子糊で束縛状態を形成している.この化学結合の物理は断熱近似の波動関数 $\Psi_{00}(\boldsymbol{r}, \boldsymbol{R})$ でよく捉えられている.断熱極限から離れて $m/M$ を次第に大きくしていくと,1.1.5 項で指摘したように,陽子の量子振動でこの化学結合力は弱められ,ついには $m/M > 0.22$ で陽子間の束縛

状態を形成するほどに強い引力が得られなくなる．一方，$m/M$ を大きくするにつれて電子励起を必然的に伴う非断熱分極効果が増大してきて，それによって生み出される 2 陽子間引力は束縛状態を形成し得るほどに強められていく．

このように，$m/M$ の増大につれて 2 陽子間に働く主要引力機構が化学結合から非断熱分極へと移行していくが，この移行に際しての変化を具体的に観察するために，式 (1.59) で定義された陽子の角度平均対分布関数 $g_{MM}(R)$ に注目しよう．この $g_{MM}(R)$ の DMC による結果は既に図 1.8 に示した通りであり，これが化学結合機構と非断熱分極機構の両者が共に働いている場合の 2 陽子の分布状況を表している．

これに対して，化学結合機構だけが働いている場合の状況を知るには，定義式 (1.59) において厳密な基底状態 $\Psi_0(\boldsymbol{r},R)$ を断熱近似におけるそれ $\Psi_{00}(\boldsymbol{r},\boldsymbol{R})$ に置き換えて $g_{MM}(R)$ を計算すればよい．この断熱近似下における $g_{MM}(R)$（それを $g_{MM}^{\mathrm{AA}}(R)$ と書こう）は簡単な計算から

$$g_{MM}^{\mathrm{AA}}(R) = 4\pi |\phi_0^{(0)}(\boldsymbol{R})|^2 \tag{1.78}$$

であることが分かる．そして，これら 2 つの差，$g_{MM}(R) - g_{MM}^{\mathrm{AA}}(R)$，を調べれば，非断熱分極束縛機構が働いたときの 2 陽子間に働く引力の $\boldsymbol{R}$ 空間での性質が明瞭になる．

図 1.12 には，この差に $R^2$ の因子をかけたものが示されている．この図で $g_{MM}(R) > g_{MM}^{\mathrm{AA}}(R)$ になっている $R$ の領域では，非断熱電子分極によって誘

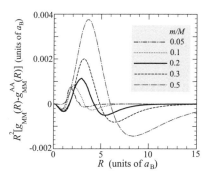

図 1.12　陽子の角度平均対相関関数における DMC の結果と断熱近似におけるそれとの差．見やすくするために，その差に $R^2$ をかけたものをプロットしている．$m/M$ は 0.05 から 0.5 の範囲で変化させている．

起された引力が2陽子間に有効に働いて，その距離で2陽子が見出される確率が増大したことを示唆している．特に，その差が最大になる距離は $R \approx R_e$ のところ（各 $m/M$ における $R_e = \langle R \rangle$ の値は図1.7を参照のこと）であり，その差の最大値は $m/M$ が増すにつれて急激に増大するので，誘起される引力も急激に深くなっていることが見て取れる．なお，$R$ が $R_e$ よりもずっと大きくなると，$g_{MM}(R) < g_{MM}^{AA}(R)$ であるので，この非断熱電子分極誘起引力は長距離的ではなく，短距離的であると理解される．また，$R \approx 0$ のところでもその差が負になっているが，これは非断熱電子分極誘起引力とは直接関係なく，断熱近似下での電子による陽子電荷の遮蔽効果が強すぎることに起因している．すなわち，断熱近似下では電子は陽子の量子振動に瞬時に反応するため，陽子間のクーロン斥力を素早く静電遮蔽するが，$m/M$ が大きくなると実際は電子の静電遮蔽はそれほどには完全でなくなり，それゆえ，$R \approx 0$ 付近の陽子間斥力は断熱近似下でのそれよりも強くなり，その結果，$g_{MM}(R) < g_{MM}^{AA}(R)$ となったのである．

この非断熱電子分極による陽子間引力発生機構をスケッチ風に解説すれば，次のようになろう．今，最適距離 $R_e$ だけ離れて存在していた2つの陽子が量子振動でその相対距離 $R$ が $R_e$ からずれたとする．もし，$m \ll M$ で断熱近似が成り立つとすると，電子系は即座に反応してこの新しい $R$ の状況における電子系の基底状態に移行する．しかし，$m \approx M$ のときは電子系は即座には反応できず，$R_e$ の状況下の基底状態に止まったままである．これは $R$ の状況で考えれば，電子系は励起状態にあることになり，電子系は分極している．そして，この電子分極によって陽子に働く力は（もともと，$R_e$ の状況での基底状態であったので）$R$ が $R_e$ に戻るような向きになる．これは陽子間距離を常に $R_e$ に留めるような復元力が働くことを意味する．特に，$R$ が決して $R_e$ を越えて無限大まで増大しないように働く力なので，陽子間に有効的に"引力"が働いていると見なすことができる．

これまでは電子分極による陽子間引力発生という立場で4体クーロン系の束縛状態を眺めてきたが，$m \approx M$ の場合，1.1.6項の最後でも触れたように，電子と陽子は対等で対称的な役割を果たしている．したがって，$m/M$ が約0.5を越えるときには，この束縛状態形成は電子間に非断熱陽子分極によって誘起さ

れた引力が働いたことによるものという見方でもよい．さらにいえば，電子と陽子のそれぞれが相互に他方の非断熱分極を引き起こしつつ束縛状態を形成したという見方が，とりわけ，$0.5 < m/M < 2$ の4体クーロン系において，一番正確なものと思われる．この点を考慮すれば，結局，**非断熱相互分極機構による束縛状態の形成**という概念で捉えるのがよかろう．

次章以降，超伝導を議論する際の中心課題は電子対形成機構，とりわけ，電子間引力発生機構である．その発生機構の一つはフォノン機構であり，これは電子間でフォノンを交換することによって誘起される引力を利用するものである．このフォノン交換という概念はイオン系の分極を媒介として電子間引力を考えるものなので，ここで議論した非断熱陽子分極誘起引力と基本的には同じものである．ただ，違いがあるとすれば，(次節以降詳しく解説するように) フォノンは固体結晶中での固有励起モードとして存在するものであるのに対して，非断熱陽子分極は何か特定の固有モードが効いているのではなく，局在的な励起遷移全般にかかわるものである．ちなみに，銅酸化物高温超伝導体の超伝導機構同定の試みに際して，アンダーソン (Anderson) は「電子間引力の発生に際して，何らかの固有モードの媒介（対形成のための糊：pairing glue）を必ずしも必要としない」ということを議論した[23]が，この非断熱陽子分極誘起引力機構は正にその一例となっている．

## 1.2 格子力学

### 1.2.1 断熱近似下の結晶格子の調和振動と動的行列

前節でみたように，電子の質量の約2千倍の質量を持つ陽子は言うに及ばず，電子の質量のわずか10倍程度の質量を持つ正孔を考えたとしても，断熱近似を用いれば，正孔のゼロ点振動を含む電子正孔系の基底状態エネルギーが十分な精度で求められる．したがって，陽子やそれよりもずっと重い原子核からなる結晶格子の格子振動を調べる際にも，まずはこの断熱近似から出発することは至極自然なことであろう．

そこで，1.1.2項に記された断熱近似の一般的な手順に沿って結晶格子系を取り扱おう．この手順では任意に原子核の配置状況 $\{\boldsymbol{R}_j\}$ を与えると，それに対応

して電子系の基底状態 $\varphi_0(\boldsymbol{r}:\boldsymbol{R}_j)$ やその基底状態エネルギー $\varepsilon_0(\boldsymbol{R}_j)$, そして，原子核に働く断熱ポテンシャル $V_{\rm ap}(\boldsymbol{R}_j)$ が求められる．今，この $V_{\rm ap}(\boldsymbol{R}_j)$ を最小にする原子核の配置が完全結晶固体であると仮定しよう．そして，I.2.4 節と同様に，この完全結晶の各格子点を $\boldsymbol{R}_j^0$ と書こう．ちなみに，この $\boldsymbol{R}_j^0$ は 3 つの基本並進ベクトル ($\boldsymbol{a}_1, \boldsymbol{a}_2, \boldsymbol{a}_3$) と単位胞中の原子核の位置 $\boldsymbol{d}_{j_0}$ (ここで，単位胞中の原子核の数を $n_i$ とすれば，$j_0 = 1, 2, \cdots, n_i$) を使えば，式 (I.2.62) のように，すなわち，$j_1, j_2, j_3$ を任意の整数として，

$$\boldsymbol{R}_j^0 = \boldsymbol{d}_{j_0} + j_1\boldsymbol{a}_1 + j_2\boldsymbol{a}_2 + j_3\boldsymbol{a}_3 \equiv \boldsymbol{d}_{j_0} + \boldsymbol{j} \equiv \boldsymbol{R}_{j_0\boldsymbol{j}} \tag{1.79}$$

のように表される．ここで，$\boldsymbol{j} = j_1\boldsymbol{a}_1 + j_2\boldsymbol{a}_2 + j_3\boldsymbol{a}_3$ である．

ところで，このポテンシャル $V_{\rm ap}(\boldsymbol{R}_j)$ に原子核の運動エネルギー $T_N$ の効果を加えると，各原子核の実際の位置 $\boldsymbol{R}_j$ はこの格子点 $\boldsymbol{R}_j^0$ から量子力学的に揺らぐ．その様子は原子核系を記述するシュレディンガー方程式 (1.4) を解くことによって決定される．しかるに，図 1.8 を参考にすれば，たとえ陽子であっても，この揺らぎによる各原子核位置の変動量 $\delta\boldsymbol{R}_j$ ($\equiv \boldsymbol{R}_j - \boldsymbol{R}_j^0 \equiv \delta\boldsymbol{R}_{j_0\boldsymbol{j}}$) は格子間隔に比べれば十分に小さく，原子核同士が量子振動によって入れ替わる効果は事実上無視してよいことになる．しかも，図 1.4 に示したように，そのゼロ点振動エネルギーは調和近似 (すなわち，変動 $\delta\boldsymbol{R}_j$ の 2 次まで考慮した近似) で十分な精度で得られることが分かっているので，陽子やそれよりもずっと重い原子核を対象とする限り，とりあえずは調和近似を採用して，理論を展開してよさそうである．この調和近似では，$V_{\rm ap}(\boldsymbol{R}_j)$ は

$$V_{\rm ap}(\boldsymbol{R}_j) = V_{\rm ap}(\boldsymbol{R}_j^0) + \frac{1}{2}\sum_{jj'}\frac{\partial^2 V_{\rm ap}}{\partial \boldsymbol{R}_j^0 \partial \boldsymbol{R}_{j'}^0}\delta\boldsymbol{R}_j\,\delta\boldsymbol{R}_{j'} \tag{1.80}$$

のように書き下せる．ここで，$V_{\rm ap}(\boldsymbol{R}_j)$ は $\boldsymbol{R}_j = \boldsymbol{R}_j^0$ で最小になるという条件から $V_{\rm ap}(\boldsymbol{R}_j^0)$ の 1 次微分の項はゼロであることに注意しよう．一方，運動エネルギー $T_N$ の方は，格子点 $\boldsymbol{R}_j^0$ の位置にある原子核の質量を $M_j$ とし，時間微分を慣例にならって上付きのドットで表すと，

$$T_N = \frac{1}{2}\sum_j M_j|\delta\dot{\boldsymbol{R}}_j|^2 \tag{1.81}$$

ということになり，力学変数 $\delta\boldsymbol{R}_j$ の運動を決定する問題は調和振動子のそれに

帰着されることになる.この調和振動子の場合,量子力学における解は(ゼロ点振動の存在を除けば)古典力学におけるそれと同等であることはよく知られている.そこで,本項,および,次項ではこの調和近似での格子振動の問題を古典力学を使って解析を進めていこう.

まず,古典解析力学の処方箋に従って $L \equiv T_N - V_{\mathrm{ap}}(\boldsymbol{R}_j)$ でラグランジアンを定義しよう.すると,その $L$ の停留条件から

$$\frac{d}{dt}\left(\frac{\partial L}{\partial \delta \dot{\boldsymbol{R}}_j}\right) - \frac{\partial L}{\partial \delta \boldsymbol{R}_j} = 0 \tag{1.82}$$

のオイラー–ラグランジェ方程式が導かれる.これは,今の場合,

$$M_j \delta \ddot{\boldsymbol{R}}_j = -\sum_{j'} \frac{\partial^2 V_{\mathrm{ap}}}{\partial \boldsymbol{R}_j^0 \partial \boldsymbol{R}_{j'}^0} \delta \boldsymbol{R}_{j'} \tag{1.83}$$

という $\delta \boldsymbol{R}_j$ を決定する古典力学的な運動方程式に還元されるが,式 (1.79) で定義された $\boldsymbol{R}_{j_0 j}$ の記法を用い,$\delta \boldsymbol{R}_j$ を $\delta \boldsymbol{R}_{j_0 j}$ と表し,そして,$M_j$ は結局のところ $j_0$ のみに依存するので,単に $M_{j_0}$ と書くと,式 (1.83) は

$$M_{j_0} \delta \ddot{\boldsymbol{R}}_{j_0 \boldsymbol{j}} = -\sum_{j'_0 \boldsymbol{j}'} \frac{\partial^2 V_{\mathrm{ap}}}{\partial \boldsymbol{R}_{j_0 \boldsymbol{j}} \partial \boldsymbol{R}_{j'_0 \boldsymbol{j}'}} \delta \boldsymbol{R}_{j'_0 \boldsymbol{j}'} \equiv -\sum_{j'_0 \boldsymbol{j}'} \Phi_{j_0 \boldsymbol{j}, j'_0 \boldsymbol{j}'} \delta \boldsymbol{R}_{j'_0 \boldsymbol{j}'} \tag{1.84}$$

のように書き直すことができる.なお,ここで出てきた $V_{\mathrm{ap}}(\boldsymbol{R}_{j_0 \boldsymbol{j}})$ の 2 階微分 $\Phi_{j_0 \boldsymbol{j}, j'_0 \boldsymbol{j}'}$ は復元力テンソルと呼ばれている.

さて,完全結晶の断熱ポテンシャル $V_{\mathrm{ap}}(\boldsymbol{R}_{j_0 \boldsymbol{j}})$ やその 2 階微分である復元力テンソルは結晶の並進対称性を満たす.そして,$\Phi_{j_0 \boldsymbol{j}, j'_0 \boldsymbol{j}'}$ は $\boldsymbol{j}$ や $\boldsymbol{j}'$ の絶対座標に個別に依存せず,その相対座標 $\boldsymbol{j}' - \boldsymbol{j}$ にのみ依存するので,

$$\Phi_{j_0 \boldsymbol{j}, j'_0 \boldsymbol{j}'} = \Phi_{j_0 \mathbf{0}, j'_0 \boldsymbol{j}' - \boldsymbol{j}} \equiv \Phi_{j_0, j'_0}(\boldsymbol{j}' - \boldsymbol{j}) \tag{1.85}$$

と書くことができる.すると,式 (1.84) は周期ポテンシャル中の典型的な固有値問題であることが分かる.そして,この種の固有値問題に対してはブロッホの定理が適用可能で,その定理によれば,式 (1.84) の固有関数系は第 1 ブリルアン帯中の任意の波数 $\boldsymbol{q}$ のそれぞれに対して結晶中を $\boldsymbol{j}$ だけ位置ベクトルを並進させることに伴って $\delta \boldsymbol{R}_{j_0 \boldsymbol{j}}$ の解には $e^{i \boldsymbol{q} \cdot \boldsymbol{j}}$ の位相因子が付くことになる.すなわち,

$$\delta \boldsymbol{R}_{j_0 \boldsymbol{j}} = e^{i \boldsymbol{q} \cdot \boldsymbol{j} - i \omega t} \delta \boldsymbol{R}_{j_0 \mathbf{0}}(\boldsymbol{q}) \equiv e^{i \boldsymbol{q} \cdot \boldsymbol{j} - i \omega t} \boldsymbol{u}_{j_0}(\boldsymbol{q}) / \sqrt{M_{j_0}} \tag{1.86}$$

という形に固有関数を書き上げられる．ここで，時間依存性についてはフーリエ変換の各振動数成分について考えるという立場から $e^{-i\omega t}$ の形を考慮している．この式 (1.86) を式 (1.84) に代入し，両辺を $\sqrt{M_{j_0}}$ で割ると，

$$\omega^2 \, \boldsymbol{u}_{j_0}(\boldsymbol{q}) = \sum_{j_0' \boldsymbol{j}'} \frac{\Phi_{j_0,j_0'}(\boldsymbol{j}'-\boldsymbol{j})}{\sqrt{M_{j_0} M_{j_0'}}} \, e^{i\boldsymbol{q}\cdot(\boldsymbol{j}'-\boldsymbol{j})} \, \boldsymbol{u}_{j_0'}(\boldsymbol{q})$$

$$= \sum_{j_0'} \boldsymbol{D}_{j_0,j_0'}(\boldsymbol{q}) \, \boldsymbol{u}_{j_0'}(\boldsymbol{q}) \tag{1.87}$$

という固有値方程式が得られる．ここで，$\boldsymbol{D}_{j_0,j_0'}(\boldsymbol{q})$ は

$$\boldsymbol{D}_{j_0,j_0'}(\boldsymbol{q}) \equiv \sum_{\boldsymbol{j}} e^{i\boldsymbol{q}\cdot\boldsymbol{j}} \, \frac{\Phi_{j_0,j_0'}(\boldsymbol{j})}{\sqrt{M_{j_0} M_{j_0'}}} \tag{1.88}$$

という定義で導入されたもので，**動的行列** (Dynamical Matrix) と呼ばれる $3n_0 \times 3n_0$ 次元の行列である．

以上の議論をまとめると，結晶中の単位胞の数を $N_a$ とすれば，第1ブリルアン帯中の波数 $\boldsymbol{q}$ は $N_a$ 個あり，そのそれぞれに対して，この $\boldsymbol{D}_{j_0,j_0'}(\boldsymbol{q})$ を $V_{\mathrm{ap}}(\boldsymbol{R}_{j_0 \boldsymbol{j}})$ の情報から計算し，それを使って $3n_0 \times 3n_0$ 次元行列の固有値方程式 (1.87) を解く．そして，得られた固有値 $\omega_{\boldsymbol{q}\lambda}^2$ から結晶格子の基準振動のエネルギー分散関係 $\omega_{\boldsymbol{q}\lambda}$ が決定される．ここで，$\lambda$ は単位胞中の原子核の基準振動モードを指定していて，$\lambda = 1, 2, \cdots, 3n_0$ である．同時に，各固有値 $\omega_{\boldsymbol{q}\lambda}^2$ に対応して規格化された固有ベクトル $\boldsymbol{e}_{j_0}(\boldsymbol{q},\lambda)$ が決まる．この規格化ベクトルは**分極ベクトル**と呼ばれ，基準振動モードの分極方向を指定する．なお，各格子点での変位量 $\delta\boldsymbol{R}_{j_0\boldsymbol{j}}$ が実数であることから，$\boldsymbol{e}_{j_0}(\boldsymbol{q},\lambda)^* = \boldsymbol{e}_{j_0}(-\boldsymbol{q},\lambda)$ という関係式が満たされる．また，解全体の正規直交性や完全性から，

$$\sum_{j_0} \boldsymbol{e}_{j_0}(\boldsymbol{q},\lambda)^* \cdot \boldsymbol{e}_{j_0}(\boldsymbol{q},\lambda') = \delta_{\lambda\lambda'} \tag{1.89}$$

$$\sum_{\lambda} e_{j_0'}^{\alpha'}(\boldsymbol{q},\lambda)^* e_{j_0}^{\alpha}(\boldsymbol{q},\lambda) = \delta_{j_0 j_0'} \delta_{\alpha\alpha'} \tag{1.90}$$

という関係式が成り立つ．なお，$e_{j_0}^{\alpha}(\boldsymbol{q},\lambda)$ はベクトル $\boldsymbol{e}_{j_0}(\boldsymbol{q},\lambda)$ の $\alpha$ $(= x, y, z)$ 成分である．

ちなみに，固有値方程式 (1.87) の固有値はすべてゼロ以上と仮定して，$\omega_{\boldsymbol{q}\lambda}^2$ と書いてきたが，実際の計算では負の固有値が存在するときがある．その場合，

式 (1.80) に戻ってこの状況の物理的な意味を考えてみると，そのような負の固有値に対応する格子変位 $\delta\bm{R}_{j_0j}$ が大きくなればなるほど，系の全エネルギーが下がることになる．これは，負の固有値が1つでもあれば，$\delta\bm{R}_{j_0j}$ が不定になる，すなわち，元々仮定した結晶格子が不安定であることを意味する．逆の見方をすれば，結晶格子の安定性（少なくとも，格子の局所的な変位に対しての準安定性）は固有値方程式 (1.87) の固有値の符号解析から議論できるということになる．

### 1.2.2 長波長音波と弾性体力学

物理的な直感からも明らかなように，前項で議論された固有格子振動のうちでその波長が単位胞のサイズよりもずっと大きく，しかも，単位胞中のすべての原子がほぼ同じ変位を示すような振動は固体を連続弾性体と考えた場合の音波に還元して考えられよう．

この連続弾性体への還元を具体的に導くためには，式 (1.84) に戻り，$\delta\bm{R}_{j_0j}$ は $j_0$ に依存せずに空間位置の変数 $\bm{x}$ の関数として緩やかに変化する（ベクトルの）ある関数 $\bm{u}(\bm{x})$ を用いて，

$$\delta\bm{R}_{j_0j} \approx \bm{u}(\bm{j}) \tag{1.91}$$

と近似し，その後，式 (1.84) において $j_0$ について和を取ろう．そして，そのようにして得られた方程式の両辺を単位胞の体積 $\Omega_{\text{cell}}$ で割ると，

$$\rho\,\ddot{\bm{u}}(\bm{j}) = -\sum_{\bm{j}'}\tilde{\Phi}(\bm{j}'-\bm{j})\,\bm{u}(\bm{j}') \tag{1.92}$$

が得られる．ここで，$\rho\ (\equiv \sum_{j_0} M_{j_0}/\Omega_{\text{cell}})$ は質量密度であり，また，$\tilde{\Phi}(\bm{j}'-\bm{j})$ は復元力テンソルの単位胞内での平均量であって，

$$\tilde{\Phi}(\bm{j}'-\bm{j}) \equiv \frac{1}{\Omega_{\text{cell}}}\sum_{j_0 j_0'}\Phi_{j_0,j_0'}(\bm{j}-\bm{j}) \tag{1.93}$$

のように定義されている．そこで，$\bm{u}(\bm{j}')$ を

$$\bm{u}(\bm{j}') = \bm{u}(\bm{j}+\bm{j}'-\bm{j}) \approx \bm{u}(\bm{j}) + \sum_{\beta=x,y,z}\frac{\partial \bm{u}(\bm{j})}{\partial j_\beta}(j'_\beta - j_\beta)$$
$$+ \frac{1}{2}\sum_{\beta,\beta'=x,y,z}\frac{\partial^2 \bm{u}(\bm{j})}{\partial j_\beta \partial j_{\beta'}}(j'_\beta - j_\beta)(j'_{\beta'} - j_{\beta'}) + \cdots \tag{1.94}$$

のように展開して式 (1.92) の右辺に代入しよう．すると，$u(j') = u(j)$ とおいた展開の第ゼロ次項は復元力テンソルの和を全格子点で取った因子を含むことになるが，その因子はゼロなので，このゼロ次項の寄与は消える．ちなみに，復元力テンソルという内力の総和は系が安定である限り，ゼロでなければならない．あるいは，全格子点を一定の大きさだけ一斉に平行移動しても力は働かないといってもよいが，いずれにしても，

$$\sum_{j'_0 j'} \Phi_{j_0,j'_0}(j'-j) = 0 \tag{1.95}$$

が成り立つ．また，式 (1.94) の展開の 1 次の項を代入しても $j'$ の和を取る際に，$j'-j$ の項とそれを空間反転した $j-j'$ の項を組み合わせて和を取ると，完全にキャンセルしてしまうので，この 1 次項の寄与も消える．この結果，式 (1.94) の展開における第 2 次項が式 (1.92) の右辺の主要な寄与を与えることになる．そして，ベクトル $u$ の各成分 $u_\alpha$ ($\alpha = x, y, z$) について，式 (1.92) は

$$\rho \ddot{u}_\alpha(\boldsymbol{x}) = \sum_{\beta\alpha'\beta'} C_{\alpha\beta\alpha'\beta'} \frac{\partial^2 u_{\alpha'}(\boldsymbol{x})}{\partial x_\beta \partial x_{\beta'}} \tag{1.96}$$

と書き換えられる．ここで，$C_{\alpha\beta\alpha'\beta'}$ は

$$C_{\alpha\beta\alpha'\beta'} \equiv -\frac{1}{2\Omega_{\text{cell}}} \sum_{j_0 j'_0 j'} \Phi^{\alpha\alpha'}_{j_0,j'_0}(j'-j)(j'_\beta - j_\beta)(j'_{\beta'} - j_{\beta'}) \tag{1.97}$$

のように定義されている．この中で，$\Phi^{\alpha\alpha'}_{j_0,j'_0}(j'-j)$ は $V_{\text{ap}}(\boldsymbol{R}_j)$ が与えられれば，それを $(\boldsymbol{R}_j)_\alpha$ と $(\boldsymbol{R}_{j'})_{\alpha'}$ について 2 階微分することによって得られるもので，それを使うと，この係数 $C_{\alpha\beta\alpha'\beta'}$ は微視的に計算できることになる．なお，これまでは $u$ は格子点 $j$ における関数として式の導出を行ってきたが，$u$ 自体は単位胞の大きさに比べて十分に緩やかに変化するものなので，$j$ を格子点と考えずに連続弾性体中の位置 $\boldsymbol{x}$ の関数として，点 $\boldsymbol{x}$ における変位ベクトル $u(\boldsymbol{x})$ であると見なし，その立場から，方程式 (1.96) では $u$ の変数を既に $j$ から $\boldsymbol{x}$ に書き換えている．

ところで，式 (1.96) の意味を吟味するために，これを

$$\rho \ddot{u}_\alpha = \sum_\beta \frac{\partial \sigma_{\alpha\beta}}{\partial x_\beta} \tag{1.98}$$

のように書き直そう．すると，連続媒質の古典力学[24]を参考にすれば，これは弾性媒質中の断熱的な運動を決定する方程式の基本形であることが分かる．ここで，$\sigma_{\alpha\beta}$ は応力テンソルであり，これは

$$\sigma_{\alpha\beta} = \sum_{\alpha'\beta'} C_{\alpha\beta\alpha'\beta'}\, \varepsilon_{\alpha'\beta'} \tag{1.99}$$

という関係式で歪みテンソル $\varepsilon_{\alpha\beta}$

$$\varepsilon_{\alpha\beta} = \frac{1}{2}\left(\frac{\partial u_\alpha}{\partial x_\beta} + \frac{\partial u_\beta}{\partial x_\alpha}\right) \tag{1.100}$$

と結びついている．連続弾性体の物理では，この式 (1.99) に現れる係数 $C_{\alpha\beta\alpha'\beta'}$ は弾性率テンソルと呼ばれているものであるので，式 (1.97) はこの巨視的な物理量 $C_{\alpha\beta\alpha'\beta'}$ を微視的に計算する際の公式を与えていることが分かる．なお，この弾性率テンソルの各成分は結晶の対称操作によってお互いに変換するので，結晶の対称性によって独立な成分数には強い制限がかかる．実際，一番対称性の低い三斜晶系では独立な成分の数は 21 個であるのに対し，一番対称性の高い立方晶系ではそれはわずか 3 個に減少する．数値計算的には，対象とする結晶構造に対して歪みをいろいろに与えて，その結果生じる応力テンソルをそれぞれの場合に計算する．そして，これらの結果を関係式 (1.99) を使って整理することによって弾性率テンソルが得られる．

式 (1.98) の具体的な解の例を与えるために，立方晶系よりもさらに対称性の高い等方的で均一な媒質を考えてみよう．この場合，弾性率テンソルのすべての成分は圧縮率 $\kappa$ と剪断率 $\mu$ の 2 つを用いて記述できる．なお，圧縮率は I.4.2.1 項をはじめとしてこれまでに何度も解説してきたように，体積変化を伴う歪みを記述するものである．他方，体積変化を伴わない変形歪みは剪断歪み (shearing strain) と呼ばれ，その歪みに伴う自由エネルギーの増加量を記述する比例係数が剪断率 $\mu$ である．そして，応力テンソルは

$$\sigma_{\alpha\beta} = \kappa^{-1}\delta_{\alpha\beta}\,\mathrm{div}\,\boldsymbol{u} + 2\mu\left(\varepsilon_{\alpha\beta} - \frac{1}{3}\delta_{\alpha\beta}\,\mathrm{div}\,\boldsymbol{u}\right) \tag{1.101}$$

で与えられる．したがって，式 (1.98) は

$$\rho\ddot{\boldsymbol{u}} = \mu\Delta\boldsymbol{u} + \left(\kappa^{-1} + \frac{1}{3}\mu\right)\mathrm{grad}\,\mathrm{div}\,\boldsymbol{u} \tag{1.102}$$

という形に還元される．そこで，ベクトル解析の知識を活用して，変位ベクトル $\bm{u}$ を分解して，$\bm{u} = \bm{u}_L + \bm{u}_T$ の形に書こう．ここで，$\bm{u}_L$ は $\mathrm{rot}\,\bm{u}_L = 0$ で剪断歪みのない変位の成分，$\bm{u}_T$ は $\mathrm{div}\,\bm{u}_T = 0$ で体積変化を伴わない変位の成分である．すると，式 (1.102) から，$\bm{u}_L$ と $\bm{u}_T$ は，それぞれ，

$$\ddot{\bm{u}}_L - c_L^2 \Delta \bm{u}_L = 0, \quad \ddot{\bm{u}}_T - c_T^2 \Delta \bm{u}_T = 0 \tag{1.103}$$

を満たすことが分かるが，これらは音波の伝搬方程式である．ここで，音速 $c_L$ と $c_T$ は

$$c_L = \sqrt{\frac{3\kappa^{-1} + 4\mu}{3\rho}}, \quad c_T = \sqrt{\frac{\mu}{\rho}} \tag{1.104}$$

で与えられている．このように，体積変化を伴う $\bm{u}_L$ で表される音波は進行方向に疎密波が立つ**縦波音波**であり，その速度 $c_L$ は体積変化を伴わず進行方向に垂直に振動する $\bm{u}_T$ で表される**横波音波**の音速 $c_T$ よりも大きく，実際，式 (1.104) から $c_L/c_T = \sqrt{1/(\kappa\mu) + 4/3} \geq \sqrt{4/3}$ であることが分かる．

立方晶系においては方程式 (1.102) はもう少し複雑な形に変わる．弾性率テンソルの 3 成分（$C_{11}$, $C_{12}$, $C_{44}$）を用いると，$\bm{u}$ の $x$ 成分 $u_x$ は

$$\rho \ddot{u}_x = C_{11} \frac{\partial u_x}{\partial x^2} + C_{44} \left( \frac{\partial u_x}{\partial y^2} + \frac{\partial u_x}{\partial z^2} \right)$$
$$+ (C_{12} + C_{44}) \left( \frac{\partial u_x}{\partial x \partial y} + \frac{\partial u_x}{\partial x \partial z} \right) \tag{1.105}$$

という方程式を満たす．$u_y$ や $u_x$ を決定する方程式は方程式 (1.105) で $x$, $y$, $z$ を循環的に変換すれば得られる．これらの方程式から，音波の進行方向が [100] の場合，縦波の音速 $c_L$ と横波の音速 $c_T$ は，それぞれ，

$$c_L = \sqrt{\frac{C_{11}}{\rho}}, \quad c_T = \sqrt{\frac{C_{44}}{\rho}} \tag{1.106}$$

であることが分かる．また，進行方向が [111] の場合，縦波の音速 $c_L$ と横波の音速 $c_T$ は，それぞれ，

$$c_L = \sqrt{\frac{C_{11} + 2C_{12} + 4C_{44}}{3\rho}}, \quad c_T = \sqrt{\frac{C_{11} - C_{12} + C_{44}}{3\rho}} \tag{1.107}$$

である．最後に進行方向が [110] の場合，進行方向に垂直な平面内での空間等方性が破れているため，横波音波は縮退せず，2 つの音速が存在する．そして，

この場合の縦波の音速 $c_L$ や横波の音速, $c_T$ と $c_{T'}$, は, それぞれ,

$$c_L = \sqrt{\frac{C_{11}+C_{12}+2C_{44}}{2\rho}}, \quad c_T = \sqrt{\frac{C_{44}}{\rho}}, \quad c_{T'} = \sqrt{\frac{C_{11}-C_{12}}{2\rho}} \quad (1.108)$$

で与えられる. なお, 式 (1.106)〜(1.108) を式 (1.104) と比較すると, 均一等方媒質を立方晶系弾性体の一種と見なす観点からは, $C_{11} = \kappa^{-1} + 4\mu/3$, $C_{12} = \kappa^{-1} - 2\mu/3$, $C_{44} = \mu$ ということになる.

### 1.2.3 格子振動の量子化とフォノンの導入

さて, これまで調和近似下の格子振動を古典力学で取り扱ってきたが, 調和振動子の場合, これの量子化は容易であり, 初等量子力学の代表的な問題としてほとんどすべての教科書[2]で詳細に解説されている. そこで, この量子化の手続きを詳しく述べないで, その結果だけを取りまとめておこう.

まず, $\delta \boldsymbol{R}_{j_0 \boldsymbol{j}}$ は $\omega_{\boldsymbol{q}\lambda}$ や $\boldsymbol{e}_{j_0}(\boldsymbol{q}, \lambda)$, そして, 単位胞の数 $N_a$ を使うと,

$$\delta \boldsymbol{R}_{j_0 \boldsymbol{j}} = \sum_{\boldsymbol{q}\lambda} \sqrt{\frac{1}{2M_{j_0}\omega_{\boldsymbol{q}\lambda}N_a}} (b_{\boldsymbol{q}\lambda} + b^+_{-\boldsymbol{q}\lambda}) \boldsymbol{e}_{j_0}(\boldsymbol{q},\lambda) e^{i\boldsymbol{q}\cdot\boldsymbol{j}} \quad (1.109)$$

で与えられる. これに対応して, この一般座標演算子 $\delta \boldsymbol{R}_{j_0 \boldsymbol{j}}$ に共役な運動量演算子 $\boldsymbol{P}_{j_0 \boldsymbol{j}}$ は

$$\boldsymbol{P}_{j_0 \boldsymbol{j}} = -i \sum_{\boldsymbol{q}\lambda} \sqrt{\frac{M_{j_0}\omega_{\boldsymbol{q}\lambda}}{2N_a}} (b_{\boldsymbol{q}\lambda} - b^+_{-\boldsymbol{q}\lambda}) \boldsymbol{e}_{j_0}(\boldsymbol{q},\lambda) e^{i\boldsymbol{q}\cdot\boldsymbol{j}} \quad (1.110)$$

で与えられる. ここで, 第2量子化された消滅演算子 $b_{\boldsymbol{q}\lambda}$ や生成演算子 $b^+_{\boldsymbol{q}\lambda}$ は一般座標とその共役運動量の間に成り立つ交換関係 $[\delta \boldsymbol{R}_{j_0 \boldsymbol{j}}, \boldsymbol{P}_{j'_0 \boldsymbol{j}'}] = i\delta_{j_0 j'_0}\delta_{\boldsymbol{j}\boldsymbol{j}'}$ を満たすために

$$[b_{\boldsymbol{q}\lambda}, b_{\boldsymbol{q}'\lambda'}] = [b^+_{\boldsymbol{q}\lambda}, b^+_{\boldsymbol{q}'\lambda'}] = 0, \quad [b_{\boldsymbol{q}\lambda}, b^+_{\boldsymbol{q}'\lambda'}] = \delta_{\boldsymbol{q}\boldsymbol{q}'}\delta_{\lambda\lambda'} \quad (1.111)$$

というボーズ粒子の交換関係を満たさねばならない.

ちなみに, 今の近似では原子核同士の直接的な交換は考えていないので, 格子振動を量子化したときに出てくる粒子の統計性は元の原子核の統計性とは全く関係はない. そして, 振動の振幅は制限なく大きくなり得るので, それを記述するためには各量子状態の粒子の占有数に制限をつけられず, それゆえ, 常

にボゾンということになる．この $b_{\bm{q}\lambda}$ や $b_{\bm{q}\lambda}^+$ で記述されるボゾンはフォノン (phonon) と呼ばれる．また，熱平衡状態にある結晶中では，このフォノンの全数を外部から指定することはできない．これを自由エネルギー $F$ の観点からいえば，$F$ を指定する主変数の一つとして（全原子核数や全電子数とは違って）全フォノン数 $N_{ph}$ を選ぶことはできず，$N_{ph}$ 自体は主変数の下で最適化されているということになる．すなわち，常に $\partial F/\partial N_{ph} = 0$ であることを意味する．しかるに，一般に，$F$ が与えられた場合，化学ポテンシャル $\mu$ は $\mu = \partial F/\partial N$ から決められることになる．したがって，フォノンの場合，その化学ポテンシャル $\mu_{ph}$ は常にゼロ（$\mu_{ph} = \partial F/\partial N_{ph} = 0$）ということになる．

ここで導入されたフォノン演算子を用いると，全フォノン系のハミルトニアン $H_{ph}$ は

$$H_{ph} = V_{\rm ap}(\bm{R}_{j_0 \bm{j}}) + \sum_{\bm{q}\lambda}\omega_{\bm{q}\lambda}\left(b_{\bm{q}\lambda}^+ b_{\bm{q}\lambda} + \frac{1}{2}\right) \equiv E_0 + \sum_{\bm{q}\lambda}\omega_{\bm{q}\lambda} b_{\bm{q}\lambda}^+ b_{\bm{q}\lambda} \quad (1.112)$$

のように対角化された表現で与えられる．なお，式 (1.112) 右辺の最終式に現れる定数 $E_0$ は断熱ポテンシャルエネルギー $V_{\rm ap}(\bm{R}_{j_0 \bm{j}})$ にフォノンのゼロ点振動エネルギー $\sum_{\bm{q}\lambda}\omega_{\bm{q}\lambda}/2$ を加えたもので，格子の調和振動効果を含む断熱近似下での全基底状態エネルギーを与えている．

### 1.2.4 イオン間2体相互作用総和系におけるフォノン

これまで紹介してきた調和近似では，結局のところ，式 (1.88) で定義され，$V_{\rm ap}(\bm{R}_j)$ の2階微分から各成分が計算される動的行列が与えられれば，フォノンの各基準モードでの具体的な原子核の運動状態とその基準振動エネルギーが分かることになる．しかるに，動的行列は $V_{\rm ap}(\bm{R}_j)$ の2階微分から決まるので，必ずしも $V_{\rm ap}(\bm{R}_j)$ の中の主要項が動的行列でも主要項になるとは限らないことに注意すべきである．すなわち，$V_{\rm ap}(\bm{R}_j)$ の中ではそれほど大きな寄与ではないとしても，$\bm{R}_j$ を $\bm{R}_j^0$ から少し変化させたときに急激に $V_{\rm ap}(\bm{R}_j)$ を変化させるものが重要になる．これは関係する電子の波動関数でいえば，内殻電子のように原子核のイオン半径程度の拡がりで局在している電子系が関与する原子核間相互作用があれば，それは動的行列に大きく寄与するだろうと予想され，逆に，遍歴している価電子系が関与している原子核間相互作用は動的行列にあ

まり大きな寄与はしないのではないかと考えられる.

ところで, I.2.4.1項で解説したように内殻電子と原子核を一体のものと考えてイオンという概念で捉えると, たとえば, イオン性絶縁体結晶の場合, $V_{\rm ap}(\boldsymbol{R}_j)$ における $\boldsymbol{R}_j$ の主要な寄与はイオン間の2体相互作用の総和として与えられる. すなわち, $V_{\rm ap}(\boldsymbol{R}_j)$ は

$$V_{\rm ap}(\boldsymbol{R}_j) \approx V_{\rm ap}^{(0)} + V_{\rm ap}^{(2)}(\boldsymbol{R}_j) \equiv V_{\rm ap}^{(0)} + \frac{1}{2}\sum_{j \neq j'} \phi_{j_0 j'_0}(\boldsymbol{R}_j - \boldsymbol{R}_{j'}) \quad (1.113)$$

のように, $|\boldsymbol{R}_j - \boldsymbol{R}_{j'}|$ に依存しない(といっても, その大きさ自体は必ずしも小さくはない)エネルギー部分 $V_{\rm ap}^{(0)}$ と2体のイオン間相互作用 $\phi_{j_0 j'_0}(\boldsymbol{R}_j - \boldsymbol{R}_{j'})$ の総和の部分 $V_{\rm ap}^{(2)}(\boldsymbol{R}_j)$ から成り立つ. なお, 通常のバンド計算の手法で求められるポテンシャルは $V_{\rm ap}(\boldsymbol{R}_j)$ ではなく, ボルン–オッペンハイマーの断熱ポテンシャル $\varepsilon_0(\boldsymbol{R}_j)$ であるので, ほとんどの場合, $V_{\rm ap}(\boldsymbol{R}_j)$ を $\varepsilon_0(\boldsymbol{R}_j)$ で代用することになる. ちなみに, 前節の議論を参考にすれば, 陽子(水素原子核)やアルファー粒子(ヘリウム原子核)を取り扱うのでない限り, $V_{\rm ap}(\boldsymbol{R}_j) \approx \varepsilon_0(\boldsymbol{R}_j)$ は大変よい近似と考えられよう. そこで, 今後, $V_{\rm ap}(\boldsymbol{R}_j)$ を $\varepsilon_0(\boldsymbol{R}_j)$ と同等と考えよう.

さて, イオン間2体相互作用の総和で捉えられるこの状況は想像以上にずっと広く現れる. むしろ, これは特殊ではなく, かなり一般的な状況である. 実際, イオン結晶からはほど遠く, 価電子系が重要な役割を演じていて, とてもイオン間2体相互作用の総和系とは考えられないアルカリ金属においても, I.6.2.2項の式 (6.26) で示したように, $V_{\rm ap}(\boldsymbol{R}_j)$ は式 (1.113) の形に取りまとめられて, その際, $\phi_{j_0 j'_0}(\boldsymbol{R})$ の具体的な形は式 (I.6.32) に示されている. すなわち, この系での $\phi_{j_0 j'_0}(\boldsymbol{R})$ は単位胞中のイオンの数は1 ($n_i = 1$) なので, $\phi_{j_0 j'_0}(\boldsymbol{R})$ は一種類のポテンシャル $\phi(\boldsymbol{R})$ に還元され, それは

$$\phi(\boldsymbol{R}) = \sum_{\boldsymbol{q}} e^{i\boldsymbol{q}\cdot\boldsymbol{R}} \phi(\boldsymbol{q}) \quad (1.114)$$

というフーリエ変換の形で書くと, $\phi(\boldsymbol{q})$ は

$$\phi(\boldsymbol{q}) = \phi(q) \equiv \frac{V(\boldsymbol{q})}{1 + V(\boldsymbol{q})\Pi(\boldsymbol{q},0)} Z_i^2 \cos^2(qr_c) \quad (1.115)$$

で与えられる. ここで, $\Omega_t$ を系の全体積として $V(\boldsymbol{q}) = 4\pi e^2/\Omega_t \boldsymbol{q}^2$ であり,

$\Pi(\boldsymbol{q},0)$ は価電子系を一様密度の電子ガス系と見なした場合の静的な（RPA 近似のものではなく，電子ガス系における正確な）分極関数．そして，$r_c$ は電荷が $+Z_i e$ の金属イオンの擬ポテンシャルをアッシュクロフトの空芯ポテンシャル（式 (I.2.98) を参照のこと）で近似した場合の空芯半径である．なお，$n_i = 1$ なので，イオンの総数は格子点の総数 $N_a$ と等しく，また，全価電子数は $Z_i N_a$ である．そして，空間の全体積 $\Omega_t$ は $\Omega_t = N_a \Omega_{\text{cell}}$ である．もちろん，このアルカリ金属でイオン間 2 体相互作用の総和としてうまく捉えられる理由は，数学的には，擬ポテンシャルが弱くて電子イオン相互作用の 2 次摂動で精度よく全エネルギーが計算されるからである．

そこで，$n_i = 1$ で $V_{\text{ap}}^{(2)}(\boldsymbol{R_j})$ が

$$V_{\text{ap}}^{(2)}(\boldsymbol{R_j}) = \frac{1}{2} \sum_{\boldsymbol{j} \neq \boldsymbol{j'}} \phi(\boldsymbol{R_j} - \boldsymbol{R_{j'}}) \tag{1.116}$$

で与えられている場合の動的行列の性質とそれから導かれるフォノンの状況を調べておこう．まず，式 (1.116) に $\boldsymbol{R_j} = \boldsymbol{j} + \delta\boldsymbol{R_j}$ を代入して，$\delta\boldsymbol{R_j}$ について 2 次まで展開すると，

$$\begin{aligned}V_{\text{ap}}^{(2)}(\boldsymbol{R_j}) &= \frac{1}{2} \sum_{\boldsymbol{j} \neq \boldsymbol{j'}} \phi(\boldsymbol{j} - \boldsymbol{j'} + \delta\boldsymbol{R_j} - \delta\boldsymbol{R_{j'}}) \\ &\approx \frac{N}{2} \sum_{\boldsymbol{j} \neq 0} \phi(\boldsymbol{j}) + \frac{1}{2} \sum_{\boldsymbol{j}\boldsymbol{j'}} (\delta\boldsymbol{R_j} - \delta\boldsymbol{R_{j'}}) \cdot \nabla \phi(\boldsymbol{j} - \boldsymbol{j'}) \\ &\quad + \frac{1}{4} \sum_{\boldsymbol{j}\boldsymbol{j'}} \Big[(\delta\boldsymbol{R_j} - \delta\boldsymbol{R_{j'}}) \cdot \nabla\Big]^2 \phi(\boldsymbol{j} - \boldsymbol{j'}) \end{aligned} \tag{1.117}$$

となる．ここで，展開の 1 次以上の項では，和の制限がなくなっているが，これは $\boldsymbol{j} = \boldsymbol{j'}$ では $\delta\boldsymbol{R_j} - \delta\boldsymbol{R_{j'}} = \boldsymbol{0}$ なので，和に $\boldsymbol{j} \neq \boldsymbol{j'}$ という制限を特に課す必要はないことを考慮している．すると，1 次の項は

$$\sum_{\boldsymbol{j'}} \nabla \phi(\boldsymbol{j} - \boldsymbol{j'}) \tag{1.118}$$

に比例するようになり，これは空間反転対称性からゼロになる．したがって，1 次の項は寄与しない．次に，2 次の項については，その和において，添え字を入れ替えるだけで同じ寄与に還元される項をまとめ上げ，整理すると，復元力テンソル $\Phi(\boldsymbol{j'} - \boldsymbol{j})$ の表式が得られる．具体的には，その成分 $\Phi^{\alpha\alpha'}(\boldsymbol{j'} - \boldsymbol{j})$

$(\alpha, \alpha' = x, y, z)$ は

$$\Phi^{\alpha\alpha'}(\bm{j}' - \bm{j}) = \delta_{jj'} \sum_{\bm{j}''} \phi_{\alpha\alpha'}(\bm{j} - \bm{j}'') - \phi_{\alpha\alpha'}(\bm{j}' - \bm{j}) \tag{1.119}$$

で与えられることが分かる．ここで，$\phi_{\alpha\alpha'}(\bm{R})$ は

$$\phi_{\alpha\alpha'}(\bm{R}) \equiv \frac{\partial^2 \phi(\bm{R})}{\partial R_\alpha \partial R_{\alpha'}} \tag{1.120}$$

で定義されている．もちろん，この式 (1.119) は式 (1.95) の条件を満たしている．また，

$$\Phi^{\alpha\alpha'}(\bm{j}' - \bm{j}) = \Phi^{\alpha\alpha'}(\bm{j} - \bm{j}') = \Phi^{\alpha'\alpha}(\bm{j}' - \bm{j}) \tag{1.121}$$

という対称性を持つことも容易に分かる．

この復元力テンソル (1.119) を使うと，式 (1.88) で導入された動的行列の成分 $D^{\alpha\alpha'}(\bm{q})$ は

$$D^{\alpha\alpha'}(\bm{q}) = \frac{1}{M} \sum_{\bm{j}} e^{i\bm{q}\cdot\bm{j}} \Phi^{\alpha\alpha'}(\bm{j}) = \frac{1}{M} \sum_{\bm{j}} \left(1 - e^{i\bm{q}\cdot\bm{j}}\right) \phi_{\alpha\alpha'}(\bm{j}) \tag{1.122}$$

ということになる．ここで，簡単のために，$M_{j_0}$ は単に $M$ と書いた．すると，$\phi_{\alpha\alpha'}(\bm{j}) = \phi_{\alpha\alpha'}(-\bm{j})$ というの空間反転対称性を用いると，式 (1.122) は

$$D^{\alpha\alpha'}(\bm{q}) = \frac{1}{2M} \sum_{\bm{j}} \left(2 - e^{i\bm{q}\cdot\bm{j}} - e^{-i\bm{q}\cdot\bm{j}}\right) \phi_{\alpha\alpha'}(\bm{j})$$

$$= \frac{2}{M} \sum_{\bm{j}} \sin^2\left(\frac{1}{2}\bm{q}\cdot\bm{j}\right) \phi_{\alpha\alpha'}(\bm{j}) \tag{1.123}$$

と書き直すことができるので，$|\bm{q}| \to 0$ のとき，$\sum_{\bm{j}} \bm{j}^2 \phi_{\alpha\alpha'}(\bm{j})$ が収束する限り，$D^{\alpha\alpha'}(\bm{q})$ は $q^2$ に比例することが導かれる．これから $\omega_{\bm{q}\lambda} \propto q$ となり，1.2.2 項で調べたような音波分散を示すことが分かる．

具体的な計算例として，$\phi(\bm{R})$ が式 (1.114) と式 (1.115) で与えられているアルカリ金属を考えてみよう．この場合，$\phi(\bm{q}) = \phi(-\bm{q}) = \phi(q)$ であることに注意すると，$\phi_{\alpha\alpha'}(\bm{j})$ は

$$\phi_{\alpha\alpha'}(\bm{j}) = -\sum_{\bm{q}} q_\alpha q_{\alpha'} e^{i\bm{q}\cdot\bm{j}} \phi(\bm{q}) = -\sum_{\bm{q}} q_\alpha q_{\alpha'} e^{-i\bm{q}\cdot\bm{j}} \phi(\bm{q}) \tag{1.124}$$

であるので，それを式 (1.122) に代入すると，$D^{\alpha\alpha'}(\bm{q})$ は

$$D^{\alpha\alpha'}(\boldsymbol{q}) = \frac{1}{M}\sum_{\boldsymbol{j}}\sum_{\boldsymbol{q}'} q'_\alpha q'_{\alpha'} \left(e^{i(\boldsymbol{q}-\boldsymbol{q}')\cdot\boldsymbol{j}} - e^{-i\boldsymbol{q}'\cdot\boldsymbol{j}}\right)\phi(\boldsymbol{q}')$$
$$= \frac{N_a}{M}\sum_{\boldsymbol{K}}(q_\alpha + K_\alpha)(q_{\alpha'} + K_{\alpha'})\phi(\boldsymbol{q}+\boldsymbol{K})$$
$$- \frac{N_a}{M}\sum_{\boldsymbol{K}} K_\alpha K_{\alpha'}\phi(\boldsymbol{K}) \tag{1.125}$$

となる．ここで，$\boldsymbol{K}$ は逆格子ベクトルである．この式 (1.125) 右辺最終式で $\boldsymbol{K} = \boldsymbol{0}$ の項を取り出し，残りの項を書き直して並び替えると，

$$D^{\alpha\alpha'}(\boldsymbol{q}) = \frac{N_a}{M}q_\alpha q_{\alpha'}\phi(\boldsymbol{q}) + \frac{N_a}{M}\sum_{\boldsymbol{K}\neq\boldsymbol{0}}(q_\alpha q_{\alpha'} + K_\alpha q_{\alpha'} + K_{\alpha'}q_\alpha)\phi(\boldsymbol{q}+\boldsymbol{K})$$
$$+ \frac{N_a}{M}\sum_{\boldsymbol{K}\neq\boldsymbol{0}} K_\alpha K_{\alpha'}\left[\phi(\boldsymbol{q}+\boldsymbol{K}) - \phi(\boldsymbol{K})\right] \tag{1.126}$$

が得られる．

この式 (1.126) に含まれる物理的な意味を理解するために，まず，アルカリ金属そのものではなく，イオン系をジェリウム模型に簡単化して考えてみよう．なお，この場合は I.2.4.4 項で説明し，I.4 章で取り扱ったような硬いジェリウム (rigid jellium) ではなく，変形可能なジェリウム (deformable jellium) ということになるが，このジェリウムでは格子構造は存在せず，それゆえ，逆格子空間も定義されない．そのため，$\boldsymbol{K}$ として許されるのは $\boldsymbol{K} = \boldsymbol{0}$ しかなくなるので，ジェリウム模型での動的行列 $D^{\alpha\alpha'}(\boldsymbol{q})$ は式 (1.126) 右辺の第 1 項だけとなる．すなわち，

$$D^{\alpha\alpha'}(\boldsymbol{q}) = \frac{N_a}{M} q_\alpha q_{\alpha'} \phi(\boldsymbol{q}) \tag{1.127}$$

となる．ここで明示された $\boldsymbol{q}$ 依存性から，フォノンの基準振動は縦波しかないことが分かる．特に，長波長極限における縦波音波の音速 $c_L$ は

$$c_L = \sqrt{\frac{N_a}{M}\lim_{q\to 0}\phi(q)} = \sqrt{\frac{N_a}{M}\cdot\frac{Z_i^2}{\Pi(\boldsymbol{0},0)}} = \sqrt{\frac{1}{\rho\kappa}} \tag{1.128}$$

ということになる．ここで，$\Pi(\boldsymbol{0},0)$ については圧縮率総和則から導かれた式 (I.4.182) の結果，$\Pi(\boldsymbol{0},0) = (Z_iN/\Omega_t)^2\kappa\Omega_t$，を代入した．また，$\rho$ は質量密度 $\rho = M/\Omega_{\text{cell}} = N_aM/\Omega_t$ である．この $c_L$ の結果を式 (1.104) と比較

すると，もし横波音波は存在しないことを $c_T = 0$ であると解釈すると，$\mu = 0$ ということになり，式 (1.128) における $c_L$ と式 (1.104) におけるそれはちょうど一致することが分かる．

以上の結果は変形可能なジェリウムは剪断歪みを伴わない連続弾性体であることを示唆しているが，この $c_L$ の結果を別の立場から解釈してみよう．まず，仮に電子ガスがないとした場合，イオンからなるジェリウムのプラズマ振動のエネルギー $\omega_p^{(i)}$ は電子系のプラズマ振動エネルギー $\omega_p^{(e)}$ の表式 $\omega_p^{(e)} = \sqrt{4\pi e^2 (Z_i N_a / \Omega_t)/m}$ を参考にすれば，

$$\omega_p^{(i)} = \sqrt{\frac{4\pi Z_i^2 e^2 (N_a/\Omega_t)}{M}} \tag{1.129}$$

であることが分かる．しかるに，電子ガス系の遮蔽効果を考慮すると，電子イオン結合系における全誘電関数の近似形は $1 + V(\boldsymbol{q})\Pi(\boldsymbol{q}, 0) - \omega^2/\omega_p^{(i)2}$ であることから，この誘電関数のゼロ点を与える実際に観測されるイオンのプラズマ振動エネルギー $\omega_{\boldsymbol{q}\lambda}$ は

$$\omega_{\boldsymbol{q}\lambda} = \frac{\omega_p^{(i)}}{\sqrt{1 + V(\boldsymbol{q})\Pi(\boldsymbol{q},0)}} \tag{1.130}$$

であると考えられる．この式で $q \to 0$ の極限を取ると，

$$\lim_{q \to 0} \frac{\omega_{\boldsymbol{q}\lambda}}{q} = \frac{\omega_p^{(i)}}{\sqrt{4\pi e^2 \Pi(\boldsymbol{0},0)/\Omega_t}} = \sqrt{\frac{1}{\rho\kappa}} = c_L \tag{1.131}$$

となる．すなわち，式 (1.128) で与えられた $c_L$ はイオン系のプラズマ振動が電子系の長距離遮蔽効果で $q$ に比例するフォノン基準振動に還元されたイオン縦波音波の音速であると解釈される．ちなみに，式 (1.128) の $c_L$ は

$$c_L = \sqrt{\frac{Z_i}{3} \frac{m}{M} \frac{\kappa_F}{\kappa}} \, v_F \tag{1.132}$$

のように書き直すことができる．ここで，電子系のフェルミ波数を $p_F$ として，フェルミ速度は $v_F = p_F/m$，そして，$\kappa_F \, (= 3m(\Omega_t/Z_i N_a)/p_F^2)$ は式 (I.4.82) で与えられた自由電子ガス系における圧縮率である．これから，イオン音波の速度 $c_L$ は電子系の平均速度である $v_F$ に比べて，$\sqrt{m/M}$ のオーダーの因子だけ小さくなっていることが分かる．

ジェリウムではなく，実際の格子系の場合，縦波，および，横波音波の音速，

$c_L$ と $c_T$, の表式を動的行列を与える式 (1.126) に戻って与えておこう. $q \to 0$ の極限で考え, $K$ で和を取る際に空間反転対称性にも注意を払うと,

$$D^{\alpha\alpha'}(\bm{q}) \approx \frac{N_a}{M} q_\alpha q_{\alpha'} \Big[\lim_{q\to 0}\phi(q) + \sum_{\bm{K}\neq \bm{0}}\Big(\phi(\bm{K}) + K_\alpha \frac{\partial\phi(\bm{K})}{\partial K_\alpha} + K_{\alpha'}\frac{\partial\phi(\bm{K})}{\partial K_{\alpha'}}\Big)\Big]$$
$$+ \frac{N_a}{M}\frac{1}{2}\sum_{\bm{K}\neq\bm{0}} K_\alpha K_{\alpha'}(\bm{q}\cdot\nabla)^2 \phi(\bm{K}) \tag{1.133}$$

となることが分かる. これから, [100] 方向に進行する音波の場合, その縦波音速 $c_L$ と [010] 方向に分極する横波音速 $c_T$, そして, [001] 方向に分極する横波音速 $c_{T'}$ は, それぞれ,

$$c_L^2 = \frac{N_a}{M}\lim_{q\to 0}\phi(q)$$
$$+ \frac{N_a}{M}\sum_{\bm{K}\neq\bm{0}}\Big(\phi(\bm{K}) + 2K_x \frac{\partial\phi(\bm{K})}{\partial K_x} + \frac{1}{2}K_x^2 \frac{\partial^2\phi(\bm{K})}{\partial K_x^2}\Big) \tag{1.134}$$

$$c_T^2 = \frac{1}{2}\frac{N_a}{M}\sum_{\bm{K}\neq\bm{0}} K_y^2 \frac{\partial^2\phi(\bm{K})}{\partial K_x^2}, \quad c_{T'}^2 = \frac{1}{2}\frac{N_a}{M}\sum_{\bm{K}\neq\bm{0}} K_z^2\frac{\partial^2\phi(\bm{K})}{\partial K_x^2} \tag{1.135}$$

で与えられることになる.

長波長極限だけでなく, フォノンのエネルギー分散関係 $\omega_{\bm{q}\lambda}$ の全体像を知るためには, 第 1 ブリルアン帯中の任意の点 $\bm{q}$ において式 (1.126) に戻って動的行列の各成分 $D^{\alpha\alpha'}(\bm{q})$ を数値的に計算する必要がある. そして, 得られた動的行列を固有値方程式 (1.87) に代入して, その $3\times 3$ 次元の方程式から $\omega_{\bm{q}\lambda}^2$ が得られる.

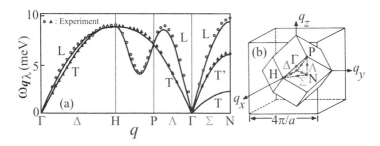

図 1.13 (a) bcc 構造のカリウムにおけるフォノン分散関係. 式 (1.126) によって与えられる動的行列を空芯ポテンシャル半径 $r_c$ を 1.13 Å として計算したもの. 得られた結果は実験との一致もよい. (b) bcc 結晶に対応するブリルアン帯.

このような数値計算の一例として，bcc 構造のカリウムにおけるフォノンの分散関係の結果が図 1.13 に示されている．単純な計算ではあるものの，中性子散乱による実験結果との一致もよい．よりよい定量的な一致を求めるためには，内殻電子の動的行列への寄与も適切に考慮する必要がある．同時に，価電子系の遮蔽効果の静的極限での取り込み（$\omega = 0$ での分極関数 $\Pi(\boldsymbol{q}, 0)$ を用いたこと）によって生じる誤差の評価も必要であるが，これは非断熱効果の問題を議論することでもあり，次節以降の主たるテーマとなる．

### 1.2.5 フォノン基準振動の第一原理計算

フォノンの分散関係を計算する試みの歴史は古く，約 1 世紀前のボルン (Born) の現象論的なアプローチ[25]から始まっている．とりわけ，イオン間の 2 体相互作用に対する適切な模型の構築から動的行列を計算する試みはいろいろとあるが，1958 年に提出された**殻模型** (shell model)[26]とその発展形である**結合電荷模型** (bond charge model)[27]が有名である．これらの模型の主たる対象は単位胞あたり 2 原子（$n_i = 2$）の結晶であり，この場合，$\boldsymbol{q}$ がゼロの極限で 6 つ（$= 3n_i$）あるフォノンの基準振動のうち，3 つはこれまで述べてきた**音波モード** (acoustic mode) であるが，残りの 3 つは $\omega_{\boldsymbol{q}\lambda}$ がゼロでないモードで**光学モード** (optical mode) と呼ばれる．この光学モードの特徴として挙げられることは，ダイヤモンドや Si, Ge などのように非イオン性原子の場合は縦波振動と横波振動のエネルギー差はない（すなわち，$\lim_{q\to 0} \omega_{\boldsymbol{q}\text{LO}} = \lim_{q\to 0} \omega_{\boldsymbol{q}\text{TO}}$ である）が，GaAs などの III–V 属化合物半導体や NaCl などのイオン性絶縁体ではイオン分極が巨視的に出現する縦波モード (LO) とそれが出現しない横波モード (TO) との間にはフォノンのエネルギーに差が出て，$\lim_{q\to 0} \omega_{\boldsymbol{q}\text{LO}} > \lim_{q\to 0} \omega_{\boldsymbol{q}\text{TO}}$ となることである．このイオン分極の出現とその電子系への跳ね返り効果の物理は 1.4 節で議論するフレーリッヒ (Fröhlich) 模型における中心的な課題となる．

ところで，上で触れたような現象論的（あるいは，半現象論的）な理論はモデルハミルトニアンの構築のためとか，より具体的な物理像を得るためとかには大変有用といえるが，容易に手に入る計算パッケージを使って第一原理からのバンド計算が $n_i > 100$ のような巨大な単位胞を持つ結晶ですら可能になっ

た現在では，中性子散乱実験によって得られる結果をこれらの現象論的模型を使って定量的に再現しようとする試みはまれになり，研究動向の主流はフォノンの分散関係を第一原理的に計算して実験と比較し，もし必要なら第一原理計算手法の更なる改良を目指すということになっている．

このフォノン基準振動の第一原理計算における手法は大きく分けて 2 つある．一つは凍結フォノンの方法 (Frozen–phonon method)，もう一つは密度汎関数摂動理論 (Density Functional Perturbation Theory：DFPT) である．いずれにしても，各原子核に働く力 $\bm{F}_j$ をいかに計算するかが焦点になる．この $\bm{F}_j$ は

$$\bm{F}_j \equiv -\frac{\partial V_{\rm ap}(\bm{R}_j)}{\partial \bm{R}_j} \approx -\frac{\partial \varepsilon_0(\bm{R})}{\partial \bm{R}_j} \tag{1.136}$$

で与えられる．もちろん，平衡条件から結晶の格子点 $\bm{R}_j = \bm{R}_j^0$ では $\bm{F}_j = \bm{0}$ である．しかしながら，各原子核の位置 $\bm{R}_j$ を $\bm{R}_j^0$ から $\delta \bm{R}_j$ だけ少しずらせたとすると，$\bm{F}_j$ はもはやゼロでなくなり，その変化量 $\delta \bm{F}_j$ は

$$\delta \bm{F}_j = -\sum_{j'} \frac{\partial \bm{F}_j}{\partial \bm{R}_{j'}} \delta \bm{R}_{j'} = -\sum_{j'} \frac{\partial^2 \varepsilon_0(\bm{R})}{\partial \bm{R}_j \partial \bm{R}_{j'}} \delta \bm{R}_{j'} \tag{1.137}$$

で与えられる．そこで，十分にたくさんの場合の $\{\delta \bm{R}_j\}$ について $\{\delta \bm{F}_j\}$ の結果を集積すれば，多変数 $\{\bm{R}_j\}$ のスカラー関数である $\varepsilon_0(\bm{R})$ のヘッセ行列 (Hessian) としての復元力テンソル $\Phi_{j,j'} = \partial^2 \varepsilon_0(\bm{R})/\partial \bm{R}_j \partial \bm{R}_{j'}$ が得られ，そして，式 (1.88) から動的行列 $\bm{D}_{j_0,j_0'}(\bm{q})$ が求められることになる．

さて，直接法 (direct method) とも呼ばれる凍結フォノンの方法[28)] では，元々の単位胞に比べて何倍も大きいスーパーセル (supercell) を構築し，そのスーパーセル内の各原子核の位置を変化させる．そして，その変位に伴う力の変化を通常の第一原理からのバンド計算で算出すればよい．これは原理も簡単で，また，実際の計算実行上も計算パッケージで与えられている力の計算手法をそのまま用いればよいので，簡単といえるが，(Γ 点での光学フォノンエネルギーの計算を除けば) スーパーセルをかなり大きく取らないと精度のよい結果が得られない．また，原子核の位置変化（フォノン変位）を有限の大きさに固定して（凍結して）計算するので，$\bm{F}_j$ 自体の計算精度と変位の有限性からくる非線形性の効果を注意深く吟味しながら格子の変位量を決めなくてはならない．

### 1.2.6 密度汎関数摂動理論

もう一つの手法であるDFPT法では,凍結フォノンの方法でネックになるスーパーセルの問題を回避できるので,これを少し詳しく解説しておこう.ちなみに,この方法の基本は密度汎関数理論の立場で線形応答理論を展開することであり,既にII.1.6.3項でこれに関連した話題の一つを紹介した.また,これを動的応答まで拡張することは時間依存密度汎関数理論の枠組みの中で可能になるが,それについてはII.1.7.3項で述べた.

DFPT法の出発点として,まず,式(1.136)に注目しよう.I.2.2.3項で述べたヘルマン-ファインマンの定理を用いると,この式は

$$F_j = -\frac{\partial \varepsilon_0(\boldsymbol{R})}{\partial \boldsymbol{R}_j} = -\left\langle \varphi_0(\boldsymbol{r}:\boldsymbol{R}) \left| \frac{\partial H_e}{\partial \boldsymbol{R}_j} \right| \varphi_0(\boldsymbol{r}:\boldsymbol{R}) \right\rangle_e \tag{1.138}$$

という形に還元される.なお,$\varphi_0(\boldsymbol{r}:\boldsymbol{R})$は式(1.3)で定義したもので,原子核系の座標$\boldsymbol{R}$を単なるパラメータとして含むハミルトニアン$H_e$に対する電子系の基底波動関数である.この$H_e$の具体的な形はI.2.1.1項に与えられていて,それによれば,$H_e$の中で$\boldsymbol{R}_j$に依存する部分は$U_{eN}$と$U_{NN}$だけになる.特に,$U_{eN}$の部分を第2量子化の表現で書くと,

$$U_{eN} = \sum_\sigma \int d\boldsymbol{r} \, \psi_\sigma^+(\boldsymbol{r}) V_{eN}(\boldsymbol{r}:\boldsymbol{R}) \psi_\sigma(\boldsymbol{r}) \tag{1.139}$$

となる.ここで,$\boldsymbol{R}_j$にある原子核の電荷を$Z_j$とすると,$V_{eN}(\boldsymbol{r}:\boldsymbol{R})$は

$$V_{eN}(\boldsymbol{r}:\boldsymbol{R}) = -\sum_j \frac{Z_j e^2}{|\boldsymbol{r} - \boldsymbol{R}_j|} \tag{1.140}$$

であるので,原子核配置$\{\boldsymbol{R}\}$における基底状態の電子密度を$n(\boldsymbol{r}:\boldsymbol{R})$とすれば,式(1.138)から

$$F_j = -\int d\boldsymbol{r} \, n(\boldsymbol{r}:\boldsymbol{R}) \frac{\partial V_{eN}(\boldsymbol{r}:\boldsymbol{R})}{\partial \boldsymbol{R}_j} - \frac{\partial U_{NN}}{\partial \boldsymbol{R}_j} \tag{1.141}$$

が得られる.この式(1.141)によれば,たとえ真の多体波動関数$\varphi_0(\boldsymbol{r}:\boldsymbol{R})$を知らなくても,密度汎関数理論で$n(\boldsymbol{r}:\boldsymbol{R})$さえ厳密に計算されれば,$F_j$の厳密に正しい結果は得られることになる.

次に式(1.137)を考えよう.この式が示すように,動的行列を得るためには$\boldsymbol{R}_j$を格子点$\boldsymbol{R}_j^0$から$\delta \boldsymbol{R}_j$だけ少しずらせたときの変化量$\delta \boldsymbol{F}_j$が必要になる.

式 (1.141) から，この変化量は

$$\delta \boldsymbol{F}_j = -\int d\boldsymbol{r}\, \delta n(\boldsymbol{r}:\boldsymbol{R}) \frac{\partial V_{eN}(\boldsymbol{r}:\boldsymbol{R})}{\partial \boldsymbol{R}_j}$$
$$-\int d\boldsymbol{r}\, n(\boldsymbol{r}:\boldsymbol{R}) \sum_{j'} \frac{\partial^2 V_{eN}(\boldsymbol{r}:\boldsymbol{R})}{\partial \boldsymbol{R}_j \partial \boldsymbol{R}_{j'}} \delta \boldsymbol{R}_{j'} - \sum_{j'} \frac{\partial^2 U_{NN}}{\partial \boldsymbol{R}_j \partial \boldsymbol{R}_{j'}} \delta \boldsymbol{R}_{j'} \quad (1.142)$$

で与えられる．ここで，$\delta n(\boldsymbol{r}:\boldsymbol{R})$ は電子密度の変化量で，

$$\delta n(\boldsymbol{r}:\boldsymbol{R}) \equiv \sum_j \frac{\partial n(\boldsymbol{r}:\boldsymbol{R})}{\partial \boldsymbol{R}_j} \delta \boldsymbol{R}_j \quad (1.143)$$

のように定義されるが，式 (1.142) の中ではこの量に関してのみ計算の手順が明らかでない．そこで，ここでの中核的な課題は密度汎関数理論に基づく $\delta n(\boldsymbol{r}:\boldsymbol{R})$ の計算手法開発ということになる．なお，変化量 $\delta\boldsymbol{R}_j$ は微小なので，それに伴う $V_{eN}(\boldsymbol{r}:\boldsymbol{R})$ の変化量 $\delta V_{eN}(\boldsymbol{r}:\boldsymbol{R})$ $[\equiv \sum_j (\partial V_{eN}/\partial \boldsymbol{R}_j)\delta\boldsymbol{R}_j]$ も微小と考えられる．したがって，この小さな摂動 $\delta V_{eN}(\boldsymbol{r}:\boldsymbol{R})$ による基底電子密度の変化を1次のオーダーで評価すればよい．

さて，II 巻第 1 章で解説した密度汎関数理論，特に，II.1.3 節のコーン–シャムの方法によれば，1 体ポテンシャル $V_{eN}(\boldsymbol{r}:\boldsymbol{R})$ の下での多電子系の基底電子密度 $n(\boldsymbol{r}:\boldsymbol{R})$ は次のような手順で決定される．まず，交換相関ポテンシャルを $V_{xc}(\boldsymbol{r})$ $[\equiv \delta E_{xc}[n(\boldsymbol{r})]/\delta n(\boldsymbol{r})]$ として，式 (II.1.108) に従ってコーン–シャム・ポテンシャル $V_{\mathrm{KS}}(\boldsymbol{r}:\boldsymbol{R})$ を

$$V_{\mathrm{KS}}(\boldsymbol{r}:\boldsymbol{R}) \equiv V_{eN}(\boldsymbol{r}:\boldsymbol{R}) + \int d\boldsymbol{r}' \frac{e^2}{|\boldsymbol{r}-\boldsymbol{r}'|} n(\boldsymbol{r}':\boldsymbol{R}) + V_{xc}(\boldsymbol{r}) \quad (1.144)$$

によって導入する．そして，この 1 体ポテンシャル $V_{\mathrm{KS}}(\boldsymbol{r}:\boldsymbol{R})$ を用いて式 (II.1.109) の一体問題のシュレディンガー方程式

$$\left[-\frac{\Delta}{2m} + V_{\mathrm{KS}}(\boldsymbol{r}:\boldsymbol{R})\right]\phi_i(\boldsymbol{r}:\boldsymbol{R}) = \varepsilon_i(\boldsymbol{R})\,\phi_i(\boldsymbol{r}:\boldsymbol{R}) \quad (1.145)$$

を適当な境界条件の下で解く．得られた完全正規直交系 $\{\phi_i(\boldsymbol{r}:\boldsymbol{R})\}$ のうち，$N$ 電子系についてはエネルギー固有値 $\varepsilon_i(\boldsymbol{R})$ が最低のもの（$i=1$）から順に $N$ 番目のもの（$i=N$）まで選んで式 (II.1.111) のように和を取って

$$n(\boldsymbol{r}:\boldsymbol{R}) = \sum_{i=1}^{N} |\phi_i(\boldsymbol{r}:\boldsymbol{R})|^2 \quad (1.146)$$

## 1.2 格子力学

により $n(\boldsymbol{r}:\boldsymbol{R})$ が得られる.ただし,式 (1.144) の $V_{\mathrm{KS}}(\boldsymbol{r}:\boldsymbol{R})$ には $n(\boldsymbol{r}:\boldsymbol{R})$ 自身が含まれているので,逐次近似的に $n(\boldsymbol{r}:\boldsymbol{R})$ が自己無撞着に決定される.

この $V_{eN}(\boldsymbol{r}:\boldsymbol{R})$ から出発して $n(\boldsymbol{r}:\boldsymbol{R})$ の決定に至るプロセスにおいて,$V_{eN}(\boldsymbol{r}:\boldsymbol{R})$ を微小に $\delta V_{eN}(\boldsymbol{r}:\boldsymbol{R})$ だけ変化させたとしよう.この変化に伴って,$n(\boldsymbol{r}:\boldsymbol{R})$ が $\delta n(\boldsymbol{r}:\boldsymbol{R})$ だけ微小に変化することはもちろんであるが,この他にも,$V_{\mathrm{KS}}(\boldsymbol{r}:\boldsymbol{R})$, $\phi_i(\boldsymbol{r}:\boldsymbol{R})$, $\varepsilon_i(\boldsymbol{R})$ も微小に,それぞれ,$\delta V_{\mathrm{KS}}(\boldsymbol{r}:\boldsymbol{R})$, $\delta\phi_i(\boldsymbol{r}:\boldsymbol{R})$, $\delta\varepsilon_i(\boldsymbol{R})$ だけ変化する.これらの微小変化の 1 次のオーダーに注目すると,式 (1.144) からは $\delta V_{\mathrm{KS}}(\boldsymbol{r}:\boldsymbol{R})$ に対して,

$$\delta V_{\mathrm{KS}}(\boldsymbol{r}:\boldsymbol{R}) = \delta V_{eN}(\boldsymbol{r}:\boldsymbol{R}) + \int d\boldsymbol{r}'\, K(\boldsymbol{r},\boldsymbol{r}')\delta n(\boldsymbol{r}':\boldsymbol{R}) \qquad (1.147)$$

という関係式が得られる.ここで,積分核 $K(\boldsymbol{r},\boldsymbol{r}')$ は

$$K(\boldsymbol{r},\boldsymbol{r}') \equiv \frac{e^2}{|\boldsymbol{r}-\boldsymbol{r}'|} + \left.\frac{\partial^2 E_{xc}[n(\boldsymbol{r})]}{\partial n(\boldsymbol{r})\partial n(\boldsymbol{r}')}\right|_{n(\boldsymbol{r})=n(\boldsymbol{r}:\boldsymbol{R})} \qquad (1.148)$$

のように定義される.この右辺第 2 項は式 (II.1.353) で定義された交換相関核 $f_{xc}(\boldsymbol{r}t,\boldsymbol{r}'t')$ の静的極限版(あるいは,断熱極限版といってもよいもの)である.もちろん,局所密度近似の場合,これは $\delta(\boldsymbol{r}-\boldsymbol{r}')$ に比例する.また,式 (1.145) から $\delta\phi_i(\boldsymbol{r}:\boldsymbol{R})$ を決定する方程式は

$$\left[-\frac{\Delta}{2m} + V_{\mathrm{KS}}(\boldsymbol{r}:\boldsymbol{R}) - \varepsilon_i(\boldsymbol{R})\right]\delta\phi_i(\boldsymbol{r}:\boldsymbol{R})$$
$$= -\left[\delta V_{\mathrm{KS}}(\boldsymbol{r}:\boldsymbol{R}) - \delta\varepsilon_i(\boldsymbol{R})\right]\phi_i(\boldsymbol{r}:\boldsymbol{R}) \qquad (1.149)$$

であり,そして,式 (1.146) から $\delta n(\boldsymbol{r}:\boldsymbol{R})$ は

$$\delta n(\boldsymbol{r}:\boldsymbol{R}) = \sum_{i=1}^{N}\left[\phi_i^*(\boldsymbol{r}:\boldsymbol{R})\delta\phi_i(\boldsymbol{r}:\boldsymbol{R}) + \delta\phi_i^*(\boldsymbol{r}:\boldsymbol{R})\phi_i(\boldsymbol{r}:\boldsymbol{R})\right] \qquad (1.150)$$

ということになる.

ところで,通常の完全結晶中の基底状態を考える場合,完全正規直交系を構成するそれぞれの波動関数 $\phi_i(\boldsymbol{r}:\boldsymbol{R})$ は実関数に選ぶことができる.すると,ノルム保存の関係式

$$\langle \phi_i(\boldsymbol{r}:\boldsymbol{R})|\phi_i(\boldsymbol{r}:\boldsymbol{R})\rangle_e = \langle \phi_i(\boldsymbol{r}:\boldsymbol{R}) + \delta\phi_i(\boldsymbol{r}:\boldsymbol{R})|\phi_i(\boldsymbol{r}:\boldsymbol{R}) + \delta\phi_i(\boldsymbol{r}:\boldsymbol{R})\rangle_e$$
$$= 1 \qquad (1.151)$$

において，1次の微小量がゼロになることから，

$$\langle \delta\phi_i(\boldsymbol{r}:\boldsymbol{R})|\phi_i(\boldsymbol{r}:\boldsymbol{R})\rangle_e = \int d\boldsymbol{r}\, \delta\phi_i(\boldsymbol{r}:\boldsymbol{R})\phi_i(\boldsymbol{r}:\boldsymbol{R}) = 0 \qquad (1.152)$$

が得られる．これに注意しつつ，$\delta\phi_i(\boldsymbol{r}:\boldsymbol{R})$ を $\delta\phi_i(\boldsymbol{r}:\boldsymbol{R}) = \sum_{j\neq i} a_{ij}\phi_j(\boldsymbol{r}:\boldsymbol{R})$ のように完全正規直交基底 $\{\phi_i(\boldsymbol{r}:\boldsymbol{R})\}$ を使って展開しよう．そして，この展開式を式 (1.149) に代入し，左から $\phi_j(\boldsymbol{r}:\boldsymbol{R})$（ただし，$j \neq i$ とする）をかけて $\boldsymbol{r}$ で積分すると，係数 $a_{ij}$ を決める方程式は

$$[\varepsilon_j(\boldsymbol{R}) - \varepsilon_i(\boldsymbol{R})]a_{ij} = -\langle\phi_j(\boldsymbol{r}:\boldsymbol{R})|\delta V_{\mathrm{KS}}(\boldsymbol{r}:\boldsymbol{R})|\phi_i(\boldsymbol{r}:\boldsymbol{R})\rangle_e \qquad (1.153)$$

となる．ちなみに，式 (1.149) の左から $\phi_i(\boldsymbol{r}:\boldsymbol{R})$ をかけて $\boldsymbol{r}$ で積分すると，

$$\delta\varepsilon_i(\boldsymbol{R}) = \langle\phi_i(\boldsymbol{r}:\boldsymbol{R})|\delta V_{\mathrm{KS}}(\boldsymbol{r}:\boldsymbol{R})|\phi_i(\boldsymbol{r}:\boldsymbol{R})\rangle_e \qquad (1.154)$$

が導かれる．この式 (1.153) の結果を式 (1.150) に代入すると，$\delta n(\boldsymbol{r}:\boldsymbol{R})$ は

$$\begin{aligned}
\delta n(\boldsymbol{r}:\boldsymbol{R}) &= 2\sum_{i=1}^{N} \delta\phi_i(\boldsymbol{r}:\boldsymbol{R})\phi_i(\boldsymbol{r}:\boldsymbol{R}) \\
&= 2\sum_{i=1}^{N}\sum_{j\neq i} \frac{\langle\phi_j(\boldsymbol{r}:\boldsymbol{R})|\delta V_{\mathrm{KS}}(\boldsymbol{r}:\boldsymbol{R})|\phi_i(\boldsymbol{r}:\boldsymbol{R})\rangle_e}{\varepsilon_i(\boldsymbol{R}) - \varepsilon_j(\boldsymbol{R})} \phi_j(\boldsymbol{r}:\boldsymbol{R})\phi_i(\boldsymbol{r}:\boldsymbol{R}) \\
&= 2\sum_{i=1}^{N}\sum_{j>N} \frac{\langle\phi_j|\delta V_{\mathrm{KS}}|\phi_i\rangle_e}{\varepsilon_i - \varepsilon_j} \phi_j(\boldsymbol{r}:\boldsymbol{R})\phi_i(\boldsymbol{r}:\boldsymbol{R}) \qquad (1.155)
\end{aligned}$$

のように計算される．なお，式 (1.155) の右辺第 2 式において $j \leq N$ の和の部分は $i$ の和と重ね合わせて考えると，符号が反転した 2 つの項の和になって相殺するので，右辺第 3 式に示したように最終的には $j$ は空のコーン–シャム軌道の寄与のみを考えればよいことになる．この状況は式 (II.1.362) で与えられた分極関数の表式におけるそれと全く同じであることに注意されたい．そして，その式との比較から，式 (1.155) には静的な電子分極の寄与が含まれていることが分かるであろう．

このようにして導出された式 (1.155) における各計算要素は（スーパーセルを考えない元の）完全結晶におけるコーン–シャム軌道とそのエネルギー固有値を使って計算されるものであり，この式と式 (1.147) で与えられる $\delta V_{\mathrm{KS}}(\boldsymbol{r}:\boldsymbol{R})$ とを連立して自己無撞着に解けば，$\delta n(\boldsymbol{r}:\boldsymbol{R})$ が具体的に得られる．そして，最

終的に式 (1.142) によって $\delta \boldsymbol{F}_j$ が求められる.

以上, DFPT 法に基づく第一原理からのフォノン分散関係の計算手法の中核部分を解説した. この方法は, たとえコーン–シャム軌道やそのエネルギー固有値が物理的に正しい準粒子像を与えていないとしても, 自己無撞着に $\delta n(\boldsymbol{r} : \boldsymbol{R})$ が決定される限り, それを使って計算される力の変化量 $\delta \boldsymbol{F}_j$ は ($K(\boldsymbol{r}, \boldsymbol{r}')$ が正確に分かっている限り,) 伝導電子の静的分極効果も含めて厳密に正しく, それゆえ, 原理上はフォノンのエネルギー固有値も厳密に正しく求められていることになる. もちろん, これを実行可能なコードとして計算機に実装するには, 結晶の並進対称性をあらわに取り込んで, より具体的に再定式化したり, また, 金属に応用する際にはフェルミ準位近傍に存在する電子の連続スペクトルの状況を離散的なコーン–シャム・スペクトルでシミュレートするために, コーン–シャムのエネルギー準位に便宜的に幅をつけて考えるなどの格別の工夫が必要になる. これらに関して興味がある読者はレビュー論文[29]を参照されたい.

ちなみに, DFPT 法では, 原子核が動いたそれぞれの位置で電子系の密度は基底状態のそれになることを仮定しているので, その意味で (金属に対する応用も含めて) あくまでも断熱近似下での計算である. なお, 基底状態とはいっても, その状態が常磁性状態か, 強磁性状態か, 超伝導状態かは分からないのであるが, 基底電子密度が分かる限り, 原理上はどの状態にも断熱近似下の DFPT 法は適用可能である. しかしながら, 金属への応用に関連して, そもそも金属における伝導電子系に断熱近似が適用できるのだろうかという根本的な疑念がある. 次節以降, このような観点から断熱近似を超える理論体系を解説し, 非断熱効果による電子系の状態変化やそれに伴うフォノン系の変化, 特に, 電子フォノン全系の自己無撞着な変化を議論していくことになる.

### 1.2.7 フォノンの状態密度

最近の第一原理計算パッケージは前項や前々項で紹介した手法も含んでいる場合があるので, その使用法に習熟すれば, フォノンの分散関係が比較的容易に計算される. その計算の結果, 3 次元逆格子空間中の第 1 ブリルアン帯 (1st BZ) 全域の各点 $\boldsymbol{q}$ において $3n_0$ 個 ($n_0$ は単位胞に含まれる原子数) のエネルギー固有値 $\omega_{\boldsymbol{q}\lambda}$ ($\lambda = 1, \cdots, 3n_0$) が得られるが, $n_0$ が大きくなれば当然のこ

とながら，たとえそうでなくてもなおこれは膨大な量の情報となる．そこで，その膨大な情報を役に立つ形で縮約して整理することが求められる．

その縮約法の一つとしてフォノンの状態密度 $F^{(0)}(\Omega)$ という物理量がある．これは電子のエネルギー準位構造における状態密度 $D_\sigma^{(0)}(E)$（式 (I.4.108) のように定義されたもの）と対をなす概念であって，全体積が $\Omega_t$ の系で振動数（あるいは，$\hbar$ をかければエネルギー）が $\Omega \sim \Omega + \Delta\Omega$ の間にあるフォノンの基準振動の数が $F^{(0)}(\Omega)\Delta\Omega$ ということで定義される．ここで，結晶の単位胞の体積を $\Omega_{\text{cell}}$，その単位胞の総数を $N_a$ とすれば，$\Omega_t = N_a \Omega_{\text{cell}}$ ということになるので，$F^{(0)}(\Omega)$ は

$$F^{(0)}(\Omega) \equiv \sum_{\bm{q}\lambda} \delta(\Omega - \omega_{\bm{q}\lambda}) = \frac{N_a \Omega_{\text{cell}}}{(2\pi)^3} \sum_\lambda \int_{\text{1st BZ}} d^3\bm{q}\, \delta(\Omega - \omega_{\bm{q}\lambda}) \quad (1.156)$$

のように定義される．なお，添え字 $^{(0)}$ は断熱近似におけるフォノンの状態密度という意味を明示するために付けてある．次節以降，電子フォノン相互作用を通してフォノンの固有エネルギーが変化を受ける様相を議論するが，その状況下における状態密度は $F(\Omega)$ で表される．この $F(\Omega)$ の正確な定義はフォノングリーン関数の導入後になる．この事情は一体問題で定義される $D_\sigma^{(0)}(E)$ に対して，多体効果を取り入れた電子構造の状態密度 $D_\sigma(E)$ が 1 電子グリーン関数を用いて式 (I.4.111) で与えられることに対応している．

この $F^{(0)}(\Omega)$ の計算例が図 1.14 に示されている．これは fcc 金属のアルミニウムと鉛に対して DFPT 法によって求められたフォノンの分散関係を使って得られたものである．一見して分かるように，分散関係の概要は似ているものの，アルミニウムと鉛ではフォノンエネルギーのスケールは随分違っていて，前者では 300 cm$^{-1}$ ≈ 37 meV，後者では 80 cm$^{-1}$ ≈ 10 meV である．（デバイ温度でいえば，前者では 280 K，後者では 88 K である．）大まかにいえば，これは両者の原子核質量の違いとして理解される．実際，アルミニウムの質量数は 26.982，一方，鉛のそれは 207.19 で，両者の比の平方根の逆数は 2.8 である．得られた計算結果を中性子散乱実験と比較すると，全般的にはよく合っているといえるが，細かく見ると $\Omega$ が小さい音波の領域と比べて，大きな $\omega_{\bm{q}\lambda}$ を与えているブリルアン帯境界領域ではあまり満足できるものではない．特に，鉛での不一致は案外大きく，この原因を解明して，より完全な一致を求める

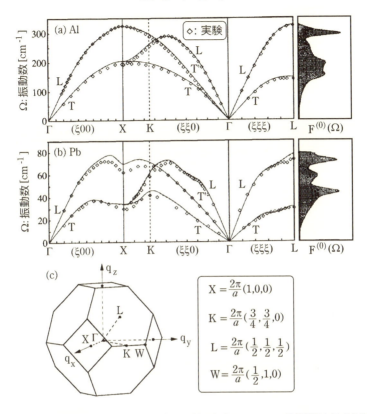

図 1.14 fcc 構造の (a) アルミニウムと (b) 鉛におけるフォノンの分散関係と対応する (任意単位の) 状態密度 $F^{(0)}(\Omega)$. DFPT 法による計算結果を中性子散乱実験結果と比較している. (c) fcc 結晶に対応する第 1 ブリルアン帯.

研究が最近でも続いている. その不一致の原因として, $K(\boldsymbol{r},\boldsymbol{r}')$ などの汎関数形が不正確で交換相関効果が精度よく記述されていないため, あるいは, 非断熱性の効果のため等が挙げられるが, どれが一番重要な原因かはまだよく特定されていない.

最後に $F^{(0)}(\Omega)$ の振る舞いについて若干の注意をしておこう. 基本的には $D_\sigma^{(0)}(E)$ の定性的解析で分かることと同様に, フォノンの分散関係が特異なところで, その特異点周りの分散関係の空間次元性を反映した特徴的な構造が $F^{(0)}(\Omega)$ に現れる. なお, 大まかには, フォノンの分散関係が平坦になり, かつ, その平坦部分を占める位相空間の体積が大きくなるところ (たとえば, ブ

リルアン帯の境界そのものではなく，その境界近傍の $q$ に対応するエネルギー $\omega_{q\lambda}$) で $F^{(0)}(\Omega)$ がピーク構造を示す．特に，分散関係が弱い光学フォノンでそのエネルギーが $\omega_0$ の場合，$F^{(0)}(\Omega) \propto \delta(\Omega - \omega_0)$ というデルタ関数的な構造を持つが，これはアインシュタイン模型として捉えられる局所的なフォノン（局在振動）の反映である．また，$\Omega$ が小さく音波分散が支配的になるところでは，$\omega_{q\lambda} \propto |q|$ なので，$F^{(0)}(\Omega) \propto \Omega^2$ という普遍的な振る舞いを示す．この特徴はデバイ模型のフォノンとして捉えられている．

## 1.3　電子フォノン相互作用

### 1.3.1　一般的考察

前節では，電子原子核複合系全体を第一原理的に取り扱う際には断熱近似が重要な役割を果たすこと，そして，その近似下では電子系の運動を繰り込んだ断熱ポテンシャルという概念が導入されること，さらに，そのポテンシャル下で原子核系の運動を取り扱うとフォノンという概念が生まれ，それによって原子核系の運動がうまく記述されることをみた．

しかしながら，この断熱近似におけるフォノンは必ずしも実験で観測されるものとは限らず，電子系の動的な応答効果を取り込んでいない，いわば，**裸のフォノン**というべきもので，電子原子核複合系全体を自己無撞着に解いたときに得られるであろう原子核の運動状況を忠実に表現しているわけではない．本来，相互作用する電子原子核複合系においてはフォノン系の運動と電子系のそれとが相互に干渉し，お互いに相手の運動の効果を取り込み合いながら最終的に全系が自己無撞着な状態に落ち着くはずのものである．裸のフォノンでは，この無限につながる相互干渉のフィードバックの鎖のほんの入り口に立つもので，この段階ではフォノンの運動状況が電子の運動状況に動的に反映されていない．すなわち，フォノンを構成する各原子核の位置が変化するにしても，その位置変化は電子系にとっては準静的なものとして認識されると仮定して，電子系全体は常にその基底状態に留まりつつ，断熱的・連続的に変化していくものとして取り扱われている．

確かに，各原子核配置における電子系の基底状態エネルギー $\varepsilon_0(\mathbf{R})$ を作り出

す電子運動の時間スケール（あるいは，その逆数であるエネルギースケール）が常に原子核運動の時間スケールよりずっと小さい（エネルギースケールがずっと大きい）と，この無限の鎖のフォノンに対する効果は小さいはずであり，その結果，裸のフォノンが自己無撞着解と実質上はほぼ同じであるといえる場合が多いであろう．特に，非金属系ではほとんどの場合にそうであり，それが断熱近似の有効性を保証している．ただ，原子核系の運動が裸のフォノンでよく近似されるといっても，それが原子核が静的で動かない状況からそれが動的に動いている（フォノンが発生している）状況への変化に伴う電子系の運動への影響（電子系への跳ね返り効果）もすべて無視できるという結論に直ちに結びつくものではないことに注意されたい．実際，次章以降でみるように，フォノン機構の超伝導はこのことを如実に例証している．

そこで，電子原子核複合系全体の運動を自己無撞着に解く手順を考えてみよう．この際，一般的にいえば，非断熱性の効果は金属で大きくなるので，今後は金属への応用を主として考えることになる．すると，電子原子核複合系というよりも，内殻電子と原子核を一緒に考えた「イオンの集合」と（電子系から内殻電子を除いた）「価電子の集合」から構成された**価電子イオン複合系**を取り扱うことになる．（もし，元の電子原子核複合系に戻って考える必要がある場合には，内殻電子がないという状況下で価電子イオン複合系を考えればよい．）この複合系に対する第一原理のハミルトニアン $H_\mathrm{FP}$ は I.2.4.2 項で議論された通りで，イオン系の運動エネルギー項を $T_i$ と書くと，残りの部分 $H_e$ の第2量子化表現は式 (I.2.65) に与えられている．そして，この $H_\mathrm{FP}(=T_i+H_e)$ に含まれるすべての項を量子力学的に正当に取り扱ってはじめて正しい自己無撞着解が求められることになる．実際，1.1.4〜1.1.10 項で議論した（内殻電子はないので電子原子核複合系の）4体クローン系について，この立場から拡散モンテカルロ法を紹介し，かつ，得られた解の状況を種々分析した．しかしながら，この手法で全粒子数がマクロな数になる固体の情報を得るためには，少数有限系からの（通常はあまりよく制御されない）外挿が必要で，高精度の解が得難い．また，このような数値的手法だけで解の振る舞いを詳細に解析し尽くすことは大変に困難である．

ところで，1.1 節で解説したように，たとえイオン系を量子力学的に取り扱っ

たとしても，イオンはお互いに交換はせず，それぞれの格子点 $\bm{R}_j^0$ の周りで小さい振幅の運動をするのみであるという仮定はイオンが陽子である場合も含めてほとんどの場合，正当化される．そこで，解析を進めるにあたって，価電子イオン全系を表す第一原理のハミルトニアン $H_{\rm FP}$ をこの仮定下で書き直すことから始めよう．なお，イオン運動の振幅は小さいと仮定しても，その振幅の周期（あるいは，そのエネルギー）については，断熱近似の場合とは異なり，基本的には何らの制限も付けないことにする．

### 1.3.2 微小振動の仮定と電子フォノン摂動ハミルトニアン

さて，$\bm{R}_j = \bm{R}_j^0 + \delta\bm{R}_j$ と書いて，微小変化 $\delta\bm{R}_j$ の導入に伴って $T_i$ 以外に $H_e$ の中で考察が必要になる項は，①電子イオン相互作用項 $U_{ei}$ と②イオン間相互作用項 $U_{ii}$ である．まず，$U_{ei}$ は式 (1.139) における $U_{eN}$ のように，あるいは，式 (I.2.65) と式 (I.2.69) のように

$$U_{ei} = \sum_\sigma \int d\bm{r}\, \psi_\sigma^+(\bm{r}) \sum_j V_{j_0}(\bm{r} - \bm{R}_j) \psi_\sigma(\bm{r}) \tag{1.157}$$

のように表されると仮定しよう．ここで，相互作用ポテンシャル $V_{j_0}(\bm{r}-\bm{R}_j)$ は内殻電子を考えない場合は $-Z_{j_0}e^2/|\bm{r}-\bm{R}_j|$ であり，式 (1.157) は $U_{ei}$ に対する厳密に正しい表式であるが，内殻電子を取り入れ，その効果を擬ポテンシャルを使って表現しようとすると，I.2.4.5 項でも触れたように $V_{j_0}$ は電子とイオンとの距離だけには依存せずに角運動量成分によっても異なってくるので，$V_{j_0}(|\bm{r}-\bm{R}_j|)$ ではなく，$V_{j_0}(\bm{r}-\bm{R}_j)$ と表現した．

こうすれば，式 (1.157) は十分に一般的な状況を表していると考えられるかもしれないが，イオンが動く場合，これは価電子から見て内殻電子は常に原子核と寸分違わず一緒に動くと仮定した上での表式であることに注意されたい．この仮定が成り立たないと，$V_{j_0}$ は $\bm{r}-\bm{R}_j$ だけでなく，$\bm{R}_j^0$ にも依存してくるが，この仮定が問題になるような場合には，そもそも，内殻電子とかイオンとかという概念を用いずに，すべての電子を価電子として取り扱い，$V_{j_0}(\bm{r}-\bm{R}_j) = -Z_{j_0}e^2/|\bm{r}-\bm{R}_j|$ とすればよい．この原子核と内殻電子が常に一緒に動くという仮定の下では，$U_{ii}$ についても

## 1.3 電子フォノン相互作用

$$U_{ii} = \frac{1}{2} \sum_{j \neq j'} V_{ii}(\boldsymbol{R}_j - \boldsymbol{R}_{j'}) \tag{1.158}$$

のように,イオン間の2体ポテンシャル $V_{ii}(\boldsymbol{R})$ の和の形で書けるとしてよい.

そこで,この式 (1.157) において $\delta\boldsymbol{R}_j$ の2次の項まで展開(調和近似)しよう.そして, $U_{ei} = U_{ei}^{(0)} + U_{ei}^{(1)} + U_{ei}^{(2)}$ と書くことにすると,1次と2次の各項は,それぞれ,

$$U_{ei}^{(1)} = -\sum_j \sum_\sigma \int d\boldsymbol{r}\, \psi_\sigma^+(\boldsymbol{r}) \left(\delta\boldsymbol{R}_j \cdot \frac{\partial}{\partial \boldsymbol{r}}\right) V_{j_0}(\boldsymbol{r} - \boldsymbol{R}_j^0) \psi_\sigma(\boldsymbol{r}) \tag{1.159}$$

$$U_{ei}^{(2)} = \frac{1}{2}\sum_j \sum_\sigma \int d\boldsymbol{r}\, \psi_\sigma^+(\boldsymbol{r}) \left(\delta\boldsymbol{R}_j \cdot \frac{\partial}{\partial \boldsymbol{r}}\right)^2 V_{j_0}(\boldsymbol{r} - \boldsymbol{R}_j^0) \psi_\sigma(\boldsymbol{r}) \tag{1.160}$$

となる.同様に,式 (1.158) の $U_{ii}$ についても $U_{ii} = U_{ii}^{(0)} + U_{ii}^{(1)} + U_{ii}^{(2)}$ のように展開できる.(ここでは具体的な表式を省略する.)

今,I.2.4.4項でのように電子場の演算子を平面波基底 (I.2.71) で展開すると, $N_a$ を単位胞の総数, $n_i$ を単位胞中のイオンサイト数として, $U_{ei}^{(1)}$ は

$$U_{ei}^{(1)} = \frac{i}{n_i N_a} \sum_{\boldsymbol{p}\boldsymbol{p}'\sigma} c_{\boldsymbol{p}\sigma}^+ c_{\boldsymbol{p}'\sigma} \sum_j e^{i(\boldsymbol{p}'-\boldsymbol{p})\cdot\boldsymbol{R}_j^0} \widetilde{V}_{\mathrm{ps}}^{(j_0)}(\boldsymbol{p},\boldsymbol{p}')(\boldsymbol{p}'-\boldsymbol{p})\cdot\delta\boldsymbol{R}_j \tag{1.161}$$

と書き直せる.ここで, $\widetilde{V}_{\mathrm{ps}}^{(j_0)}(\boldsymbol{p},\boldsymbol{p}')$ は $V_{j_0}(\boldsymbol{r})$ のフーリエ変換である.同様に, $U_{ei}^{(2)}$ は

$$U_{ei}^{(2)} = -\frac{1}{2n_i N_a} \sum_{\boldsymbol{p}\boldsymbol{p}'\sigma} c_{\boldsymbol{p}\sigma}^+ c_{\boldsymbol{p}'\sigma} \sum_j e^{i(\boldsymbol{p}'-\boldsymbol{p})\cdot\boldsymbol{R}_j^0} \widetilde{V}_{\mathrm{ps}}^{(j_0)}(\boldsymbol{p},\boldsymbol{p}')[(\boldsymbol{p}'-\boldsymbol{p})\cdot\delta\boldsymbol{R}_j]^2 \tag{1.162}$$

となる.なお, $V_{j_0}(\boldsymbol{r})$ として I.2.4.5項で述べた擬ポテンシャルを用いて実際に $\widetilde{V}_{\mathrm{ps}}^{(j_0)}(\boldsymbol{p},\boldsymbol{p}')$ を計算する場合,

$$\begin{aligned}\widetilde{V}_{\mathrm{ps}}^{(j_0)}(\boldsymbol{p},\boldsymbol{p}') &= \frac{1}{\Omega_{\mathrm{cell}}} \int d\boldsymbol{r}\, e^{-i\boldsymbol{p}\cdot\boldsymbol{r}} V_{j_0}(\boldsymbol{r}) e^{i\boldsymbol{p}'\cdot\boldsymbol{r}} \\ &= -\frac{Z_{j_0}}{\Omega_{\mathrm{cell}}} \delta_{\boldsymbol{p},\boldsymbol{p}'} \lim_{q\to 0} \frac{4\pi e^2}{q^2} + V_{\mathrm{ps}}^{(j_0)}(\boldsymbol{p},\boldsymbol{p}')\end{aligned} \tag{1.163}$$

のように, $\boldsymbol{p}\to\boldsymbol{p}'$ のときに発散する成分とそうでない成分 $V_{\mathrm{ps}}^{(j_0)}(\boldsymbol{p},\boldsymbol{p}')$ に分解して書いておくのがよい.この発散成分は,I.2.4.4項で解説したように系全体の電気的中性条件(すなわち,全電子数 $N_e$ は $N_e = N_a \sum_{j_0} Z_{j_0}$ で与えられ

ること）により，$U_{ei}^{(0)}$ においては $U_{ii}$ や電子間クーロン相互作用 $U_{ee}$ の中の同様の発散項と相殺する．その結果として，$V_{\mathrm{ps}}^{(j_0)}(\boldsymbol{p},\boldsymbol{p}')$ だけを考慮すればよいと結論が得られたが，次項では，$U_{ei}^{(1)}$ と $U_{ei}^{(2)}$ を併せて考えると全く同じような結論が得られることが証明される．

ところで，上で得られた式 (1.161) において，さらに $\delta\boldsymbol{R}_j$ を量子化して展開する基底を 1.2.3 項で導入された断熱近似下のフォノン場に選ぼう．すると，$\delta\boldsymbol{R}_j$ は式 (1.109) のように書き下せるので，それを代入すると，$U_{ei}^{(1)}$ は

$$U_{ei}^{(1)} = \sum_{\boldsymbol{pp}'\sigma}\sum_{\boldsymbol{q}\lambda} g_{\boldsymbol{pp}'\boldsymbol{q}\lambda}\, c_{\boldsymbol{p}\sigma}^{+} c_{\boldsymbol{p}'\sigma}(b_{\boldsymbol{q}\lambda}+b_{-\boldsymbol{q}\lambda}^{+}) \tag{1.164}$$

と書ける．ここで，格子点の和から $\boldsymbol{p}=\boldsymbol{p}'+\boldsymbol{q}+\boldsymbol{K}$ （$\boldsymbol{K}$ は任意の逆格子ベクトル）という条件が得られる．そして，電子フォノン相互作用定数 $g_{\boldsymbol{pp}'\boldsymbol{q}\lambda}$ は

$$g_{\boldsymbol{pp}'\boldsymbol{q}\lambda}=\delta_{\boldsymbol{p},\boldsymbol{p}'+\boldsymbol{q}+\boldsymbol{K}}\frac{i}{n_i}\sum_{j_0}\widetilde{V}_{\mathrm{ps}}^{(j_0)}(\boldsymbol{p},\boldsymbol{p}')\frac{(\boldsymbol{p}'-\boldsymbol{p})\cdot\boldsymbol{e}_{j_0}(\boldsymbol{q},\lambda)}{\sqrt{2M_{j_0}\omega_{\boldsymbol{q}\lambda}N_a}}e^{i(\boldsymbol{p}'-\boldsymbol{p})\cdot\boldsymbol{d}_{j_0}} \tag{1.165}$$

となる．また，式 (1.162) から $U_{ei}^{(2)}$ は

$$U_{ei}^{(2)}=\frac{1}{2}\sum_{\boldsymbol{pp}'\sigma}\sum_{\boldsymbol{q}\lambda}\sum_{\boldsymbol{q}'\lambda'} g_{\boldsymbol{pp}'\boldsymbol{q}\lambda\boldsymbol{q}'\lambda'}^{(2)}\, c_{\boldsymbol{p}\sigma}^{+} c_{\boldsymbol{p}'\sigma}$$
$$\times(b_{\boldsymbol{q}\lambda}+b_{-\boldsymbol{q}\lambda}^{+})(b_{\boldsymbol{q}'\lambda'}+b_{-\boldsymbol{q}'\lambda'}^{+}) \tag{1.166}$$

と書き直せる．ここで，$\boldsymbol{p}=\boldsymbol{p}'+\boldsymbol{q}+\boldsymbol{q}'+\boldsymbol{K}$ の条件下で 2 次の電子フォノン相互作用定数 $g_{\boldsymbol{pp}'\boldsymbol{q}\lambda\boldsymbol{q}'\lambda'}^{(2)}$ は

$$g_{\boldsymbol{pp}'\boldsymbol{q}\lambda\boldsymbol{q}'\lambda'}^{(2)}=\delta_{\boldsymbol{p},\boldsymbol{p}'+\boldsymbol{q}+\boldsymbol{q}'+\boldsymbol{K}}\frac{-1}{n_i}\sum_{j_0}\widetilde{V}_{\mathrm{ps}}^{(j_0)}(\boldsymbol{p},\boldsymbol{p}')\frac{(\boldsymbol{p}'-\boldsymbol{p})\cdot\boldsymbol{e}_{j_0}(\boldsymbol{q},\lambda)}{\sqrt{2M_{j_0}\omega_{\boldsymbol{q}\lambda}N_a}}$$
$$\times\frac{(\boldsymbol{p}'-\boldsymbol{p})\cdot\boldsymbol{e}_{j_0}(\boldsymbol{q}',\lambda')}{\sqrt{2M_{j_0}\omega_{\boldsymbol{q}'\lambda'}N_a}}e^{i(\boldsymbol{p}'-\boldsymbol{p})\cdot\boldsymbol{d}_{j_0}} \tag{1.167}$$

で計算される．

### 1.3.3 音響型総和則

さて，前項で書き下された $U_{ei}^{(1)}$ と $U_{ei}^{(2)}$ とはお互いに全く独立というわけではなく，並進対称性に起因する関係式を満足させなければならない．すなわち，微小変化 $\delta\boldsymbol{R}_j$ が $j$ に依存しない定数 $\delta\boldsymbol{R}$ のとき，物理的にはすべてのイオン

## 1.3 電子フォノン相互作用

が単に平行移動しただけなので，その平行移動に対応して電子系の密度も平行移動はするが，その移動は断熱的と考えるので，その移動の前後で計算して得られるあらゆる物理量の値は不変でなければならない．

ところで，$\delta \boldsymbol{R}_j = \delta \boldsymbol{R} = (\delta R_x, \delta R_y, \delta R_z)$ の場合，$\rho(\boldsymbol{r}) = \sum_\sigma \psi_\sigma^+(\boldsymbol{r}) \psi_\sigma(\boldsymbol{r})$ で電子密度演算子を，また，$W_{ei}(\boldsymbol{r}) \equiv \sum_j V_{j_0}(\boldsymbol{r} - \boldsymbol{R}_j^0)$ で電子とイオン系全体との相互作用を導入すると，式 (1.159) と式 (1.160) は，それぞれ，

$$U_{ei}^{(1)} = - \sum_{\alpha=x,y,z} \delta R_\alpha \int d\boldsymbol{r} \, \rho(\boldsymbol{r}) \frac{\partial W_{ei}(\boldsymbol{r})}{\partial r_\alpha} \tag{1.168}$$

$$U_{ei}^{(2)} = \frac{1}{2} \sum_{\alpha\alpha'} \delta R_\alpha \delta R_{\alpha'} \int d\boldsymbol{r} \, \rho(\boldsymbol{r}) \frac{\partial^2 W_{ei}(\boldsymbol{r})}{\partial r_\alpha \partial r_{\alpha'}} \tag{1.169}$$

のように書ける．そして，この場合，式 (1.158) で与えられる $U_{ii}$ は全く変化しないので，$\delta \boldsymbol{R} = \boldsymbol{0}$ から $\delta \boldsymbol{R} \neq \boldsymbol{0}$ への変化に伴う全ハミルトニアンの変化は，$\delta \boldsymbol{R}$ の 2 次まで考えると，上の $U_{ei}^{(1)} + U_{ei}^{(2)}$ だけということになる．したがって，この変化に伴う熱力学的エネルギーの変化量 $\delta \Omega$ は，$\delta \boldsymbol{R}$ の 2 次まで考慮し，多体摂動論の一般表式である式 (I.3.92) を使うと，

$$\delta \Omega = \langle U_{ei}^{(1)} \rangle + \langle U_{ei}^{(2)} \rangle - \frac{1}{2} \int_0^\beta d\tau \langle U_{ei}^{(1)}(\tau) U_{ei}^{(1)} \rangle_c \tag{1.170}$$

で与えられる．ここで，物理量の熱的平均や演算子の $\tau$（虚時間）依存性は $H_e = T_e + U_{ei}^{(0)} + U_{ee}$ というハミルトニアンに基づいて定義される．空間の反転対称性を考えると，式 (1.170) の右辺第 1 項 $\langle U_{ei}^{(1)} \rangle$ はゼロであることは直ちに分かる．したがって，$\delta \Omega$ における $\delta \boldsymbol{R}$ の 1 次の変化はないことになる．しかし，その 2 次の変化もゼロであるかどうかは自明でない．

そこで，いかなる $\delta \boldsymbol{R}$ であっても，その 2 次の変化もゼロであるための条件を得るために，式 (1.170) を静的密度相関関数 $Q_{\rho\rho}(\boldsymbol{r}, \boldsymbol{r}'; 0)$ を用いて，

$$\delta \Omega = \frac{1}{2} \sum_{\alpha\alpha'} \delta R_\alpha \delta R_{\alpha'} \int d\boldsymbol{r} \, \langle \rho(\boldsymbol{r}) \rangle \frac{\partial^2 W_{ei}(\boldsymbol{r})}{\partial r_\alpha \partial r_{\alpha'}}$$
$$+ \frac{1}{2} \sum_{\alpha\alpha'} \delta R_\alpha \delta R_{\alpha'} \int d\boldsymbol{r} \int d\boldsymbol{r}' \frac{\partial W_{ei}(\boldsymbol{r})}{\partial r_\alpha} Q_{\rho\rho}(\boldsymbol{r}, \boldsymbol{r}'; 0) \frac{\partial W_{ei}(\boldsymbol{r}')}{\partial r'_{\alpha}} \tag{1.171}$$

のように書き換えよう．ここで，$Q_{\rho\rho}(\boldsymbol{r}, \boldsymbol{r}'; 0)$ の定義式は式 (II.2.434) と式 (II.2.437) を参照されたい．すると，任意の $R_\alpha$ について式 (1.171) の $\delta \Omega$ が

ゼロになるための条件は

$$\int d\boldsymbol{r}\,\langle\rho(\boldsymbol{r})\rangle\frac{\partial^2 W_{ei}(\boldsymbol{r})}{\partial r_\alpha \partial r_{\alpha'}} = -\int d\boldsymbol{r}\int d\boldsymbol{r}'\frac{\partial W_{ei}(\boldsymbol{r})}{\partial r_\alpha}Q_{\rho\rho}(\boldsymbol{r},\boldsymbol{r}';0)\frac{\partial W_{ei}(\boldsymbol{r}')}{\partial r'_{\alpha'}} \quad (1.172)$$

ということになる．これは格子動力学における「音響型総和則 (acoustic sum rule)」と呼ばれている．

この条件に関して，4つの注意を与えておきたい．① 今は $\delta\boldsymbol{R}$ の2次まで $\delta\Omega$ がゼロになるという条件で式 (1.172) を導いたが，より高次の項まで考えても $\delta\Omega$ がゼロであることを保証するためには，それぞれの次数において，その次数にふさわしい高次の静的密度相関関数が導入され，そして，その関数が含まれる形で式 (1.172) に類似した新たな条件が付け加えられることになる．② $W_{ei}(\boldsymbol{r})$ は，そのフーリエ成分の中に式 (1.163) に示すように長波長極限で発散する項を含んでいる．したがって，このままでは式 (1.172) の両辺とも長波長極限で発散してしまうことになる．しかしながら，この発散は見かけ上のもので，両辺の発散項はお互いに相殺しあう．実際，長距離クーロンポテンシャルのフーリエ成分 $V(\boldsymbol{q})$ を $V(\boldsymbol{q}) \equiv 4\pi e^2/(\Omega_t \boldsymbol{q}^2)$ で導入すると，式 (1.172) 左辺の長距離発散成分は

$$N_e\left(-N_a\sum_{j_0}Z_{j_0}\right)\lim_{q\to 0}V(\boldsymbol{q})(iq_\alpha)(iq_{\alpha'}) \quad (1.173)$$

であるが，一方，式 (1.172) 右辺のそれは

$$-\left(-N_a\sum_{j_0}Z_{j_0}\right)^2\lim_{q\to 0}V(\boldsymbol{q})(iq_\alpha)\frac{-\Pi(\boldsymbol{q},0)}{1+V(\boldsymbol{q})\Pi(\boldsymbol{q},0)}V(\boldsymbol{q})(-iq_{\alpha'})$$

$$= \left(-N_a\sum_{j_0}Z_{j_0}\right)^2\lim_{q\to 0}V(\boldsymbol{q})(iq_\alpha)(-iq_{\alpha'}) \quad (1.174)$$

となるので，$N_e = N_a\sum_{j_0}Z_{j_0}$ という系全体の電気的中性条件が満たされる限りは，左辺と右辺の長距離発散項はちょうど打ち消し合うことが分かる．ここで，$\Pi(\boldsymbol{q},\omega)$ は電子分極関数 $\Pi(\boldsymbol{r},\boldsymbol{r}';\omega)$ のフーリエ変換の長距離部分を表していて，それと密度相関関数における対応する成分との関係は，たとえば，式 (I.4.156) を参照されたい．③ 上で見たような相殺関係があるので，式 (1.172) は長距離発散成分を取り除いた非発散成分である $V_{\mathrm{ps}}^{(j_0)}(\boldsymbol{p},\boldsymbol{p}')$ に対する条件式となっている．また，今後，たとえば，式 (1.165) や式 (1.167) では，$\widetilde{V}_{\mathrm{ps}}^{(j_0)}(\boldsymbol{p},\boldsymbol{p}')$ はす

べての長距離発散成分を取り除いて，$V_{\mathrm{ps}}^{(j_0)}(\boldsymbol{p},\boldsymbol{p}')$ に置き換えて計算すればよい．④ 次項でその例を見るように，関係式 (1.172) のおかげで $U_{ei}^{(2)}$ に起因する項は $U_{ei}^{(1)}$ に現れる相互作用定数を使って書き表されることになる．したがって，具体的に電子フォノン相互作用定数の数値評価をする場合，式 (1.167) で定義される $g_{\boldsymbol{p}\boldsymbol{p}'\boldsymbol{q}\lambda\boldsymbol{q}'\lambda'}^{(2)}$ は省略して，式 (1.165) で定義される $g_{\boldsymbol{p}\boldsymbol{p}'\boldsymbol{q}\lambda}$ のみを微視的に計算すればよい．

### 1.3.4　断熱近似下でのフォノンによる 1 電子状態の変化

1.2.3 項で解説したように，フォノンが（有限温度での熱的励起はもちろんのこと，基底状態での零点振動によって）存在すると，たとえ断熱近似下といえども，電子系の状態は各イオン（原子核）が全く静止している状態と同じではなく，イオンの位置揺らぎを断熱的に考慮した状態に変化したものになっている．そして，その電子系全体の断熱的なエネルギーの変化を反映してイオン系に働く断熱ポテンシャルが決まっているが，その決定法は既に述べた．そこで，この項では，電子系全体の変化ではなく，もう少し詳細に各電子状態がフォノンの存在でどのように断熱的に変化しているのかを問題にしたい．

まず一般に，電子系のハミルトニアン $H$ が非摂動部分 $H_0$ と摂動ポテンシャル $V$ の和（$H = H_0 + V$）で与えられるとしよう．そして，$H_0$ の規格完全系を $\{|n\rangle\}$，各固有状態 $|n\rangle$ の固有エネルギーを $\varepsilon_n$（すなわち，$H_0|n\rangle = \varepsilon_n|n\rangle$）としよう．この状態 $|n\rangle$ が $V$ の作用で断熱的に状態 $|\varphi_n\rangle$ に，また，そのエネルギーが $E_n = \varepsilon_n + \Sigma_n$ に変化したとしよう．すると，$|\varphi_n\rangle$ は

$$|\varphi_{\boldsymbol{p}}\rangle = \left(1 - \frac{P_n}{\varepsilon_n - H_0}V\right)^{-1}|n\rangle, \tag{1.175}$$

で与えられる．ここで，$P_n = 1 - |n\rangle\langle n|$ は射影演算子で，これを使うと，状態 $|n\rangle$ の自己エネルギー $\Sigma_n$ の一般式とその $V$ の 2 次までの展開式は

$$\Sigma_n = \frac{\langle n|V|\varphi_n\rangle}{\langle n|\varphi_n\rangle} = \langle n|V|n\rangle + \langle n|V\frac{P_n}{\varepsilon_n - H_0}V|n\rangle + \cdots \tag{1.176}$$

である．この展開式を参照し，かつ，式 (1.159) の $U_{ei}^{(1)}$ や式 (1.160) の $U_{ei}^{(2)}$ において $\delta\boldsymbol{R}_j$ の 2 次まで考慮すると，$\Sigma_n$ は形式的には

$$\Sigma_n = \langle n|U_{ei}^{(1)} + U_{ei}^{(2)}|n\rangle + \langle n|U_{ei}^{(1)}\frac{P_n}{\varepsilon_n - H_0}U_{ei}^{(1)}|n\rangle \tag{1.177}$$

で計算されることになる.

より具体的に，平面波基底での表現で常磁性状態を考えて $|n\rangle = |\bm{p}\sigma\rangle$ とし，また，$U_{ei}^{(1)}$ や $U_{ei}^{(2)}$ に対して式 (1.164) や式 (1.166) を用いると，式 (1.177) は

$$\Sigma_{\bm{p}\sigma} = \sum_{\bm{q}\lambda} g_{\bm{pp}\bm{q}\lambda} \langle b_{\bm{q}\lambda} + b_{-\bm{q}\lambda}^+ \rangle$$
$$+ \frac{1}{2} \sum_{\bm{q}\lambda} \sum_{\bm{q}'\lambda'} g^{(2)}_{\bm{pp}\bm{q}\lambda\bm{q}'\lambda'} \langle (b_{\bm{q}\lambda} + b_{-\bm{q}\lambda}^+)(b_{\bm{q}'\lambda'} + b_{-\bm{q}'\lambda'}^+) \rangle$$
$$+ \sum_{\bm{p}'} \sum_{\bm{q}\lambda} \sum_{\bm{q}'\lambda'} g_{\bm{pp}'\bm{q}\lambda} g_{\bm{p}'\bm{p}\bm{q}'\lambda'} \frac{P_{\bm{p}\sigma}}{\varepsilon_{\bm{p}} - \varepsilon_{\bm{p}'}} \langle c_{\bm{p}'\sigma} c_{\bm{p}'\sigma}^+ \rangle$$
$$\times \langle (b_{\bm{q}\lambda} + b_{-\bm{q}\lambda}^+)(b_{\bm{q}'\lambda'} + b_{-\bm{q}'\lambda'}^+) \rangle \quad (1.178)$$

のように書き直せる．しかるに，フォノン演算子の温度 $T$ での平均値は

$$\langle b_{\bm{q}\lambda} \rangle = \langle b_{\bm{q}\lambda}^+ \rangle = 0 \quad (1.179)$$
$$\langle b_{\bm{q}\lambda} b_{\bm{q}'\lambda'} \rangle = \langle b_{\bm{q}\lambda}^+ b_{\bm{q}'\lambda'}^+ \rangle = 0 \quad (1.180)$$
$$\langle b_{\bm{q}\lambda}^+ b_{\bm{q}'\lambda'} \rangle = \delta_{\bm{q}\bm{q}'} \delta_{\lambda\lambda'} n(\omega_{\bm{q}\lambda}) \quad (1.181)$$
$$\langle b_{\bm{q}\lambda} b_{\bm{q}'\lambda'}^+ \rangle = \delta_{\bm{q}\bm{q}'} \delta_{\lambda\lambda'} [n(\omega_{\bm{q}\lambda}) + 1] \quad (1.182)$$

で与えられる．ここで，$n(x)\,[= 1/(e^{x/T} - 1)]$ はボーズ分布関数である．また，フェルミ分布関数 $f(x)\,[= 1/(e^{x/T} + 1)]$ を用い，$\varepsilon_{\bm{p}'}$ のエネルギーの原点をフェルミ準位に取ると，$\langle c_{\bm{p}'\sigma} c_{\bm{p}'\sigma}^+ \rangle = 1 - f(\varepsilon_{\bm{p}'})$ であるので，式 (1.178) をさらに書き直すと，

$$\Sigma_{\bm{p}\sigma} = \frac{1}{2} \sum_{\bm{q}\lambda} g^{(2)}_{\bm{pp}\bm{q}\lambda-\bm{q}\lambda} [2n(\omega_{\bm{q}\lambda}) + 1]$$
$$+ \sum_{\bm{p}'} \sum_{\bm{q}\lambda} |g_{\bm{pp}'\bm{q}\lambda}|^2 \frac{P_{\bm{p}\sigma}}{\varepsilon_{\bm{p}} - \varepsilon_{\bm{p}'}} [1 - f(\varepsilon_{\bm{p}'})][2n(\omega_{\bm{q}\lambda}) + 1] \quad (1.183)$$

が得られる．

ところで，式 (1.172) の音響型総和則を平面波基底で考えると，

$$\sum_{\bm{p}\sigma} f(\varepsilon_{\bm{p}}) g^{(2)}_{\bm{pp}\bm{q}\lambda-\bm{q}\lambda} = -\sum_{\bm{p}} |g_{\bm{pp}\bm{q}\lambda}|^2 \lim_{\bm{p}'\to\bm{p}} Q_{\rho\rho}(\bm{p}'-\bm{p}; 0) \quad (1.184)$$

が導かれる．ここで，平面波表示での静的密度相関関数 $Q_{\rho\rho}(\bm{p}'-\bm{p}; 0)$ を無摂

## 1.3 電子フォノン相互作用

動系で計算すると，分極関数 $\Pi_0(\boldsymbol{p}' - \boldsymbol{p}; 0)$ を用いて，

$$Q_{\rho\rho}(\boldsymbol{p}' - \boldsymbol{p}'; 0) = -\Pi_0(\boldsymbol{p}' - \boldsymbol{p}; 0) = -\sum_{\boldsymbol{p}'\sigma} \frac{f(\varepsilon_{\boldsymbol{p}}) - f(\varepsilon_{\boldsymbol{p}'})}{\varepsilon_{\boldsymbol{p}'} - \varepsilon_{\boldsymbol{p}}}$$

$$= -\sum_{\boldsymbol{p}'\sigma} \frac{f(\varepsilon_{\boldsymbol{p}})[1 - f(\varepsilon_{\boldsymbol{p}'})] - f(\varepsilon_{\boldsymbol{p}'})[1 - f(\varepsilon_{\boldsymbol{p}})]}{\varepsilon_{\boldsymbol{p}'} - \varepsilon_{\boldsymbol{p}}}$$

$$= -2\sum_{\boldsymbol{p}'\sigma} \frac{f(\varepsilon_{\boldsymbol{p}})[1 - f(\varepsilon_{\boldsymbol{p}'})]}{\varepsilon_{\boldsymbol{p}'} - \varepsilon_{\boldsymbol{p}}} \tag{1.185}$$

であるので，式 (1.184) の両辺で $f(\varepsilon_{\boldsymbol{p}})$ にかかる係数を比較することから，

$$g^{(2)}_{\boldsymbol{p}\boldsymbol{p}\boldsymbol{q}\lambda - \boldsymbol{q}\lambda} = 2\sum_{\boldsymbol{p}'} |g_{\boldsymbol{p}\boldsymbol{p}\boldsymbol{q}\lambda}|^2 \lim_{\boldsymbol{p}' \to \boldsymbol{p}} \frac{1 - f(\varepsilon_{\boldsymbol{p}'})}{\varepsilon_{\boldsymbol{p}'} - \varepsilon_{\boldsymbol{p}}} \tag{1.186}$$

が得られる．これを式 (1.183) に代入すると，

$$\Sigma_{\boldsymbol{p}\sigma} = \sum_{\boldsymbol{q}\lambda}\sum_{\boldsymbol{p}'} \Big\{ |g_{\boldsymbol{p}\boldsymbol{p}'\boldsymbol{q}\lambda}|^2 P_{\boldsymbol{p}\sigma} \frac{1 - f(\varepsilon_{\boldsymbol{p}'})}{\varepsilon_{\boldsymbol{p}} - \varepsilon_{\boldsymbol{p}'}}$$

$$- |g_{\boldsymbol{p}\boldsymbol{p}\boldsymbol{q}\lambda}|^2 \lim_{\boldsymbol{p}' \to \boldsymbol{p}} \frac{1 - f(\varepsilon_{\boldsymbol{p}'})}{\varepsilon_{\boldsymbol{p}} - \varepsilon_{\boldsymbol{p}'}} \Big\} [2n(\omega_{\boldsymbol{q}\lambda}) + 1] \tag{1.187}$$

となる．なお，完全結晶の場合，全波数空間で考えた $\boldsymbol{p}$ の代わりにブロッホ状態の完備規格基底 $\{\phi_{\nu\boldsymbol{k}}(\boldsymbol{r})\}$ で電子場演算子 $\psi_\sigma(\boldsymbol{r})$ を

$$\psi_\sigma(\boldsymbol{r}) = \sum_{\nu\boldsymbol{k}\sigma} c_{\nu\boldsymbol{k}\sigma} \phi_{\nu\boldsymbol{k}}(\boldsymbol{r}) \chi_\sigma \tag{1.188}$$

のように展開して議論することが普通である．ここで，$\nu$ はバンド指数，$\boldsymbol{k}$ は第1ブリルアン帯中の波数で，そのバンドエネルギーを $\varepsilon_{\nu\boldsymbol{k}}$ と書こう．すると，式 (1.187) は

$$\Sigma_{\nu\boldsymbol{k}\sigma} = \sum_{\nu'\boldsymbol{q}\lambda}{}' \Big\{ |g_{\nu\boldsymbol{k},\nu'\boldsymbol{k}+\boldsymbol{q};\boldsymbol{q}\lambda}|^2 \frac{1 - f(\varepsilon_{\nu'\boldsymbol{k}+\boldsymbol{q}})}{\varepsilon_{\nu\boldsymbol{k}} - \varepsilon_{\nu'\boldsymbol{k}+\boldsymbol{q}}}$$

$$- \sum_{\nu'(\neq\nu)\boldsymbol{q}\lambda} |g_{\nu\boldsymbol{k},\nu'\boldsymbol{k};\boldsymbol{q}\lambda}|^2 \frac{1 - f(\varepsilon_{\nu'\boldsymbol{k}})}{\varepsilon_{\nu\boldsymbol{k}} - \varepsilon_{\nu'\boldsymbol{k}}} \Big\} [2n(\omega_{\boldsymbol{q}\lambda}) + 1] \tag{1.189}$$

と書き換えられる[30]．

この式 (1.189) の第1項において，プライムの付いた和は $(\nu, \boldsymbol{k}) = (\nu', \boldsymbol{k}+\boldsymbol{q})$ の部分は排除することを意味する．この項はファン (Fan) 項とも呼ばれ，次項で説明するポーラロンの自己エネルギーの最低次項に酷似しているが，エネ

ギー分母の中にフォノンエネルギー $\omega_{\bm{q}\lambda}$ が含まれていないことが大きな違いである．この $\omega_{\bm{q}\lambda}$ の欠落は断熱近似に対応していて，これによってイオンの運動が電子系の運動に動的に反映しないようになっている．式 (1.189) の第 2 項はデバイ–ワーラー (Debye–Waller) 項と呼ばれている．これは通常は Fan 項とは反対の符号を持つ寄与となるが，和の制限から分かるように，バンド間散乱の寄与しかないので，1 バンド模型を扱う場合には決して現れないものであり，本書でもこれ以降はあまり議論しないことにする．このため，$U_{ei}^{(2)}$ は今後は考慮しない．

### 1.3.5 内殻電子の無い系

固体水素のように内殻電子を考える必要のない系では，式 (1.163) に現れる $V_{j_0}(\bm{r})$ は原子核の原子価を $Z_{j_0}$ として，

$$V_{j_0}(\bm{r}) = -\frac{Z_{j_0}e^2}{r} \tag{1.190}$$

で与えられるので，$\widetilde{V}_{\mathrm{ps}}^{(j_0)}(\bm{p},\bm{p}')$ は

$$\widetilde{V}_{\mathrm{ps}}^{(j_0)}(\bm{p},\bm{p}') = \begin{cases} 0 & \bm{p}=\bm{p}'\text{の場合} \\ -\dfrac{Z_{j_0}}{\Omega_{\mathrm{cell}}}\dfrac{4\pi e^2}{|\bm{p}-\bm{p}'|^2} & \bm{p}\neq\bm{p}'\text{の場合} \end{cases} \tag{1.191}$$

となる．これを式 (1.165) に代入すれば，$g_{\bm{p}\bm{p}'\bm{q}\lambda}$ が得られることになる．特に，原子核の格子を正電荷のジェリウムと見なせる場合には，単位胞に 1 種類の原子核 ($Z_{j_0}=Z$) だけがあるとしてよく，また，その総数 $N_a$ は電子の総数 $N_e$ に対して電気的中性条件から $ZN_a = N_e$ である．そして，格子構造が無いことに対応して，逆格子ベクトル $\bm{K}$ は $\bm{0}$ しか存在しないこと，また，分極ベクトル $\bm{e}_{j_0}(\bm{q},\lambda)$ が縦方向，すなわち，$\bm{e}_{j_0}(\bm{q},\lambda)=\bm{q}/q$ であるフォノン ($\lambda=\mathrm{L}$) しか存在し得ないことに注意すると，$M_{j_0}=M$, $\bm{q}\neq\bm{0}$ として $g_{\bm{p},\bm{p}+\bm{q};\bm{q}\mathrm{L}}$ は

$$g_{\bm{p},\bm{p}+\bm{q};\bm{q}\mathrm{L}} = -i\frac{1}{\sqrt{2MN_a\omega_{\bm{q}\mathrm{L}}}}\frac{4\pi N_e e^2}{\Omega_t q} \tag{1.192}$$

で与えられる．ちなみに，この正イオンのジェリウムのフォノンとはイオンのプラズマ振動に他ならず，それゆえ，$q$ が小さい長波長領域では $\omega_{\bm{q}\mathrm{L}}$ は分散を持たず，$\omega_{\bm{q}\mathrm{L}} = \sqrt{4\pi N_a Z^2 e^2/\Omega_t M}$ である．したがって，

1.3 電子フォノン相互作用

$$\frac{2|g_{\bm{p},\bm{p}+\bm{q};\bm{q}\mathrm{L}}|^2}{\omega_{\bm{q}\mathrm{L}}} = \frac{4\pi e^2}{\Omega_t \bm{q}^2} \equiv V(\bm{q}) \tag{1.193}$$

という簡単な関係式が得られる．

上で得られた $g_{\bm{p},\bm{p}+\bm{q};\bm{q}\mathrm{L}}$ は，伝導電子が 1 個の系として導出されたものであり，その意味で裸の電子フォノン相互作用といえるものである．しかしながら，多数の伝導電子が存在している金属中では，実効的な電子フォノン相互作用 $\tilde{g}_{\bm{p},\bm{p}+\bm{q};\bm{q}\mathrm{L}}$ を得るには伝導電子系の遮蔽とバーテックス補正の効果を考慮する必要がある．そこで，金属を（クーロン力で相互作用している）電子ガス系として捉えて，I.4.5.1〜I.4.5.2 節の議論を参考にこれらの効果を取り込もう．また，電子系のフェルミエネルギー $\varepsilon_\mathrm{F}$ が $\omega_{\bm{q}\mathrm{L}}$ よりもずっと大きいと考えて静的極限で評価しよう．すると，

$$\tilde{g}_{\bm{p},\bm{p}+\bm{q};\bm{q}\mathrm{L}} = -i \frac{1}{\sqrt{2MN_a\omega_{\bm{q}\mathrm{L}}}} \frac{4\pi N_e e^2}{\Omega_t q} \frac{\Gamma(\bm{p},\bm{p}+\bm{q})}{1+V(\bm{q})\Pi(\bm{q})} \tag{1.194}$$

となる．ここで，$\Gamma(\bm{p},\bm{p}+\bm{q})$ は静的スカラーバーテックス関数，$\Pi(\bm{q},0)$ は静的電子分極関数である．特に，$\bm{q} \to \bm{0}$ の極限で $\bm{p}$ がフェルミ面上にあると，$\kappa$ を相互作用のある系での圧縮率，$\kappa_F$ を相互作用のない系でのそれとして，$\Gamma(\bm{p},\bm{p}+\bm{q}) \to \kappa/\kappa_F$ となる．また，$p_\mathrm{F}$ をフェルミ運動量として，同じ極限で $\Pi(\bm{q},0) \to (mp_\mathrm{F}/\pi^2) \times (\kappa/\kappa_F)$ に注意すると，

$$\tilde{g}_{\bm{p},\bm{p}+\bm{q};\bm{q}\mathrm{L}} \to -i \frac{1}{\sqrt{2MN_a\omega_{\bm{q}\mathrm{L}}}} \frac{4\pi N_e e^2}{\Omega_t q_\mathrm{TF}^2} \propto \frac{2\varepsilon_\mathrm{F}}{3} q \tag{1.195}$$

となり，圧縮率の比 $\kappa/\kappa_F$ は現れず，短距離交換相関効果を考慮しないで定義されるトーマス-フェルミの遮蔽定数 $q_\mathrm{TF}[=(4\pi e^2/\Omega_t)(mp_\mathrm{F}/\pi^2)]$ で規定されてしまうことに注意しよう．なお，$q$ 依存性は裸の電子フォノン相互作用では $q^{-1}$ に比例した発散的な増大であるのに対して，実効的な電子フォノン相互作用では $q$ に比例した減少になるというように定性的に全く異なってしまう．

ちなみに，金属電子の電気伝導率を計算する場合，フォノン散乱による緩和時間の評価は重要なものであるが，その際には $g_{\bm{p},\bm{p}+\bm{q};\bm{q}\mathrm{L}}$ ではなく静的な遮蔽効果や交換相関効果を取り入れた $\tilde{g}_{\bm{p},\bm{p}+\bm{q};\bm{q}\mathrm{L}}$ を使うことになる．しかしながら，超伝導機構を微視的に問題にする場合，この静的な近似がどれほどよいかは議論の余地が十分にある．ただ，現在のところ，電子フォノン相互作用の第一原

理計算は断熱近似下で行われていて，それは電子系については静的な近似を採用したことを意味している．本巻第3章では，エリアシュバーグ (Eliashberg) 関数の導入に伴って，この電子フォノン相互作用定数の第一原理計算を詳細に解説し，同時に，この静的近似の妥当性やそれを超える場合の電子系の遮蔽効果の取り込み方について議論しよう．

## 1.4 フレーリッヒ–ポーラロン

### 1.4.1 フレーリッヒ–ハミルトニアン

前節では，電子フォノン相互作用を微視的なハミルトニアンから出発して計算する理論の枠組みを解説したが，ここでは第一原理計算ではなく，実験的に測定される基礎物理量だけで $g_{pp'q\lambda}$ が正しく決定される例として，**イオン性絶縁結晶中に導入された1個の伝導電子系**を考えよう．これはフレーリッヒ (Fröhlich) によって導入された系で，後年，1個ではなく，(マクロな数の場合も含む) 複数個の伝導電子系にも拡張された．そして，拡張された場合も含めて，そのモデルハミルトニアンは彼の名前を冠して呼ばれる[31]．

このフレーリッヒ模型では，長波長領域で巨視的なイオン分極 $P$ が生じる光学縦フォノン (Longitudinal Optic：LO) だけを連続体近似で取り入れ，その $P$ と伝導電子との相互作用を考慮している．なお，実験的には，この $P$ は赤外光によって励起されうるので，「光学縦フォノン」と呼ばれている．

まず，NaCl 型結晶の NaCl や CsCl，あるいは，閃亜鉛鉱型結晶の GaAs や ZnS のように，正負2つのイオンから構成された単位胞を考えよう．すると，図 1.15 で説明したように，それら2つのイオンがお互いに 180 度位相を変えて変位すると単位胞中には双極子分極が生じる．そして，その変位が縦波の光学フォノンによって引き起こされる場合は変位の大きさ $\delta R_{j_0 j}$ に比例した分極 $P$ が発生する．ところで，$\delta \boldsymbol{R}_{j_0 j}$ は式 (1.109) のようにフォノン場の演算子を用いて表されるが，格子を示す添字 $j_0 j$ は連続体近似では位置 $r$ に変えられること，LO フォノンだけを考えるので，$\lambda$ の添字は省略できること，この LO フォノンの分散は無いと仮定して $\omega_{q\lambda} = \omega_0$ と書くこと，縦波なので分極ベクトルは $q/q$ であること，正負イオンの換算質量を $M$ と表すこと，それぞれの

1.4 フレーリッヒ–ポーラロン

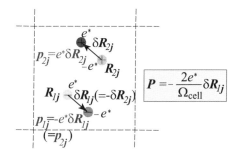

図 1.15 イオン性結晶の $j$ 番目の単位胞中で負イオン ($j_0 = 1$) と正イオン ($j_0 = 2$) がお互いに 180 度位相を変えて変位したとき ($\delta \boldsymbol{R}_{1j} = -\delta \boldsymbol{R}_{2j}$) にその単位胞中に生じる双極子分極 $\boldsymbol{p}_{j_0 j}$. 各イオンの有効電荷を $\pm e^*$ とすると, イオンの位置変化によって変位前の位置の電荷が $\pm e^* \to \mp e^*$ に変化し, それと変位後の $\pm e^*$ とが対になって双極子を形成する. この単位胞中の双極子分極は光学フォノンが縦波でも横波でも生じるが, 単位胞よりずっと大きな空間で平均を取ると, 横波では正負の寄与が相殺してゼロになるが, 縦波についてはこの相殺が起こらず, 単位体積当たり $-2e^* \delta \boldsymbol{R}_{1j}/\Omega_{\mathrm{cell}}$ の分極 $\boldsymbol{P}$ が生じる.

イオンの有効電荷を $\pm e^*$ とすること, などを考慮すると, 位置 $\boldsymbol{r}$ の分極 $\boldsymbol{P}(\boldsymbol{r})$ や負イオンの変位 $\delta \boldsymbol{R}(\boldsymbol{r})$ は

$$\boldsymbol{P}(\boldsymbol{r}) = -\frac{2e^*}{\Omega_{\mathrm{cell}}} \delta \boldsymbol{R}(\boldsymbol{r}) = -2e^* \frac{N_a}{\Omega_t} \delta \boldsymbol{R}(\boldsymbol{r}) \tag{1.196}$$

$$\delta \boldsymbol{R}(\boldsymbol{r}) = \sum_{\boldsymbol{q}} \frac{1}{\sqrt{2MN_a\omega_0}} (b_{\boldsymbol{q}} e^{i\boldsymbol{q}\cdot\boldsymbol{r}} + b_{\boldsymbol{q}}^+ e^{-i\boldsymbol{q}\cdot\boldsymbol{r}}) \frac{\boldsymbol{q}}{q} \tag{1.197}$$

となる. したがって, 分極 $\boldsymbol{P}(\boldsymbol{r})$ は

$$\boldsymbol{P}(\boldsymbol{r}) = -\frac{2e^*}{\Omega_t} \sqrt{\frac{N_a}{2M\omega_0}} \sum_{\boldsymbol{q}} (b_{\boldsymbol{q}} e^{i\boldsymbol{q}\cdot\boldsymbol{r}} + b_{\boldsymbol{q}}^+ e^{-i\boldsymbol{q}\cdot\boldsymbol{r}}) \frac{\boldsymbol{q}}{q} \tag{1.198}$$

ということになる.

さて, この分極に伴う電気ポテンシャルを $\phi(\boldsymbol{r})$, 電場を $\boldsymbol{E}(\boldsymbol{r})$, 電気変位を $\boldsymbol{D}(\boldsymbol{r})$ と書くと, 絶縁体中には真の外部電荷がないことから $\mathrm{div}\,\boldsymbol{D}(\boldsymbol{r}) = 0$ に注意すると

$$\boldsymbol{E}(\boldsymbol{r}) = -\nabla\phi(\boldsymbol{r}), \quad \nabla \boldsymbol{D}(\boldsymbol{r}) = \nabla\bigl[\boldsymbol{E}(\boldsymbol{r}) + 4\pi\boldsymbol{P}(\boldsymbol{r})\bigr] = 0 \tag{1.199}$$

であるので, $\phi(\boldsymbol{r})$ を決定する方程式は

$$\Delta\phi(\boldsymbol{r}) = 4\pi\nabla\boldsymbol{P}(\boldsymbol{r}) \tag{1.200}$$

が得られる．この方程式は両辺をフーリエ変換することで簡単に解けて，その結果，$\phi(\boldsymbol{r})$ のフーリエ成分を $\phi(\boldsymbol{q})$ と書くと，それは

$$\phi(\boldsymbol{q}) = i\frac{4\pi}{\Omega_t}\sqrt{\frac{N_a}{2M\omega_0}}\frac{2e^*}{q}(b_{\boldsymbol{q}} - b^+_{-\boldsymbol{q}}) \tag{1.201}$$

のように求められる．

さて，この絶縁体に少数の伝導電子を導入しよう．これらの電子は放物線型の分散関係を持つ伝導帯の底近傍に溜まるとして，その有効質量を $m$ としよう．これらの電子は光学フォノンの分極効果が無い場合には誘電定数 $\varepsilon_\infty$（光学誘電定数でこれは内殻電子の分極効果で決まっているもの）で規定されるクーロン斥力ポテンシャル $e^2/\varepsilon_\infty r$ を通してお互いに相互作用しているとしよう．また，光学縦フォノンに起因する分極との相互作用は式 (1.201) でそのフーリエ成分が決まっている電気ポテンシャルを使って，$-e\phi(\boldsymbol{r})$ で与えられる．以上のことを取りまとめると，イオン性絶縁結晶に少数個の伝導電子を導入した系（フレーリッヒ系）のハミルトニアン $H$ は

$$H = \sum_{\boldsymbol{p}\sigma}\frac{\boldsymbol{p}^2}{2m}c^+_{\boldsymbol{p}\sigma}c_{\boldsymbol{p}\sigma} + \frac{1}{2}\sum_{\boldsymbol{q}\neq 0}\sum_{\boldsymbol{p}\sigma}\sum_{\boldsymbol{p}'\sigma'}\frac{1}{\Omega_t}\frac{4\pi e^2}{\varepsilon_\infty \boldsymbol{q}^2}c^+_{\boldsymbol{p}+\boldsymbol{q}\sigma}c^+_{\boldsymbol{p}'-\boldsymbol{q}\sigma'}c_{\boldsymbol{p}'\sigma'}c_{\boldsymbol{p}\sigma}$$
$$+ \sum_{\boldsymbol{p}\sigma}\sum_{\boldsymbol{q}\neq 0}c^+_{\boldsymbol{p}+\boldsymbol{q}\sigma}c_{\boldsymbol{p}\sigma}(g_{\boldsymbol{q}}b_{\boldsymbol{q}} + g^*_{\boldsymbol{q}}b^+_{-\boldsymbol{q}}) + \sum_{\boldsymbol{q}\neq 0}\omega_0(b^+_{\boldsymbol{q}}b_{\boldsymbol{q}} + 1/2) \tag{1.202}$$

ということになる．ここで，電子フォノン相互作用定数 $g_q$ は

$$g_q = -i\sqrt{\frac{2N_a}{M\omega_0}}\frac{4\pi ee^*}{\Omega_t q} = -i\frac{1}{\sqrt{\Omega_t}}\frac{4\pi ee^*}{\sqrt{M\omega_0\Omega_{\text{cell}}/2}}\frac{1}{q} \tag{1.203}$$

であり，$g_q \propto (\sqrt{\Omega_t}q)^{-1}$ であることは明らかであるが，この段階では $e^*$ の値が与えられていない．今後の議論の展開の中で，この $g_q$ は測定可能な基礎物理量の情報から決められることを示すので，しばらくは $g_q$ の決定の詳細に触れないでおこう．なお，式 (1.202) の中で $\boldsymbol{q}\neq \boldsymbol{0}$ という条件はクーロン項の場合は電気的中性条件のため[32]であり，また，電子フォノン項などの LO フォノンが関連するものでは $\boldsymbol{q}=\boldsymbol{0}$ のフォノンは考えないということの反映である．これは $\boldsymbol{q}=\boldsymbol{0}$ のイオン変位というのはマクロな分極が発生したということで，これは物理的には強誘電相の出現ということになる．ここでは，強誘電体中のポーラロンを考えるわけではないので，$\boldsymbol{q}\neq \boldsymbol{0}$ とした．

### 1.4.2 グリーン関数法によるアプローチ

前項で書き下された式 (1.202) のハミルトニアン $H$ で記述される系をグリーン関数法で解くことを考えよう．すると，全電子数 $N_e$ がはじめから与えられている条件で解くのではなく，I.3.1.1 で記したように，化学ポテンシャル $\mu$ を導入して全電子数演算子の平均が $N_e$ であるように $\mu$ を決めるという立場を取ることになる．そして，ハミルトニアンは $H$ 自身ではなく，それから $\mu N_e$ とフォノンのゼロ点振動エネルギーを差し引いたもの，すなわち，

$$\mathcal{H} \equiv H - \mu N - \sum_{\bm{q}\neq 0}\frac{\omega_0}{2} = H_0 + H_{ee} + H_{e-ph} \tag{1.204}$$

ということになる．ここで，$H_0$ は $\varepsilon_{\bm{p}} \equiv \bm{p}^2/2m - \mu$ として

$$H_0 = \sum_{\bm{p}\sigma}\varepsilon_{\bm{p}}c^+_{\bm{p}\sigma}c_{\bm{p}\sigma} + \omega_0\sum_{\bm{q}\neq 0}b^+_{\bm{q}}b_{\bm{q}} \tag{1.205}$$

であり，また，$H_{ee}$ は $V_c(q) = 4\pi e^2/\Omega_t \varepsilon_\infty q^2$ として

$$H_{ee} = \frac{1}{2}\sum_{\bm{q}\neq 0}\sum_{\bm{p}\sigma}\sum_{\bm{p}'\sigma'}V_c(q)c^+_{\bm{p}+\bm{q}\sigma}c^+_{\bm{p}'-\bm{q}\sigma'}c_{\bm{p}'\sigma'}c_{\bm{p}\sigma} \tag{1.206}$$

で表される電子間クーロン相互作用項である．最後に，$H_{e-ph}$ は

$$H_{e-ph} = \sum_{\bm{p}\sigma}\sum_{\bm{q}\neq 0}c^+_{\bm{p}+\bm{q}\sigma}c_{\bm{p}\sigma}(g_q b_{\bm{q}} + g_q^* b^+_{-\bm{q}}) \tag{1.207}$$

で与えられる電子フォノン相互作用項である．

さて，I.3.3 節に従って $H_0$ を無摂動項と考えてグリーン関数法を展開していこう．まず，温度グリーン関数の定義から始めよう．電子の消滅演算子に対して，$c_{\bm{p}\sigma}(\tau) = e^{\mathcal{H}\tau}c_{\bm{p}\sigma}e^{-\mathcal{H}\tau}$ で $\tau$ 依存性を導入すると，1電子グリーン関数 $G_{\bm{p}\sigma}(\tau)$ は

$$\begin{aligned}G_{\bm{p}\sigma}(\tau) &\equiv -\langle T_\tau c_{\bm{p}\sigma}(\tau)c^+_{\bm{p}\sigma}\rangle \\ &= -\theta(\tau)\langle c_{\bm{p}\sigma}(\tau)c^+_{\bm{p}\sigma}\rangle + \theta(-\tau)\langle c^+_{\bm{p}\sigma}c_{\bm{p}\sigma}(\tau)\rangle\end{aligned} \tag{1.208}$$

で定義される．同様に，$b_{\bm{q}}(\tau) = e^{\mathcal{H}\tau}b_{\bm{q}}e^{-\mathcal{H}\tau}$ を用いると，フォノングリーン関数 $D_{\bm{q}}(\tau)$ の定義は

$$D_{\bm{q}}(\tau) \equiv -\bigl\langle T_\tau \bigl(b_{\bm{q}}(\tau) + b^+_{-\bm{q}}(\tau)\bigr)\bigl(b_{-\bm{q}} + b^+_{\bm{q}}\bigr)\bigr\rangle$$
$$= -\theta(\tau)\bigl\langle \bigl(b_{\bm{q}}(\tau) + b^+_{-\bm{q}}(\tau)\bigr)\bigl(b_{-\bm{q}} + b^+_{\bm{q}}\bigr)\bigr\rangle$$
$$-\theta(-\tau)\bigl\langle \bigl(b_{-\bm{q}} + b^+_{\bm{q}}\bigr)\bigl(b_{\bm{q}}(\tau) + b^+_{-\bm{q}}(\tau)\bigr)\bigr\rangle \quad (1.209)$$

である．ここで，$\theta(\tau)$ はヘビサイドの階段関数である．

今，$\mathcal{H} = H_0$ の場合，$G_{\bm{p}\sigma}(\tau)$ を特に $G^{(0)}_{\bm{p}\sigma}(\tau)$ と書こう．すると，式 (1.208) の定義式に直接的に運動方程式の方法を適用すると，

$$\frac{\partial G^{(0)}_{\bm{p}\sigma}(\tau)}{\partial \tau} = -\delta(\tau)\langle\{c_{\bm{p}\sigma}, c^+_{\bm{p}\sigma}\}\rangle - \langle T_\tau [H_0, c_{\bm{p}\sigma}(\tau)] c^+_{\bm{p}\sigma}\rangle$$
$$= -\delta(\tau) + \varepsilon_{\bm{p}}\langle T_\tau c_{\bm{p}\sigma}(\tau) c^+_{\bm{p}\sigma}\rangle = -\delta(\tau) - \varepsilon_{\bm{p}} G^{(0)}_{\bm{p}\sigma}(\tau) \quad (1.210)$$

となる．この方程式は $G_{\bm{p}\sigma}(\tau)$ に対するフーリエ級数展開

$$G_{\bm{p}\sigma}(\tau) = T\sum_{\omega_p} G_{\bm{p}\sigma}(i\omega_p) e^{-i\omega_p \tau} \quad (1.211)$$

で簡単に解けることになる．ここで，$\omega_p$ はフェルミオンの松原振動数で，$\omega_p = \pi T(2p+1)$（$p$ は $0, \pm 1, \pm 2, \cdots$）である．実際，すぐに分かるように，$G^{(0)}_{\bm{p}\sigma}(i\omega_p)$ は

$$G^{(0)}_{\bm{p}\sigma}(i\omega_p) = \frac{1}{i\omega_p - \varepsilon_{\bm{p}}} \quad (1.212)$$

のように求められる．

同様にフォノンについても，$\mathcal{H} = H_0$ の場合には $D_{\bm{q}}(\tau)$ を $D^{(0)}_{\bm{q}}(\tau)$ と書いて，その運動方程式を追うと，まず，1 階微分では

$$\frac{\partial D^{(0)}_{\bm{q}}(\tau)}{\partial \tau} = -\delta(\tau)\langle [b_{\bm{q}}, b^+_{\bm{q}}] + [b^+_{-\bm{q}}, b_{-\bm{q}}]\rangle$$
$$- \bigl\langle T_\tau [H_0, b_{\bm{q}}(\tau) + b^+_{-\bm{q}}(\tau)](b_{-\bm{q}} + b^+_{\bm{q}})\bigr\rangle$$
$$= \omega_0 \bigl\langle T_\tau \bigl(b_{\bm{q}}(\tau) - b^+_{-\bm{q}}(\tau)\bigr)\bigl(b_{-\bm{q}} + b^+_{\bm{q}}\bigr)\bigr\rangle \quad (1.213)$$

が得られる．次に，2 階微分を取ると，

$$\frac{\partial^2 D^{(0)}_{\bm{q}}(\tau)}{\partial \tau^2} = \delta(\tau)\omega_0 \langle [b_{\bm{q}}, b^+_{\bm{q}}] - [b^+_{-\bm{q}}, b_{-\bm{q}}]\rangle$$
$$+ \omega_0 \bigl\langle T_\tau [H_0, b_{\bm{q}}(\tau) - b^+_{-\bm{q}}(\tau)](b_{-\bm{q}} + b^+_{\bm{q}})\bigr\rangle$$
$$= 2\omega_0 \delta(\tau) + \omega_0^2 D^{(0)}_{\bm{q}}(\tau) \quad (1.214)$$

となる. そこで, $\omega_q$ をボソン松原振動数 ($\omega_q = 2\pi T q$, $q$ は $0, \pm 1, \pm 2, \cdots$) とし, $D_{\bm{q}}(\tau)$ に対するフーリエ級数展開

$$D_{\bm{q}}(\tau) = T \sum_{\omega_q} D_{\bm{q}}(i\omega_q) e^{-i\omega_q \tau} \tag{1.215}$$

を導入すると, $\bm{q}$ には依存しない $D_{\bm{q}}^{(0)}(\tau)$ のフーリエ変換 $D^{(0)}(i\omega_q)$ が

$$D^{(0)}(i\omega_q) \equiv \frac{1}{i\omega_q - \omega_0} + \frac{1}{-i\omega_q - \omega_0} = \frac{2\omega_0}{(i\omega_q)^2 - \omega_0^2} \tag{1.216}$$

であることが分かる.

### 1.4.3 自己エネルギー

以上の準備の下に, $\mathcal{H}$ の下にある 1 電子の運動を追おう. その運動方程式は

$$\frac{\partial G_{\bm{p}\sigma}(\tau)}{\partial \tau} = -\delta(\tau) - \langle T_\tau [\mathcal{H}, c_{\bm{p}\sigma}(\tau)] c_{\bm{p}\sigma}^+ \rangle \tag{1.217}$$

であるが, 今度はハミルトニアンとの交換関係が少し複雑になる. それを計算すると,

$$[\mathcal{H}, c_{\bm{p}\sigma}] = -\varepsilon_{\bm{p}} - \sum_{\bm{q} \neq 0} (g_q b_{-\bm{q}} + g_q^* b_{\bm{q}}^+) c_{\bm{p}+\bm{q}\sigma} - \sum_{\bm{q} \neq 0} V_c(q) \rho_{-\bm{q}} c_{\bm{p}+\bm{q}\sigma} \tag{1.218}$$

となる. ここで, $\rho_{-\bm{q}}$ は電子密度演算子で

$$\rho_{-\bm{q}} \equiv \sum_{\bm{p}\sigma} c_{\bm{p}+\bm{q}\sigma}^+ c_{\bm{p}\sigma} \tag{1.219}$$

である. これを式 (1.217) に代入すると,

$$\left(\frac{\partial}{\partial \tau} + \varepsilon_{\bm{p}}\right) G_{\bm{p}\sigma}(\tau) = -\delta(\tau) + \sum_{\bm{q} \neq 0} \langle T_\tau \left(g_q b_{-\bm{q}}(\tau) + g_q^* b_{\bm{q}}^+(\tau)\right) c_{\bm{p}+\bm{q}\sigma}(\tau) c_{\bm{p}\sigma}^+ \rangle$$
$$+ \sum_{\bm{q} \neq 0} V_c(q) \langle T_\tau c_{\bm{p}+\bm{q}\sigma}(\tau) \rho_{-\bm{q}}(\tau) c_{\bm{p}\sigma}^+ \rangle \tag{1.220}$$

が得られる.

そこで, $\langle T_\tau b_{-\bm{q}}(\tau_1) c_{\bm{p}+\bm{q}\sigma}(\tau) c_{\bm{p}\sigma}^+ \rangle$ を $\tau_1$ で微分することを考えよう. すると, まず, $\delta(\tau_1)$ に比例する項が出てくるが, その平衡状態での平均はフォノンの消滅生成演算子の数が全体で奇数であることからゼロになる. そこで, $[\mathcal{H}, b_{-\bm{q}}]$ だけを考えればよいことになるが, これを計算すると,

$$\left(\frac{\partial}{\partial \tau_1}+\omega_0\right)\langle T_\tau b_{-\bm{q}}(\tau_1)c_{\bm{p}+\bm{q}\sigma}(\tau)c^+_{\bm{p}\sigma}\rangle$$
$$= g_q^* \langle T_\tau \rho_{-\bm{q}}(\tau_1) c_{\bm{p}+\bm{q}\sigma}(\tau) c^+_{\bm{p}\sigma}\rangle \tag{1.221}$$

が得られる．全く同様に考えて，$\langle T_\tau b^+_{\bm{q}}(\tau_1)c_{\bm{p}+\bm{q}\sigma}(\tau)c^+_{\bm{p}\sigma}\rangle$ の $\tau_1$ 微分から，

$$\left(\frac{\partial}{\partial \tau_1}-\omega_0\right)\langle T_\tau b^+_{\bm{q}}(\tau_1)c_{\bm{p}+\bm{q}\sigma}(\tau)c^+_{\bm{p}\sigma}\rangle$$
$$= g_q \langle T_\tau \rho_{-\bm{q}}(\tau_1) c_{\bm{p}+\bm{q}\sigma}(\tau) c^+_{\bm{p}\sigma}\rangle \tag{1.222}$$

が得られる．

ところで，$H_0$ の下で次の量を考えよう．

$$\mathcal{D}^{(0)}(\tau) \equiv -\langle T_\tau b_{\bm{q}}(\tau) b^+_{\bm{q}}\rangle \tag{1.223}$$

これはフォノングリーン関数 $D^{(0)}(\tau)$ の半分だけを取ったようなものだが，これの運動方程式を追うと，

$$\left(\frac{\partial}{\partial \tau}+\omega_0\right)\mathcal{D}^{(0)}(\tau) = -\delta(\tau) \tag{1.224}$$

であることが容易に分かる．これは演算子 $\partial/\partial\tau + \omega_0$ の逆演算子が $-\mathcal{D}^{(0)}(\tau)$ であることを示している．また，$\tau \to -\tau$ を考えることから，演算子 $\partial/\partial\tau - \omega_0$ の逆演算子が $\mathcal{D}^{(0)}(-\tau)$ であることも分かる．これらの事実を使うと，

$$\langle T_\tau b_{-\bm{q}}(\tau_1) c_{\bm{p}+\bm{q}\sigma}(\tau) c^+_{\bm{p}\sigma}\rangle$$
$$= \int_0^{1/T} d\tau' \mathcal{D}^{(0)}(\tau_1 - \tau') g_q^* \langle T_\tau c_{\bm{p}+\bm{q}\sigma}(\tau) \rho_{-\bm{q}}(\tau') c^+_{\bm{p}\sigma}\rangle \tag{1.225}$$

および，

$$\langle T_\tau b^+_{\bm{q}}(\tau_1) c_{\bm{p}+\bm{q}\sigma}(\tau) c^+_{\bm{p}\sigma}\rangle$$
$$= \int_0^{1/T} d\tau' \mathcal{D}^{(0)}(\tau' - \tau_1) g_q \langle T_\tau c_{\bm{p}+\bm{q}\sigma}(\tau) \rho_{-\bm{q}}(\tau') c^+_{\bm{p}\sigma}\rangle \tag{1.226}$$

が得られる．

これらの等式を用いると，1 電子グリーン関数に対する運動方程式は

$$\left(\frac{\partial}{\partial \tau}+\varepsilon_{\boldsymbol{p}}\right) G_{\boldsymbol{p}\sigma}(\tau) = -\delta(\tau) + \sum_{\boldsymbol{q}\neq 0} V_c(q) \langle T_\tau c_{\boldsymbol{p}+\boldsymbol{q}\sigma}(\tau)\rho_{-\boldsymbol{q}}(\tau) c_{\boldsymbol{p}\sigma}^+ \rangle$$
$$+ \sum_{\boldsymbol{q}\neq 0} |g_q|^2 \int_0^{1/T} d\tau' \Big(\mathcal{D}^{(0)}(\tau-\tau') + \mathcal{D}^{(0)}(\tau'-\tau)\Big)$$
$$\times \langle T_\tau c_{\boldsymbol{p}+\boldsymbol{q}\sigma}(\tau)\rho_{-\boldsymbol{q}}(\tau') c_{\boldsymbol{p}\sigma}^+ \rangle \quad (1.227)$$

となる. そこで, 電子間相互作用 $V_{ee}(\boldsymbol{q},\tau-\tau')$ を

$$V_{ee}(\boldsymbol{q},\tau-\tau') \equiv V_c(q)\delta(\tau-\tau') + |g_q|^2\big(\mathcal{D}^{(0)}(\tau-\tau') + \mathcal{D}^{(0)}(\tau'-\tau)\big)$$
$$= V_c(q)\delta(\tau-\tau') + |g_q|^2 D^{(0)}(\tau-\tau') \quad (1.228)$$

で定義しよう. なお, 第2式から第3式への変形は $\mathcal{D}^{(0)}(\tau-\tau') + \mathcal{D}^{(0)}(\tau'-\tau)$ がちょうどフォノンのグリーン関数 $D^{(0)}(\tau-\tau')$ になることを用いた. すると, 式 (1.227) のフーリエ変換は

$$G_{\boldsymbol{p}\sigma}(i\omega_p) = G^{(0)}_{\boldsymbol{p}\sigma}(i\omega_p) - G^{(0)}_{\boldsymbol{p}\sigma}(i\omega_p) \sum_{\boldsymbol{q}\neq 0} \int_0^{1/T} d\tau e^{i\omega_p \tau}$$
$$\times \int_0^{1/T} d\tau' V_{ee}(\boldsymbol{q},\tau-\tau') \langle T_\tau c_{\boldsymbol{p}+\boldsymbol{q}\sigma}(\tau)\rho_{-\boldsymbol{q}}(\tau') c_{\boldsymbol{p}\sigma}^+ \rangle \quad (1.229)$$

のように書ける. この式に $V_{ee}(\boldsymbol{q},\tau-\tau')$ のフーリエ変換での展開式

$$V_{ee}(\boldsymbol{q},\tau-\tau') = T\sum_{\omega_q} e^{i\omega_q(\tau-\tau')} \Big(V_c(q) + |g_q|^2 D^{(0)}(i\omega_q)\Big)$$
$$\equiv T\sum_{\omega_q} e^{i\omega_q(\tau-\tau')} V_{ee}(\boldsymbol{q},i\omega_q) \quad (1.230)$$

を代入すると,

$$G_{\boldsymbol{p}\sigma}(i\omega_p) = G^{(0)}_{\boldsymbol{p}\sigma}(i\omega_p) - G^{(0)}_{\boldsymbol{p}\sigma}(i\omega_p) T \sum_{\omega_q}\sum_{\boldsymbol{q}\neq 0} V_{ee}(\boldsymbol{q},i\omega_q) \int_0^{1/T} d\tau e^{i(\omega_p+\omega_q)\tau}$$
$$\times \int_0^{1/T} d\tau' e^{-i\omega_q \tau'} \langle T_\tau c_{\boldsymbol{p}+\boldsymbol{q}\sigma}(\tau)\rho_{-\boldsymbol{q}}(\tau') c_{\boldsymbol{p}\sigma}^+ \rangle \quad (1.231)$$

が得られるが, この右辺を

$$G^{(0)}_{\boldsymbol{p}\sigma}(i\omega_p) + G^{(0)}_{\boldsymbol{p}\sigma}(i\omega_p)\Sigma_{\boldsymbol{p}\sigma}(i\omega_p)G_{\boldsymbol{p}\sigma}(i\omega_p) \quad (1.232)$$

という形に書き直すと, 式 (1.231) はダイソン方程式

$$G_{\bm{p}\sigma}(i\omega_p) = \frac{1}{i\omega_p - \varepsilon_{\bm{p}} - \Sigma_{\bm{p}\sigma}(i\omega_p)} \tag{1.233}$$

に帰着されることが分かる．そして，その中の自己エネルギー $\Sigma_{\bm{p}\sigma}(i\omega_p)$ は

$$\Sigma_{\bm{p}\sigma}(i\omega_p) = -G_{\bm{p}\sigma}(i\omega_p)^{-1} T \sum_{\omega_q} \sum_{\bm{q}\neq\bm{0}} V_{ee}(\bm{q}, i\omega_q) \int_0^{1/T} d\tau e^{i(\omega_p + \omega_q)\tau}$$

$$\times \int_0^{1/T} d\tau' e^{-i\omega_q \tau'} \langle T_\tau c_{\bm{p}+\bm{q}\sigma}(\tau) \rho_{-\bm{q}}(\tau') c_{\bm{p}\sigma}^+ \rangle \tag{1.234}$$

となる．これは形式的ではあるが，式 (1.204) のハミルトニアンに対する（いかなる相互作用の大きさであっても）厳密に正しい表式である．

### 1.4.4　3点バーテックス関数とハートリー–フォック近似

これまで述べてきた運動方程式を基礎とした理論の展開は不均一密度の電子ガス系を取り扱った II.2.5 節の議論とまったく並行的なものである．実際，そこで導入された $\bm{r}$ 表示の 3 点バーテックス関数を運動量表示に変換して考え，それを $\Lambda(\bm{p}', i\omega_{p'}; \bm{p}, i\omega_p)$ と書くと，その定義は，

$$\Lambda(\bm{p}', i\omega_{p'}; \bm{p}, i\omega_p) \equiv G_{\bm{p}'\sigma}(i\omega_{p'})^{-1} G_{\bm{p}\sigma}(i\omega_p)^{-1} \int_0^{1/T} d\tau e^{i(\omega_p - \omega_{p'})\tau}$$

$$\times \int_0^{1/T} d\tau' e^{i\omega_{p'} \tau'} \langle T_\tau c_{\bm{p}'\sigma}(\tau') \rho_{\bm{p}-\bm{p}'}(\tau) c_{\bm{p}\sigma}^+ \rangle \tag{1.235}$$

となる．これを用いると，式 (1.234) の自己エネルギーは

$$\Sigma_{\bm{p}\sigma}(i\omega_p) = -T \sum_{\omega_{p'}} \sum_{\bm{p}' \neq \bm{p}} V_{ee}(\bm{p}' - \bm{p}, i\omega_{p'} - i\omega_p)$$
$$\times G_{\bm{p}'\sigma}(i\omega_{p'}) \Lambda(\bm{p}', i\omega_{p'}; \bm{p}, i\omega_p) \tag{1.236}$$

のように書き直せる．

ところで，3 点バーテックス関数 $\Lambda(\bm{p}', i\omega_{p'}; \bm{p}, i\omega_p)$ の厳密な定義式である式 (1.235) に沿った計算の中で，

$$\langle T_\tau c_{\bm{p}'\sigma}(\tau') \rho_{\bm{p}-\bm{p}'}(\tau) c_{\bm{p}\sigma}^+ \rangle = \sum_{\bm{k}\sigma'} \langle T_\tau c_{\bm{p}'\sigma}(\tau') c_{\bm{k}\sigma}^+(\tau) c_{\bm{k}+\bm{p}-\bm{p}'\sigma}(\tau) c_{\bm{p}\sigma}^+ \rangle$$
$$\approx \sum_{\bm{k}\sigma'} \langle T_\tau c_{\bm{p}'\sigma}(\tau') c_{\bm{k}\sigma}^+(\tau) \rangle \langle T_\tau c_{\bm{k}+\bm{p}-\bm{p}'\sigma}(\tau) c_{\bm{p}\sigma}^+ \rangle$$
$$= G_{\bm{p}'\sigma}(\tau' - \tau) G_{\bm{p}\sigma}(\tau) \tag{1.237}$$

## 1.4 フレーリッヒ–ポーラロン

と近似したとしよう．ちなみに，$p' \neq p$ なので，$c^+_{k\sigma}$ と $c_{k+p-p'\sigma}$ とを縮約することはできず，したがって，式 (1.237) は計算上，一番簡単な縮約を行ったことになる．この近似下では，直ちに $\Lambda(p', i\omega_{p'}; p, i\omega_p) = 1$ であることが分かる[33)]ので，自己エネルギーは

$$\Sigma_{p\sigma}(i\omega_p) = -T \sum_{\omega_{p'}} \sum_{p' \neq p} V_{ee}(p'-p, i\omega_{p'}-i\omega_p) G_{p'\sigma}(i\omega_{p'}) e^{i\omega_{p'} 0^+} \tag{1.238}$$

で与えられる．これは $V_{ee}(p'-p, i\omega_{p'}-i\omega_p)$ が裸のクーロン相互作用 $V_c(q)$ である電子ガスの場合，ちょうど，交換エネルギーと呼ばれるものに対応するので，この意味で，この近似をハートリー–フォック近似と呼ぶことができる．なお，電子ガス系での計算の場合と同様に，式 (1.238) での松原振動数の和が収束するためには収束因子 $e^{i\omega_{p'} 0^+}$ が必要になる．

### 1.4.5 裸の電子間相互作用と有効電子間相互作用

このハートリー–フォック近似で使われた $V_{ee}(q, i\omega_q)$ はフレーリッヒ系での裸の電子間相互作用であり，物理的には系に電子が2個だけあるときにお互いの電子間に働く相互作用ポテンシャルということになる．しかるに，この裸の相互作用は短時間極限では（あるいは，振動数が $\omega_0$ よりもずっと大きい場合），光学フォノンは全く効果を及ぼさないので，$V_{ee}(q, i\omega_q) = V_c(q)$ となる．一方，静的極限では（振動数がゼロの場合），内殻電子の分極と共に光学縦フォノンの分極も寄与するので，静的誘電定数 $\varepsilon_0$ を使って $V_{ee}(q, i\omega_q) = V_0(q) (\equiv 4\pi e^2/\Omega_t \varepsilon_0 q^2)$ となる．ところで，式 (1.203) を参考にすると，$C$ を未定の正数として $g_q = -iC/\sqrt{\Omega_t}q$ と書けるので，これを式 (1.230) に代入すると，

$$V_{ee}(q, i\omega_q) = V_c(q) + \frac{C^2}{\Omega_t q^2} \frac{2\omega_0}{(i\omega_q)^2 - \omega_0^2} \tag{1.239}$$

となる．この式で $\omega_q = 0$ とおくと，$V_0(q) = V_c(q) - 2C^2/\Omega_t q^2 \omega_0$ が得られる．これから，正の未定係数 $C$ は $\sqrt{2\pi e^2 \omega_0}\sqrt{1/\varepsilon_\infty - 1/\varepsilon_0}$ であることが分かるので，式 (1.239) は

$$V_{ee}(q, i\omega_q) = \frac{4\pi e^2}{\Omega_t q^2} \left\{ \frac{1}{\varepsilon_\infty} + \left( \frac{1}{\varepsilon_\infty} - \frac{1}{\varepsilon_0} \right) \frac{\omega_0^2}{(i\omega_q)^2 - \omega_0^2} \right\} \tag{1.240}$$

のように書き直すことができる．

このように，フレーリッヒ系では電子フォノン相互作用 $g_q$ は基礎物理定数である $\varepsilon_0$, $\varepsilon_\infty$, $\omega_0$ で完全に決定されるので，微視的な第一原理計算によらずにその正確な値が分かることになる．また，この $V_{ee}(\boldsymbol{q},i\omega_q)$ の表式で，$\varepsilon_\infty$ で決まる第 1 項は光子の交換による直接のクーロン斥力ポテンシャル，残りのフォノンに関連する項はフォノン交換によるポテンシャルと見なすことができて，これは $|i\omega_q| < \omega_0$ では引力になる．これは光子（スピンは 1）のようなベクトルボゾンの交換ではフェルミオン間に斥力を，フォノン（スピンは 0）のようなスカラーボゾンの交換では引力を導くという一般則の一つの現れであり，今後はこれら斥力と引力の両方が働く系での超伝導を含む多電子問題が展開されることになる．

ちなみに，この式 (1.240) はさらに書き直すことができて，

$$V_{ee}(\boldsymbol{q},i\omega_q) = \frac{4\pi e^2}{\Omega_t \varepsilon(i\omega_q) q^2} \tag{1.241}$$

という表式が得られる．ここで，イオン性絶縁結晶物質の誘電関数 $\varepsilon(\omega)$ は

$$\varepsilon(\omega) = \varepsilon_\infty + (\varepsilon_0 - \varepsilon_\infty)\frac{\omega_t^2}{\omega_t^2 - \omega^2} \tag{1.242}$$

で与えられる．ただし，$\omega_t$ は

$$\omega_t^2 = \frac{\varepsilon_\infty}{\varepsilon_0}\omega_0^2 \tag{1.243}$$

として定義されたものである．物理的には，$\omega_t$ は $\varepsilon(\omega)$ の発散点であり，これはこの物質中のフォノンの固有振動エネルギーであること，すなわち，光学横フォノンのエネルギーであることを示している．また，$\varepsilon(\omega_0)$ を求めると，式 (1.243) の関係から $\varepsilon(\omega_0) = 0$ となることが分かる．そして，この場合，$\boldsymbol{D} = \varepsilon(\omega_0)\boldsymbol{E}$ より，たとえ外部電場 $\boldsymbol{D}$ を印加しなくても，内部に電場 $\boldsymbol{E}$ が自発的に発生し得ることになる．これが光学縦フォノンの意味するところであり，その際に発生する自発的な分極効果の分だけ対応する光学横フォノンの場合よりもフォノンの復元力が強くなるので，光学縦フォノンのエネルギー $\omega_0$ は $\omega_t$ よりも大きくなる．実際，式 (1.243) の $\omega_t$ と $\omega_0$ の関係式から前者が後者より小さいことが分かる．この式 (1.243) はリデイン–ザックス–テラー (Lyddane–Sachs–Teller) の関係式と呼ばれている．

## 1.4 フレーリッヒ–ポーラロン

さて，式 (1.235) で 3 点バーテックス関数 $\Lambda(\bm{p}', i\omega_{p'}; \bm{p}, i\omega_p)$ を導入したが，II.2.5.8 項ではそこからインプロパーなダイアグラムを取り除いてプロパー 3 点バーテックス関数 $\Gamma(\bm{p}', i\omega_{p'}; \bm{p}, i\omega_p)$ を導入した．同じことはフレーリッヒ系でもできて，その結果，式 (1.236) は

$$\Sigma_{\bm{p}\sigma}(i\omega_p) = -T \sum_{\omega_{p'}} \sum_{\bm{p}' \neq \bm{p}} V(\bm{p}' - \bm{p}) G_{\bm{p}'\sigma}(i\omega_{p'})$$
$$\times \frac{\Gamma(\bm{p}', i\omega_{p'}; \bm{p}, i\omega_p)}{\varepsilon(i\omega_{p'} - i\omega_p) + V(\bm{p}' - \bm{p}) \Pi(\bm{p}' - \bm{p}, i\omega_{p'} - i\omega_p)} \quad (1.244)$$

と書き直すことができる．ここで，$V(\bm{q})$ は $V(\bm{q}) \equiv 4\pi e^2 / \Omega_t \bm{q}^2$ であり，また，$\Pi(\bm{p}' - \bm{p}, i\omega_{p'} - i\omega_p)$ は電子系の分極関数で，

$$\Pi(\bm{q}, i\omega_q) = -\sum_{\bm{p}\sigma} G_{\bm{p}+\bm{q}\sigma}(i\omega_p + i\omega_q) G_{\bm{p}\sigma}(i\omega_p)$$
$$\times \Gamma(\bm{p} + \bm{q}, i\omega_p + i\omega_q; \bm{p}, i\omega_p) \quad (1.245)$$

で計算される．なお，式 (1.244) の右辺の分母は電子フォノン系全体の誘電関数 $\varepsilon(\bm{q}, \omega)$ と見なすことができて，それを

$$\varepsilon(\bm{q}, \omega) = \varepsilon_\infty + (\varepsilon_0 - \varepsilon_\infty) \frac{\omega_t^2}{\omega_t^2 - \omega^2} + V(\bm{q})\Pi(\bm{q}, \omega) \quad (1.246)$$

のように 3 つの項に分けて書くと，それぞれの物理的寄与がきれいに分離された形で表現されていることが分かる．実際，式 (1.246) の右辺の第 1 項 $\varepsilon_\infty$ は内殻電子の，第 2 項は光学フォノンの，そして，第 3 項は伝導電子の分極効果を表している．ちなみに，フォノンの分極効果の表式は，伝導電子の分極効果において動的極限（いわゆる $\omega$ 極限で，$\bm{q}$ を先にゼロにしてから $\omega$ をゼロにしていくプラズマ極限）での表式を想起させるが，これは物理的にはフォノンとはイオンのプラズマ振動であることの現れとして捉えられる．そして，ここで定義された $\varepsilon(\bm{q}, \omega)$ を用いると，フレーリッヒ–ハミルトニアンで記述される多電子系での有効電子間相互作用 $W_{ee}(\bm{q}, i\omega_q)$ は

$$W_{ee}(\bm{q}, i\omega_q) = \frac{V(\bm{q})}{\varepsilon(\bm{q}, i\omega_q)} \quad (1.247)$$

で与えられることになり，式 (1.244) の自己エネルギーは

$$\Sigma_{\bm{p}\sigma}(i\omega_p) = -T\sum_{\omega_q}\sum_{\bm{q}\neq\bm{0}} G_{\bm{p}+\bm{q}\sigma}(i\omega_p+i\omega_q) W_{ee}(\bm{q},i\omega_q)$$
$$\times \Gamma(\bm{p}+\bm{q},i\omega_p+i\omega_q;\bm{p},i\omega_p) \quad (1.248)$$

の形に書ける．これは II.2.7～II.2.8 節で議論した電子ガス系における GWΓ 法での自己エネルギーと形式的に全く同じ表式であることに注意されたい．

### 1.4.6　1 電子系の弱結合極限

これまでは形式的に厳密な理論展開を行ってきたが，これからはいろいろな近似も導入しながらポーラロン系の物理を調べていこう．まず，フレーリッヒ本来の問題である 1 電子系を考えよう．この場合はハミルトニアンの中でクーロン項 $H_{ee}$ は必要がなく，また，エネルギーは $\omega_0$ を単位とし，長さは $1/2mr_0^2 = \omega_0$ で決まる $r_0$ [$= (2m\omega_0)^{-1/2}$] を単位として測る（これをポーラロン単位と呼ぶ）と，1 電子フレーリッヒ系のハミルトニアン $H$ は

$$H = \sum_{\bm{p}\sigma}\bm{p}^2 c^+_{\bm{p}\sigma}c_{\bm{p}\sigma} + \sum_{\bm{q}\neq\bm{0}} b^+_{\bm{q}}b_{\bm{q}} + \sum_{\bm{p}\sigma}\sum_{\bm{q}\neq\bm{0}} c^+_{\bm{p}+\bm{q}\sigma}c_{\bm{p}\sigma}(g_q b_{\bm{q}} + g_q^* b^+_{-\bm{q}}) \quad (1.249)$$

と書き直せる．ここで，$g_q$ はポーラロン単位では

$$g_q = -i\frac{C}{\omega_0}\frac{1}{\sqrt{\Omega_t r_0^3}}\frac{r_0}{q} = -\frac{i}{q}\sqrt{\frac{4\pi\alpha}{\Omega_t}} \quad (1.250)$$

で与えられる．この際，無次元化された電子フォノン相互作用定数 $\alpha$ は

$$\alpha \equiv \frac{1}{2}\frac{e^2}{r_0}\frac{1}{\omega_0}\left(\frac{1}{\varepsilon_\infty} - \frac{1}{\varepsilon_0}\right) \quad (1.251)$$

のように定義され，系はこのパラメータ $\alpha$ だけで規定される．なお，フレーリッヒ模型で仮定されたような弾性体極限が正当化されるためには，$r_0 \gg a_0$ （$a_0$ は格子定数）が必要になる．この条件は $1/(2ma_0^2) \gg \omega_0$ と書き直せるが，$m$ が自由電子の質量とあまり変わらない場合，左辺は大体通常の金属のフェルミエネルギー（1～10 eV）程度であり，一方，右辺はせいぜい 0.1 eV 程度なので，$r_0$ は $a_0$ の 10 倍以上はあると考えてよい．表 1.1 には，各物質中での $\alpha$ の値を示したが，多くの物質で $\alpha \ll 1$ なので，弱結合領域の理論を展開することは実用上も重要であることが理解されよう．

## 1.4 フレーリッヒ–ポーラロン

表 1.1 代表的なイオン性絶縁結晶における電子フォノン相互作用定数 $\alpha$

| 物質 | $\alpha$ | 物質 | $\alpha$ | 物質 | $\alpha$ | 物質 | $\alpha$ |
|---|---|---|---|---|---|---|---|
| InSb | 0.023 | ZnSe | 0.43 | KI | 2.5 | $CdF_2$ | 3.2 |
| InAs | 0.052 | CdS | 0.53 | TlBr | 2.55 | KCl | 3.44 |
| GaAs | 0.068 | AgBr | 1.53 | KBr | 3.05 | CsI | 3.67 |
| GaP | 0.20 | AgCl | 1.84 | RbI | 3.16 | $SrTiO_3$ | 3.77 |
| CdTe | 0.29 | $\alpha$-$Al_2O_3$ | 2.40 | $Bi_{12}SiO_{20}$ | 3.18 | RbCl | 3.81 |

さて,弱結合領域ということで,ハートリー–フォック近似の自己エネルギーの表式 (1.238) において $G_{\bm{p}'\sigma}(i\omega_{p'})$ も $G^{(0)}_{\bm{p}'\sigma}(i\omega_{p'})$ で近似し,その場合の自己エネルギーを $\Sigma^{(0)}_{\bm{p}\sigma}(i\omega_p)$ と表すと,それは松原振動数の和を取って,

$$\Sigma^{(0)}_{\bm{p}\sigma}(i\omega_p) = -T \sum_{\omega_{p'}} \sum_{\bm{p}' \neq \bm{p}} V_{ee}(\bm{p}'-\bm{p}, i\omega_{p'}-i\omega_p) \frac{e^{i\omega_{p'}0^+}}{i\omega_{p'} - \varepsilon_{\bm{p}'}}$$
$$= -\sum_{\bm{q} \neq \bm{0}} \frac{4\pi e^2}{\Omega_t q^2} \Bigl\{ \frac{f(\varepsilon_{\bm{p}+\bm{q}})}{\varepsilon_\infty} - \frac{\omega_0}{2}\left(\frac{1}{\varepsilon_\infty} - \frac{1}{\varepsilon_0}\right)$$
$$\times \left(\frac{n(\omega_0) + f(\varepsilon_{\bm{p}+\bm{q}})}{i\omega_p + \omega_0 - \varepsilon_{\bm{p}+\bm{q}}} + \frac{n(\omega_0) + 1 - f(\varepsilon_{\bm{p}+\bm{q}})}{i\omega_p - \omega_0 - \varepsilon_{\bm{p}+\bm{q}}}\right) \Bigr\} \quad (1.252)$$

の形に書けることが分かる.ここで,$f(x) = 1/(e^{x/T}+1)$ や $n(x) = 1/(e^{x/T}-1)$ は,それぞれ,フェルミおよびボーズ分布関数である.

今,$T=0$ とし,また,電子は 1 個(したがって,熱力学極限では電子数はゼロ)を考えているので,分布関数の部分はすべてゼロになる.(さらにいえば,1 電子系では分極関数は常にゼロになるので,$\Lambda$ バーテックスと $\Gamma$ バーテックスの区別もつかない.)また,無摂動状態での化学ポテンシャル $\mu^{(0)}$ はゼロなので,式 (1.252) の $\Sigma^{(0)}_{\bm{p}\sigma}(i\omega_p)$ はポーラロン単位で書くと,

$$\Sigma^{(0)}_{\bm{p}\sigma}(i\omega_p) = \frac{\alpha}{2\pi^2} \int d\bm{q} \frac{1}{q^2} \frac{1}{i\omega_p - 1 - (\bm{p}+\bm{q})^2}$$
$$= \frac{\alpha}{\pi} \int_0^\infty q^2 dq \int_{-1}^1 d\mu_q \frac{1}{q^2} \frac{1}{i\omega_p - 1 - p^2 - 2pq\mu_q - q^2}$$
$$= -\frac{\alpha}{2\pi} \int_{-1}^1 d\mu_q \int_{-\infty}^\infty dq \frac{1}{q^2 + 2pq\mu_q + p^2 + 1 - i\omega_p}$$
$$= -\frac{\alpha}{2\pi} \frac{1}{p} \int_{-p}^p dy \int_{-\infty}^\infty dz \frac{1}{z^2 + 1 + p^2 - i\omega_p - y^2}$$
$$= -\frac{\alpha}{p} \sin^{-1}\left(\frac{p}{\sqrt{p^2+1-i\omega_p}}\right) \quad (1.253)$$

のように計算される．ここで，積分変数 $z$ と $y$ は，それぞれ，$z = q + p\mu_q$ と $y = p\mu_q$ で導入され，$z$ についての積分は $z$ 空間中の複素積分として実行された．また，多価関数，$\sqrt{z}$ や $\sin^{-1} z$，のブランチの選択は正の実軸上で実数になる通常のものを選んでいる．

さて，一般に，遅延自己エネルギー $\Sigma^R_{\bm{p}\sigma}(\omega)\,[=\Sigma_{\bm{p}\sigma}(\omega+i0^+)]$ を考え，

$$E_{\bm{p}} = p^2 - \mu + \Sigma^R_{\bm{p}\sigma}(E_{\bm{p}}) \tag{1.254}$$

を満たす $E_{\bm{p}}$ を用いると，遅延グリーン関数 $G^R_{\bm{p}\sigma}(\omega)\,[=G_{\bm{p}\sigma}(\omega+i0^+)]$ は

$$G^R_{\bm{p}\sigma}(\omega) = \frac{1}{\omega+i0^+ - p^2 + \mu - \Sigma_{\bm{p}\sigma}(\omega+i0^+)} \approx \frac{z_{\bm{p}}}{\omega+i0^+ - E_{\bm{p}}} \tag{1.255}$$

のように近似される．ここで，$\omega = E_{\bm{p}}$ の近傍で $\Sigma^R_{\bm{p}\sigma}(\omega)$ は

$$\Sigma^R_{\bm{p}\sigma}(\omega) \approx \Sigma^R_{\bm{p}\sigma}(E_{\bm{p}}) + \frac{\partial \Sigma^R_{\bm{p}\sigma}(\omega)}{\partial \omega}\bigg|_{\omega=E_{\bm{p}}} (\omega+i0^+ - E_{\bm{p}}) \tag{1.256}$$

の展開形で近似した．このように，式 (1.254) を解いて得られる $E_{\bm{p}}$ は $G^R_{\bm{p}\sigma}(\omega)$ の極になり，そのため，準粒子であるポーラロンの分散関係 $\omega = E_{\bm{p}}$ を与えることが分かる．また，その極の重み（留数）である繰り込み因子 $z_{\bm{p}}$ は

$$z_{\bm{p}} = \left[1 - \frac{\partial \Sigma^R_{\bm{p}\sigma}(\omega)}{\partial \omega}\bigg|_{\omega=E_{\bm{p}}}\right]^{-1} \tag{1.257}$$

で計算されることになる．

ところで，式 (1.254) を摂動的に解く場合，$\alpha$ の 1 次まで考えると，

$$E_{\bm{p}} = p^2 + \Sigma^{(0)}_{\bm{p}\sigma}(p^2+i0^+) - \mu^{(1)} = p^2 - \frac{\alpha}{p}\sin^{-1} p - \mu^{(1)} \tag{1.258}$$

となる．ここで，$\mu^{(1)}$ は 1 次の化学ポテンシャルである．なお，$\sin^{-1} x$ は $0 \leq x \leq 1$ では通常の $\sin^{-1} x = \tan^{-1}(x/\sqrt{1-x^2})$ であるが，$x > 1$ では $\sin^{-1} x = \pi/2 + i\ln(x+\sqrt{x^2-1})$ となり，虚部を持つ．同じ近似で $z_{\bm{p}}$ は

$$z_{\bm{p}} = \frac{\sqrt{1-p^2}}{\sqrt{1-p^2} + \alpha/2} \tag{1.259}$$

と計算される．したがって，この近似では減衰しない準粒子としてのポーラロンは $p \leq 1$ でのみ存在する．すなわち，安定したポーラロンが存在できる最大波数は有限に存在し，その臨界波数 $p_c$ は $\alpha$ に無関係に 1 になっている．

ここで得られた式 (1.258) で $\Sigma_{\bm{p}\sigma}^{(0)}(p^2+i0^+)$ の $p \to 0$ の極限値を求めると，それは弱結合領域でのポーラロンの基底状態エネルギー $E_{\text{polaron}}$ になる．容易に分かるように，$E_{\text{polaron}} = -\alpha$ (元の単位では $-\alpha\omega_0$) であるが，$\mu^{(1)} = E_{\text{polaron}} = -\alpha$ と決められるので，$\bm{p}=0$ の近傍で $E_{\bm{p}}$ は $E_{\bm{p}} = (m/m^*)p^2$ の放物型の分散を持つ．そして，その放物線の曲率を決めているポーラロンの有効質量 $m^*$ は，$\sin^{-1} x = x + x^3/6 + \cdots$ に注意すると，

$$\frac{m^*}{m} = \frac{1}{1-\alpha/6} \approx 1 + \frac{\alpha}{6} \tag{1.260}$$

である．このように，ポーラロンは裸の電子よりも重くなるが，これは電子がその周りにフォノンの衣を着ながら動くためであると解釈される．

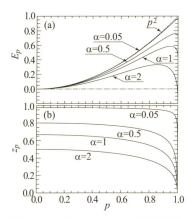

図 1.16 最低次の近似におけるポーラロンの (a) 分散関係と (b) 繰り込み因子．

図 1.16(a) と (b) には，それぞれ，$0 \leq p \leq 1$ の全域にわたる $E_{\bm{p}}$ と $z_{\bm{p}}$ の振る舞いが示されている．この $z_{\bm{p}}$ については物理的に不適切な点は見当たらないが，$E_{\bm{p}}$ については $p=1$ の近傍で極大点を持ち，(この極大点はたとえ $\alpha$ がごく小さいとしても $p=1-\alpha^2/8$ で現れ，) しかも，$\alpha$ が 2 を超えるあたりから $p \approx 1$ で $E_{\bm{p}} < 0$ になるという全く非物理的なものになっている．このような不都合が出る原因は，この項で採用した最低次近似の摂動計算はいわゆるレイリー–シュレディンガー (Rayleigh–Schrödinger) の非縮退摂動論に基づいているからである．実際，もともと，$p=1$ では電子系のエネルギー $p^2$ と

フォノンのエネルギー $1(=\omega_0)$ が一致しているので，摂動の出発点で縮退が起こっていて，その場合，縮退のある系に適用できるブリルアン–ウィグナー (Brillouin–Wigner) の縮退摂動論に基づく計算が必要になる．そして，そのときに予想される分散関係を模式的に示すと図 1.17 における $E_{\bm{p}}^-$ であり，それは $p$ の単調増加関数となるはずである．

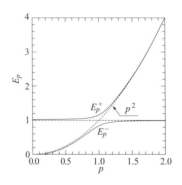

図 1.17 $\omega = p^2$ と $\omega = 1$ という 2 つの非摂動準位間に相互作用がある系で予想される分散関係の模式図．ここでは，巨視的な数の縮退したフォノン系を 1 つの状態に単純化していて，その場合には分散関係は $E_{\bm{p}}^-$ と $E_{\bm{p}}^+$ の 2 つになるが，そのうち，$E_{\bm{p}}^-$ が図 1.16 の $E_{\bm{p}}$ に対応すると考えられる．

### 1.4.7　1 電子系のハートリー–フォック近似解

このブリルアン–ウィグナーの縮退摂動論をできるだけ簡単に実行するためには，ハートリー–フォック (HF) 近似の自己エネルギーの表式 (1.238) の中でグリーン関数を $G^{(0)}_{\bm{p}'\sigma}(i\omega_{p'})$ に置き換えるのではなく，$G_{\bm{p}'\sigma}(i\omega_{p'})$ のままとし，さらに，遅延自己エネルギーの表式の中で $\omega$ を $p^2$ に置き換えるのではなく，$\omega = E_{\bm{p}}$ を代入したままで自己無撞着に $E_{\bm{p}}$ を求めるようにすればよい．すなわち，HF 近似においてそれ以上の近似を何も導入せずに数値的に完全に解ければよいことになる．

具体的には，空間の回転対称性と 1 電子系ではスピン自由度は問題にならないことから自己エネルギー $\Sigma_{\bm{p}\sigma}(i\omega_p)$ は $p=|\bm{p}|$ と $i\omega_p$ だけの関数，$\Sigma_p(i\omega_p)$，となり，また，グリーン関数の定義そのものから $\Sigma_p(-i\omega_p) = \Sigma_p^*(i\omega_p)$ に注意すると，$\omega_p > 0$ に限って $\Sigma_p(i\omega_p)$ を求めればよいことになる．すると，式 (1.238)

で積分変数 $p'$ の角度部分の積分を済ませれば，解くべき HF 近似での自己無撞着な方程式はポーラロン単位で

$$\Sigma_p(i\omega_p) = T\sum_{\omega_{p'}>0} \frac{\alpha}{\pi}\int_0^\infty dp' \frac{p'}{p}\ln\left|\frac{p'+p}{p'-p}\right|$$
$$\times\left\{\frac{2}{(\omega_{p'}-\omega_p)^2+1}\frac{1}{i\omega_{p'}-p'^2+\mu-\Sigma_{p'}(i\omega_{p'})}\right.$$
$$\left.+\frac{2}{(\omega_{p'}+\omega_p)^2+1}\frac{1}{-i\omega_{p'}-p'^2+\mu-\Sigma_{p'}^*(i\omega_{p'})}\right\} \quad (1.261)$$

となる．ちなみに，松原振動数 $\omega_p$ $[=\pi T(2p+1)]$ の関数 $F(\omega_p)$ について $p=0,\ 1,\ 2,\ \cdots$ の和を数値的に取る場合は次の公式を用いるとよい．

$$T\sum_{\omega_p>0} F(\omega_p) = T\sum_{p=0}^N F(\omega_p) + \frac{T}{12}F(\omega_N) + \frac{5T}{12}F(\omega_{N+1})$$
$$+\frac{1}{2\pi}\int_{\omega_{N+1}}^\infty F(x)dx \quad (1.262)$$

ここで，$N$ は 100 程度の数と考えているが，そもそも，最終的な答えは $N$ の選び方に依存しないので，実際の数値計算では $N$ を変えながら結果の精度と数値計算時間を勘案して最適な $N$ を選べばよい．なお，$N$ が十分に大きい場合，$F(x)$ はその漸近形で近似して積分すればよい．この公式 (1.262) の導出は $B_n$ をベルヌーイ (Bernoulli) 数（特に，$B_2=1/6$, $B_4=1/30$）として，次のオイラー–マクローリン (Euler–MacLaurin) の積分公式[34] に基づく：

$$\int_a^b F(x)dx = h\left[\frac{1}{2}F(a)+F(a+h)+F(a+2h)+\cdots+F(b-h)+\frac{1}{2}F(b)\right]$$
$$-\frac{B_2}{2!}h^2[F'(b)-F'(a)]-\frac{B_4}{4!}h^4[F'''(b)-F'''(a)]-\cdots \quad (1.263)$$

この公式で，$h=2\pi T$, $a=\omega_{N+1}$, $b\to\infty$ とし，無限和が収束するためには $F(x)$ が十分に速くゼロに収束する必要があるので，$F(b)=F'(b)=\cdots=0$ を仮定しよう．そして，$T\ll 1$ として $O(T^4)$ 以上の項を無視すると，

$$\sum_{p=N+1}^\infty F(\omega_p) = \frac{1}{2}F(\omega_{N+1}) + \frac{1}{h}\int_{\omega_{N+1}}^\infty F(x)dx + \frac{B_2}{2}h[-F'(\omega_{N+1})] \quad (1.264)$$

が得られる．この式 (1.264) に $F'(\omega_{N+1})=[F(\omega_{N+1})-F(\omega_N)]/h$ を代入し，

両辺に $T$ をかけて得られる等式を用いると式 (1.262) が導かれる.

さて,式 (1.261) を解いて自己無撞着な自己エネルギー $\Sigma_p(i\omega_p)$ が得られると,対応する遅延自己エネルギー $\Sigma_p^R(\omega)$ への解析接続は I.3.5.2 項で議論した方法に従えばよい.すなわち,$G_p^R(\omega)$ を遅延グリーン関数として,

$$\Sigma_p^R(\omega) = S_p(\omega) + \frac{\alpha}{\pi}\int_0^\infty dp' \frac{p'}{p} \ln\left|\frac{p'+p}{p'-p}\right|\Big\{G_{p'}^R(\omega-1)[n(1)+f(1-\omega)]$$
$$+ G_{p'}^R(\omega+1)[n(1)+f(1+\omega)]\Big\} \tag{1.265}$$

で計算される.ここで,$S_p(\omega)$ は $\Sigma_p(i\omega_p)$ を用いて,

$$S_p(\omega) = -2T\sum_{\omega_{p'}>0} \frac{\alpha}{\pi}\int_0^\infty dp' \frac{p'}{p}\ln\left|\frac{p'+p}{p'-p}\right|$$
$$\times \mathrm{Re}\left\{\frac{2}{(i\omega_{p'}-\omega)^2-1}\frac{1}{i\omega_{p'}-p'^2+\mu-\Sigma_{p'}(i\omega_{p'})}\right\} \tag{1.266}$$

で与えられる実関数である.そして,化学ポテンシャル $\mu$ は

$$\mu = \lim_{\omega_p \to 0}\Sigma_0(i\omega_p) = \Sigma_0^R(0) \equiv E_{\text{polaron}} \tag{1.267}$$

によって決定される.なお,十分低温 ($T \ll 1$) で $\omega > 0$ では,式 (1.265) は

$$\Sigma_p^R(\omega) = S_p(\omega) + \theta(\omega-1)\frac{\alpha}{\pi}\int_0^\infty dp' \frac{p'}{p}\ln\left|\frac{p'+p}{p'-p}\right|G_{p'}^R(\omega-1) \tag{1.268}$$

に還元される.ここで,$\theta(x)$ はヘビサイドの階段関数である.

この式 (1.268) を用いると,$\Sigma_p^R(\omega)$ や対応する $G_p^R(\omega)$ を具体的に求める手続きは次のようになる.まず,あらゆる $\omega$ について $S_p(\omega)$ を式 (1.266) に従って計算する.すると,$0<\omega<1$ では $\Sigma_p^R(\omega) = S_p(\omega)$ から実数の遅延自己エネルギーが得られ,式 (1.254) を自己無撞着に解くことからポーラロンの分散関係 $E_p$ が求められ,また,式 (1.257) から繰り込み因子 $z_p$ が計算される.これらの情報から,この $\omega$ の領域での $G_p^R(\omega)$ は,その実部を積分する場合は主値積分を取るという約束(演算子 P で表示)の下で,

$$G_p^R(\omega) = \frac{\mathrm{P}}{\omega - p^2 + \mu - S_p(\omega)} - i\pi z_p \delta(\omega - E_p) \tag{1.269}$$

で与えられる.次に,$1<\omega<2$ では既に得られている $G_p^R(\omega-1)$ を用いて式 (1.268) から $\Sigma_p^R(\omega)$ が計算される.この $\Sigma_p^R(\omega)$ は虚部が(恒等的にゼロで

ない）負の複素数になるので，$G_p^R(\omega) = [\omega + i0^+ - p^2 + \mu - \Sigma_p^R(\omega)]^{-1}$ は特に注意を払うべき特異点を持たない．そのため，それを使った数値積分は容易であり，以後，帰納的に $n < \omega < n+1$（$n = 2, 3, 4, \cdots$）での $\Sigma_p^R(\omega)$ および $G_p^R(\omega)$ が順次決定されていく．

以上述べたような HF 近似の手続きに則り，自己無撞着な $\Sigma_p(i\omega_p)$，それから得られる遅延自己エネルギー $\Sigma_p^R(\omega)$ や 1 電子グリーン関数 $G_p^R(\omega)$ などを十分低温の $T = 0.001$ でいろいろな $\alpha$ について計算した．表 1.2 には，このようにして得られた HF 近似でのポーラロンの基底状態エネルギー $E_{\text{polaron}}$ の数値結果が最低次の摂動計算や次々項で解説するリー–ロウ–パインス (Lee–Low–Pines：LLP) 近似[35]の結果である $-\alpha$，さらに，ファインマン (Feynman) の経路積分[36]やダイアグラム量子モンテカルロ (Diagrammatic Quantum Monte Carlo：DQMC) 計算[37]の結果と比較して示されている．

表 1.2 それぞれの近似におけるポーラロン基底状態エネルギー $E_{\text{polaron}}$ の各 $\alpha$ での計算値．

| $\alpha$ | HF | 最低次摂動計算 | LLP | Feynman | DQMC |
|---|---|---|---|---|---|
| 0.5 | -0.44159 | -0.5 | -0.5 | -0.50317 | - |
| 1.0 | -0.82239 | -1.0 | -1.0 | -1.01303 | -1.013 |
| 1.5 | -1.16906 | -1.5 | -1.5 | -1.53019 | - |
| 2.0 | -1.49238 | -2.0 | -2.0 | -2.05536 | - |
| 2.5 | -1.79805 | -2.5 | -2.5 | -2.58939 | - |
| 3.0 | -2.08965 | -3.0 | -3.0 | -3.13333 | -3.18 |
| 3.5 | -2.36960 | -3.5 | -3.5 | -3.68848 | - |
| 4.0 | -2.63966 | -4.0 | -4.0 | -4.25648 | - |

この表 1.2 が示唆するように，HF 近似は最低次の摂動計算よりもずっと精度の低い $E_{\text{polaron}}$ を与えている．この原因はワード恒等式の観点からは明白で，HF 近似ではその自己エネルギーの計算においてワード恒等式が満たされておらず，自己エネルギー補正を取り込みながらもその効果を相殺する関係にあるバーテックス補正を無視したため，結果として相互作用の効果が弱くなりすぎてしまったためである．（これに対して，最低次の摂動計算では，自己エネルギー補正もバーテックス補正も同時に無視したため，結果として，それほど悪くない $E_{\text{polaron}}$ が得られていたということである．）

しかしながら，ポーラロンの分散関係 $E_p$ やそれに対応する繰り込み因子 $z_p$

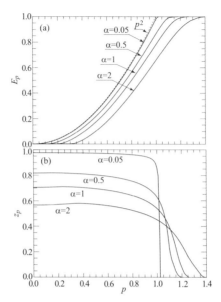

図 1.18　HF 近似におけるポーラロンの (a) 分散関係と (b) 繰り込み因子.

の振る舞いに関しては，HF 近似は最低次摂動計算の結果である図 1.16 の欠点を見事に修正していて，図 1.18 に示すように定性的に妥当な単調増加する $E_{\bm{p}}$ と $\alpha$ に依存する臨界波数 $p_c$ が得られている．ちなみに，図 1.17 で考えた 2 準位系では $p_c$ は存在しない（あるいは，$p_c \to \infty$ といえる）が，実際はマクロな数の分散のないフォノンが存在するため，仮に $p$ が $p_c$ より少し大きいポーラロンが存在するとすれば，フォノン場と相互作用して $p_c$ の波数のフォノン（エネルギーが 1）とそのエネルギーがほぼゼロの波数 $\bm{p} - \bm{p}_c$ のポーラロンに分裂してしまう．なお，この際，$E_{\bm{p}} = 1 + E_{\bm{p}-\bm{p}_c}$ のため，エネルギーはこの分裂では保存されるので，この分裂は常に起こり，それゆえ，$p_c$ より大きな波数のポーラロンは安定して存在できない[38]のである．

このようなわけで，フレーリッヒ–ポーラロンでは臨界波数 $p_c$ が近似の仕方にかかわらず，常に存在することになるが，近似ごとに $E_{\bm{p}}$ の形が変わるために $p_c$ の値自体は変化する．図 1.19 には HF 近似で計算された $p_c$ の $\alpha$ 依存性が示されていて，$\alpha$ の増加に伴って緩やかに単調増加している．ちなみに，DQMC では $\alpha = 1$ で $p_c \approx 1.83$ となっていて，HF 近似のもの（$p_c \approx 1.26$）よりもか

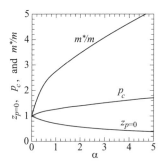

図 1.19 HF 近似におけるポーラロンの臨界波数 $p_c$, 波数ゼロでの繰り込み因子 $z_{p=0}$, および, $p=0$ 近傍での有効質量 $m^*/m$ の $\alpha$ 依存性.

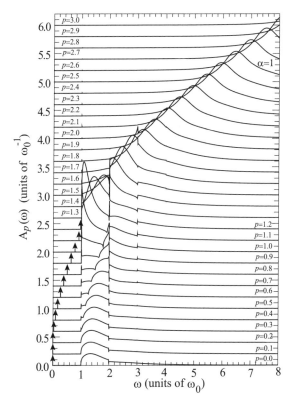

図 1.20 HF 近似におけるポーラロン系の 1 電子スペクトル関数 $A_p(\omega)$. $\alpha=1$ の場合に $p=0$ から $p=3$ まで変化したときの様子をプロットした.

なり大きいことが分かる.

図 1.19 には $p_c$ の他に $p = 0$ での繰り込み因子 $z_{p=0}$ と有効質量 $m^*/m$ の $\alpha$ 依存性の HF 近似での結果が与えられている. $E_{\text{polaron}}$ と同様に, HF 近似ではこれら $p = 0$ 近傍の物理量は定量的に精度があるものとは考えられず, 実際, $z_{p=0}$ も $m^*/m$ も共に正確な値よりもかなり大きい値にずれていることが分かる.

最後に, 1 電子スペクトル関数 $A_p(\omega)$ $[\equiv -\mathrm{Im} G_p^R(\omega)]$ の計算結果を示しておこう. 図 1.20 には $\alpha = 1$ の場合に $p$ の増加に伴う変化を描いている. $0 \leq \omega < 1$ の領域ではポーラロンがよく定義された準粒子として出現することに対応して, $A_p(\omega)$ には $z_p \delta(\omega - E_p)$ の寄与があるが, それは上向きの矢印で表されている. $p$ が 1 を大きく超えて 1.5 以上になってくると, このポーラロンのような鋭いピークではないが, ダンピングの大きな幅の広いピーク構造が見えてくる. そのエネルギー分散はほぼ $p^2$ なのでこれは図 1.17 における $E_p^+$ に対応するもの

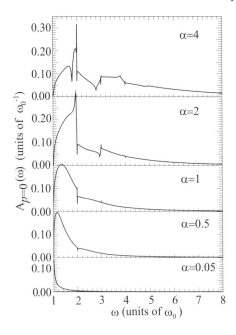

図 **1.21** HF 近似におけるポーラロン系の 1 電子スペクトル関数 $A_p(\omega)$. $p = 0$ の場合に $\alpha$ を大きくしていったときの変化を示している.

1.4 フレーリッヒ–ポーラロン

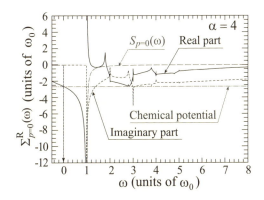

図 1.22 HF 近似でのポーラロン系の遅延自己エネルギー $\Sigma_p^R(\omega)$. $T = 0.001$, $\alpha = 4$ で $p = 0$ の場合に $\omega$ の関数として実部は実線, 虚部は点線でプロットした. また, 破線は式 (1.266) で計算される $S_{p=0}(\omega)$ を表す. もちろん, $\omega < 1$ では $S_{p=0}(\omega) = \mathrm{Re}\Sigma_{p=0}^R(\omega)$ である.

であることが分かる. また, $1 < \omega < 2$ の領域に見える $A_p(\omega)$ の構造は $E_p + 1$ のところに現れていることから, これも $0 < p < 1$ における $E_p^+$ の一部と見なすこともできよう.

図 1.21 には $\alpha$ を増加させたときの $A_p(\omega)$ の変化を $p = 0$ の場合についてプロットした. $\alpha$ が小さい場合は 1 つのピーク構造を持つ単純なものであるが, $\alpha$ が 2 を超えてくると複雑な構造に変わってきて, 実励起されているフォノンの数が 3 個の方が 2 個の場合よりも大きな $A_{p=0}(\omega)$ を持つようになってくることが注目される. 当然のことながら, このような複雑な構造は図 1.22 に示すように遅延自己エネルギー $\Sigma_p^R(\omega)$ にも現れている. ただし, 式 (1.266) で計算される $S_{p=0}(\omega)$ にはこのような構造は現れないので, これは式 (1.268) の右辺第 2 項のグリーン関数の積分に起因することが分かる.

### 1.4.8 強結合極限 : ランダウ–ペカー理論

これまで取り扱った弱結合領域では, 電子の波動関数は系全体に拡がり, それを反映して電子は系全体を動き回るが, その動き自体は遅いので, 電子運動の特徴的なエネルギースケールである電子の運動エネルギー $\boldsymbol{p}^2/2m$ は光学フォノンのエネルギー $\omega_0$ よりもずっと小さい. そのため, 逆断熱の描像が適用出

来て,フォノンの方が電子の動きに素早く反応してその瞬間の電子の位置の周りに仮想励起してイオン分極の雲を形成していた.そして,そのようにして形成されたイオン分極の雲を背負いながら動く電子を「ポーラロン」という概念で捉えた(図 1.23(a) 参照).

ところで,厳密にいえば,このような描像はポーラロンのエネルギースケールであるポーラロンの基底状態エネルギーの絶対値 $|E_{\text{polaron}}| \approx \alpha\omega_0$ が $\omega_0$ よりも小さい場合に妥当なものと考えられるので,$\alpha > 1$ の場合にはこの描像の正当性が検証されねばならない.その検証の第一歩として,強結合極限 ($\alpha \gg 1$) の状況を検討してみよう.この強結合領域でのポーラロン像を考えるヒントは電子とクーロンホールとの相互関係の変化に関する記述(I.4.1.9 項中 p.161 参照)が参考になる.すなわち,弱相関から中間相関状態の電子液体ではクーロンホールの中心は常に電子の位置と一致するが,強相関極限状態のウィグナー結晶中ではクーロンホールの中心は各瞬間の電子の位置にはないということである.これは,ウィグナー結晶では電子は局在的ながらも激しく動き回り,その激しいゼロ点振動を平均化した電子運動の波動関数の中心位置にクーロンホールがくるということである.

(a) Weak-coupling case　(b) Strong-coupling case

図 1.23　ポーラロン描像における電子とフォノン分極雲の位置関係の変化を示す概念図.(a) の弱結合領域ではフォノン分極雲の中心に電子が常に存在するが,(b) の強結合領域ではフォノン分極雲は電子の平均運動の中心の周りに展開する.

これと同様の描像をポーラロン問題に適用して考えよう.まず,強結合領域の電子は基本的に系全体に拡がっているというよりも空間のある限られた領域に局在化している(ポーラロンは閉じ込められている)と仮定しよう.ただ,局在化といっても電子の運動自体が静止しているわけではなく,反対に狭い空間に閉じ込められるのでその運動エネルギー自体は $\omega_0$ を大きく超えて大変大

## 1.4 フレーリッヒ–ポーラロン

きくなり，それに伴って電子は激しく動き回る．この状況では，もはやイオンの分極が各瞬間の電子の位置変化を追うことができなくなり（断熱近似が正当化され），そのため，フォノンがせいぜいできることは電子の平均的な分布に沿ってイオン分極を形成することである．ところで，このようにして形成されたイオン分極がはじめに仮定した電子の局在化を支える引力ポテンシャルを生み出すので，電子とフォノンの両者はお互いに自己無撞着に支え合って「ポーラロンの閉じ込め」という描像が可能になる（図 1.23(b) 参照）．本項で紹介するランダウ–ペカー (Landau–Pekar) 理論[39]はこの自己無撞着なポーラロンの閉じ込めを見事に取り扱ったものである．なお，ボーズ場によるフェルミオンの閉じ込め問題はグルーオンによるクォークの閉じ込めに相通じるところがあるが，後者の場合，3 種のフェルミオンが 8 種のグルーオンで閉じ込められるので，縮退状態下の問題になり，（同時に，非アーベル群で表されるボゾンの交換も問題になるかも知れないが，）この意味では後に述べるヤーン–テラー系とのアナロジーを考える方が有効かもしれない．

さて，強結合領域での電子の局在化を論じるには式 (1.249) のハミルトニアン $H$ の中の電子部分を実空間表示した方がよい．そのためには，$c_{p\sigma}$ を電子場演算子 $\psi_\sigma(\bm{r})$ にフーリエ逆変換すればよい．すると，$H$ は

$$H = -\sum_\sigma \int d\bm{r}\, \psi_\sigma^+(\bm{r}) \Delta \psi_\sigma(\bm{r}) + \sum_{\bm{q}\neq 0} b_{\bm{q}}^+ b_{\bm{q}}$$
$$+ \sum_\sigma \int d\bm{r}\, \psi_\sigma^+(\bm{r})\psi_\sigma(\bm{r}) \sum_{\bm{q}\neq 0}\left(u_{\bm{q}}(\bm{r})b_{\bm{q}} + u_{\bm{q}}^*(\bm{r})b_{\bm{q}}^+\right) \quad (1.270)$$

のように書き直される．ここで，$g_q = -i\sqrt{4\pi\alpha/\Omega_t}/q$ として $u_{\bm{q}}(\bm{r}) \equiv g_q e^{i\bm{q}\cdot\bm{r}}$ であり，その複素共役は $u_{\bm{q}}^*(\bm{r}) = g_q^* e^{-i\bm{q}\cdot\bm{r}}$ である．そこで，この $H$ での 1 電子基底状態を変分的に取り扱うために，その試行基底波動関数 $|\Psi_0\rangle$ を

$$|\Psi_0\rangle = U\Big(\{b_{\bm{q}}\},\{b_{\bm{q}}^+\};\phi(\bm{r})\Big)\phi(\bm{r})\psi_\sigma^+(\bm{r})|\text{vac}\rangle \quad (1.271)$$

の形で考えよう．ここで，$|\text{vac}\rangle$ は真空状態，$\phi(\bm{r})$ は考えている 1 電子の平均的な運動を記述する（c 数としての）関数とする．また，$U\Big(\{b_{\bm{q}}\},\{b_{\bm{q}}^+\};\phi(\bm{r})\Big)$ はあるユニタリー演算子で，フォノン演算子，$\{b_{\bm{q}}\}$ や $\{b_{\bm{q}}^+\}$，で構成されるが，その際に c 数である $\phi(\bm{r})$ をパラメータとして含みうるものとする．なお，1 電子

問題ではスピン変数を指定する必要はないので，$\phi(\boldsymbol{r})$ には添字 $\sigma$ を省略した．

変分計算を進めるために $\langle \Psi_0 | H | \Psi_0 \rangle$ を計算することになるが，それを

$$\langle \Psi_0 | H | \Psi_0 \rangle \equiv \langle \text{vac} | U^+ \mathcal{H} U | \text{vac} \rangle \tag{1.272}$$

と書いた場合，$\mathcal{H}$ は

$$\mathcal{H} = -\int d\boldsymbol{r}\ \phi^*(\boldsymbol{r}) \Delta \phi(\boldsymbol{r}) + \sum_{\boldsymbol{q} \neq 0} b_{\boldsymbol{q}}^+ b_{\boldsymbol{q}}$$
$$+ \int d\boldsymbol{r}\ |\phi(\boldsymbol{r})|^2 \sum_{\boldsymbol{q} \neq 0} \Big( u_{\boldsymbol{q}}(\boldsymbol{r}) b_{\boldsymbol{q}} + u_{\boldsymbol{q}}^*(\boldsymbol{r}) b_{\boldsymbol{q}}^+ \Big) \tag{1.273}$$

となる．数学的には，この結果は $H$ において電子場の演算子 $\psi_\sigma(\boldsymbol{r})$ を平均場近似して $\langle \psi_\sigma(\boldsymbol{r}) \rangle$ を c 数である $\phi(\boldsymbol{r})$ に置き換えたことを示している．

ところで，この $\mathcal{H}$ は $b_{\boldsymbol{q}}$ の 2 次形式であるため，適当なユニタリー変換 $U$ で対角化される．具体的には，適当にフォノンの振動位置の原点を変位させて最適なフォノンのコヒーレントな励起を伴う表現に変換する次のようなユニタリー演算子 $U$ を導入すればよい：

$$U = \exp(S), \quad S = \int d\boldsymbol{r}\ |\phi(\boldsymbol{r})|^2 \sum_{\boldsymbol{q} \neq 0} \Big( b_{\boldsymbol{q}}^+ v_{\boldsymbol{q}}^*(\boldsymbol{r}) - b_{\boldsymbol{q}} v_{\boldsymbol{q}}(\boldsymbol{r}) \Big) \tag{1.274}$$

ここで，$v_{\boldsymbol{q}}(\boldsymbol{r})$ はこれから決定する関数である．この式 (1.274) の定義そのものから $S^+ = -S$ であるので，$U$ はユニタリー行列 $(U^+ U = e^{-S} e^S = 1)$ であることは容易に確かめられる．そして，この $U$ を使った正準変換を行うが，その際，I.3.2.3 項中の公式 (3.77) を用いると，

$$U^+ b_{\boldsymbol{q}} U = e^{-S} b_{\boldsymbol{q}} e^S = b_{\boldsymbol{q}} + [b_{\boldsymbol{q}}, S] + \frac{1}{2!}[[b_{\boldsymbol{q}}, S], S] + \cdots$$
$$= b_{\boldsymbol{q}} + \int d\boldsymbol{r}\ |\phi(\boldsymbol{r})|^2 v_{\boldsymbol{q}}^*(\boldsymbol{r}) \tag{1.275}$$

が得られ，これからこの正準変換でフォノン演算子のゼロ点が変位したことが分かる．そこで，式 (1.271) 中のユニタリー変換 $U$ を式 (1.274) の $U$ としよう．そして，ハミルトニアン $H$ に $U$ を施した $U^+ \mathcal{H} U \equiv \widetilde{\mathcal{H}}$ において，フォノン演算子の 1 次の項をゼロになるように要請すると，容易に $v_{\boldsymbol{q}}(\boldsymbol{r}) = -u_{\boldsymbol{q}}(\boldsymbol{r})$ であることが分かる．すると，正準変換されたハミルトニアン $\widetilde{\mathcal{H}}$ は

## 1.4 フレーリッヒ-ポーラロン

$$\widetilde{\mathcal{H}} \equiv U^+ \mathcal{H} U = -\int d\boldsymbol{r}\ \phi^*(\boldsymbol{r})\Delta\phi(\boldsymbol{r}) + \sum_{\boldsymbol{q}\neq 0} b_{\boldsymbol{q}}^+ b_{\boldsymbol{q}}$$
$$-\int d\boldsymbol{r} \int d\boldsymbol{r}'\ |\phi(\boldsymbol{r})|^2 |\phi(\boldsymbol{r}')|^2 \sum_{\boldsymbol{q}\neq 0} u_{\boldsymbol{q}}(\boldsymbol{r}) u_{\boldsymbol{q}}^*(\boldsymbol{r}') \quad (1.276)$$

となる．この式の最終項に $u_{\boldsymbol{q}}(\boldsymbol{r})$ の具体形を代入し，$\boldsymbol{q}$ の和を取ると，

$$-\frac{1}{2}\int d\boldsymbol{r} \int d\boldsymbol{r}'\ |\phi(\boldsymbol{r})|^2 |\phi(\boldsymbol{r}')|^2 \frac{\alpha}{|\boldsymbol{r}-\boldsymbol{r}'|} \quad (1.277)$$

が得られる．また，変位されたフォノンの基底状態はそのフォノンの真空状態を考えればよいので，結局，変分的に最適化された基底状態の問題は

$$\int d\boldsymbol{r}\ |\phi(\boldsymbol{r})|^2 = 1 \quad (1.278)$$

の規格化の下で

$$E_0[\phi] \equiv \langle \Psi_0|H|\Psi_0\rangle = \langle \text{vac}|\widetilde{\mathcal{H}}|\text{vac}\rangle$$
$$= -\int d\boldsymbol{r}\ \phi^*(\boldsymbol{r})\Delta\phi(\boldsymbol{r}) - \alpha\int d\boldsymbol{r}\int d\boldsymbol{r}' \frac{|\phi(\boldsymbol{r})|^2|\phi(\boldsymbol{r}')|^2}{|\boldsymbol{r}-\boldsymbol{r}'|} \quad (1.279)$$

を最小にする $\phi(\boldsymbol{r})$ を求めることに還元された．このような形の強結合領域のポーラロン問題の定式化をランダウ-ペカー理論と呼ぶ．

この $E_0[\phi]$ の最適化問題の解き方はいろいろ考えられるが，一番簡単には，

$$\phi_1(\boldsymbol{r}) = \sqrt{\frac{\beta^3}{8\pi}}\ e^{-\beta r/2}, \quad \phi_2(\boldsymbol{r}) = \left(\frac{\beta}{\pi}\right)^{3/4} e^{-\beta r^2/2} \quad (1.280)$$

のような 1s 波動関数型の試行関数 $\phi_1(\boldsymbol{r})$，あるいは，調和振動子の基底状態型（ガウシアン型）の試行関数 $\phi_2(\boldsymbol{r})$ を仮定することである．簡単な計算の結果，前者では $E_0[\phi_1] = \beta^2/4 - 5\alpha\beta/16$，後者では $E_0[\phi_2] = 3\beta/2 - \alpha\sqrt{2\beta/\pi}$ となるので，最適な $\beta$ は前者で $5\alpha/8$，後者で $(2/9\pi)\alpha^2$ となる．そして，最適化されたエネルギーは前者で $E_0 = -(25/256)\alpha^2 \approx -0.097656\alpha^2$，後者で $E_0 = -(1/3\pi)\alpha^2 \approx -0.106103\alpha^2$ となる．したがって，基底状態は 1s 型というよりも調和振動子型という方が適切であり，その場合の $-0.106103\alpha^2$ が $E_0$ の一つの上限値を与えている．

もっと正確に $\alpha \to \infty$ のときのエネルギーを求めるためには，まず，長さのスケールを $\boldsymbol{r} \to \boldsymbol{r}/\alpha$ と変化させよう．このとき，規格化条件を常に満たす

ようにするため，同時に $\phi(\bm{r}) \to \alpha^{3/2}\phi(\bm{r})$ と変換する必要がある．すると，$E_0[\phi] \to \alpha^2 \tilde{E}_0[\phi]$ と変換される．ここで，$\tilde{E}_0[\phi]$ は

$$\tilde{E}_0[\phi] \equiv -\int d\bm{r}\, \phi^*(\bm{r})\Delta\phi(\bm{r}) - \int d\bm{r}\int d\bm{r}'\, \frac{|\phi(\bm{r})|^2|\phi(\bm{r}')|^2}{|\bm{r}-\bm{r}'|} \tag{1.281}$$

である．この $\tilde{E}_0[\phi]$ の最小値 $e_0$ を与える $\phi(\bm{r})$ を決める方程式は

$$\frac{\delta\left\{\tilde{E}_0[\phi] - \lambda \int d\bm{r}|\phi(\bm{r})|^2\right\}}{\delta\phi^*(\bm{r})} = 0 \tag{1.282}$$

である．ただし，$\lambda$ はラグランジュの未定係数である．この汎関数微分を行うと，

$$-\Delta\phi(\bm{r}) - 2\phi(\bm{r})\int d\bm{r}'\, \frac{|\phi(\bm{r}')|^2}{|\bm{r}-\bm{r}'|} = \lambda\phi(\bm{r}) \tag{1.283}$$

である．この両辺に $\phi^*(\bm{r})$ をかけて $\bm{r}$ で積分すると，

$$\lambda = t_0 - 2v_0 \tag{1.284}$$

を得る．ここで，

$$t_0 \equiv -\int d\bm{r}\, \phi^*(\bm{r})\Delta\phi(\bm{r}), \quad v_0 \equiv \int d\bm{r}\int d\bm{r}'\, \frac{|\phi(\bm{r})|^2|\phi(\bm{r}')|^2}{|\bm{r}-\bm{r}'|} \tag{1.285}$$

であり，$e_0$ は $e_0 = t_0 - v_0$ で与えられる．

ところで，得られた最適の $\phi(\bm{r})$ に対して，$\phi(\bm{r}) \to \beta^{3/2}\phi(\beta\bm{r})$ と変換しよう．なお，この変換でも規格化条件は満たされている．また，$\tilde{E}_0[\phi]$ は

$$\tilde{E}_0[\phi] = \beta^2 t_0 - \beta v_0 \tag{1.286}$$

である．この $\beta$ を導入した変換に対して，もともとの $\phi(\bm{r})$ が最適解であったことから，$\beta$ の変化に対して $\beta=1$ で最適化されているはずだから，$\beta$ について微分し，$\beta=1$ とおくことから，

$$2t_0 - v_0 = 0 \tag{1.287}$$

が得られる．（これはビリアル定理である．）したがって，

$$e_0 = -\frac{v_0}{2}, \quad \lambda = t_0 - 2v_0 = -\frac{3v_0}{2} = 3e_0 \tag{1.288}$$

ということになるので，結局，$e_0$ は

$$-\Delta\phi(\boldsymbol{r}) - 2\phi(\boldsymbol{r})\int d\boldsymbol{r}' \, \frac{|\phi(\boldsymbol{r}')|^2}{|\boldsymbol{r}-\boldsymbol{r}'|} = 3e_0\phi(\boldsymbol{r}) \tag{1.289}$$

という非線形シュレディンガー方程式を解いて，空間的に等方的で，節点がなく，$r \to \infty$ で $\phi(\boldsymbol{r}) \to 0$ となる規格化された $\phi(\boldsymbol{r})$ を求めることによって決められる．数値的にはこの非線形シュレディンガー方程式は簡単に解けて，その結果，$e_0 = -0.108513$ であるので，強結合極限でのポーラロンの基底状態エネルギーは $-0.108513\alpha^2$ であること[40] が分かる．ちなみに，電子の運動エネルギーは $\alpha^2 t_0 = 0.108513\alpha^2$ と大変大きいので，いかに電子が激しく動いているかが理解されよう．なお，電子の局在長は長さのスケールが $\alpha^{-1}$ 倍されたことに伴い，$r_0/\alpha$ になっている．これが格子定数 $a_0$ よりも大きくないと，もともとのフレーリッヒ模型の正当性がいえないので，強結合といっても $\alpha$ はせいぜい 10 程度が上限といえる．

### 1.4.9　中間結合領域：リー–ロウ–パインス理論とそれを超える試み

前項の冒頭で解説したように，$\alpha$ の両極限でのポーラロンの様子は定性的に違うものである．ただ，1 電子の問題では相転移が存在し得ない（マクロな数のフォノンを含む全系の熱力学関数に特異点は現れない）ので，この両極限の状態は連続的につながっている（クロスオーバーしている）はずである．実際，$\alpha$ の変化に伴うフレーリッヒ–ポーラロン状態の連続性は数学的に厳密に証明[41] されている．その際，重要なことは強結合領域での電子の局在化といっても局在状態全体の重心運動は凍結されておらず，有効質量 $m^*/m$ は非常に大きいといっても有限の値なので電子は全系のいたるところに動き回れることになる．

この連続性に注目すれば，ナイーブに考えて，弱結合の極限から出発して摂動論で強結合の領域に接近できるはずである．そこで，基底状態エネルギー $E_0$ を摂動計算で求めるとして，$E_0$ を $\alpha$ のべき展開級数の形で

$$E_0 = -\alpha + A_2\,\alpha^2 + A_3\,\alpha^3 + \cdots \tag{1.290}$$

と書いてみると，2 次の係数 $A_2$ は $A_2 = \sqrt{2}/2 + (3/2)\ln 2 - 2\ln(\sqrt{2}+1) \approx -0.01591962$ であることが確定[42] しているが，$A_3$ は $-0.008765$ という報告[43] 以外にも $-0.00080607$ というもの[44] もある．このような違いが生じる原因の

一つとして，$\alpha$ の 2 次以上の計算では，それぞれの次数で高階の多重積分で計算される摂動項が多数あって，しかも，それらの項の間には大規模な相殺が起こっていることが挙げられる．すなわち，各々の摂動項の絶対値の大きさはほぼ同じで，正負はほぼ同数だけ存在するという相殺の結果，最終的な $A_n$ の大きさは各項の大きさの 1% にも満たなくなっている．このため，各項の多重積分は高精度に評価しなければならないだけでなく，摂動計算の中で特別に重要な寄与をする主要項がこの問題では存在せず，それゆえ，解析計算する場合に必須である部分和を取るという手法が使えないということを意味する．したがって，$A_4$ 以降を解析的に計算する試みはないが，この摂動項をすべて丹念に正確に拾うというやり方をモンテカルロ法を用いて数値的に行っているのが，前に触れた「ダイアグラム量子モンテカルロ (DQMC) 計算」である．この DQMC の概要とそれによって得られた結果は次々項で解説するが，それによれば，ポーラロンの性質は $\alpha \approx 5$ 付近で急激に局在的になる結果が得られているので，摂動論でポーラロン状態のクロスオーバーは確かに捉えられることになる．

しかしながら，なぜ急激にクロスオーバーが起こって局在化するのかという物理的機構はこのような摂動計算からははっきりとは見えてきていない．また，式 (1.290) のようなべき級数が $\alpha \to \infty$ で $E_0 \to -0.108513\alpha^2$ に収束する仕組みも明確でない．そこで，このクロスオーバーの領域に焦点を当てて変分的に問題を解決しようとした 2 つの試みを紹介しよう．その一つはこの項で解説する「リー–ロウ–パインス (LLP) 理論」であり，もう一つは次項で説明するファインマンによる「経路積分を用いた変分理論」である．

さて，LLP 理論は第 2 量子化された式 (1.249) の $H$ ではなく，1 個の電子しか考えない電子自由度の部分は第 1 量子化のままで取り扱うことにして，

$$H = \boldsymbol{p}^2 + \sum_{\boldsymbol{q} \neq 0}(g_q b_{\boldsymbol{q}} e^{i\boldsymbol{q}\cdot\boldsymbol{r}} + g_q^* b_{\boldsymbol{q}}^+ e^{-i\boldsymbol{q}\cdot\boldsymbol{r}}) + \sum_{\boldsymbol{q} \neq 0} b_{\boldsymbol{q}}^+ b_{\boldsymbol{q}} \qquad (1.291)$$

で表現されるハミルトニアン $H$ から出発する．ここで，$\boldsymbol{p} = -i\boldsymbol{\nabla}$ である．ところで，この 1 電子–多フォノン系の全運動量 $\boldsymbol{P}$ は

$$\boldsymbol{P} = \boldsymbol{p} + \sum_{\boldsymbol{q}} \boldsymbol{q} b_{\boldsymbol{q}}^+ b_{\boldsymbol{q}} \qquad (1.292)$$

で計算されるが，$[H, \boldsymbol{P}] = 0$ から分かるように $\boldsymbol{P}$ は保存量である．そこで，こ

の $\boldsymbol{P}$ を c 数の定数と考えて，それを用いてユニタリー変換 $U_1$ を

$$U_1 = \exp(S_1), \quad S_1 = i\boldsymbol{P}\cdot\boldsymbol{r} - i\sum_{\boldsymbol{q}} \boldsymbol{q}\cdot\boldsymbol{r} b_{\boldsymbol{q}}^+ b_{\boldsymbol{q}} \tag{1.293}$$

のように定義しよう．もちろん，$U_1^+ = \exp(S_1^+) = \exp(-S_1)$ からユニタリー変換の条件 $U_1^+ = U_1^{-1}$ を満たす．すると，$\boldsymbol{p}$ の $U_1$ による正準変換は

$$U_1^+ \boldsymbol{p} U_1 = \boldsymbol{p} + [\boldsymbol{p}, S_1] + \frac{1}{2!}[[\boldsymbol{p}, S_1], S_1] + \cdots = \boldsymbol{p} + \boldsymbol{P} - \sum_{\boldsymbol{q}} \boldsymbol{q} b_{\boldsymbol{q}}^+ b_{\boldsymbol{q}} \tag{1.294}$$

となる．同様に，$b_{\boldsymbol{q}}$ や $b_{\boldsymbol{q}}^+$ の $U_1$ による正準変換は，それぞれ $U_1^+ b_{\boldsymbol{q}} U_1 = e^{-i\boldsymbol{q}\cdot\boldsymbol{r}} b_{\boldsymbol{q}}$ や $U_1^+ b_{\boldsymbol{q}}^+ U_1 = e^{i\boldsymbol{q}\cdot\boldsymbol{r}} b_{\boldsymbol{q}}^+$ になるので，これらを用いると，$H$ の $U_1$ による正準変換 $\mathcal{H}_1 \equiv U_1^+ H U_1$ は

$$\mathcal{H}_1 = \sum_{\boldsymbol{q}\neq 0} b_{\boldsymbol{q}}^+ b_{\boldsymbol{q}} + \sum_{\boldsymbol{q}\neq 0}(g_{\boldsymbol{q}} b_{\boldsymbol{q}} + g_{\boldsymbol{q}}^* b_{\boldsymbol{q}}^+) + \left(\boldsymbol{p} + \boldsymbol{P} - \sum_{\boldsymbol{q}} \boldsymbol{q} b_{\boldsymbol{q}}^+ b_{\boldsymbol{q}}\right)^2 \tag{1.295}$$

となることが分かる．この $\mathcal{H}_1$ には，$\boldsymbol{p}$ と $\boldsymbol{r}$ が同時に含まれている元の $H$ とは異なり，電子演算子としては $\boldsymbol{p}$ しか含まれていない．したがって，$\mathcal{H}_1$ の固有状態は電子自由度に関しては平面波状態 $(e^{i\boldsymbol{p}_e\cdot\boldsymbol{r}}/\sqrt{\Omega_t})$ なので，式 (1.295) の中で $\boldsymbol{p}$ は演算子ではなく，単に $\boldsymbol{p} = \boldsymbol{p}_e$ の c 数の定数と考えてよい．このように，正準変換 $U_1$ によって $H$ の中から電子自由度を消去してフォノンだけの自由度から成り立っている $\mathcal{H}_1$ に還元されたことになる．ちなみに，この $\mathcal{H}_1$ では，式 (1.295) 右辺の第 3 項はフォノン間の相互作用を記述している．この相互作用は電子の運動量が変化してフォノンのそれに移動したときに生じているので，「電子の反跳効果」に起源があるといえる．

今後はポーラロンの基底状態を主に考えることにして，全運動量 $\boldsymbol{P}$ も $U_1$ で正準変換された後の電子系の運動量 $\boldsymbol{p}_e$ も共にゼロとしよう．そして，前項の式 (1.274) で定義した $U$ のように式 (1.295) 中の 1 次項を消去する目的でフォノン演算子の原点をシフトする 2 つめのユニタリー変換 $U_2$ を

$$U_2 = \exp(S_2), \quad S_2 = -S_2^+ = \sum_{\boldsymbol{q}\neq 0}(f_{\boldsymbol{q}}^* b_{\boldsymbol{q}}^+ - f_{\boldsymbol{q}} b_{\boldsymbol{q}}) \tag{1.296}$$

で導入しよう．ここで，$f_{\boldsymbol{q}}$ は $q (\equiv |\boldsymbol{q}|)$ の関数で，後に変分的に最適化して決定されるべきパラメータとする．この $U_2$ による正準変換では，フォノンの消

減生成演算子の変換は，それぞれ，

$$U_2^+ b_{\bm{q}} U_2 = b_{\bm{q}} + f_q^*, \quad U_2^+ b_{\bm{q}}^+ U_2 = b_{\bm{q}}^+ + f_q \tag{1.297}$$

であるので，式 (1.295) の $\mathcal{H}_1$ の正準変換されたハミルトニアン $\mathcal{H}_2 = U_2^+ \mathcal{H}_1 U_2 = (U_1 U_2)^+ H (U_1 U_2)$ は $\bm{P} = \bm{p} = \bm{0}$ と取ったことや角度積分（あるいは，反転対称性）から $\sum_{\bm{q}} \bm{q} |f_q|^2 = 0$ であることも考慮して，

$$\mathcal{H}_2 = \sum_{\bm{q} \neq \bm{0}} (\varepsilon_q |f_q|^2 + g_q f_q^* + g_q^* f_q) + \mathcal{H}^{(1)} + \mathcal{H}^{(2)} + \mathcal{H}^{(3)} + \mathcal{H}^{(4)} \tag{1.298}$$

と書き下せる．ここで，$\varepsilon_q \equiv 1 + q^2$ であり，また，$i$ 次の項 $\mathcal{H}^{(i)}$ は

$$\mathcal{H}^{(1)} = \sum_{\bm{q} \neq \bm{0}} \{(\varepsilon_q f_q + g_q) b_{\bm{q}} + (\varepsilon_q f_q^* + g_q^*) b_{\bm{q}}^+\} \tag{1.299}$$

$$\mathcal{H}^{(2)} = \sum_{\bm{q} \neq \bm{0}} \varepsilon_q b_{\bm{q}}^+ b_{\bm{q}}$$

$$+ \sum_{\bm{q} \neq \bm{0}} \sum_{\bm{q}' \neq \bm{0}} \bm{q} \cdot \bm{q}' (f_q^* f_{q'}^* b_{\bm{q}}^+ b_{\bm{q}'}^+ + 2 f_q^* f_{q'} b_{\bm{q}}^+ b_{\bm{q}'} + f_q f_{q'} b_{\bm{q}} b_{\bm{q}'}) \tag{1.300}$$

$$\mathcal{H}^{(3)} = 2 \sum_{\bm{q} \neq \bm{0}} \sum_{\bm{q}' \neq \bm{0}} \bm{q} \cdot \bm{q}' (f_{q'}^* b_{\bm{q}}^+ b_{\bm{q}'}^+ b_{\bm{q}} + f_{q'} b_{\bm{q}}^+ b_{\bm{q}'} b_{\bm{q}}) \tag{1.301}$$

$$\mathcal{H}^{(4)} = \sum_{\bm{q} \neq \bm{0}} \sum_{\bm{q}' \neq \bm{0}} \bm{q} \cdot \bm{q}' b_{\bm{q}}^+ b_{\bm{q}'}^+ b_{\bm{q}'} b_{\bm{q}} \tag{1.302}$$

となる．なお，この一連の正準変換でフォノンの総数 $N_{\mathrm{ph}} = \sum_{\bm{q} \neq \bm{0}} b_{\bm{q}}^+ b_{\bm{q}}$ は

$$\mathcal{N}_{\mathrm{ph}} = (U_1 U_2)^+ N_{\mathrm{ph}} U_1 U_2 = \sum_{\bm{q} \neq \bm{0}} (b_{\bm{q}}^+ b_{\bm{q}} + f_q^* b_{\bm{q}}^+ + f_q b_{\bm{q}} + |f_q|^2) \tag{1.303}$$

のように変換された演算子 $\mathcal{N}_{\mathrm{ph}}$ で与えられる．

得られた $\mathcal{H}_2$ において，LLP 理論では基底状態 $|\mathrm{LLP}\rangle$ を $|\mathrm{vac}\rangle$ と仮定する．すると，基底状態エネルギー $E_{\mathrm{LLP}}$ は

$$E_{\mathrm{LLP}} = \langle \mathrm{vac} | \mathcal{H}_2 | \mathrm{vac} \rangle = \sum_{\bm{q} \neq \bm{0}} (\varepsilon_q |f_q|^2 + g_q f_q^* + g_q^* f_q) \tag{1.304}$$

のように計算されるが，変分パラメータ $f_q$ の最適化条件，$\delta E_{\mathrm{LLP}} / \delta f_q^* = \varepsilon_q f_q + g_q = 0$，から $f_q = -g_q / \varepsilon_q$ であるので，最終的に $E_{\mathrm{LLP}}$ は

$$E_{\mathrm{LLP}} = -\sum_{\bm{q} \neq \bm{0}} \frac{|g_q|^2}{\varepsilon_q} = -\frac{2\alpha}{\pi} \int_0^\infty dq \, \frac{1}{q^2 + 1} = -\alpha \tag{1.305}$$

## 1.4 フレーリッヒ–ポーラロン

となる．また，フォノンの総数 $N_{\mathrm{LLP}}\,(=\langle\mathrm{vac}|\mathcal{N}_{\mathrm{ph}}|\mathrm{vac}\rangle)$ は

$$N_{\mathrm{LLP}} = \sum_{\bm{q}\neq\bm{0}} |f_q|^2 = \sum_{\bm{q}\neq\bm{0}} \frac{|g_q|^2}{\varepsilon_q^2} = \frac{2\alpha}{\pi}\int_0^\infty dq\, \frac{1}{(q^2+1)^2} = \frac{\alpha}{2} \tag{1.306}$$

である．ちなみに，ここでは計算の詳細に触れないが，1電子グリーン関数の定義式にここで紹介した一連の正準変換を施し，$|\mathrm{vac}\rangle$ を基底状態とした LLP 理論では，1電子スペクトル関数 $A_p^{\mathrm{LLP}}(\omega)$ は $T=0,\ p=0$ で

$$A_{p=0}^{\mathrm{LLP}}(\omega) = \sum_{n=0}^{\infty} \frac{e^{-\alpha}}{n!} \sum_{\bm{q}_1\neq\bm{0}}\sum_{\bm{q}_2\neq\bm{0}}\cdots\sum_{\bm{q}_n\neq\bm{0}} \frac{|g_{q_1}|^2}{\varepsilon_{q_1}^2}\frac{|g_{q_2}|^2}{\varepsilon_{q_2}^2}\cdots\frac{|g_{q_n}|^2}{\varepsilon_{q_n}^2}$$
$$\times \delta\left[\omega - n - (\bm{q}_1 + \bm{q}_2 + \cdots \bm{q}_n)^2\right] \tag{1.307}$$

となる．特に，$0 \leq \omega < 1$ では $A_{p=0}^{\mathrm{LLP}}(\omega) = e^{-\alpha/2}\delta(\omega)$ なので，LLP 理論での繰り込み因子 $z_p$ は $p=0$ で $e^{-\alpha/2}$ となる．このように，LLP 理論では重要な物理量が解析的に計算されるという大きな利点はあるが，得られる $E_{\mathrm{LLP}}$ は $-\alpha$ という弱結合領域の値を再現するだけで，$\alpha^2$ に比例する基底状態エネルギーを持つ強結合領域には明らかに適用され得ない．

ところで，ベーカー–キャンベル–ハウスドルフの公式 (I.3.48) から，$U_2$ は

$$U_2 = \exp\left(-\frac{1}{2}\sum_{\bm{q}\neq\bm{0}}|f_q|^2\right)\exp\left(\sum_{\bm{q}\neq\bm{0}} f_q^* b_{\bm{q}}^+\right)\exp\left(-\sum_{\bm{q}\neq\bm{0}} f_q b_{\bm{q}}\right) \tag{1.308}$$

のように書き直される．これを用いると，LLP 理論の基底状態 $|\mathrm{vac}\rangle$ を 2 つの正準変換を施す前の表示 $|\Psi_{\mathrm{LLP}}(\bm{r})\rangle = \langle \bm{r}|U_1 U_2|\mathrm{vac}\rangle$ で表すと，

$$|\Psi_{\mathrm{LLP}}(\bm{r})\rangle = \sum_{n=0}^{\infty} \frac{e^{-\alpha/4}}{n!} \sum_{\bm{q}_1\neq\bm{0}}\sum_{\bm{q}_2\neq\bm{0}}\cdots\sum_{\bm{q}_n\neq\bm{0}} f_{q_1}f_{q_2}\cdots f_{q_n} e^{[-i(\bm{q}_1+\bm{q}_2+\cdots+\bm{q}_n)\cdot\bm{r}]}$$
$$\times b_{\bm{q}_1}^+ b_{\bm{q}_2}^+ \cdots b_{\bm{q}_n}^+ |\mathrm{vac}\rangle \tag{1.309}$$

となる．これから，$|\Psi_{\mathrm{LLP}}(\bm{r})\rangle$ には多フォノンの仮想励起状態が含まれていることが分かるが，同時に，複数のフォノン（たとえば，$\bm{q}_1$ から $\bm{q}_n$）が励起されたとしても，その励起確率に対応する係数は各フォノンが独立に励起されることを示唆する $f_{q_1}\cdots f_{q_n}/n!$（ポアソン分布）であるので，それらのフォノンの間には何の相関も記述されていないことになる．

しかるに，式 (1.302) の $\mathcal{H}^{(4)}$ からも明らかなように，実際には励起された 2 つのフォノン，$\boldsymbol{q}$ と $\boldsymbol{q}'$，の間には $\boldsymbol{q}\cdot\boldsymbol{q}'$ の相互作用ポテンシャルが働くので，これら 2 つのフォノンはお互いに逆向きが好まれる．すなわち，$\boldsymbol{q}' \approx -\boldsymbol{q}$ になってフォノン間に引力が働き，そのため，基底状態エネルギーがより一層低下することになる．そこで，このような 2 フォノン相関を取り込んで LLP 理論を改良することが考えられる．ここでは，I.4.1.10 項で紹介した有効ポテンシャル展開（EPX）法を $\mathcal{H}_2$ の系に適用した試みを紹介しよう．

まず，式 (1.300) の $\mathcal{H}^{(2)}$ を参考にして，相関のある 2 フォノンの同時消滅生成有効相互作用 $\tilde{V}$ を変分パラメータ $\tilde{V}_{\boldsymbol{q}\boldsymbol{q}'}$ $(=\tilde{V}_{\boldsymbol{q}'\boldsymbol{q}})$ を導入して

$$\tilde{V} = \frac{1}{2!}\sum_{\boldsymbol{q}\boldsymbol{q}'}(\tilde{V}_{\boldsymbol{q}\boldsymbol{q}'}b_{\boldsymbol{q}}^+ b_{\boldsymbol{q}'}^+ + \tilde{V}_{\boldsymbol{q}\boldsymbol{q}'}^* b_{\boldsymbol{q}} b_{\boldsymbol{q}'}) \tag{1.310}$$

で与えよう．（以後，$\boldsymbol{q}$ の和で $\boldsymbol{q}\neq \boldsymbol{0}$ の条件は明示しないが，その条件があるものと理解されたい．）すると，基底状態の変分試行波動関数 $|\text{EPX}\rangle$ は

$$|\text{EPX}\rangle = |\text{vac}\rangle - \sum_{\boldsymbol{q}_1\boldsymbol{q}_1'}A_{\boldsymbol{q}_1\boldsymbol{q}_1'}|(\boldsymbol{q}_1\boldsymbol{q}_1')\rangle$$
$$+ \frac{1}{2!}\sum_{\boldsymbol{q}_1\boldsymbol{q}_1'}\sum_{\boldsymbol{q}_2\boldsymbol{q}_2'}A_{\boldsymbol{q}_1\boldsymbol{q}_1'}A_{\boldsymbol{q}_2\boldsymbol{q}_2'}|(\boldsymbol{q}_1\boldsymbol{q}_1')(\boldsymbol{q}_2\boldsymbol{q}_2')\rangle + \cdots \tag{1.311}$$

となる．ここで，$A_{\boldsymbol{q}\boldsymbol{q}'} \equiv \tilde{V}_{\boldsymbol{q}\boldsymbol{q}'}/(\varepsilon_{\boldsymbol{q}}+\varepsilon_{\boldsymbol{q}'})$ であり，また，2 フォノン相関状態 $|(\boldsymbol{q}\boldsymbol{q}')\rangle$ は $(1/2!)b_{\boldsymbol{q}}^+ b_{\boldsymbol{q}'}^+|\text{vac}\rangle$，$|(\boldsymbol{q}_1\boldsymbol{q}_1')(\boldsymbol{q}_2\boldsymbol{q}_2')\cdots(\boldsymbol{q}_n\boldsymbol{q}_n')\rangle$ は $n$ 対の 2 フォノン相関状態である．そして，この状態のエネルギー期待値 $E_{\text{EPX}}$ は

$$E_{\text{EPX}} = \frac{\langle\text{EPX}|\mathcal{H}_2|\text{EPX}\rangle}{\langle\text{EPX}|\text{EPX}\rangle} = \lim_{n\to\infty}E^{(n)} \tag{1.312}$$

で計算される．式 (1.312) で $E^{(\infty)}$ を計算するためには，まず，$n=0$ での値 $E^{(0)}$ を $E^{(0)} = C_{00}(\mathcal{H}_2) = E_{\text{LLP}}$ で計算することから出発して，$n\geq 1$ の各 $n$ については漸化的に $E^{(n)} = E^{(n-1)} + C_{nn}(\mathcal{H}^{(2)}+\mathcal{H}^{(4)}) + C_{n,n-1}(\mathcal{H}^{(2)}) + C_{n-1,n}(\mathcal{H}^{(2)})$ で計算していく．ここで，$\mathcal{F}$ を任意の物理演算子として，$C_{nm}(\mathcal{F})$ を

$$C_{nm}(\mathcal{F}) = \sum_{\boldsymbol{q}_1\boldsymbol{q}_1'}\cdots\sum_{\boldsymbol{q}_n\boldsymbol{q}_n'}\sum_{\boldsymbol{p}_1\boldsymbol{p}_1'}\cdots\sum_{\boldsymbol{p}_m\boldsymbol{p}_m'}(-1)^{n+m}A_{\boldsymbol{q}_1\boldsymbol{q}_1'}\cdots A_{\boldsymbol{q}_n\boldsymbol{q}_n'}A_{\boldsymbol{p}_1\boldsymbol{p}_1'}^*\cdots A_{\boldsymbol{p}_m\boldsymbol{p}_m'}^*$$
$$\times \frac{\langle(\boldsymbol{q}_1\boldsymbol{q}_1')\cdots(\boldsymbol{q}_n\boldsymbol{q}_n')|\mathcal{F}|(\boldsymbol{p}_1\boldsymbol{p}_1')\cdots(\boldsymbol{p}_m\boldsymbol{p}_m')\rangle_c}{n!m!} \tag{1.313}$$

で定義した．なお，添え字 $c$ は連結ダイアグラムで表される項のみを考慮することを意味する．

この計算規則に従うと，たとえば，$E^{(1)}$ は具体的には

$$E^{(1)} = E^{(0)} - \sum_{\bm{qq'}} \bm{q}\cdot\bm{q'}(f_q f_{q'} A_{\bm{qq'}} + f_q^* f_{q'}^* A_{\bm{qq'}}^*) + \sum_{\bm{qq'}} (\varepsilon_q + \bm{q}\cdot\bm{q'})|A_{\bm{qq'}}|^2$$
$$+ 2\sum_{\bm{qq'q''}} \bm{q}\cdot\bm{q'} f_q^* f_{q'} A_{\bm{qq''}}^* A_{\bm{q'q''}} \tag{1.314}$$

のように書き下される．もし $\alpha$ が十分小さくて $O(\alpha^2)$ のオーダーまで $E_{\text{EPX}}$ を知りたいと思えば，$E_{\text{EPX}} = E^{(1)}$ と考えて変分的に $f_q$ は $O(\alpha^{3/2})$ まで，また，$A_{\bm{qq'}}$ は $O(\alpha)$ まで正しく最適化すればよい．ところで，最適化の条件，$\delta E^{(1)}/\delta f_q^* = 0$ や $\delta E^{(1)}/\delta A_{\bm{qq'}}^* = 0$ は，それぞれ，

$$\frac{\delta E^{(1)}}{\delta f_q^*} = \varepsilon_q f_q + g_q - 2\sum_{\bm{q'}} \bm{q}\cdot\bm{q'} f_{q'}^* A_{\bm{qq'}}^*$$
$$+ 2\sum_{\bm{q'q''}} \bm{q}\cdot\bm{q'} f_{q'} A_{\bm{qq''}}^* A_{\bm{q'q''}} = 0 \tag{1.315}$$

$$\frac{\delta E^{(1)}}{\delta A_{\bm{qq'}}^*} = -\bm{q}\cdot\bm{q'} f_q^* f_{q'}^* + \frac{1}{2}(\varepsilon_q + \varepsilon_{q'} + \bm{q}\cdot\bm{q'}) A_{\bm{qq'}}$$
$$+ \sum_{\bm{q''}} (\bm{q}\cdot\bm{q''} f_q^* f_{q''} A_{\bm{q'q''}} + \bm{q'}\cdot\bm{q''} f_{q'}^* f_{q''} A_{\bm{qq''}}) = 0 \tag{1.316}$$

であるので，$f_q$ は $O(\alpha^{3/2})$ までの精度で

$$f_q = -\frac{g_q}{\varepsilon_q} - \frac{2}{\varepsilon_q} \sum_{\bm{q'}} \bm{q}\cdot\bm{q'} \frac{g_{q'}^*}{\varepsilon_{q'}} A_{\bm{qq'}}^* \tag{1.317}$$

であり，一方，$A_{\bm{qq'}}$ は $O(\alpha)$ までの精度で

$$A_{\bm{qq'}} = \bm{q}\cdot\bm{q'} \frac{g_q^*}{\varepsilon_q} \frac{g_{q'}^*}{\varepsilon_{q'}} \frac{2}{2+(\bm{q}+\bm{q'})^2} \tag{1.318}$$

であるので，最適化された基底状態エネルギー $E_{\text{EPX}}$ は $O(\alpha^2)$ までの精度で

$$E_{\text{EPX}} = -\sum_{\bm{q}} \frac{|g_q|^2}{\varepsilon_q} - \sum_{\bm{qq'}} (\bm{q}\cdot\bm{q'})^2 \frac{|g_q|^2}{\varepsilon_q^2} \frac{|g_{q'}|^2}{\varepsilon_{q'}^2} \frac{2}{2+(\bm{q}+\bm{q'})^2} \tag{1.319}$$

となる．なお，式 (1.317) の $f_q$ における $O(\alpha^{3/2})$ の項に起因する部分は相殺

されていて，式 (1.319) には寄与しない．式 (1.319) 右辺第 1 項は式 (1.305) で示した通りに $-\alpha$ となるが，第 2 項の方はそれを $E_{\text{EPX}}^{(2)}$ と書くと，

$$\begin{aligned}
E_{\text{EPX}}^{(2)} =& -\alpha^2 \frac{4}{\pi^2} \int_0^\infty \frac{q^2 dq}{(1+q^2)^2} \int_0^\infty \frac{q'^2 dq'}{(1+q'^2)^2} \int_{-1}^1 d\mu \frac{\mu^2}{2+q^2+2qq'\mu+q'^2} \\
=& \frac{4\alpha^2}{\pi^2} \int_0^\infty \frac{dq}{1+q^2} \int_0^\infty \frac{dq'}{(1+q'^2)^2} \\
& - \frac{\alpha^2}{\pi^2} \int_0^\infty \frac{dq}{q} \int_0^\infty \frac{dq'}{q'(1+q'^2)^2} \ln \frac{2+(q+q')^2}{2+(q-q')^2} \\
& - \frac{\alpha^2}{\pi^2} \int_0^\infty \frac{dq}{q(1+q^2)} \int_0^\infty \frac{dq'}{q'(1+q'^2)} \ln \frac{2+(q+q')^2}{2+(q-q')^2} \\
=& \frac{\alpha^2}{2} - \alpha^2 \left( \frac{1}{2} - \frac{\sqrt{2}}{2} + \ln(\sqrt{2}+1) - \frac{1}{2}\ln 2 \right) \\
& - \alpha^2 \left( \ln(\sqrt{2}+1) - \ln 2 \right)
\end{aligned} \quad (1.320)$$

のように計算されて，最終的に式 (1.290) 右辺第 2 項の $A_2 \alpha^2$ が再現される．このように，式 (1.318) で示されるような，単に逆向きというだけでなく，大きさまで含めて $\bm{q} \approx -\bm{q}'$ が好まれるという 2 フォノン間の相関を適正に取り込んではじめて，基底状態エネルギーが $O(\alpha^2)$ のオーダーまで正しく求められることになる．

表 1.3　EPX 法によるポーラロン基底状態エネルギー．ファインマン法や DQMC 法と比較した．

| $\alpha$ | $E^{(1)}$ | $\tilde{E}^{(1)}$ | $\tilde{E}^{(\infty)}$ | Feynman | DQMC |
|---|---|---|---|---|---|
| 1.0 | -1.016 | -1.013 | -1.013 | -1.01303 | -1.013 |
| 3.0 | -3.143 | -3.111 | -3.113 | -3.13333 | -3.18 |
| 5.0 | -5.386 | -5.297 | -5.311 | -5.44014 | - |
| 7.0 | -7.718 | -7.556 | -7.602 | -8.11269 | -8.31 |
| 9.0 | -10.117 | -9.874 | -9.982 | -11.48579 | - |
| 11.0 | -12.565 | -12.24 | -12.45 | -15.70981 | - |

表 1.3 の $E^{(1)}$ 列には，各 $\alpha$ において式 (1.315) と式 (1.316) を連立して逐次近似的に最適な $f_q$ と $A_{\bm{qq}'}$ を求め，得られたこれらの変分パラメータを式 (1.314) の $E^{(1)}$ に代入して計算されたポーラロンの基底状態エネルギーが与えられている．(ちなみに，EPX 法の特性から，このようにして得られた最適値 $E^{(n)}$ は $n=0$ の場合も含めてあらゆる $n$ について真の基底状態エネルギーの上限値の

1つになっていて，しかも，$E^{(0)} \geq E^{(1)} \geq E^{(2)} \geq \cdots$ となる．）この $E^{(1)}$ をファインマンの方法による結果と比べると，$\alpha$ が 5 を超えない限り，これは非常によい結果といえるので，少なくとも強結合領域に入らない限り，2 フォノン相関を取り入れた式 (1.311) の波動関数はかなり精度の高いものと考えられる．しかしながら，$\alpha > 5$ では急激にその精度が悪くなっている．その原因は，①式 (1.312) における $E_\text{EPX}$ の計算で，本来は $n \to \infty$ とすべきところを $n = 1$ でカットオフしたためか，②そもそも 2 フォノン相関だけでは駄目で，もっと高次のフォノン相関が重要になるためか，の 2 つが考えられる．

そこで，どちらが真の原因かを調べるために $E^{(n)}$ の計算を $n \to \infty$ まで試みたが，変分パラメータ $A_{qq'}$ に何の制限も付けずにすべての項の無限和を取ることは大変難しい．しかし，$A_{qq'}$ に対して角度依存性を制限して

$$A_{qq'} = \frac{\boldsymbol{q} \cdot \boldsymbol{q}'}{qq'} \tilde{A}_{qq'} \tag{1.321}$$

とし，変分パラメータを $q$ と $q'$ だけに依存する $\tilde{A}_{qq'} (= \tilde{A}_{q'q})$ に還元すると，そのような無限和は可能になる．実際，$n = 1$ の $E^{(n)}$ を $\tilde{E}^{(1)}$ と表すと，

$$\tilde{E}^{(1)} = E^{(0)} + 3\operatorname{tr}\left(BA + A^+B^+ + CAA^+\right) \tag{1.322}$$

と書ける．ここで，$A$, $B$, $C$ は，それぞれ，$(q, q')$ 空間の行列表示で

$$A = \left(-\frac{1}{3}\tilde{A}_{qq'}\right),\ B = \left(\frac{1}{3}qf_q\,q'f_{q'}\right),\ C = \left(\varepsilon_q \delta_{qq'} + \frac{2}{3}qf_q^*\,q'f_{q'}\right) \tag{1.323}$$

で定義される．ここで，$(\delta_{qq'})$ は行列表示での単位元を表している．そして，同じ行列 $A$, $B$, $C$ を使って，$n \to \infty$ の場合のエネルギー期待値 $\tilde{E}^{(\infty)}$ は

$$\begin{aligned}\tilde{E}^{(\infty)} = &E^{(0)} + 3\operatorname{tr}\Bigg(BA\frac{1}{1-A^+A} \\ &+ \frac{1}{1-A^+A}A^+B^+ + CA\frac{1}{1-A^+A}A^+\Bigg)\end{aligned} \tag{1.324}$$

で与えられる．これらの $\tilde{E}^{(1)}$ と $\tilde{E}^{(\infty)}$ を各 $\alpha$ で最適化して得られた結果は表 1.3 に示されている．それによれば，まず，$\tilde{E}^{(1)}$ と $E^{(1)}$ はあまり大きな違いはないので，式 (1.321) の条件はあまり大きな制限になっていないことが分かる．また，$\tilde{E}^{(1)}$ と $\tilde{E}^{(\infty)}$ もあまり違いはないので，$n = 1$ でカットオフすることも大きな問題ではないことが分かる．ただし，$\alpha$ を 100 以上の大きな値に

すると，$\tilde{E}^{(1)} \approx -\sqrt{2}\alpha$ であることに対し，$\tilde{E}^{(\infty)} \approx -0.317\alpha^{4/3}$ であるから，有意な違いが出るものの，$\alpha^2$ に比例する結果が得られないことから，2フォノン相関だけでは決して強結合領域の物理を正しく記述できないことが結論される．これは斥力による相関が問題になる電子ガス系では3電子以上の相関が無視できるのに対し，今のフォノンの問題では引力的な相互作用下での相関となり，その場合は多数のフォノンが相関を持ちながら空間的に狭い領域に集まってくることになるので，基本的に相関は有限次で打ち切ることができないことが示唆される．したがって，LLP理論の枠組みを基礎にするEPX法においては，この無限次まで続く相関の輪の発生を正しく取り扱う変分関数をいかに構成するかが今後の問題になる．

### 1.4.10　ファインマンの方法

この無限相関の輪をうまく変分的に取り扱ったのが経路積分を基礎にしたファインマンの方法である．この経路積分の定式化では古典力学的な正準座標変数を用いるので，ハミルトニアン $H$ は式 (1.291) の表示ではなく，フォノンの正準座標 $Q_{\bm{q}}$ と対応する正準運動量 $P_{\bm{q}}$ を導入して，

$$H = \bm{p}^2 + \sqrt{\frac{8\pi\alpha}{\Omega_t}}\sum_{\bm{q}}\frac{Q_{\bm{q}}}{q}e^{i\bm{q}\cdot\bm{r}} + \frac{1}{2}\sum_{\bm{q}}(P_{\bm{q}}^2 + Q_{\bm{q}}^2) \tag{1.325}$$

のように表示することから始めよう．すると，この $H$ に対応する作用積分 $S$ は $\bm{r}$ や $Q_{\bm{q}}$ は虚時間 $\tau$ $(0 \leq \tau \leq \beta)$ の関数，$\bm{r}(\tau)$ や $Q_{\bm{q}}(\tau)$，であるとして

$$\begin{aligned}S = \int_0^\beta d\tau \Big[ &\frac{1}{4}\dot{\bm{r}}(\tau)^2 + \frac{1}{2}\sum_{\bm{q}}\big(\dot{Q}_{\bm{q}}(\tau)^2 + Q_{\bm{q}}(\tau)^2\big) \\ &+ \sqrt{\frac{8\pi\alpha}{\Omega_t}}\sum_{\bm{q}}\frac{1}{q}Q_{\bm{q}}(\tau)e^{i\bm{q}\cdot\bm{r}(\tau)}\Big]\end{aligned} \tag{1.326}$$

と書ける．そして，この $S$ を用いて分配関数 $Z = e^{-\beta F}$ は

$$Z = e^{-\beta F} = \mathrm{tr}(e^{-\beta H}) = \int\cdots\int_{\bm{r}(0)=\bm{r}(\beta),Q_{\bm{q}}(0)=Q_{\bm{q}}(\beta)} e^{-S}\mathcal{D}(\mathrm{path}) \tag{1.327}$$

で計算される．ここで，$F$ は自由エネルギー，$\mathcal{D}(\mathrm{path})$ は $\bm{r}(0) = \bm{r}(\beta)$，およ

## 1.4 フレーリッヒ-ポーラロン

び, $Q_{\boldsymbol{q}}(0) = Q_{\boldsymbol{q}}(\beta)$ (始点 $\tau = 0$ と終点 $\tau = \beta$ では各座標は一致する) という条件下で変化させたあらゆる $\boldsymbol{r}$ や $Q_{\boldsymbol{q}}$ の経路の寄与を $e^{-S}$ の重みで足し合わせることを意味する.

ところで, 式 (1.327) で調和振動子の変数 $Q_{\boldsymbol{q}}(\tau)$ の経路積分は解析的に計算することができて, 特に $\beta \to \infty$ $(T \to 0)$ では式 (1.327) は

$$e^{-\beta F} = \int \cdots \int_{\boldsymbol{r}(0)=\boldsymbol{r}(\beta)} e^{-S_e} \mathcal{D}\boldsymbol{r}(\tau) \tag{1.328}$$

の形に還元される. ここで, 電子系の作用積分 $S_e$ は

$$S_e = \frac{1}{4}\int_0^\beta d\tau\, \dot{\boldsymbol{r}}(\tau)^2 - \frac{\alpha}{2}\int_0^\beta d\tau \int_0^\beta d\tau' \frac{e^{-|\tau-\tau'|}}{|\boldsymbol{r}(\tau) - \boldsymbol{r}(\tau')|} \tag{1.329}$$

のように定義されたが, これは, フォノン自由度を繰り込んだ後に問題とする系は電子間に有効的に働く遅延相互作用を含む電子自由度だけの物理系であることを意味している. このように, ファインマン理論の枠組みは電子自由度を繰り込んで相互作用するフォノン自由度だけの問題に還元した LLP 理論のそれとは対照的である.

さて, この $S_e$ の下での式 (1.328) の計算が可能であれば, 問題は解けたことになるが, 実際はその計算が困難であるため, ファインマンは次のような変分的な近似計算を考えた. いま, 適切な (すなわち, $S_e$ で規定される系の物理的な性質をよく再現し, かつ, 数学的には経路積分の評価が可能な) 作用積分 $S_0$ が選択できたとしよう. すると, 式 (1.328) において, $S_e$ を $S_0$ に置き換えたときの自由エネルギー $F_0$ と書くと,

$$e^{-\beta F} = e^{-\beta F_0} \langle e^{-(S_e - S_0)} \rangle_0 \tag{1.330}$$

となる. ここで, 任意の演算子 $f$ について平均 $\langle f \rangle_0$ は

$$\langle f \rangle_0 \equiv e^{\beta F_0} \int \cdots \int_{\boldsymbol{r}(0)=\boldsymbol{r}(\beta)} f\, e^{-S_0} \mathcal{D}\boldsymbol{r}(\tau) \tag{1.331}$$

で定義される. ところで, 指数関数 $e^{-x}$ は下に凸の関数なので,

$$\langle e^{-f} \rangle_0 \geq e^{-\langle f \rangle_0} \tag{1.332}$$

であり, かつ, その誤差は $(\langle f^2 \rangle_0 - \langle f \rangle_0^2)/2! = \langle (f - \langle f \rangle_0)^2 \rangle_0 / 2!$ で評価され

る．この不等式 (1.332) を式 (1.330) に適用し，$T \to 0$ ($\beta \to \infty$) では $F$ や $F_0$ は，それぞれ，元々の $S_e$ の系の基底状態エネルギー $E$ や $S_0$ の系のそれ $E_0$ に還元されるので，

$$E \le E_0 + \lim_{\beta \to 0} \frac{1}{\beta} \langle S_e - S_0 \rangle_0 \qquad (1.333)$$

という不等式が得られる．したがって，$S_0$ をうまく選び，かつ，その中に含まれうる変分パラメータを最適にして式 (1.333) の右辺を最小化すれば，$E$ に対するよい近似値が得られると期待される．そして，必要であれば，その精度は $\langle (S_e - S_0 - \langle S_e - S_0 \rangle_0)^2 \rangle_0 / 2!$ の大きさで推定される．

この $S_0$ の選択においてはポーラロンの物理に対する洞察が必要になるが，これに関しては既に図 1.23 でもモデル的に示したように，電子とその周りに誘起されるフォノン雲との相互作用が鍵になるので，まず，フォノン雲全体をある 1 つの粒子で代用しよう．そして，その仮想粒子の質量は電子質量を 1 と規格化した単位で $M$ とし，その $M$ の最適値は変分的に決定しよう．また，その粒子と電子はお互いにほぼ平衡する距離の周りで相互作用しているとすれば，一般的にいって，相互作用の力は平衡点からの距離に比例する復元力になるはずである．したがって，仮想粒子と電子はバネでつながっているというモデルで考えればよいことになる．そして，その際のバネ定数 $K$ をもう一つの変分パラメータとすればよい．このような電子と仮想粒子からなる系の作用積分を書き下し，仮想粒子を表現する自由度の部分は容易に経路積分を実行することができて，その結果，電子系に対する作用積分 $S_0$ は

$$S_0 = \frac{1}{4} \int_0^\beta d\tau\, \dot{\boldsymbol{r}}(\tau)^2 + \frac{C}{4} \int_0^\beta d\tau \int_0^\beta d\tau' |\boldsymbol{r}(\tau) - \boldsymbol{r}(\tau')|^2 e^{-W|\tau - \tau'|} \qquad (1.334)$$

ということになる．ここで，$W = \sqrt{K/M}$, $C = MW^3/4$ である．

そこで，$\langle S_e - S_0 \rangle_0$ の計算が問題になるが，このためには，まず，

$$I(\boldsymbol{q}, \tau, \tau') \equiv \langle e^{i\boldsymbol{q} \cdot (\boldsymbol{r}(\tau) - \boldsymbol{r}(\tau'))} \rangle_0 \qquad (1.335)$$

で $I(\boldsymbol{q}, \tau, \tau')$ を定義しよう．この $I(\boldsymbol{q}, \tau, \tau')$ を使うと，

$$\left\langle \frac{1}{|\boldsymbol{r}(\tau) - \boldsymbol{r}(\tau')|} \right\rangle_0 = \sum_{\boldsymbol{q}} \frac{4\pi}{\Omega_t q^2} I(\boldsymbol{q}, \tau, \tau') \qquad (1.336)$$

$$\langle |\boldsymbol{r}(\tau) - \boldsymbol{r}(\tau')|^2 \rangle_0 = -\left.\frac{\partial^2}{\partial \boldsymbol{q}^2} I(\boldsymbol{q}, \tau, \tau')\right|_{\boldsymbol{q}=0} \qquad (1.337)$$

ということになる．しかるに，$V = \sqrt{W^2 + 4C/W}$ として $\beta \to \infty$ では $I(\boldsymbol{q}, \tau, \tau')$ は

$$I(\boldsymbol{q}, \tau, \tau') = \exp\left\{-q^2\left[\frac{W^2}{V^2}|\tau - \tau'| + \frac{4C}{WV^2}(1 - e^{-V|\tau-\tau'|})\right]\right\} \quad (1.338)$$

で与えられる．（この積分の詳細は原著論文[36)]を参考にされたい．）したがって，$\langle S_0 \rangle_0$ の相互作用の部分は

$$\frac{C}{4}\left\langle \int_0^\beta d\tau \int_0^\beta d\tau' |\boldsymbol{r}(\tau) - \boldsymbol{r}(\tau')|^2 e^{-W|\tau - \tau'|}\right\rangle_0 = \frac{3\beta C}{VW} \quad (1.339)$$

となる．また，$\langle S_e \rangle_0$ の相互作用の部分は

$$-\frac{\alpha}{2}\left\langle \int_0^\beta d\tau \int_0^\beta d\tau' \frac{1}{|\boldsymbol{r}(\tau) - \boldsymbol{r}(\tau')|} e^{-|\tau - \tau'|}\right\rangle_0$$
$$= -\frac{\alpha}{2}\int \frac{d^3\boldsymbol{q}}{(2\pi)^3}\frac{4\pi}{q^2}\int_0^\beta d\tau \int_0^\beta d\tau' I(\boldsymbol{q}, \tau, \tau')e^{-|\tau - \tau'|}$$
$$= -\frac{\alpha\beta V}{\sqrt{\pi}}\int_0^\infty d\tau \frac{e^{-\tau}}{\sqrt{W^2\tau + [(V^2 - W^2)/V](1 - e^{-V\tau})}} \quad (1.340)$$

で計算される．なお，式 (1.339) は $E_0$ の計算にも使える．実際，$E_0$ や $F_0$ を $C$ の関数，$E_0(C)$ や $F_0(C)$，と考えると，

$$\frac{d}{dC}E_0(C) = \lim_{\beta \to \infty} \frac{1}{-\beta e^{-\beta F_0}}\frac{de^{-\beta F_0}}{dC} = \frac{3}{VW} = \frac{3}{W\sqrt{W^2 + 4C/W}} \quad (1.341)$$

であるので，これを積分して，

$$E_0(C) = \int_0^C dC \frac{dE_0(C)}{dC} = \frac{3}{2}(V - W) \quad (1.342)$$

が得られることになる．

以上の結果をまとめると，ファインマン法による基底状態エネルギー $E_{\text{Feynman}}$ の近似値は（元々の2つの変分パラメータである $M$ や $K$ の代わりに）$W$ と $V$ を2つの変分パラメータとして，

$$E_{\text{Feynman}} = \frac{3}{4V}(V - W)^2$$
$$- \frac{\alpha V}{\sqrt{\pi}}\int_0^\infty d\tau \frac{e^{-\tau}}{\sqrt{W^2\tau + [(V^2 - W^2)/V](1 - e^{-V\tau})}} \quad (1.343)$$

で与えられる．そして，各 $\alpha$ に対して，$0 < W \leq V$ の範囲で $E_{\text{Feynman}}$ を最

適化することになる.

また,原著論文[36]にはポーラロンの有効質量 $m^*$ も議論されているが,それによれば,小さな速度 $v$ を電子に与えた場合の作用積分の変化を $v \to 0$ の極限で調べることから,$m^*/m$ ($m$:元の伝導電子の質量) は

$$\frac{m^*}{m} = 1 + \frac{\alpha V^3}{3\sqrt{\pi}} \int_0^\infty d\tau \frac{\tau^2 e^{-\tau}}{\{W^2 \tau + [(V^2 - W^2)/V](1 - e^{-V\tau})\}^{3/2}} \quad (1.344)$$

で計算される.なお,この式中の $W$ や $V$ は $E_{\text{Feynman}}$ の計算で決定されたそれぞれの最適値を使うことになる.

式 (1.343) や式 (1.344) に現れる 1 次元積分は数値積分を実行すれば簡単に高精度に評価されるので,各 $\alpha$ について $W$ と $V$ の最適値は容易に求められる.表 1.4 には数値計算で得られた $W$, $V$, $M = (V/W)^2 - 1$, 基底状態エネルギー $E_{\text{Feynman}}$, および,$m^*/m$ の結果が与えられている.解析的には,$\alpha \to 0$ の弱結合極限では $W \approx 3$, $V \approx 3 + (2/9)\alpha$ で対応する $E_{\text{Feynman}}$ と $m^*/m$ は

$$E_{\text{Feynman}} = -\alpha - 0.0123\alpha^2, \quad \frac{m^*}{m} = 1 + \frac{1}{6}\alpha \quad (1.345)$$

となる.一方,$\alpha \to \infty$ の強結合極限では $W \approx 1$, $V \approx (4/9\pi)\alpha^2$ で,

表 1.4 ファインマン法における各 $\alpha$ での最適化された $W$ と $V$(および $M$)を含む計算結果

| $\alpha$ | $W$ | $V$ | $M$ | $E_{\text{Feynman}}$ | $m^*/m$ |
|---|---|---|---|---|---|
| 0.01 | 2.9998 | 3.0020 | 0.0014834 | -0.010001 | 1.0016691 |
| 0.5 | 2.9371 | 3.0522 | 0.079898 | -0.50317 | 1.089986 |
| 1.0 | 2.8707 | 3.1097 | 0.17341 | -1.01303 | 1.19551 |
| 1.5 | 2.8002 | 3.1734 | 0.28428 | -1.53019 | 1.32084 |
| 2.0 | 2.7167 | 3.2466 | 0.41770 | -2.05536 | 1.47191 |
| 2.5 | 2.6459 | 3.3271 | 0.58115 | -2.58939 | 1.65711 |
| 3.0 | 2.5603 | 3.4213 | 0.78565 | -3.13333 | 1.88895 |
| 3.5 | 2.4679 | 3.5319 | 1.04805 | -3.68848 | 2.18635 |
| 4.0 | 2.3682 | 3.6651 | 1.39518 | -4.25648 | 2.57939 |
| 5.0 | 2.1400 | 4.0343 | 2.55380 | -5.44014 | 3.88550 |
| 6.0 | 1.8736 | 4.6668 | 5.20401 | -6.71087 | 6.83818 |
| 7.0 | 1.6036 | 5.8098 | 12.1252 | -8.11269 | 14.3937 |
| 8.0 | 1.4033 | 7.5872 | 28.2324 | -9.69537 | 31.5721 |
| 9.0 | 1.2823 | 9.8502 | 58.0085 | -11.4858 | 62.7511 |
| 10.0 | 1.2092 | 12.475 | 105.440 | -13.4904 | 111.819 |
| 11.0 | 1.1621 | 15.413 | 174.914 | -15.7098 | 183.123 |
| 13.0 | 1.1068 | 22.174 | 400.389 | -20.7907 | 412.793 |
| 15.0 | 1.0763 | 30.082 | 780.201 | -26.7249 | 797.496 |
| 20.0 | 1.0403 | 54.827 | 2776.63 | -45.2831 | 2809.14 |

$$E_0 = -\alpha^2/3\pi \approx -0.1061\alpha^2, \quad \frac{m^*}{m} = \frac{16}{81\pi^4}\alpha^4 \approx 0.002028\alpha^4 \quad (1.346)$$

となる．式 (1.290) や 1.4.8 項の議論と比べると，両極限とも正しい $\alpha$ のべき依存性を示していて，しかも，その係数は厳密に正しいというわけではないものの，十分な精度を持つものといえる．これからファインマンの方法の有用性とその際に導入されたモデル系の妥当性が認識されることになった．

最後に，$M$ について得られた結果を物理的に議論してみよう．まず，あらゆる $\alpha$ について $M+1 \approx m^*/m$ が成り立っているので，ポーラロンの運動とは図 1.24 に示すような元の電子と仮想粒子の合成モデル系の重心運動として解釈してよいことになる．また，$M = (V/W)^2 - 1$ から，弱結合領域では $M \approx 0.148\alpha$ であるのに対して，強結合領域では $M \approx 0.020\alpha^4$ となる．したがって，前者の領域（図 1.24(a)）では $M \ll 1$ なので軽い仮想粒子はそれよりもずっと重い電子の位置を中心にして振動していると考えてよい．これは仮想粒子はフォノン雲を代行していることを思い出せば，ちょうど図 1.23(a) の状況に対応していることが分かる．また，後者の領域（図 1.24(b)）では $M \gg 1$ なので仮想粒子と電子の立場が入れ替わったことになるので，この場合もやはり図 1.23(b) の状況によく対応していることが分かる．そして，この 2 つの違う状況のクロスオーバーが起こるのは，$M = 1 \sim 5$ のときであって，それは $\alpha = 3.5 \sim 6$ に対応している．このように，ファインマンの方法ではポーラロンにおける連続的なクロスオーバーという難問を $M$ を導入してそれを変分的

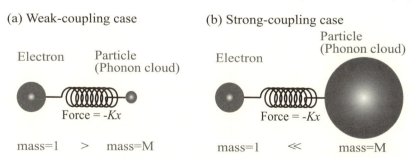

図 1.24 ファインマンが導入した（質量は 1 に規格化された）電子とフォノン雲を表現する質量 $M$ の仮想粒子がバネ定数 $K$ のバネで結合したモデル系．(a) は弱結合領域で $M \ll 1$ の，(b) は強結合領域で $M \gg 1$ の状況である．このモデル系の各状況は物理的なイメージを描いた図 1.23 の (a), (b) によく対応する．

に決めることによって，簡単ではあるが物理的にも明快な形で見事に解決したことになる．

なお，弱結合領域では $m^*$ がそれほど大きくならないのに，強結合領域では $m^*$ が巨大になる理由は次のように考えられよう．まず，電子の周りにフォノンが集まって一緒に動くという弱結合の状況では，電子の運動にフォノン雲が随伴したとしてもあまり足かせとはならない．しかしながら，電子の平均運動の作り出すポテンシャルを目指してフォノンが発生してイオンの位置が変化する強結合の状況では，そのイオンの変形が今度は電子にとっては足かせになり，電子がその平均的な位置を大きく変える運動をし難くなっているという描像で捉えられる．

### 1.4.11　ダイアグラム量子モンテカルロ法

前項で紹介したファインマンの方法は $\alpha$ の小さい極限と大きい極限で厳密に知られている状況を高精度に再現しつつ，$\alpha$ の増加と共にそれら2つの極限を連続的に結びつけ，しかも，そのクロスオーバーが起こる物理的なからくりも明らかにしたものである．しかしながら，そのクロスオーバー領域における結果の精度を客観的に判断する材料が欲しい．また，ファインマンの方法では直接的に得られない1電子スペクトル関数 $A_p(\omega)$ のような励起状態の情報を含む動的応答関数の詳細も知りたい．これら2つの目的を満たすものとして，プロコエフやミシェンコらによって開発・発展された「ダイアグラム量子モンテカルロ（DQMC）法」[37] がある．この項では，このDQMC法の概要に触れると同時に，得られている結果のいくつかを紹介しよう．

さて，このDQMC法開発の当初の目的はボゾン場と相互作用する1個のフェルミオンの（したがって，スピン自由度は問題にならない）系において，1粒子グリーン関数 $G_{\bm{p}\sigma}$ を構成するファインマンダイアグラムの項すべてを数値的に足し合わせて $G_{\bm{p}\sigma}$ を厳密に得ることである．ところで，式 (1.290) の解説に際して述べたように，通常の摂動計算で $G_{\bm{p}\sigma}(i\omega_p)$ を用いてファインマンダイヤグラムの各項を評価していくと，高次項の和を取る場合，同じ次数の項はいくつもあってそれらの間で大規模な相殺が起こるため厳密数値解はおろか，精度のよい結果すら期待できない．しかし，もしこの摂動展開を $G_{\bm{p}\sigma}(\tau)$ を用

## 1.4 フレーリッヒ–ポーラロン

いて行うと，すべての摂動項が同じ符号の寄与になることが分かった．すると，モンテカルロ計算の中核であるメトロポリス法によってファインマンダイアグラムの各項を確率的に発生させると同時にそれらの和をすべて取ることが精度よく行えることになる．これが DQMC 法の開発に絡む中心的なアイデアであり，「すべての摂動項が同じ符号の寄与になる」という条件が成立する限りはフェルミオンの個数を 1 つに限る必要もなくなる.

このようなわけで，ここで注目する物理量は式 (1.208) で定義された $G_{p\sigma}(\tau)$ である．特に，波数が $p$ の電子が 1 個で温度 $T$ がゼロ（$\beta = 1/T \to \infty$）の場合，その 1 電子系の（保存量である波数を $p$ と決めたときの）固有エネルギーを $E_{np}$ $(n = 0, 1, 2, \cdots)$，対応する固有状態を $\Phi_{np}$ と書くと，（真空状態 $|\text{vac}\rangle$ のエネルギーをエネルギーの原点として）スペクトル関数 $I_{p\sigma}(E)$ を

$$I_{p\sigma}(E) = \sum_n \langle \text{vac}|c_{p\sigma}|\Phi_{np}\rangle \langle \Phi_{np}|c_{p\sigma}^+|\text{vac}\rangle \delta(E - E_{np}) \tag{1.347}$$

で定義すると，$G_{p\sigma}(\tau)$ は $\tau > 0$ のときのみゼロでなくなり，

$$G_{p\sigma}(\tau) = -\theta(\tau) \int_{-\infty}^{\infty} dE\, I_{p\sigma}(E) e^{-E\tau} \xrightarrow[\tau \to \infty]{} -z_{0p} e^{-E_{0p}\tau} \tag{1.348}$$

となる．ここで，$z_{0p}$ $(= |\langle\Phi_{0p}|c_{p\sigma}^+|\text{vac}\rangle|^2)$ は繰り込み因子である．

ところで，摂動論に基づいて計算するので，まず，ハミルトニアン $H$ を無摂動部分 $H_0$ と摂動部分 $H_1$ に分ける必要がある．今の場合，$H_0$ は式 (1.205) であるが，特にポーラロン単位では

$$H_0 = \sum_{p\sigma} p^2 c_{p\sigma}^+ c_{p\sigma} + \sum_{q \neq 0} b_q^+ b_q \tag{1.349}$$

と書ける．また，$H_1$ は $g_q = -i\sqrt{4\pi\alpha/\Omega_t}/q$ として式 (1.207) の $H_{e-ph}$ になる．なお，1 電子問題を考えるので，式 (1.206) の $H_{ee}$ は $H_1$ の中に含めない．この $H_0$ を基準とする相互作用表示を導入し，I.3.2.1〜I.3.2.5 の一般論，とりわけ，連結クラスター定理を考慮すると，$G_{p\sigma}(\tau)$ に対する摂動展開公式は式 (I.3.70) で定義される $S$ 行列である $S(\beta, 0)$ を使って

$$G_{p\sigma}(\tau) = -\langle T_\tau c_{p\sigma}(\tau) c_{p\sigma}^+ \rangle = -\langle T_\tau [S(\beta, 0) c_{p\sigma}(\tau) c_{p\sigma}^+] \rangle_{0c} \tag{1.350}$$

と書ける．ここで，添え字 "0" は $H_0$ での熱平均を意味し，また，添え字 "$c$"

はブロッホ–ドドミニシスの定理を使ってその熱平均を消滅生成演算子のペアリングを取って分解・計算する過程で $c_{\bm{p}\sigma}$ や $c_{\bm{p}\sigma}^{+}$ と直接的に連結したダイヤグラムで表現される項だけを取り入れることを意味する．

そこで，式 (1.350) に $S(\beta,0)$ の展開式を代入して書き直すと，

$$G_{\bm{p}\sigma}(\tau) = G_{\bm{p}\sigma}^{(0)}(\tau) - \int_0^\beta d\tau_1 \int_0^{\tau_1} d\tau_2 \langle T_\tau H_1(\tau_1) H_1(\tau_2) c_{\bm{p}\sigma}(\tau) c_{\bm{p}\sigma}^{+} \rangle_{0c}$$
$$- \int_0^\beta d\tau_1 \int_0^{\tau_1} d\tau_2 \int_0^{\tau_2} d\tau_3 \int_0^{\tau_3} d\tau_4 \langle T_\tau H_1(\tau_1) H_1(\tau_2) H_1(\tau_3) H_2(\tau_4)$$
$$\times c_{\bm{p}\sigma}(\tau) c_{\bm{p}\sigma}^{+} \rangle_{0c} - \cdots \quad (1.351)$$

になる．この展開式の第 1 項 $G_{\bm{p}\sigma}^{(0)}(\tau)$ は無摂動状態の 1 電子グリーン関数で，これは式 (1.210) を満たすことになる．特に，$\beta \to \infty$ では

$$G_{\bm{p}\sigma}^{(0)}(\tau) = -\theta(\tau)\, e^{-\bm{p}^2 \tau} \quad (1.352)$$

となる．このように，$G_{\bm{p}\sigma}^{(0)}(\tau)$ は $\tau < 0$ でゼロなので，式 (1.351) の $\tau_i$ 積分において，区間 $(\tau,\beta)$ を含むものはゼロになってしまう．これから，$\tau_1$ の積分区間は実質的には $(0,\beta)$ ではなく，$(0,\tau)$ ということになる．これも考慮して摂動展開式 (1.351) の 2 次項 $G_{\bm{p}\sigma}^{(2)}(\tau)$ をもっと具体的に書くと，

$$G_{\bm{p}\sigma}^{(2)}(\tau) = -\int_0^\tau d\tau_1 \int_0^{\tau_1} d\tau_2 \sum_{\bm{q}_1} \mathcal{D}_2(\bm{p},\tau;\bm{q}_1,\tau_1,\tau_2) \quad (1.353)$$

である．ここで，$\mathcal{D}_2(\bm{p},\tau;\bm{q}_1,\tau_1,\tau_2)$ は図 1.25(a) のダイヤグラムに対応し，

$$\mathcal{D}_2(\bm{p},\tau;\bm{q}_1,\tau_1,\tau_2) = |g_{q_1}|^2 e^{-\bm{p}^2(\tau-\tau_1)} e^{-(\bm{p}-\bm{q}_1)^2(\tau_1-\tau_2)} e^{-\bm{p}^2\tau_2}$$
$$\times e^{-(\tau_1-\tau_2)} \quad (1.354)$$

のように書き下せる．ちなみに，このダイアグラム中の実線は電子線を表し，たとえば，左端の $\tau$ と $\tau_1$ を結ぶ波数 $\bm{p}$ の電子線には $-G_{\bm{p}\sigma}^{(0)}(\tau-\tau_1)$ を対応させる．また，黒点は $g_{q_1}$，あるいは，$g_{q_1}^*$ に対応させる．そして，点線はフォノン線を表し，式 (1.223) で定義された $\mathcal{D}^{(0)}(\tau)$ を用いると $-\mathcal{D}^{(0)}(\tau_1-\tau_2)$ に対応させることになる．なお，式 (1.224) を満たす $\mathcal{D}^{(0)}(\tau)$ は $\mathcal{D}^{(0)}(\tau) = -\theta(\tau)\, e^{-\tau}$ であり，このフォノンの寄与が式 (1.354) の最後の指数関数となっている．

同じように，摂動展開式 (1.351) の 4 次項 $G_{\bm{p}\sigma}^{(4)}(\tau)$ を書き下すと，

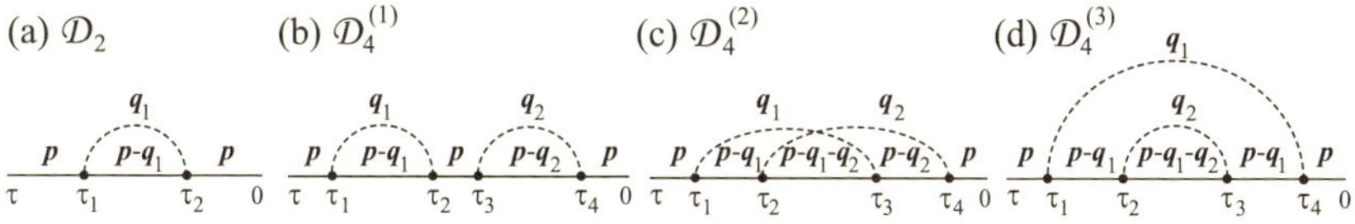

### 1.4 フレーリッヒ–ポーラロン

(a) $\mathcal{D}_2$    (b) $\mathcal{D}_4^{(1)}$    (c) $\mathcal{D}_4^{(2)}$    (d) $\mathcal{D}_4^{(3)}$

図 1.25 (a) 2 次のダイヤグラム $\mathcal{D}_2$ と，(b)〜(d) 3 つの 4 次のダイアグラム $\mathcal{D}_4^{(1)}$〜$\mathcal{D}_4^{(3)}$．

$$G_{p\sigma}^{(4)}(\tau) = -\int_0^\tau d\tau_1 \int_0^{\tau_1} d\tau_2 \int_0^{\tau_2} d\tau_3 \int_0^{\tau_3} d\tau_4 \sum_{q_1}\sum_{q_2}$$
$$\times \sum_{i=1}^3 \mathcal{D}_4^{(i)}(p,\tau;q_1,q_2,\tau_1,\tau_2,\tau_3,\tau_4) \quad (1.355)$$

となる．ここで，この 4 次の項は図 1.25(b)〜(d) のダイヤグラムに示すように 3 種類のダイアグラム，$\mathcal{D}_4^{(1)}$ と $\mathcal{D}_4^{(2)}$，および，$\mathcal{D}_4^{(3)}$，があって，それぞれ，

$$\mathcal{D}_4^{(1)}(p,\tau;q_1,q_2,\tau_1,\tau_2,\tau_3,\tau_4) = |g_{q_1}|^2|g_{q_2}|^2 e^{-p^2(\tau-\tau_1)} e^{-(p-q_1)^2(\tau_1-\tau_2)}$$
$$\times e^{-p^2(\tau_2-\tau_3)} e^{-(p-q_2)^2(\tau_3-\tau_4)} e^{-p^2\tau_4} e^{-(\tau_1-\tau_2)} e^{-(\tau_3-\tau_4)} \quad (1.356)$$

$$\mathcal{D}_4^{(2)}(p,\tau;q_1,q_2,\tau_1,\tau_2,\tau_3,\tau_4) = |g_{q_1}|^2|g_{q_2}|^2 e^{-p^2(\tau-\tau_1)} e^{-(p-q_1)^2(\tau_1-\tau_2)}$$
$$\times e^{-(p-q_1-q_2)^2(\tau_2-\tau_3)} e^{-(p-q_2)^2(\tau_3-\tau_4)} e^{-p^2\tau_4} e^{-(\tau_1-\tau_3)} e^{-(\tau_2-\tau_4)} \quad (1.357)$$

そして，

$$\mathcal{D}_4^{(3)}(p,\tau;q_1,q_2,\tau_1,\tau_2,\tau_3,\tau_4) = |g_{q_1}|^2|g_{q_2}|^2 e^{-p^2(\tau-\tau_1)} e^{-(p-q_1)^2(\tau_1-\tau_2)}$$
$$\times e^{-(p-q_1-q_2)^2(\tau_2-\tau_3)} e^{-(p-q_1)^2(\tau_3-\tau_4)} e^{-p^2\tau_4} e^{-(\tau_1-\tau_4)} e^{-(\tau_2-\tau_3)} \quad (1.358)$$

で与えられる．以下，同様に，$2m$ 次の寄与 $G_{p\sigma}^{(2m)}(\tau)$ は

$$G_{p\sigma}^{(2m)}(\tau) = -\int_0^\tau d\tau_1 \int_0^{\tau_1} d\tau_2 \cdots \int_0^{\tau_{2m-1}} d\tau_{2m} \sum_{q_1}\sum_{q_2}\cdots\sum_{q_m}$$
$$\times \sum_i \mathcal{D}_{2m}^{(i)}(p,\tau;q_1,q_2,\cdots,q_m,\tau_1,\tau_2,\cdots,\tau_{2m}) \quad (1.359)$$

の形になる．ここで現れる $\mathcal{D}_{2m}^{(i)}$ はそれに対応する $2m$ 次のいくつかあるダイア

グラムの中の第 $i$ 番目の構造に従って電子線・フォノン線・相互作用点を機械的に割り振って書き下せるが，基本的に電子線は虚時間を右端に $0$，左端に $\tau$，途中に $2m$ 個の $\tau_1 \cdots \tau_{2m}$ を順番に割り振った 1 本の直線になり，決して交差することがない．したがって，このような割り振りをする限りはどのようなダイアグラムの構造であっても対応する $\mathcal{D}_{2m}^{(i)}$ は必ず正の量になるので，式 (1.351) の摂動展開ではすべての寄与の符号が一定である項の足し合わせとなることが分かる．

以上のような状況から，$\mathcal{D}_{2m}^{(i)}$ を対応するダイアグラムに対する確率の重みと解釈して，$\mathcal{D}_{2m}^{(i)}$ 自体の $\tau_i$ や $\boldsymbol{q}_i$ を積分変数とする多重積分をモンテカルロ法によって実行するだけでなく，メトロポリス法の採択原理[17]で $\mathcal{D}_{2m}^{(i)}$ 中のフォノン線の位置移動過程やその数の増減過程も確率法則に則って発生させてダイアグラムの構造全体の和もモンテカルロ法で取ってしまうという計算手法がDQMC法である．ただ，これ以上の具体的な計算手順を詳細に書き上げることは少しテクニカルになりすぎる上にかなりの紙幅になってしまうので，DQMC法を具体的に実行したい読者は原著論文と解説記事[37]を参考にされたい．なお，ここでは $G_{\boldsymbol{p}\sigma}(\tau)$ の計算だけに触れたが，実際には $G_{\boldsymbol{p}\sigma}(\tau)$ に並行してモンテカルロ計算の原理に即して基底状態エネルギー $E_0$ や有効質量 $m^*$ などのよい推定値（estimator）を得る方法を提案しつつ，それらの物理量を精度よく求めている．

このようにして得られた $E_0$ と $m^*/m$ の結果が表 1.5 に示されている．ファインマン法の結果と比べてみると，$E_0$ については両者は相対誤差にして数％以

表 1.5 DQMC法による基底状態エネルギー $E_0$ と有効質量 $m^*/m$．ファインマン法による結果と比較した．

| $\alpha$ | $E_0$: DQMC | Feynman | $m^*/m$: DQMC | Feynman |
|---|---|---|---|---|
| 1.0 | -1.013 | -1.01303 | 1.1865 | 1.19551 |
| 3.0 | -3.18 | -3.13333 | 1.8467 | 1.88895 |
| 4.5 | -4.97 | -4.83944 | 2.8742 | 3.11736 |
| 5.25 | -5.68 | -5.74827 | 3.8148 | 4.39948 |
| 6.0 | -6.79 | -6.71087 | 5.3708 | 6.83818 |
| 6.5 | -7.44 | -7.39203 | 6.4989 | 9.74527 |
| 7.0 | -8.31 | -8.11269 | 9.7158 | 14.3937 |
| 8.0 | -9.85 | -9.69537 | 19.991 | 31.5721 |

内の違いなので，よく一致しているといえる．なお，DQMC 法の方が低い $E_0$ を与えているが，これはファインマン法の変分的な性格と整合的である．一方，$m^*/m$ については弱結合から中間結合にある $\alpha$ が約 3.5 以下の領域では両者は数%以内の相対誤差で一致しているが，それより大きな $\alpha$ のクロスオーバーの領域に入ると，両者の乖離は大きくなり，DQMC 法の結果を信じる限りは $\alpha$ の増加に伴うポーラロンの質量増加効果はファインマン法の結果よりもずっと緩やかであり，そのため，クロスオーバー領域は $\alpha$ が 3.5〜6 というよりは，むしろ 5〜7 のあたりというべきであろう．

ところで，DQMC 法では 1 電子グリーン関数 $G_{\boldsymbol{p}\sigma}(\tau)$ を計算しているので，それをうまく解析接続して遅延グリーン関数 $G_{\boldsymbol{p}\sigma}^R(\omega)$ が求められるならば，1.4.7 項でも議論した 1 電子スペクトル関数 $A_{\boldsymbol{p}\sigma}(\omega)$ $[=-\mathrm{Im}G_{\boldsymbol{p}\sigma}^R(\omega)/\pi]$ も得られることになる．実際，式 (1.348) において，スペクトル関数 $I_{\boldsymbol{p}\sigma}(E)$ を与える際にエネルギーの原点を $E_{00}$ に選び直すと，$I_{\boldsymbol{p}\sigma}(E)$ は通常の定義の $A_{\boldsymbol{p}\sigma}(E)$ にほかならない．すると，$A_{\boldsymbol{p}\sigma}(\omega)$ は $\omega \geq 0$ でしか存在しないことに注意し，$\tau$ は正の値とすると，式 (1.348) は

$$-G_{\boldsymbol{p}\sigma}(\tau) = \int_0^\infty d\omega\, e^{-\omega\tau} A_{\boldsymbol{p}\sigma}(\omega) \tag{1.360}$$

のように書き直せる．そこで，この式を一般のラプラス（Laplace）変換 $f(t) \mapsto F(s)$, すなわち，区間 $(0,\infty)$ で定義された $t$ のある関数 $f(t)$ から複素数 $s$ の関数 $F(s)$ への積分変換の一般式

$$F(s) = \int_0^\infty dt\, e^{-st} f(t) \tag{1.361}$$

と比べると，$A_{\boldsymbol{p}\sigma}(\omega)$ のラプラス変換が $-G_{\boldsymbol{p}\sigma}(\tau)$ であると見なせる．このラプラス変換では，式 (1.361) 右辺の積分がある正数の $\mathrm{Re}(s)$ で収束する場合，その積分が収束する最小の $\mathrm{Re}(s)$ ($> 0$) が存在し，それを $c$ と書くと，逆ラプラス変換は

$$f(t) = \frac{1}{2\pi i} \int_{c-i\infty}^{c+i\infty} ds\, e^{st} F(s) \tag{1.362}$$

で与えられる．この式を手がかりとして，ラプラス変換の一般理論では逆変換を求める解析的，近似的，あるいは，数値的な汎用手法が議論されてきた長い歴史がある[45]ので，その研究成果を利用すれば，形式的には $-G_{\boldsymbol{p}\sigma}(\tau)$ から $A_{\boldsymbol{p}\sigma}(\omega)$

を求めることが可能になる．

しかしながら，DQMC 法で求めた $G_{\bm{p}\sigma}(\tau)$ は $\tau$ として有限区間 $(0, \tau_{\max})$ の離散的な点上で単に数値的に与えられたもので，しかもその各数値には確率論的なノイズを含んでいるという深刻な問題がある．この問題を解決するために，まず，ある 1 つの $G_{\bm{p}\sigma}(\tau)$ に対して逆変換の近似解 $\bar{A}_{\bm{p}\sigma}(\omega)$ を求め，それをラプラス変換して $\bar{G}_{\bm{p}\sigma}(\tau)$ を決める．その後で計算している $\tau$ の全区間 $(0, \tau_{\max})$ における相対誤差 $|G_{\bm{p}\sigma}(\tau) - \bar{G}_{\bm{p}\sigma}(\tau)|/G_{\bm{p}\sigma}(\tau)$ の評価積分が最小になるように $G_{\bm{p}\sigma}(\tau)$ を求め直し，その $G_{\bm{p}\sigma}(\tau)$ に対応する逆変換の近似解 $A_{\bm{p}\sigma}(\omega)$ を決定する．そして，このような手続きを $G_{\bm{p}\sigma}(\tau)$ に現れるノイズが平均化で消えるほどに多数の独立した $G_{\bm{p}\sigma}(\tau)$ から出発して行い，対応して得られた各 $A_{\bm{p}\sigma}(\omega)$ の平均を取って得られたものを最終的な $A_{\bm{p}\sigma}(\omega)$ とする．このとき，ラプラス変換の線形変換性から，$G_{\bm{p}\sigma}(\tau)$ のノイズが消えている限りは最終的な $A_{\bm{p}\sigma}(\omega)$ にもノイズがないものと期待される．ミシェンコらはここで概要を述べた手法を「確率過程最適化法（Stochastic Optimization Method：SOM）[37]」と名付け，I.3.5 節で紹介した従来からある 3 つの数値的解析接続法[46] とは違う新手法であると主張している．

図 1.26 には，この方法で得られた 1 電子スペクトル関数の計算例が示されている．図 1.21 と同様に $\bm{p} = \bm{0}$ の場合に注目して，$\alpha$ が弱結合領域の 0.5 から出発してクロスオーバー領域を超えた 8 まで大きくなったときの変化を追っている．一般に，$A_p(\omega)$ の $n\omega_0 \le \omega < (n+1)\omega_0$ の領域では $n$ 個の実フォノンが励起している状況であるが，$\alpha$ の小さい弱結合領域ではフォノンが励起される事象自体が稀なことになり，その状況を記述する励起確率分布は式 (1.307) に見られるようなポアソン分布となる．すると，$A_p(\omega)$ は $n = 1$ の領域で一番高いピークを与え，$n$ の増加と共に急激に減少する形になる．反対に，$\alpha$ の大きい強結合領域ではフォノンは大量に励起されることになるが，この場合，もし励起されたフォノン間に相関がないとするとその事象を表す励起確率分布はガウスの中央極限定理によってガウス分布で，そのスペクトルのピークを与える $\omega$ はポーラロンエネルギーの絶対値である $|E_0|$ 程度になる．この一般的な振る舞いを頭において図 1.26 を見ると，確かに $\alpha$ が 4 以下ではポアソン分布的，$\alpha$ が 8 では $\omega \approx |E_0|$ を中心とするガウス分布的と見えなくもないが，$\alpha$ がいず

## 1.4 フレーリッヒ-ポーラロン

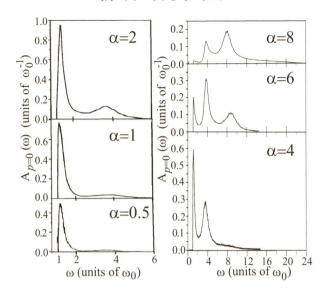

**図 1.26** SOM 法による解析接続をした DQMC 法におけるポーラロン系の 1 電子スペクトル関数 $A_p(\omega)$. $p = 0$ の場合に $\alpha$ を大きくしたときの変化を示す.

れの値においても予想外に大きなピーク構造が $\omega \approx 3.5\omega_0$ (3 フォノンが励起された領域) に見られている. (なお, 大きなピーク構造ではないが, 図 1.21 の場合にも 3 フォノン励起領域で $A_p(\omega)$ が大きくなっている.) とりわけ, クロスオーバー領域の $\alpha = 6$ では, その 3 フォノンピークが主たるピーク構造になっている. もし, この大きな中間ピークを持つ構造が正しいとすれば, それは励起フォノン間の相関効果 (あるいは, 電子系の自由度だけに問題を還元した場合はバーテックス補正) に起因することは疑いなく, さらにいえば, それは $m^*$ の小さいいわゆる "大ポーラロン (large polaron)" から $m^*$ の大きい "小ポーラロン (small polaron)" へのクロスオーバー領域におけるこれら 2 種のポーラロン状態の干渉効果かも知れないが, 今のところ, この顕著な構造が現れる明確な物理的説明はなく, それゆえ, 高度で複雑な数値計算処理の結果, 意図せずに生じたノイズではないかという疑いも捨てきれない.

今後, 図 1.26 の結果自体の正当性の吟味も含めて, この問題のより詳しい解析が望まれる. いずれにしても, DQMC 法は絶対ゼロ度での 1 電子問題を解く強力な手法であり, 2 電子系でも電子間の交換効果が現れない限りは適用可

能になる[47,48)]が，多電子系や有限温度の場合にはこのままでは適用できず，超伝導の問題には無力であることが弱点である．

### 1.4.12　バイポーラロン：グリーン関数法のアプローチ

今度はフレーリッヒ模型のフォノン系に2個の伝導電子を導入しよう．これまで説明した通り，この系の電子は，それぞれ，ポーラロンの概念で捉えられ，電子フォノン相互作用の強さ $\alpha$ に応じてその規模・性格に違いがあるものの，いかなる $\alpha$ でもその周りにフォノン雲を伴っている．そこで，このポーラロンが2つある場合，それらはバイポーラロン（bipolaron）と呼ばれる束縛状態を作るかどうかが問題になる．もちろん，もともと電子間にクーロン斥力がなければ，フォノン雲を共用・増強して束縛状態を作った方がエネルギー的に有利であることは容易に想像できる．しかし，現実にはパウリの排他則が働かないスピン・シングレット状態であっても電子間にはクーロン斥力が働くのでフォノンを媒介とする引力がその斥力に打ち勝って全体として引力の効果が上回るかどうかは微妙な問題になってくる．実際，1.4.5項で示したように，2電子系での電子間に働く相互作用ポテンシャル $V_{ee}(\boldsymbol{q},\omega)$ は式 (1.242) で定義された誘電関数 $\varepsilon(\omega)$ を用いて $V_{ee}(\boldsymbol{q},\omega) = 4\pi e^2/[\Omega_t \varepsilon(\omega)\boldsymbol{q}^2]$ であるので，2電子間の静的な力は（たとえ $\omega=0$ ではフォノン媒介引力が全く働かない $\omega \to \infty$ の場合に比べて比率にして $\eta \equiv \varepsilon_\infty/\varepsilon_0$ の分だけその斥力は弱くなっているとはいえ，）常に斥力なので，何か"特別のこと"がない限り，バイポーラロンを作り得ないと思われる．この"特別なこと"の候補の1つを考えるヒントとして模式図 1.24 に立ち戻ろう．そこで示されるように，ポーラロンでは電子はフォノン雲のイオン分極場の中で振動しており，その振動数 $\omega$ が $\varepsilon(\omega) < 0$ である $\omega_t < \omega < \omega_0$ の領域にあれば，2電子間には引力が働くことになり，束縛状態形成の可能性が生まれるのである．

そこで，実際に，このポーラロンの動的な性格に起因したバイポーラロン形成の可能性を調べよう．この目的のためにはグリーン関数法が適していて，具体的には，運動量もスピンも反並行な電子2つを系に導入し，その導入後の変遷を見るために，まず，2電子グリーン関数 $G_{\boldsymbol{pp}'}(\tau_1, \tau_2; \tau_{1'}, \tau_{2'})$ を

## 1.4 フレーリッヒ–ポーラロン

$$G_{\bm{pp}'}(\tau_1,\tau_2;\tau_{1'},\tau_{2'}) = \langle T_\tau c_{\bm{p}\uparrow}(\tau_1) c_{-\bm{p}\downarrow}(\tau_2) c^+_{\bm{p}'\uparrow}(\tau_{1'}) c^+_{-\bm{p}'\downarrow}(\tau_{2'}) \rangle \quad (1.363)$$

で定義しよう. 次に, この $\tau_i$ 表示から $\omega_{p_i}$ (フェルミオンの松原振動数) 表示に変換しよう. すると, $G_{\bm{p}\sigma}(i\omega_p)$ を 1 電子グリーン関数として,

$$\begin{aligned}
&\beta \delta_{\omega_{p_1}+\omega_{p_2},\omega_{p_{1'}}+\omega_{p_{2'}}} G_{\bm{pp}'}(i\omega_{p_1},i\omega_{p_2};i\omega_{p_{1'}},i\omega_{p_{2'}}) \\
&= \int_0^\beta d\tau_1 \int_0^\beta d\tau_2 \int_0^\beta d\tau_{1'} \int_0^\beta d\tau_{2'} \, e^{i\omega_{p_1}\tau_1} e^{i\omega_{p_2}\tau_2} e^{-i\omega_{p_{1'}}\tau_{1'}} e^{-i\omega_{p_{2'}}\tau_{2'}} \\
&\qquad\qquad\qquad\qquad\qquad \times G_{\bm{pp}'}(\tau_1,\tau_2;\tau_{1'},\tau_{2'}) \\
&= \beta \delta_{\omega_{p_1}+\omega_{p_2},\omega_{p_{1'}}+\omega_{p_{2'}}} G^{(c)}_{\bm{pp}'}(i\omega_{p_1},i\omega_{p_2};i\omega_{p_{1'}},i\omega_{p_{2'}}) \\
&\quad - \beta^2 \delta_{\bm{pp}'} \delta_{\omega_{p_1}\omega_{p_{1'}}} \delta_{\omega_{p_2}\omega_{p_{2'}}} G_{\bm{p}\uparrow}(i\omega_{p_1}) G_{-\bm{p}\downarrow}(i\omega_{p_2}) \quad (1.364)
\end{aligned}$$

となる. ここで, $G^{(c)}_{\bm{pp}'}(i\omega_{p_1},i\omega_{p_2};i\omega_{p_{1'}},i\omega_{p_{2'}})$ は連結したダイアグラムの部分を表す. これを用いると, **電子電子散乱振幅** $A_{\bm{pp}'}(i\omega_p,i\omega_{p'};i\omega_q)$ は

$$\begin{aligned}
G^{(c)}_{\bm{pp}'}(i\omega_{p_1},i\omega_{p_2};i\omega_{p_{1'}},i\omega_{p_{2'}}) &= G_{\bm{p}\uparrow}(i\omega_{p_1}) G_{-\bm{p}\downarrow}(i\omega_{p_2}) \\
&\quad \times A_{\bm{pp}'}(i\omega_p,i\omega_{p'};i\omega_q) G_{\bm{p}'\uparrow}(i\omega_{p_{1'}}) G_{-\bm{p}'\downarrow}(i\omega_{p_{2'}}) \quad (1.365)
\end{aligned}$$

で定義される. なお, 2 電子系全体の松原振動数は保存する ($\omega_{p_1}+\omega_{p_2}=\omega_{p_{1'}}+\omega_{p_{2'}} \equiv \omega_q$) ので, $\omega_{p_1}=\omega_p+\omega_q/2$, $\omega_{p_2}=-\omega_p+\omega_q/2$, $\omega_{p_{1'}}=\omega_{p'}+\omega_q/2$, $\omega_{p_{2'}}=-\omega_{p'}+\omega_q/2$ の関係式で松原振動数の変数を $(\omega_p,\omega_{p'};\omega_q)$ に変換し, $A_{\bm{pp}'}(i\omega_p,i\omega_{p'};i\omega_q)$ と表したが, 形式的には, これは

$$\begin{aligned}
A_{\bm{pp}'}(i\omega_p,i\omega_{p'};i\omega_q) &= \tilde{J}_{\bm{pp}'}(i\omega_p,i\omega_{p'};i\omega_q) - T \sum_{\omega_{p''}} \sum_{\bm{p}''} \tilde{J}_{\bm{pp}''}(i\omega_p,i\omega_{p''};i\omega_q) \\
&\quad \times G_{\bm{p}''\uparrow}\left(i\omega_{p''}+\frac{i\omega_q}{2}\right) G_{-\bm{p}''\downarrow}\left(-i\omega_{p''}+\frac{i\omega_q}{2}\right) A_{\bm{p}''\bm{p}'}(i\omega_{p''},i\omega_{p'};i\omega_q)
\end{aligned}$$
(1.366)

の形のベーテ–サルペーター (Bethe–Salpeter : BS) 方程式 (図 1.27 参照) を解くことで厳密に決定される. ここで, $\tilde{J}_{\bm{pp}'}(i\omega_p,i\omega_{p'};i\omega_q)$ はスピン・シングレット・チャネルの既約電子電子有効相互作用である.

ところで, もし, スピン・シングレットの 2 電子束縛状態 (すなわち, その束縛エネルギーが $E_0$ のバイポーラロン状態) が形成されるとすれば, $i\omega_q \to E_0$ において, $A_{\bm{pp}'}(i\omega_p,i\omega_{p'};i\omega_q)$ は

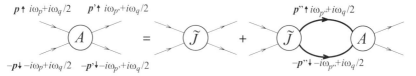

図 1.27 電子電子散乱振幅を決めるベーテ–サルペーター方程式のダイアグラム表示.

$$A_{\bm{p}\bm{p}'}(i\omega_p, i\omega_{p'}; i\omega_q) \to \frac{a_{\bm{p}}(i\omega_p)a^*_{\bm{p}'}(i\omega_{p'})}{i\omega_q - E_0} \tag{1.367}$$

の漸近形に従って発散すること[49]が一般的に知られている.この式 (1.367) の振る舞いを BS 方程式 (1.366) に代入し,両辺の発散項だけを残せば,BS 方程式の右辺第 1 項は無視できる.そして,両辺から共通の因子を省くと,

$$\begin{aligned}a_{\bm{p}}(i\omega_p) = &- T\sum_{\omega_{p'}}\sum_{\bm{p}'} \tilde{J}_{\bm{p}\bm{p}'}(i\omega_p, i\omega_{p'}; E_0) \\ &\times G_{\bm{p}'\uparrow}(i\omega_{p'}+\frac{E_0}{2})G_{-\bm{p}'\downarrow}(-i\omega_{p'}+\frac{E_0}{2})a_{\bm{p}'}(i\omega_{p'})\end{aligned} \tag{1.368}$$

という $a_{\bm{p}}(i\omega_p)$(と同時に $E_0$)を決定する方程式が得られる.すると,2 電子束縛状態の有無は,この式 (1.368) が $a_{\bm{p}}(i\omega_p) \neq 0$ の解(それと共に伝導バンド端の最低エネルギーより低い $E_0$)を持つか否かで判定される.

ここまでは任意の $\alpha$ に適用できる形式的厳密理論であるが,具体的に式 (1.368) を解くためには $\tilde{J}$ や $G$ を精度よく知る必要がある.しかるに,弱結合領域では $\tilde{J}$ や $G$ に対して,それぞれの最低次の近似式

$$\tilde{J}_{\bm{p}\bm{p}'}(i\omega_p, i\omega_{p'}; E_0) = V_{ee}(\bm{p}-\bm{p}', i\omega_p - i\omega_{p'}) \tag{1.369}$$

$$G_{\bm{p}\uparrow}(i\omega_p + \frac{E_0}{2}) = G^{(0)}_{\bm{p}}(i\omega_p) \equiv \frac{1}{i\omega_p - \varepsilon_{\bm{p}} + E_0/2} \tag{1.370}$$

$$G_{-\bm{p}\downarrow}(-i\omega_p + \frac{E_0}{2}) = G^{(0)}_{-\bm{p}}(-i\omega_p) \equiv \frac{1}{-i\omega_p - \varepsilon_{-\bm{p}} + E_0/2} \tag{1.371}$$

を用いることができる.ここで,$\varepsilon_{\bm{p}} = \varepsilon_{-\bm{p}} = \bm{p}^2/2m$ である.そこで,これらの式 (1.369)〜(1.371) を方程式 (1.368) に代入して解けばよいが,変数が $(\bm{p}, \omega_p)$ という 4 次元の積分方程式で少々複雑なので,これを解の精度を少しも損なわずに変数が $\bm{p}$ だけに簡単化された積分方程式に還元してしまおう.こうすれば,$\bm{p}$ の角度積分が容易に実行できるので,最終的に解くべきものは 1 次元の積分方程式ということになる.

## 1.4 フレーリッヒ–ポーラロン

そこで，積分方程式 (1.368) の還元のために，まず，関数 $F_{\bm{p}}(i\omega_p)$ を

$$F_{\bm{p}}(i\omega_p) \equiv a_{\bm{p}}(i\omega_p)G_{\bm{p}}^{(0)}(i\omega_p)G_{-\bm{p}}^{(0)}(-i\omega_p) \tag{1.372}$$

で定義しよう．すると，$F_{\bm{p}}(i\omega_p)$ が満たす積分方程式は

$$\begin{aligned}F_{\bm{p}}(i\omega_p) = &- G_{\bm{p}}^{(0)}(i\omega_p)G_{-\bm{p}}^{(0)}(-i\omega_p) \\ &\times T\sum_{\omega_{p'}}\sum_{\bm{p}'}V_{ee}(\bm{p}-\bm{p}', i\omega_p - i\omega_{p'})F_{\bm{p}'}(i\omega_{p'})\end{aligned} \tag{1.373}$$

である．しかるに，$F_{\bm{p}'}(i\omega_{p'})$ に対して，1電子グリーン関数のスペクトル表示の式 (I.3.123) を導出したのと同様のやり方でスペクトル表示

$$\begin{aligned}F_{\bm{p}'}(i\omega_{p'}) &= -\int_{-\infty}^{\infty}\frac{d\omega'}{\pi}\frac{\mathrm{Im}F_{\bm{p}'}^R(\omega')}{i\omega_{p'}-\omega'} \\ &= \int_0^{\infty}\frac{d\omega'}{\pi}\mathrm{Im}F_{\bm{p}'}^R(\omega')\left(\frac{1}{i\omega_{p'}+\omega'}-\frac{1}{i\omega_{p'}-\omega'}\right)\end{aligned} \tag{1.374}$$

が導かれる．また，$V_{ee}(\bm{q}, i\omega_q)$ に対してクラーマース–クローニッヒ (Kramers–Kronig: KK) の関係式（式 (I.4.187) を参照のこと）

$$V_{ee}(\bm{q}, i\omega_q) = V_c(\bm{q}) - \int_0^{\infty}\frac{d\Omega}{\pi}\frac{2\Omega}{(i\omega_q)^2-\Omega^2}\mathrm{Im}V_{ee}^R(\bm{q}, \Omega) \tag{1.375}$$

が利用できるので，これらの式を式 (1.373) に代入し，$\omega_{p'}$ の和を取った後に $i\omega_p \to \omega + i0^+$ によって $\omega$ 平面で実軸上に解析接続，$F_{\bm{p}}(i\omega_p) \to F_{\bm{p}}^R(\omega)$，を実行すると，$F_{\bm{p}}^R(\omega)$ を決定する方程式として

$$\begin{aligned}F_{\bm{p}}^R(\omega) = &\frac{1}{\omega^2+i0^+-(\varepsilon_{\bm{p}}-E_0/2)^2}\sum_{\bm{p}'}\int_0^{\infty}\frac{d\omega'}{\pi}\mathrm{Im}F_{\bm{p}'}^R(\omega') \\ &\times\left\{[1-2f(\omega')]V_c(\bm{p}-\bm{p}')+\int_0^{\infty}\frac{d\Omega}{\pi}\mathrm{Im}V_{ee}^R(\bm{p}-\bm{p}',\Omega)\right. \\ &\times\left[[f(-\omega')+n(\Omega)]\left(\frac{1}{\Omega+\omega+\omega'+i0^+}+\frac{1}{\Omega-\omega+\omega'-i0^+}\right)\right. \\ &\left.\left.+[f(\omega')+n(\Omega)]\left(\frac{1}{-\Omega-\omega+\Omega'-i0^+}+\frac{1}{-\Omega+\omega+\omega+i0^+}\right)\right]\right\}\end{aligned} \tag{1.376}$$

が導かれる．ここで，$f(x)\,[=1/(1+e^{\beta x})]$ と $n(x)\,[=1/(e^{\beta x}-1)]$ はこれまで通り，それぞれ，フェルミ，および，ボーズ分布関数である．次に，式 (1.376) の両辺に因子 $(2\varepsilon_{\bm{p}}-E_0)$ をかけ，両辺の虚部を取ってから区間 $(0,\infty)$ にわたっ

て $\omega$ で積分しよう. すると,

$$(2\varepsilon_{\bm p} - E_0)\int_0^\infty \frac{d\omega}{\pi}\,\mathrm{Im}F_{\bm p}^R(\omega) = -\sum_{\bm p'}\int_0^\infty \frac{d\omega'}{\pi}\,\mathrm{Im}F_{\bm p'}^R(\omega')\Big\{[1-2f(\omega')]$$
$$\times\Big[V_c(\bm p-\bm p') + 2\int_0^\infty \frac{d\Omega}{\pi}\,\mathrm{Im}V_{ee}^R(\bm p-\bm p',\Omega)\frac{1}{\Omega+\omega'+\varepsilon_{\bm p}-E_0/2}\Big]$$
$$+ 2\int_0^\infty \frac{d\Omega}{\pi}\,\mathrm{Im}V_{ee}^R(\bm p-\bm p',\Omega)\,[f(\omega')+n(\Omega)]\Big[\frac{1}{\Omega+\omega'+\varepsilon_{\bm p}-E_0/2}$$
$$+ \frac{\theta(\Omega-\omega')}{-\Omega+\omega'-\varepsilon_{\bm p}+E_0/2} + \frac{\theta(\omega'-\Omega)}{-\Omega+\omega'+\varepsilon_{\bm p}-E_0/2}\Big]\Big\} \quad (1.377)$$

が得られる. そこで, $\varphi_{\bm p}$ を

$$\varphi_{\bm p} \equiv \int_0^\infty \frac{d\omega}{\pi}\,\mathrm{Im}F_{\bm p}^R(\omega) \quad (1.378)$$

で定義しよう. しかるに, $F_{\bm p}(i\omega_p)$ の定義式 (1.372) と弱結合領域の 1 電子グリーン関数の形, 式 (1.370)～(1.371) の $G^{(0)}$, を見れば, $F_{\bm p}^R(\omega)$ の正の実軸上の極は $\omega=\varepsilon_{\bm p}-E_0/2$ であることが分かるので,

$$\mathrm{Im}F_{\bm p}^R(\omega) = \pi\varphi_{\bm p}\delta(\omega-\varepsilon_{\bm p}+E_0/2) \quad (1.379)$$

と近似してよいことが分かる. この式を式 (1.377) 右辺の $\mathrm{Im}F_{\bm p'}^R(\omega')$ に代入し, かつ, $T=0$ とすれば, 分布関数 $f(\omega')$ や $n(\Omega)$ はすべてゼロになるので, 最終的に式 (1.377) は

$$(2\varepsilon_{\bm p} - E_0)\,\varphi_{\bm p} = -\sum_{\bm p'}\tilde V_{ee}(\bm p,\bm p';E_0)\,\varphi_{\bm p'} \quad (1.380)$$

に還元される. ここで, 電子間有効相互作用 $\tilde V_{ee}(\bm p,\bm p';E_0)$ は

$$\tilde V_{ee}(\bm p,\bm p';E_0) \equiv V_c(\bm p-\bm p') + 2\int_0^\infty \frac{d\Omega}{\pi}\,\mathrm{Im}V_{ee}^R(\bm p-\bm p',\Omega)\frac{1}{\Omega+\varepsilon_{\bm p}+\varepsilon_{\bm p'}-E_0}$$
$$= \int_0^\infty \frac{2}{\pi}d\Omega\,\frac{\varepsilon_{\bm p}+\varepsilon_{\bm p'}-E_0}{\Omega^2+(\varepsilon_{\bm p}+\varepsilon_{\bm p'}-E_0)^2}\,V_{ee}(\bm p-\bm p',i\Omega) \quad (1.381)$$

で定義されている.

ちなみに, もし, 定義式 (1.381) の最終式において $V_{ee}(\bm p-\bm p',i\Omega)$ が $\Omega$ に依存しないポテンシャル $V(\bm p-\bm p')$ の場合 (たとえば, $V(\bm p-\bm p')$ が $V_c(\bm p-\bm p')$, あるいは, 静的ポテンシャル $4\pi e^2/\Omega_t\varepsilon_0(\bm p-\bm p')^2$ では), 式 (1.381) 中の $\Omega$ 積分は簡単に遂行できて $\tilde V_{ee}(\bm p,\bm p';E_0) = V(\bm p-\bm p')$ となる. すると, フーリエ逆変

換 $V(\boldsymbol{r}) = \sum_{\boldsymbol{q}} e^{i\boldsymbol{q}\cdot\boldsymbol{r}} V(\boldsymbol{q})$, および, $\varphi(\boldsymbol{r}) = \sum_{\boldsymbol{p}} e^{i\boldsymbol{p}\cdot\boldsymbol{r}} \varphi_{\boldsymbol{p}}$ を用いて式 (1.380) をフーリエ逆変換して $\boldsymbol{r}$ 表示で書くと,

$$\left\{ -\frac{\boldsymbol{\nabla}^2}{m} + V(\boldsymbol{r}) \right\} \varphi(\boldsymbol{r}) = E_0 \varphi(\boldsymbol{r}) \tag{1.382}$$

が得られる.これは電子間ポテンシャルが $V(\boldsymbol{r})$ で決まる 2 電子系の相対運動のシュレディンガー方程式にほかならないので, $\varphi(\boldsymbol{r})$ はその相対運動の波動関数, $\varphi_{\boldsymbol{p}}$ はそのフーリエ変換であるという物理的意味を持つことが分かる.また, $V_{ee}(\boldsymbol{p}-\boldsymbol{p}',\omega)$ が $\omega$ に依存する動的効果を持つものなら,相対運動を決めるポテンシャルは $V_{ee}(\boldsymbol{p}-\boldsymbol{p}',\omega)$ そのものではなく,決めるべき束縛エネルギー $E_0$ にも依存して自己無撞着に決定される $\tilde{V}_{ee}(\boldsymbol{p},\boldsymbol{p}';E_0)$ に変化していることが分かる.そして,この変化は本項の冒頭に述べたポーラロンの動的な性格を反映して現れたものである.

　フレーリッヒ系バイポーラロンの問題に対して,式 (1.380) を式 (1.381) と共に自己無撞着に数値的に正確に解いた[50]ところ,電子系の自由度が 3 次元である場合,この定式化が正当化される弱結合領域ではもちろんのこと,強結合領域でも束縛エネルギーが伝導バンド端よりも低い位置に出る ($E_0 < 0$) というバイポーラロンの解は見出すことはできなかった.ただ,詳細に調べると,この問題では伝導バンド端での状態密度 $D(\varepsilon)$ の振る舞いが重要な役割を果たすことが分かった.たとえば,$\varepsilon_{\boldsymbol{p}} = \boldsymbol{p}^2/2m$ の分散関係を持つ場合,3 次元系では $D(\varepsilon) \propto \sqrt{\varepsilon}$ になるので,伝導バンド端 ($\varepsilon \to 0$) では $D(\varepsilon) \to 0$ で,そのため,散乱振幅を形成する多重散乱効果が大変弱くなってしまい,束縛状態が現れなかった.

　しかし,$D(\varepsilon)$ が一定の有限値を持つ 2 次元系や $D(\varepsilon) \propto 1/\sqrt{\varepsilon}$ で発散する 1 次元系ではバイポーラロンは存在する.図 1.28(a) には,1 次元系(フォノン系は 3 次元として取り扱い,その中に金属線が埋め込まれたものとして定義されたが,詳しくは原著論文[50]を参考にされたい)における $\alpha$ の関数として $-E_0$ が描かれている.なお,ポーラロンでは $\alpha$ だけが唯一の物理パラメータであったが,バイポーラロンではクーロン斥力の効果を規定する変数 $\eta\,(= \varepsilon_\infty/\varepsilon_0)$ も独立した物理パラメータとなっている.図 1.28(b) には,バイポーラロン状態に伴う 2 電子の相対運動を記述する波動関数 $\varphi(r)$ の代表的な計算例を示して

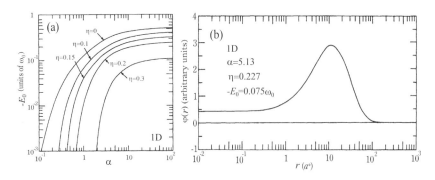

図 1.28 (a) 1次元系でのバイポーラロン束縛エネルギー $E_0$. いくつかの $\eta \equiv \varepsilon_\infty/\varepsilon_0$ に対して $\alpha$ の関数として $-E_0$ を $\omega_0$ の単位でプロットした. (b) バイポーラロンの相対運動の波動関数 $\varphi(r)$. 2 電子間距離 $r$ は有効ボーア半径 $a^*$ で測る.

ある. この波動関数の形状から分かるように, 束縛距離は大きく, 有効ボーア半径 $a^*$ ($= \varepsilon_\infty \hbar^2/me^2$) で測って約 10 になること, また, $\varphi(0)$ は $\varphi(r)$ の最大値の約 1/10 程度になっているが, これは電子間の直接のクーロン斥力をできるだけ避けるために 2 電子が短距離に存在する確率は低いことの反映である.

### 1.4.13 バイポーラロン：変分法のアプローチ

前項で想定した弱結合の場合とは異なり, 強結合領域では各ポーラロンにおけるフォノンの分極雲は各瞬間の電子の位置を中心にして分布するのではなく, 素早く動き回る電子の平均分布に沿って形成されていることは 1.4.8 項で解説した通りである. しかるに, 電子間のクーロン斥力は各瞬間の電子間距離で決まるものなので, 各電子の平均分布をあまり乱さない（したがって, フォノン分極雲による引力効果をあまり減らさない）ようにしながらも各瞬間の電子間距離をできるだけ大きくしてやる（電子間相関効果がよく効くようにする）とバイポーラロンが形成可能なように思われる. すなわち, 引力効果と斥力効果は同時に働くが, それぞれに対応する特徴的な反応時間に差があることを利用して, 前者をあまり変化させることなく, 後者を相関効果で弱めようとするものである.（これが前項で触れた "特別なこと" の 2 つめの候補である.）すると, この問題は 1.1 節で考えたような 2 個の陽子（あるいは 1 個のアルファー

粒子）の周りで2個の電子が局在している水素分子（あるいはヘリウム原子）の問題と極めて類似していることが分かる．もちろん，原子や分子系における原子核による引力場がここでは自己無撞着に作られるフォノン分極雲による引力場に置き換えられるという重要な違いがあることはいうまでもない．

そこで，この強結合領域でのバイポーラロンについて，もう少し議論[51〜53]しておこう．この際，まず問題になるのは，このバイポーラロンの電子状態がヘリウム原子的か，あるいは，水素分子的かということである．すなわち，2つの電子は共通の中心の周りを回っているのか，あるいは別々の中心の周りを回るのかということである．これに関して，図 1.28(b) の波動関数の形を参考にすると，相関効果がかなり効いていてヘリウム原子的というよりも水素分子的であることが予想される．

それを念頭において，2つの電子がお互いに遠く離れている状況をまず想定しよう．すると，強結合領域の $\alpha$ では，それぞれの電子はフォノン分極場の深い井戸を掘って局在したポーラロン状態にある．その状態から断熱的に2つのポーラロンを接近させていこう．今，それぞれのポーラロンの中心位置を $\boldsymbol{R}_i$ $(i=1,2)$ とし，その中心から測ってそれぞれの電子の各瞬間の位置を $\boldsymbol{\rho}_i$ と書こう．すると，電子の位置ベクトル $\boldsymbol{r}_i$ は $\boldsymbol{r}_i = \boldsymbol{R}_i + \boldsymbol{\rho}_i$ である．また，2つのポーラロンの中心座標は $\boldsymbol{R} \equiv (\boldsymbol{R}_1 + \boldsymbol{R}_2)/2$ であり，一方，その相対座標は $\boldsymbol{r} \equiv \boldsymbol{R}_1 - \boldsymbol{R}_2$ である．そこで，系全体のエネルギー $E_{\text{total}}$ を考えると，その中で $\boldsymbol{R}$ に対応する並進運動の部分は分離され，しかも，その並進運動の運動量をゼロに取ることができるので，$E_{\text{total}}$ は $\boldsymbol{R}$ に依存しなくなるが，$\boldsymbol{r}$ や $\boldsymbol{\rho}_i$ への依存性は残る．しかし，$\boldsymbol{r}$ への依存性は断熱変化のときには単にパラメータ的に依存すると考えてよいので，バイポーラロンの試行波動関数には $\boldsymbol{r}$ 依存性を考慮せずに $\varphi(\boldsymbol{\rho}_1, \boldsymbol{\rho}_2)$ と書くことにすれば，系全体の基底状態エネルギーに対する期待値 $E_{\text{total}}[\varphi]$ は式 (1.281) も参考にしながら比較的簡単に書き下すことができる．その結果[53]は

$$E_{\text{total}}[\varphi] = \int d\boldsymbol{\rho}_1 \int d\boldsymbol{\rho}_2 \varphi^*(\boldsymbol{\rho}_1,\boldsymbol{\rho}_2) \left\{ -\frac{\Delta_{\boldsymbol{\rho}_1}}{2m} - \frac{\Delta_{\boldsymbol{\rho}_2}}{2m} \right\} \varphi(\boldsymbol{\rho}_1,\boldsymbol{\rho}_2)$$
$$- \alpha\omega_0 r_0 \int d\boldsymbol{\rho}_1 \int d\boldsymbol{\rho}_2 \int d\boldsymbol{\rho}'_1 \int d\boldsymbol{\rho}'_2 |\varphi(\boldsymbol{\rho}_1,\boldsymbol{\rho}_2)|^2 |\varphi(\boldsymbol{\rho}'_1,\boldsymbol{\rho}'_2)|^2$$
$$\times \left( \frac{1}{|\boldsymbol{\rho}_1 - \boldsymbol{\rho}'_1|} + \frac{1}{|\boldsymbol{\rho}_1 + \boldsymbol{r} - \boldsymbol{\rho}'_2|} + \frac{1}{|\boldsymbol{\rho}_2 - \boldsymbol{\rho}'_2|} + \frac{1}{|\boldsymbol{\rho}'_1 + \boldsymbol{r} - \boldsymbol{\rho}'_2|} \right)$$
$$+ \frac{e^2}{\varepsilon_\infty} \int d\boldsymbol{\rho}_1 \int d\boldsymbol{\rho}_2 |\varphi(\boldsymbol{\rho}_1,\boldsymbol{\rho}_2)|^2 \frac{1}{|\boldsymbol{r} + \boldsymbol{\rho}_1 - \boldsymbol{\rho}_2|} \quad (1.383)$$

となる．ここで，$r_0$ はポーラロン長である．なお，スピン・シングレット状態では変分波動関数 $\varphi(\boldsymbol{\rho}_1,\boldsymbol{\rho}_2)$ は $\boldsymbol{\rho}_1$ と $\boldsymbol{\rho}_2$ の取り替えに対して対称的であるが，スピン・トリプレット状態ではそれは同じ入れ替えに対して反対称的であるように選ぶことになる．

この式 (1.383) から，$|\boldsymbol{r}| \to \infty$ では $E_{\text{total}}$ は強結合領域でのポーラロン・エネルギー $E_{\text{polaron}}$ の 2 倍になっていることが分かる．したがって，バイポーラロン形成の可否は $|\boldsymbol{r}|$ を次第に小さくしていってエネルギーが最小値を取る $|\boldsymbol{r}|$ での $E_{\text{total}}$ の値が $2E_{\text{polaron}}$ よりも小さくなるかどうかという問題になる．そして，バイポーラロンが形成される場合はそのエネルギー $E_0$ は $E_0 = \min\{E_{\text{total}}\} - 2E_{\text{polaron}}$ で与えられる．この $E_{\text{total}}$ の最小値を求める問題を水素分子に対する 1s–1s 軌道間のハイトラー–ロンドン的な波動関数を $\varphi$ に対して仮定して解くという簡単な近似を採用すると，基底状態としてスピン・シングレット状態の水素分子様の状態が得られる．そして，$|\boldsymbol{r}|$ の最適値は $r_0$ を単位として $6.2/\alpha$ となる．なお，各ポーラロンの拡がりは同じ近似では $2/\alpha$ 程度であるので，電子間相関効果はかなり大きいことを意味していると同時に，この近似解の取り扱いは全体的に自己無撞着に矛盾がないことが分かる．一方，スピン・トリプレット状態では常に $E_0 > 0$ となり，バイポーラロンは形成されないが，$E_{\text{total}}$ 自体の最小値は $|\boldsymbol{r}| = 0$ で与えられるので，電子状態としてはヘリウム原子的なものになっている．もう少し詳しくいえば，そのときの電子構造は 1s と 2p からなる軌道間でハイトラー–ロンドン的な軌道を形成していて，いわば，フント則が適用されている状態が出現しているものと考えられる．

図 1.29 には，強結合領域とは仮定せずにもっと複雑な変分関数を用いて広範囲の $\alpha$ に適用できて精度も高い計算を行って $E_0$ を得た結果[52]が示されて

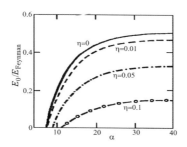

**図 1.29** 3 次元系強結合状態でのフレーリッヒ-バイポーラロンの束縛エネルギー $E_0$. いくつかの $\eta$ に対して $\alpha$ の関数として $E_0/E_{\text{Feynman}}$ をプロットしたもの[52]).

いる．ここで，$E_0$ は $\alpha$ と $\eta$ $(=\varepsilon_\infty/\varepsilon_0)$ の関数として得られるが，この図では同じ $\alpha$ の値で $E_{\text{polaron}}$ を Feynman の方法で求めた値，$E_{\text{Feynman}}$，と比較している．ちなみに，$E_0 < 0$ の解が得られるためには，いかなる $\eta$ であっても $\alpha > 7.3$ が必要であること，また，いかなる $\alpha$ であっても $\eta > 0.14$ では $E_0 < 0$ の解がないという結論も得られた．いずれにしても，3 次元系のフレーリッヒ-バイポーラロンを形成するための $(\alpha, \eta)$ の条件はかなり限定されたものであることが分かる．

最後にコメントを 2 つ付け加えよう．①スピン・シングレット状態のバイポーラロンの問題は DQMC 法が適用可能と思われる．実際，2 次元ハバード-ホルスタイン系に対してそのような試み[48)] があるが，著者の知る限り，本稿執筆時点ではフレーリッヒ系に対する計算はないようである．これは基本的な問題であるので，DQMC 法による研究が進展することを望みたい．②バイポーラロン高温超伝導探索の立場からいえば，このような強結合状態でのバイポーラロンはあまり面白いものではない．それは，強結合状態ではバイポーラロンがたとえできたとしてもその質量 $m_b$ はほぼ局在していると見なせるほどに大きくなってしまうので，ボーズ-アインシュタイン凝縮温度 $T_c$ は大変小さくなるからである．ちなみに，この $T_c$ はたとえ相互作用のあるボーズ系としても相互作用のない系でのボーズ-アインシュタイン凝縮温度 $T_c^{(0)}$ でよく近似されることが知られていて，バイポーラロンの密度を $n_b$，$\zeta(3/2)\,(=2.612\cdots)$ をリーマンのツェータ関数として $T_c^{(0)} = (2\pi/m_b)[n_b/\zeta(3/2)]^{2/3}$ なので，$m_b \to \infty$ で $T_c \approx T_c^{(0)} \to 0$ となる．

**1.4.14 多ポーラロン系**

さて，このフレーリッヒ模型での超伝導を考える場合，理論手法としてはグリーン関数法が適している．そして，電子数 $N$ は巨視的な数となるので，超伝導を取り扱う前段階として，$N$ がマクロな数の多ポーラロン系の正常状態の状況を精度よく把握しておく必要がある．この観点からいえば，この多ポーラロン系の正常状態における自己エネルギー $\Sigma_{p\sigma}(i\omega_p)$ について，その形式的に厳密な表式は式 (1.248) の形で既に導かれていて，その式に含まれる化学ポテンシャル $\mu$ は全電子数が与えられた $N$ になるように自己無撞着に決定すればよい．

しかしながら，この式 (1.248) をそのまま解くのはかなり困難である．実際，電子フォノン相互作用定数 $\alpha$ をゼロにして，クーロン斥力だけを残した系は電子ガス模型に還元されるが，その場合でも II.2.8.10 項で解説した GWΓ 法で式 (1.248) を広範囲の密度領域で（すなわち，広範囲の $r_s$ パラメータについて），近似的にではあるが，かなり高精度に解けるようになったのはほんの最近のこと[54,55]である．したがって，$\alpha \neq 0$ で広範囲の $r_s$ の値で 1 電子グリーン関数の詳細を知ることは，超伝導といわなくても，それ自体が全く新しいチャレンジであり，未知の面白い物理が発見されることが予想されるので，今後の大いなる発展が期待される重要な研究課題である．

ところで，この GWΓ 法による多ポーラロン系の研究の第一歩は 1 電子のポーラロン系について 1.4.7 項のハートリー–フォック（HF）近似を超えてファインマン法や DQMC 法の結果をよく再現するようなバーテックス関数 $\Gamma(\boldsymbol{p}+\boldsymbol{q}, i\omega_p + i\omega_q; \boldsymbol{p}, i\omega_p)$ のよい近似汎関数形を知ることである．一般的にいえば，このバーテックス関数のよい汎関数の探求はワード恒等式を常に満たす汎関数形の確立から始まることは II.2.8.9 項で議論した通りである．そして，それを必要最低限度満たす方法はゲージ不変自己無撞着（GISC：Gauge–Invariant Self–Consistent）法[56]であって，実際，南部の示唆[57]に従えば，繰り込み関数 $Z(\boldsymbol{p}, i\omega_p)$ を（スピンに依存しないと仮定して）

$$Z(\boldsymbol{p}, i\omega_p) = 1 - \frac{\mathrm{Im}\Sigma_{\boldsymbol{p}\sigma}(i\omega_p)}{\omega_p} \tag{1.384}$$

で定義して，$\Gamma(\boldsymbol{p}+\boldsymbol{q}, i\omega_p + i\omega_q; \boldsymbol{p}, i\omega_p)$ を

$$\Gamma(\boldsymbol{p}+\boldsymbol{q}, i\omega_p + i\omega_q; \boldsymbol{p}, i\omega_p) = \frac{Z(\boldsymbol{p}+\boldsymbol{q}, i\omega_p + i\omega_q) + Z(\boldsymbol{p}, i\omega_p)}{2} \quad (1.385)$$

で与えると，式 (1.248) は HF 近似と同様に自己無撞着に解かれる．

図 1.30 には，こうして得られたポーラロン基底状態エネルギー $E_0$ が示されている．その結果によれば，このレベルの GISC 法であっても，得られる $E_0$ は HF 近似のそれを大幅に改善して，ファインマン法のそれをほぼ再現できている．今後は電子ガス系において GISC 法を改善して高精度の GWΓ 法にアップグレードする際に鍵になった物理量である "局所場補正因子" の概念を電子フォノン系でのそれに拡張して多ポーラロン系の 1 電子グリーン関数を精度よく求めることが望まれる．もし，これに成功すれば，1 電子スペクトル関数を含む種々の物理量に対して得られる結果は 1 ポーラロン系に対する DQMC 法のそれを多ポーラロン系に拡張したものになろう．

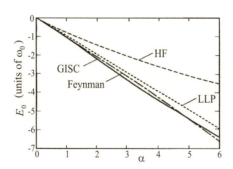

図 1.30　$\alpha$ の関数としてのポーラロン基底状態エネルギー $E_0$．GISC 法の結果を HF 近似，リー–ロウ–パインス (LLP) 近似，ファインマン法の結果と比較した．

## 1.5　格子模型上のポーラロン

### 1.5.1　連続体近似から格子模型へ：ハバード–ホルスタイン模型

前節で取り扱ったフレーリッヒ模型は，①長波長領域に注目し，かつ，②たとえマクロな数の電子密度を考えたとしても，その電子のドブロイ波長は格子間隔 $a_0$ よりもずっと大きい（すなわち，フェルミ波数を $p_F$ として $p_F a_0 \ll 1$ が成り立つ）場合を考えていたので，ハミルトニアンは結晶格子の存在を顕わ

に考えない連続体近似の下で導かれていた．しかし，上の①や②の条件が共に満たされないとすれば，また，仮に満たされるとしても強結合領域でポーラロンが局在的になり，しかも，その局在長が $a_0$ と同程度になって格子の離散性が無視できなくなった場合，1.3 節で議論したように結晶格子に準拠した記述に戻って考える必要がある．ただ，格子構造の離散性を残す場合でも，第一原理系そのものに戻って詳細な第一原理計算を行おうとするのではなく，考察しようとする物理概念を予め想定し，それが損なわれない近似の範囲でできるだけ簡単化・普遍化した模型を構成し，それに基づいてできるだけ精度の高い計算を行って電子フォノン系での物理を詳しく調べる立場があり得る．この節では，このような観点から提出されているいくつかの模型の中，ハバード–ホルスタイン（Hubbard–Holstein：HH）模型とヤーン–テラー（Jahn–Teller：JT）模型を取り上げて，それらにまつわるいくつかのトピックスに触れていくことにする．

まず，HH 模型から始めよう．これは実際は 2 つの模型，すなわち，ハバード模型とホルスタイン模型，を合成したものである．前者[58]は I.1.3.3 項で触れ，II.2 章でも取り上げたもので，固体中の電子の量子力学的なホッピング運動による遍歴性と短距離クーロン斥力による局在性の相克から生まれるモット–ハバード（Mott–Hubbard）転移[59,60]をはじめとした多彩・多様な電子相関効果を取り扱う単純ながらも基本的な（主に d 電子系や f 電子系を対象とした）模型と考えられているものである．一方，後者は，やはり電子の遍歴性については量子力学的なホッピング運動で取り扱おうとするものの，相互作用としてはクーロン斥力の効果は小さいとしてそれを無視し，むしろ，各格子点で局所的に大きく格子変形する局所フォノンとの短距離相互作用の効果に重点をおいて調べようとするもの[61]で，その主な適用対象は分子性結晶からなる有機導体である．実際，分子性有機導体の結晶では，各分子を格子を構成するユニットと捉え，電子（多くの場合，π 電子）は分子内格子振動と強く結合しながら，弱いながらも有限の値を持つ最隣接分子間のホッピング積分によって結晶全体を伝導していくという描像がよく成り立つ．そして，これら 2 つの模型を合成することで，固体中の電子における（運動エネルギー項に由来する）遍歴性，短距離クーロン斥力による（スピン自由度が重要な役割を果たす）電子相関，そして，

## 1.5 格子模型上のポーラロン

その斥力と拮抗するフォノン交換引力の効果が絡む"電荷・スピン・フォノン複合物性"の少々複雑ではあるものの魅力的で基本的な物理を研究できるものと期待されている．ちなみに，1.5.7 以降で解説する JT 模型では，さらに電子軌道（および，それと結合するフォノン縮重度）の多様性も加わるので，"電荷・スピン・軌道・フォノン複合物性"を取り扱うことになる．しかも，この JT 模型ではベリー位相で記述されるトポロジカルな観点も加わることになる．

具体的に，この HH 模型のハミルトニアン $H_{HH}$ は第 2 量子化した表現で

$$H_{HH} = H_K + \sum_i H_i - \mu N \tag{1.386}$$

で与えられる．ここで，電子の格子点間の移動を記述する運動エネルギー項 $H_K$ は格子点のサイト $i$ でスピン $\sigma$ の電子を消滅する演算子を $c_{i\sigma}$ として，

$$H_K = -t \sum_{\langle ij \rangle \sigma} (c_{i\sigma}^+ c_{j\sigma} + c_{j\sigma}^+ c_{i\sigma}) \tag{1.387}$$

と書ける．これは電子の量子力学的なホッピング運動を表していて，$t$ はサイト $i$ と $j$ の間のホッピング積分である．このホッピング運動は最近接サイト間でのみ起こると仮定していて，その状況はサイトの和として慣用の $\langle ij \rangle$ の記号で指示されている．次に，サイト内のハミルトニアンの項 $H_i$ は

$$H_i = U n_{i\uparrow} n_{i\downarrow} + g \sum_\sigma n_{i\sigma}(b_i + b_i^+) + \omega_0 b_i^+ b_i \tag{1.388}$$

となる．$n_{i\sigma} (\equiv c_{i\sigma}^+ c_{i\sigma})$ はサイト $i$ でスピン $\sigma$ の電子数演算子，$U$ はオンサイトのクーロン斥力の大きさ，$b_i$ はエネルギーが $\omega_0$ で分散がない光学フォノンをサイト表示した場合のサイト $i$ での消滅演算子，そして，$g$ は，本来，式 (1.165) で計算される電子フォノン相互作用定数であるが，強い運動量依存性はないと仮定して関与する運動量について平均化された 1 つの定数で代用されたもので，その場合，同じ $g$ がサイト $i$ に依存しない定数として登場する．なお，このサイト内局在フォノンのゼロ点振動の部分は定数 1/2 なので省略されている．ちなみに，短距離クーロン斥力は同一サイトでのみ働くと仮定したので，パウリの排他則により同じスピンの電子間には働かず，同じサイトに違うスピンの電子が同時にきたときだけ斥力 $U$ を感じることになっている．また，全電子数 $N$ が重要な役割を果たす連続体模型とは異なり，格子模型では全サイト数 $N_L$

が重要な役割を果たすようになり，そのため，全電子数というよりも 1 サイト当たりの平均電子数 $\sum_\sigma \langle n_{i\sigma} \rangle$ ($= N/N_L$) の方に注目することになる．これに伴って，この $\sum_\sigma \langle n_{i\sigma} \rangle$ を決定する化学ポテンシャル $\mu$ が重要になり，そのため，式 (1.386) の右辺最終項，$-\mu N = -\mu \sum_{i\sigma} n_{i\sigma}$，が付け加えられている．

このホルスタイン模型とは別に，局所フォノンと電子との相互作用を論じる代表的な模型として，スー–シュリーファー–ヒーガー（Su–Schrieffer–Heeger：SSH）模型[62] がある．これはポリアセチレンなどを念頭においた模型で，フォノンの励起によって電子のホッピング積分 $t$ が変調を受けて，結果として，電子と局在フォノンが相互作用するというものである．これはソリトンの概念を生むなど興味深いものであるが，本書での解説は省略する．

### 1.5.2　ラング–フィルゾフ変換

HH 模型を解く際に，まず導入する基本的手法は正準変換の一種であるラング–フィルゾフ（Lang–Firsov：LF）変換[63] であり，これによって電子がフォノンの衣を着たポーラロンに変化する様子がよく捉えられる．これは

$$U_{\mathrm{LF}} = e^{-S}, \quad S = -S^+ = \sqrt{\alpha} \sum_{i\sigma} n_{i\sigma}(b_i^+ - b_i) \qquad (1.389)$$

で定義される．ここで，$g = \sqrt{\alpha}\,\omega_0$ の関係式で無次元の結合定数 $\alpha$ が導入された．このユニタリー変換 $U_{\mathrm{LF}}$ は数学的には式 (1.296) で定義された LLP の第 2 ユニタリー変換 $U_2$ と全く同じものであるが，次項で詳しく解説するように，この変換 $U_{\mathrm{LF}}$ だけで 1 サイト問題が完全に解けてしまい，その結果，いろいろな物理量の厳密解や精度の高い近似解が得られるので，物理的な意味合いにおいて，LF 変換の重要性は LLP 第 2 変換のそれに格段に優る．

さて，式 (1.389) の $U_{\mathrm{LF}}$ で変換すると，電子の消滅演算子 $c_{i\sigma}$ は

$$\tilde{c}_{i\sigma} \equiv U_{\mathrm{LF}}^+ c_{i\sigma} U_{\mathrm{LF}} = c_{i\sigma} X_i, \quad X_i \equiv e^{\sqrt{\alpha}(b_i - b_i^+)} \qquad (1.390)$$

によってポーラロンの消滅演算子 $\tilde{c}_{i\sigma}$ に変換され，また，フォノンの消滅演算子 $b_i$ は変位を受けて

$$\tilde{b}_i \equiv U_{\mathrm{LF}}^+ b_i U_{\mathrm{LF}} = b_i - \sqrt{\alpha} \sum_\sigma n_{i\sigma} \qquad (1.391)$$

のように変化する．これらの変化を考慮すると，ハミルトニアン $H_{\text{HH}}$ は

$$\tilde{H}_{\text{HH}} \equiv U_{\text{LF}}^+ H_{\text{HH}} U_{\text{LF}} = \tilde{H}_K + \sum_i \tilde{H}_i \tag{1.392}$$

に変換される．ここで，運動エネルギー項 $\tilde{H}_K$ は

$$\tilde{H}_K = -t \sum_{\langle ij \rangle \sigma} (c_{i\sigma}^+ c_{j\sigma} X_i^+ X_j + c_{j\sigma}^+ c_{i\sigma} X_j^+ X_i) \tag{1.393}$$

であり，また，サイト項 $\tilde{H}_i$ は $-\mu N$ 項の寄与も含める形にまとめ上げると，

$$\tilde{H}_i = -(\mu + \alpha \omega_0) \sum_\sigma n_{i\sigma} + (U - 2\alpha\omega_0) n_{i\uparrow} n_{i\downarrow} + \omega_0 b_i^+ b_i \tag{1.394}$$

となる．なお，この式の導出において，$n_{i\sigma} n_{i\sigma} = n_{i\sigma}$ の関係から，

$$\sum_{\sigma\sigma'} n_{i\sigma} n_{i\sigma'} = \sum_\sigma n_{i\sigma} n_{i\sigma} + \sum_\sigma n_{i\sigma} n_{i-\sigma} = \sum_\sigma n_{i\sigma} + 2 n_{i\uparrow} n_{i\downarrow} \tag{1.395}$$

であることを用いている．

### 1.5.3　1 サイト問題：〝原子極限〟での厳密解と動的局在の概念

さて，式 (1.386)，あるいは，式 (1.392) において，運動エネルギー項が無視できる場合，全系は各サイトが独立した小系の集合体となる．そして，各小系は同等なので，任意のサイト $i$ のハミルトニアン $\tilde{H}_i$ について解けば，全系が完全に解けたことになる．しかるに，式 (1.394) の $\tilde{H}_i$ は電子自由度の部分（右辺はじめの 2 項で $\tilde{H}_e$ と書こう）とフォノン自由度の部分（右辺最終項で $\tilde{H}_{ph}$ と書こう）は分離しているので，厳密解を得ることが可能になる．この項では，簡単のため，サイトを指定する添え字 $i$ は以後省略する．

まず，$U$ で変換される前の演算子で定義される 1 電子グリーン関数 $G_{\sigma\sigma'}(\tau)$

$$G_{\sigma\sigma'}(\tau) = -\langle T_\tau c_\sigma(\tau) c_{\sigma'}^+ \rangle \tag{1.396}$$

を解析的に厳密に計算しよう．フーリエ変換した $G_{\sigma\sigma'}(i\omega_p)$ を求めるには $\tau > 0$ の部分を知ればよいので，$\tau > 0$ を仮定し，$U_{\text{LF}}$ で変換して考えると，

$$\begin{aligned} G_{\sigma\sigma'}(\tau) &= -\frac{1}{Z_e Z_{ph}} \text{tr}\left( e^{-\beta(\tilde{H}_e + \tilde{H}_{ph})} e^{\tau(\tilde{H}_e + \tilde{H}_{ph})} \tilde{c}_\sigma e^{-\tau(\tilde{H}_e + \tilde{H}_{ph})} \tilde{c}_{\sigma'}^+ \right) \\ &= -\frac{1}{Z_e} \text{tr}\left( e^{-\beta \tilde{H}_e} e^{\tau \tilde{H}_e} c_\sigma e^{-\tau \tilde{H}_e} c_{\sigma'}^+ \right) \\ &\quad \times \frac{1}{Z_{ph}} \text{tr}\left( e^{-\beta \tilde{H}_{ph}} e^{\tau \tilde{H}_{ph}} X e^{-\tau \tilde{H}_{ph}} X^+ \right) \end{aligned} \tag{1.397}$$

となる．ここで，$Z_e = \text{tr}(e^{-\beta \tilde{H}_e})$ は電子部分の，そして，$Z_{ph} = \text{tr}(e^{-\beta \tilde{H}_{ph}})$ はフォノン部分の分配関数である．これらの分配関数は簡単に計算できて，

$$Z_e = 1 + 2e^{\beta(\mu+\alpha\omega_0)} + e^{\beta(2\mu+4\alpha\omega_0 - U)} \tag{1.398}$$

$$Z_{ph} = 1 + e^{-\beta\omega_0} + e^{-2\beta\omega_0} + e^{-3\beta\omega_0} + \cdots = \frac{1}{1 - e^{-\beta\omega_0}} \tag{1.399}$$

で与えられる．

ところで，この1電子グリーン関数の電子部分については同じ計算を II.2.2.4 項で既に行っている．それを参考にすれば，スピン依存性について $G_{\uparrow\downarrow}(\tau) = G_{\downarrow\uparrow}(\tau) = 0$ であることは分かっているので $G_{\sigma\sigma}(\tau)$ のみを考えればよい．そして，式 (II.2.75) を参照すれば，

$$e^{\tau \tilde{H}_e} c_\sigma e^{-\tau \tilde{H}_e} = e^{(\mu+\alpha\omega_0)\tau} c_\sigma + \left( e^{(\mu+3\alpha\omega_0 - U)\tau} - e^{(\mu+\alpha\omega_0)\tau} \right) n_{-\sigma} c_\sigma \tag{1.400}$$

なので，式 (1.397) の最終式の中の電子部分の因子は

$$\frac{1}{Z_e} \text{tr} \left( e^{-\beta \tilde{H}_e} e^{\tau \tilde{H}_e} c_\sigma e^{-\tau \tilde{H}_e} c_{\sigma'}^+ \right) = f_0 e^{(\mu+\alpha\omega_0)\tau} + f_1 e^{(\mu+3\alpha\omega_0 - U)\tau} \tag{1.401}$$

となる．ここで，$f_0$ と $f_1$，および，後で必要になる $f_2$ の定義は

$$f_0 = \frac{1}{Z_e}, \quad f_1 = f_0 \, e^{\beta(\mu+\alpha\omega_0)}, \quad f_2 = f_0 \, e^{\beta(2\mu+4\alpha\omega_0 - U)} \tag{1.402}$$

である．なお，$f_0$, $f_1$, $f_2$ は，それぞれ，電子が 0 個，スピンが↑か↓かの電子が 1 個，↑と↓の両電子が存在する確率で，$f_0 + 2f_1 + f_2 = 1$ を満たす．

フォノン部分の計算は少々複雑になるが，まず，トレースを取るために必要になる $\tilde{H}_{ph}$ の規格完全系 $\{|\ell\rangle\}$ $(\ell = 0, 1, 2, 3, \cdots)$ を確認しておこう：

$$|\ell\rangle = \frac{1}{\sqrt{\ell!}} b^{+\ell} |\text{vac}\rangle, \quad \tilde{H}_{ph}|\ell\rangle = \ell\omega_0 |\ell\rangle \tag{1.403}$$

すると，式 (1.397) の最終式の中のフォノン部分の因子は

$$\begin{aligned} G_{ph}(\tau) &\equiv \frac{1}{Z_{ph}} \text{tr} \left( e^{-\beta \tilde{H}_{ph}} X(\tau) X^+ \right) \\ &= (1 - e^{-\beta\omega_0}) \sum_{\ell=0}^{\infty} \frac{e^{-\beta\ell\omega_0}}{\ell!} \langle 0 | b^\ell X(\tau) X^+ b^{+\ell} | 0 \rangle \end{aligned} \tag{1.404}$$

となる．ここで，$X(\tau)$ は

## 1.5 格子模型上のポーラロン

$$X(\tau) \equiv e^{\tau\tilde{H}_{ph}} X e^{-\tau\tilde{H}_{ph}} = e^{\tau\tilde{H}_{ph}} e^{\sqrt{\alpha}(b-b^+)} e^{-\tau\tilde{H}_{ph}} = e^{\sqrt{\alpha}[b(\tau)-b^+(\tau)]} \quad (1.405)$$

である．そして，定義にしたがって $b(\tau)$ や $b^+(\tau)$ を計算すると，

$$b(\tau) = b + \tau[\tilde{H}_{ph}, b] + \frac{\tau^2}{2!}[\tilde{H}_{ph}, [\tilde{H}_{ph}, b]] + \cdots = e^{-\omega_0\tau} b \quad (1.406)$$

$$b^+(\tau) = b^+ + \tau[\tilde{H}_{ph}, b^+] + \frac{\tau^2}{2!}[\tilde{H}_{ph}, [\tilde{H}_{ph}, b^+]] + \cdots = e^{\omega_0\tau} b^+ \quad (1.407)$$

が得られる．ところで，式 (I.3.48) のベーカー–キャンベル–ハウスドルフの公式から，2 つの任意の演算子，$A$ と $B$，があって，それらの交換子 $[A, B]$ が c 数になる場合，

$$e^{A+B} = e^{-[A,B]/2} e^A e^B, \quad e^A e^B = e^{[A,B]} e^B e^A \quad (1.408)$$

が成り立つので，上式の第 1 式を使って式 (1.405) の $X(\tau)$ を書き直すと，

$$X(\tau) = e^{-\alpha/2} \exp\left(-\sqrt{\alpha} e^{\omega_0\tau} b^+\right) \exp\left(\sqrt{\alpha} e^{-\omega_0\tau} b\right) \quad (1.409)$$

となる．同様に，$X^+$ は

$$X^+ = e^{\sqrt{\alpha}(b^+-b)} = e^{-\alpha/2} \exp\left(\sqrt{\alpha}\, b^+\right) \exp\left(-\sqrt{\alpha}\, b\right) \quad (1.410)$$

となるので，$X(\tau)X^+$ に式 (1.408) の第 2 式を使って

$$\begin{aligned}X(\tau)X^+ =& e^{-\alpha} \exp\left(\alpha e^{-\omega_0\tau}\right) \\ & \times \exp\left[\sqrt{\alpha}(1-e^{\omega_0\tau})b^+\right] \exp\left[\sqrt{\alpha}(e^{-\omega_0\tau}-1)b\right]\end{aligned} \quad (1.411)$$

が得られる．すると，式 (1.404) の中で次に問題になるのは $\lambda$ を任意の c 数として $e^{\lambda b} b^{+\ell}$ の計算であるが，これには，まず，$e^{\lambda b} b^{+\ell} e^{-\lambda b}$ を考えて，

$$\begin{aligned}e^{\lambda b} b^{+\ell} e^{-\lambda b} =& b^{+\ell} + \lambda[b, b^{+\ell}] + \frac{\lambda^2}{2!}[b,[b, b^{+\ell}]] + \frac{\lambda^3}{3!}[b,[b,[b, b^{+\ell}]]] + \cdots \\ =& b^{+\ell} + \ell\lambda b^{+\ell-1} + \frac{\ell(\ell-1)}{2!}\lambda^2 b^{+\ell-2} + \cdots + \lambda^\ell \\ =& (b^+ + \lambda)^\ell\end{aligned} \quad (1.412)$$

となるので，$e^{\lambda b} b^{+\ell} = (b^+ + \lambda)^\ell e^{\lambda b}$ が得られる．同様に，$b^\ell e^{\lambda b^+} = e^{\lambda b^+}(b+\lambda)^\ell$ の関係が成り立つので，式 (1.404) の $G_{ph}(\tau)$ は

$$\begin{aligned}G_{ph}(\tau) =& (1-e^{-\beta\omega_0})e^{-\alpha}\exp\left(\alpha e^{-\omega_0\tau}\right)\sum_{\ell=0}^{\infty}\frac{e^{-\beta\ell\omega_0}}{\ell!}\\ & \times \langle 0|\left(b+\sqrt{\alpha}(1-e^{\omega_0\tau})\right)^{\ell}\left(b^+ +\sqrt{\alpha}(e^{-\omega_0\tau}-1)\right)^{\ell}|0\rangle \\ =& (1-e^{-\beta\omega_0})e^{-\alpha}\exp\left(\alpha e^{-\omega_0\tau}\right)\sum_{\ell=0}^{\infty}\frac{e^{-\beta\ell\omega_0}}{\ell!}\\ & \times \sum_{m=0}^{\ell}\frac{(\ell!)^2}{(m!)^2(\ell-m)!}\left(\alpha(1-e^{\omega_0\tau})(e^{-\omega_0\tau}-1)\right)^m \\ =& (1-e^{-\beta\omega_0})e^{-\alpha}\exp\left(\alpha e^{-\omega_0\tau}\right)\sum_{m=0}^{\infty}\frac{\left(\alpha(1-e^{\omega_0\tau})(e^{-\omega_0\tau}-1)\right)^m}{m!}\\ & \times \sum_{\ell=m}^{\infty}\frac{\ell!}{m!(\ell-m)!}e^{-\beta\ell\omega_0}\end{aligned} \quad (1.413)$$

が導かれる．しかるに，今，$x$ の関数 $I_m(x)$ を

$$I_m(x) \equiv \sum_{n=0}^{\infty}\frac{(n+m)!}{m!n!}x^n \quad (1.414)$$

と定義すると，これは漸化式

$$\frac{\partial}{\partial x}I_m(x) = (m+1)I_{m+1}(x) \quad (1.415)$$

を満たし，かつ，$I_0(x) = 1/(1-x)$ であるので，$I_m(x)$ は

$$I_m(x) = \frac{1}{m!}\frac{\partial^m}{\partial x^m}I_0(x) = \frac{1}{(1-x)^{m+1}} \quad (1.416)$$

となる．この関係式を式 (1.413) の最後の $\ell$ の和に使うと最終的に $G_{ph}(\tau)$ は

$$\begin{aligned}G_{ph}(\tau) =& e^{-\alpha}\exp\left(\alpha e^{-\omega_0\tau}\right)\sum_{m=0}^{\infty}\frac{1}{m!}\left(\alpha\frac{(1-e^{\omega_0\tau})(e^{-\omega_0\tau}-1)}{e^{\beta\omega_0}-1}\right)^m \\ =& e^{-\alpha}\exp\left(\alpha\,\frac{e^{\omega_0\tau}+e^{\omega_0(\beta-\tau)}-2}{e^{\beta\omega_0}-1}\right)\end{aligned} \quad (1.417)$$

のように計算される．

このフォノン部分の式 (1.417) を電子部分の式 (1.401) と組み合わせると，式 (1.397) の $G_{\sigma\sigma}(\tau)$ が得られるので，それを用いると，$G_{\sigma\sigma}(i\omega_p)$ は

$$G_a(i\omega_p) \equiv G_{\sigma\sigma}(i\omega_p) = \int_0^\beta d\tau\, e^{i\omega_p\tau}\, G_{\sigma\sigma}(\tau)$$
$$= -e^{-\alpha} \int_0^\beta d\tau\, e^{i\omega_p\tau} \left( f_0 e^{(\mu+\alpha\omega_0)\tau} + f_1 e^{(\mu+3\alpha\omega_0-U)\tau} \right)$$
$$\times \sum_{\ell=0}^\infty \frac{\alpha^\ell}{\ell!} \left( \frac{e^{\omega_0\tau}-1}{e^{\beta\omega_0}-1} + \frac{e^{\omega_0(\beta-\tau)}-1}{e^{\beta\omega_0}-1} \right)^\ell \quad (1.418)$$

で計算されることになる．ここで，添え字 $a$ は原子極限（atomic limit）の結果であることを示している．この式 (1.418) は任意の温度 $T$ で厳密に $G_a(i\omega_p)$ を与えるものであるが，$T \ll \omega_0$ の場合，$\ell \neq 0$ では

$$\left( \frac{e^{\omega_0\tau}-1}{e^{\beta\omega_0}-1} + \frac{e^{\omega_0(\beta-\tau)}-1}{e^{\beta\omega_0}-1} \right)^\ell \approx \left( e^{\omega_0(\tau-\beta)} + e^{-\omega_0\tau} \right)^\ell$$
$$\approx e^{\ell\omega_0(\tau-\beta)} + e^{-\ell\omega_0\tau} \quad (1.419)$$

と置き換えることができるので，式 (1.418) の積分は簡単に遂行できて，

$$G_a(i\omega_p) = \int_{-\infty}^\infty d\omega\, \frac{A_a(\omega)}{i\omega_p - \omega} \quad (1.420)$$

の形にまとめられる．ここで，原子極限での 1 電子スペクトル関数 $A_a(\omega)$ は

$$A_a(\omega) = e^{-\alpha} \sum_{\ell=0}^\infty \frac{\alpha^\ell}{\ell!} \Big( f_0 \delta(\omega+\mu+\alpha\omega_0-\ell\omega_0) + f_1\delta(\omega+\mu+\alpha\omega_0+\ell\omega_0)$$
$$+ f_1\delta(\omega+\mu+3\alpha\omega_0-U-\ell\omega_0) + f_2\delta(\omega+\mu+3\alpha\omega_0-U+\ell\omega_0) \Big) \quad (1.421)$$

で与えられる．そして，サイトとスピンあたりの平均電子数 $n$ は

$$n = T \sum_{\omega_p} e^{i\omega_p 0^+} G_a(i\omega_p) = \int_{-\infty}^\infty d\omega\, f(\omega) A_a(\omega) \quad (1.422)$$

で得られる．ここで，$f(\omega)$ はフェルミ分布関数で，フェルミオン松原振動数の和は公式 (I.3.173) を利用した．$n$ が与えられた場合，この式から化学ポテンシャルが決定される．一般の $\alpha$ や $U$，$n$ における $G_a(i\omega_p)$ や $A_a(\omega)$ の振る舞いは読者自ら調べ，検討されることをお勧めするが，ここではハーフフィルド（すなわち，$n=1/2$）における面白い結果を解説しておこう．

まず，ハーフフィルドでは電子正孔対称性が成り立つので，サイトあたりの電子数が 0 個と 2 個は同じ確率で実現する．すると，式 (1.402) で導入された

$f_n$ のうち，$f_0 = f_2$ となるので，$\mu$ は $T$ にかかわらず，

$$\mu = \frac{U}{2} - 2\alpha\omega_0 \tag{1.423}$$

という値に決められる．この $\mu$ を $f_n$ に代入し，基底状態（$T = 0$, すなわち，$\beta \to \infty$）で考えると，①$U < 2\alpha\omega_0$ では，$f_0 = f_2 = 1/2$，$f_1 = 0$ が成り立つので，サイトごとに電荷数が $0$ か $-2e$ かで揺らいでいることになる．これはたとえごく小さいものであってもサイト間に適切な相互作用を働かせると電荷密度波（Charge Density Wave：CDW）が出現する状況である．②逆に，$U > 2\alpha\omega_0$ では，$f_0 = f_2 = 0$，$f_1 = 1/2$ が成り立つので，全サイトで電荷数が $-e$ で一定であるが，スピンは↑か↓かで揺らいでいる．すると，たとえごく小さいものであってもサイト間に適切な相互作用を働かせるとスピン密度波（Spin Density Wave：SDW）が出現する状況である．③CDW から SDW へ転移する点である $U = 2\alpha\omega_0$ では，$f_0 = f_1 = f_2 = 1/4$ となるので，小さいながらもサイト間のホッピングを入れると通常の金属状態になることを示唆する．実際，ハーフフィルドでの $A_a(\omega)$ を書き下すと，

$$A_a(\omega) = \frac{e^{-\alpha}}{2} \sum_{\ell=0}^{\infty} \frac{\alpha^\ell}{\ell!} \Big(\delta(\omega - |U/2 - \alpha\omega_0| - \ell\omega_0) + \delta(\omega + |U/2 - \alpha\omega_0| + \ell\omega_0)\Big) \tag{1.424}$$

となる．これから，1 電子励起エネルギー（電荷励起ギャップ $\Delta_c$）は $\Delta_c = |U - 2\alpha\omega_0|$ であることが分かるので，$U \neq 2\alpha\omega_0$ なら $\Delta_c > 0$ で絶縁体的で CDW や SDW と整合的であるが，$U = 2\alpha\omega_0$ では $\Delta_c = 0$ で金属的である．

このように，ハーフフィルドで $U = 2\alpha\omega_0$ は特別な状況であるので，その場合の $G_a(i\omega_p)$ や自己エネルギー $\Sigma_a(i\omega_p)$ を詳しく調べてみよう．ここで，

$$G_a(i\omega_p) = \frac{1}{i\omega_p - \Sigma_a(i\omega_p)} \tag{1.425}$$

であるが，$G_a(i\omega_p)$ は式 (1.424) の $A_a(\omega)$ を式 (1.420) に代入すれば簡単に求められるので，それを使うと，$\Sigma_a(i\omega_p)$ は

$$\Sigma_a(i\omega_p) = i\omega_p\Big(1 - \frac{e^\alpha}{\gamma(i\omega_p)}\Big), \quad \gamma(x) \equiv 1 + \sum_{\ell=1}^{\infty} \frac{\alpha^\ell}{\ell!} \frac{x^2}{x^2 - \ell^2\omega_0^2} \tag{1.426}$$

であることが分かる.そして,遅延自己エネルギー $\Sigma_a^R(\omega)$ は式 (1.426) で $i\omega_p$ に $\omega + i0^+$ を代入すれば得られるが,この場合,$\gamma(\omega) = 0$ となる実数 $\omega$ は無数にあって,実際,区間 $(\ell\omega_0, \ell\omega_0 + \omega_0)$ の間に1つずつ存在するので,その区間にある $\gamma(\omega)$ のゼロ点を $\omega_\ell^*$ と書こう.すると,$\Sigma_a^R(\omega)$ の虚部は

$$-\frac{1}{\pi}\mathrm{Im}\,\Sigma_a^R(\omega) = \sum_{\ell=-\infty}^{\infty} \sigma_\ell^* \delta(\omega - \omega_\ell^*), \quad \sigma_\ell^* \equiv -\frac{\omega_\ell^* e^\alpha}{\gamma'(\omega_\ell^*)} \tag{1.427}$$

で与えられる.なお,$\omega_{-\ell}^* = -\omega_\ell^*$ や $\sigma_{-\ell}^* = \sigma_\ell^*$ の対称性が成り立つ.図 1.31 に $\alpha$ の関数として $\omega_\ell^*$ と $\sigma_\ell^*$ を示した.$\alpha \to 0$ で $\omega_\ell^*$ は

$$\omega_\ell^* \approx \ell\omega_0 - \frac{\alpha^\ell}{2(\ell-1)!}\omega_0 \tag{1.428}$$

であり,また,$\alpha \to \infty$ で $\omega_\ell^* \to (\ell-1)\omega_0$ であるが,$\alpha \approx 10$ で既にこの漸近値に十分近づいている.重み $\sigma_\ell^*$ については $\alpha$ が小さいときはすべての $\sigma_\ell^*$ はほぼ同じ大きさであるが,$\alpha$ が 5 を超えると $\sigma_1^*$ のみが重要になってくる.

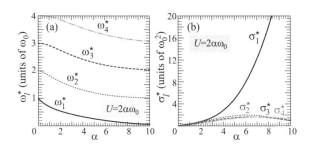

図 **1.31** (a) 関数 $\gamma(\omega)$ のゼロ点 $\omega_\ell^*$ と (b) そのゼロ点での $\mathrm{Im}\,\Sigma_a^R(\omega)$ におけるデルタ関数の重み $\sigma_\ell^*$ を $\alpha$ の関数として描いたもの.

クラマース–クローニッヒの関係式から,虚部が式 (1.427) の振る舞いを持つときは実部 $\mathrm{Re}\,\Sigma_a^R(\omega)$ は $\omega$ が $\omega_\ell^*$ の近傍で

$$\mathrm{Re}\,\Sigma_a^R(\omega) \approx \frac{\sigma_\ell^*}{\omega - \omega_\ell^*} \tag{1.429}$$

の形で発散する.そして,それに伴って $G_a^R(\omega)$ は

$$G_a^R(\omega) \approx -\frac{\omega - \omega_\ell^*}{\sigma_\ell^*} \tag{1.430}$$

の形で $\omega = \omega_\ell^*$ でゼロになる．なお，$\mathrm{Re}\,\Sigma_a^R(\omega)$ は $\omega_\ell^*$ 以外での発散はない．

ところで，3点バーテックス関数 $\Lambda_a(i\omega_p, i\omega_{p'})$ も① 摂動展開[64]，あるいは，② 2電子グリーン関数を解析的に求めること[65,66]から厳密に計算される．ここでは具体的な計算手順の説明を省略する（興味のある読者は原著論文を参照されたい）が，計算結果は $i\omega_p \neq i\omega_{p'}$ では

$$\Lambda_a(i\omega_p, i\omega_{p'}) = \frac{e^\alpha}{\gamma(i\omega_p)\gamma(i\omega_{p'})}\Bigg\{ 1 + i\omega_p i\omega_{p'} \\ \times \sum_{\ell=1}^{\infty} \frac{\alpha^\ell}{\ell!} \frac{i\omega_p i\omega_{p'} + \ell^2\omega_0^2}{[(i\omega_p)^2 - \ell^2\omega_0^2][(i\omega_{p'})^2 - \ell^2\omega_0^2]} \Bigg\} \quad (1.431)$$

であり，一方，$i\omega_p = i\omega_{p'}$ では

$$\Lambda_a(i\omega_p, i\omega_p) = \frac{e^\alpha}{\gamma(i\omega_p)^2}\Bigg\{ 1 + (i\omega_p)^2 \\ \times \sum_{\ell=1}^{\infty} \frac{\alpha^\ell}{\ell!} \bigg[ \frac{(i\omega_p)^2 + \ell^2\omega_0^2}{[(i\omega_n)^2 - \ell^2\omega_0^2]^2} + \frac{1}{2T}\frac{\ell\omega_0}{(i\omega_p)^2 - \ell^2\omega_0^2} \bigg] \Bigg\} \quad (1.432)$$

である．ちなみに，$i\omega_p \neq i\omega_{p'}$ の場合，式 (1.431) はワード恒等式

$$(i\omega_p - i\omega_{p'})\Lambda_a(i\omega_p, i\omega_{p'}) = i\omega_p - i\omega_{p'} - \Sigma_a(i\omega_p) + \Sigma_a(i\omega_{p'}) \quad (1.433)$$

を満たす．そして，$i\omega_p = i\omega_{p'}$ では

$$\Lambda_a(i\omega_p, i\omega_p) = 1 - \frac{d}{d\mu}\Sigma_a(i\omega_p) \quad (1.434)$$

の関係式が成り立つ．したがって，3点バーテックス関数は自己エネルギーと密接に関連していて，$(i\omega_p, i\omega_{p'}) \to (\omega + i0^+, \omega' + i0^+)$ と置き換えることによって得られる遅延3点バーテックス関数 $\Lambda_a^R(\omega, \omega')$ は $\omega$，あるいは，$\omega'$ が $\omega_\ell^*$ になるときに $\Sigma_a^R(\omega)$ よりも一層強い発散を示すことになる．

物理的には，$\Lambda_a^R(\omega, \omega')$ は $\omega$ の振動数の電子が局所フォノンと散乱して $\omega'$ の電子に遷移する際の有効結合定数 $g_{\mathrm{eff}}(\omega, \omega')\,[= g\Lambda_a^R(\omega, \omega')]$ を与えるものであるが，これが発散する場合は，たとえ裸の結合定数 $g$ がいかに小さいとしても，電子とフォノンは一体のものになって通常の電子の性質を残さない状態にあることを意味する．それゆえ，電子の存在振幅を測っている $G_a^R(\omega)$ は $\omega = \omega_\ell^*$ でゼロになる．

この自己エネルギーの発散の問題をモット転移の立場からみると，もし式 (1.429) で $\omega_\ell^* = 0$ ならば，この発散形はモット転移で金属電子が局在化することに対応している．今の場合は同じ発散形が $\omega_\ell^* > 0$ で現れたので，「動的局在化」という概念[67]で捉えられることを提唱している．もちろん，原子極限では電子ははじめから局在しているので，改めて動的"局在"ということはできないが，$H_K \neq 0$ で金属的になる場合にもこの概念が意味を持つことを，無限次元の HH 模型を動的平均場近似（Dynamical Mean–Field Theory：DMFT）で解析して証明し，動的局在化転移の存在が示唆[65〜67]された．なお，この動的局在の振動数はフォノンの固有振動数 $\omega_0$（か，その整数倍）でないことが重要で，それゆえ，電子と一体化した格子変形が結晶中を動き回らないので局在が起こっていると解釈されるのである．

### 1.5.4 ホルスタイン–ポーラロン

この項からは HH 模型で $H_K$ の効果を取り入れよう．手始めに $H_K$ は小さいと仮定して，これを摂動として取り扱おう．そして，周期境界条件を満たす長さ $a_0 N_L$（$a_0$：格子定数）の 1 次元鎖に電子が 1 個だけ存在する場合（1 電子系ではクーロン斥力の効果が全くなくなるので，HH 模型というよりも単にホルスタイン模型）のポーラロン運動の特徴を調べてみよう．なお，電子は 1 個とはじめから決めているので，式 (1.386) のハミルトニアンから $-\mu N$ の項を省いて考えよう．また，スピン自由度は問題としなくてよいので，添え字 $\sigma$ はこの項では省略する．すると，無摂動系のハミルトニアン $H_0$ は

$$H_0 = \sqrt{\alpha}\,\omega_0 \sum_i n_i(b_i + b_i^+) + \omega_0 \sum_i b_i^+ b_i \tag{1.435}$$

である．この $H_0$ に $H_K$ の摂動を加えたものが解くべき問題であるが，まず，$H_0 + H_K$ 全体に LF 変換 (1.389) を施し，$\tilde{H}_0$ の無摂動系に式 (1.393) の $\tilde{H}_K$ の摂動が加わる問題として考えよう．ここで，$\tilde{H}_0$ は相互作用項を省いて

$$\tilde{H}_0 = -\alpha\,\omega_0 \sum_i n_i + \omega_0 \sum_i b_i^+ b_i \tag{1.436}$$

となるので，無摂動系の任意の 1 電子固有状態 $|i; n_1, n_2, \cdots, n_{N_L}\rangle$ は

$$|i; n_1, n_2, \cdots, n_{N_L}\rangle = c_i^+ \prod_{j=1}^{N_L} \frac{1}{\sqrt{n_j!}} b_j^{+n_j} |\text{vac}\rangle \equiv c_i^+ \prod_{j=1}^{N_L} |n_j\rangle \quad (1.437)$$

で，その固有エネルギーは $-\alpha\omega_0 + \omega_0 \sum_{n_j=1}^{N_L} n_j$ である．

さて，$N_L$ 重に縮退した局所状態 $|u_i\rangle$ ($\equiv |i; 0, 0, \cdots, 0\rangle$) から $\tilde{H}_K$ の効果を取り込んだ固有状態を構成するために無摂動系の"ブロッホ状態" $\varphi_k^{(0)}$ を

$$\varphi_k^{(0)} = \frac{1}{\sqrt{N_L}} \sum_i e^{ikx_i} |u_i\rangle \quad (1.438)$$

で導入しよう．ここで，サイト $i$ の座標 $x_i$ は $ia_0$ とし，$k$ は第 1 ブリルアン帯 $(-\pi/a_0, \pi/a_0]$ の中の任意の一点とする．もちろん，$\varphi_k^{(0)}$ に対応する無摂動エネルギー $\varepsilon_k^{(0)}$ は $-\alpha\omega_0$ である．また，$\{\varphi_k^{(0)}\}$ 全体は正規直交系で

$$\langle \varphi_k^{(0)} | \varphi_{k'}^{(0)} \rangle = \frac{1}{N_L} \sum_{ij} \langle u_i | e^{-ikx_i} e^{ik'x_j} | u_j \rangle = \frac{1}{N_L} \sum_i e^{i(k'-k)x_i} = \delta_{kk'} \quad (1.439)$$

を満たす．この状態 $\varphi_k^{(0)}$ に $\tilde{H}_K$ の摂動を加えて，

$$\varphi_k = \varphi_k^{(0)} + \varphi_k^{(1)} + \varphi_k^{(2)} + \cdots; \quad \varepsilon_k = \varepsilon_k^{(0)} + \varepsilon_k^{(1)} + \varepsilon_k^{(2)} + \cdots \quad (1.440)$$

の形に展開しよう．このとき，$\varphi_k^{(n)}$ や $\varepsilon_k^{(n)}$ は通常の摂動展開の公式を用いて計算できる．たとえば，1 次摂動のエネルギー $\varepsilon_k^{(1)}$ は

$$\varepsilon_k^{(1)} = \langle \varphi_k^{(0)} | \tilde{H}_K | \varphi_k^{(0)} \rangle = \frac{1}{N_L} \sum_{ij} e^{ik(x_j - x_i)} \langle u_i | \tilde{H}_K | u_j \rangle$$

$$= -t \frac{1}{N_L} \sum_{\langle ij \rangle} e^{ik(x_j - x_i)} \langle 0 | X_i^+ X_j | 0 \rangle$$

$$= -t \frac{1}{N_L} \sum_{\langle ij \rangle} e^{ik(x_j - x_i)} \langle 0 | e^{-\alpha/2} e^{\sqrt{\alpha} b_i^+} e^{-\sqrt{\alpha} b_i} e^{-\alpha/2} e^{-\sqrt{\alpha} b_j^+} e^{\sqrt{\alpha} b_j} | 0 \rangle$$

$$= -2t e^{-\alpha} \cos(ka_0) \quad (1.441)$$

のように計算される．ここで，$X_i^+$ や $X_j$ は，それぞれ，式 (1.410) や式 (1.409) で $\tau = 0$ を代入したものを使って変形した．

同様に，$\varphi_k^{(0)}$ と直交する波動関数の 1 次摂動 $\varphi_k^{(1)}$ は

$$\varphi_k^{(1)} = -\sum_{j, \{n_j\}}{}' |j; n_1, \cdots, n_{N_L}\rangle \frac{\langle j; n_1, \cdots, n_{N_L} | \tilde{H}_K | \varphi_k^{(0)} \rangle}{\omega_0 (n_1 + \cdots + n_{N_L})}$$

$$= -\frac{1}{\sqrt{N_L}} \sum_i \sum_{j=i\pm 1} \sum_{\{n_j\}}{}' e^{ikx_i} \frac{\langle j; n_1, \cdots, n_{N_L} | \tilde{H}_K | u_i \rangle}{\omega_0 (n_1 + \cdots + n_{N_L})} \quad (1.442)$$

## 1.5 格子模型上のポーラロン

である．ここで，プライムの付いた和はエネルギー分母がゼロになる項を除くという意味である．この $\varphi_k^{(1)}$ を使うと，2 次摂動のエネルギー $\varepsilon_k^{(2)}$ は

$$\varepsilon_k^{(2)} = \langle \varphi_k^{(0)} | \tilde{H}_K | \varphi_k^{(1)} \rangle$$
$$= -\frac{1}{N_L} \sum_{ii'} e^{ik(x_i - x_{i'})} \sum_{j=i\pm 1} \sum_{\{n_j\}}{}' \frac{1}{\omega_0 (n_1 + \cdots + n_{N_L})}$$
$$\times \langle u_{i'} | \tilde{H}_K | j; n_1, \cdots, n_{N_L} \rangle \langle j; n_1, \cdots, n_{N_L} | \tilde{H}_K | u_i \rangle \quad (1.443)$$

を計算すればよいが，これまでと同じように，式 (1.409)〜(1.412) などの関係式を用いて $X_j^+$ や $X_j$, $X_j^+ b_j^{+n_j}$, $X_j b_j^{+n_j}$ を順次変形していくと，最終的に

$$\varepsilon_k^{(2)} = -2\frac{t^2}{\omega_0} e^{-2\alpha} \sum_{n_j n_{j'}}{}' \frac{1}{n_j + n_{j'}} \frac{\alpha^{n_j + n_{j'}}}{n_j! n_{j'}!}$$
$$- 2\frac{t^2}{\omega_0} e^{-2\alpha} \cos(2ka_0) \sum_{n_j}{}' \frac{1}{n_j} \frac{\alpha^{n_j}}{n_j!} \quad (1.444)$$

が得られる．フォノン数の和になっている部分は関数 $I(\alpha)$ を

$$I(\alpha) \equiv \int_0^1 dt \frac{e^{\alpha t} - 1}{t} = \sum_{\ell=1}^{\infty} \frac{1}{\ell} \frac{\alpha^{\ell}}{\ell!} \quad (1.445)$$

で定義して導入すると，式 (1.444) 右辺の第 1 項のフォノン和は $I(2\alpha)$, 第 2 項ではそれは $I(\alpha)$ でまとめられるので，

$$\varepsilon_k^{(2)} = -2\frac{t^2}{\omega_0} e^{-2\alpha} I(2\alpha) - 2\frac{t^2}{\omega_0} e^{-2\alpha} \cos(2ka_0) I(\alpha) \quad (1.446)$$

となる．なお，$\alpha < 1$ では $I(\alpha) \approx \alpha + \alpha^2/4$ がよい近似式であるが，$\alpha$ が 5 を超えるような強結合領域に入ると，$I(\alpha) \approx e^{\alpha}/\alpha$ となる．3 次以上の高次摂動の寄与のうち，分散関係に関係した部分の主要項も含めると，$\varepsilon_k$ は

$$\varepsilon_k = -2\frac{t^2}{\omega_0} e^{-2\alpha} I(2\alpha) - 2te^{-\alpha} \Big\{ \cos(ka_0) + \frac{t}{\omega_0} e^{-\alpha} I(\alpha) \cos(2ka_0)$$
$$+ \left(\frac{t}{\omega_0} e^{-\alpha} I(\alpha)\right)^2 \cos(3ka_0) + \cdots \Big\} \quad (1.447)$$

となる．このうち，第 1 項は電子のホッピング運動によるポーラロンエネルギーの利得を表すが，残りの項はポーラロンの分散関係を決めるものである．

このように，もともと，フォノンと結合しない裸の電子はコサインバンドで

あっても，ポーラロンの分散関係はコサインバンドからずれる．ただし，強結合極限ではやはりコサインバンドに戻る．なお，コサインバンドでは $k \approx 0$ の周りで展開すると，裸の電子の場合，$\varepsilon_k \approx -2t + ta_0^2 k^2$ なので，その裸の電子の質量 $m$ は $m = 1/(2ta_0^2)$ となるが，ポーラロンでの有効質量 $m^*$ は強結合領域では $m^* = 1/(2te^{-\alpha}a_0^2)$ なので，$m^*/m$ は

$$\frac{m^*}{m} = e^\alpha = \frac{t}{t_{\text{eff}}} \tag{1.448}$$

となる．ここで，$t_{\text{eff}}\,(=te^{-\alpha})$ は"有効ホッピング積分"であり，裸の $t$ よりはずっと小さい．ちなみに，$H_\text{K}$ の効果を事実上制御しているのはこの $t_{\text{eff}}$ であるため，$H_\text{K}$ を $\omega_0$ のエネルギースケールに比べてずっと小さい摂動として取り扱うことは多くの場合で正当化される．さらにいえば，$\alpha$ が大きくない場合でも $t \ll \omega_0$ の"反断熱極限"ではこの摂動計算の最低次だけ（すなわち，2 サイト問題）を考慮するだけで十分であって，$\varepsilon_k^{(1)}$ の結果から $m^*/m = e^\alpha$ が常に成り立つ．

### 1.5.5 2および4サイト系の数値計算

前項の考察から明らかなように，$\alpha$ が大きい強結合領域，あるいは，$t \ll \omega_0$ の反断熱極限領域のいずれかの条件が成り立つ場合，たとえ $H_\text{K}$ を取り入れて原子極限を超えたとしても小さいクラスター（2 サイトかせいぜい 4 サイト程度の系）を考えれば，HH 模型が内包する重要な物理を漏らすことなく調べられることになる．たとえば，前項でみたように強結合か反断熱極限領域では，2 サイト系で $t_{\text{eff}}$ を評価すれば，$m^*$ が定量的に正確に決定されることになる．そこで，この項では 2 および 4 サイトの HH 模型を議論しよう．なお，この模型に基づく超伝導に関連した議論は 3.4.2 項で行う．

ところで，II.2.3 節で取り扱ったハバード模型ならば 2 サイト系は解析計算で調べられるが，HH 模型では各サイトにフォノン自由度が付随していて，それを正確に取り扱うには少なくとも基底状態から順に 30 個，できれば，50 個程度のフォノンの固有状態が必要になる．すると，2 サイト系ハーフフィルドでスピンシングレットの場合，電子自由度は 3 なのでハミルトニアンを展開する基底の数は $(3 \times 30)^2 = 8100$ となり，大体 1 万次元の対称行列を対角化して

各固有状態やそれを基にして各物理量を計算することになる．これでは数値厳密対角化などの数値計算の手法に頼らなければ結果が得られないことになる．さらに4サイト系では，対角化すべきハミルトニアンの行列は約1億次元になり，通常の数値厳密対角化のサブルーチンは使えなくなる．

このような超巨大エルミート行列で表現されるハミルトニアン $H$ の基底状態や低励起状態を精度よく計算するアルゴリズムとして，「ランチョス（Lanczos）法[68]」がある．また，これと同等の，しかし，物理への応用を意識して定式化された「再帰法（Recursion Method）[69]」がある．そして，これらの一つの発展形として，「密度行列繰り込み群（Density–Matrix Renormalization Group：DMRG）[70]」がある．この他にもホルスタイン系への応用という意味では，ヒルベルト空間の中で考慮すべき部分空間の大きさを変分的に決定しながら厳密対角化で問題を解くトラグマン（Trugman）らの方法[71]やすべての摂動項を包含しながらももっと解析的な計算ができるような近似のやり方を工夫した「運動量平均化（Momentum Average: MA）近似法[72]」，1.5.3項の最後でも触れた「動的平均場理論（DMFT）[73]」などがある．ここでは，再帰法だけを解説することにして，他の方法に興味のある読者は巻末に掲げた参考論文やその発展論文を検索して勉強されたい．

さて，任意の $H$ が与えられた場合，再帰法での定式化は次のようになる．
① まず，規格化された試行基底状態 $|u_0\rangle$ を選択することになるが，基本的にこれは任意に選んでよい．ただ，$H$ が持つ対称性のうち，基底状態が満たすと想定される対称性と整合的に与える必要がある．なお，いうまでもないが，$|u_0\rangle$ の表現（ベクトル表示の場合の基底関数系）は与えられた $H$ の表現と同じものを選んで $H$ との演算がたやすくできるようにする．
② 次に，この $|u_0\rangle$ に $H$ を作用させて

$$H|u_0\rangle = a_0|u_0\rangle + b_1|u_1\rangle \tag{1.449}$$

と書こう．ここで，$a_0$ は

$$a_0 \equiv \langle u_0|H|u_0\rangle \tag{1.450}$$

で与えた．すると，$b_1|u_1\rangle = (H-a_0)|u_0\rangle$ となるので，もし $b_1|u_1\rangle = 0$ なら，

$|u_0\rangle$ は固有エネルギーが $a_0$ の $H$ の固有状態であることが分かり，基底状態の候補の一つとなる．これとは別の候補が欲しければ，①に戻って $|u_0\rangle$ に別の選択をして再度手順を進めればよい．もし $b_1|u_1\rangle \neq 0$ なら，c 数の係数 $b_1$ は $b_1 \neq 0$ ということになるので，$|u_1\rangle = (H-a_0)|u_0\rangle/b_1$ となるが，これに左から $\langle u_0|$ を作用させると，$\langle u_0|u_0\rangle = 1$ なので，$\langle u_0|u_1\rangle = \langle u_0|H-a_0|u_0\rangle/b_1 = 0$ となる．これから，$|u_1\rangle$ は $|u_0\rangle$ と直交することが分かり，しかも，

$$b_1 = \{[(H-a_0)|u_0\rangle]^+|(H-a_0)|u_0\rangle\}^{-1/2} \tag{1.451}$$

と決めると，$\langle u_1|u_1\rangle = 1$ となる．この $|u_1\rangle$ の規格直交性を用いると，式 (1.449) と $H$ のエルミート性から次の関係式を得る．

$$b_1 = \langle u_1|H|u_0\rangle = \langle u_0|H|u_1\rangle \tag{1.452}$$

③さらに，この $|u_1\rangle$ に $H$ を作用させて

$$H|u_1\rangle = a_1|u_1\rangle + b_2|u_2\rangle + b_1|u_0\rangle \tag{1.453}$$

と書こう．ここで，$a_1$ は

$$a_1 = \langle u_1|H|u_1\rangle \tag{1.454}$$

で与えた．そこで，式 (1.453) の左から $\langle u_0|$ を作用させると，

$$\langle u_0|H|u_1\rangle = b_1 + b_2\langle u_0|u_2\rangle \tag{1.455}$$

となる．しかるに，この式の左辺は式 (1.452) より $b_1$ なので $b_2\langle u_0|u_2\rangle = 0$ となる．これから，もし $b_2|u_2\rangle = 0$ なら，$H$ の固有状態が $|u_0\rangle$ と $|u_1\rangle$ で作られる部分ヒルベルト空間中に存在することになるので，$2 \times 2$ エルミート行列の対角化という簡単な計算後に得られる 2 つの固有状態の中で低い固有エネルギーのものがヒルベルト空間全体の基底状態の候補の一つになる．別の候補が欲しければ，①に戻って $|u_0\rangle$ に別の選択をして再度手順を進めればよい．もし $b_2|u_2\rangle \neq 0$ なら，$b_2 \neq 0$ なので，$\langle u_0|u_2\rangle = 0$ となり，これから $|u_2\rangle$ は $|u_0\rangle$ に直交し，しかも，式 (1.453) の左から $\langle u_1|$ を作用させ，式 (1.454) を使うと $a_1 = \langle u_1|H|u_1\rangle = a_1 + b_2\langle u_1|u_2\rangle$ なので，$\langle u_1|u_2\rangle = 0$ が得られ，$|u_2\rangle$ は $|u_1\rangle$ にも直交する．そして，$b_2|u_2\rangle = (H-a_1)|u_1\rangle - b_1|u_0\rangle$ であるので，

$$b_2 = \{[(H-a_1)|u_1\rangle]^+ |(H-a_1)|u_1\rangle + b_1^2\}^{-1/2} \qquad (1.456)$$

とすると，$\langle u_2|u_2\rangle = 1$ となり，$|u_2\rangle$ は規格化される．そこで，式 (1.453) の左から $\langle u_2|$ を作用させ，$H$ のエルミート性を使うと，次の関係式が導かれる．

$$b_2 = \langle u_2|H|u_1\rangle = \langle u_1|H|u_2\rangle \qquad (1.457)$$

④得られた $|u_2\rangle$ に再度 $H$ を作用させて $H|u_2\rangle$ を考えると，これは $|u_0\rangle$ の成分を持たない．なぜならば，$H$ のエルミート性と式 (1.449) を用いると，

$$\langle u_0|H|u_2\rangle = \langle u_2|H|u_0\rangle = a_0\langle u_2|u_0\rangle + b_1\langle u_2|u_1\rangle = 0 \qquad (1.458)$$

が得られるからである．したがって，$H|u_2\rangle$ は

$$H|u_2\rangle = a_2|u_2\rangle + b_3|u_3\rangle + b_2|u_1\rangle \qquad (1.459)$$

と書くことができる．ここで，$a_2$ は

$$a_2 = \langle u_2|H|u_2\rangle \qquad (1.460)$$

で与えた．すると，式 (1.459) の左から順に，$\langle u_2|$，$\langle u_1|$，$\langle u_0|$ を作用させていくと，それぞれ，$\langle u_2|u_3\rangle = 0$，$\langle u_1|u_3\rangle = 0$，$\langle u_0|u_3\rangle = 0$ が得られるので，$|u_3\rangle$ は $|u_0\rangle$，$|u_1\rangle$，$|u_2\rangle$ のすべてに直交することが分かる．そして，$b_3|u_3\rangle = (H-a_2)|u_2\rangle - b_2|u_1\rangle$ であるので，$|u_3\rangle$ を規格化するために $b_3$ を

$$b_3 = \{[(H-a_2)|u_2\rangle]^+ |(H-a_2)|u_2\rangle + b_2^2\}^{-1/2} \qquad (1.461)$$

と決め，得られた $\langle u_3|$ を式 (1.459) の左から作用させて次式を得る．

$$b_3 = \langle u_3|H|u_2\rangle = \langle u_2|H|u_3\rangle \qquad (1.462)$$

⑤これまでに説明してきた手順は逐次的に続けることができる．すなわち，今，規格化され相互に直交する $(n+1)$ 個の基底 $\{|u_i\rangle\}$ $(i = 0, 1, 2, \cdots, n)$ が既に得られている場合，最後に求められた $|u_n\rangle$ にもう一度 $H$ を作用させよう．すると，これまでと同じ論理で，これは $\langle u_i|H|u_n\rangle = 0$ $(i = 0, 1, \cdots, n-2)$ を満たすので，$H|u_n\rangle$ は

$$H|u_n\rangle = a_n|u_n\rangle + b_{n+1}|u_{n+1}\rangle + b_n|u_{n-1}\rangle \qquad (1.463)$$

のように書ける．この関係を用いると，既に得られている $(n+1)$ 個の正規直交基底 $|u_0\rangle, |u_1\rangle, \cdots, |u_n\rangle$ のすべてに直交し，しかも，$b_{n+1}$ を

$$b_{n+1} = \{[(H-a_n)|u_n\rangle]^\dagger |(H-a_n)|u_n\rangle + b_{n-1}^2\}^{-1/2} \tag{1.464}$$

と決めると，$|u_{n+1}\rangle$ は $(n+2)$ 個目の新たな正規直交基底ということになる．なお，係数 $a_n$ と $b_{n+1}$ は次の関係式を満たす．

$$a_n = \langle u_n|H|u_n\rangle, \quad b_{n+1} = \langle u_{n+1}|H|u_n\rangle = \langle u_n|H|u_{n+1}\rangle \tag{1.465}$$

⑥このようにして漸次決められた基底 $\{|u_i\rangle\}$ ($i=0,1,2,3,\cdots$) を用いると，ハミルトニアン $H$ は次のような三重対角行列で表現される．

$$H = \begin{pmatrix} a_0 & b_1 & 0 & 0 & 0 & \cdots \\ b_1 & a_1 & b_2 & 0 & 0 & \cdots \\ 0 & b_2 & a_2 & b_3 & 0 & \cdots \\ 0 & 0 & b_3 & a_3 & b_4 & \cdots \\ 0 & 0 & 0 & b_4 & a_4 & \cdots \\ \cdot & \cdot & \cdot & \cdot & \cdot & \cdots \end{pmatrix} \tag{1.466}$$

したがって，この三重対角行列 $H$ を汎用サブルーチンで対角化すれば，$|u_0\rangle$ と同じ対称性を持つ基底状態や励起状態が得られることになる．

⑦この方法では，固有状態を求めるだけでなく，状態 $|u_0\rangle$ に"射影された"遅延グリーン関数 $G_{00}^R(\omega)$ も直接的に計算される．ここで，$G_{00}^R(\omega)$ は

$$G_{00}^R(\omega) = \left\langle u_0 \left| \frac{1}{\omega + i0^+ - H} \right| u_0 \right\rangle \tag{1.467}$$

で定義される．ところで，$\omega + i0^+ - H$ を式 (1.466) のような行列形式で書き上げると，その逆行列の $(0,0)$ 成分が $G_{00}^R(\omega)$ ということになる．そして，その逆行列の計算のためには行列式が必要になるので，新たな関数 $\Delta_n(\omega)$ を

$$\Delta_n(\omega) \equiv \det \begin{pmatrix} \omega - a_n & -b_{n+1} & 0 & 0 & \cdots \\ -b_{n+1} & \omega - a_{n+1} & -b_{n+2} & 0 & \cdots \\ 0 & -b_{n+2} & \omega - a_{n+2} & -b_{n+3} & \cdots \\ 0 & 0 & -b_{n+3} & \omega - a_{n+3} & \cdots \\ \cdot & \cdot & \cdot & \cdot & \cdots \end{pmatrix} \tag{1.468}$$

で定義すると，$\Delta_n(\omega)$ の漸化式として

$$\Delta_n(\omega) = (\omega - a_n)\Delta_{n+1}(\omega) - b_{n+1}^2 \Delta_{n+2}(\omega) \tag{1.469}$$

が導かれる．そこで，$G_n^R(\omega) \equiv \Delta_{n+1}(\omega+i0^+)/\Delta_n(\omega+i0^+)$ によって $G_n^R(\omega)$ を導入すると，式 (1.469) の漸化式から次式が得られる．

$$G_n^R(\omega) = \frac{1}{\omega + i0^+ - a_n - b_{n+1}^2 G_{n+1}^R(\omega)} \tag{1.470}$$

しかるに，$G_{00}^R(\omega) = \Delta_1(\omega+i0^+)/\Delta_0(\omega+i0^+)$ なので，$G_{00}^R(\omega) = G_0^R(\omega)$ は

$$G_{00}^R(\omega) = \cfrac{1}{\omega + i0^+ - a_0 - \cfrac{b_1^2}{\omega + i0^+ - a_1 - \cfrac{b_2^2}{\omega + i0^+ - \cdots}}} \tag{1.471}$$

のような連分数の形で与えられることになる．

⑧実際の計算に際して，$H$ が電子数を保存する（すなわち，$[H,N]=0$）ならば，$|u_0\rangle$ に含まれる電子数と同じ電子数の基底 $|u_n\rangle$ しか生成できない．これは電子数を固定したヒルベルト空間での基底状態を求めるときには便利であるが，電子数が異なる場合を含めて（平均の電子数が化学ポテンシャル $\mu$ で決められる）ヒルベルト-フォック空間全体での基底状態を探す場合には工夫を要する．一つのやり方としては，電子数やスピン状態の異なる $|u_0\rangle$ をできるだけ多数用意してヒルベルト-フォック空間全体をカバーできるような基底を作っておくことである．ただ，この方法は基底を自動生成するという再帰法の一つの利点が消えるので，それを避けるやり方として $H$ に電子消滅生成項 $\epsilon_{ac}H_{ac}$ やスピンフリップ項 $\epsilon_{sf}H_{sf}$ を加えて $|u_n\rangle$ を生成し，計算の最後の段階で人為的に付加した項の係数，$\epsilon_{ac}$ や $\epsilon_{sf}$，をできるだけ小さくする方法が考えられる．いずれにしても，このようにして得られたヒルベルト-フォック空間全体での基底状態 $|\Phi_0\rangle$ が得られた場合，1電子グリーン関数 $G_{i\sigma i'\sigma'}(\tau) = -\langle T_\tau c_{i\sigma}(\tau) c_{i'\sigma'}^+ \rangle$ の遅延形 $G_{i\sigma i'\sigma'}^R(\omega)$ は $T=0$ で

$$\begin{aligned} G_{i\sigma i'\sigma'}^R(\omega) &= \left\langle \Phi_0 \left| c_{i\sigma} \frac{1}{\omega + i0^+ - H + E_0} c_{i'\sigma'}^+ \right| \Phi_0 \right\rangle \\ &+ \left\langle \Phi_0 \left| c_{i'\sigma'}^+ \frac{1}{\omega + i0^+ + H - E_0} c_{i\sigma} \right| \Phi_0 \right\rangle \end{aligned} \tag{1.472}$$

で計算される. ただし, $E_0$ は $|\Phi_0\rangle$ に対応する基底状態エネルギーである.

以上の数値計算手法の準備の下で, まず, 2 サイト HH 模型, すなわち, 式 (1.386) の $H_{HH}$ で $i$ は 1 か 2 だけの系を考えよう. この場合, 式 (1.387) の $H_K$ を対角化する表示は式 (II.2.111) で導入した "運動量表示" であって $k = 0$ か $\pi$ として, $c_{k\sigma} = (c_{1\sigma} + e^{ik}c_{2\sigma})/\sqrt{2}$ である. すると,

$$H_K = -t \sum_{k=0,\pi} \sum_{\sigma} \cos k \; c_{k\sigma}^+ c_{k\sigma} \tag{1.473}$$

となり, 結合軌道 ($k = 0$) のエネルギー $-t$ と反結合軌道 ($k = \pi$) のそれ $t$ との間隔は $2t$ となる. なお, この項では格子定数 $a_0$ は 1 とする.

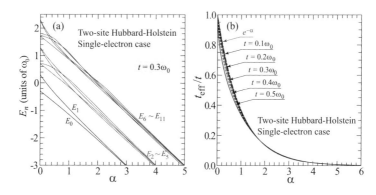

図 **1.32** (a) 2 サイト HH 模型における 1 ポーラロン系のエネルギー準位 $E_n$. $t = 0.3\omega_0$ の場合に基底状態から第 11 励起状態までの $E_n$ を結合定数 $\alpha$ の関数としてプロットしたもの. (b) 有効ホッピング積分 $t_{\text{eff}}$ と裸の $t$ の比を $\alpha$ の関数として描いたもの. $t$ が $0.5\omega_0$ 以下では $t_{\text{eff}}/t$ は常にほぼ $e^{-\alpha}$ に一致する.

そこで, まず, $|u_0\rangle = c_{1\uparrow}^+|{\rm vac}\rangle$ から出発して全電子数が 1 の部分空間で基底状態から順にエネルギー準位 $E_n$ ($n = 0, 1, 2, 3, \cdots$) を計算しよう. 得られた結果の一例が図 1.32(a) に与えられている. (なお, 1 電子部分空間では $\mu$ や $U$ は意味を持たないので, それらは共にゼロと取っている.) その図からも明らかなように, $\alpha$ が大きくなると, $E_0$ と $E_1$ は共に急激に $-\alpha\omega_0$ に近づいている. これはポーラロンが基本的には各サイトに局在して $-\alpha\omega_0$ のエネルギーを持つ基底状態に落ち着いていることを示しているが, ただ, 弱いサイト間ホッピング効果が残っていて, その結果, 二重に縮退した $-\alpha\omega_0$ の状態が 2 つに分裂し

て $E_0$ を与える結合軌道状態と $E_1$ を与える反結合軌道状態になっていると理解される．この弱いサイト間ホッピング効果は有効ホッピング積分 $t_{\text{eff}}$ という形で捉えられ，$E_1 - E_0 = 2t_{\text{eff}}$ の関係から $t_{\text{eff}}$ の値が決められる．

図 1.32(b) には，こうして得られた $t_{\text{eff}}$ と $t$ の比をいろいろな $t$ や $\alpha$ について計算した結果が示されている．これから明らかなように，この比は常にほぼ $e^{-\alpha}$ に等しい．これは式 (1.448) の結果と整合していて，$m/m^* = e^{-\alpha}$ というホルスタイン–ポーラロンの特徴的な性質をよく再現していることになる．ちなみに，図 1.32(a) で $\alpha \to \infty$ の極限では，実フォノンの総励起数が $E_n$ の値を決めるが，その実フォノン数を各サイトに分配する組み合わせの数がそのエネルギーでの縮退度を与えている．

次に，全電子数が 1 だけでなく，2 や 3 の部分空間も含めた基底を生成した．そして，$\mu$ を式 (1.423) で決めると基底状態がハーフフィルドになり，その状況で遅延 1 電子グリーン関数 $G_{k\omega}^R(\omega)$ を計算した．その $G_{k\omega}^R(\omega)$ から

$$G_{k\omega}^R(\omega) = \frac{1}{\omega + i0^+ + t\cos k + \mu - \Sigma_{k\sigma}^R(\omega)} \quad (1.474)$$

の関係式で遅延自己エネルギー $\Sigma_{k\sigma}^R(\omega)$ が得られる．得られた結果の中で動的局在化の観点から特に興味深い反断熱領域 $t \ll \omega_0$ で $U = 2\alpha\omega_0$ という "金属的" な状況で $\text{Re}\Sigma_{k\sigma}^R(\omega)$ を計算して，式 (1.429) の "原子極限" の $\text{Re}\Sigma_a^R(\omega)$ と比較した．一例として，図 1.33(a) には $\alpha = 1$ で $t = 0.05\omega_0$ での結果を $\omega$ が $[0, \omega_0]$ の領域で示している．ここでまず注目すべきことは，$\omega = \omega_1^*$ で発散する原子極限での $\text{Re}\Sigma_a^R(\omega)$ の定性的な振る舞い（式 (1.429) を参照のこと）はそのまま $\text{Re}\Sigma_{0\sigma}^R(\omega)$ や $\text{Re}\Sigma_{\pi\sigma}^R(\omega)$ にも引き継がれ，$\omega$ がある振動数（それぞれ，$\omega_1^{(0)}$ や $\omega_1^{(\pi)}$ であるとしよう）で発散しているので，その意味で動的局在の概念がこの 2 サイト HH 模型でも有効であることが分かる．なお，$\omega_1^* < \omega_1^{(\pi)} < \omega_1^{(0)}$ であるので，図 1.31(a) の結果を参考にすると，$t \neq 0$ になったことで局在化につながる結合定数 $\alpha$ が有効的に小さくなった，とりわけ，結合軌道状態 ($k = 0$) の方が反結合状態 ($k = \pi$) よりもより小さくなったと解釈される．これはサイト間の波動関数のつながりが対称的であるよりも反対称的な方がもともと局在性が強く，それゆえ，有効結合定数の $\alpha$ からの減少も小さくなっているためと考えられる．ちなみに，発散する振動数はシフトするものの発散強度はそれ

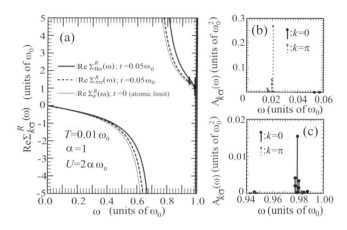

図 1.33 (a) ハーフフィルドの 2 サイト HH 模型における遅延自己エネルギーの実部 $\mathrm{Re}\,\Sigma^R_{k\sigma}(\omega)$ ($k = 0, \pi$) の計算例. 反断熱領域の $t = 0.05\omega_0$ において, $\alpha = 1$ で $U = 2\alpha\omega_0$ の "金属的" な状況を考えた. 温度は $T = 0.01\omega_0$ としたが, これは実質上, $T = 0$ と同じである. 比較のため, 原子極限での $\mathrm{Re}\,\Sigma^R_a(\omega)$ を細実線で描いている. 対応する 1 電子スペクトル関数 $A_{k\sigma}(\omega)$ はデルタ関数の和で表されるが, その位置と重みが (b) と (c) に示されている. なお, $0.06\omega_0 < \omega < 0.94\omega_0$ ではデルタ関数の寄与はなく, $A_{k\sigma}(\omega) = 0$ である.

ほど変化しない結果が得られたが, これは図 1.31(b) に示したように, $\sigma_1^*$ の $\alpha$ 依存性は小さいからと理解される.

この $\mathrm{Re}\,\Sigma^R_{k\sigma}(\omega)$ は $\omega$ が 0 や $\omega_0$ 近傍の大体 $t$ の幅の領域で急激な変化を示す構造を持つが, これは図 1.33(b) と (c) で与えた 1 電子スペクトル関数 $A_{k\sigma}(\omega)$ [$\equiv -\mathrm{Im}\,G^R_{k\sigma}(\omega)$] の構造に対応している. このいくつかのデルタ関数の和になっている $A_{k\sigma}(\omega)$ の離散的な振る舞いは無限サイト系では連続スペクトルに移行するものであり, その意味で, これは金属的な振る舞いの現れといえる. それゆえ, この $A_{k\sigma}(\omega)$ の構造が現れる $\omega$ の領域に $\omega_1^{(0)}$ や $\omega_1^{(\pi)}$ が入るような $t$ や $\alpha$ では動的局在の概念が成立しなくなると考えられる.

最後に, HH 模型で特徴的な "金属的" 状況をもう少し詳しく調べるために, ハーフフィルドでの基底波動関数の成分分析を 2 サイト系[74], および, 4 サイト系[75] で行った. なお, 相互作用の無い系でハーフフィルドの電子状態が閉殻構造を取るために, 2 サイト系では周期境界条件を, そして, 4 サイト鎖系では反周期境界条件を採用した. そのため, 電子の消滅演算子を運動量表示 $c_{k\sigma}$

で表すと，2サイト系ではこれまで通り，$k = 0, \pi$ を取るが，4サイト鎖系では $c_{k\sigma} = (c_{1\sigma} + e^{ik}c_{2\sigma} + e^{2ik}c_{3\sigma} + e^{3ik}c_{4\sigma})/2$ として $k = \pm k_0, \pm 3k_0$ となる. ここで，$k_0 = \pi/4$ である. なお，このとき，$H_K$ は

$$H_K = -2t \sum_{k=\pm k_0, \pm 3k_0} \sum_\sigma \cos k \; c_{k\sigma}^+ c_{k\sigma} \tag{1.475}$$

となる. したがって，$k = \pm k_0$ の状態から $k = \pm 3k_0$ の状態へ遷移する際の励起エネルギーは $4t\cos(k_0) = 2\sqrt{2}t$ である. 一方，2サイト系では $k = 0 \to \pi$ への遷移に際して対応する励起エネルギーは $2t$ なので，$H_K$ の効果が2サイト系と4サイト系で同じであるためには4サイト系の $t$ は2サイト系の $t$ と比べて $1/\sqrt{2}$ 倍すればよいことになる.

まず，2サイト2電子系（ハーフフィルド）での基底波動関数 $|\Phi_0^{(2)}\rangle$ の成分を調べると，サイト表示での $|\Phi_0^{(2)}\rangle$ は $t < \omega_0$ では常に大変よい近似で

$$|\Phi_0^{(2)}\rangle = \left[ \frac{B^{(2)}}{\sqrt{2}}(B_1^+ + B_2^+) + S^{(2)}S_{12}^+ \right] |\text{vac}\rangle \tag{1.476}$$

の形に書けることが分かった. ここで，$\tilde{c}_{i\sigma}$ を式 (1.390) のポーラロンの消滅演算子として，バイポーラロン生成演算子を $B_i^+ \equiv \tilde{c}_{i\uparrow}^+ \tilde{c}_{i\downarrow}^+$，また，スピンシングレットのポーラロン対生成演算子を $S_{ij}^+ \equiv (\tilde{c}_{i\uparrow}^+ \tilde{c}_{j\downarrow}^+ - \tilde{c}_{i\downarrow}^+ \tilde{c}_{j\uparrow}^+)/\sqrt{2}$ で導入した. そして，$U \ll 2\alpha\omega_0$ の CDW 領域では係数 $B^{(2)} \approx 1$ であるが，もう一つの係数 $S^{(2)} \approx 0$ となる. 逆に，$U \gg 2\alpha\omega_0$ の SDW 領域では $S^{(2)} \approx 1$ で $B^{(2)} \approx 0$ となる. 図 1.34(a) にはこの状況が示されている.

しかし，$U \approx 2\alpha\omega_0$ では $B^{(2)} \approx S^{(2)}$ となって，このサイト表示では波動関数の性格が明確でない. そこで，運動量表示で同じ $|\Phi_0^{(2)}\rangle$ を書き直すと，

$$|\Phi_0^{(2)}\rangle = a_0^{(2)}|\text{FS}^{(2)}\rangle + a_\pi^{(2)}|\overline{\text{FS}}^{(2)}\rangle \tag{1.477}$$

となる. ここで，"フェルミ球状態" $|\text{FS}^{(2)}\rangle$ と "反フェルミ球状態" $|\overline{\text{FS}}^{(2)}\rangle$ は

$$|\text{FS}^{(2)}\rangle = \tilde{c}_{0\uparrow}^+ \tilde{c}_{0\downarrow}^+ |\text{vac}\rangle, \quad |\overline{\text{FS}}^{(2)}\rangle = \tilde{c}_{\pi\uparrow}^+ \tilde{c}_{\pi\downarrow}^+ |\text{vac}\rangle \tag{1.478}$$

で定義される. すると，この表示で $U \approx 2\alpha\omega_0$ では，係数 $a_0^{(2)}$ はほぼ 1，もう一つの係数 $a_\pi$ はほぼ 0 となるので，$|\Phi_0^{(2)}\rangle$ はほぼ相互作用のないポーラロンの "フェルミ球状態" であることが分かる.（なお，$a_\pi$ はポーラロン間に働く相

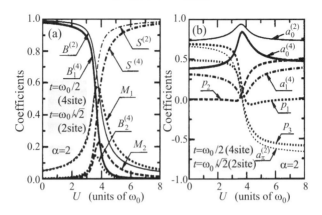

図 1.34 (a) サイト表示，および，(b) 運動量表示の基底波動関数の成分分析．細線は 2 サイト系，太線は 4 サイト系の各成分の大きさを $U$ の関数として描いた．なお，$\alpha = 2$ とし，$t$ は 2 サイト系で $\omega_0/\sqrt{2}$，4 サイト系では $\omega_0/2$ とした．

関効果の強さの尺度となる．) 図 1.34(b) には，係数 $a_0^{(2)}$ や $a_\pi^{(2)}$ の $U$ 依存性の様子が示されている．ちなみに，$a_0^{(2)}$ が最大になって最も "金属的" な状況になるのは，この図の場合，(すなわち，$\alpha = 2$ で $t = 1/\sqrt{2}$ では) 原子極限で予想される $U_c^a = 2\alpha\omega_0 = 4\omega_0$ ではなく，$U_c = 3.70\,\omega_0$ のときになっている．これは $t \neq 0$ となって電子が動くようになるとフォノン媒介引力に遅延効果が生じて，引力が有効的に弱められるためである．もちろん，この $U_c$ は $t$ や $\alpha$ に依存して決まってくる．そして，この $U = U_c$ を境として $a_\pi$ の符号が変化するが，これは相関効果が引力によるものから斥力によるものに変化したことを示唆する．

次に，同じような成分分析を 4 サイト系で行った．ハーフフィルド（すなわち，4 電子系）での基底状態の波動関数 $|\Phi_0^{(4)}\rangle$ はサイト表示で

$$|\Phi_0^{(4)}\rangle = B_1^{(4)}|\mathrm{BP}_1\rangle + B_2^{(4)}|\mathrm{BP}_2\rangle + M_1|\mathrm{M}_1\rangle + M_2|\mathrm{M}_2\rangle + S^{(4)}|\mathrm{RVB}\rangle \quad (1.479)$$

となる．ここで，$|\mathrm{BP}_1\rangle$ と $|\mathrm{BP}_2\rangle$ は 2 種のバイポーラロン状態で，それぞれ，

$$|\mathrm{BP}_1\rangle = \frac{1}{\sqrt{2}}(B_1^+ B_3^+ + B_2^+ B_4^+)|\mathrm{vac}\rangle \quad (1.480)$$

$$|\mathrm{BP}_2\rangle = \frac{1}{2}(B_1^+ B_2^+ + B_2^+ B_3^+ + B_3^+ B_4^+ + B_4^+ B_1^+)|\mathrm{vac}\rangle \quad (1.481)$$

で定義される．また，$|\mathrm{M}_1\rangle$ と $|\mathrm{M}_2\rangle$ はバイポーラロンとスピンシングレット対

## 1.5 格子模型上のポーラロン

の混合状態で，それぞれの定義は

$$|M_1\rangle = \frac{1}{\sqrt{8}}(B_1^+ S_{23}^+ + B_1^+ S_{34}^+ + B_2^+ S_{41}^+ + B_2^+ S_{34}^+ + B_3^+ S_{12}^+ + B_3^+ S_{41}^+$$
$$+ B_4^+ S_{12}^+ + B_4^+ S_{23}^+)|\text{vac}\rangle \tag{1.482}$$

$$|M_2\rangle = \frac{1}{2}(B_1^+ S_{24}^+ + B_2^+ S_{31}^+ + B_3^+ S_{41}^+ + B_4^+ S_{13}^+)|\text{vac}\rangle \tag{1.483}$$

である．さらに，$|\text{RVB}\rangle$ は共鳴共有結合（Resonating Valence Bond：RVB）状態[76)]で，その定義は次の通りである．

$$|\text{RVB}\rangle = \frac{1}{\sqrt{3}}(S_{12}^+ S_{34}^+ - S_{23}^+ S_{41}^+)|\text{vac}\rangle. \tag{1.484}$$

そして，図 1.34(a) で分かるように，$U \ll 2\alpha\omega_0$ では $B_1^{(4)}$ が他を圧倒しているので，基底状態は周期 2 のバイポーラロンの規則的な配列の CDW 状態であるといえる．なお，次に大きな係数は $M_1$ であるので，このバイポーラロンの配列を壊す最重要過程は，配列の中の 1 つのバイポーラロンが壊れて 2 つのポーラロンに分裂し，できた 2 つのポーラロンのうち 1 つはそのサイトに残り，他の 1 つは隣のサイトに移動するものである．ちなみに，このバイポーラロン崩壊過程は最近接サイト間で起こるものなので，2 サイト系でも 4 サイト系でも同じような頻度で起こるものと考えられる．実際，この CDW 領域では $S^{(2)} \approx M_1$ となっている．それから，$B_2^{(4)}$ は大変小さいので，バイポーラロンの形のままでのサイト間移動はほとんど起こらないと結論できる．

一方，$U \gg 2\alpha$ では，圧倒的に $S^{(4)}$ が大きくなり，したがって，SDW というよりは RVB 状態が現れることになる．ただ，4 サイトという小さなクラスター系でしかも 1 次元的な構造を考えたため，スピンの量子ゆらぎが強調されすぎて RBV になってしまった可能性がある．このため，バルク系の基底状態も SDW でなく RVB であるとの結論は早計には出せないことになる．

中間の転移領域（$U \approx 2\alpha\omega_0$）では $U$ の増加に伴い，$B_1^{(4)}$ は急激に小さくなると同時に $S^{(4)}$ は急上昇し，$U = U_c$ で両者は入れ替わる．なお，ここではこの両者よりも $M_1$ の方が大きくなる．実際，$M_1$ は $U = U_c$ で最大となり，バイポーラロンを壊してポーラロンを移動させることで CDW 状態から RVB 状態に近づいていく過程が活発に起こっていることを示唆している．

この中間領域をもっと調べるために，$|\Phi_0^{(4)}\rangle$ を運動量表示しよう．すると，

$$|\Phi_0^{(4)}\rangle = a_0^{(4)}|\text{FS}^{(4)}\rangle + a_1^{(4)}|\overline{\text{FS}}^{(4)}\rangle + \frac{p_1}{2}(|\text{P}_2\rangle + |\text{P}_4\rangle)$$
$$+ \frac{p_2}{\sqrt{12}}(|\text{P}_2\rangle - 2|\text{P}_3\rangle - |\text{P}_4\rangle) + \frac{p_3}{\sqrt{2}}|\text{P}_1\rangle \qquad (1.485)$$

となる．ここで，"フェルミ球状態"$|\text{FS}^{(4)}\rangle$ と "反フェルミ球状態" $|\overline{\text{FS}}^{(4)}\rangle$ は

$$|\text{FS}^{(4)}\rangle = \tilde{c}^+_{k_0\uparrow}\tilde{c}^+_{-k_0\uparrow}\tilde{c}^+_{k_0\downarrow}\tilde{c}^+_{-k_0\downarrow}|\text{vac}\rangle \qquad (1.486)$$

$$|\overline{\text{FS}}^{(4)}\rangle = \tilde{c}^+_{3k_0\uparrow}\tilde{c}^+_{-3k_0\uparrow}\tilde{c}^+_{3k_0\downarrow}\tilde{c}^+_{-3k_0\downarrow}|\text{vac}\rangle \qquad (1.487)$$

で与えられる．また，"相関のあるポーラロン状態"$|\text{P}_j\rangle$ ($j = 1, 2, 3, 4$) は

$$|\text{P}_1\rangle = (\tilde{c}^+_{3k_0\uparrow}\tilde{c}^+_{k_0\uparrow}\tilde{c}^+_{3k_0\downarrow}\tilde{c}^+_{k_0\downarrow} + \tilde{c}^+_{-3k_0\uparrow}\tilde{c}^+_{-k_0\uparrow}\tilde{c}^+_{-3k_0\downarrow}\tilde{c}^+_{-k_0\downarrow})|\text{vac}\rangle \qquad (1.488)$$

$$|\text{P}_2\rangle = (\tilde{c}^+_{3k_0\uparrow}\tilde{c}^+_{k_0\uparrow}\tilde{c}^+_{-k_0\downarrow}\tilde{c}^+_{-3k_0\downarrow} + \tilde{c}^+_{-3k_0\uparrow}\tilde{c}^+_{-k_0\uparrow}\tilde{c}^+_{k_0\downarrow}\tilde{c}^+_{3k_0\downarrow})|\text{vac}\rangle \qquad (1.489)$$

$$|\text{P}_3\rangle = (\tilde{c}^+_{3k_0\uparrow}\tilde{c}^+_{-k_0\uparrow}\tilde{c}^+_{k_0\downarrow}\tilde{c}^+_{-3k_0\downarrow} + \tilde{c}^+_{k_0\uparrow}\tilde{c}^+_{-3k_0\uparrow}\tilde{c}^+_{3k_0\downarrow}\tilde{c}^+_{-k_0\downarrow})|\text{vac}\rangle \qquad (1.490)$$

$$|\text{P}_4\rangle = (\tilde{c}^+_{3k_0\uparrow}\tilde{c}^+_{-3k_0\uparrow}\tilde{c}^+_{-k_0\downarrow}\tilde{c}^+_{k_0\downarrow} + \tilde{c}^+_{k_0\uparrow}\tilde{c}^+_{-k_0\uparrow}\tilde{c}^+_{-3k_0\downarrow}\tilde{c}^+_{3k_0\downarrow})|\text{vac}\rangle \qquad (1.491)$$

で定義される．図 1.34(b) に示されているように，$U \approx U_c$ では，$a_0^{(4)}$ が他を圧倒するので，$\Phi_0^{(2)}$ と同じように $\Phi_0^{(4)}$ はほぼ自由なポーラロン気体から成る"フェルミ球状態" ということになる．なお，$U \ll U_c$ では $p_2 \approx 0$，また，$U \gg U_c$ では $p_1 \approx 0$ という特徴があるが，これは物理的には CDW（RVB）領域ではスピン（電荷）揺らぎが抑制されていることの反映である．

### 1.5.6 ハバード–ホルスタイン鎖：CDW–SDW 境界の金属相

これまで見てきたように，HH 模型では電子フォン相互作用の強い領域でのバイポーラロン形成とそのバイポーラロンの規則的な局在化による CDW 相の出現，およびクーロン斥力が強い領域でのスピン関連相（SDW か RVB 相）の出現は確実なものである．そして，電子フォノン相互作用のパラメータとクーロン斥力のパラメータの比を連続的に変えていくと，量子相転移を引き起こすことも確実であるが，この 2 つの相の間の転移が直接的なものか，あるいは，

## 1.5 格子模型上のポーラロン

別の相を介したものかは大変興味深い．この問題に関連して，前項で見たように，2 や 4 サイト系の数値計算では別の相としてほとんど自由なポーラロン気体から成る金属相が介在することが強く示唆された．しかし，「相」を問題にする場合，特に，絶縁相ではなく金属相を問題にする場合は小さいクラスター系だけを議論していては最終結論には近づかない．そこで，この問題の解明に向けて，この項では無限サイトの 1 次元 HH 模型をハーフフィルドで考え，反断熱領域 ($4t < \omega_0$) で正確な，そして，$t/\omega_0 \to 0$ の極限で厳密な解を与える手法で解析した結果[77]を解説しよう．

まず，ハミルトニアンは式 (1.386) の $H_{\mathrm{HH}}$ であるが，電子数 $N$ はサイト数 $N_L$ と同じである場合だけを取り扱うので，$-\mu N$ の項は除くことにする．この $H_{\mathrm{HH}}$ に LF 変換を施すが，ただ，後で与える基底状態の変分試行波動関数の物理的な意味と整合性を持たせるために式 (1.389) の $U_{\mathrm{LF}}$ をそのまま用いるのではなく，変分パラメータ $\eta$ を導入して，

$$\tilde{U}_{\mathrm{LF}} = e^{-\tilde{S}}, \quad \tilde{S} = -\tilde{S}^+ = \sqrt{\alpha}\,\eta \sum_{i\sigma} n_{i\sigma}(b_i^+ - b_i) \tag{1.492}$$

で定義されるユニタリー変換 $\tilde{U}_{\mathrm{LF}}$ を用いる．この変換 $\tilde{U}_{\mathrm{LF}}$ でも電子やフォノンの演算子の変換は元の $U_{\mathrm{LF}}$ でのそれとほぼ同じで，実際，電子の消滅演算子 $c_{i\sigma}$ やフォノンのそれ $b_i$ は式 (1.390) や式 (1.391) を若干変更させて，

$$\tilde{c}_{i\sigma} \equiv \tilde{U}_{\mathrm{LF}}^+ c_{i\sigma} \tilde{U}_{\mathrm{LF}} = c_{i\sigma} \tilde{X}_i, \quad \tilde{X}_i \equiv e^{\sqrt{\alpha}\,\eta(b_i - b_i^+)} \tag{1.493}$$

$$\tilde{b}_i \equiv \tilde{U}_{\mathrm{LF}}^+ b_i \tilde{U}_{\mathrm{LF}} = b_i - \sqrt{\alpha}\,\eta \sum_\sigma n_{i\sigma} \tag{1.494}$$

という変換になる．そして，変換後のハミルトニアン $\tilde{H}_{\mathrm{HH}}$ は式 (1.392) のように運動エネルギーの部分 $\tilde{H}_{\mathrm{K}}$ とサイト部分 $\tilde{H}_i$ の和として書くと，前者は

$$\tilde{H}_{\mathrm{K}} = -t \sum_{\langle ij \rangle \sigma} (c_{i\sigma}^+ c_{j\sigma} \tilde{X}_i^+ \tilde{X}_j + c_{j\sigma}^+ c_{i\sigma} \tilde{X}_j^+ \tilde{X}_i) \tag{1.495}$$

であり，また，後者は次のようになる．

$$\begin{aligned}\tilde{H}_i =\,& \alpha\omega_0 \eta(\eta-2)\sum_\sigma n_{i\sigma} + \sqrt{\alpha}\,\omega_0(1-\eta)\sum_\sigma n_{i\sigma}(b_i + b_i^+) \\ & + [U + 2\alpha\omega_0\eta(\eta-2)]n_{i\uparrow}n_{i\downarrow} + \omega_0 b_i^+ b_i.\end{aligned} \tag{1.496}$$

さて，反断熱領域では電子とイオンの役割は I.2.3.1 項や 1.1.2 項で考えた断熱近似の場合とはお互いに逆の関係になり，電子の運動状況にフォノンは瞬時に反応することになる．そのため，通常の断熱近似とは対照的に，まず，電子系の運動を記述する変数を $c$ 数と考えたハミルトニアンの下でフォノン系の運動を決め，そのフォノンの運動で平均化された $\tilde{H}_{\mathrm{HH}}$ を有効ハミルトニアンとして電子系の運動を決定するという手続きを踏めばよい．具体的には，基底試行波動関数 $\Psi$ はフォノン部分 $\Phi_{ph}$ と電子部分 $\Phi_e$ の積の形に書けることになるが，その状態 $\Psi$ でのエネルギー期待値 $E_0$ は

$$E_0 = \langle\Psi|\tilde{H}_{\mathrm{HH}}|\Psi\rangle = \langle\Phi_e\Phi_{ph}|\tilde{H}_{\mathrm{HH}}|\Phi_{ph}\Phi_e\rangle \equiv \langle\Phi_e|H_{\mathrm{eff}}|\Phi_e\rangle \quad (1.497)$$

で計算される．ここで，$\Phi_e$ を決める有効ハミルトニアン $H_{\mathrm{eff}}$ は $\Phi_{ph}$ で記述されるフォノン運動で $\tilde{H}_{\mathrm{HH}}$ を平均化したもの，$H_{\mathrm{eff}} \equiv \langle\Phi_{ph}|\tilde{H}_{\mathrm{HH}}|\Phi_{ph}\rangle$，となる．ちなみに，式 (1.492) における $\eta$ は式 (1.494) からも分かるように，電子の運動状況にフォノンが反応する様子を記述するもので，本来は電子演算子を含む複雑なものであろうが，フォノンの素早い反応に際しては $c$ 数として取り扱えるので，ここでは単なる一つの変分パラメータとして導入された．

そこで，$\Phi_{ph}$ の変分試行関数の形が問題になるが，一つは $\tilde{U}_{\mathrm{LF}}$ 変換後のフォノンの基底状態である $|\mathrm{vac}\rangle$ とする選択があり得る．これは，もし $\eta = 1$ で $\tilde{U}_{\mathrm{LF}}$ が LF 変換そのものであれば，式 (1.496) の右辺第 2 項がゼロになり，この $\Phi_{ph} = |\mathrm{vac}\rangle$ という選択も十分正当化できそうだが，$\eta \neq 1$ ではその第 2 項が残り，そして，その第 2 項の効果で "フォノンの更なる変位を伴う状態" がフォノンの基底状態になり得る．その "更なる変位" を取り込む $\Phi_{ph}$ としては，式 (1.410) を参考にすると，

$$|\Phi_{ph}\rangle = \prod_i e^{-\beta^2/2} e^{-\beta b_i^+} |\mathrm{vac}\rangle \quad (1.498)$$

という選択になる．なお，これは規格化されていて，$\beta = 0$ なら $|\mathrm{vac}\rangle$ に還元される．この式 (1.498) を用い，かつ，式 (1.408)～(1.412) で行ったような変形を施して $H_{\mathrm{eff}}$ の各項を計算すると，最終的に $H_{\mathrm{eff}}$ は

## 1.5 格子模型上のポーラロン

$$H_{\text{eff}} = N_L \beta^2 \omega_0 - [\alpha\eta(2-\eta) + 2\sqrt{\alpha}\beta(1-\eta)]\omega_0 \sum_{i\sigma} n_{i\sigma}$$
$$- t_{\text{eff}} \sum_{\langle ij \rangle \sigma} (c_{i\sigma}^+ c_{j\sigma} + c_{j\sigma}^+ c_{i\sigma}) + U_{\text{eff}} \sum_i n_{i\uparrow} n_{i\downarrow} \qquad (1.499)$$

のようにまとめられる．ここで，有効ホッピング積分 $t_{\text{eff}}$ は $t_{\text{eff}} = te^{-\alpha\eta^2}$，また，有効オンサイト相互作用 $U_{\text{eff}}$ は $U_{\text{eff}} = U - 2\alpha\omega_0\eta(2-\eta)$ である．

しかるに，ここで得られた電子系に働く有効ハミルトニアンは式 (II.2.180) の 1 次元ハバード模型のそれと全く同じであるので，この $H_{\text{eff}}$ はベーテ仮説法で厳密に解けることになる．特に，ハーフフィルドでの基底状態エネルギーは式 (II.2.221) で与えられているので，それを参考にすると，1 サイトあたりの基底状態エネルギー $\varepsilon_0$ ($\equiv E_0/N_L$) は

$$\varepsilon_0 = -\alpha\omega_0 + [\beta - \sqrt{\alpha}(1-\eta)]^2 \omega_0 + \frac{U_{\text{eff}} - |U_{\text{eff}}|}{4}$$
$$- 4t_{\text{eff}} \int_0^\infty \frac{dx}{x} \frac{J_0(x) J_1(x)}{1 + \exp(x|U_{\text{eff}}|/2t_{\text{eff}})} \qquad (1.500)$$

となる．ここで，$J_0(x)$ と $J_1(x)$ は 0 次と 1 次のベッセル関数である．得られた $\varepsilon_0$ には $\beta$ と $\eta$ の 2 つの変分パラメータが含まれるが，$\beta$ の最適化は簡単で，$\beta = \sqrt{\alpha}(1-\eta)$ とすればよい．$\eta$ の最適化には数値計算が必要になる．

図 1.35(a) には，数値計算結果の一例として $\alpha = 1$ の場合に最適化された $\varepsilon_0$ が $U$ の関数として実線で示されている．まず，反断熱領域 ($t = 0.1\omega_0$) では，$\beta = 0$ の結果とそうでない場合の結果に差はなく，その意味で，$\beta$ を変分パラメータに選ぶ必要はない．これはこの領域では最適化された $\eta$ はほぼ 1 だからである．ちなみに，この領域では，そもそも，前項で取り扱った 2 サイト系の計算結果（破線）とよく一致してしまうが，これは，これまでも繰り返して述べたように，反断熱領域で $\tilde{H}_K$ の効果が小さいと 2 サイト系で十分によい結果が得られるからである．いずれにしても，この領域では $U < 2\alpha\omega_0$ ($U > 2\alpha\omega_0$) で $\varepsilon_0$ は $U/2 - 2\alpha\omega_0$ ($-\alpha\omega_0$) でよく近似されているが，これは CDW (SDW) 状態の性格からよく理解されることである．

ところで，これら 2 つの状態がクロスオーバーするところ（すなわち，$U \approx 2\alpha\omega_0$）では，$\varepsilon_0$ のカーブに丸みが生じているが，これは 2 つの状態が直接的に転移するとすれば理解しがたいことで，その意味で，何らかの中間状態が介

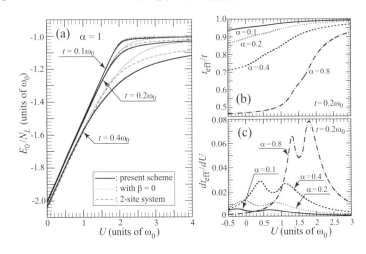

図 1.35 (a) $\alpha = 1$ で $t/\omega_0$ が 0.1, 0.2, 0.4 の 3 つの場合の $U$ の関数としてのサイトあたりの基底状態エネルギー,および,$t = 0.2\omega_0$ で $\alpha$ が 0.1, 0.2, 0.4, 0.8 の 4 つの場合の $U$ の関数としての (b) 有効ホッピング積分と (c) その $U$ 微分.

在することを示唆している.そして,その丸みを持った部分は $t$ の増加と共に増大すると同時に,SDW 状態では $\beta$ を変分パラメータとすることの重要性が顕著になっていることが分かる.

この中間状態の存在をより強く示唆しているのが図 1.35(b) の $t_{\rm eff}$ の結果 (事実上,これは最適化された $\eta$ の結果を与えているもの) であり,さらに一層強く示唆しているのが図 1.35(c) の $dt_{\rm eff}/dU$ の結果である.実際,$U$ の増加に伴って $U_{\rm eff} = 0$ (これはほぼ $U = 2\alpha\omega_0$ に一致) で定義されるクロスオーバー点の両側に $dt_{\rm eff}/dU$ において明瞭な山構造が現れている.(それぞれのピーク位置を $U_1$ と $U_2$ と書こう.) なお,その山構造は $\alpha$ の減少に伴って次第に不明確になっていき,ついには $\alpha\omega_0 \approx t$ で不明瞭になってしまう.なお,ここでは図示しないが,このような山構造 (特徴的な $U_1$ と $U_2$ の出現) は $\varepsilon_0$ の $U$ についての 2 次微分した結果にも現れている.

もう少し詳しく図 1.35(b) の $t_{\rm eff}$ を見てみると,$U$ が $U_1$ 以下では最適化された $\eta$ はほぼ 1 で $t_{\rm eff}$ は小さく,そのため,ポーラロンの有効質量は大きく,あまり動かないので,バイポーラロンが形成される.そして,その規則的な配

列から形成された CDW 相が出現しているといえる．一方，$U > U_2$ では $t_{\rm eff}$ はほぼ裸の $t$ （すなわち，最適化された $\eta$ はほぼゼロ）に近づいていく．しかしながら，これは電子が自由に動くことを意味せず，系はハバード模型に還元されて，基底状態はモット–ハバード絶縁体になる．最後に，$U_1 < U < U_2$ の中間状態では，系は $|U_{\rm eff}| < 4t_{\rm eff}$ という条件で特徴付けられ，これは相互作用よりも運動エネルギーの方が勝る状況なので，ほぼ自由なポーラロン気体（あるいは，相互作用の効果も残るという意味で"ポーラロン流体"）の金属相といえそうである．

この中間状態が金属的な振る舞いを示すことのもう一つの証拠として，局所スピンモーメント $L_0$ の計算結果を示そう．この $L_0$ は

$$L_0 \equiv \frac{1}{N_L}\sum_i \langle \boldsymbol{S}_i^2 \rangle = \frac{3}{4} - \frac{3}{2N_L}\sum_i \langle n_{i\uparrow}n_{i\downarrow}\rangle = \frac{3}{4} - \frac{3}{2}\frac{d\varepsilon_0}{dU} \tag{1.501}$$

で計算される．なお，スピン演算子 $\boldsymbol{S}_i$ はパウリ行列 $\boldsymbol{\sigma}$ を用いて $\boldsymbol{S}_i = (1/2)\sum_{\sigma\sigma'}\langle\sigma|\boldsymbol{\sigma}|\sigma'\rangle c_{i\sigma}^+ c_{i\sigma'}$ であるので，$\boldsymbol{S}_i^2$ は

$$\begin{aligned}\boldsymbol{S}_i^2 &= \frac{1}{4}\sum_{\sigma\sigma'}\sum_{\tau\tau'}\langle\sigma|\boldsymbol{\sigma}|\sigma'\rangle\cdot\langle\tau|\boldsymbol{\sigma}|\tau'\rangle c_{i\sigma}^+ c_{i\sigma'}c_{i\tau}^+ c_{i\tau'}\\ &= \frac{3}{4}(n_{i\uparrow}+n_{i\downarrow}) - \frac{3}{2}n_{i\uparrow}n_{i\downarrow}\end{aligned} \tag{1.502}$$

で与えられる．そして，$\sum_i \langle n_{i\uparrow}n_{i\downarrow}\rangle$ の計算はヘルマン–ファインマンの定理を利用した式 (II.2.218) の結果を引用したものである．ちなみに，電子が各サイトに 1 個ずつ局在している場合は $L_0 = 3/4$，自由電子が系全体を動き回っている場合は $L_0 = 3/8 = 0.375$，そして，電子が全く存在しないか，電子が存在する場合は常にペアになっている（バイポーラロンを形成している）場合は $L_0 = 0$ である．図 1.36(a) には，今の系に対する $L_0$ の結果が $(\alpha, U)$ 平面上の等高線の形で示されている．そして，得られた $L_0$ の代表的な値は CDW, SDW, 中間状態の各相で，それぞれ，0, 0.75, 0.375 になっていて，想定している各相の性格と整合的である．

このようにして決定された中間相を含む $(\alpha, U)$ 平面上の相図は図 1.36(b) に示されている．ちなみに，$\alpha$ や $U$ が小さいと相境界を明瞭に書くことはできないが，中間の金属相は引力的ハバード模型（すなわち，$\alpha = 0$ で $U < 0$ の模型）

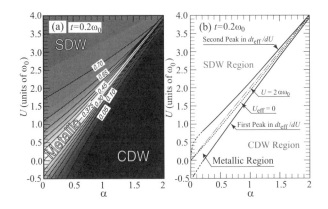

図 1.36　(a) 局所スピンモーメント $L_0$ を $(\alpha, U)$ 平面上での等高線で描いたもの. (b) $(\alpha, U)$ 平面上の相図. 相境界は $dt_{\rm eff}/dU$ に現れる山構造のピーク位置から決定した. なお, 点線の $U_{\rm eff}=0$ の状況は $U=2\alpha\omega_0$ のそれに近い.

で見られる超伝導相に連続的につながっているように見える.

　最後に, HH 模型での金属中間相出現に関連してコメント 2 つを与えよう. ① これまでは "1 次元" HH 模型において (裸の電子流体でもなく, また, バイポーラロン流体でもない) ポーラロン流体からなる金属中間相の出現を議論した. "1 次元系" を考えた主な理由はベーテ仮説法の厳密解を利用できるという数学的な観点からであった. しかし, 物理的には "2 次元" や "3 次元" の HH 模型でも $|U_{\rm eff}|$ がポーラロンのバンド幅より小さい限りは同じような金属中間相が存在するものと考えられる. それどころか, (ハバード模型において $t$ の大きさにかかわらず $U=0$ がモット転移の条件になるというように SDW 状態に有利に見える) 1 次元系よりも 3 次元系での方がこの金属中間相を見出す可能性が高いと予想される. そして, 3.4 節ではこの中間ポーラロン流体相は高温超伝導体になる可能性すらあることを議論する.

② これまではイオン変位について 2 次の項まで取り込み, 高次の項は無視するという近似 (いわゆる "調和フォノン近似") で問題を取り扱ってきた. この調和フォノン近似を超えて 3 次や 4 次の非調和項を取り入れることにしよう. すると, ハミルトニアンのフォノン部分 $H_{ph}$ は $\omega_0 \sum_i b_i^+ b_i$ から

$$H_{ph} = \omega_0 \sum_i b_i^+ b_i - \omega_0 \lambda_3 \sum_i (b_i^+ + b_i)^3 - \omega_0 \lambda_4 \sum_i (b_i^+ + b_i)^4 \quad (1.503)$$

に置き換えられるが，この場合も同様の計算[78]ができる．なお，3次の非調和項は結晶の熱膨張を記述する際にはなくてはならないもので，その熱膨張の測定から，$\lambda_3$ は 0.001 から 0.01 の大きさであり，また，$\lambda_4/\lambda_3 \approx 0.001 - 0.01$ であることも分かっている．そして，式 (1.503) を用いた解析の結果，式 (1.388) の $g$ が $\sqrt{\alpha\omega_0}$ と書ける場合は $\lambda_3$（$\lambda_4$）の寄与は $U_{\text{eff}}$ をより斥力的（引力的）にするものの，金属中間相が出現するという結論は変わらないが，$g$ が $-\sqrt{\alpha\omega_0}$ の場合は CDW から SDW への転移が金属中間相を経ずに直接的に 1 次転移する可能性もあることが分かった．このように，調和フォノン系では電子フォノン相互作用定数 $g$ の符号は物理的な意味を持たなかったが，非調和フォノン系では出現する相図の多様性を生み出す上で決定的な意味を持つ可能性があり，大変興味深い．

### 1.5.7　ヤーン–テラー–ポーラロン系のハミルトニアン

既に I.2.3.3 項でも触れたように，多原子分子における「ヤーン–テラー（Jahn-Teller：JT）効果」，すなわち，原子核配置の変形に伴う電子状態の縮退解消による系の安定化機構は 1937 年に発見[79]されて以降，今日に至るまで連綿と研究されている重要なテーマである．また，ヤーン–テラー分子，または，$TO_6$（$T$：遷移金属イオン）ようなヤーン–テラー中心が規則的に格子点上に並んだヤーン–テラー結晶では，1960 年の金森理論[80]から始まる「協力的ヤーン–テラー効果」，すなわち，格子のひずみを媒介とした局在電子間の相互作用とそれによる構造相転移の研究[81]が主流になっている．

ところで，これら主流になってきた研究では電子は局在しているという描像に立脚しているが，1990 年代，特にその中葉以降，マンガン酸化物における巨大磁気抵抗効果（Colossal Magnetoresistance：CMR）の発見[82]とそれをもたらす微視的な機構として二重交換相互作用と共に JT 結合した電子フォノン相互作用が注目され始めた．また，銅酸化物高温超伝導体[83]やフラーレン超伝導体[84]でも JT 結合が超伝導発現の鍵であるとする研究者は，銅酸化物超伝導体の発見者であるミューラー（K. A. Müller）をはじめとして実験家・理論家を問わず，多数存在している．これに伴って，2000 年以降，ヤーン–テラー結晶中の伝導電子系における JT 効果の研究[85~87]が本格的になって今日に至って

いる.

　このJT結合では，2つ以上の縮退した（あるいは，擬縮退した）電子準位が同様に縮退したイオン（あるいは格子）振動モードを通してお互いに絡み合うという本質的な複雑さがある．これは関与する電子フォノン系がHH模型のような単純な構造ではなく，縮退を通して結晶格子の各サイトで複雑な内部構造を持つものに"深化"していることを意味する．そして，理論的な面白さの一つとして，このJT系におけるバイポーラロン（やトリポーラロン）形成の問題は素粒子・核物理学におけるクォーク・グルオン系でのクォーク閉じ込めによるハドロン形成の問題に似た様相もあることが挙げられる．

　実験的には，このJT結合による絡み合いが断熱的に起こって原子核の運動エネルギー項が無視される状況で結晶の自発的な歪み（ヤーン–テラー歪み）が引き起こされる「静的ヤーン–テラー効果」の場合と非断熱的な絡み合いで自発的な歪みが観測されない「動的ヤーン–テラー効果」の場合があるが，これらをはじめとしてJT結合により多彩な物理・化学現象が生み出されている．さらに，関与する電子準位が複数であるので，HH模型で$U$として取り扱われているような通常の短距離クーロン斥力だけでなく，電子準位間（あるいは，固体中では電子バンド間）に働くクーロン斥力の効果も重要になり，それに伴って，縮退準位に電子を詰めていく際にスピンモーメントが極大化されるという「フント則」にも十分な注意を払う必要がある．このように，JT結合はクーロン斥力のいろいろな効果と相まって多様で豊かな"電荷・スピン・軌道・フォノン複合物性"を発現させる源であって，そのため，物性科学全体で見てもこれは大変重要で魅力的な研究課題といえる．

　さて，電子状態が$N_e$重でフォノン状態が$n_{ph}$重に縮退したJT結合系から構成されたJT中心が$N_L$個の格子点サイトを占めるJT結晶を考えよう．この系のハミルトニアン$H_{\rm JT}$は式(1.386)の$H_{\rm HH}$と同様に運動エネルギー項$H_{\rm K}$とサイト項$H_i$の和が主要項であるが，この他にも最近接サイト間の弾性相互作用項$H_{\rm elastic}$やサイト間クーロン斥力項$H_V$を加えて

$$H_{\rm JT} = H_{\rm K} + \sum_i H_i - \mu N + H_{\rm elastic} + H_V \qquad (1.504)$$

となるが，本書では$H_{\rm elastic}$や$H_V$の効果まで議論しないので，以後，これら

には触れない．第 1 項の $H_\mathrm{K}$ には式 (1.387) と同じく電子の最近接サイト間のホッピング運動のみを取り込むが，電子軌道が縮退しているので，

$$H_\mathrm{K} = -\sum_{\langle ii'\rangle}\sum_{\gamma\gamma'\sigma} t_{ii'}^{\gamma\gamma'} \left( c_{i\gamma\sigma}^+ c_{i'\gamma'\sigma} + c_{i'\gamma'\sigma}^+ c_{i\gamma\sigma} \right) \quad (1.505)$$

と一般的に書ける．ここで，$t_{ii'}^{\gamma\gamma'}$ はサイト $i$ の電子軌道 $\gamma\,(=1,\cdots,N_e)$ とサイト $i'$ の電子軌道 $\gamma'\,(=1,\cdots,N_e)$ の間のホッピング積分である．具体的な $t_{ii'}^{\gamma\gamma'}$ の値は結晶構造を決めてサイト間の電子軌道相互のつながり具合を指定してはじめて得られる（たとえば，マンガン酸化物に対しては参考文献[88]を参照されたい）が，もし何か特定の状況を想定しているのでなければ，

$$t_{ii'}^{\gamma\gamma'} = t\,\delta_{\gamma\gamma'} \quad (1.506)$$

という最も簡単な "軌道保存ホッピング" の状況[89] を仮定しておこう．

式 (1.504) 第 2 項の $H_i$ は式 (1.388) と同様にクーロン相互作用項 $H_{ee}^{(i)}$，フォノン項 $H_{ph}^{(i)}$，電子フォノン相互作用項 $H_{e-ph}^{(i)}$ から成り立つ．すなわち，

$$H_i = H_{ee}^{(i)} + H_{ph}^{(i)} + H_{e-ph}^{(i)} \quad (1.507)$$

である．なお，たとえば，マンガン酸化物では深い準位の $t_{2g}$ 軌道を占有する 3 つの電子からなる $S=3/2$ のスピンが存在する．すると，それらスピン間のハイゼンベルグ相互作用項をサイト間相互作用の一つとして考える必要がある．また，そのスピンと伝導電子のスピンとのフント結合相互作用項もあり，それを $H_i$ に含めなくてはならないが，ここではこれらは無視するとして，式 (1.507) の各項をもっと具体的に書いておこう．まず，$H_{ee}^{(i)}$ は

$$\begin{aligned}H_{ee}^{(i)} =\,& U\sum_\gamma n_{i\gamma\uparrow}n_{i\gamma\downarrow} + \frac{1}{2}U'\sum_{\gamma\neq\gamma'\sigma\sigma'} n_{i\gamma\sigma}n_{i\gamma'\sigma'} + \frac{1}{2}J\sum_{\gamma\neq\gamma'\sigma\sigma'} c_{i\gamma\sigma}^+ c_{i\gamma'\sigma'}^+ c_{i\gamma\sigma'} c_{i\gamma'\sigma} \\ & + \frac{1}{2}J'\sum_{\gamma\neq\gamma'\sigma} c_{i\gamma\sigma}^+ c_{i\gamma-\sigma}^+ c_{i\gamma'-\sigma} c_{i\gamma'\sigma}\end{aligned} \quad (1.508)$$

となり，HH 模型のように簡単ではない．ここで，$U$，$U'$，$J$，$J'$ は，それぞれ，オンサイトの軌道内，軌道間，軌道交換（すなわち，フント結合），対交換のクーロン斥力パラメータであるが，縮退軌道空間での回転対称性から

$$U = U' + J + J' = U' + 2J \quad (1.509)$$

の関係式が得られる．なお，式 (1.509) の最終等式は $J$ や $J'$ を計算する具体的な表式を見比べること[90] によって $J = J'$ であることから導かれた．

次に，調和フォノン項 $H_{ph}^{(i)}$ は I.2.3.3〜I.2.3.4 項と同様に第 1 量子化の座標表示での表現から始めるとして，サイト $i$ のイオン振動を基準振動に分解した後，フォノンエネルギー $\omega_0$ を持つ $n_{ph}$ 重に縮退した基準振動のうち，$\nu\,(=1,\cdots,n_{ph})$ 番目の基準振動におけるイオン変位を $Q_{i\nu}$ とすると，

$$H_{ph}^{(i)} = -\frac{1}{2}\sum_\nu \frac{\partial^2}{\partial Q_{i\nu}^2} + \frac{1}{2}\omega_0^2 \sum_\nu Q_{i\nu}^2 \tag{1.510}$$

と書ける．なお，基準振動を求める際にイオンの運動エネルギー部分の分母には関与するイオンの換算質量 $M$ が入ってくるが，ここでは $M=1$ と取れるように $Q_{i\nu}$ が適当に規格化されていると考えられたい．また，1.2.3 項のように，このサイト $i$ での $Q_{i\nu}$ を第 2 量子化して式 (1.510) を書き直すと，

$$H_{ph}^{(i)} = \sum_\nu \left(\omega_0 + \frac{1}{2}\right) b_{i\nu}^+ b_{i\nu} \tag{1.511}$$

となる．ここで，$b_{i\nu}$ は $\nu$ 番目の局所基準フォノンの消滅演算子である．ちなみに，これらのフォノンは $n_{ph}$ 重に縮退していて，その縮退空間は $SU(n_{ph})$ 対称性を持つので，基底系は一意的に決まらない．そして，任意のユニタリー変換で基底系を変換できて，それに対応して $\{Q_{i\nu}\}$ や $\{b_{i\nu}\}$ を変換できる．同様に，電子系についても $SU(N_e)$ 対称性の下で基底系を変換できる．

最後に，JT 結合の電子フォノン相互作用項 $H_{e-ph}^{(i)}$ は

$$H_{e-ph}^{(i)} = k_{N_e \otimes n_{ph}} \sum_\nu \sum_{\gamma\gamma'} \sum_\sigma C_{\gamma\gamma'}^{(\nu)} c_{i\gamma\sigma}^+ c_{i\gamma'\sigma} Q_{i\nu} \tag{1.512}$$

で与えられる．ここで，$k_{N_e \otimes n_{ph}}$ は $N_e \otimes n_{ph}$ 型の JT 結合における結合定数で $C_{\gamma\gamma'}^{(\nu)}$ はその結合行列要素である．$Q_{i\nu}$ を第 2 量子化して $b_{i\nu} + b_{i\nu}^+$ に比例した形に変換する場合は結合定数を $g_{N_e \otimes n_{ph}}$ に書き換えて式 (1.512) は

$$H_{e-ph}^{(i)} = g_{N_e \otimes n_{ph}} \sum_\nu \sum_{\gamma\gamma'} \sum_\sigma C_{\gamma\gamma'}^{(\nu)} c_{i\gamma\sigma}^+ c_{i\gamma'\sigma}(b_{i\nu} + b_{i\nu}^+) \tag{1.513}$$

のように書き直される．行列要素 $C_{\gamma\gamma'}^{(\nu)}$ の具体的な形は JT 系のタイプに応じて群論的に決まる．たとえば，$N_e = n_{ph} = 2$ の $E \otimes e$ 系では

$$C^{(1)} = \begin{pmatrix} 0 & 1 \\ 1 & 0 \end{pmatrix}, \quad C^{(2)} = \begin{pmatrix} 1 & 0 \\ 0 & -1 \end{pmatrix} \tag{1.514}$$

となる．パウリ行列でいえば，$C^{(1)} = \sigma_x$, $C^{(2)} = \sigma_z$ である．

この $E \otimes e$ 系の具体例として，立方対称場の中のd電子系のうちで $d_{x^2-y^2}$ と $d_{3z^2-r^2}$ という2つの軌道を基底（前者を $\gamma = 1$, 後者を $\gamma = 2$ としよう）とする $e_g$ 電子系（あるいは，$d\gamma$ 軌道系）を挙げることができる．そして，対応する2重縮退したフォノン系としては，イオン変位を $\delta \boldsymbol{R}_i = (\delta X_i, \delta Y_i, \delta Z_i)$ で表すと，$Q_{i1}$ と $Q_{i2}$ を，それぞれ，$(\delta X_i - \delta Y_i)/\sqrt{2}$ と $(2\delta Z_i - \delta X_i - \delta Y_i)/\sqrt{6}$ に比例する基準振動として選べばよいことになる．

立方対称場の中のd電子系では，この $e_g$ 電子系の他に $t_{2g}$ 電子系（あるいは，$d\varepsilon$ 軌道系）があるが，その場合の基底は $d_{yz}$, $d_{zx}$, $d_{xy}$ となる．そして，対応するフォノンは $T_{2g}$ 対称性の3つの基準振動，$(\delta Y_i + \delta Z_i)/\sqrt{2}$, $(\delta Z_i + \delta X_i)/\sqrt{2}$, $(\delta X_i + \delta Y_i)/\sqrt{2}$ であるので，$N_e = n_{ph} = 3$ の $T \otimes t$ 系となり，このときの $C^{(\nu)}$ は

$$C^{(1)} = \begin{pmatrix} 0 & 0 & 0 \\ 0 & 0 & 1 \\ 0 & 1 & 0 \end{pmatrix}, \; C^{(2)} = \begin{pmatrix} 0 & 0 & 1 \\ 0 & 0 & 0 \\ 1 & 0 & 0 \end{pmatrix}, \; C^{(3)} = \begin{pmatrix} 0 & 1 & 0 \\ 1 & 0 & 0 \\ 0 & 0 & 0 \end{pmatrix} \tag{1.515}$$

で与えられる．クォーク系の問題を議論する際に導入されている8つのゲルマン行列 $\{\lambda_i\}$ でいえば，$C^{(1)} = \lambda_6$, $C^{(2)} = \lambda_4$, $C^{(3)} = \lambda_1$ である．

もう少し複雑なフラーレン超伝導体では，$t_{1u}$ 電子系が $h_g$ フォノン系と結合する $T \otimes h$ 系が問題になる．この場合，$C^{(\nu)}$ は

$$C^{(1)} = \begin{pmatrix} 0 & 0 & 0 \\ 0 & 0 & 1 \\ 0 & 1 & 0 \end{pmatrix}, \quad C^{(2)} = \begin{pmatrix} 0 & 0 & 1 \\ 0 & 0 & 0 \\ 1 & 0 & 0 \end{pmatrix}, \quad C^{(3)} = \begin{pmatrix} 0 & 1 & 0 \\ 1 & 0 & 0 \\ 0 & 0 & 0 \end{pmatrix},$$

$$C^{(4)} = \begin{pmatrix} 1 & 0 & 0 \\ 0 & -1 & 0 \\ 0 & 0 & 0 \end{pmatrix}, \; C^{(5)} = \frac{1}{\sqrt{3}} \begin{pmatrix} 1 & 0 & 0 \\ 0 & 1 & 0 \\ 0 & 0 & -2 \end{pmatrix} \tag{1.516}$$

である．そして，これらの結合行列もゲルマン行列との対応でいえば，$C^{(1)} = \lambda_6$,

$C^{(2)} = \lambda_4$, $C^{(3)} = \lambda_1$, $C^{(4)} = \lambda_3$, $C^{(5)} = \lambda_8$ となる.

なお，JT 結合の書き方でいえば，ホルスタイン模型とは 1 準位電子系と全対称フォノンモード $A$ とのスカラー結合というわけで，$C^{(1)} = 1$ の $A \otimes a$ 系と考えてよく，その場合，式 (1.513) は式 (1.388) の第 2 項に還元され，その結合定数 $g$ は $g_{A \otimes a}$ を簡単化して書いたものということになる.

### 1.5.8　$E \otimes e$ 系での断熱近似：幾何学的エネルギーの概念

これからしばらくは一番簡単な $E \otimes e$ 系に注目しよう．そして，$k_{E \otimes e}$ や $g_{E \otimes e}$ は，それぞれ，単に $k$ や $g$ と書こう．また，JT 結合を特徴付ける物理を明確に示すために $H_{ee}^{(i)}$ で記述されるクーロン斥力の効果を無視しよう．（第 3 章で超伝導機構を考察する際には $H_{ee}^{(i)}$ も含める．）すると，スピンは重要な役割を果たさないので，簡単のためにスピンレス系としよう．なお，現実的にも，Mn 酸化物では $t_{2g}$ 電子系のスピンとの強いフント結合で $e_g$ 電子のスピンは一方向に固定され，実質的にスピンレス系になっている．

このように簡単化された状況で，まず 1 サイト問題から始めよう．すると，式 (1.504) の $H_{\rm JT}$ の中の大部分の項は考慮する必要がなくて，たとえば，サイト $i$ のハミルトニアン $H_i$ は単に，

$$H_i = -\frac{1}{2}\left(\frac{\partial^2}{\partial Q_u^2} + \frac{\partial^2}{\partial Q_v^2}\right) + \frac{1}{2}\omega_0^2(Q_u^2 + Q_v^2)$$
$$+ kQ_u(c_v^+ c_v - c_u^+ c_u) + kQ_v(c_u^+ c_v + c_v^+ c_u) \quad (1.517)$$

になる．ここで，I.2.3.3〜I.2.3.4 項での議論と整合性を取るために，$Q_{i1} = Q_v$, $Q_{i2} = Q_u$, $c_{i1\sigma} = c_v$, $c_{i2\sigma} = c_u$ と書いた．この $H_i$ の基底状態を断熱近似で解く際には，フォノンの運動エネルギー項を無視し，次に，$Q_u = Q\cos\theta$ と $Q_v = Q\sin\theta$ で "極座標 $(Q,\theta)$" を導入し，さらに，$c_-$ と $c_+$ を

$$c_- \equiv e^{i\theta/2}\left(c_u\cos\frac{\theta}{2} - c_v\sin\frac{\theta}{2}\right), \quad c_+ \equiv e^{i\theta/2}\left(c_u\sin\frac{\theta}{2} + c_v\cos\frac{\theta}{2}\right) \quad (1.518)$$

で定義して電子系の基底ベクトルを変換すると，断熱近似下の $H_i$ として

$$H_i \xrightarrow[\text{adiabatic limit}]{} H_i^{\rm ad} = \frac{1}{2}\omega_0^2 Q^2 - kQ(c_-^+ c_- - c_+^+ c_+) \quad (1.519)$$

が得られる．この $H_i^{\rm ad}$ は対角化されていて，その固有エネルギーは $E_\pm =$

$\omega_0^2 Q^2/2 \pm kQ$ である．これら $E_\pm$ は $Q$ の関数で変化するが，$Q = Q_0 \equiv k/\omega_0^2$ で $E_-$ は最小化され，その値は $-E_{\rm JT} \equiv -kQ_0/2$ である．したがって，電子 1 個がサイト $i$ にあるときの基底状態は $c_i^+|{\rm vac}\rangle_e \otimes |Q_0\rangle_{ph}$ で，その JT 結合によるエネルギー利得は **JT 結合エネルギー** $E_{\rm JT}$ となる．ここで，$|{\rm vac}\rangle_e$ は電子真空状態，$|Q\rangle_{ph}$ はイオンが古典的に歪んで変位が $Q$ である状態を表す．

ところで，式 (1.518) の定義で位相因子 $e^{i\theta/2}$ は I.2.3.4 項で解説したベリー位相を考慮したもので，断熱近似における電子波動関数の一意性を担保するために付与されたものである．この位相因子のために $\theta$ を $0 \to 2\pi$ と 1 回転させてイオン変位を元の状態に戻したとしても，電子波動関数の方は $e^{i\pi}$ の分だけ変化するため，元に戻すためには $\theta$ を 2 回転させなければならない．これは JT 中心に特異点があってその周りに 2 枚周期の "リーマン面" が付与されているようなイメージである．

さて，このような内部構造を持つ状況で $H_{\rm K}$ を導入して電子をサイト間で移動させたときに何が起こるだろうか？素朴な疑問はサイト間移動に伴ってリーマン面間の移動はどうなるかということであるが，これは各サイトにある特異点の周りをどのように回るかということと同義で，トポロジーの物理学における重要な概念である "巻き数 (winding number)" $w$ が位相的不変量として現れて，それがリーマン面間の移動を規定するということになる．

具体的に 2 サイト周期系で考えると，サイト 1 からサイト 2 へ電子が跳び移るとき，$H_{\rm K}$ の詳細によらずにブロッホの定理から位相因子 $e^{ika_0}$ ($a_0$ : サイト間距離) が付加されるが，同時に，トポロジーの物理学でいう "平行移動 (parallel transport)" によってベリー位相にもある位相因子 $e^{i\theta_0}$ が付加されるので，サイト $i$ のベリー位相を $\theta_i$ と書くと，$\theta_2 = \theta_1 + \theta_0$ となる．そこで，もう一度，サイト 2 からサイト 3 へ電子を移動させると，位相因子 $e^{ika_0}e^{i\theta_0}$ が再度付加されるので，サイト 1 からサイト 3 への移動に際して全体として位相因子は $e^{i\theta_1} \to e^{2ika_0}e^{i\theta_1+2i\theta_0}$ のように変化する．しかるに，このサイト 3 はサイト 1 と同じであるというのが "2 サイト周期" という意味であるので，$e^{2ika_0}e^{2i\theta_0} = 1$ が要請されるが，$k$ は 0 か $\pi/a_0$ なので，$e^{2ika_0} = 1$ となるため，$\theta_0 = \pi w$ ($w = 0$ か 1) が導かれる．

このように，位相的不変量 $w$ が導入されたので，系の基底状態エネルギーの $w$ 依存性，$E_0(w)$，が興味深い．実際にはたとえ 2 サイト系といえども，この差，$E_0(1) - E_0(0)$，の評価は数値計算に頼らざるを得ないが，物理的には，これは交換エネルギー $J$ の概念[91]（すなわち，相互作用する 2 電子系で保存量である全スピン $S$ が 1 か 0 かで現れるエネルギー差から定義されるもの）と類似のものなので，"幾何学的エネルギー" という概念で捉えることが提案[92]された．そして，さらに詳しい計算を行って，マンガン酸化物絶縁体において観測されている奇妙な電荷縞構造の微視的機構に迫った[88,93]が，これに興味のある読者は原著論文を参考にされたい．

### 1.5.9　1 サイト $E \otimes e$ 系での厳密解と擬角運動量保存則

前項では断熱近似で式 (1.517) の $H_i$ を解いたが，この項ではフォノンの運動エネルギー項も含めて $H_i$ を厳密に解こう．そのために，$Q_u$ と $Q_v$ については前と同様に極座標 $(Q, \theta)$ で表すが，電子系の方は前の変換とは異なり，$c_a \equiv (c_v + ic_u)/\sqrt{2}$ と $c_b \equiv (c_v - ic_u)/\sqrt{2}$ で基底変換を施すと，$H_i$ は

$$H_i = H_{ph} + kQe^{i\theta}c_a^+ c_b + kQe^{-i\theta}c_b^+ c_a \tag{1.520}$$

となる．ここで，$H_{ph}$ は極座標表示の 2 次元調和振動子のハミルトニアンで，

$$H_{ph} = -\frac{1}{2}\left(\frac{\partial^2}{\partial Q^2} + \frac{1}{Q}\frac{\partial}{\partial Q} + \frac{1}{Q^2}\frac{\partial^2}{\partial \theta^2}\right) + \frac{1}{2}\omega_0^2 Q^2 \tag{1.521}$$

で与えられる．この $H_{ph}$ は "角運動量演算子" $L_\theta \equiv -i\partial/\partial\theta$ と可換なので，$H_{ph}$ と $L_\theta$ の同時固有関数系が得られる．その規格直交化された固有関数系を具体的に決定することは初等量子力学の問題なので，ここでは省略して，得られた結果だけを以下に取りまとめておこう．

まず，$H_{ph}$ と $L_\theta$ の固有値は，それぞれ，$\omega_0(n+1)$ と $\ell$ になる（ここで，$\ell = 0, \pm 1, \pm 2, \cdots$ である）が，その規格固有関数を $|n\ell\rangle$ と書くと，

$$H_{ph}|n\ell\rangle = \omega_0(n+1)|n\ell\rangle, \quad L_\theta|n\ell\rangle = \ell|n\ell\rangle \tag{1.522}$$

であり，その極座標表示 $\langle Q\theta|n\ell\rangle$ は $m = 0, 1, 2, \cdots$ で $n = |\ell| + 2m$ として，

$$\langle Q\theta|n\ell\rangle = \frac{(-1)^{\frac{|\ell|-\ell}{2}}}{|\ell|!}\sqrt{\frac{\omega_0}{\pi}\frac{(|\ell|+m)!}{m!}} F(-m, |\ell|+1, z) z^{\frac{|\ell|}{2}} e^{-\frac{z}{2}} e^{i\ell\theta} \tag{1.523}$$

で与えられる．ここで，$z = \omega_0 Q^2$ であり，$F(-m, |\ell|+1, z)$ はガウスの合流型超幾何関数で，その具体的な関数形は

$$F(-m, |\ell|+1, z) = \sum_{j=0}^{m} \frac{m!}{(m-j)!j!} \frac{|\ell|!}{(|\ell|+j)!}(-z)^j \tag{1.524}$$

である．この式 (1.523) を使うと行列要素 $\langle n'\ell'|Qe^{\pm i\theta}|n\ell\rangle$ を計算することができるが，その計算結果から演算子 $Qe^{\pm i\theta}$ を状態 $|n\ell\rangle$ に作用した結果が

$$Qe^{i\theta}|n\ell\rangle = \sqrt{\frac{n+\ell+2}{2\omega_0}}|n+1, \ell+1\rangle - \sqrt{\frac{n-\ell}{2\omega_0}}|n-1, \ell+1\rangle \tag{1.525}$$

$$Qe^{-i\theta}|n\ell\rangle = \sqrt{\frac{n+\ell}{2\omega_0}}|n-1, \ell-1\rangle - \sqrt{\frac{n-\ell+2}{2\omega_0}}|n+1, \ell-1\rangle \tag{1.526}$$

であることが分かる．

そこで，お互いに可換な 2 つのボゾン演算子，$b_a$ と $b_b$, を

$$b_a^+|n\ell\rangle = \sqrt{\frac{n+\ell+2}{2}}|n+1, \ell+1\rangle, \quad b_a|n\ell\rangle = \sqrt{\frac{n+\ell}{2}}|n-1, \ell-1\rangle \tag{1.527}$$

$$b_b^+|n\ell\rangle = \sqrt{\frac{n-\ell+2}{2}}|n+1, \ell-1\rangle, \quad b_b|n\ell\rangle = \sqrt{\frac{n-\ell}{2}}|n-1, \ell+1\rangle \tag{1.528}$$

で導入すると，その定義から

$$b_a^+ b_a|n\ell\rangle = \frac{n+\ell}{2}|n\ell\rangle, \quad b_b^+ b_b|n\ell\rangle = \frac{n-\ell}{2}|n\ell\rangle \tag{1.529}$$

を得るので，これらのボゾンを用いた第 2 量子化表現で演算子 $H_{ph}$ や $L_\theta$ は

$$H_{ph} = \omega_0(b_a^+ b_a + b_b^+ b_b + 1), \quad L_\theta = b_a^+ b_a - b_b^+ b_b \tag{1.530}$$

で表され，また，演算子 $Qe^{\pm i\theta}$ の第 2 量子化表現は

$$Qe^{i\theta} = \frac{1}{\sqrt{\omega_0}}(b_a^+ - b_b), \quad Qe^{-i\theta} = \frac{1}{\sqrt{\omega_0}}(b_a - b_b^+) \tag{1.531}$$

ということになる．さらに，固有状態 $|n\ell\rangle$ 自体も

$$|n\ell\rangle = \frac{b_a^{+\,[(n+\ell)/2]}}{\sqrt{[(n+\ell)/2]!}} \frac{b_b^{+\,[(n-\ell)/2]}}{\sqrt{[(n-\ell)/2]!}}|\text{vac}\rangle \tag{1.532}$$

のように表現される．

ところで，2 重縮退した電子軌道の自由度を電子スピンのそれになぞらえて

"擬スピン"自由度と呼ぶことにし，擬スピン演算子，$\tilde{S}_\pm$ と $\tilde{S}_z$，を

$$\tilde{S}_+ = c_a^+ c_b, \quad \tilde{S}_- = c_b^+ c_a, \quad \tilde{S}_z = \frac{1}{2}(c_a^+ c_a - c_b^+ c_b) \tag{1.533}$$

で定義すると，普通のスピン演算子と同様に $[\tilde{S}_z, \tilde{S}_\pm] = \pm \tilde{S}_\pm$，$[\tilde{S}_+, \tilde{S}_-] = 2\tilde{S}_z$ の交換関係を満たす．そして，$\alpha \equiv E_{\text{JT}}/\omega_0 = k^2/2\omega_0^3$ で定義される無次元の結合定数 $\alpha$（省略せずに書くと，$\alpha_{E \otimes e}$）を用いると式 (1.520) の $H_i$ は

$$H_i = \omega_0 \sqrt{2\alpha} \left[ (b_a^+ - b_b)\tilde{S}_+ + (b_a - b_b^+)\tilde{S}_- \right] + \omega_0 (b_a^+ b_a + b_b^+ b_b + 1) \tag{1.534}$$

と書ける．また，$\tilde{S}_z$ とフォノンの角運動量演算子 $L_\theta$ を組み合わせて

$$L_i \equiv L_\theta - \tilde{S}_z = b_a^+ b_a - b_b^+ b_b - \frac{1}{2}(c_a^+ c_a - c_b^+ c_b) \tag{1.535}$$

でサイト $i$ の"擬角運動量演算子"$L_i$ を定義しよう．すると，容易に分かるように，これは $H_i$ と可換，$[L_i, H_i] = 0$ となり，$L_i$ は（局所）保存量となる．

ちなみに，式 (1.534) に現れる電子フォノン相互作用は"非対角的な（擬）スピンフォノン結合"が特徴的で，ホルスタイン模型での式 (1.388) における"対角的な電荷フォノン結合"とは対照的であることに注意されたい．この違いの一つの帰結は保存量 $L_i$ の存在であるが，次項以降で有効質量 $m^*$ などの物理量の振る舞いの違いにも直接的に反映されることを説明する．

以上の準備の下で $H_i$ の基底状態 $\Psi_0$ を求めよう．もちろん，全電子数 $N_i = c_a^+ c_a + c_b^+ c_b$ も保存量であるが，その値は 0，1，2 の 3 つの可能性がある．まず，$N_i = 0$ では $\Psi_0 = |00\rangle = |\text{vac}\rangle$ でそのエネルギー $E_0$ は $\omega_0$ であることは自明であろう．次に，それほど自明ではないが，$N_i = 2$ でも同じ $\Psi_0$ や $E_0$ になる．なぜなら，$\Psi_0$ の電子部分 $\Psi_0^{(e)}$ は $\Psi_0^{(e)} = c_a^+ c_b^+ |\text{vac}\rangle$ であるので，$\langle \Psi_0^{(e)} | H_i | \Psi_0^{(e)} \rangle = H_{ph}$ となり，電子フォノン結合がゼロになるからである．この事実は一般化できて，ホルスタイン模型とは異なり，JT結合では各サイトで電子が充満している場合は電子フォノン結合がゼロになる．

最後に，$N_i = 1$ のハーフフィルドでは JT 結合がその効果を一番発揮する．ただ，任意の $\alpha$ で $\Psi_0$ を解析的に解くことはできず，ランチョス法などの数値計算が必要になる．その数値計算の際に必要になる $\Psi_0$ の一般形は

$$\Psi_0 = \sum_{m=0}^{\infty} \left( A_m^{(+)} c_a^+ |n_{m+\ell_+}\rangle + A_m^{(-)} c_b^+ |n_{m-\ell_-}\rangle \right) \tag{1.536}$$

## 1.5 格子模型上のポーラロン

となる．ここで，擬角運動量の保存量を $L_i$ とすると，$\ell_\pm = L_i \pm 1/2$，および，$n_{m\pm} = |\ell_\pm| + 2m$ である．この $\Psi_0$ を使って，$H_i \Psi_0 = E_0 \Psi_0$ の方程式の左から $\langle n\ell | c_a$ や $\langle n'\ell' | c_b$ を作用させると，係数 $\{A_m^{(\pm)}\}$ を決定する行列形式の連立方程式が得られるので，それを数値的に解けばよい．

その数値計算の結果，得られる解は常に二重縮退していて，その縮退は $L_i = \pm 1/2, \pm 3/2, \pm 5/2, \cdots$ において，$|L_i|$ が同じなら同じ $E_0$ を得るという形である．これに関することも含めて 5 つのコメントを加えよう．①$L_i$ が擬角運動量という意味からいえば，この縮退は "右回り" と "左回り" の対称性の帰結といえる．②断熱近似ではイオンの静的な変位で二重縮退は解けていたが，イオンの運動を含む動的 JT 効果ではたとえ JT 結合が十分に働いていたとしても二重縮退は解けないことになる．③簡単に分かるように，弱結合領域 ($\alpha \ll 1$) では $E_0 \approx (1 - 2\alpha)\omega_0$ である．④$\alpha$ が大きい強結合領域での数値解を詳しく調べると，$\alpha \to \infty$ で厳密解になる解析解が発見[86]された．その規格化された解は $L_i = 1/2$ では

$$\Psi_0 \approx \frac{1}{\sqrt{I_0(\alpha) + I_1(\alpha)}} \left( \sqrt{\frac{2}{\alpha}} \, b_b c_a^+ + c_b^+ \right) J_0\left(\sqrt{2\alpha b_b^+ b_b}\right) |\text{vac}\rangle \quad (1.537)$$

である．ただし，$J_0(x)$ はベッセル関数で $I_i(x)$ $(i = 0, 1)$ は変形ベッセル関数である．また，$L_i = -1/2$ では

$$\Psi_0 \approx \frac{1}{\sqrt{I_0(\alpha) + I_1(\alpha)}} \left( c_a^+ - \sqrt{\frac{2}{\alpha}} \, b_a c_b^+ \right) J_0\left(\sqrt{2\alpha b_b^+ b_b}\right) |\text{vac}\rangle \quad (1.538)$$

になる．そして，対応する $E_0$ は $\alpha \gg 1$ で断熱近似の値 $-E_{\text{JT}} = -\alpha \omega_0$ に近づくものではあるが，もっと詳しい漸近展開形を求めてみると，

$$E_0 \approx \left( -\alpha + \frac{1}{2} + \frac{L_i^2}{4\alpha} \right) \omega_0 = \left( -\alpha + \frac{1}{2} + \frac{1}{16\alpha} \right) \omega_0 \quad (1.539)$$

となる．図 1.37 には数値計算で厳密に得られる $E_0$ を弱結合や強結合の近似解と比較して示した．それによれば，$\alpha > 2$ では式 (1.539) が厳密解をほぼ再現し，そして，たとえ $\alpha = 1$ でも $E_0$ の誤差は小さいので，式 (1.537)～(1.538) の $\Psi_0$ は広範囲の $\alpha$ で妥当な近似基底波動関数といえる．⑤式 (1.539) の結果は式 (I.2.61) と全く同じであり，しかも，I.2.3.4 項で注意したように，その右辺最終項はベリー位相の効果であるので，$L_i$ が半整数（ここでは，±1/2）であることはベリー位相が存在することの帰結といえる．

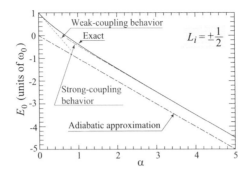

図 1.37  1 サイト $E \otimes e$JT 系の基底状態エネルギー $E_0$ を $\alpha$ の関数としてプロットしたもの．数値計算による厳密解（実線）を弱結合近似解（点線）や強結合近似解（破線），断熱近似解 $-\alpha\omega_0$（一点鎖線）と比べたもの．

### 1.5.10  $E \otimes e$ ヤーン–テラー–ポーラロン：弱結合領域

前項の 1 サイト系を拡張して $E \otimes e$ のヤーン–テラー結晶における 1 ポーラロン問題を考えよう．これは 1 電子問題なので，スピンレス系として取り扱ってよく，それゆえ，ここで取り扱うハミルトニアン $H_{E \otimes e}$ に含まれるサイト間ホッピング項は式 (1.505) の $H_K$ をスピンレス化し，かつ，サイト $i$ の電子消滅演算子を $c_{i\lambda}$ ($\lambda = 1, 2$) から $c_{ia} \equiv (c_{i1} + ic_{i2})/\sqrt{2}$ と $c_{ib} \equiv (c_{i1} - ic_{i2})/\sqrt{2}$ で定義される $c_{i\rho}$ ($\rho = a, b$) に変換し，さらに式 (1.506) も考慮すると，

$$H_K = -t \sum_{\langle ii' \rangle \gamma} \left( c_{i\gamma}^+ c_{i'\gamma} + c_{i'\gamma}^+ c_{i\gamma} \right) = -t \sum_{\langle ii' \rangle \rho} \left( c_{i\rho}^+ c_{i'\rho} + c_{i'\rho}^+ c_{i\rho} \right) \quad (1.540)$$

となる．一方，サイト項は式 (1.534) の $H_i$ であるが，そこでの電子やフォノンの生成消滅演算子には省略されていたサイトを表す添え字 $i$ を復活させ，かつ，フォノンのゼロ点振動エネルギーを省略すると共に $-\mu N$ 項も付け加えて $H_{E \otimes e}$ を書き下すと，

$$H_{E \otimes e} = -t \sum_{\langle ii' \rangle \rho} \left( c_{i\rho}^+ c_{i'\rho} + c_{i'\rho}^+ c_{i\rho} \right) - \mu \sum_{i\rho} c_{i\rho}^+ c_{i\rho} + \omega_0 \sum_{i\rho} b_{i\rho}^+ b_{i\rho}$$
$$+ \omega_0 \sqrt{2\alpha} \sum_i \left[ (b_{ia}^+ - b_{ib}) c_{ia}^+ c_{ib} + (b_{ia} - b_{ib}^+) c_{ib}^+ c_{ia} \right] \quad (1.541)$$

となる．なお，式 (1.535) で定義された局所的に保存される擬角運動量演算子 $L_i$ からグローバルな擬角運動量 $L$ を $L = \sum_i L_i$ で導入できる．容易に確かめ

## 1.5 格子模型上のポーラロン

られるように,これは式 (1.541) の $H_{E\otimes e}$ と可換,すなわち,$[H_{E\otimes e}, L] = 0$ であるので,擬角運動量 $L$ は全系的(グローバル)にも保存される.もちろん,$L_i$ が局所的に保存されていても,もし $t_{ii'}^{\gamma\gamma'}$ が式 (1.506) で与えられたものでなければ,全系的には $L$ は必ずしも保存されない.この意味で,式 (1.506) の条件は "全擬角運動量保存条件" と呼ぶこともできる.

ところで,結晶中ではサイト表示よりも運動量表示の方が便利なので,電子系とフォノン系それぞれの運動量表示,$c_{\boldsymbol{k}\rho}$ と $b_{\boldsymbol{q}\rho}$,を

$$c_{\boldsymbol{k}\rho} = \frac{1}{\sqrt{N_L}} \sum_i e^{-i\boldsymbol{k}\cdot\boldsymbol{R}_i} c_{i\rho}, \quad b_{\boldsymbol{q}\rho} = \frac{1}{\sqrt{N_L}} \sum_i e^{-i\boldsymbol{q}\cdot\boldsymbol{R}_i} b_{i\rho} \quad (1.542)$$

で定義しよう.ここで,$\boldsymbol{k}$ や $\boldsymbol{q}$ は第 1 ブリルアン帯(BZ)中の波数(運動量),$N_L$ は全サイト数,$\boldsymbol{R}_i$ はサイト $i$ の格子点の座標である.すると,$H_{E\otimes e}$ は

$$\begin{aligned} H_{E\otimes e} = &\sum_{\boldsymbol{k}\rho}(\varepsilon_{\boldsymbol{k}} - \mu)c_{\boldsymbol{k}\rho}^+ c_{\boldsymbol{k}\rho} + \omega_0 \sum_{\boldsymbol{q}\rho} b_{\boldsymbol{q}\rho}^+ b_{\boldsymbol{q}\rho} \\ &+ \omega_0\sqrt{\frac{2\alpha}{N_L}} \sum_{\boldsymbol{k}\boldsymbol{q}} \left[ (b_{\boldsymbol{q}a}^+ - b_{-\boldsymbol{q}b}) c_{\boldsymbol{k}a}^+ c_{\boldsymbol{k}+\boldsymbol{q}b} + (b_{\boldsymbol{q}a} - b_{-\boldsymbol{q}b}^+) c_{\boldsymbol{k}+\boldsymbol{q}b}^+ c_{\boldsymbol{k}a} \right] \end{aligned} \quad (1.543)$$

と書き直せる.ここで,$\boldsymbol{k}+\boldsymbol{q}$ は逆格子ベクトル $\boldsymbol{G}$ を用いて第 1BZ に還元する(そのとき,$\boldsymbol{0}$ でない $\boldsymbol{G}$ で還元される場合をウムクラップ過程と呼ぶ)ものとする.また,1 電子分散関係 $\varepsilon_{\boldsymbol{k}}$ は最近接格子間ベクトルを $\boldsymbol{a}$ とすると,

$$\varepsilon_{\boldsymbol{k}} \equiv -t\sum_{\boldsymbol{a}} e^{i\boldsymbol{k}\cdot\boldsymbol{a}} \quad (1.544)$$

で与えられる.ただし,和は可能なすべての $\boldsymbol{a}$ を取るものとする.

そこで,この $H_{E\otimes e}$ の系をグリーン関数法で解こう.その際の手順は 1.4.2~1.4.4 項でフレーリッヒ–ポーラロンに対して遂行したものを踏襲する.すなわち,まず,温度グリーン関数 $G_{\boldsymbol{k}\rho}(\tau) = -\langle T_\tau c_{\boldsymbol{k}\rho}(\tau) c_{\boldsymbol{k}\rho}^+ \rangle$ を導入し,その運動方程式を追求することから自己エネルギーと 3 点バーテックス関数の厳密な計算式を導き,その後,適切な近似で具体的な解を得ることである.

さて,$G_{\boldsymbol{k}\rho}(\tau)$ の運動方程式はその $\tau$ 微分を書き下すことから得られるが,式 (1.220) に対応する段階では,$G_{\boldsymbol{k}a}(\tau)$ と $G_{\boldsymbol{k}b}(\tau)$ のそれぞれは

$$\left(\frac{\partial}{\partial \tau}+\varepsilon_{\bm{k}}\right)G_{\bm{k}a}(\tau) = -\delta(\tau)$$
$$+ \omega_0\sqrt{\frac{2\alpha}{N_L}}\sum_{\bm{q}}\Big\langle T_\tau\big[b^+_{\bm{q}a}(\tau) - b_{-\bm{q}b}(\tau)\big]c_{\bm{k}+\bm{q}b}(\tau)c^+_{\bm{k}a}\Big\rangle \quad (1.545)$$

$$\left(\frac{\partial}{\partial \tau}+\varepsilon_{\bm{k}}\right)G_{\bm{k}b}(\tau) = -\delta(\tau)$$
$$+ \omega_0\sqrt{\frac{2\alpha}{N_L}}\sum_{\bm{q}}\Big\langle T_\tau\big[b_{-\bm{q}a}(\tau) - b^+_{\bm{q}b}(\tau)\big]c_{\bm{k}+\bm{q}a}(\tau)c^+_{\bm{k}b}\Big\rangle \quad (1.546)$$

の方程式を満たすことになる．そして，これらの方程式の右辺第2項に関連して，式 (1.227) の段階に至る過程で開発した一連の式の変形法を参考にし，式 (1.224) で導入された $\mathcal{D}^{(0)}(\tau)$ を用いて書き直すと，

$$\left(\frac{\partial}{\partial \tau}+\varepsilon_{\bm{k}}\right)G_{\bm{k}a}(\tau) = -\delta(\tau) + \omega_0^2\frac{2\alpha}{N_L}\sum_{\bm{q}}\int_0^{1/T}d\tau'\Big(\mathcal{D}^{(0)}(\tau-\tau')$$
$$+ \mathcal{D}^{(0)}(\tau'-\tau)\Big)\langle T_\tau c_{\bm{k}+\bm{q}b}(\tau)S^{(-)}_{-\bm{q}}(\tau')c^+_{\bm{k}a}\rangle \quad (1.547)$$

$$\left(\frac{\partial}{\partial \tau}+\varepsilon_{\bm{k}}\right)G_{\bm{k}b}(\tau) = -\delta(\tau) + \omega_0^2\frac{2\alpha}{N_L}\sum_{\bm{q}}\int_0^{1/T}d\tau'\Big(\mathcal{D}^{(0)}(\tau-\tau')$$
$$+ \mathcal{D}^{(0)}(\tau'-\tau)\Big)\langle T_\tau c_{\bm{k}+\bm{q}a}(\tau)S^{(+)}_{-\bm{q}}(\tau')c^+_{\bm{k}b}\rangle \quad (1.548)$$

が導かれる．ここで，$S^{(\pm)}_{-\bm{q}}$ は式 (1.533) で導入された $\tilde{S}_\pm$ を結晶全体に拡張したもので，$S^{(-)}_{-\bm{q}} \equiv \sum_{\bm{k}} c^+_{\bm{k}b}c_{\bm{k}-\bm{q}a}$ と $S^{(+)}_{-\bm{q}} \equiv \sum_{\bm{k}} c^+_{\bm{k}a}c_{\bm{k}-\bm{q}b}$ で定義された．

得られた方程式 (1.547)〜(1.548) の両辺をフーリエ変換すると，$G_{\bm{k}\rho}(\tau)$ のフーリエ変換 $G_{\bm{k}\rho}(i\omega_p)$ に対する方程式に書き換えられる．そして，それはダイソン方程式，$G_{\bm{k}\rho}(i\omega_p) = G^{(0)}_{\bm{k}}(i\omega_p) + G^{(0)}_{\bm{k}}(i\omega_p)\Sigma_{\bm{k}\rho}(i\omega_p)G_{\bm{k}\rho}(i\omega_p)$，にほかならない．ここで，$G^{(0)}_{\bm{k}}(i\omega_p)\,[=1/(i\omega_p - \varepsilon_{\bm{k}} + \mu)]$ は自由電子のグリーン関数，$\Sigma_{\bm{k}\rho}(i\omega_p)$ は自己エネルギーであるが，これは式 (1.216) で与えられる $D^{(0)}(i\omega_q)$ と3点バーテックス関数 $\Lambda_{\rho\rho'}(\bm{k}',i\omega_{p'};\bm{k},i\omega_p)$ を用いると，

## 1.5 格子模型上のポーラロン

$$\Sigma_{\boldsymbol{k}a}(i\omega_p) = -T\sum_{\omega_q}\sum_{\boldsymbol{q}} \frac{2\alpha\omega_0^2}{N_L} D^{(0)}(i\omega_q) G_{\boldsymbol{k}+\boldsymbol{q}b}(i\omega_p+i\omega_q)$$
$$\times \Lambda_{ba}(\boldsymbol{k}+\boldsymbol{q},i\omega_p+i\omega_q;\boldsymbol{k},i\omega_p) \quad (1.549)$$

$$\Sigma_{\boldsymbol{k}b}(i\omega_p) = -T\sum_{\omega_q}\sum_{\boldsymbol{q}} \frac{2\alpha\omega_0^2}{N_L} D^{(0)}(i\omega_q) G_{\boldsymbol{k}+\boldsymbol{q}a}(i\omega_p+i\omega_q)$$
$$\times \Lambda_{ab}(\boldsymbol{k}+\boldsymbol{q},i\omega_p+i\omega_q;\boldsymbol{k},i\omega_p) \quad (1.550)$$

となり，$\Lambda_{ba}(\boldsymbol{k}+\boldsymbol{q},i\omega_p+i\omega_q;\boldsymbol{k},i\omega_p)$ や $\Lambda_{ab}(\boldsymbol{k}+\boldsymbol{q},i\omega_p+i\omega_q;\boldsymbol{k},i\omega_p)$ は

$$G_{\boldsymbol{k}a}(i\omega_p) G_{\boldsymbol{k}+\boldsymbol{q}b}(i\omega_p+i\omega_q) \Lambda_{ba}(\boldsymbol{k}+\boldsymbol{q},i\omega_p+i\omega_q;\boldsymbol{k},i\omega_p)$$
$$= \int_0^{1/T} d\tau e^{(i\omega_p+i\omega_q)\tau} \int_0^{1/T} d\tau' e^{-i\omega_q\tau'} \langle T_\tau c_{\boldsymbol{k}+\boldsymbol{q}b}(\tau) S_{-\boldsymbol{q}}^{(-)}(\tau') c_{\boldsymbol{k}a}^+ \rangle \quad (1.551)$$

$$G_{\boldsymbol{k}b}(i\omega_p) G_{\boldsymbol{k}+\boldsymbol{q}a}(i\omega_p+i\omega_q) \Lambda_{ab}(\boldsymbol{k}+\boldsymbol{q},i\omega_p+i\omega_q;\boldsymbol{k},i\omega_p)$$
$$= \int_0^{1/T} d\tau e^{(i\omega_p+i\omega_q)\tau} \int_0^{1/T} d\tau' e^{-i\omega_q\tau'} \langle T_\tau c_{\boldsymbol{k}+\boldsymbol{q}a}(\tau) S_{-\boldsymbol{q}}^{(+)}(\tau') c_{\boldsymbol{k}b}^+ \rangle \quad (1.552)$$

のように定義されている．

ちなみに，ホルスタイン模型のハミルトニアン $H_{A\otimes a}$ は運動量表示で

$$H_{A\otimes a} = \sum_{\boldsymbol{k}\sigma}(\varepsilon_{\boldsymbol{k}} - \mu) c_{\boldsymbol{k}\sigma}^+ c_{\boldsymbol{k}\sigma} + \omega_0 \sum_{\boldsymbol{q}} b_{\boldsymbol{q}}^+ b_{\boldsymbol{q}}$$
$$+ \omega_0 \sqrt{\frac{\alpha}{N_L}} \sum_{\boldsymbol{k}\boldsymbol{q}\sigma} (b_{\boldsymbol{q}}^+ + b_{-\boldsymbol{q}}) c_{\boldsymbol{k}\sigma}^+ c_{\boldsymbol{k}+\boldsymbol{q}\sigma} \quad (1.553)$$

のように書ける．ここで，$\sigma$ は "実" スピンの自由度を表す添え字，$\alpha$ は式 (1.543) における $\alpha$（これは $\alpha_{E\otimes e}$ と書くべきもの）とは違うので $\alpha_{A\otimes a}$ と書くべきだが，添え字は省略した．この $H_{A\otimes a}$ に従う系ではフォノンは単に電子の電荷密度と結合するので，その特徴はフレーリッヒ模型のそれに類似したものであり，したがって，上と同様の手順で自己エネルギー $\Sigma_{\boldsymbol{k}\sigma}(i\omega_p)$ や対応する3点電荷バーテックス関数 $\Lambda_c(\boldsymbol{k}',i\omega_{p'};\boldsymbol{k},i\omega_p)$ の厳密な表式を求めると，式 (1.236) や式 (1.235) のフレーリッヒ模型の場合と同様の結果を得ることが予想される．ここで，添え字 $c$ は電荷（charge）を意味する．実際，

$$\Sigma_{\boldsymbol{k}\sigma}(i\omega_p) = -T \sum_{\omega_q} \sum_{\boldsymbol{q}} \frac{\alpha\omega_0^2}{N_L} D^{(0)}(i\omega_q) G_{\boldsymbol{k}+\boldsymbol{q}\sigma}(i\omega_p + i\omega_q)$$
$$\times \Lambda_c(\boldsymbol{k}+\boldsymbol{q}, i\omega_p + i\omega_q; \boldsymbol{k}, i\omega_p) \tag{1.554}$$

$$G_{\boldsymbol{k}\sigma}(i\omega_p) G_{\boldsymbol{k}+\boldsymbol{q}\sigma}(i\omega_p + i\omega_q) \Lambda_c(\boldsymbol{k}+\boldsymbol{q}, i\omega_p + i\omega_q; \boldsymbol{k}, i\omega_p)$$
$$= \int_0^{1/T} d\tau e^{(i\omega_p + i\omega_q)\tau} \int_0^{1/T} d\tau' e^{-i\omega_q \tau'} \langle T_\tau c_{\boldsymbol{k}+\boldsymbol{q}\sigma}(\tau) \rho_{-\boldsymbol{q}}(\tau') c_{\boldsymbol{k}\sigma}^+ \rangle \tag{1.555}$$

となる.ここで,電子密度演算子 $\rho_{-\boldsymbol{q}}$ は $\rho_{-\boldsymbol{q}} \equiv \sum_{\boldsymbol{p}\sigma} c_{\boldsymbol{k}\sigma}^+ c_{\boldsymbol{k}-\boldsymbol{q}\sigma}$ で定義された.

このようにして定義された各種 3 点バーテックス関数 $\Lambda$ は JT 系であれ,ホルスタイン系であれ,いずれもインプロパーな項も含むので,一般には 1.4.5 項で議論したようにプロパーな項のみから構成される 3 点バーテックス関数 $\Gamma$ に書き直すことになる.図 1.38(a) にはその事情をファインマンダイアグラムで描いてある.そして,図 1.38(b) には $\Gamma$ の摂動展開項について $O(\alpha^2)$ まで形式的に可能なすべての項を書き出している.ただ,分極関数がゼロになる 1 電子問題では,$\Gamma$ は $\Lambda$ と同じものである.

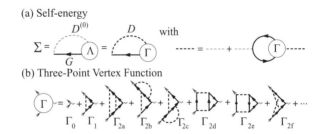

図 1.38 (a) 自己エネルギーのファインマンダイアグラム.2 種の 3 点バーテックス,$\Lambda$ と $\Gamma$,の違いを明確にした. (b) $\Gamma$ の展開項を $\alpha$ の 2 次まですべて挙げた.

さて,1 ポーラロン問題に戻って $\alpha \ll 1$ の弱結合領域をグリーン関数法で考えよう.この領域では,式 (1.549) や式 (1.550) による自己エネルギーの計算において $G$ は $G^{(0)}$ と近似でき,また,バーテックス補正はすべて無視できるので $\Lambda = 1$ と取ってよい.さらに,1 電子問題なので,$G^{(0)}$ の中の $\mu$ は $\varepsilon_{\boldsymbol{k}}$ の最小値である $\varepsilon_{\boldsymbol{0}}$ と決められる.すると,$T \to 0$ の極限では

## 1.5 格子模型上のポーラロン

$$\Sigma_{\bm{k}a}(i\omega_p) = \Sigma_{\bm{k}b}(i\omega_p) = -T\sum_{\omega_{p'}}\sum_{\bm{k'}}\frac{2\alpha\omega_0^2}{N_L}D^{(0)}(i\omega_{p'}-i\omega_p)G^{(0)}_{\bm{k'}}(i\omega_{p'})$$

$$=2\alpha\omega_0^2\frac{1}{N_L}\sum_{\bm{k'}}\frac{1}{i\omega_p-\omega_0-\varepsilon_{\bm{k'}}+\varepsilon_{\bm{0}}} \quad (1.556)$$

となる．これから，$\Sigma_{\bm{k}\rho}(i\omega_p)$ は $\bm{k}$ に依存しないことはすぐに分かる．したがって，有効質量と裸のバンド端質量の比，$m^*/m$ は

$$\frac{m^*}{m} = 1 - \left.\frac{\partial\Sigma_{\bm{k}\rho}(i\omega_p)}{\partial(i\omega_p)}\right|_{\omega_p\to 0} = 1 + 2\alpha\frac{1}{N_L}\sum_{\bm{k'}}\left(\frac{\omega_0}{\omega_0+\varepsilon_{\bm{k'}}-\varepsilon_{\bm{0}}}\right)^2 \quad (1.557)$$

で与えられる．これから，$\omega_0 \gg t$ の反断熱極限では式 (1.557) の最終項の第1BZ にわたる和は $N_L$ になるので，$m^*/m = 1 + 2\alpha_{E\otimes e}$ ということになる．

同様の計算をホルスタイン模型について行うと，式 (1.554) から

$$\Sigma_{\bm{k}\sigma}(i\omega_p) = \alpha\omega_0^2\frac{1}{N_L}\sum_{\bm{k'}}\frac{1}{i\omega_p-\omega_0-\varepsilon_{\bm{k'}}+\varepsilon_{\bm{0}}} \quad (1.558)$$

となるので，この場合は反断熱極限で $m^*/m = 1 + \alpha_{A\otimes a}$ となる．したがって，弱結合領域では同じ大きさの $\alpha$ なら $E\otimes e$ 系の方がホルスタイン模型よりも 2 倍の強さの質量繰り込み効果があることになる．この因子 2 というのは，ホルスタイン模型では介在するフォノンが 1 つであるのに対し，$E\otimes e$ 系では 2 つあるからである．逆にいえば，弱結合領域で同等の強さの電子フォノン結合にしたければ，$\alpha_{A\otimes a} = 2\alpha_{E\otimes e}$ にすればよいことになる．そして，この近似の範囲にある限り，JT ポーラロンといえども，通常のフォノンを媒介とするポーラロンとの違いはなく，その特徴は何も出ないことになる．

この弱結合領域を超えて $\alpha$ を大きくしていくと，バーテックス補正を考慮しなくてはならなくなる．ホルスタイン模型では，図 1.38(b) に記したようなすべての可能な補正項が寄与してくる．一方，容易に確かめられるように，$E\otimes e$ 系ではほとんどすべてのバーテックス補正項は寄与しなくなる．実際，$\alpha$ の奇数次の補正はすべてゼロであり，偶数次でも，たとえば，$\alpha$ の 2 次の項では図 1.38(b) の中の $\Gamma_{2f}$ だけが寄与する．このようにごく限られた項しか寄与しない理由は局所擬角運動量保存則があって，それを満たす条件下でしか電子はフォノンと相互作用できないからである．次項で見るように，このバーテックス補正項の寄与の違い，すなわち，局所擬角運動量保存則の存在が強結合領域でのホルスタイン模型と $E\otimes e$ 系の $m^*/m$ の振る舞いの違いに反映してくる．

### 1.5.11　$E \otimes e$ ヤーン–テラー–ポーラロン：強結合領域

HH 模型でのポーラロンを取り扱った 1.5.4 項の最後や 1.5.5 項で強調したように，強結合反断熱領域では 2 サイト系の基底エネルギーと第 1 励起エネルギーの差から求められる有効ホッピング積分 $t_{\text{eff}}$ を通してポーラロンの有効質量 $m^*$ はほぼ正確に得られる．そこで，JT ポーラロンでも同様の計算で $m^*$ を決定しよう．ただ，HH 模型と比して $E \otimes e$ 系では各サイトごとに電子軌道数もフォノン自由度も 2 倍なので，2 サイト系といえども，その計算量は単純には 4 サイト HH 系に匹敵する．しかし，式 (1.506) が満たされる $H_K$ では全擬角運動量 $L = L_1 + L_2$ が保存されるため，式 (1.541) の $H_{E \otimes e}$ に対して各 $L$（1 電子系では $L = \pm 1/2, \pm 3/2, \pm 5/2, \cdots$）ごとに展開基底を選んで $H_{E \otimes e}$ を対角化することで計算量は大幅に削減される．

ところで，強結合領域の $E \otimes e$ 系では 1 サイト系での基底状態の波動関数は $L = 1/2$ では式 (1.537)，$L = -1/2$ では式 (1.538) により解析的に知られている．すると，$t \ll \omega_0$ の反断熱領域では 2 サイト系の基底状態や第 1 励起状態も 1 サイト系の波動関数の結合–反結合軌道を構成することによって解析的に得られることになる．具体的に 2 サイト 1 電子系における $L = 1/2$ の基底および第 1 励起状態に対応する結合–反結合波動関数 $\Psi_\pm$ は

$$\Psi_\pm = \frac{1}{\sqrt{2}} \frac{1}{\sqrt{I_0(\alpha) + I_1(\alpha)}} \left[ \left( \sqrt{\frac{2}{\alpha}} b_{1b} c_{1a}^+ + c_{1b}^+ \right) J_0\left( \sqrt{2\alpha b_{1a}^+ b_{1b}^+} \right) \right.$$
$$\left. \pm \left( \sqrt{\frac{2}{\alpha}} b_{2b} c_{2a}^+ + c_{2b}^+ \right) J_0\left( \sqrt{2\alpha b_{2a}^+ b_{2b}^+} \right) \right] |\text{vac}\rangle \quad (1.559)$$

であり，対応するエネルギー $E_\pm$ の差は

$$E_- - E_+ = \langle \Psi_- | H_K | \Psi_- \rangle - \langle \Psi_+ | H_K | \Psi_+ \rangle = \frac{2t}{I_0(\alpha) + I_1(\alpha)} \quad (1.560)$$

となる．そして，$t_{\text{eff}} = (E_- - E_+)/2$ なので，ポーラロンの有効質量 $m^*$ と電子の裸のバンド質量 $m$ との比は

$$\frac{m^*}{m} = \frac{t}{t_{\text{eff}}} = I_0(\alpha) + I_1(\alpha) \approx \sqrt{\frac{2}{\pi \alpha}} e^\alpha \quad (1.561)$$

という解析的に厳密な結果[86]が得られる．もちろん，$L = -1/2$ を考えて計算しても縮退しているので同じ結果を得る．

式 (1.561) の結果に関連して，3つのコメントがある．①強結合反断熱領域では，$t_{\rm eff}$ の計算は $t/\omega_0$ の 1 次のオーダーだけを考えれば十分なので，$t_{\rm eff}/t$ で決まる $m^*/m$ の値自体は $t/\omega_0$ が十分に小さければその具体的な値に依存せずに決まる．さらに，式 (1.506) が満たされないような $H_{\rm K}$ を用いて $m^*/m$ を数値計算したところ，それが $t/\omega_0$ に依存しないほどに小さな $t$ を取る限りは式 (1.561) の結果を得る．この意味で，式 (1.561) の解析的厳密解は $H_{\rm K}$ の詳細によらない普遍的なものといえる．②$t/\omega_0$ に対する依存性を逆からいえば，与えられた $\alpha$ において，2 サイト系の計算で $t/\omega_0$ に依存しない $t_{\rm eff}$ が得られたならば，その $(\alpha, t/\omega_0)$ の組で指定される系は強結合反断熱領域に達しているといえる．③弱結合領域でホルスタイン–ポーラロンと $E \otimes e$ JT ポーラロンが同じ $m^*/m$ を持つための条件である $\alpha_{A \otimes a} = 2\alpha_{E \otimes e}$ を仮定すれば，ホルスタイン–ポーラロンの強結合領域での $m^*/m$ は $m^*/m = e^{\alpha_{A \otimes a}} = e^{2\alpha}$ になる．これと比べると，$E \otimes e$ JT ポーラロンは指数関数的な違いを持ってホルスタイン–ポーラロンよりもずっと軽いことになる．この大きな違いは，前項でも述べたように，（局所）擬角運動量保存則の帰結といえる．

強結合極限に限らず，一般に反断熱領域での $m/m^*$ を 2 サイト系の数値計算から求めた結果が図 1.39 に示されている．この図では $t = 0.2\omega_0$ とした数値計算結果（実線）だけでなく，式 (1.561) で与えられた強結合極限の漸近値

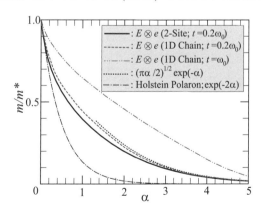

図 1.39 $E \otimes e$ JT ポーラロンの有効質量増強効果．主に $t = 0.2\omega_0$ の場合に $\alpha$ の関数としての $m/m^*$ を 2 サイト系，1 次元鎖，強結合極限形（$\sqrt{\pi\alpha/2}\,e^{-\alpha}$）についてプロットし，ホルスタイン–ポーラロンの結果（$e^{-2\alpha}$）と比較した．

（点線），同じ $t/\omega_0$ を持つ 1 次元鎖系をトラグマンの方法[71)] で評価したもの[87)]（破線），同じ方法・同じ系で $t = \omega_0$ の場合に計算した結果（2 点鎖線），そして，$\alpha_{A\otimes a} = 2\alpha$ の場合のホルスタイン–ポーラロンの結果（1 点鎖線）も比較のために示されている．この図から反断熱領域では $\alpha > 3$ になると式 (1.561) の漸近値に収束していることが分かる．また，反断熱領域を離れても，$\alpha > 5$ で既にこの漸近値に十分に近づいている．この $E \otimes e$ JT ポーラロンについては 3 次元単純立方格子（simple cubic：sc）系についても量子モンテカルロ計算[94)] で $m/m^*$ が計算されている[85)] が，得られた結果は図 1.39 の結果とよく整合[95)] している．

### 1.5.12　$T \otimes t$ ヤーン–テラー–ポーラロン

これまで $E \otimes e$ JT 系を取り扱い，そこでの擬角運動量保存則の存在が数値計算簡略化のためだけでなく，物理的にも $m^*/m$ の大きさを決める上で重要な役割を果たすことを指摘した．しかしながら，すべての JT 系においてこれと同様の保存則が存在するわけでは決してない．連続群論を用いて行った分類[96)] によれば，それぞれの JT 問題で電子フォノン結合系での回転対称性を反映した回転群が存在するかしないかは自明ではなく，それが存在する場合にのみ擬角運動量保存則を導く演算子が存在することが知られている．実際，$E \otimes e$ 系ではフォノン系（すなわち，2 次元空間 $(Q_u, Q_v)$ の中の回転不変性を導く $SO(2)$ 対称性）にも電子軌道系（すなわち，軌道自由度を擬スピンで表したときのスピン回転不変性を導く $SU(2)$ 対称性）にも回転対称性が存在し，さらに，それらを結合した場合に式 (1.535) で導入された（全角運動量に対応する）$L_i$ が回転不変保存量として存在したわけである．

一方，その連続群論による分類では，$T \otimes t$ 系でも，また，$T \otimes h$ 系でもそのような $SO(n)$ 対称性は存在せず，したがって，$L_i$ に対応するような演算子も存在しない．それでは，一体，擬角運動量保存則が存在しない場合，ポーラロンの有効質量 $m^*$ は結合定数 $\alpha$ の関数としてどのように振る舞うのであろうか？　この項では，この問いに答えるべく遂行された $T \otimes t$ JT ポーラロンの $m^*$ に関する研究結果[97)] に触れておこう．

まず，ハミルトニアン $H_{T \otimes t}$ は式 (1.506) の条件を満たす $H_K$ を用い，電子

の消滅演算子としてはこれまでと同様にスピンレス系を考えて実スピンの添え字 $\sigma$ を省略してサイト表示の $c_{i\gamma}$ を使うと同時にその運動量表示 $c_{\boldsymbol{k}\gamma}$ も導入し，また，電子フォノン相互作用部分は式 (1.512) で $k_{T\otimes t}$ を単に $k$ と書き，そして，フォノン部分は式 (1.510) を用いると，

$$H_{T\otimes t}=\sum_{\boldsymbol{k}\lambda}(\varepsilon_{\boldsymbol{k}}-\mu)c^+_{\boldsymbol{k}\gamma}c_{\boldsymbol{k}\gamma}+k\sum_i[(c^+_{i1}c_{i2}+c^+_{i2}c_{i1})Q_{i3}+(c^+_{i3}c_{i1}+c^+_{i1}c_{i3})Q_{i2}$$
$$+(c^+_{i2}c_{i3}+c^+_{i3}c_{i2})Q_{i1}]-\frac{1}{2}\sum_{i\nu}\frac{\partial^2}{\partial Q_{i\nu}^2}+\frac{1}{2}\omega_0^2\sum_{i\nu}Q_{i\nu}^2 \quad (1.562)$$

で与えられる．ここで，$\varepsilon_{\boldsymbol{k}}$ は式 (1.544) で定義されている．そして，式 (1.562) 右辺の最後の 2 項から成るフォノン部分の方も 3 つの独立した調和振動子として，その調和振動子のそれぞれに対して正規直交完全基底を用いてボゾン演算子，$b_{i\nu}$ と $b^+_{i\nu}$，を導入して第 2 量子化し，その後，運動量表示に変換して $Q_{\boldsymbol{k}\nu}=(b^+_{\boldsymbol{q}\nu}+b_{-\boldsymbol{q}\nu})/\sqrt{2\omega_0}$ のように書き直すと，$H_{T\otimes t}$ は

$$H_{T\otimes t}=\sum_{\boldsymbol{k}\lambda}(\varepsilon_{\boldsymbol{k}}-\mu)c^+_{\boldsymbol{k}\gamma}c_{\boldsymbol{k}\gamma}+\omega_0\sqrt{\frac{\alpha}{N_L}}\sum_{\boldsymbol{k}\boldsymbol{q}}[(c^+_{\boldsymbol{k}1}c_{\boldsymbol{k}+\boldsymbol{q}2}+c^+_{\boldsymbol{k}2}c_{\boldsymbol{k}+\boldsymbol{q}1})(b^+_{\boldsymbol{q}3}+b_{-\boldsymbol{q}3})$$
$$+(c^+_{\boldsymbol{k}3}c_{\boldsymbol{k}+\boldsymbol{q}1}+c^+_{\boldsymbol{k}1}c_{\boldsymbol{k}+\boldsymbol{q}3})(b^+_{\boldsymbol{q}2}+b_{-\boldsymbol{q}2})+(c^+_{\boldsymbol{k}2}c_{\boldsymbol{k}+\boldsymbol{q}3}+c^+_{\boldsymbol{k}3}c_{\boldsymbol{k}+\boldsymbol{q}2})(b^+_{\boldsymbol{q}1}+b_{-\boldsymbol{q}1})]$$
$$+\sum_{\boldsymbol{q}\nu}\left(\omega_0+\frac{1}{2}\right)b^+_{\boldsymbol{q}\nu}b_{\boldsymbol{q}\nu} \quad (1.563)$$

となる．ここで，$k/\sqrt{2\omega_0}=g_{T\otimes t}\equiv\sqrt{\alpha}\omega_0$ と書いた．

さて，この式 (1.563) の $H_{T\otimes t}$ の形を見れば，軌道 $\gamma$ の電子の自己エネルギー $\Sigma_{\boldsymbol{k}\gamma}(i\omega_p)$ の最低次計算は直ちにできて，その結果は式 (1.556) の $\Sigma_{\boldsymbol{k}\rho}(i\omega_p)$ と全く同じものになる．すなわち，

$$\Sigma_{\boldsymbol{k}\gamma}(i\omega_p)=2\alpha\omega_0^2\frac{1}{N_L}\sum_{\boldsymbol{k}'}\frac{1}{i\omega_p-\omega_0-\varepsilon_{\boldsymbol{k}'}+\varepsilon_{\boldsymbol{0}}} \quad (1.564)$$

となる．なお，数因子 2 は，たとえば，$\gamma=1$ に対してはフォノンは $\nu=2$ と 3 の 2 つだけが寄与するからである．したがって，$\alpha\to0$ の弱結合領域で $t/\omega_0\to0$ の反断熱極限では $m^*/m=1+2\alpha_{T\otimes t}$ となる．これから弱結合極限で $E\otimes e$ 系と $T\otimes t$ 系で同等の強さの電子フォノン結合にしたければ，$\alpha_{T\otimes t}=\alpha_{E\otimes e}$ と規格化すればよいことが分かる．

次に,$t \ll \omega_0$ の反断熱領域を考え,任意の $\alpha$ において $m^*/m$ を 2 サイト系の計算で求めてみよう.そのために,まず,$t=0$ の場合,すなわち,1 サイト系の状況を調べておこう.数値計算的には,フォノン部分を 3 つの調和振動子の基底で展開して 1 電子系の基底状態や低励起状態を求めることができる.その計算の結果,1 サイト 1 電子系の基底状態は元の電子軌道が三重縮退していることを反映してそれと同じ対称性の三重縮退状態になっているが,$\alpha$ が約 5 以上に大きくなると第 1 励起状態である縮重度 1 の全対称軌道も基底状態とほぼ同じ(指数関数的に小さな差しかない)エネルギーを持つようになるので,強結合極限では四重に縮退した基底状態といってよい.この強結合極限での四重に縮退した基底状態エネルギーは $t=0$ とした式 (1.562) の $H_{T\otimes t}$ を断熱近似で解けば簡単に得られる.具体的には,式 (1.562) でフォノンの運動エネルギー部分を無視し,古典力学的な変数であるフォノンの変位 $\boldsymbol{Q} \equiv (Q_1, Q_2, Q_3)$ を任意に与え,それに対応して 1 電子系の状態を最適化する(すなわち,$3\times 3$ の行列を対角化する)ことで基底断熱ポテンシャル $\varepsilon_0(\boldsymbol{Q})$ が計算[98]される.図 1.40(a) には得られた $\varepsilon_0(\boldsymbol{Q})$ の結果が球面上に投影して示されている.このエネルギーは $\boldsymbol{Q}$ の 4 点で同じ最小値 $-E_{\mathrm{JT}}$ を取る(すなわち,四重に縮退して

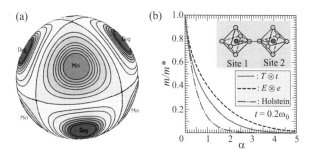

図 1.40 (a) 基底断熱ポテンシャルを $\boldsymbol{Q}$ 空間の球面上に投影して描いたもの.Min はポテンシャルの最小点,Deg は最大点で,その点で第 1 励起断熱ポテンシャル面と縮退して特異点になる.なお,Min は 4 点あり,$Q_0 = (2/3)\sqrt{2\alpha\omega_0}$ として $(Q_0, Q_0, -Q_0)$, $(Q_0, -Q_0, Q_0)$, $(-Q_0, Q_0, Q_0)$, $(-Q_0, -Q_0, -Q_0)$ である.また,$E \otimes e$ 系と同様に,Deg 点を回る経路を取ると,断熱近似の電子波動関数の 1 価性を担保するためにベリー位相を導入する必要がある.
(b) $T \otimes t$ JT ポーラロンの有効質量増強効果.2 サイト系で $t=0.2\omega_0$ の場合に $\alpha$ の関数として $m/m^*$ をプロットし,$E \otimes e$ 系やホルスタイン系の結果と比較している.

いる). そして, その JT 安定化エネルギー $E_{\rm JT}$ は $E_{\rm JT} = 4\alpha\omega_0/3$ である. ちなみに, イオン振動は $\alpha \approx 0$ では $\boldsymbol{Q} = \boldsymbol{0}$ の周りの微小振動であり, このフォノン系は明らかに $SO(3)$ 対称性を持つが, $\alpha \to \infty$ では 4 つの極小点の周りの微小振動となり, その場合はフォノンは $\sqrt{2/3}\,\omega_0$ のエネルギーを持つ $e$ 対称性の二重に縮退したモードとエネルギーが $\omega_0$ の $a$ 対称性モードに分裂する. すなわち, フォノン系は $\alpha$ の増加と共に $t \to a \oplus e$ の形で対称性が低下することになり, これが擬角運動量保存則が成り立たない理由の 1 つになっている.

1 サイト 1 電子系に対して行った厳密数値対角化の数値計算を 2 サイト 1 電子系に単純に拡張し, $t/\omega_0$ をゼロから徐々に増やしてエネルギー準位を解析すると, 基底状態エネルギー $E_0$ と第 1 励起状態エネルギー $E_1$ は $\alpha$ が強結合極限にない限り, 共に三重縮退している結果が得られる. これは 2 サイト系に特有の結合–反結合状態が計算されていることになり, これから有効ホッピング積分 $t_{\rm eff}$ が $(E_1 - E_0)/2$ で評価される. すると, $m/m^* = t_{\rm eff}/t$ でポーラロンの有効質量 $m^*$ が求められる. この値は $t$ が反断熱領域にある限り, $t$ には依存しない. 実際の計算では $t/\omega_0$ が 0.2 以下では有効数字 3 桁の範囲で $m/m^*$ が $t$ に依存せずに決定され, その結果は図 1.40(b) にプロットされている. その図から分かるように, $\alpha_{T\otimes t} = \alpha_{E\otimes e} = \alpha_{A\otimes a}/2$ と規格化された場合, $T \otimes t$ 系は $E \otimes e$ 系とホルスタイン系 (すなわち, $A \otimes a$ 系) の中間の $m^*$ を与えることが分かる.

この図 1.40(b) の結果が得られる理由をもう少し解析的に探るために, 電子系の演算子 $\{c_{i\lambda}\}$ やフォノン系のそれ $\{Q_{i\nu}\}$ を, それぞれ, サイトごとにユニタリー変換して $\{\bar{c}_{i\lambda}\}$ や $\{\bar{Q}_{i\nu}\}$ に変換して式 (1.562) の $H_{T\otimes t}$ を書き直してみよう. ここで, $c_{i\lambda} = \sum_{\lambda'} U^e_{\lambda\lambda'} \bar{c}_{i\lambda'}$ や $Q_{i\nu} = \sum_{\nu'} U^{ph}_{\nu\nu'} \bar{Q}_{i\nu'}$ と書いた場合, 行列 $U^e$ や $U^{ph}$ の取り方は無数にあり得るが, ここでは天下り的に

$$U^e = \frac{1}{\sqrt{3}} \begin{pmatrix} 1 & 1 & e^{-\frac{2}{3}\pi i} \\ 1 & e^{-\frac{2}{3}\pi i} & 1 \\ 0 & e^{\frac{2}{3}\pi i} & e^{\frac{2}{3}\pi i} \end{pmatrix}, \quad U^{ph} = \frac{1}{\sqrt{6}} \begin{pmatrix} -2 & 0 & \sqrt{2} \\ 1 & \sqrt{3} & \sqrt{2} \\ 1 & -\sqrt{3} & \sqrt{2} \end{pmatrix} \quad (1.565)$$

と与えることにしよう. すると, 式 (1.562) は

$$H_{T\otimes t} = \sum_{\bm{k}\lambda}(\varepsilon_{\bm{k}}-\mu)\bar{c}^+_{\bm{k}\gamma}\bar{c}_{\bm{k}\gamma} - \frac{1}{2}\sum_{i\nu}\frac{\partial^2}{\partial \bar{Q}^2_{i\nu}} + \frac{1}{2}\omega_0^2\sum_{i\nu}\bar{Q}^2_{i\nu}$$

$$+ \sqrt{\frac{2\alpha\omega_0}{3}}\,\omega_0\sum_i\Big[(2\bar{c}^+_{i1}\bar{c}_{i1} - \bar{c}^+_{i2}\bar{c}_{i2} - \bar{c}^+_{i3}\bar{c}_{i3})\bar{Q}_{i3}$$

$$+ (\bar{c}^+_{i2}\bar{c}_{i1} + 2e^{\frac{1}{3}\pi i}\bar{c}^+_{i2}\bar{c}_{i3} - e^{-\frac{1}{3}\pi i}\bar{c}^+_{i3}\bar{c}_{i1})\bar{Q}_{i+}$$

$$+ (\bar{c}^+_{i1}\bar{c}_{i2} + 2e^{-\frac{1}{3}\pi i}\bar{c}^+_{i3}\bar{c}_{i2} - e^{\frac{1}{3}\pi i}\bar{c}^+_{i1}\bar{c}_{i3})\bar{Q}_{i-}\Big] \quad (1.566)$$

と変換される．ここで，$\bar{Q}_{i\pm} \equiv \bar{Q}_{i1} \pm i\bar{Q}_{i2}$ である．

そこで，展開基底を適宜選択してフォノン演算子 $\bar{Q}_{i\nu}$ を第2量子化しよう．先に行った数値計算ではフォノン部分のハミルトニアン $H_{ph}$ を3つの調和振動子に分解して構成した基底を採用したが，ここでは $SO(3)$ 対称性が明確になる基底を作るために3次元極座標 $(Q,\theta,\varphi)$ を導入しよう．（しばらくの間，上付きのバーやサイト $i$ を指定する下付きの添え字を省略して，$\bar{Q}_{i\nu}\to Q_\nu$ と簡略化して書こう．）すると，$Q_1 = Q\sin\theta\cos\varphi$, $Q_2 = Q\sin\theta\sin\varphi$, $Q_3 = Q\cos\theta$ であり，また，$H_{ph}$ は

$$H_{ph} = -\frac{1}{2}\left(\frac{\partial^2}{\partial Q^2} + \frac{2}{Q}\frac{\partial}{\partial Q} - \frac{\bm{L}^2}{Q^2}\right) + \frac{1}{2}\omega_0^2 Q^2 \quad (1.567)$$

と書ける．そして，この $H_{ph}$ の正規直交固有関数系を求めることが問題になるが，これは初等量子力学の練習問題といえるもので，固有波動関数の角度部分は全軌道角運動量演算子 $\bm{L}^2$ とその $z$ 成分である $L_z$ の同時固有関数である球面調和関数 $Y_{\ell m}(\theta,\varphi)$ になる．この $Y_{\ell m}(\theta,\varphi)$ の特徴は式 (1.9)〜(1.10) として示していたが，もう一度書き下しておくと，

$$\bm{L}^2 Y_{\ell m}(\theta,\varphi) \equiv -\left[\frac{1}{\sin\theta}\frac{\partial}{\partial\theta}\left(\sin\theta\frac{\partial}{\partial\theta}\right) + \frac{1}{\sin^2\theta}\frac{\partial^2}{\partial\varphi^2}\right]Y_{\ell m}(\theta,\varphi)$$

$$= \ell(\ell+1)\,Y_{\ell m}(\theta,\varphi) \quad (1.568)$$

$$L_z Y_{\ell m}(\theta,\varphi) \equiv -i\frac{\partial}{\partial\varphi}Y_{\ell m}(\theta,\varphi) = m\,Y_{\ell m}(\theta,\varphi) \quad (1.569)$$

である．ここで，$\ell = 0, 1, 2, \cdots$，かつ，$m = 0, \pm 1, \cdots, \pm\ell$ である．また，固有波動関数の動径部分はラゲールの陪多項式 $L_k^{(\alpha)}(z)$ を用いて書き下せて，

$$\langle Q\theta\varphi|k\ell m\rangle = (-1)^k\sqrt{\frac{2\,k!\,\omega_0^{\frac{3}{2}}}{\Gamma(k+\ell+\frac{3}{2})}}L_k^{(\ell+\frac{1}{2})}(z)\,z^{\frac{\ell}{2}}e^{-\frac{z}{2}}Y_{\ell m}(\theta,\varphi) \quad (1.570)$$

## 1.5 格子模型上のポーラロン

となる。ここで、$k = 0, 1, 2, \cdots$、また、$z = \omega_0 Q^2$ である。この固有関数 $|k\ell m\rangle$ の極座標表現 $\langle Q\theta\varphi|k\ell m\rangle$ は規格化されていて、

$$H_{ph}|k\ell m\rangle = \omega_0 \left(2k + \ell + \frac{3}{2}\right)|k\ell m\rangle \tag{1.571}$$

を満たす。もちろん、$\boldsymbol{L}^2|k\ell m\rangle = \ell(\ell+1)|k\ell m\rangle$ や $L_z|k\ell m\rangle = m|n\ell m\rangle$ も満たす。なお、$L_k^{(\alpha)}(z)$ はガンマ関数 $\Gamma(x)$ と式 (1.524) で定義したガウスの合流型超幾何関数 $F(-k, \alpha+1, z)$ を用いると、以下のように定義される。

$$L_k^{(\alpha)}(z) = \frac{\Gamma(\alpha+k+1)}{k!\,\Gamma(\alpha+1)} F(-k, \alpha+1, z) \tag{1.572}$$

ちなみに、$n$ をゼロ以上の整数として $\Gamma(n+1/2)$ は下式で与えられる。

$$\Gamma\left(n+\frac{1}{2}\right) = \frac{(2n)!}{2^{2n}\,n!}\sqrt{\pi} \tag{1.573}$$

この $\langle Q\theta\varphi|k\ell m\rangle$ を用いると、演算子 $Q_3 = Q\cos\theta$ や $Q_\pm \equiv Q_1 \pm iQ_2 = Q\sin\theta\,e^{\pm i\varphi}$ の行列要素は簡単に計算される。その結果を取りまとめて書くと、

$$\begin{aligned}
\langle k'\ell'm'|Q_3|k\ell m\rangle &= \sqrt{\frac{(k+\ell+\frac{3}{2})(\ell-m+1)(\ell+m+1)}{\omega_0(2\ell+1)(2\ell+3)}}\,\delta_{k',k}\delta_{\ell',\ell+1}\delta_{m',m} \\
&+ \sqrt{\frac{k(\ell-m+1)(\ell+m+1)}{\omega_0(2\ell+1)(2\ell+3)}}\,\delta_{k',k-1}\delta_{\ell',\ell+1}\delta_{m',m} \\
&+ \sqrt{\frac{(k+\ell+\frac{1}{2})(\ell-m)(\ell+m)}{\omega_0(2\ell-1)(2\ell+1)}}\,\delta_{k',k}\delta_{\ell',\ell-1}\delta_{m',m} \\
&+ \sqrt{\frac{(k+1)(\ell-m)(\ell+m)}{\omega_0(2\ell-1)(2\ell+1)}}\,\delta_{k',k+1}\delta_{\ell',\ell-1}\delta_{m',m} \tag{1.574}
\end{aligned}$$

$$\begin{aligned}
\langle k'\ell'm'|Q_+|k\ell m\rangle &= \sqrt{\frac{(k+\ell+\frac{3}{2})(\ell+m+1)(\ell+m+2)}{\omega_0(2\ell+1)(2\ell+3)}}\,\delta_{k',k}\delta_{\ell',\ell+1}\delta_{m',m+1} \\
&+ \sqrt{\frac{k(\ell+m+1)(\ell+m+2)}{\omega_0(2\ell+1)(2\ell+3)}}\,\delta_{k',k-1}\delta_{\ell',\ell+1}\delta_{m',m+1} \\
&+ \sqrt{\frac{(k+\ell+\frac{1}{2})(\ell-m)(\ell-m-1)}{\omega_0(2\ell-1)(2\ell+1)}}\,\delta_{k',k}\delta_{\ell',\ell-1}\delta_{m',m+1} \\
&+ \sqrt{\frac{(k+1)(\ell-m)(\ell-m-1)}{2\omega_0(2\ell-1)(2\ell+1)}}\,\delta_{k',k+1}\delta_{\ell',\ell-1}\delta_{m',m+1} \tag{1.575}
\end{aligned}$$

$$\langle k'\ell'm'|Q_-|k\ell m\rangle = \sqrt{\frac{(k+\ell+\frac{3}{2})(\ell-m+1)(\ell-m+2)}{\omega_0(2\ell+1)(2\ell+3)}}\delta_{k',k}\delta_{\ell',\ell+1}\delta_{m',m-1}$$
$$+\sqrt{\frac{k(\ell-m+1)(\ell-m+2)}{\omega_0(2\ell+1)(2\ell+3)}}\delta_{k',k-1}\delta_{\ell',\ell+1}\delta_{m',m-1}$$
$$+\sqrt{\frac{(k+\ell+\frac{1}{2})(\ell+m)(\ell+m-1)}{\omega_0(2\ell-1)(2\ell+1)}}\delta_{k',k}\delta_{\ell',\ell-1}\delta_{m',m-1}$$
$$+\sqrt{\frac{(k+1)(\ell+m)(\ell+m-1)}{\omega_0(2\ell-1)(2\ell+1)}}\delta_{k',k+1}\delta_{\ell',\ell-1}\delta_{m',m-1} \quad (1.576)$$

である．この行列要素を再現するように極座標表示に対応する 3 つのボソン演算子，$b_0$ と $b_\pm$，を導入しよう．このボソン演算子を使うと，フォノンの変位に対する第 2 量子化の表現は

$$Q_3 = \frac{b_0^+ + b_0}{\sqrt{2\omega_0}}, \quad Q_\pm = \frac{b_\pm^+ + b_\mp}{\sqrt{\omega_0}} \quad (1.577)$$

となる．そして，$H_{ph}$ や角運動量演算子，$L_z$ や $L_\pm \equiv L_x \pm iL_y$，は

$$H_{ph} = \omega_0 \left(b_0^+ b_0 + b_+^+ b_+ + b_-^+ b_- + \frac{3}{2}\right) \quad (1.578)$$

$$L_z = b_+^+ b_+ - b_-^+ b_-, \quad L_- = \sqrt{2}(b_-^+ b_0 - b_0^+ b_+), \quad L_+ = (L_-)^+ \quad (1.579)$$

で与えられる．そして，固有関数 $|k\ell m\rangle$ は $K_+ = (b_0^+)^2 + 2b_+^+ b_-^+$ として，

$$|k\ell m\rangle = \sqrt{\frac{(k+\ell)!}{k!\ell!}\frac{(2\ell+1)!}{(2k+2\ell+1)!}}K_+^k$$
$$\times (-1)^{\ell+\frac{m+|m|}{2}}\sqrt{\frac{1}{(2\ell)!}\frac{(\ell+m)!}{(\ell-m)!}}L_-^{\ell-m}\frac{1}{\sqrt{\ell!}}(b_+^+)^\ell|\text{vac}\rangle \quad (1.580)$$

となる．

フォノン変数に対して新たに導入された（上付きのバーやサイト $i$ の添え字を復活させた）ボソン演算子 $\bar{b}_{i\rho}$ ($\rho = 0, \pm$) やその運動量表示 $\bar{b}_{\boldsymbol{q}\rho}$ を用いて式 (1.566) の $H_{T\otimes t}$ を書き直すと，定数項の部分を省いて

## 1.5 格子模型上のポーラロン

$$H_{T\otimes t} = \sum_{k\lambda}(\varepsilon_{\boldsymbol{k}}-\mu)\bar{c}^+_{\boldsymbol{k}\gamma}\bar{c}_{\boldsymbol{k}\gamma} + \omega_0\sum_{\boldsymbol{q}\rho}\bar{b}^+_{\boldsymbol{q}\rho}\bar{b}_{\boldsymbol{q}\rho}$$
$$+\omega_0\sqrt{\frac{2\alpha}{3N_L}}\sum_{\boldsymbol{k}\boldsymbol{q}}\Big[(\bar{b}^+_{\boldsymbol{q}0}+\bar{b}_{-\boldsymbol{q}0})(2\bar{c}^+_{\boldsymbol{k}1}\bar{c}_{\boldsymbol{k}+\boldsymbol{q}1}-\bar{c}^+_{\boldsymbol{k}2}\bar{c}_{\boldsymbol{k}+\boldsymbol{q}2}-\bar{c}^+_{\boldsymbol{k}3}\bar{c}_{\boldsymbol{k}+\boldsymbol{q}3})$$
$$+(\bar{b}^+_{\boldsymbol{q}+}+\bar{b}_{-\boldsymbol{q}-})(\bar{c}^+_{\boldsymbol{k}2}\bar{c}_{\boldsymbol{k}+\boldsymbol{q}1}+2e^{\frac{1}{3}\pi i}\bar{c}^+_{\boldsymbol{k}2}\bar{c}_{\boldsymbol{k}+\boldsymbol{q}3}-e^{-\frac{1}{3}\pi i}\bar{c}^+_{\boldsymbol{k}3}\bar{c}_{\boldsymbol{k}+\boldsymbol{q}1})$$
$$+(\bar{b}^+_{\boldsymbol{q}-}+\bar{b}_{-\boldsymbol{q}+})(\bar{c}^+_{\boldsymbol{k}1}\bar{c}_{\boldsymbol{k}+\boldsymbol{q}2}+2e^{-\frac{1}{3}\pi i}\bar{c}^+_{\boldsymbol{k}3}\bar{c}_{\boldsymbol{k}+\boldsymbol{q}2}-e^{\frac{1}{3}\pi i}\bar{c}^+_{\boldsymbol{k}1}\bar{c}_{\boldsymbol{k}+\boldsymbol{q}3})\Big] \quad (1.581)$$

となる．これをホルスタイン模型や式 (1.543) の $H_{E\otimes e}$ と比べると，3つのフォノンの中，$\bar{b}_{\boldsymbol{q}0}$ と結合する部分はホルスタイン模型と同様に $A\otimes a$ 型の結合を示していて，そのため，図 1.38(b) に示したバーテックス補正のダイアグラムの各項は $\Gamma_1$ を含めてすべて寄与することになる．一方，$\bar{b}_{\boldsymbol{q}\pm}$ の2つのフォノンとの結合は $E\otimes e$ 系と同種のもので，実際，$\Gamma_1$ をはじめ，多くのバーテックス補正は寄与しない．このように，$T\otimes t$ 系はホルスタイン模型と $E\otimes e$ 系の両方を重ね合わせたものと見なせる．このため，図 1.40(b) に描かれているように，両者の中間の $m^*/m$ が得られたことになる．

このように，系の代数構造の帰結である擬角運動量保存則が存在すると，可能なバーテックス補正を著しく制限し，それが質量増加効果を抑制するという物理現象に反映していることが明確になった．そして，$E\otimes e$ 系に比べて $T\otimes t$ 系は本来的に大きな $m^*$ を持つことになる．これは系の数学構造が直接的に物理現象を支配することを意味していて，大変興味深い．なお，この理論的な事実を実際の物質で明確に実証することは容易ではないが，たとえば，$e_g$ 電子系が重要になるマンガン酸化物 $\mathrm{La_{1-x}Sr_xMnO_3}$ と $t_{2g}$ 電子系のチタン酸化物 $\mathrm{La_{1-x}Sr_xTiO_3}$ で電気伝導度や低温電子比熱の温度 $T$ に比例する部分などから測られる電子の有効質量を調べると，やはり $t_{2g}$ 系の方が $e_g$ 系よりもずっと大きな $m^*$ を持つこと[99]が分かっていて，これは上で述べた理論と整合的である．

現在のところ弱結合領域を超えて式 (1.581) の $H_{T\otimes t}$ を詳しく解析することは行われておらず，大部分は将来の問題である．なお，$E\otimes e$ 系は $T\otimes t$ 系に比べると研究が進んでいるが，個別の系をさらに詳しく調べる必要があるだけでなく，JT 系全体を見渡した研究も要望される．また，JT 系のバイポーラロン[100]や多ポーラロンについては研究はさらに未開拓で，多くの面白い新規の物理や化学が発見されることが予想されるので，将来の発展が楽しみである．

# 2

## 超伝導研究の歴史と BCS 理論

### 2.1 超伝導現象と超伝導研究の歩み

#### 2.1.1 基本的実験事実

超伝導の現象は 1911 年,カマリンオネス (H. Kamerlingh Onnes) によって発見された.彼は水銀の電気抵抗を温度 $T$ を下げながら測定すると,たとえば,77 K で比抵抗 $\rho$ が 5.8 $\mu\Omega$cm 程度であったものが,4.2 K 以下で $\rho$ が急激に減少(図 2.1 (a) 参照)して $10^{-4}$ $\mu\Omega$cm よりも小さくなり,通常の電気抵抗の測定手段では伝導率 $\sigma$ は無限大と見なせる新現象に遭遇した.この電気伝導性が格段に向上する状況を指して,これは「超伝導現象」が発現したものと捉えられた.この際重要なことは,たとえ 77 K での $\rho$ の値が違う別サンプルの水銀で同様の実験をしても,やはり全く同じ 4.2 K で $\sigma$ が無限大と見なせる結果が得られるという事実である.このため,この現象に対して,ゾンマーフェルト模型の金属電子系を仮定し,その電気伝導度の表式 $\sigma = ne^2\tau/m$ で散乱時間 $\tau$ が無限大になった極限であるという説明は(77 K で違う $\tau$ が常に同じ 4.2 K で発散することは考えにくいので)あまり説得力がない.それよりも何らかの熱力学的な相転移が転移温度 $T_c \approx 4.2$ K で起こり,それに関連した現象と考え,その低温相 ($T < T_c$) は高温相 ($T > T_c$) での電気伝導度によらずに $\sigma \to \infty$ という性質を常に持っていると考えた方が合理的であろう.しかも,この転移に際して潜熱の発生がないので,「2 次の相転移」であることが示唆されている.そして,この発見以降,超伝導現象は物性科学のハイライトの一つであり続けている.

この現象に関連して,1933 年にマイスナー (W. Meissner) とオクセンフェ

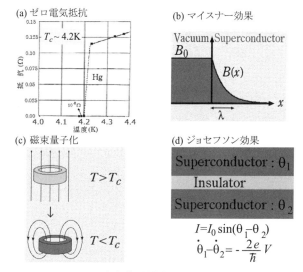

図 2.1 超伝導を特徴付ける 4 つの現象

ルト（R. Ochsenfeld）はさらに大きな実験的発見を行った．彼らは弱い静定磁場は高温相では金属中に侵入できても低温相の超伝導体では，その表面から「**磁場侵入長**」$\lambda$ ($\approx 10^{-5}$cm) 程度しか侵入できず，超伝導体の内部から磁場は完全に排除される（$\boldsymbol{B} = 0$）ということ（図 2.1(b) 参照）を見出した．これは超伝導体中の帯磁率 $\chi$ は（cgs 単位系で）

$$\boldsymbol{B} = (1 + 4\pi\chi)\boldsymbol{H} = 0 \tag{2.1}$$

の関係式から $\chi = -\frac{1}{4\pi}$ になっていることを示していて，これは「マイスナー効果」と呼ばれる．なお，電磁気学的にマイスナー効果を考えると，外部磁場 $\boldsymbol{H}$ ($\approx \boldsymbol{B}_0$) に金属電子系が反応して，大体 $\lambda$ 程度の厚みを持った金属表面層の中を電流が流れて磁場を完全に遮蔽していることになる．そして，静的にこれが起こるためには，この電流が定常的に流れていて，その電流に対する抵抗がゼロでなければならない．これから，マイスナー効果が起これば，電気伝導度が無限大（$\sigma \to \infty$）という現象はその必然的な帰結として結論されることになる．ちなみに，この逆は真でない．なぜなら，電気伝導度がたとえ無限大としても，ある強さの静定磁場に対して，それをちょうど打ち消す磁場を誘導するだけの電流が定常的に流れるということにはならないからである．したがっ

て，電気抵抗がゼロということよりも，このマイスナー効果の方が超伝導を特徴付けるより根本的で基本的な現象であるといえる．

さて，これらの実験事実は本章で解説する BCS 理論における最重要概念，すなわち，「電子対の存在」を直接的に示唆するものではない．この電子対の概念に直結する現象は BCS 理論が発表された後に「磁束の量子化（flux quantization）」（図 2.1(c) 参照）と「ジョセフソン効果」（図 2.1(d) 参照）として見出された．前者の磁束の量子化とは，超伝導体に取り囲まれた正常金属中の磁束 $\Phi$ は勝手な値を取れるのではなく，

$$\Phi \equiv \int \boldsymbol{B} \cdot d\boldsymbol{S} = n\Phi_0, \quad \Phi_0 \equiv \frac{hc}{2e} = \frac{\pi\hbar c}{e}, \quad n = 0, \pm 1, \pm 2, \cdots \quad (2.2)$$

のように磁束量子 $\Phi_0 \approx 2 \times 10^{-7}$ gauss·cm$^2$ を単位として，その整数倍しか取れないことを指す．これは 1961 年にディーバー（B. S. Deaver）とフェアバンク（W. M. Fairbank），および，これとは独立にドール（R. Doll）とネーバー（M. Näbauer）によって発見された．また，後者のジョセフソン効果は 1962 年にジョセフソン（B. D. Josephson）によって予言されたもので，2 つの超伝導体をごく薄い（大体 1 nm 程度の厚さの）絶縁体を挟んで電気的に結合させた，いわゆる超伝導体–絶縁体–超伝導体 (SIS) 接合における電流電圧 ($I$–$V$) 特性に特徴的な現象が直流（dc 効果）および交流（ac 効果）のどちらの場合にも現れることを指す．ここで，dc 効果とは絶縁層を越えて超伝導電流が流れることであり，また，ac 効果とは絶縁層を越えて交流電圧をかけると，$I$–$V$ 曲線に $\omega = 2eV/\hbar$ の周期で構造が現れることである．なお，この ac 効果と関連したものとして「シャピロ階段（Shapiro step）」がある．これは振動数 $\omega$ のマイクロ波中で $I$–$V$ 特性を調べると，$V = \hbar\omega/2e$ のステップが見出されることである．いずれにしても，これらの実験では電荷単位が電子 1 個の $-e$ ではなく，2 個の $-2e$ であるので，2 つの電子が対になって動いている状況が暗示されているのである．

ちなみに，ジョセフソンは 2 つの基本的な方程式を提出してこのジョセフソン効果を予言した．それらの方程式の正確な意味を理解するには，後で説明する GL 理論，あるいは BCS 理論で超伝導の本質を捉えてからになるので，ここでは深く詮索せず，それらの方程式を書き下そう．ジョセフソンは SIS 接合

の各超伝導体は，それぞれ，あるマクロな位相で記述されると考え，それらの位相を $\theta_1$ や $\theta_2$ と書くと，SIS 接合を通して流れる電流 $I$ は

$$I = I_0 \sin(\theta_1 - \theta_2) \qquad (2.3)$$

であり，また，この位相差の時間変化はその接合間の電圧を $V$ とすると，

$$\frac{d}{dt}(\theta_1 - \theta_2) = -\frac{2e}{\hbar}V \qquad (2.4)$$

で与えられるとした．これら 2 つの方程式をマックスウェル方程式と組み合わせると，ジョセフソン効果が導かれる．

### 2.1.2　現象論としての GL 理論

　超伝導を特徴付けるこれらの実験結果，特にマイスナー効果を説明する現象論が 1950 年にランダウ（L. D. Landau）とギンツブルグ（V. L. Ginzburg）によって提案[101]された．このギンツブルグ–ランダウ（GL）理論は，超伝導は 2 次相転移であるとの認識の下に，その当時ランダウにより発表されていた 2 次相転移の一般論の応用問題として構成された．すなわち，いかなる 2 次相転移であれ，その転移温度 $T_c$ の上下で何らかの「対称性の破れ」が生じていて，その破れの程度を記述する「秩序パラメータ」が存在することになる．しかるに，$T < T_c$ の超伝導相では電磁場に対する異常応答が生じるので，秩序パラメータも電磁場に直接関連したもの，言い換えれば，ゲージ場と結合するパラメータであることを意味する．その秩序パラメータの具体的な選択は難しい問題であったが，GL は「巨視的な複素電子場 $\Psi$」という全く新しい概念を導入し，**超伝導とはゲージ対称性のある種の破れに伴う 2 次相転移現象である**という捉え方を提唱した．そして，$\Psi = |\Psi|e^{i\theta}$ と書くと，$|\Psi|$ は超伝導電子密度 $n_s$ を $n_s = |\Psi|^2$ で与えていると共にそのマクロな位相 $\theta$ も物理的に意味を持つ概念になり，式 (2.3) や式 (2.4) で示唆されるように，その時間的空間的変化が超伝導電流を記述することになる．

　ところで，相転移現象は本質的に多体効果で誘起されるものなので，そもそも，このような相転移がどうして起こるのかという根本的な疑問に答えるには電子間相互作用を微視的に考察する必要がある．しかしながら，GL はそのよ

うな考察は後回しにしても現象に対する理解が深められるという物理学上の経験法則に則って，まず，単に何らかの相互作用が働いた結果，（空間的にも変動しうる）$\Psi(\boldsymbol{r})$ が発生し，それは温度 $T$ が $T_c$ 近傍では小さいので，自由エネルギー $F$ は $\Psi(\boldsymbol{r})$ の 4 次までの展開でよいと考えて，$F$ を

$$F = F_n + \int d\boldsymbol{r} \left[ -a|\Psi(\boldsymbol{r})|^2 + \frac{b}{2}|\Psi(\boldsymbol{r})|^4 \right.$$
$$\left. + \frac{\hbar^2}{2m^*} \left| \frac{\partial \Psi(\boldsymbol{r})}{\partial \boldsymbol{r}} + \frac{ie^*}{\hbar c} \boldsymbol{A}(\boldsymbol{r})\Psi(\boldsymbol{r}) \right|^2 + \frac{1}{8\pi} \left( \mathrm{rot}\boldsymbol{A}(\boldsymbol{r}) \right)^2 \right] \quad (2.5)$$

のように書き下した．ここで，$F_n$ は $T > T_c$ で $\Psi(\boldsymbol{r})$ がゼロである状態（正常状態）における自由エネルギー，$a$ や $b$ は現象論的に決定される定数，そして，$\boldsymbol{A}(\boldsymbol{r})$ はベクトルポテンシャルである．また，質量 $m^*$ や電荷 $-e^*$ は必ずしも電子固有のものでなくてもよいとしている．この GL の自由エネルギー $F$ を最小にするという条件から $\boldsymbol{A}(\boldsymbol{r})$ や $\Psi(\boldsymbol{r})$ の決定方程式（GL 方程式）が導かれる．なお，$T > T_c$ で $\Psi(\boldsymbol{r}) = 0$ が得られるためには，$a'$ を正の数として，$a = a'(T_c - T)$ という形である必要がある．

この GL 理論は大成功を収めたが，とりわけ，磁場中の超伝導体の振る舞いについて渦糸の三角格子状態の出現を予言する[102]という予期しない重要な結果が導かれた．この点に関してもう少し詳しく解説しよう．まず，式 (2.5) によれば，一様な磁場 $H$ 中におかれた超伝導体で一様な $\Psi$ が出現する場合，超伝導体中の単位体積当たりの自由エネルギーの正常状態からの変化は $-an_s + bn_s^2/2$ であり，これは $n_s = a/b$ のときに最小エネルギー $-a^2/(2b)$ を取る．しかるに，超伝導体中では磁場が排除され，その排除エネルギーは単位体積当たり $H^2/8\pi$ であるので，これと $-a^2/(2b)$ を比較することから，$H$ が「（熱力学的）**臨界磁場**」$H_c \equiv \sqrt{4\pi a^2/b}$ より小さいと，系は $n_s = a/b$ の超伝導相にあるが，$H > H_c$ では正常相に止まることになる．なお，温度 $T(< T_c)$ を一定にして $H$ を $H_c$ の上下で変化させたときに見られるこの相変化は $n_s$ の不連続変化を伴う 1 次相転移である．

しかしながら，アブリコソフ（A. A. Abrikosov）は上で仮定した一様な $\Psi$ が必ずしも最小の自由エネルギー状態になるとは限らないことを発見した．$\Psi$ が非一様な場合，その空間変化には特徴的な長さ $\xi$ があることになるが，「コヒー

## 2.1 超伝導現象と超伝導研究の歩み

レンス長」と呼ばれる $\xi$ の大きさは "運動エネルギー" $(\hbar^2/2m^*)|\partial\Psi/\partial\boldsymbol{r}|^2 \approx \hbar^2|\Psi|^2/(2m^*\xi^2)$ が "凝縮エネルギーの利得" $a|\Psi|^2$ と同じ大きさであるとして評価される. すなわち, $\xi \approx \hbar/\sqrt{2m^*a}$ となる. そして, 超伝導体中に磁場方向に沿って渦糸ができる場合, その渦糸の単位長さ当たり $(\pi\xi^2)(H_c^2/8\pi)$ だけ超伝導の凝縮エネルギーが減少することになる.

一方, 図 2.1(b) で模式的に示したように, 磁場中の超伝導体の表面では幅 $\lambda$ の超伝導の遮蔽電流層ができる. この $\lambda$ は超伝導電子系のプラズマ振動数 $\omega_{pl}^s = \sqrt{4\pi n_s e^{*2}/m^*}$ に対応する電磁波の波長なので, $\lambda = c/\omega_{pl}^s = c\sqrt{m^*/4\pi n_s e^{*2}} = (c/e^*)\sqrt{m^*b/4\pi a}$ となる. そして, この $\lambda$ の領域では磁場排除によるエネルギー損失が軽減されるので, 渦糸の単位長さ当たり $(\pi\lambda^2)(H_c^2/8\pi)$ だけ系全体のエネルギー利得が生じる. すると, $\kappa \equiv \lambda/\xi$ として $\kappa \ll 1$ では渦糸ができると系の全自由エネルギーは増大するので, 図 2.2 の「**第 1 種超伝導体 (Type I)**」で示すように一様状態のままで正常相から超伝導相へ転移することになる. 反対に, $\kappa \gg 1$ では図 2.2 の「**第 2 種超伝導体 (Type II)**」

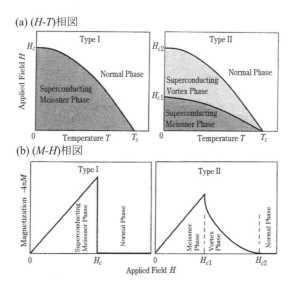

**図 2.2** 超伝導体の磁場中相図. 第 1 種超伝導体 (Type I) と第 2 種超伝導体 (Type II) があり, パラメータ $\kappa \, (\equiv \lambda/\xi)$ が $1/\sqrt{2}$ より小さい (大きい) と前者 (後者) で示される相図になる.

に対応していて，渦糸状態を挟んで転移した方がエネルギー的に有利になる．ここで，「下部臨界磁場」$H_{c1}$ は，大まかにいえば，$(\pi\xi^2)(H_c^2/8\pi)$ のエネルギー損失が $(\pi\lambda^2)(H_{c1}^2/8\pi)$ のエネルギー利得で補填される条件で決められる．すなわち，$H_{c1} \approx H_c/\kappa$ ということになるが，もう少し詳しく計算すると，$H_{c1} \approx (\ln\kappa/\sqrt{2}\kappa)H_c$ であることが知られている．また，「上部臨界磁場」$H_{c2}$ は $\Psi \to 0$ の極限で磁束量子 $\Phi_0$ の渦糸が 1 本入る条件から $H_{c2} = \sqrt{2}\kappa H_c$ となる．そして，$H_{c1} < H < H_{c2}$ では渦糸がマクロな数だけ入ることになり，それらは三角格子を組んで渦糸状態（Vortex lattice）を形成することが理論的に予言されたが，実験的にも Nb などでその状態の存在が確かめられている．

これまでのところ，この GL 理論は銅酸化物高温超伝導体などのいわゆるエキゾチックな超伝導体を含めて，あらゆる超伝導体の空間的に不均一な電磁場に対する超伝導体の応答を，とりわけ，$T_c$ 近傍の振る舞いを正しく，しかも手軽に記述できていることが分かっている．その結果，超伝導とは巨視的なスケールの複素電子場 $\Psi$ の出現で誘起される現象であることが一層明確になっている．ちなみに，近年，第 2 種超伝導体での渦糸状態が実験的にも理論的にも詳細に調べられていて，その相図は図 2.2 に示すような単純なものではなく，格子状態の融解相をはじめとした新奇な相がいろいろと存在することが議論されている．そして，その豊富な物理的内容から「渦物質（Vortex matter）」という概念も生まれている．これらの新しい発展は本書ではこれ以上触れないが，実験的側面[103] や理論的側面[104] から解説した教科書が既にあるので，興味のある読者はそれらを参照されたい．

### 2.1.3　引力的電子間有効相互作用模型と BCS 理論

さて，このような巨視的な電子場 $\Psi$ が形成されるということは，巨視的な数の電子が何らかの意味で同じ量子状態になっていることを意味する．しかし，元来フェルミ統計に従う電子は 1 電子状態としては決して 2 つ以上，同じ量子状態には入り得ないので，どうしてまるでボーズ粒子のように振る舞って巨視的な場 $\Psi$ に結びつくのかは大きな謎であった．この謎には現象論である GL 理論の枠内では答えられず，また，「ゲージ対称性（$U(1)$ 対称性）の破れ」についても，ゲージ対称性は電子数保存則を導くので，この保存則との兼ね合いも

## 2.1 超伝導現象と超伝導研究の歩み

明確にする必要がある．この $\Psi$ 形成のメカニズムを微視的な立場から明らかにし，さらに，ゲージ対称性にまつわる疑問の解決に向けて正しい方向への第一歩を踏み出したのが 1957 年に発表されたバーディーン（J. Bardeen），クーパー（L. N. Cooper），および，シュリーファー（J. R. Schrieffer）の論文[105]であり，BCS 理論と呼ばれている．

ところで，フェルミ粒子である電子であっても偶数個の電子からなる何らかの多電子束縛状態が形成されるとすると，その束縛状態はボーズ粒子のように振る舞い，そして，その占有状況は（擬）ボーズ統計に従うことになる．すると，その束縛状態の数を巨視的なものにすることが可能になり，それによって巨視的な電子場が出現しうる．

そこで，BCS は考えられうる多電子束縛状態の中で最も簡単な 2 電子対束縛状態（今日では「クーパー対」と呼ばれているもの）に注目し，その対状態が存在しうること，そして，$\Psi$ はそれが巨視的な数だけ凝縮（「電子対凝縮」）して形成されたものであることを微視的に（すなわち，量子力学と統計力学に基づいて）示した．この際，数学的な議論の出発点として，次のようなモデルハミルトニアン（BCS ハミルトニアン）$H_{\mathrm{BCS}}$ を提出した．

$$H_{\mathrm{BCS}} = H_0 + H_1 \equiv \sum_{\bm{p}\sigma} \xi_{\bm{p}} c^+_{\bm{p}\sigma} c_{\bm{p}\sigma} - g \sum_{\bm{p}\bm{p'}\bm{q}}{}' c^+_{\bm{p}+\bm{q}\uparrow} c^+_{-\bm{p}\downarrow} c_{-\bm{p'}\downarrow} c_{\bm{p'}+\bm{q}\uparrow} \quad (2.6)$$

ここで，運動量 $\bm{p}$，スピン $\sigma$ で指定される電子の消滅演算子を $c_{\bm{p}\sigma}$ と表し，その 1 電子状態のエネルギー $\xi_{\bm{p}}$ はフェルミ準位を基準にして測ったものである．なお，この $\xi_{\bm{p}}$ は，本来，ハートリー–フォック近似などの 1 体近似で計算されるべきものであるが，BCS 理論の立場では 1 体近似を超えて正常相でも現れている相関効果，たとえば，1 電子準位や質量の繰り込みなどは既に $\xi_{\bm{p}}$ の中に取り込まれているものとしている．また，2 体相互作用 $H_1$ の結合定数 $g$ は正，すなわち，引力とし，それは $\bm{q}$ によらないとしている．これは空間的には $\delta$ 関数型の相互作用を意味するが，その場合，スピンが違う電子間にしか相互作用が働かないので，($\uparrow,\downarrow$) 間のみの引力になっている．また，形式的にいえば，この $g$ はその起源を問わないもの（現象論的に与えられたもの）となっているが，BCS が $H_{\mathrm{BCS}}$ を提出する際に考えた $g$ の物理的な実体は「フォノンを媒介とした引力」である．実際，式 (1.239) の有効電子間相互作用（を遅延型に解析

接続したもの）$V_{ee}(\boldsymbol{q},\omega)$ の第 2 項はフレーリッヒ模型における極性光学フォノンを媒介とした有効電子間相互作用 $V_{ph}(\boldsymbol{q},\omega)$ を表すが，これは $|\omega|$ がフォノンエネルギーよりも小さい限りは負，すなわち，引力になっている．ちなみに，$V_{ph}(\boldsymbol{q},\omega)$ にクーロン斥力 $V_c(q)$ を加えて $V_{ee}(\boldsymbol{q},\omega)$ の全体を考えると，これは $\omega = 0$ で正になっていて，もはや引力でなくなる．したがって，引力である $H_1$ を採用する正当性がないようにみえる．しかしながら BCS 理論の立場では，$V_{ph}(\boldsymbol{q},\omega)$ は超伝導を引き起こす原動力なので $H_1$ に取り込むが，$V_c(q)$ の方は超伝導転移の上下でその作用は変化しないと見なし，しかも，その作用の主要部分は既に $\xi_{\boldsymbol{p}}$ に取り込まれているとしているので，$V_c(q)$ は $H_1$ から除外された．

このように，$H_1$ は光学フォノンを媒介とした $V_{ph}(\boldsymbol{q},\omega)$ に由来する引力相互作用であるが，同時に音響フォノンを含むその他すべてのフォノンを媒介とした引力も $H_1$ に含めるものとする．すると，その結合定数 $g$ は一般に複雑な運動量依存性を持つことになるが，とりあえずその運動量依存性を平均化して $g$ は $(\boldsymbol{p},\boldsymbol{p}',\boldsymbol{q})$ 依存性がないとし，かつ，この $g$ はごく小さいと仮定する．この後者の仮定は理論計算を整合的に行うためのもので，この条件下では $H_1$ を加えても $V_c(q)$ の効果で決定されている $\xi_{\boldsymbol{p}}$ の更なる変化は無視できるからである．（ちなみに，BCS はフォノン媒介引力の 1 電子エネルギー $\xi_{\boldsymbol{p}}$ への寄与は超伝導に対して本質的でないと考えて，余分な複雑さを排除しようとの意図があった．）また，元来，フォノンを媒介とした力は $|\omega|$ がフォノンのある種の"平均エネルギー"$\omega_{ph}$ よりも小さいときのみ，引力として働き，$|\omega| > \omega_{ph}$ では斥力になるが，斥力は超伝導転移に関係しないとして無視することにすると，$H_1$ がゼロでなく引力として働くのは関与する電子の 1 電子状態エネルギーの条件として書くと，

$$|\xi_{\boldsymbol{p}+\boldsymbol{q}}| \leq \omega_{ph}, \quad |\xi_{\boldsymbol{p}'+\boldsymbol{q}}| \leq \omega_{ph}, \quad |\xi_{-\boldsymbol{p}}| \leq \omega_{ph}, \quad |\xi_{-\boldsymbol{p}'}| \leq \omega_{ph} \quad (2.7)$$

ということになる．この条件は $H_1$ の和にプライム ($\Sigma'$) の記号を付けて表現されている．なお，音響型フォノンしか存在しない場合，$\Theta_D$ をデバイ（Debye）エネルギーとして $\omega_{ph} \approx \Theta_D/1.45$ であることが知られているが，一般には $\omega_{ph}$ は電子フォノン相互作用の強さで重みを付けたフォノンエネルギーの加重平均

で決められる．（その正確な定義は次章で導入されるエリアシュバーグ関数を用いて与えられる．）通常の超伝導体では，$\omega_{ph}$ は $10^2$ K 程度であり，一方，電子のフェルミエネルギー $E_F$ は $10^4$ K 程度なので，$\omega_{ph} \ll E_F$ となる．したがって，フェルミ面近傍の電子間にのみ引力が働くことになる．

なお，このフォノン機構で電子間に引力 $-g$ が生じる理由は「電子とイオンは元々電荷が逆のため」という誤解をしてはならない．実際，$g$ は電子フォノン相互作用の 2 乗に比例するので，元々の微視的相互作用の符号に無関係であることは明らかである．物理的には，この引力の源は内部自由度（今の場合，フォノン）が存在するからである．そして，その内部自由度を有効に活用するためには 2 次の摂動過程が必要で，とりわけ，2 次摂動でのエネルギーの低下が有効的に引力をもたらしているのである．この意味で，内部自由度がある系はある種の"柔らかさ"を持っているといえて，その柔らかさは 1 個の電子にもエネルギーの利得を与えるが，2 個の電子対では一つ一つの和よりもより大きな利得を与えることになり，その差が電子間引力となる．

### 2.1.4 BCS 理論の成功とゲージ対称性の破れ

この $H_{\mathrm{BCS}}$ から出発して，BCS 理論では電子対の凝縮による $\Psi$ の形成メカニズムが解明されたが，それと同時に，超伝導体の様々な特徴を微視的な見地から解明した．とりわけ，個別励起スペクトルの中にクーパー対の形成エネルギーに相当するエネルギーギャップが出現することを明らかにして，その結果，比熱，超音波吸収，核磁気共鳴などの実験で転移温度 $T_c$ 以下で観測される超伝導体特有の異常な振る舞いが定量的にも十分に満足できるほどに見事に再現された．

さらに，外部電磁場下の超伝導体の静的長波長応答に関して，電子対の存在を顕わに取り込んだ電流電流応答関数の微視的計算によってマイスナー効果の説明にもほぼ成功した．「ほぼ」と書いたのは BCS 理論の段階では電流電流応答関数の縦成分（縦波）と横成分（横波）の違いを認識しておらず，等方的な正常金属では自明であるように，それらは全く同じものであるとして計算していた．これでは横成分が関与するマイスナー効果は説明できても，縦成分についてもゲージ対称性が破られることになってしまう．しかしながら，II.1.7.1 項

や II.2.4.6 項,II.2.5.6 項などでも強調したように,縦成分の破れは自動的に局所的な電子数保存則 (f–sum rule) 自体も破れてしまうことになり,これは物理的には大変深刻な問題が提起されていることになる.

この BCS 理論の基本的な問題点はその理論の発表直後からアンダーソン (P. W. Anderson) によって指摘され,$H_{\rm BCS}$ では記述されていない集団モード(プラズモン)がその解明のための鍵になることが示唆[106]された.その後,1960 年には,この問題は南部によって解明されることになった[57]が,その南部理論によれば,一旦電子対が形成されると,たとえ等方的な金属であったとしても電流電流応答関数の縦成分と横成分は異なったものとなる.すなわち,横成分については BCS 理論の計算は基本的に正しく,ゲージ対称性が破れてマイスナー効果が出現することになるが,縦成分については BCS 理論の計算は不十分で,バーテックス補正が無視できなくなり,その結果として,ゲージ対称性は保存され,局所的な電子数保存則も満たされる.

このように,静的長波長極限($\omega = 0$ で $|\bm{q}| \to 0$)では正常状態では区別がつかないはずの縦成分と横成分との応答が超伝導体中では "分離" することになるが,これに伴って数学的には電流電流応答関数に含まれるバーテックス関数に何らかの異常が現れることを意味する.その異常は $\omega = v_F |\bm{q}|/\sqrt{3}$ ($v_F$:フェルミ速度)の分散関係を持つ特別なモードの出現に由来しているが,このモードは対称性の破れに伴って常に存在するとされている「南部–ゴールドストーン (Nambu–Goldstone) モード」の一種として認識される.なお,実験的にはこのバーテックス関数に現れる低励起エネルギーの異常モードは直接的に観測されるものではなく,クーロン斥力の長距離縦成分と結合して高励起エネルギーのプラズモンモードに融合してしまうことになる.

### 2.1.5 温度グリーン関数法による BCS 理論の発展

ところで,BCS 理論の原論文では,マクロな数の運動量空間での電子対から形成された BCS の試行関数 $\Psi_{\rm BCS}$ が書き下され,それを用いた多体変分理論として超伝導理論が構成された.これは電子対の凝縮という物理があらわな形で表現されているところは長所となっているが,このような変分計算では有限温度で種々の物理量を機械的に計算するのは容易ではないし,何よりも用いら

れた近似の性格やその妥当性，整合性を見極めてより精度の高い近似計算に進むことが困難になっているので，理論の発展性に問題が残る．

この理論展開上の不都合を改善するために，BCS 理論が発表された直後にボゴリューボフ（N. N. Bogolyubov）やゴルコフ（L. P. Gor'kov），アブリコソフらのロシア学派は $H_{\rm BCS}$ に基づきつつ，超伝導理論を新奇な正準変換[107]や温度グリーン関数法[108]を用いて再構成した．その際，超伝導相で出現する秩序パラメータを導く近似として正常相での平均場近似であるハートリー–フォック近似を拡張したハートリー–フォック–ゴルコフ（HFG）近似を提唱し，それに伴って，通常のグリーン関数 $G$ の他に超伝導相では**異常グリーン関数** $F$ を導入した．そして，これらのグリーン関数を用いれば，HFG 近似下であらゆる物理量は組織的・機械的に計算されること[109]になる．

この温度グリーン関数法を用いると，GL 理論の中核である式 (2.5) は BCS 理論から直接導出される[110]ので，GL 理論は単なる現象論ではなく，微視的裏付けを持った理論に昇格されたことになる．そして，この導出を通して $e^* = 2e$ が示された．また，$T_c$ だけ（あるいは，$T_c$ とは 1 対 1 で対応する式 (2.6) 中の相互作用定数 $g$ だけ：式 (2.36) 参照）は現象論のパラメータとして残るものの，その $T_c$（あるいは，$g$）の関数として $a$ や $b$ は具体的に決定された．なお，$m^*$ の決定は $\Psi$ の規格化の仕方に依存するので一意的に決まらないものではあるが，通常は $m^* = 2m_e$（$m_e$：通常の金属では自由電子の質量，一般には伝導帯の有効質量）となるように $\Psi$ は規格化されている．

ちなみに，電子対を考える場合，化学結合の概念を頭に浮かべて実空間での**電子対**というイメージを（特に，化学者は）持ちやすい．実際，BCS 理論と前後してシャフロース（M. R. Schafroth）らはマクロな数の実空間での電子対から構成された試行関数 $\Psi_{\rm SBB}$ に基づいて超伝導を議論しようとした[111]が，この理論では多体問題における数学的な取り扱いが格段に難しく，容易に理論が発展しなかった．この事情を現代的な観点からいえば，次のように解説されよう．まず，BCS 理論ではクーパー対の束縛半径であるコヒーレンス長 $\xi_0$（前に出てきた $\xi$ の $T = 0$ での値）は $p_F$ をフェルミ波数として

$$\xi_0 \approx 0.361 \frac{E_F}{T_c} \frac{1}{p_F} \tag{2.8}$$

で与えられる．(この導出は 2.2.11 項，特に，式 (2.114) を参照されたい.) し
かるに，$T_c/E_F \ll 1$ (たとえば，$T_c/E_F \approx 10^{-4}$) なので，$\xi_0$ は平均電子間距
離 $p_F^{-1}$ よりもずっと長く (たとえば，$10^3$ 倍)．そのため，図 2.3(a) に示すよ
うにクーパー対の束縛状態を記述する波動関数の拡がりの中に存在する電子数
は莫大な数 (たとえば，$(10^3)^3 = 10^9$ 個) になるので，平均場近似が正当化さ
れて多体問題が容易に精度よく解かれる．一方，$\Psi_{\text{SBB}}$ を用いた理論では実質
上 $\xi_0 \approx p_F^{-1}$ (図 2.3(c) の場合) を仮定しているが，これは今日では $T_c$ が高い
"エキゾチックな超伝導体" でよく見られる短コヒーレンス長の状況 (図 2.3(b)
の場合) にごく近いものである．この $\xi_0 \approx p_F^{-1} \approx a_0$ の場合 ($a_0$：格子定数)，
単純な平均場近似はうまく働かず，そのため，HFG 近似をはるかに越えてバー
テックス補正を正しく繰り込んだ理論の開発が迫られるが，シャフロースらは
知らず知らずのうちに "高温超伝導理論" 開発上のこのような大きな困難と同
じものに直面していたのであった．

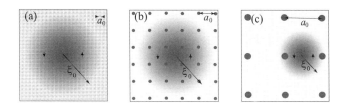

図 2.3 コヒーレンス長 $\xi_0$ と格子定数 $a_0$ との関係の模式図．(a), (b), (c) は $\xi_0 \gg a_0$
の BCS 理論，現実の高い $T_c$ のエキゾチック超伝導体で $\xi_0 \approx (2-5)a_0$，バ
イポーラロンのような $\xi_0 \approx a_0$ の SBB 理論にそれぞれ対応する．

いずれにしても，マクロな位相が重要な物理量である超伝導では，位相と不
確定性関係にある全電子数 $N$ が一定として記述する $\Psi_{\text{BCS}}$ や $\Psi_{\text{SBB}}$ のような
試行関数に基づいた変分計算よりも，グリーン関数法のように化学ポテンシャ
ル $\mu$ が与えられていて，実際の全電子数は平均値 $N$ の周りに揺らいでいると
した記述の方が数学的にも便利で，物理的にも適切である．そして，1960 年代
から 1970 年代中葉にかけて，このグリーン関数法の助けを借りて，$H_{\text{BCS}}$ から
出発した超伝導理論は大きな進展[112]を遂げた．とりわけ，非磁性不純物や常
磁性不純物の効果を $H_{\text{BCS}}$ に取り込んだときの超伝導への影響，温度 $T$ を $T_c$

の上部から $T_c$ に近づけた場合の超伝導揺らぎの発生やその電気伝導度への寄与などの計算でグリーン関数法は大きな力を発揮した．次節以降の本章では，もっぱらこの温度グリーン関数法に準拠して $H_{\rm BCS}$（および一部は 2.1.8 項の式 (2.9) で与えられる一般化された BCS ハミルトニアン）に基づいて超伝導理論の基礎事項を統一的・組織的に解説する．

### 2.1.6　フォノン機構の超伝導：BCS ハミルトニアンを越えて

さて，$H_{\rm BCS}$ を出発点にする BCS 理論の段階では，元々はクーロン斥力で避けあっていたはずの電子間に引力が有効的に働くことになる微視的機構の詳細を不問にしたままで，その引力の帰結を理論的に明らかにすることが目的であった．もちろん，BCS 理論でも暗黙裏に格子振動が重要な役割を果たすとの推察がなされていて，実際，転移温度 $T_c$ に同位体効果が生じること，すなわち，電子系の $T_c$ が一見無関係に見えるイオンの質量 $M$ と直接的に関係していて，その関係式を $T_c \propto M^{-\alpha}$ と書いた場合，指数 $\alpha$ は 0.5 であると予言された．そして，水銀などでは $\alpha \approx 0.5$ の同位体効果が実際に観測され，予言の正しさが実験的に確かめられた．しかしながら，任意の超伝導体を考えたときにその $\omega_{ph}$ は実験的，あるいは，格子力学の計算から分かっているとしても，$H_{\rm BCS}$ 中の結合定数 $g$ を計算する処方箋が BCS 理論にはない．また，同位体指数 $\alpha$ が 0.5 から大きくずれた超伝導体が多数知られているが，そのずれを説明できない．このような事情から，BCS 理論では $T_c$ は実験で決められる現象論パラメータと考え，この $T_c$ と 1 対 1 に対応する $g$ も $T_c$ の実験値から決めるという立場を取ることになる．

この状況を改善し，$T_c$ の予言も可能にするためには，まずは $H_{\rm BCS}$ では隠されてしまっているフォノンの自由度を回復させ，たとえば，式 (1.204) の $\mathcal{H}$ のような電子フォノン系のモデルハミルトニアンに基づいて超伝導理論を構成することである．こうすれば，2.1.3 項で $H_{\rm BCS}$ を正当化するために述べたいろいろな物理的推論を検証しつつ，ある場合にはそれらを修正しつつ，フォノン機構の超伝導理論が議論される．さらに究極的にいえば，価電子イオン複合系に対する第一原理のハミルトニアン $H_{\rm FP}$ から出発すれば，何らの現象論のパラメータもなしに超伝導機構がその $T_c$ を含めて完全に微視的見地から解明さ

れることになる．(このあたりの事情は I.1.3.4 項で模式図 1.7 を示しながら既に説明されていたものである．)

歴史的には，この方向で $H_{\mathrm{BCS}}$ を越えてフォノン機構の超伝導を取り扱う試みの第一歩は 1960 年のエリアシュバーグ (Eliashberg) 理論[113] である．この理論では，グリーン関数法の定式化で HFG 近似が考えられ，かつ，「ミグダル (Migdal) の定理」[114] として知られるバーテックス補正を無視する近似を導入して電子フォノン系の自己無撞着な超伝導解が求められた．そして，この理論の一つの重要な到達点は $T_c$ と同位体指数 $\alpha$ を予言する「マクミラン (McMillan) の公式」[115] である．(これは 1968 年に発表されたが，後に 1975 年に改訂され，その改訂版は「アレン–ダインス (Allen–Dynes) の公式」[116] と呼ばれる．) このマクミラン (あるいはアレン–ダインス) 公式における重要変数は平均フォノンエネルギー $\omega_{ph}$ と無次元化された電子フォノン結合定数 $\lambda$ であるが，ある与えられた超伝導体について，これらの物理量は振動数 $\Omega$ の関数であるエリアシュバーグ関数と呼ばれるただ一つの関数 $\alpha^2 F(\Omega)$ を用いて決定される．そして，このフォノン機構の同定に必要な情報のすべてを集約している $\alpha^2 F(\Omega)$ を微視的に第一原理から計算する処方箋も与えられている．

ただ，このエリアシュバーグ理論の段階では，電子間クーロン斥力の取り扱いは甚だ不十分で，その斥力効果は単に擬クーロンポテンシャル[117] と呼ばれる一つの現象論的なパラメータ $\mu^*$ の中に押し込められた．そして，その具体的な値は実験の $T_c$ や $\alpha$ を整合的に与えるように決められることになるが，幸いなことに，図 2.4(a) に示すように，既知の典型的なフォノン機構の超伝導体では $\mu^*$ は大体 0.09～0.15 の範囲にあることが分かっているので，未知の超伝導体について $T_c$ を予言する場合は，通常，$\mu^* = 0.12$ が想定される．もちろん，このような粗い取り扱いではこの $\mu^*$ の概念が正当化される条件の探索ができないばかりか，もっと積極的にクーロン斥力が起源になる超伝導機構やそれとフォノン機構との競合など，クーロン斥力が主役 (あるいは，主役の一部) になる状況ではエリアシュバーグ理論は無力である．

次章 3.1 節では，このエリアシュバーグ理論を詳しく紹介する．同時に，ミグダルの定理を含めてこの理論の問題点や $\mu^*$ という概念の限界を指摘し，次の 3.2 節でその問題点の改善案を提案[55] する．また，3.3 節では $H_{\mathrm{FP}}$ に基づく超

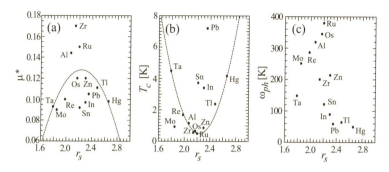

図 2.4 元素超伝導体の (a) $\mu^*$, (b) $T_c$, (c) $\omega_{ph}$ を密度径数 $r_s$ の関数としてプロットした. ここで, $n$ を伝導電子密度として, $r_s \equiv (4\pi n/3)^{-1/3} a_B^{-1}$ である. ごく大雑把に言えば, 点線で示唆したように, $\mu$ は $r_s \approx 2.2$ で最大になり, それに対応して $T_c$ は最小になる. 一方, $\omega_{ph}$ には何らの法則性を見出せない.

伝導理論の新しい定式化として注目を浴びている密度汎関数理論の超伝導版である「密度汎関数超伝導理論 (SCDFT: Superconducting Density–Functional Theory)」[118] を解説する. それと同時に, SCDFT においてクーロン斥力起源の超伝導機構の正しい取り込み方を考察し, その考察を具体化した新しい汎関数形を提案する. 最後に 3.4 節では, 以上の議論を踏まえて強相関強結合系での $T_c$ の定量的な計算法の一つを提案しつつ, 常圧下の室温超伝導の可能性を吟味し, その舞台となり得る物質群の例を述べる.

### 2.1.7 元素金属・合金・化合物系におけるフォノン機構

20 世紀前半, $T_c = 4.2$ K の Hg から始まって元素金属を中心に超伝導体が広く探索された結果, 多くの元素金属はその $T_c$ は 1 K 以下で低いとはいえ超伝導体であること (図 2.4 参照) が分かってきた. その中では Pb ($T_c = 7.2$ K) や Tc ($T_c = 7.8$ K) が高い $T_c$ を持った. そして, 1930 年に Nb ($T_c = 9.3$ K) が元素金属中最高の $T_c$ を持つ第 2 種超伝導体であることが確認された.

その後 1950 年代から 1960 年代にかけて, より高い $T_c$ を求めて, 主にこの Nb やそれと周期律表で隣接する位置にある V, Ta, Zr, Mo などを使って何千もの合金系や化合物系が合成され, その結果, ラーベス相 (C15 型) の $ZrV_2$ と $HfV_2$ での $T_c \approx 9$ K, そして, NaCl 構造 (B1 型) の超伝導体である $T_c = 13$ K の MoC や $T_c = 17.8$ K の NbN に続いて A15 構造 (図 2.5(b) 参照) の合金

である $V_3Si$ や $Nb_3Sn$ が同程度の大きさの $T_c$ を持つことが分かった. さらに 1973 年には $T_c = 23.2$ K の $Nb_3Ge$ が得られることになった.

これらの超伝導体は,その超伝導物性は準粒子エネルギーにエネルギーギャップ(超伝導ギャップ)が現れることで特徴付けられる BCS 理論でよく理解され,また同位体効果の存在からフォノン機構の超伝導発現が示唆されるので,「BCS 理論の典型物質(BCS 超伝導体)群」として捉えられている.

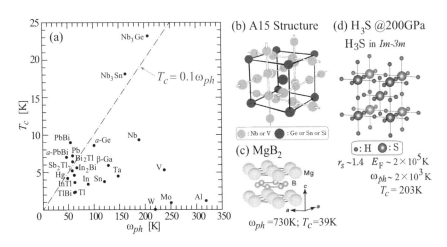

図 2.5 (a) フォノン機構の超伝導体における $T_c$ とフォノンの特徴的なエネルギー $\omega_{ph}$ との関係.(b)〜(d) は,それぞれ,A15 構造,$MgB_2$,高圧下(200GPa)の硫化水素(化学組成としては $H_3S$)の結晶構造.

さて,フォノン機構の代表的なエネルギースケールは平均フォノンエネルギー $\omega_{ph}$ であるので,その関数として $T_c$ をプロットしたのが図 2.5(a) である. この図から,高い $T_c$ の物質では $T_c \approx 0.1\omega_{ph}$ の関係が示唆されるので,この機構で高い $T_c$ を持つ物質を得たいと思えば,何よりも $\omega_{ph}$ が大きい金属を探索する必要がある. なお,この物質群ではフェルミエネルギー(フェルミ温度)$E_F$ は $\omega_{ph}$ よりずっと大きく(通常, $E_F/\omega_{ph} \gtrsim 10^2$),その具体的な値が $T_c$ の決定に敏感に作用することはないが,$T_c/E_F = (T_c/\omega_{ph})(\omega_{ph}/E_F) \lesssim 10^{-3}$ なので,式 (2.8) から評価されるコヒーレンス長 $\xi_0$ は最小でも $p_F^{-1}$ よりも 100 倍以上大きいこともこの物質群の特徴で,たとえば,Pb や Nb での $\xi_0$ は,そ

れぞれ，830 Å や 390 Å である．

ところで，$Nb_3Ge$ の発見後長らくの間，多大の努力が注がれたにもかかわらず，その $T_c$ を越す BCS 超伝導体が見つからなかったので，$T_c \approx 23$ K がフォノン機構で得られる最高のものではないか（いわゆる「BCS の壁」）と囁かれていたが，2001 年に $T_c = 39$ K の $MgB_2$ （図 2.5(c) 参照）が発見[119]されたため，BCS の壁という概念はないことが分かった．さらに，図 2.5(d) に示すように，2015 年，硫化水素を 200 GPa の高圧下におくと $\omega_{ph} \approx 2000$ K の状況になって $T_c = 203$ K のフォノン機構の超伝導が観測[120, 121]されるに至って $T_c \approx 0.1\omega_{ph}$ の関係式の重要性が再認識されると共に，$\omega_{ph}$ が大きな金属が合成される限りは $T_c$ の値自体に上限はないことが確認された．そして，2018 年夏にはランタン化水素（$LaH_{10\pm x}$）が 150〜200 GPa の高圧下で 215〜260 K の $T_c$ が観測[122]された．なお，クーロン斥力の効果は重要でないという暗黙裏の仮定が正当化されるためには $E_F \gg \omega_{ph}$ が必要なので，この機構で室温超伝導体を得るためには，超高圧下の硫化水素やランタン化水素のように $E_F$ は数十万度以上の超高密度金属（$r_s \lesssim 1.4$）であることが大前提となるが，このような高密度電子系を常圧で実現することは困難であろう．

### 2.1.8 重い電子系とスピン揺らぎ機構

一般に，希土類やアクチノイド元素を含む金属間化合物の低温相は，伝導電子の有効質量が通常の電子質量の 100〜1000 倍にも重くなった常磁性金属状態（重い電子系）か，あるいは，主に反強磁性相である磁気秩序状態のどちらかになる．前者では，局在性の強い f 電子（希土類では 4f，アクチノイドでは 5f）が s,p,d 電子からなる伝導帯の電子と混成してスピン一重項を形成するという近藤効果[123]のために磁性が現れず，かつ，その近藤一重項が周期的に並んだ近藤格子上にごく狭い（そのために有効質量が大変大きい）伝導帯がフェルミ準位近傍に形成されている．そして，この形成過程から分かるように，この状態を特徴付けるエネルギーは近藤温度 $T_K$ であり，これは重い電子系におけるスピン揺らぎの特性温度になる．一方，後者は f 電子の局在スピンが伝導電子を媒介とした超交換相互作用，いわゆる RKKY（Ruderman–Kittel–Kasuya–Yosida）相互作用[124]によって整列した磁気秩序が現れている状態で，その相互作用の

大きさがこの状態の特性温度 $T_{\rm RKKY}$ となる．そして，これら2つの状態の競合関係は $T_{\rm K}$ と $T_{\rm RKKY}$ の大小によって支配され，その大小関係は非熱的なパラメータである圧力や磁場，元素置換などで制御される．この状況はドニアック（S. Doniach）によって提唱された図 2.6(a) の模式的な相図[125]でよく理解される．

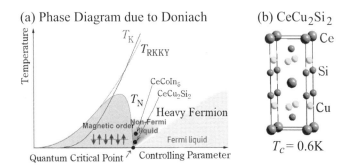

図 2.6 (a) 量子臨界状態を模式的に表すドニアックの相図．近藤温度 $T_{\rm K}$ と RKKY 相互作用 $T_{\rm RKKY}$ との競合の下，両者がほぼ等しいように制御径数が選ばれると量子相転移が起こり，その近傍で量子臨界状態になり，超伝導が出現する．(b) $T_c \approx 0.6{\rm K}$ の重い電子系の超伝導体である $CeCu_2Si_2$ の結晶構造．

この相図の $T_{\rm K} \approx T_{\rm RKKY}$ のところでは磁気秩序状態から重い電子状態へと転移する**量子相転移**が起こることになるが，この磁気的な量子臨界点のごく近傍に位置する重い電子物質である $CeCu_2Si_2$（図 2.6(b) 参照）において，ステーグリッヒ（F. Steglich）らは1979年に $T_c \approx 0.6$ K の超伝導転移を発見[126]した．その後，同じような領域で $T_c = 2.3$ K の $CeCoIn_5$ をはじめとして，主として Ce 系と U 系の重い電子系超伝導体が数多く見つかってきた．なお，この量子臨界領域では反強磁性スピン揺らぎが発達していて，正常状態も通常のフェルミ流体の性質（すなわち，温度に依存しない帯磁率，$T$ に比例する電子比熱，$T^2$ 比例する電気抵抗）から外れたもの（いわゆる非フェルミ液体）になることも多く，また，クーパー対はフォノンではなく，このスピン揺らぎを媒介として形成されたもの[127]と考えられている．

このスピン揺らぎ機構の妥当性を確かめるために，スピン揺らぎの特性温度 $T_{\rm K}$ の関数として $T_c$ をプロットしたところ，図 2.7(a) に示す結果[128]が得ら

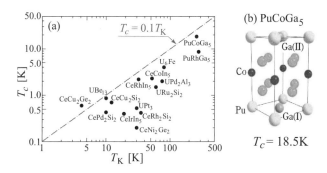

図 2.7 (a) 重い電子系の超伝導体における $T_c$ とスピン揺らぎの特徴的なエネルギー（近藤温度）$T_K$ との関係．(b) $T_c = 18.5$ K の $PuCoGa_5$ の結晶構造．

れた．確かに分散は大きいが $T_c$ と $T_K$ は正の相関を持っているので，$T_K$ がクーパー対形成に重要な役割を担っていることが推測される．特に，$T_c$ が高いものについては 2004 年に発見されたこの物質系最大の $T_c = 18.5$ K を持つ $PuCoGa_5$（図 2.7(b) 参照）も含めて $T_c \approx 0.1 T_K$ の関係が示唆されるので，もしこの機構で室温超伝導体を発見したいと思えば，その前提として $T_K$ が数千度以上の近藤格子物質をまず合成し，次にその結晶構造を調整して $T_K \approx T_{RKKY}$ の量子臨界状態を実現する必要がある．これに関連して，筆者の予備的な研究では，$r_s \approx 4$ の電子密度のホスト金属にマクロな数の水素原子を挿入したもの（水素吸蔵金属）では $T_K \gtrsim 2000$ K であると予言された[128]ので，（超高圧下の金属水素や硫化水素とは異なり，常圧下の）金属水素化物で高温超伝導の出現が期待される．なお，基本的にクーロン斥力に起源を持つスピン揺らぎでは，その特性温度 $T_K$ とフェルミエネルギー $E_F$ の比，$T_K/E_F$，はフォノン機構の場合の $\omega_{ph}/E_F$ ほどには小さくなり得ず，代表的には 0.1〜0.3 の範囲に入る．したがって，$T_c/E_F = (T_c/T_K)(T_K/E_F) \approx (0.01〜0.03)$ となり，それに伴ってコヒーレンス長 $\xi_0$ もフォノン機構のそれの約 10 分の 1 以下になる．実際，$CeCu_2Si_2$ では $\xi_0 \approx 90$ Å である．

ところで，この物質系の超伝導物性は式 (2.6) の $H_{BCS}$ に基づいた理論では簡単には説明されない．その主たる原因は観測される超伝導ギャップが運動量空間内で BCS 理論で導かれるような一定ではなく，節点（node：ギャップがゼロになるところ）を持つものになっているからである．この節点を持った超伝

導ギャップの存在はクーパー対の束縛状態を記述する波動関数の対称性が BCS 状態におけるスピン一重項の s 波とは違うために現れたもので，BCS 超伝導体を「従来型」と呼べば，このような状況は「非従来型超伝導」あるいは「エキゾチックな超伝導」と呼ばれている．そして，いろいろな対称性を持ち得るエキゾチックな超伝導を簡便ながらも統一的に理解するためには $H_{\text{BCS}}$ を拡張して，次式で与えられる「一般化された BCS ハミルトニアン」$\tilde{H}_{\text{BCS}}$ から出発して BCS 理論の解を修正[129]すればよい：

$$\tilde{H}_{\text{BCS}} = \sum_{\boldsymbol{p}\tau} \xi_{\boldsymbol{p}\tau} c^+_{\boldsymbol{p}\tau} c_{\boldsymbol{p}\tau}$$
$$+ \frac{1}{2} {\sum_{\boldsymbol{p}\boldsymbol{p}'\boldsymbol{q}}}' \sum_{\tau_1\tau_2\tau_3\tau_4} V_{\tau_1\tau_2\tau_3\tau_4}(\boldsymbol{p},\boldsymbol{p}') c^+_{\boldsymbol{p}+\boldsymbol{q}\tau_1} c^+_{-\boldsymbol{p}\tau_2} c_{-\boldsymbol{p}'\tau_3} c_{\boldsymbol{p}'+\boldsymbol{q}\tau_4} \quad (2.9)$$

ここで，関与する伝導帯が複数個存在する多バンド系も含めて考えていて，$\tau = (\nu, \sigma)$ はバンド変数 $\nu$ とスピン変数 $\sigma$ を併せて書いたものである．また，有効相互作用 $V_{\tau_1\tau_2\tau_3\tau_4}(\boldsymbol{p},\boldsymbol{p}')$ は BCS 理論の引力相互作用 $-g$ を拡張したもので，その $\boldsymbol{p}$ や $\boldsymbol{p}'$，バンド，スピン依存性も考慮した関数形は現象論的に与えるものとする．また，運動量の和のプライムは式 (2.7) と同様のカットオフを入れることを意味するが，カットオフエネルギーは $\omega_{ph}$ ではなく，$\omega_c$ と書き，クーパー対を媒介する主要モードの平均エネルギーのようなものである．そして，このような解析の結果，CeCoIn$_5$ はスピン一重項の d 波型，UPt$_3$ はスピン三重項の p 波型であると認知[130]されている．

この他にも，この物質系の複雑さを反映して多彩で多様な超伝導現象が観測されている．たとえば，UPd$_2$Al$_3$ や CeNiGe$_3$ などでの反強磁性と超伝導が共存する相の出現，UGe$_2$ や URhGe，UCoGe，および，結晶反転対称性のない UIr などでの強磁性と共存する超伝導の出現，四重極揺らぎ機構が提唱されている充填スクッテルダイト構造の PrOs$_2$Sb$_2$ での超伝導などが挙げられる．しかしながら，いずれも高温超伝導を求めるという観点からはあまり重要とは思えないので，本書ではこれらの解説を割愛する．

### 2.1.9　分子性有機導体系：ハーフフィルド系での超伝導

有機物とは炭素が原子結合の中心となる物質の総称である．そして，分子性

有機結晶とは多数の有機分子がファンデルワールス力や水素結合，静電結合などの分子間の相互作用で規則正しく配置された固体を指し，その物性は構成分子の電子構造やパッキング構造に基づいて理解される．これら有機分子は電子的に閉殻構造を持つので分子性有機結晶は通常は絶縁体になる．しかし，ハロゲン原子や金属原子などをドープしたり，電子供与性のドナー分子と電子受容性のアクセプター分子を組み合わせてこれら分子間で電荷移動が起こる電荷移動錯体を作ったりすると伝導バンドが形成され，金属伝導を示す結晶が生まれる．この伝導特性は伝導バンドの次元性や充填率，バンド幅などで決まるが，それは分子修飾をはじめとする種々の化学的手法での分子自由度（配列，軌道，構造）の人為的な制御で変化させられる．

1980年，TMTSF (tetramethyle–tetraselenafulvalene) というドナー分子が $a$ 軸方向に積み重なって $b$ や $c$ 軸方向には電気を流しにくい擬1次元的な伝導バンド（電子充填率 3/4）を持つ結晶である $(TMTSF)_2PF_6$ において，0.9 GPa 程度の圧力下で $T_c \approx 1.2$ K の超伝導が観測[131]された（図 2.8(a) 参照）．この結晶では，まず 70 K で電荷秩序化し，次にフェルミ面のネスティング構造を反映したスピンパイエルス相を経て超伝導に至る．また，$PF_6$ を $AsF_6$ や $SbF_6$ に置換しても反強磁性などの磁気秩序相と隣接しながら $T_c$ が 1 K 程度の超伝

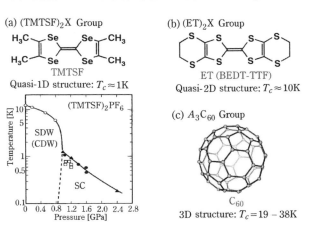

図 2.8 分子性有機超伝導体の (a) 擬1次元系，(b) 擬2次元系，(c) 3次元系の例．伝導チャネルの次元性が高くなるにつれて $T_c$ が上昇する．

導転移が出現する.

この $(TMTSF)_2X$ 群は百数十種を超える有機超伝導体全体の先駆けになったものであるが,擬 1 次元系では必然的なパイエルス不安定性とそれに付随したCDW や SDW が超伝導と競合して起こるために,物理的には多彩な,そして,いくつかの新奇な現象が見られて面白いといえるが,高い $T_c$ を持つ安定した超伝導体の開発という目的からは重要なターゲットではないと分かってきたので,本書ではこの物質群についてこれ以上の議論はしない.

1988 年,ET(BEDT–TTF：bis(ethylenedithio)–tetrathiafulvalene) というドナー分子 (図 2.8(b) 参照) 2 つを平行に配置した二量体を作りながら市松模様に並んだ伝導層と無機イオン ($Cu^+$ や $NCS^-$) から成る絶縁層が交互に積層した擬 2 次元伝導体 (図 2.9(a) 参照) である $\kappa$ 型 $(ET)_2Cu(NCS)_2$ において,$T_c = 10.4$ K の超伝導が発見[132]され,その後,絶縁層を少し変化させた $\kappa$ 型 $(ET)_2Cu[N(CN)_2]Br$ でも $T_c = 11.6$ K の超伝導が見つかった.

この分子配列では,単位胞内の 4 つの ET 分子の HOMO (最高占有分子軌道) で構成される 4 つのバンドの中,伝導バンドは上 2 つの ET 二量体の反結合性軌道バンドで,それが二量体全体で $+e$ の電荷を持つことから,半分充塡されたもの (正孔充塡率が 0.5) になっている.ちなみに,下 2 つの ET 二量

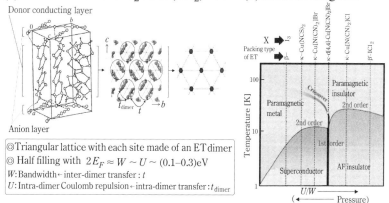

図 2.9 (a) $\kappa$ 型 $(ET)_2X$ 全体の結晶構造と伝導層内の ET 二量体の配列構造.(b) 鹿野田による $\kappa$ 型や $\beta'$ 型の ET 塩における温度–圧力相図[133].

体の結合性軌道バンドは完全に占有されていて，伝導バンドに寄与しない．この状況はET二量体を一つの格子点と考えたハーフフィルドの三角格子としてモデル化される（図2.9(a)参照）．また，ET二量体が伝導層内で向きを変えずに配列する$\beta'$型$(ET)_2ICl_2$でも8GPaの圧力下で$T_c = 14.2$ Kの超伝導が観測されたが，この$\beta'$型に対してもET二量体のハーフフィルドの三角格子モデルを適用することができる．

ところで，ET二量体を2サイト-ハバード模型（オンサイトのクーロン斥力を$U_{dimer}$，サイト間跳び移り積分を$t_{dimer}$）で近似すると，この三角格子モデルのオンサイトのクーロン斥力$U$は上下両方のスピンの電子がスピン一重項であるときの基底状態エネルギー（式(II.2.136)の結果）からこれら2つの電子がお互いに独立であると考えられるときの基底状態エネルギー（式(II.2.129)の結果の2倍）を差し引き，$U_{dimer} \gg t_{dimer}$に注意すると，

$$U = \frac{U_{dimer}}{2} - \sqrt{4t_{dimer}^2 + \frac{U_{dimer}^2}{4}} + 2t_{dimer} \approx 2t_{dimer} \qquad (2.10)$$

となるが，これは三角格子モデルのサイト間跳び移り積分である$t$と同じオーダーである．ちなみに，$t$や$t_{dimer}$はET分子間の波動関数の重なりが小さいので0.1 eV未満の大きさしか持たない．したがって，$t$で決まる伝導バンド幅$W$も$U$とほぼ同じ大きさの0.1 eVのオーダーということで，

$$E_F \sim \frac{W}{2} \sim U \sim 0.1\,\text{eV} \qquad (2.11)$$

と評価される．これは$U \gg W$のような典型的なモット絶縁体の状況ではないが，$U$の効果が強く残るという意味でモット転移系物質群といえる．実際，図2.9(b)に示すように，超伝導相は反強磁性相と隣接して出現[133]しているので，この「モット転移系」という見方は強く支持されている．そして，クーパー対の波動関数はd波対称性と整合的で，スピン揺らぎの超伝導機構であると見られている．

なお，マイスナー効果の磁場侵入長から評価される$E_F$を用いると$T_c/E_F \approx 0.04$となり，これを反映して伝導層内の$\xi_0$は重い電子系の場合よりも短くなり，23〜29 Å（ET二量子体間の長さを単位として3から4のサイズ）であることが観測されている．そのため，スピン揺らぎといっても，弱結合領域か

らのアプローチで想定されている「よく定義された集団モードとして存在するスピン波を媒介とした引力が働いている」という描像はあまり正しくなくて，1.1.10 項の最後で紹介した描像のように $U$ に起因して起こる局所的な励起遷移全般にかかわって発生した有効引力[23]によるクーパー対形成という見方が現実をより正確に記述している．

さて，ET 塩の中には ET 二量体化の構造を持たない $\alpha$ 型や $\theta$ 型，$\beta''$ 型の分子配列がある．この場合，伝導バンドが正孔の 1/4 フィリングの状況になり，実験的には電荷秩序相と超伝導相（$T_c$ は大体 2 K 程度で，最大は 7.2 K）が競合する．この状況を取り扱うために次近接クーロン斥力 $V$ を入れて議論されること[134]が多い．ただ，これでは $U$ より小さい $V$ が鍵を握ることになり，その $V$ で超伝導も議論すると，単純にエネルギースケールで考えただけでも ET 二量体化がない系での $T_c$ はそれがある場合の $T_c$ を凌駕するとは考えにくく，実際，実験でもそうなっている．

1991 年，炭素原子 60 個からなる切頭 20 面体構造のフラーレン分子（図 2.8(c) 参照）を fcc 結晶の格子点として，アルカリ原子 $A$（$A$=K, Rb, Cs）をドープした分子性固体 $A_3C_{60}$（図 2.10(a) 参照）において超伝導が観測[135]された．その $T_c$ は $A$=K で 19 K，Rb で 29.3 K，そして，$RbCs_2C_{60}$ では 33 K に達した．さらに 2008 年には，0.7 GPa の圧力下で $Cs_3C_{60}$ は $T_c = 38$ K の超伝導体であることが報告[136]され，その後，$Cs_{3-x}Rb_xC_{60}$ を詳しく調べることから図 2.10(b) のような相図[137]が得られた．

この分子性結晶の伝導バンドは $C_{60}$ 分子の三重縮退した LUMO（最低非占有分子軌道）である $t_{1u}$ 軌道から作られる 3 つの伝導帯で，そのバンド幅 $W$ は約 0.5 eV である．この $t_{1u}$ バンドには $C_{60}$ 分子あたり最大 6 個まで伝導電子を収容できるが，アルカリ原子から 3 個の電子が供与されるので，充填率 0.5（ハーフフィルド）の 3 次元金属になっている．ちなみに，この超伝導体の $T_c$ はハーフフィルドのときに最大になること[138]が分かっている．

ところで，この超伝導体で s 波クーパー対の形成を仮定すると，観測される超伝導物性は矛盾なく説明される．また，$Rb_3C_{60}$ において $^{12}C$ を $^{13}C$ に置換したときの同位体効果もその指数 $\alpha = 0.30$ で観測されたことなどから，フォノン機構の超伝導と結論されている．ただ，$T_c/E_F \approx 0.04$ であり，かつ，コヒー

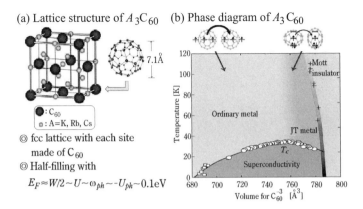

図 2.10 (a) $C_{60}$ 分子を格子点とする fcc 結晶 $A_3C_{60}$ の構造. (b) $C_{60}$ 分子 1 個あたりの占める体積と温度の平面上に描いたフラーレン固体の相図[137].

レンス長が $\xi_0 \approx 20\,\text{Å}$ で最近接 $C_{60}$ 分子間隔のちょうど 2 倍というように極端に短い. これは通常の BCS 理論では想定されない状況である. また, BCS 理論の拡張版であるエリアシュバーグ理論の適用範囲にもない.

確かに, 正常相中でも $C_{60}$ 分子のヤーン–テラー (JT) 変形転移が起こるほどに JT 結合が強いので電子フォノン相互作用が大きいことは間違いないが, 同時にモット絶縁相とも隣接していることから, オンサイトのクーロン斥力 $U$ も大きいことを示唆している. 実際に関与する JT フォノンエネルギー $\omega_{ph}$ や JT フォノン媒介引力 $-U_{ph}$ などを評価すると,

$$E_F \sim U \sim \omega_{ph} \sim -U_{ph} \sim 0.1\,\text{eV} \tag{2.12}$$

となり, 斥力–引力–$E_F$ が拮抗したハーフフィルドの電荷–スピン–フォノン競合系であることが分かる. この式 (2.12) の状況を $\kappa$ 型や $\beta'$ 型の ET 塩の場合である式 (2.11) と比較してみると, ET 塩ではフォノン部分の寄与がないだけで, それ以外の物理量の相対関係や大きさのオーダーは全く同じであることが分かる. したがって, $C_{60}$ 系で ET 二量体系よりもその $T_c$ が 2 倍から 3 倍になった理由はクーロン斥力だけでなく, それと同じ程度の大きさのフォノン部分の寄与が加わったためと推論される. この斥力–引力–$E_F$ 拮抗ハーフフィルド系における上の推論の正否は 3.4.2~3.4.3 項でエリアシュバーグ理論を越えて調べることになるが, その際にはこの拮抗系に対するプロトタイプのモデ

ルとして 1.5.1 項で導入したハバード–ホルスタイン模型を取り上げ,それに基づいて議論する.これはちょうど固体中の電子相関の物理を学ぶ際にハバード模型をプロトタイプのモデルとすることにならったものである.もちろん,このような簡単なモデルでは JT 結合系である $A_3C_{60}$ を詳細に再現することはできないが,逆に簡単であるがゆえに物理概念が明確になり,フラーレン固体における別の可能性[139]やそれを離れた新しい可能性[140]も追求できることになる.

### 2.1.10 銅酸化物超伝導体系

1986 年,La–Ba–Cu–O の多相物質で $T_c = 30$ K の超伝導が報告[141]された.その後,銅酸化物系を舞台として世界中で激しい高温超伝導探索競争が起こり,その結果,$La_{2-x}Sr_xCuO_4$ ($0.07 \lesssim x \lesssim 0.26$) において $x \approx 0.15$ で最高 $T_c = 38$ K,$YBa_2Cu_3O_7$ で $T_c = 95$ K,$Bi_2Sr_2Ca_{n-1}Cu_nO_{4+2n}$ ($n = 2, 3$) で最高 $T_c = 110$ K,$TlBa_2Ca_{n-1}Cu_nO_{4+2n}$ ($n = 1, 2, 3$) で最高 $T_c = 125$ K,$HgBa_2Ca_{n-1}Cu_nO_{4+2n}$ ($n = 1, 2, 3$) で最高 $T_c = 134$ K(15 GPa の加圧下で $T_c = 153$ K に到達[142])の超伝導が次々に発見された.

これらの銅酸化物超伝導体の結晶構造は図 2.11 に示されているが,共通の特徴は銅酸素 2 次元面(CuO$_2$ 面:Cu 原子が正方格子点にあり,O 原子は最近接 Cu 原子を結ぶ線上の中間点に位置するもの)が存在することで,この面が超伝導を含む電気伝導を主に担う擬 2 次元系である.この CuO$_2$ 面を挟む絶

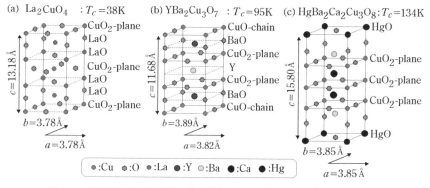

図 2.11 銅酸化物高温超伝導体の結晶構造:(a) La 系,(b) Y 系,(c) Hg 系.

縁層はブロック層と呼ばれ，$CuO_2$ 面にキャリアを供給する．図 2.11 のような場合には電子受容層になっていて，キャリアは正孔的で「正孔ドーピング」と呼ばれる状況である．一方，$R_{2-x}Ce_xCuO_4$ （R=Nd,Pr,Sm）の場合は電子供与層になっていて，「電子ドーピング」の状況になる．なお，$CuO_2$ 面は共通して存在しているものの，$R_2CuO_4$ の結晶構造は $La_2CuO_4$ のそれとは多少異なる．すなわち，Cu 原子の周りの酸素配位は前者は平面 4 配位（いわゆる頂点酸素が欠落しているもの），後者は 8 面体 6 配位で，それぞれ，T′ 構造と T 構造と呼ばれている．

この超伝導体系については既に膨大な量の実験データが蓄積されていて，特に正孔ドーピングでは実験事実そのものは（解釈の仕方は別として）ほぼ収束している．そして，超伝導相の位置付けに関して図 2.12(b) に示すような包括的な電子相図が $T$–$x$ 平面上で得られている．ここで，$T$ は温度，$x$ は銅原子 1 個あたりの（キャリアとしての）正孔数である．この相図の要点は，① ドーピングのないとき（$x=0$）は反強磁性絶縁相，② $0.05 \lesssim x \lesssim 0.25$ で d 波超伝導が出現，③ $x$ が 0.15〜0.20 の間で $T_c$ が最大，④ 反強磁性相と超伝導相の中間領域ではスピングラス的な絶縁相であるが，超伝導出現領域の $x$ になると正常相は金属になる．ただし，$T_c$ が最大になる $x$ より小さい $x$ では非フェルミ流体的な振る舞いを示す「異常金属相」と呼ばれるものとなり，それを特徴付けるエネルギースケールとして「擬ギャップ (Pseudo–gap)」という概念が提出されているもののその実体についてのコンセンサスはない，⑤ それよりも大

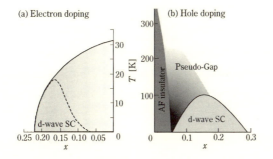

図 2.12 銅酸化物高温超伝導体の包括的な電子相図で，温度（$T$）と銅原子 1 個あたりのキャリア数（$x$）の平面で描いたもの．(a) T′ 構造の電子ドーピング系（点線は従来のもの，実線は最近提案されているもの），(b) 正孔ドーピング系．

きな $x$ の領域では正常相はフェルミ流体として捉えられる．

一方，電子ドーピングでは，長い間，超伝導領域は図 2.12(a) の点線で示される $x$ の領域にあり，それより小さな $x$ では反強磁性絶縁相となり，その結果，電子正孔対称的な相図が得られていると信じられてきた．しかし，近年，T′ 構造と T 構造の違いは電子構造に重要な違いを生み出して電子正孔対称性が破れるとの提案[143] が出された．それによれば，実線で示されるように超伝導相領域は大幅に拡大され，しかも $T_c$ はドーピングのないとき $(x = 0)$ に最大になるとされている．

この物質系の超伝導機構を探るには正常相の特徴を知ることが必須ということで，様々な実験手法でその物性が長年にわたって詳細に調べられ，その正常相の新奇で複雑な様相が明らかになってきた．そして，既に多くのレビュー記事[144] がその状況を詳細に解説しているが，擬ギャップをはじめとする肝心のポイントについてコンセンサスのある見解が示されていない．この現状を考慮して，本書は正常相の問題にはこれ以上触れないことにする．

ところで，正常相の異常さに比べれば，超伝導物性にはあまり特殊なことはなく，$d_{x^2-y^2}$ 波対称性を持つものとして式 (2.9) の一般化された BCS ハミルトニアンに基づいて解析すれば実験事実が再現される．なお，マイスナー効果の測定から評価された $E_F$ を用いると，この物質系では $T_c/E_F \approx 0.04$ の関係式がほぼ常に成り立ち，それを反映して面内のコヒーレンス長 $\xi_0$ は短く，Y 系，Bi 系，Tl 系で $\xi_0 \approx 15\sim 20$ Å，La 系で $\xi_0 \approx 33\sim 42$ Å である．また，以下のような推論を行えば，正常相を詳細に知らなくても $T_c$ の大きさに関しては簡単なエネルギースケールの考察から正しく評価される．

まず，超伝導を担う電子構造の考察から始めよう．ここでは，正孔ドーピングを念頭に置き，電子系ではなく，正孔系の描像で考えよう．すると，$x = 0$ の場合，銅イオンは $Cu^{2+}$ でそのイオンの周りには 9 個の 3d 電子が存在することになるが，これは 3d 準位に正孔が 1 個入っていることと同義である．そして，その正孔が占める軌道は $d_{x^2-y^2}$ である．なお，$CuO_2$ 面上にある Cu の 3d 軌道は球対称ポテンシャル場の下の五重縮重準位が 4 つに分裂していて，一番上の縮退のない準位は $e_g$ 軌道のうち，面内に波動関数が広がっている $d_{x^2-y^2}$ 軌道である．結晶中では，この $d_{x^2-y^2}$ 軌道と酸素の銅イオン方向に伸びる $p_\sigma$ 軌道

との混成を考えてバンドを構成することになるが，ザン-ライス（Zhang–Rice）一重項軌道の概念[145]を用いれば，$x \neq 0$ の場合も含めて常に1バンド系に還元[144]され，そのバンドに充塡率 $(1+x)/2$ の正孔が入っていることになる．

この相関の強い有効1バンド系を記述する有効ハミルトニアンの模型はいろいろな形に仮定しうるが，一番簡単にはハバード模型を採用すればよい．すると，バンド計算や光学応答実験の結果から，$x = 0$ ではバンド幅 $W$ は約 3 eV，クーロン斥力 $U$ は約 8 eV と評価される．すると，$U/W$ が1よりずっと大きいので，モット絶縁相の物理が支配する領域にあることが分かる．これは図 2.12(b) の相図で $x \approx 0$ の状況と整合する．

さて，この系で超伝導を出現させるためには $U/W \sim 1$ の状況にする必要があるが，分子性結晶では $W$ と $U$ の制御が比較的簡単で，しかも2つをほぼ独立に変化させることができるのに対して，今の場合，これら2つの制御は容易でなく，しかも独立して変化させられない．そこで，ドーピングを用いて有効的に $W$ や $U$ を変化させることになる．ところで，ハバード模型では充塡率が1になると1体近似であるハートレー–フォック近似が厳密解を与えるので，充塡率が $(1+x)/2$ では電子相関を有効的に支配するクーロン斥力の大きさは $[1 - (1+x)/2]U$ となる．これが $W$ とほぼ等しくなる条件は

$$W \sim \frac{1-x}{2}U \quad \longrightarrow \quad x \sim 1 - \frac{2W}{U} \sim 0.25 \quad (2.13)$$

となり，この $x$ の大きさ付近で金属相，ひいては超伝導相が現れることになる．この $x$ の簡便な評価値は図 2.12(b) の相図にほぼ整合的である．

こうして適当な大きさの $x$ で絶縁相から金属相に転移させると，ハバード模型を記述する $U$ や $W$ は絶縁相での値から変更を受けることになる．なぜなら，電子相関を実効的に支配するクーロン斥力の大きさは，上の議論からも分かるように，有限の $x$ では $U$ よりもかなり小さくなると同時に，金属遮蔽効果が効くようになるので，元々の $U$ 自体も 8 eV よりも大分小さくなるからである．また，$W$ はサイト間のホッピング積分で決まるが，電子相関を考慮に入れると，たとえ，ある正孔が隣のサイトにホッピングしようとしても，そこに既に別の正孔がいる場合にはホッピングができず，これは平均的に見ればホッピング積分の減少につながる．すなわち，この「相関のあるホッピング」という概

念で $W$ は有効的に減少することになる．したがって，超伝導相における有効的な $U$ や $W$ の大きさのオーダーは

$$E_F \sim \frac{W}{2} \sim U \sim 1\,\text{eV} \tag{2.14}$$

と評価される．なお，$x$ が小さいハーフフィルド近傍なので，$E_F \sim W/2$ とした．この式 (2.14) を ET 塩に対する式 (2.11) と比較すると，単にエネルギースケールが 10 倍になっただけで相似な系であることが分かり，しかも，ET 塩では $T_c$ は 2 K から 14 K の範囲にあるので，銅酸化物系では $T_c$ は 20〜140 K が予想されるが，これは実験事実と定量的にもよく一致する．

上で述べたような超伝導のシナリオでは，実効的な $W$ と $U$ が同程度の大きさの金属相が実現していることだけが重要であり，$x$ がゼロからずれていることは本質的ではない．したがって，$U$ や $W$ が適当な大きさである限りは図 2.12(a) で示した $T'$ 構造での相図で $x=0$ から超伝導相になるという提案を排除するものではなく，むしろ，$x$ が有限になると，エネルギースケールが多少なりとも小さくなり，それに伴って $T_c$ はハーフフィルドでの値から下がってしまうことを意味していて，これも新提案の相図と整合的である．

ちなみに，ここで述べたようなシナリオで銅酸化物の超伝導を理解すると，$T_c$ は既に最大化されていて，現在以上の $T_c$ の上昇は望めないことになる．室温超伝導を目指すとすれば，ET 塩相似系ではなく，$C_{60}$ 系相似の物質系の開発が必要である．すなわち，$U$ だけでなく，同程度の大きさのフォノン（あるいは，それに代わる何らかのボソン）媒介引力が同時に働く系で，式 (2.12) の状況のエネルギースケールを 10 倍にしたような物質系であって，その場合，$T_c$ は 200 K から 380 K の範囲に入ることになる．

### 2.1.11 鉄系超伝導体系

2008 年，$\text{La}[\text{O}_{1-x}\text{F}_x]\text{FeAs}$（$x=0.05$〜0.12）で $T_c=26$ K の超伝導の発見[146] が伝えられた．その直後の数ヶ月間に，$\text{Nd}[\text{O}_{1-x}\text{F}_x]\text{FeAs}$ で $T_c=51$ K[147]，$\text{NdFeAsO}_{1-y}$（$y=0.3$〜0.8）で $T_c=54$ K[148]，$\text{Sm}[\text{O}_{1-x}\text{F}_x]\text{FeAs}$ で $T_c=55$ K[149]，そして，$\text{Gd}_{1-x}\text{Th}_x\text{FeAsO}$ で $T_c=56$ K[150] という報告が相次いだ．さらに，2015 年には $\text{SrTiO}_3$ 基盤上で FeSe（バルクでは $T_c=9.4$ K）の薄膜

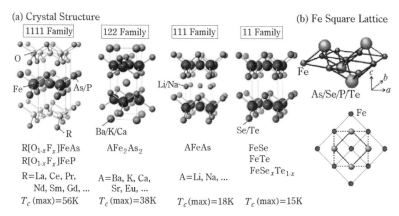

図 2.13 (a) 1111 型, 122 型, 111 型, 11 型の結晶構造と (b) Fe の正方格子面.

を形成すると $T_c$ は 100 K を越すまでに上昇[151]した.

この鉄系超伝導体はバラエティに富むが,その代表的な結晶構造は4つに分類される.その4つは母結晶の化学式に基づいて "1111 型", "122 型", "111 型", そして, "11 型" と呼ばれている.それぞれの型の母結晶とそれにドーピングした物質系やその物質群で観測されている最大の $T_c$ は図 2.13(a) に示されている.これら4つのタイプ以外にも鉄系超伝導体に含まれる物質群がある.たとえば, "ペロブスカイト型" といわれているもので,物質としては $Sr_4Sc_2O_6Fe_2P_2$(これは, "42622" と略記されるもので $T_c = 17$ K)や $Sr_4V_2O_6Fe_2As_2$ ($T_c = 37$ K)などが合成されている.

これらのタイプの違いを反映してその物性は超伝導相以外の相ではもちろんのこと,超伝導相でも多彩な振る舞いを示す.その詳細は多数のレビュー論文[152]で紹介されているので,ここでは触れないが,鉄系としての共通の特徴は次のようにまとめられる.①伝導層である FeAs 層を中心にその上下にあるブロック層で構成された(ただし,11 型ではブロック層がなく FeSe 層だけで構成された)擬 2 次元的な層状物質である.② 図 2.13(b) で示されるように,この FeAs (FeSe) 層では Fe 原子が一つの平面上にあって正方格子を組んでいる.一方,As (Se) 原子はその Fe 平面上にはいなくて,各 Fe 原子がその中心になるように四面体を組んでその平面の上下に位置している.③電気伝導に寄与するバンドは鉄の5つの 3d 軌道から構成されたもので,その d バンドの充填率は母結晶

では（$Fe^{2+}$ に対応して，全部で $5 \times 2$ 個の収容可能な準位に対して 6 個の d 電子を詰めることになるので，）0.6 である．そして，その d バンド全体のバンド幅 $W$ は約 3 eV である．④バンド計算や角度分解光電子分光実験からフェルミ準位 $\mu$ 近傍では 5 つの d バンドの中で $d_{xy}, d_{yz}, d_{xz}$ の 3 つのバンドだけが関与すること（図 2.14(a) 参照）が分かっている．そして，図 2.14(b) にあるように，ブリルアン帯の中心である Γ 点の周りで正孔的な，また，M 点の周りで電子的な円状（3 次元空間では円筒形）のフェルミ面を構成している．⑤このように多軌道・多バンド系なので，クーロン斥力の効果を規定するためには式 (1.508) の中で軌道内クーロン斥力 $U$ とフント結合エネルギー $J$ の 2 つが必要になる．なお，軌道間クーロン斥力 $U'$ と対交換エネルギー $J'$ は式 (1.509) から，それぞれ，$U' = U - 2J$ と $J' = J$ で与えられる．この $U$ や $J$ は $U \sim 1 - 3$ eV, $J \sim U/10$ と見積もられている．したがって，$W \sim U > U'$ なので，モット絶縁性は銅酸化物の母結晶よりもずっと弱いことになる．実際，1111 型を除けば母結晶でも超伝導が発現している場合が多く見られる．

図 2.14(c) には鉄系超伝導体に見られる典型的な相図が温度（$T$）とドーピング量（$x$）の平面で描かれている．これは主として良質の結晶が得られやすく，電子ドープから正孔ドープまで d 電子の充填率を広く変えられる 122 型で

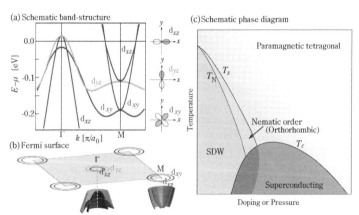

図 2.14 (a) フェルミ準位 $\mu$ 近傍の典型的なバンド構造と (b) それに対応する 2 次元面に投影したフェルミ面の様子．(c) 鉄系超伝導体の典型的な相図．

の実験結果に基づいて描かれたものである．まず $x$ が小さい場合，ネール温度 $T_{\rm N}$ より低温で SDW 相（反強磁性相でその詳細は結晶の型に依存しているもの）になるが，この $T_{\rm N}$ とほぼ同じ温度 $T_s$ で常磁性正方晶金属相から斜方晶への構造相転移が起こる．ちなみに，斜方晶相では Fe 平面での 4 回回転対称性が破れたが，スピン回転対称性（したがって，時間反転対称性）や並進対称性は破れていないので，これは液晶におけるネマチック相と相似しているという意味で，"ネマチック相" と呼ばれている．次に $x$ をもう少し大きくすると，超伝導相が得られるが，SDW 相と隣接する部分では SDW と超伝導の両秩序が共存する場合も多く見られている．超伝導相における超伝導ギャップ関数の対称性やその大きさ，バンドや運動量への依存性などが様々な方法で調べられているが，通常の $s$ 波か $s$ 波対称性を持つもののバンドごとに符号を変える $s^{+-}$ 波のいずれかであるとの見方が大多数であるが，$d_{x^2-y^2}$ 波の場合もあり得ることが議論されている．

上のギャップ対称性の議論も含めて，超伝導機構の同定に向けた理論に関して既に多数のレビュー論文[153]がある．大方のコンセンサスとして，SDW 相に隣接した超伝導であることから，スピン揺らぎの機構が重要で無視できないものになっている．特に，図 2.14(b) の正孔フェルミ面と電子フェルミ面を結びつける波数ベクトル $\bm{Q} = (\pi/a_0, \pi/a_0)$ に関連したスピン揺らぎが鍵であると考えられている．ただし，これがフェルミ面のネスティング波数であるからという見方はあまり正しくない．一般に，ネスティングやファンホーフ特異点というようなある特定の波数とエネルギーで起こる特異性はそれを特徴付けるエネルギースケールは小さいので，高温超伝導の $T_c$ を制御する大きさのエネルギースケールにはなり得ないのである．したがって，このような遍歴電子の描像に基づくスピン揺らぎの機構が主因になって $T_c$ が 100 K を越すような超伝導が引き起こされるとはあまり考えられない．

そこで，スピン揺らぎに加えてその他の重要な機構の可能性が探索された．その候補として第一に挙げられるのはフォノン機構であるが，第一原理計算からこの寄与は無視できることが分かっている．そこで，図 2.14(c) の相図に戻ると，超伝導相は SDW 相と共にネマチック相とも隣接していることに気付かされる．このネマチック相では $d_{xz}$ 軌道と $d_{yz}$ 軌道の間の対称性が破れている

ので，その対称性の破れに着目するとその相近傍では $d_{xz}$ 軌道と $d_{yz}$ 軌道のそれぞれを占有する電子数の差（軌道揺らぎ）がゼロから大きく揺らいでいると予想される．この多バンド・多軌道性に由来する軌道揺らぎを媒介とした電子間の引力機構[154]が考えられていて，その効果を微視的計算で評価した結果，$T_c \sim 50$ K は説明されるようである．

近年，鉄系での $T_c \approx 100$ K を詳細な微視的計算に頼らずに容易に想像できる見方として "軌道選択性" という概念[155]が提出された．これは電子の局在性を強く意識した描像に基づいていて，フント則が十分に機能する大きさの $J$ があることから，各 d 軌道を占有する電子は軌道ごとに異なる振る舞いを示すようになっていると考えるのである．とりわけ，$d_{xy}$ 軌道にある電子には電子相関効果が強く働き，モット絶縁性の強いハーフフィルドに近い状況にあると見なすのである．すなわち，この $d_{xy}$ バンドの幅 $W$ は 1 eV 程度であり，そのバンドがハーフフィルドでは $U$ は 3 eV 程度でモット絶縁相になるはずであるが，$d_{xz}/d_{yz}$ 軌道をリザーバーとしてドーピングを受けた結果，式 (2.14) とほぼ同じ状況が実現して，銅酸化物系と同じく $T_c \sim 100$ K になるというシナリオである．なお，$d_{xy}$ バンドが主導するこの超伝導では，その近接効果として $d_{xz}/d_{yz}$ バンドの超伝導が誘起されることになる．

最後に，上の描像とは全く逆の立場，すなわち，電子の遍歴性が大変強いという描像からの超伝導のシナリオも紹介しておこう．この遍歴描像に沿った記述をするためには，結晶全体に広がっている 1 電子波動関数系をハミルトニアンを表示する際の電子基底として選ぶことになるが，強遍歴下では 2 つの電子が同時に 1 つのサイトを占めることは大変稀になるので，電子間の相互作用としてはオンサイトのそれはほぼ無視できて，代わりに長距離クーロン斥力が圧倒的に重要になる．この状況は半導体や半金属の記述において有効である通常の $\boldsymbol{k} \cdot \boldsymbol{p}$ 近似を採用すべきであることを意味する．図 2.14(a) のバンド構造をこの視点で眺めると，これは典型的な半金属の問題で，**電子正孔系の多体問題を提供している**ことになる．そして，その際の $E_F$ は電子系・正孔系共に 0.05～0.1 eV のオーダーである．ちなみに，この $E_F$ の大きさは鉄系超伝導体に対してマイスナー効果の測定から評価された超伝導キャリアに対するものと一致し，その測定された $E_F$ を用いると $T_c/E_F$ の値[156]は約 0.06 であるが，特に，

SrTiO$_3$ 基板上の FeSe が 1 層の系では $T_c/E_F \sim 0.10$ である．そして，対応する $\xi_0$ は 20〜30 Å であることが観測されている．

さて，電子正孔系では電子正孔間に引力的クーロン相互作用が働くので，電子と正孔が各 1 個ずつ対になって束縛状態（励起子，エキシトン）を作ろうとする強い傾向がある．図 2.15(a) はその傾向を記述する電子正孔はしご形ダイアグラムを示している．3 次元空間で考えると，この励起子揺らぎのエネルギースケールは式 (1.14) で与えられる励起子エネルギーの絶対値 $|E_{\text{ex}}| = 0.5 m_e m_h e^4 / (m_e + m_h)$ である．ここで，$m_e$ ($m_h$) は電子（正孔）の有効質量である．この励起子揺らぎの効果は，電子系や正孔系の運動エネルギーのスケールである $E_F$ が $|E_{\text{ex}}|$ とほぼ同じ大きさになると重要になるので，$E_F \sim 0.5 m_e m_h e^4 / (m_e + m_h)$ である系を考えよう．

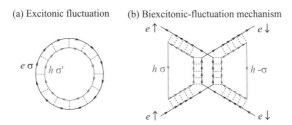

図 2.15 (a) エキシトニック揺らぎと (b) バイエキシトニック揺らぎを媒介とする有効電子間引力相互作用を表すダイアグラム．

ところで，このような励起子揺らぎが強く起こる系では励起子 2 つからなる束縛状態（励起子分子，バイエキシトン）を作ろうとする傾向も強くなる．すると，その傾向を利用して，電子間（同様に，正孔間）に図 2.15(b) に示すような引力相互作用が働くことになる．この引力相互作用の大きさに対応するエネルギースケールは式 (1.58) の $E_B = 0.032 m_e m_h e^4 / (m_e + m_h)$ である．この $E_B$ を "バイエキシトニック揺らぎ" 機構におけるクーパー対のエネルギーギャップ $\Delta_0$ と考え，BCS 理論における $T_c$ と $\Delta_0$ の間の関係式，$2\Delta_0/T_c = 3.53$ を用いると，$T_c \sim (2/3.53) \times 0.032 m_e m_h e^4 / (m_e + m_h) = 0.018 m_e m_h e^4 / (m_e + m_h)$ となる．すると，この $T_c$ と $E_F$ の比は $m_e$ や $m_h$ の大きさに関係なく，$T_c/E_F = 0.036$ になる．これは励起子や励起子分子を 3 次元空間で考えた結果であるが，それら

を2次元空間で考えると $E_B/|E_{\text{ex}}| = 0.1929$ に変わる[157]ので, $T_c/E_F = 0.109$ となる. このように, 次元性が3次元から2次元に変わるにつれて $T_c/E_F$ は 0.036〜0.109 の間で変化することになるが, 鉄系超伝導体が擬2次元系であること, そして, SrTiO$_3$ 基板上の1層 FeSe 系は2次元性が特に強いことを考えれば, バイエキシトニック揺らぎ機構で推定される $T_c/E_F$ の値は既に述べた実験結果と大変うまく整合していることが分かる. しかも, 実験で得られている $E_F$ の値を用いると, $T_c \sim 50 - 100$ K も簡単に得られる. これらのことから, このバイエキシトニック揺らぎ機構も鉄系超伝導機構の有力な候補になり得る.

### 2.1.12 その他の超伝導物質群

以上, 2.1.7〜2.1.11 項の5つの項にわたってエキゾチックな超伝導体と呼ばれているものに重点をおいて各種の超伝導物質群を駆け足でまとめてみた. その際, 各物質群に特徴的な物理量とそのエネルギースケールの大きささえ特定できれば, たとえそれぞれの物質群での超伝導機構や超伝導相近傍の正常相や磁気相の状況が十分詳細に理解されていないとしても, 物質群間相互の比較から単純, かつ, 自然にその $T_c$ の大きさを理解することができ, それに基づいて可能な超伝導機構も推測できることを説明してきた. ここでは, これまで紹介していなかったが, 一時期大いに注目を浴びた (あるいは, 今後の更なる発展が期待されるために今でも少なくない人々が注目している) 超伝導体 (群) のいくつかを取り上げて, 手短ではあるが, 解説しよう. なお, グラファイト層間化合物系については次章で詳しく解説する.

①シェブレル (Chevrel) 系: 1971年に初めて合成された3元のモリブデンカルコゲン化合物で, PbMo$_6$S$_8$ ($T_c \approx 15$ K) や SnMo$_6$S$_8$ ($T_c \approx 12$ K), LaMo$_6$Se$_8$ ($T_c \approx 11$ K) などが含まれる. Mo の 4d 電子の中で $e_g$ 軌道からなる2バンド系でのフォノン機構の s 波超伝導[158]と考えられている.

②BPBO–BKBO 系: 1975年, ペロブスカイト構造の絶縁体 BaBiO$_3$ の Ba の一部を Pb に置換した Ba$_{1-x}$Pb$_x$BiO$_3$ で $T_c = 13$ K の超伝導が発見された. その後, Pb を K に置き換えた Ba$_{1-x}$K$_x$BiO$_3$ ($x \approx 0.37$) で $T_c = 29.8$ K まで上昇した. この超伝導体の伝導電子は Bi 6s–O 2p の反結合バンドにあり,

超伝導ギャップ関数は等方的な s 波で同位体効果（その指数 $\alpha$ は $0.21 \sim 0.41$ 程度）が見られることから，フォノン機構の重要性は疑い得ない．ただ，キャリア数が少ないので電子フォノン相互作用の効果は $T_c \sim 30$ K を与えるほどには強くないと見られるため，別の機構が併存する可能性が追求されている．その候補の一つとして，母結晶の絶縁性は $Bi^{+3}$ と $Bi^{+5}$ の Bi イオンが交互に並んだ電荷密度波状態から生じていることに注目して，本来 Bi は $Bi^{+4}$ をスキップして価数が揺らぐ性質があり，この "価数スキップ揺らぎ" がクーパー対形成にも寄与するという機構[159] が提出されている．

③硼炭化物系：1994 年，$YNi_2B_2C$ が $T_c = 15.6$ K の超伝導体であることが報告された．この結晶は YC 層と $Ni_2B_2$ 層が交互に積み重なった 2 次元的構造を持つが，電子状態は 3 次元的で，Y 4d, Ni 3d, B 2s2p, そして，C 2s2p 軌道のいずれもがフェルミ準位近傍のバンドに混成している．B の同位体効果の観測（その指数 $\alpha \sim 0.2$）などからフォノン機構の超伝導と想定されるが，その超伝導ギャップは単純な s 波ではなく，強い異方性を持つことが特徴である．その原因として磁気的な機構も考え得るが，フォノン機構で考えても運動量依存性をあらわに考慮したギャップ関数を決定するギャップ方程式を第一原理的に解いて調べた結果，フェルミ準位近傍のバンド上で Ni 3d 軌道の成分が大きい部分ではギャップ関数が抑制されていること[160] が分かり，これがギャップ異方性を生み出しているとされた．このため，Ni 原子を他の遷移金属原子に代える方が $T_c$ が高まるのではないかと考えられるが，実際，この物質群の中で一番高い $T_c$ は $YPd_2B_2C$ における 23 K である．

④層状窒化物系：1998 年，$\beta$ 型 HfNCl に Li を挿入した $Li_xHfNCl$ ($x \sim 0.35$) が超伝導体（$T_c = 25.5$ K）になることが見出された．母結晶の $\beta$ 型 HfNCl は二重蜂の巣構造の HfN 層と Cl 層からなる層状物質で，3.5 eV 程度のギャップを持つ間接ギャップ半導体である．この Cl–Cl 層間に Li を挿入すると，N 2p 軌道と強く混成した Hf 5d 軌道から構成される伝導帯に Li から電子がドープされて金属フェルミ面がブリルアン帯の K 点および K' 点の周りに形成される．この物質の特徴としてキャリア密度が低いことが挙げられる．実際，$x \sim 0.05$ で密度径数 $r_s$ にして 10 程度でも超伝導になることから，電子フォノン相互作用は弱く，観測されている $T_c$ を到底生み出せない．また，同位体効果も弱い（そ

の指数 $\alpha \sim 0.07$)のでフォノン機構以外の何らかの機構が働いているはずである.そこで,$r_s \gg 1$ の低密度系で最も重要になるプラズモンの寄与をはじめとしていろいろな電荷揺らぎ機構やスピン揺らぎ機構が提案されているが,今のところ確定した見解はない.なお,この物質系に含まれるものとして $Li_xZrNCl$ や $Eu_xHfNCl$ ($x \sim 0.13$ で $T_c = 25.8$ K)なども知られている.特に前者では $T_c$ の特異な $x$ 依存性が観測されていて,$x > 0.12$ では $T_c = 12$ K 程度で $x$ の増加と共にごく緩やかに減少していくが,$x < 0.12$ では $x$ の減少と共に急速に $T_c$ は増大し,絶縁相に転移する直前の $x \sim 0.06$ で $T_c = 15.2$ K の最大値になる.

⑤ルテニウム酸化物:1994 年,$Sr_2RuO_4$ の超伝導が発見された.これは $T_c = 1.5$ K と低く,それだけを見ればあまり興味のあるものではないが,モット転移近傍の擬 2 次元強相関電子系で実現されたスピン三重項の p 波超伝導体であることがユニークな特徴であり,詳細な研究[161]がなされている.

### 2.1.13 超伝導理論の現状と展望

これまで見てきたように,1970 年代以降,超伝導実験分野において新物質開発の弛まない努力と実験測定技術のかつてなかったようなレベルでの高度化によって,銅酸化物や鉄系に代表されるように,画期的に高い $T_c$ を示す物質が新規に合成され,それに続いて非フェルミ流体状態の観測などの新奇な物理現象が発見されるというイベントが何度も起こっている.そして,今後もこのようなごく短期間での研究の急速な発展が思いがけない物質群の新規開発に伴って起こることが期待される.なお,この発展形態の特徴を眺めてみると,まずブレイクスルー的に新奇カテゴリーの "母結晶" が掘り起こされ,次にその母結晶を漸次改良,またはそこから派生させて最適の $T_c$ を持つ多元物質に至るという過程を経ていることが分かる.

一方,この間,2000 年代に入っても超伝導理論分野は停滞していた.確かに個々に見れば,重要な新奇の知見を与える論文がいくつも発表されていたが,大枠からいえば,これらはいわば BCS 理論という "母結晶" から出発した "派生物質" 的なものばかりであって,決して BCS 理論に比肩する新たな "母結晶" を発掘したものではなかった.とりわけ,BCS 理論では不可欠の前提条件であ

る準粒子描像から離れて，強相関・強結合状況に対応できて非フェルミ流体状態にも適用可能な超伝導理論の開発について，長年強く要請されながらも，広くその成功を感じさせた提案・発展はなかった．そして，このことが「高温超伝導理論」の決定版に欠けるといわれているゆえんである．

さて，1998 年に素粒子物理学の "超弦理論" における革命といわれる提案[162]がなされた．これは反ドジッター（Anti–de Sitter：AdS）空間と呼ばれる負の宇宙項（曲率）を持つ $(d+1)$ 次元時空上の量子重力理論は $d$ 次元時空での量子臨界点近傍の量子多体系を記述する共形場理論（Conformal field theory：CFT）と等価であるとの主張である．これを「AdS/CFT 対応」というが，もともと，量子重力のすべての現象は，その $(d+1)$ 次元時空の果てにおいた $d$ 次元時空のスクリーンに投影でき，その面上の重力を含まない場の理論によって正しく記述されるという考え方（光学の問題で 3 次元の立体像を 2 次元面上の干渉縞に記録し再現する方法をホログラフィーというが，それの一般化ということでホログラフィー原理と呼ばれるもの）がよく知られていたが，それの AdS 空間への適用が AdS/CFT 対応である．

ところで，物性理論では基底状態を含む低エネルギー状態の問題を量子多体論に従って解くことが主要課題であるが，AdS/CFT 対応を用いると，たとえ強結合強相関系であっても，その量子多体問題は超弦理論の低エネルギー有効理論である古典的な重力理論，すなわち，一般相対論でアインシュタイン方程式を解く問題に帰着される．そして，いろいろな量子相転移はアインシュタイン方程式の解析解である様々なブラックホールの不安定性と対応させて理解される．また，強相関・強結合系での電気伝導率 $\sigma(\omega)$ は荷電ブラックホールの背景下で電磁場伝搬の振る舞いを解析することで求められることになるが，実際，このような解析は既に実行されていて，"異常金属相" で見られる非フェルミ流体の特徴が再現されている．

この AdS/CFT 対応の超伝導への応用は 2008 年に始まり，擬 2 次元超伝導体を理解する目的で (3+1) 次元の AdS 空間における荷電シュヴァルツシルト（Schwarzschild）ブラックホールに複素スカラー場を導入した系を調べて $T_c (\neq 0)$ での s 波超伝導転移の導出に成功[163]している．そして，超伝導エネルギーギャップの温度依存性は BCS 理論でのそれによく似た振る舞いになっ

ている. また, 超伝導状態では $\mathrm{Re}[\sigma(\omega)]$ は $\pi(n_s e^2/m)\delta(\omega)$ の成分を持つことが示され, これから決定される $n_s/m$ (ここで, $n_s$ は2次元系の超伝導電子密度, $m$ は電子質量) を用いて $E_F$ を定義すると, $T_c/E_F \approx 1/24 \approx 0.042$ であるが, これはエキゾチックな超伝導体の多数で観測されている $T_c/E_F$ の値である 0.04 (図 3.4 参照) に驚くほどよく一致している.

その後, このアプローチに沿って多数の研究[164]がなされた. たとえば, d 波超伝導をはじめとした銅酸化物超伝導体の特徴を再現する試みや, 銅酸化物系に直接関係しなくても, 超伝導一般の問題として GL 理論と整合的な結果も得られている. とりわけ, 第2種超伝導体における渦糸状態が記述されたことやリトル–パークス (Little–Parks) 振動 (中空円筒形超伝導体の中空部分で磁束の量子化が生じ, この影響で $T_c$ が磁場の関数として中空断面あたり磁束量子1本の周期で振動を起こす現象) の再現にも成功していて, AdS/CFT 対応で得られている超伝導状態では実際にクーパー対が形成されていることが確かめられていることが特筆に値する.

このように, AdS/CFT 対応に基づく超伝導理論は弱結合領域での BCS 理論に対峙する強結合領域での"母結晶"の役割を果たす理論ではないかという期待が高まっている. 今後, AdS 空間でのブラックホール解の改善などを通してモデルに依存しない普遍的な物理量を特定していくことや, モデルに依存する場合は定量的にも信頼に足る結果が得られるように理論を整備し, 最適化することが求められる. ただ, いくら最適化しても, 一番の問題点は, BCS 理論でもそうであったように, $T_c$ 自体を物質に即して予言する力がないことで, そのため, 結局のところ, $T_c$ は現象論的なパラメータに留まるということである. そして, $T_c$ が定量的に計算されないのであれば, 本当の意味で高温超伝導を予言していることにはならないのである.

そこで, AdS/CFT 対応の理論で $T_c$ の定量的計算の可能性が問題になるが, 次のような悲観的観測がある. ①基本的に, これは量子臨界点近傍の理論で, CFT (や繰り込み群) がそうであるように, スケール変換不変の状況を記述するものである. 換言すれば, これは絶対尺度のない理論ということで, エネルギーでいえば $T_c$ を単位として理論は構成されるが, $T_c$ 自身は決められないこ

とになる．②あるモデルハミルトニアン（あるいは，モデルラグランジアン）から出発すると，そのモデルに含まれる相互作用定数 $g$ の関数として $T_c$ は決定されうるが，BCS 理論の状況とちょうど同じように，$g$ 自体が現象論的パラメータに過ぎなければ，$T_c$ も現象論的パラメータになる．③上のことに関連して，もしも，たとえば，ハバード模型に対応する AdS 空間でのブラックホール解が指定できるのであれば，$W$ や $U$ の大きさ，フィリングについては全くの現象論パラメータというわけではないので，$T_c$ の予言もある程度できることになる．ただ，格子定数をあらわに含む模型が空間のスケール変換不変の理論に正しく反映されるかどうかは疑問が残る．④ 最終的には，ハバード模型でなく，第一原理のハミルトニアンに対応する (4+1) 次元 AdS 空間でのブラックホール解が分からなければ $T_c$ が物質に即して決定されることにならないが，これは絶望的な期待であるように見える．

以上のことを鑑みると，今後の課題としては，①この AdS/CFT 対応の理論をさらに発展させて，弱結合領域から強結合領域全般にわたって超伝導相やその近傍の相図に現れる物理量の振る舞いを調べることによって，いわゆる「BCS–BEC（Bose–Einstein Condensate）クロスオーバー」の領域全体での物理を正しく定量的に理解すること，②それとは独立に，エリアシュバーグ理論を拡張すると同時に，SCDFT と組み合わせて $T_c$ を物質に即して決定する理論を発展させて高温超伝導体の発見に資すること，が考えられる．そして，この 2 番目の課題に関する詳しい解説が次章の内容になる．

## 2.2　BCS 超伝導体の熱力学的性質

前節で繰り返し述べたように，巨視的な数の電子対形成によって引き起こされる現象が超伝導であるが，この節では式 (2.6) の BCS ハミルトニアンに則って，まずクーパー対発生の機構，次にそのクーパー対の数が自己無撞着に巨視的な数にまで増大して形成されるクーパー対凝縮相の熱力学的性質を調べよう．なお，その凝縮相における各種応答関数の様相は次節で解説する．

### 2.2.1 電子対揺らぎの伝搬子

まず,式 (2.6) の $H_{\mathrm{BCS}}$ を

$$H_{\mathrm{BCS}} = H_0 + H_1 \equiv \sum_{\boldsymbol{p}\sigma} \xi_{\boldsymbol{p}} c_{\boldsymbol{p}\sigma}^+ c_{\boldsymbol{p}\sigma} - g \sum_{\boldsymbol{q}} \Phi_{\boldsymbol{q}}^+ \Phi_{\boldsymbol{q}} \tag{2.15}$$

のように書き直そう.ここで,$\Phi_{\boldsymbol{q}}$ は 2 電子対の演算子で,その定義は

$$\Phi_{\boldsymbol{q}} \equiv {\sum_{\boldsymbol{p}}}' c_{-\boldsymbol{p}\downarrow} c_{\boldsymbol{p}+\boldsymbol{q}\uparrow} \tag{2.16}$$

である.そこで,この $H_{\mathrm{BCS}}$ の基底状態 $|\Psi_0\rangle$ が問題になるが,$g$ がごく小さいと仮定しているので,$H_{\mathrm{BCS}} \approx H_0$ と考えて,$H_0$ の基底状態を $|0\rangle$ と書くと,$|\Psi_0\rangle = |0\rangle$ が十分な精度で成り立ちそうに思われる.なお,$|0\rangle$ は通常のバンド理論におけるフェルミ面のある正常金属相の状態(スレーター行列式の状態)である.実際,I.5.1.1 項の議論によれば,少なくとも $-g > 0$ では,たとえ $|g|$ があまり小さくなくても $|\Psi_0\rangle$ は $|0\rangle$ から出発して $H_1$ の効果を摂動的に取り込んだもの(すなわち,$|0\rangle$ から断熱接続された状態)であることが分かっていて,そのため,$|\Psi_0\rangle$ はフェルミ面のある正常金属相であることに変わりはなく,物理的状況としてほぼ独立した 1 電子状態である "準粒子" の集団として捉えられる "フェルミ流体" の状態にあると考えられる.

ところが,1956 年,クーパー (L. N. Cooper) は $H_1$ が $g > 0$ の引力相互作用の場合,$g \to 0^+$ であっても $g$ がゼロでない限り,2 電子束縛状態を自発的に形成させる揺らぎに対して,この正常状態 $|0\rangle$ は不安定になることを見出した.この不安定性は $|\Psi_0\rangle$ が $|0\rangle$ とは断熱接続されない状態,すなわち,フェルミ流体の状態でないことを示唆している.この正常状態の不安定性は「クーパー不安定性」と呼ばれるが,ここでは,まず,この発見に至る数学を I.3.4 項で解説した線形応答理論に基づいて解説してみよう.

今,$H_{\mathrm{BCS}}$ で記述される系に外部から電子対を挿入しよう.この挿入は

$$H_{\mathrm{ext}}(t) = -F(t)\Phi_{\boldsymbol{q}}^+ \equiv -F e^{-i\omega t} \Phi_{\boldsymbol{q}}^+ \tag{2.17}$$

で定義される外部摂動ハミルトニアン $H_{\mathrm{ext}}(t)$ を系に印加することで実現される.挿入された電子対は系内を伝搬するが,その伝搬電子対の状況は期待値 $\langle\Phi_{\boldsymbol{q}}\rangle$ の計測で調べられる.特に $F$ が微少なら,線形応答理論(久保公式)を適用し

## 2.2 BCS 超伝導体の熱力学的性質

て $H_{\text{ext}}(t)$ によって誘起される $\langle \Phi_{\bm{q}} \rangle$ を計算すればよい．その結果は

$$\langle \Phi_{\bm{q}} \rangle = -Fe^{-i\omega t} D_s^R(\bm{q},\omega) = -F(t) D_s^R(\bm{q},\omega) \tag{2.18}$$

の形にまとめられる．ここで，$D_s^R(\bm{q},\omega)$ は「電子対揺らぎの伝搬子」で，

$$D_s^R(\bm{q},\omega) = -i \int_0^\infty dt\, e^{i\omega t - 0^+ t} \langle [e^{iH_{\text{BCS}} t} \Phi_{\bm{q}} e^{-iH_{\text{BCS}} t}, \Phi_{\bm{q}}^+] \rangle \tag{2.19}$$

のように定義される．なお，この遅延伝搬子の計算のためには，まず，

$$D_s(\bm{q},i\omega_q) = -\int_0^{1/T} d\tau\, e^{i\omega_q \tau} \langle e^{H_{\text{BCS}} \tau} \Phi_{\bm{q}} e^{-H_{\text{BCS}} \tau} \Phi_{\bm{q}}^+ \rangle \tag{2.20}$$

で定義される電子対温度グリーン関数 $D_s(\bm{q},i\omega_q)$ をボソン松原振動数 $\omega_q = 2\pi qT (>0)$ で計算し，その後，$i\omega_q \to \omega + i0^+$ と解析接続すればよい．

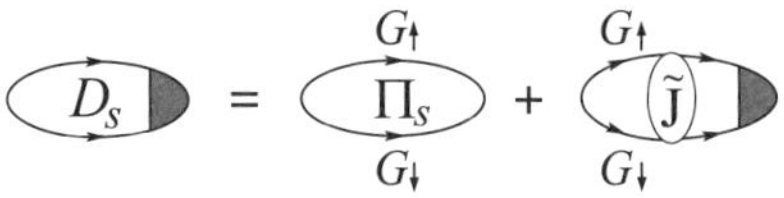

図 **2.16** 電子対揺らぎの伝搬子を決めるファインマンダイアグラム．

この $D_s(\bm{q},i\omega_q)$ は，1 電子温度グリーン関数 $G_{\bm{p}\sigma}(i\omega_p)$ と既約電子電子相互作用 $\tilde{J}$ を用いると，図 2.16 のファインマンダイアグラムで示される方程式で決定される．ここで，$\Pi_s(\bm{q},i\omega_q)$ は対分極関数と呼ばれるものである．この方程式は形式的に厳密なもので，任意の $g$ で成り立つものであるが，$g$ が十分に小さい場合，$G_{\bm{p}\sigma}(i\omega_p)$ は $H_0$ 系のそれ $G^0_{\bm{p}\sigma}(i\omega_p) = 1/(i\omega_p - \xi_{\bm{p}})$ で，また，$\tilde{J}$ は $-g$ で近似できるので，$g$ の弱結合領域での $D_s(\bm{q},i\omega_q)$ は

$$D_s(\bm{q},i\omega_q) = -\Pi_{s0}(\bm{q},i\omega_q) + \Pi_{s0}(\bm{q},i\omega_q)\, g\, D_s(\bm{q},i\omega_q) \tag{2.21}$$

から決められる．ここで，$H_0$ 系での対分極関数 $\Pi_{s0}(\bm{q},i\omega_q)$ は

$$\Pi_{s0}(\bm{q},i\omega_q) = T \sum_{\omega_p} \sideset{}{'}\sum_{\bm{p}} G^0_{\bm{p}+\bm{q}\uparrow}(i\omega_p + i\omega_q) G^0_{-\bm{p}\downarrow}(-i\omega_p) \tag{2.22}$$

で定義される．この式で公式 (I.3.175) を用いて松原振動数の和を取ると，

$$\Pi_{s0}(\bm{q},i\omega_q) = \sideset{}{'}\sum_{\bm{p}} \frac{f(-\xi_{-\bm{p}}) - f(\xi_{\bm{p}+\bm{q}})}{\xi_{-\bm{p}} + \xi_{\bm{p}+\bm{q}} - i\omega_q} \tag{2.23}$$

が得られる．ここで，$f(x)$ はフェルミ分布関数である．この $\Pi_{s0}(\boldsymbol{q}, i\omega_q)$ を解析接続 ($i\omega_q \to \omega + i0^+$) した $\Pi_{s0}^R(\boldsymbol{q}, \omega)$ を用いると，式 (2.21) から

$$D_s^R(\boldsymbol{q}, \omega) = \frac{-\Pi_{s0}^R(\boldsymbol{q}, \omega)}{1 - g\Pi_{s0}^R(\boldsymbol{q}, \omega)} \tag{2.24}$$

のように $D_s(\boldsymbol{q}, i\omega_q)$ から解析接続された $D_s^R(\boldsymbol{q}, \omega)$ が求められる．

ちなみに，この式 (2.24) を線形応答理論をあらわには用いないで，もう少し物理的な立場から初歩的に導こう．まず十分高温 ($T \gg g$) では，$H_1$ の効果は無視できて $H_0$ だけで系は記述される．すると，任意の物理量の期待値 $\langle \cdots \rangle$ は $H_0$ におけるボルツマン因子でトレースを取ればよくて，たとえば，

$$\langle c_{\boldsymbol{p}\sigma}^+ c_{\boldsymbol{p}'\sigma'} \rangle = \delta_{\boldsymbol{p}\boldsymbol{p}'} \delta_{\sigma\sigma'} f(\xi_{\boldsymbol{p}}) \tag{2.25}$$

であり，また，$\langle c_{\boldsymbol{p}\sigma} c_{\boldsymbol{p}'\sigma'} \rangle$ などはゼロになる．ところで，$H_{\text{ext}}(t)$ の作用下でその最低次の効果を取り入れて $\langle \Phi_{\boldsymbol{q}} \rangle$ の期待値を I.3.2.4 項のブロッホ–ドドミニシスの定理を適用して計算すると，

$$\langle \Phi_{\boldsymbol{q}} \rangle = F e^{-i\omega t} \Pi_{s0}^{(R)}(\boldsymbol{q}, \omega) = F(t) \Pi_{s0}^{(R)}(\boldsymbol{q}, \omega) \tag{2.26}$$

が得られる．ただし，これは $H_0$ 系の場合であって，今は $H_{\text{BCS}}$ 系を取り扱っており，この場合，一旦 $\langle \Phi_{\boldsymbol{q}} \rangle$ が出現すると，たとえ $H_1$ は小さいとしても

$$H_1 \to -g \langle \Phi_{\boldsymbol{q}} \rangle \Phi_{\boldsymbol{q}}^+ \tag{2.27}$$

のような寄与も生じてくる．これは外部からの攪乱で内部に $g\langle \Phi_{\boldsymbol{q}} \rangle$ という"分子場"が形成され，その結果，摂動 $H_{\text{ext}}(t)$ における強さは $F(t)$ から $F(t) + g\langle \Phi_{\boldsymbol{q}} \rangle$ に有効的に変化したことになる．そして，その有効摂動作用によって系全体の応答 $\langle \Phi_{\boldsymbol{q}} \rangle$ が決まることになる．このため，式 (2.26) は

$$\langle \Phi_{\boldsymbol{q}} \rangle = [F(t) + g\langle \Phi_{\boldsymbol{q}} \rangle] \Pi_{s0}^{(R)}(\boldsymbol{q}, \omega) \tag{2.28}$$

のように改訂されることになるが，これから $\langle \Phi_{\boldsymbol{q}} \rangle$ を求めると，

$$\langle \Phi_{\boldsymbol{q}} \rangle = -F(t) \frac{-\Pi_{s0}^{(R)}(\boldsymbol{q}, \omega)}{1 - g\Pi_{s0}^{(R)}(\boldsymbol{q}, \omega)} = -F e^{-i\omega t} \frac{-\Pi_{s0}^{(R)}(\boldsymbol{q}, \omega)}{1 - g\Pi_{s0}^{(R)}(\boldsymbol{q}, \omega)} \tag{2.29}$$

が得られる．この結果と式 (2.18) を比較すれば，電子対揺らぎの伝搬子は式 (2.24) で与えられることが分かる．そして，式 (2.24) は"分子場近似"の下での結果であることが今の説明から明確になった．

### 2.2.2 クーパー不安定性

さて,時間反転対称な系では $p\uparrow$ の状態と $-p\downarrow$ の状態はクラマース縮重しているので,1体近似のバンドエネルギーとしては $\xi_p = \xi_{-p}$ である.そして,挿入された電子対の全運動量 $q$ は一般の値ではなく,$q = 0$ とし,かつ,$\omega$ も 0 の場合を考えよう.すると,式 (2.23) で与えられる $\Pi^R_{s0}(\mathbf{0}, 0)$ は

$$\Pi^R_{s0}(\mathbf{0},0) = \sum_{\bm p}{}' \frac{1-2f(\xi_{\bm p})}{2\xi_{\bm p}} = \int_{-\omega_{ph}}^{\omega_{ph}} N(\xi)\,d\xi\, \frac{1-2f(\xi)}{2\xi} \tag{2.30}$$

となる.ここで,$N(\xi)$ は伝導帯のバンド電子に対する 1 スピン当たりの状態密度であるが,$E_F \gg \omega_{ph}$ の場合,これは $-\omega_{ph} \leq \xi \leq \omega_{ph}$ でほぼ一定と見なしてフェルミ面での値 $N(0)$ で近似してしまうと,式 (2.30) は

$$\Pi^R_{s0}(\mathbf{0},0) = N(0)\int_0^{\omega_{ph}} \frac{d\xi}{\xi}\tanh\left(\frac{\xi}{2T}\right) = N(0)\int_0^{\omega_{ph}/2T} dx\,\frac{\tanh x}{x} \tag{2.31}$$

と簡単化される.この積分は高温極限 ($T \gg \omega_{ph}$) では容易で,$\Pi^R_{s0}(\mathbf{0},0) = N(0)(\omega_{ph}/2T)$ が得られる.逆の低温極限 ($T \ll \omega_{ph}$) では,まず部分積分をし,残りの定積分の区間上限を $\omega_{ph}/2T \to \infty$ として積分すると,

$$\Pi^R_{s0}(\mathbf{0},0) = N(0)\left(\ln\frac{\omega_{ph}}{2T} - \int_0^\infty dx\,\frac{\ln x}{\cosh^2 x}\right) = N(0)\ln\left(\frac{2e^\gamma}{\pi}\frac{\omega_{ph}}{T}\right) \tag{2.32}$$

が導かれる.ここで,$\gamma$ はオイラー数 ($\gamma = 0.57721\cdots$) である.また,$F(x) \equiv \ln x/\cosh^2 x$ の積分 $I \equiv \int_0^\infty F(x)dx$ は図 2.17 に示した複素 $z$ 平面上の積分路 $\Gamma_c$ に沿った経路積分を用いて実行される.具体的には,$F(z)$ の 1 次の極は $z = ia_n$ ($a_n \equiv (n+\frac{1}{2})\pi : n = 0, \pm 1, \pm 2, \cdots$) で,その極での留数は $i/a_n$ となるので,$b_n = n\pi$ として $\Gamma_c$ に沿った積分を行うと,

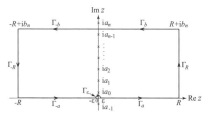

図 2.17 複素 $z$ 平面上の積分路 $\Gamma_c = \Gamma_{-a} + \Gamma_\varepsilon + \Gamma_a + \Gamma_R + \Gamma_b + \Gamma_{-b} + \Gamma_{-R}$.

$$2\pi i\left(\sum_{m=0}^{n-1}\frac{i}{a_m}\right) = \int_{\Gamma_{-a}}f(z)dz + \int_{\Gamma_a}f(z)dz + \int_{\Gamma_{-b}}f(z)dz + \int_{\Gamma_b}f(z)dz$$
$$+ \int_{\Gamma_\varepsilon}f(z)dz + \int_{\Gamma_R}f(z)dz + \int_{\Gamma_{-R}}f(z)dz \quad (2.33)$$

であるが，$\varepsilon \to 0$ や $R \to \infty$ の極限で式 (2.33) 右辺最後の 3 項はゼロとなる．また，$\Gamma_{-a}$ 上で $\ln z = \ln|z| + i\pi$，$\Gamma_{\pm b}$ 上で $z = x + ib_n$ とおいて $\ln z = \ln\sqrt{x^2 + b_n^2} + i[\pi/2 - \tan^{-1}(x/b_n)]$ であるが，$n \to \infty$ では $\ln z \to \ln b_n + i\pi/2$ に注意すると，

$$\begin{aligned}I &= \lim_{n\to\infty}\left(\ln b_n - \sum_{m=0}^{n-1}\frac{\pi}{a_m}\right) \\ &= \ln\frac{\pi}{4} - \lim_{n\to\infty}\left\{2\left[\sum_{m=1}^{2n}\frac{1}{m} - \ln(2n)\right] - \left(\sum_{m=1}^{n}\frac{1}{m} - \ln n\right)\right\} \\ &= \ln\frac{\pi}{4} - \lim_{n\to\infty}\left(\sum_{m=1}^{n}\frac{1}{m} - \ln n\right) = \ln\frac{\pi}{4} - \gamma \quad (2.34)\end{aligned}$$

が得られる．ここで，最終式では $\gamma$ の級数和による定義式を用いている．

上で得られた対分極関数 $\Pi_{s0}^R(\mathbf{0},0)$ の値を式 (2.24) に代入すると，$D^R(\mathbf{0},0)$ が求められる．これは高温極限では $-N(0)\omega_{ph}/2T$ と小さな負の量であるが，温度 $T$ の低下と共に大きな負の量に変化していき，そして，低温極限では，

$$D^R(\mathbf{0},0) = \frac{1}{g}\left[1 + \frac{1}{gN(0)\ln(T_c/T)}\right] \approx -\frac{1}{g^2 N(0)}\frac{T_c}{T-T_c} \quad (2.35)$$

であるので，$T \to T_c + 0^+$ で $D^R(\mathbf{0},0)$ は $-\infty$ に発散する．ここで，$T_c$ は

$$T_c \equiv \frac{2e^\gamma}{\pi}\omega_{ph}\,e^{-1/\lambda} \approx 1.134\,\omega_{ph}\,e^{-1/\lambda}, \quad \text{ただし，} \lambda \equiv gN(0) \quad (2.36)$$

である．なお，$\lambda < 0.5$ では $T_c \ll \omega_{ph}$ なので，式 (2.32) の導出条件に適う．

そこで，$D^R(\mathbf{0},0)$ の発散の意味を考えよう．式 (2.18) において $\mathbf{q} = \mathbf{0}$ で $\omega = 0$ の場合，$\langle\Phi_\mathbf{0}\rangle = -FD^R(\mathbf{0},0)$ であるが，$D^R(\mathbf{0},0)$ が発散すると，たとえ $F = 0$ で電子対の外部からの流入がなくても，また，$\omega = 0$ でエネルギーが系に与えられなくても $T = T_c$ で系は自発的に $\langle\Phi_\mathbf{0}\rangle \neq 0$ の状況が実現し得ることになる．すると，$\langle\Phi_\mathbf{0}\rangle = \sum_{\mathbf{p}}{}'\langle c_{-\mathbf{p}\downarrow}c_{\mathbf{p}\uparrow}\rangle \neq 0$ であるから，少なくとも 1 つの $\mathbf{p}$ で $\langle c_{-\mathbf{p}\downarrow}c_{\mathbf{p}\uparrow}\rangle \neq 0$ でなければならない．（もちろん，球対称なフェル

ミ面なら対称性から考えてフェルミ面近傍のすべての $\boldsymbol{p}$ で同じゼロでない値になる.）しかるに，$H_{\text{ext}}(t) = 0$ において，正常状態を想定した上で通常の摂動展開理論を適用してブロッホ–ドドミニシスの定理に基づいて計算すると，$\langle c_{-\boldsymbol{p}\downarrow} c_{\boldsymbol{p}\uparrow} \rangle$ は恒等的にゼロになってしまうので，これは深刻な矛盾になっている．

この矛盾を解決するためには，$T > T_c$ で熱力学的に安定である正常金属相は $T = T_c$ で不安定になり，さらに $T < T_c$ で系は $\langle c_{-\boldsymbol{p}\downarrow} c_{\boldsymbol{p}\uparrow} \rangle \neq 0$ で特徴付けられる定性的に全く新しい相（超伝導相）へ相転移していると考えざるを得ない．この $T \to T_c + 0^+$ の極限における $D^R(\mathbf{0}, 0)$ の発散に伴う正常状態の不安定性をクーパー不安定性と呼ぶ．なお，式 (2.36) の $T_c$ を $g$ の関数としてみると，$g > 0$ である限り（$g \to 0^+$ では $T_c$ は指数関数的に小さくなるものの）$T_c$ は常に有限で，$g = 0$ はその真性特異点になる．そのため，$T_c$ は $g = 0$ の周りで $g$ のべき級数展開で表されず，これは $T_c$ 以下の状態を議論するためには（もし摂動論が有効ならば，$T_c$ は $g$ のべき級数展開で与えられるので，）普通の摂動論が使えないことを強く示唆している．これからも $|\Psi_0\rangle$ は $|0\rangle$ から断熱接続された状態でないことが改めて確認される．

### 2.2.3 クーパー問題とフェルミ面効果

上で述べた $g \to 0^+$ でのクーパー不安定性は"フェルミ面効果"という物理概念の具体例でもあるので，その観点からも見ておこう．もともとのクーパー問題とは，フェルミ面の外側にスピン一重項の 2 電子を置き，ごく弱い引力的な相互作用 $-g\delta(\boldsymbol{r})$ が働いた場合にこの 2 電子系の基底状態を調べることであった．この問題を計算した結果，$g$ がいかに小さくても常に束縛状態が形成されること，そして，その束縛状態の基底状態エネルギー $E$ はフェルミ準位を起点に測ると負であることが分かった．すると，フェルミ準位近傍のフェルミ球の内部から 2 電子を次々に取り出して電子対を作れば作るほど系のエネルギーはいくらでも低下することになるので，フェルミ球の状態自体が不安定であるという結論に達する．

これに関連して，一般に $d$ 次元空間で $-g\delta(\boldsymbol{r})$ が働く 2 電子系の相対運動における基底束縛状態の有無を調べよう．そのシュレディンガー方程式は

$$\left[-\frac{\Delta}{m} - g\delta(\boldsymbol{r})\right]\psi(\boldsymbol{r}) = E\,\psi(\boldsymbol{r}) \tag{2.37}$$

となるが，$\psi(\boldsymbol{r})$ をフーリエ変換して $\psi(\boldsymbol{p})$ の方程式に書き換えると，

$$\frac{\boldsymbol{p}^2}{m}\psi(\boldsymbol{p}) - g\sum_{\boldsymbol{p}'}\psi(\boldsymbol{p}') = E\,\psi(\boldsymbol{p}) \tag{2.38}$$

が得られる．この式 (2.38) から $\psi(\boldsymbol{p})$ は簡単に解けて，

$$\psi(\boldsymbol{p}) = \frac{mg}{\boldsymbol{p}^2 - mE}\sum_{\boldsymbol{p}'}\psi(\boldsymbol{p}') = \frac{mg}{\boldsymbol{p}^2 - mE}\,C, \quad C \equiv \sum_{\boldsymbol{p}}\psi(\boldsymbol{p}) \tag{2.39}$$

となる．この $\psi(\boldsymbol{p})$ の関数形を定数 $C$ の定義式に代入すると，$E$ は

$$\sum_{\boldsymbol{p}}\frac{mg}{\boldsymbol{p}^2 - mE} = 1 \tag{2.40}$$

という方程式で決定されることになる．そこで，問題は $g \to 0^+$ において束縛状態を意味する $E<0$ の解を式 (2.40) から得ることであるが，物理的に考えて $g \to 0^+$ では，たとえ $E<0$ としても $E \to -0^+$ のはずなので，式 (2.40) を満たすためには $\sum_{\boldsymbol{p}} \boldsymbol{p}^{-2}$ が発散的に大きくなる必要がある．しかるに，$S_d$ を $d$ 次元単位球面，$\Gamma(x)$ をガンマ関数として，

$$\sum_{\boldsymbol{p}}\frac{1}{\boldsymbol{p}^2} = \frac{S_d}{(2\pi)^d}\int p^{d-1}dp\,\frac{1}{p^2} = \frac{2\pi^{d/2}}{\Gamma(d/2)}\frac{1}{(2\pi)^d}\int p^{d-3}\,dp \tag{2.41}$$

であるので，$d<2$ では $p\sim 0$ 付近からの寄与で式 (2.41) は発散し，束縛状態が出現する．たとえば，1 次元系では $E = -mg^2/4$ である．一方，$d>2$ では $p \to \infty$ の寄与から発散するように思えるが，固体中では $p$ の上限 $p_{\max}$ は $\pi/a_0$ ($a_0$：格子定数)，あるいは，フェルミ波数 $p_F$，さらには BCS 模型では $p_{\max}^2/m \le \omega_{ph}$ という条件でカットオフされるので，式 (2.41) は有限に留まり，そのため，$g \to 0^+$ では束縛状態は存在しない．また，これら 2 つの状況の境界である $d=2$ の 2 次元系では常に束縛状態が存在することが分かり，その $E$ は 2 次元系の状態密度 $N_2(0) = (m/2)/(2\pi)$ を用いると，

$$E = -\frac{p_{\max}^2}{m}\frac{1}{\exp[1/gN_2(0)] - 1} \approx -\frac{p_{\max}^2}{m}e^{-1/gN_2(0)} \tag{2.42}$$

で与えられる．このように，$d \le 2$ では 3 次元系よりも引力相互作用の実質的な

効果が強まり, $g \to 0^+$ でも束縛状態が存在するようになるが, これは 1.4.12 項で議論したバイポーラロン形成条件と全く同じ状況である.

ところで, クーパー問題の出発点では 3 次元電子系を取り扱っているにもかかわらず, 前項で述べたように, いかなる $g$ でも束縛状態は存在している. しかも, 式 (2.36) の $T_c$ で代表されるその束縛エネルギー $E$ は $\exp[-1/gN(0)]$ に比例しているので, 式 (2.42) の結果と比較すると, クーパー問題の 2 電子系では実質的に 2 次元系と見なせるほどに運動の自由度が減少していることが分かる. この自由度の減少は式 (2.30) から式 (2.31) に移行する際に導入された状態密度における仮定, $N(\xi) \approx N(0)$, の反映である. 実際, 一定の状態密度というのは 2 次元的な運動をする電子系の顕著な特徴であるが, このような仮定が正当化されたのは $E_F \gg \omega_{ph}$ の条件下では電子の散乱はフェルミ準位近傍に限られ, しかも, パウリの排他則のためにフェルミ球の内部では電子は散乱できず, この意味でフェルミ面以下の部分の電子の自由度は全く凍結されているためである. これは "フェルミブロッキング効果" と呼ばれるが, このフェルミ面が存在するために生じた効果のために 3 次元電子系でも束縛状態が常に存在するようになったというわけである.

なお, 引力相互作用が十分に強くなると, バイポーラロン問題でもそうであったように, 3 次元系でも束縛状態は形成されるようになる. そして, 高温超伝導体では $T_c/E_F$ が 0.04 程度に大きくなる (したがって, 電子の仮想多重散乱はフェルミ球全体にわたる) ので, フェルミ面の存在が束縛状態形成において決定的な役割を果たすわけではないことにも注意されたい.

### 2.2.4 有限の $q$ と $\omega$ における電子対揺らぎの伝搬子

2.2.2 項では天下り的に $(\boldsymbol{q}, \omega) = (\boldsymbol{0}, 0)$ に限定して $\Pi_{s0}^R(\boldsymbol{q}, \omega)$ を計算したが, これは一般に $(\boldsymbol{q}, \omega)$ が $(\boldsymbol{0}, 0)$ からずれると, $\Pi_s^R(\boldsymbol{q}, \omega)$ はその値が小さくなり, その結果, $D_s^R(\boldsymbol{q}, \omega)$ に現れる不安定性の度合いが弱くなるからである. しかし, 有限の $q(\equiv |\boldsymbol{q}|)$ であっても $T_c$ よりも低い $T$ ではまだ不安定性が残る. その状況を調べるためにも, また, 今後の議論でも必要になるので, $q$ や $\omega$ がゼロでないが十分に小さい場合の $\Pi_{s0}^R(\boldsymbol{q}, \omega)$ や $D_s^{(R)}(\boldsymbol{q}, \omega)$ を調べておこう. なお, $T$ については $T \approx T_c$ の条件を仮定しておこう.

まず，ボゾン松原振動数を $\omega_q > 0$ として $\delta\Pi_{s0} \equiv \Pi_{s0}(\boldsymbol{q}, i\omega_q) - \Pi_{s0}(\boldsymbol{0}, 0)$ を考えよう．これは，その定義から

$$\delta\Pi_{s0} = T\sum_{\omega_p} N(0) \int_{-\omega_{ph}}^{\omega_{ph}} d\xi \frac{1}{2} \int_{-1}^{1} d\mu$$
$$\times \left( \frac{1}{\xi + i\omega_p} \frac{1}{\xi + v_F q\mu - i\omega_p - i\omega_q} - \frac{1}{\xi + i\omega_p} \frac{1}{\xi - i\omega_p} \right) \quad (2.43)$$

と書き下せる．ここで，$v_F$ はフェルミ速度であり，$\xi_{\boldsymbol{p}+\boldsymbol{q}}$ においては $v_F$ に比例する $q$ の 1 次項まで残すと，$\xi_{\boldsymbol{p}+\boldsymbol{q}} = \xi + v_F q\mu$ となる．ただし，$\mu$ は $\boldsymbol{p}$ と $\boldsymbol{q}$ の間の方向余弦である．ところで，この式 (2.43) の中では $d\xi$ の積分区間を $(-\omega_{ph}, \omega_{ph})$ から $(-\infty, \infty)$ へ拡張しても積分自体は収束するので，そのように拡張し，その被積分関数を $\xi$ の関数として見たときの複素 $\xi$ 平面上での 1 次の極の位置に注意しながら $d\xi$ の複素経路積分を実行すると，

$$\delta\Pi_{s0} = T\sum_{\omega_p} N(0) \frac{1}{2} \int_{-1}^{1} d\mu \left\{ \theta(\omega_p) \left[ \frac{-2\pi i\theta(\omega_p + \omega_q)}{v_F q\mu - 2i\omega_p - i\omega_q} + \frac{2\pi i}{-2i\omega_p} \right] \right.$$
$$\left. + \theta(-\omega_p) \left[ \frac{2\pi i\theta(-\omega_p - \omega_q)}{v_F q\mu - 2i\omega_p - i\omega_q} - \frac{2\pi i}{-2i\omega_p} \right] \right\}$$
$$= T\sum_{\omega_p} 2\pi N(0) \frac{1}{2} \int_{-1}^{1} d\mu \left[ -\frac{1}{2|\omega_p|} + \frac{\theta(\omega_p)}{iv_F q\mu + 2\omega_p + \omega_q} \right.$$
$$\left. + \frac{\theta(-\omega_p - \omega_q)}{-iv_F q\mu - 2\omega_p - \omega_q} \right] \quad (2.44)$$

が得られる．そこで，小さい $q$ について展開し，$d\mu$ の角度積分を実行した上で，フェルミオン松原振動数 $\omega_p = [\pi(2p+1)]$ の和を $p$ の和に書き直すと，

$$\delta\Pi_{s0} = N(0) \sum_{p=0}^{\infty} \left[ \frac{1}{p + 1/2 + \omega_q/4\pi T} - \frac{1}{p + 1/2} \right]$$
$$- 4\pi N(0) T \frac{1}{3} v_F^2 q^2 \frac{1}{8\pi^3 T^3} \sum_{p=0}^{\infty} \frac{1}{(2p+1)^3} \quad (2.45)$$

となるが，これはダイガンマ関数 $\Psi(z)$ やリーマン（B. Riemann）のゼータ関数 $\zeta(s)$ で特にアペリー（Apéry）定数と呼ばれる $\zeta(3)$ を用いると，

$$\delta\Pi_{s0} = N(0) \left[ \Psi\left(\frac{1}{2}\right) - \Psi\left(\frac{1}{2} + \frac{\omega_q}{4\pi T}\right) - \frac{7}{48} \frac{v_F^2 q^2}{\pi^2 T^2} \zeta(3) \right] \quad (2.46)$$

のように書き上げることができる. なお, $\Psi(z)$ や $\zeta(3)$ の定義は, それぞれ,

$$\Psi(z) = -\gamma - \sum_{n=0}^{\infty}\left(\frac{1}{z+n} - \frac{1}{n+1}\right) \tag{2.47}$$

$$\zeta(3) = \sum_{n=1}^{\infty}\frac{1}{n^3} = \frac{8}{7}\sum_{n=0}^{\infty}\frac{1}{(2n+1)^3} \approx 1.20206 \tag{2.48}$$

である. また, $\Psi(z)$ は次のような展開式が成り立つ:

$$\Psi\left(\frac{1}{2}+z\right) - \Psi\left(\frac{1}{2}\right) \approx \Psi'\left(\frac{1}{2}\right)z = \frac{\pi^2}{2}z \tag{2.49}$$

この展開式を用いると, $\omega_q$ が小さい場合, 式 (2.46) は

$$\Pi_{s0}(\boldsymbol{q}, i\omega_q) - \Pi_{s0}(\boldsymbol{0}, 0) = N(0)\left(-\frac{\pi}{8T}\omega_q - \frac{7\zeta(3)}{48}\frac{v_F^2}{\pi^2 T^2}q^2\right) \tag{2.50}$$

のように書き直せる.

このようにして計算された $\Pi_{s0}(\boldsymbol{q}, i\omega_q)$ を解析接続して $\Pi_{s0}^R(\boldsymbol{q}, \omega)$ を求め, それを式 (2.24) に代入すると, $D_s^R(\boldsymbol{q}, \omega)$ が得られる. 特に, $T \approx T_c$ では

$$D_s^R(\boldsymbol{q}, \omega) = -\frac{1}{g\lambda}\frac{1}{\eta + Bq^2 - iA\omega} \tag{2.51}$$

となる. ここで, $\eta$ や定数 $A$ や $B$ は

$$\eta \equiv \frac{T - T_c}{T_c}, \quad A \equiv \frac{\pi}{8}\frac{1}{T_c}, \quad B \equiv \frac{7}{48}\frac{\zeta(3)}{\pi^2}\frac{v_F^2}{T_c^2} \tag{2.52}$$

のように定義されている.

式 (2.51) の結果から, 有限の全運動量 $\boldsymbol{q}$ を持ったクーパー対形成に起因する正常相の不安定性が起こる温度 $T_q$ を $D_s^R(\boldsymbol{q}, 0)$ の発散条件から求めると,

$$T_q = T_c(1 - Bq^2) \tag{2.53}$$

となる. これから, $\boldsymbol{q} = \boldsymbol{0}$ でクーパー不安定性が一番強くなることが分かる. また, $q > 1/\sqrt{B}$ では, そもそも, クーパー不安定性が起こらないことも分かる. 実空間で考えると, これは $\sqrt{B}$ より短い波長の空間変化についてはクーパー対の形成は起こらないことを意味するが, この値 $\sqrt{B}$ は

$$\sqrt{B} \approx \frac{v_F}{T_c} \tag{2.54}$$

となる．これは，$O(1)$ の大きさの係数を別にすれば，式 (2.8) で導入された（そして，後で計算される）「コヒーレンス長」$\xi_0$ に等しくなる．

このようなわけで $q$ は $\xi_0^{-1}$ より小さい範囲で考えることになる．すると，式 (2.43) において $\xi_{\bm{p}+\bm{q}}$ を $\xi + v_F q \mu$ で近似した際の誤差は $v_F(1+q/2p_F)$ を $v_F$ に置き換えたことによるものなので，それは $q/2p_F \sim 1/(\xi_0 p_F) \sim 10^{-3}$ のように評価される．このため，式 (2.44) から式 (2.45) に進む際に $\xi_{\bm{p}+\bm{q}}$ における $q^2/2m$ の項の寄与も入れて $O(q^2)$ のオーダーの項を計算し直したとしても，その誤差はやはり 0.1%程度にしか過ぎず，最終的には式 (2.46)，あるいは，式 (2.50) で間違いないことになる．

ちなみに，2.2.12 項で解説するように，式 (2.52) で与えられている定数 $A$ や $B$ は GL 理論やそれを非平衡緩和現象を取り扱えるように時間に依存する形に拡張した TD (time–dependent) GL 理論において重要な役割を果たす．

### 2.2.5　ハートリー–フォック–ゴルコフ近似

2.2.2 項で考察したように，$T < T_c$ では $\langle c_{-\bm{p}\downarrow} c_{\bm{p}\uparrow} \rangle \neq 0$ が想像されるが，$T > T_c$ でのみ有効であるこれまでの計算法では，この超伝導秩序相を特徴付ける期待値 $\langle c_{-\bm{p}\downarrow} c_{\bm{p}\uparrow} \rangle$ の大きさ自体は決定されない．それを求めるためには，その期待値の存在をはじめから考慮に入れて $T < T_c$ でも有効である何らかの理論手法を開発する必要がある．ただ，2.2.2 項でも強調されたように，通常の摂動計算法は使えないので，BCS の原論文でも採用された変分法の定式化が考えられるが，2.1.5 項で述べたように変分法は種々の物理量の有限温度での計算が煩雑になるので，ここではこれを避けて，超伝導秩序状態を取り扱えるように拡張した温度グリーン関数法を用いた定式化を採用することにする．ただ，この場合でも実際の理論の進め方はいろいろあり得るが，ここでは最も単純な方法を採用しよう．そのために，まず，$H_1$ に対して，

$$H_1 \to -g{\sum_{\bm{p}\bm{p}'}}' \langle c^+_{\bm{p}\uparrow} c^+_{-\bm{p}\downarrow} \rangle c_{-\bm{p}'\downarrow} c_{\bm{p}'\uparrow} - g{\sum_{\bm{p}\bm{p}'}}' c^+_{\bm{p}\uparrow} c^+_{-\bm{p}\downarrow} \langle c_{-\bm{p}'\downarrow} c_{\bm{p}'\uparrow} \rangle$$
$$+ g{\sum_{\bm{p}\bm{p}'}}' \langle c^+_{\bm{p}\uparrow} c^+_{-\bm{p}\downarrow} \rangle \langle c_{-\bm{p}'\downarrow} c_{\bm{p}'\uparrow} \rangle \tag{2.55}$$

というハートリー–フォック–ゴルコフ（HFG）の平均場近似を考えよう．ここ

で，最終項は全エネルギーの計算において相互作用の効果の二重数えを避けるために加えられた補正定数項である．また，通常のハートリー–フォック近似で考慮される $\langle c^+ c \rangle$ 型の平均場の効果は既に $\xi_{\bm{p}}$ の中に取り込まれているとして式 (2.55) の中では省かれている．この HFG 近似下では $H_{\text{BCS}}$ は

$$H_{\text{BCS}} \to H_{\text{HFG}} = H_0 - {\sum_{\bm{p}}}' \left( \Delta^* c_{-\bm{p}\downarrow} c_{\bm{p}\uparrow} + \Delta c_{\bm{p}\uparrow}^+ c_{-\bm{p}\downarrow}^+ \right) + \frac{|\Delta|^2}{g} \quad (2.56)$$

という平均場近似のハミルトニアン $H_{\text{HFG}}$ に還元される．ここで，"対ポテンシャル" $\Delta$ やその複素共役 $\Delta^*$ の定義は，それぞれ，

$$\Delta \equiv g {\sum_{\bm{p}}}' \langle c_{-\bm{p}\downarrow} c_{\bm{p}\uparrow} \rangle = g \langle \Phi_0 \rangle, \quad \Delta^* \equiv g {\sum_{\bm{p}}}' \langle c_{\bm{p}\uparrow}^+ c_{-\bm{p}\downarrow}^+ \rangle = g \langle \Phi_0^+ \rangle \quad (2.57)$$

である．なお，これ以降の本節ではハミルトニアンといえば $H_{\text{HFG}}$ を指すので，混乱が起こらない限り，今後は $H_{\text{HFG}}$ を単に $H$ と書くことにする．

### 2.2.6 異常温度グリーン関数

通常，式 (2.56) のハミルトニアン $H$ はボゴリューボフによって導入されたユニタリー変換による対角化法で解かれる．この方法は初等的で明快であるが，実際の計算，とりわけ，各種の応答関数などの物理量を計算する際には計算すべき項が多くなり，見通しが悪くなるので，本書ではこれを採用しないことにして，以下，この $H$ を温度グリーン関数法によって解いていこう．

さて，1電子温度グリーン関数 $G_{\bm{p}\sigma}(\tau)$ は式 (I.3.109) で定義されたように，

$$G_{\bm{p}\sigma}(\tau) \equiv -\langle T_\tau c_{\bm{p}\sigma}(\tau) c_{\bm{p}\sigma}^+ \rangle = -\theta(\tau) \langle c_{\bm{p}\sigma}(\tau) c_{\bm{p}\sigma}^+ \rangle + \theta(-\tau) \langle c_{\bm{p}\sigma}^+ c_{\bm{p}\sigma}(\tau) \rangle \quad (2.58)$$

で計算される．これを $\tau$ で微分すると2つの寄与がある．一つはヘビサイド関数 $\theta(\tau)$，あるいは，$\theta(-\tau)$ を微分して出るデルタ関数 $\delta(\tau)$ の寄与で，その係数は $c_{\bm{p}\sigma}$ と $c_{\bm{p}\sigma}^+$ の反交換関係で1を与える．もう一つは $c_{\bm{p}\sigma}(\tau)$ の微分であり，それは $H$ と $c_{\bm{p}\sigma}(\tau)$ の交換関係の寄与となる．その結果，

$$\frac{\partial G_{\bm{p}\sigma}}{\partial \tau} = -\delta(\tau) - \langle T_\tau [H, c_{\bm{p}\sigma}(\tau)] c_{\bm{p}\sigma}^+ \rangle \quad (2.59)$$

が $G_{\bm{p}\sigma}(\tau)$ を決める運動方程式として得られる．しかるに，$[H, c_{\bm{p}\sigma}]$ は

$$[H, c_{\bm{p}\sigma}] = -\xi_{\bm{p}} c_{\bm{p}\sigma} + \sigma \Delta c_{-\bm{p}-\sigma}^+ \quad (2.60)$$

のように計算されるので，式 (2.59) を書き換えると，

$$\frac{\partial G_{\bm{p}\sigma}}{\partial \tau} = -\delta(\tau) - \xi_{\bm{p}} G_{\bm{p}\sigma}(\tau) + \sigma \Delta F^+_{-\bm{p}-\sigma}(\tau) \tag{2.61}$$

である．ここで，$F^+_{-\bm{p}-\sigma}(\tau)$ は異常温度グリーン関数と呼ばれ，

$$F^+_{-\bm{p}-\sigma}(\tau) \equiv -\langle T_\tau c^+_{-\bm{p}-\sigma}(\tau) c^+_{\bm{p}\sigma}\rangle \tag{2.62}$$

のように定義される．

この異常温度グリーン関数に対しても同じような方法で運動方程式を立てると，今度は $\delta(\tau)$ の係数は $c^+_{-\bm{p}-\sigma}$ と $c^+_{\bm{p}\sigma}$ の反交換関係なのでゼロになり，

$$\frac{\partial F^+_{-\bm{p}-\sigma}(\tau)}{\partial \tau} = -\langle T_\tau [H, c^+_{-\bm{p}-\sigma}(\tau)] c^+_{\bm{p}\sigma}\rangle \tag{2.63}$$

を得るが，式 (2.63) 右辺に現れる交換関係を実際に計算すると，

$$\frac{\partial F^+_{-\bm{p}-\sigma}(\tau)}{\partial \tau} = \xi_{-\bm{p}} F^+_{-\bm{p}-\sigma}(\tau) + \sigma \Delta^* G_{\bm{p}\sigma}(\tau) \tag{2.64}$$

となり，$F^+_{-\bm{p}-\sigma}(\tau)$ に対する運動方程式が得られる．これから，$G_{\bm{p}\sigma}(\tau)$ と $F^+_{-\bm{p}-\sigma}(\tau)$ で閉じた方程式系が構成されていることが分かる．

これらの運動方程式を解くためにフーリエ級数展開を用いて時間微分の演算を単なる $c$ 数の掛け算に代えよう．既に式 (I.3.121) で示したように，

$$G_{\bm{p}\sigma}(\tau) = T \sum_{\omega_p} G_{\bm{p}\sigma}(i\omega_p) e^{-i\omega_p \tau} \tag{2.65}$$

が $G_{\bm{p}\sigma}(\tau)$ のフーリエ級数展開である．全く同様に，$F^+_{-\bm{p}-\sigma}(\tau)$ についてもフェルミオン松原振動数の和で書けることが示せて，

$$F^+_{-\bm{p}-\sigma}(\tau) = T \sum_{\omega_p} F^+_{-\bm{p}-\sigma}(i\omega_p) e^{-i\omega_p \tau} \tag{2.66}$$

と展開できる．これらの展開式とデルタ関数 $\delta(\tau)$ の展開式

$$\delta(\tau) = T \sum_{\omega_p} e^{-i\omega_p \tau} \tag{2.67}$$

を用いると，式 (2.61) と式 (2.64) から

$$(i\omega_p - \xi_{\bm{p}}) G_{\bm{p}\sigma}(i\omega_p) + \sigma \Delta F^+_{-\bm{p}-\sigma}(i\omega_p) = 1 \tag{2.68}$$

$$\sigma \Delta^* G_{\bm{p}\sigma}(i\omega_p) + (i\omega_p + \xi_{-\bm{p}}) F^+_{-\bm{p}-\sigma}(i\omega_p) = 0 \tag{2.69}$$

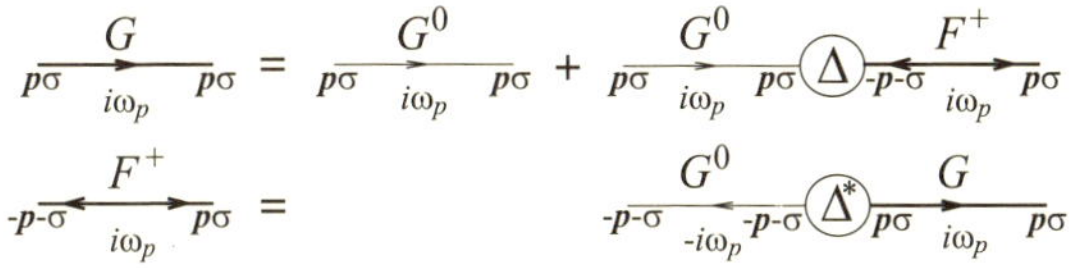

## 2.2 BCS 超伝導体の熱力学的性質

図 2.18 超伝導状態における HFG 近似でのダイソン方程式

という形の連立方程式が得られる．図 2.18 では，自由電子の 1 電子グリーン関数を $G^0_{\bm{p}\sigma}(i\omega_p)[=(i\omega_p-\xi_{\bm{p}})^{-1}]$ として，$G_{\bm{p}\sigma}(i\omega_p)$ と $F^+_{-\bm{p}-\sigma}(i\omega_p)$ に対するこれらの方程式系がダイアグラムで表現されている．

今，系が時間反転対称性を持つとすると，$\xi_{\bm{p}}=\xi_{-\bm{p}}$ であるので，その場合に式 (2.68) と式 (2.69) を連立して解くと，

$$G_{\bm{p}\sigma}(i\omega_p) = \frac{u_{\bm{p}}^2}{i\omega_p - E_{\bm{p}}} + \frac{v_{\bm{p}}^2}{i\omega_p + E_{\bm{p}}} \tag{2.70}$$

$$F^+_{-\bm{p}-\sigma}(i\omega_p) = -\frac{\sigma\Delta^*}{2E_{\bm{p}}}\left(\frac{1}{i\omega_p - E_{\bm{p}}} - \frac{1}{i\omega_p + E_{\bm{p}}}\right) \tag{2.71}$$

が得られる．ここで，$E_{\bm{p}}$ や $u_{\bm{p}}$, $v_{\bm{p}}$ の定義は，それぞれ，

$$E_{\bm{p}} \equiv \sqrt{\xi_{\bm{p}}^2 + |\Delta|^2}, \quad u_{\bm{p}}^2 \equiv \frac{1}{2}\left(1 + \frac{\xi_{\bm{p}}}{E_{\bm{p}}}\right), \quad v_{\bm{p}}^2 \equiv \frac{1}{2}\left(1 - \frac{\xi_{\bm{p}}}{E_{\bm{p}}}\right) \tag{2.72}$$

である．また，後で応答関数の計算で必要になる $F_{\bm{p}\sigma}(\tau)$ は

$$F_{\bm{p}\sigma}(\tau) \equiv -\langle T_\tau c_{\bm{p}\sigma}(\tau) c_{-\bm{p}-\sigma}\rangle = T\sum_{\omega_p} F_{\bm{p}\sigma}(i\omega_p) e^{-i\omega_p\tau} \tag{2.73}$$

で定義されるが，これのフーリエ級数展開 $F_{\bm{p}\sigma}(i\omega_p)$ は

$$F_{\bm{p}\sigma}(i\omega_p) = -\frac{\sigma\Delta}{2E_{\bm{p}}}\left(\frac{1}{i\omega_p - E_{\bm{p}}} - \frac{1}{i\omega_p + E_{\bm{p}}}\right) = F^+_{-\bm{p}-\sigma}(i\omega_p)^* \tag{2.74}$$

で与えられる．

ところで，一般に，$G_{\bm{p}\sigma}(i\omega_p)$ を $z=i\omega_p$ の関数として考えると，複素 $z$ 平面上での 1 次の極は準粒子の分散関係を与える．そして，$H_1$ がない自由電子系の $G^0_{\bm{p}\sigma}(z)$ では，1 次の極は $\xi_{\bm{p}}$，その留数が 1 である．しかるに，今の場合，この分散関係 $\xi_{\bm{p}}$ を持つ $\bm{p}\uparrow$ の電子の状態は，時間反転した $-\bm{p}\downarrow$ の電子でエネルギーの正負も入れ替えた分散関係 $-\xi_{-\bm{p}}$ を持つ状態と対ポテンシャル $\Delta$ で結合するので，その結果として得られる準粒子の分散関係は図 2.19(a) で示されるように $\pm E_{\bm{p}}$ の 2 つに分裂する．それに対応して，式 (2.70) で得られた

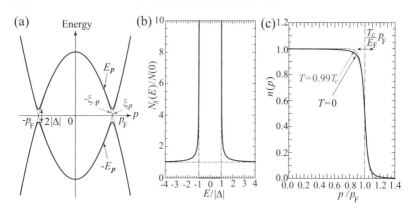

図 2.19 (a) 超伝導状態における準粒子の分散関係 $\pm E_p$ と $\xi_p$ や $-\xi_{-p}$ との関係. (b) フェルミ準位近傍のエネルギー $E$ における超伝導状態での状態密度 $N_s(E)$. $N(0)$ は正常状態での 1 スピンあたりの状態密度である. (c) 超伝導状態の運動量分布関数を $T=0$ (実線) と $T=0.99T_c$ (破線) で計算した結果の一例.

$G_{p\sigma}(z)$ にも $\pm E_p$ という 2 つの 1 次の極が現れている. ただし, それぞれの極での留数は $u_p^2$ と $v_p^2$ であり, それらの和は $u_p^2+v_p^2=1$ なので, これらの留数の和は 1 になる. これから, 電子数保存則に直接関連した 1 電子グリーン関数の一般的な漸近的性質, $z\to\infty$ で $G_{p\sigma}(z)\to z^{-1}$, は満足されている. いずれにしても, $\pm\xi_{\pm p}$ はフェルミ準位で完全にゼロであるのに対し, 相互作用の効果が繰り込まれた準粒子の分散関係 $\pm E_p$ はフェルミ準位近傍で $\pm E_p\to\pm|\Delta|$ のように振る舞うので, 励起スペクトルにエネルギーギャップ $2|\Delta|$ があるという著しい特徴を持つ.

この超伝導状態における準粒子に対する状態密度 $N_s(E)$ は式 (I.4.111) で与えられる 1 電子グリーン関数と状態密度の間の一般的な関係式を使うと,

$$N_s(E) \equiv -\frac{1}{\pi}\sum_p \mathrm{Im} G_{p\sigma}^R(E) = \sum_p \left[u_p^2\delta(E-E_p)+v_p^2\delta(E+E_p)\right]$$
$$\approx N(0)\int d\xi \left[\delta(E-\sqrt{\xi^2+|\Delta|^2})+\delta(E+\sqrt{\xi^2+|\Delta|^2})\right] \quad (2.75)$$

で計算される. そして, この式 (2.75) の最終項の積分は $|E|<|\Delta|$ ではエネルギーギャップの存在を反映してゼロであるが, それ以外の $E$ では

## 2.2 BCS 超伝導体の熱力学的性質

$$N_s(E) = N(0) \frac{1}{\left|\frac{\partial\sqrt{\xi^2+|\Delta|^2}}{\partial\xi}\right|}\Bigg|_{E=\pm\sqrt{\xi^2+|\Delta|^2}} = N(0)\frac{|E|}{\sqrt{E^2-|\Delta|^2}} \quad (2.76)$$

となる．この状態密度 $N_s(E)$ の様子は図 2.19(b) に描かれているように，$E \to \pm(|\Delta|+0^+)$ で $(E\mp|\Delta|)^{-1/2}$ の形で $+\infty$ に向かって発散する．

また，運動量分布関数 $n(\boldsymbol{p})$ はスピンに依存せず，式 (2.70) の $G_{\boldsymbol{p}\sigma}(i\omega_p)$ を用い，かつ，式 (I.3.173) の公式でフェルミオン松原振動数の和を取れば，

$$n(\boldsymbol{p}) \equiv \langle c^+_{\boldsymbol{p}\sigma} c_{\boldsymbol{p}\sigma}\rangle = G_{\boldsymbol{p}\sigma}(-0^+) = T\sum_{\omega_p} G_{\boldsymbol{p}\sigma}(i\omega_p) e^{i\omega_p 0^+}$$

$$= u_{\boldsymbol{p}}^2 f(E_{\boldsymbol{p}}) + v_{\boldsymbol{p}}^2 f(-E_{\boldsymbol{p}}) = \frac{1}{2} - \frac{\xi_{\boldsymbol{p}}}{2E_{\boldsymbol{p}}}\tanh\left(\frac{E_{\boldsymbol{p}}}{2T}\right) \quad (2.77)$$

のように簡単に計算される．この $n(p)$ の計算結果の一例は図 2.19(c) に示されている．$T \approx T_c$ では自由電子の場合とあまり差はないが，$T=0$ では自由電子系のステップ関数 $n_0(\boldsymbol{p})\,[\equiv \theta(p_F-|\boldsymbol{p}|)]$ から大きく異なっていて，フェルミ面近傍の $(T_c/E_F)p_F$ の範囲でなめらかに 1 から 0 まで減少している．これは系全体の運動エネルギーを最小にしている $n_0(\boldsymbol{p})$ の状態が基底状態ではなくなり，フェルミ面近傍のエネルギー幅 $T_c$ の範囲の電子が励起されて引力の効果が最適化された状態が基底状態になっているからである．

### 2.2.7 ギャップ方程式

前項では，1 電子グリーン関数 $G_{\boldsymbol{p}\sigma}(i\omega_p)$ と異常グリーン関数 $F^+_{-\boldsymbol{p}-\sigma}(i\omega_p)$ が得られたが，それだけで問題が解けたわけではなく，はじめに仮定した対ポテンシャル（あるいは，エネルギーギャップ）$\Delta$ の大きさが自己無撞着に決められたものでないといけない．この自己無撞着性の条件は式 (2.57) に式 (2.62) を代入し，さらに，式 (2.66) を用いると，

$$\Delta^* = g\sum_{\boldsymbol{p}}{}' \langle c^+_{\boldsymbol{p}\uparrow} c^+_{-\boldsymbol{p}\downarrow}\rangle = g\sum_{\boldsymbol{p}}{}' F^+_{-\boldsymbol{p}\downarrow}(-0^+) = g\sum_{\boldsymbol{p}}{}' T\sum_{\omega_p} F^+_{-\boldsymbol{p}\downarrow}(i\omega_p) e^{i\omega_p 0^+} \quad (2.78)$$

であるが，この式 (2.78) に式 (2.71) の結果を代入すると，

$$\Delta^* = g\sum_{\boldsymbol{p}}{}' \frac{\Delta^*}{2E_{\boldsymbol{p}}}\Big(f(-E_{\boldsymbol{p}}) - f(E_{\boldsymbol{p}})\Big) \quad (2.79)$$

が得られる．これは自己無撞着に $\Delta$ を決定する方程式なので，「ギャップ方程式」と呼ばれる．これから，$\Delta^* \neq 0$ の非自明解が存在する条件は

$$g\sum_{\boldsymbol{p}}{}' \frac{1-2f(E_{\boldsymbol{p}})}{2E_{\boldsymbol{p}}} = g\sum_{\boldsymbol{p}}{}' \frac{1}{2\sqrt{\xi_{\boldsymbol{p}}^2+|\Delta|^2}}\tanh\frac{\sqrt{\xi_{\boldsymbol{p}}^2+|\Delta|^2}}{2T} = 1 \quad (2.80)$$

となり，これを解いて $|\Delta|(\neq 0)$ の解を求める問題になる．なお，バルクの一様な BCS 超伝導体を考える場合，複素数のギャップ関数 $\Delta = |\Delta|e^{i\theta}$ において位相 $\theta$ は一定で，しかも，物理的には意味のある量ではないので，簡単のために $\theta = 0$ とし，今後この節では $\Delta = |\Delta| > 0$ で考えていこう．

上のギャップ方程式の性質を見ておこう．まず，無限小の $\Delta$ を持つ条件は

$$g\sum_{\boldsymbol{p}}{}' \frac{1}{2\xi_{\boldsymbol{p}}}\tanh\frac{\xi_{\boldsymbol{p}}}{2T} = 1 \quad (2.81)$$

が満たされることであるが，この方程式は 2.2.2 項でクーパー不安定性が起こる温度 $T_c$ を決める方程式と全く同じであることが分かる．これは高温側からの正常状態の不安定性を求めるというアプローチによる臨界温度と低温側から 2 次の相転移を仮定して $\Delta$ が無限小の値を取り始める温度によって決められる臨界温度とがちょうど等しいことを意味している．

このようなわけで，この低温側からのアプローチによる臨界温度は既に式 (2.36) として求められている．なお，式 (2.81) で $T_c \gg \omega_{ph}$ ならば，$\tanh(\xi_{\boldsymbol{p}}/2T)$ はほぼその引き数に等しくなり，その結果，左辺は $\lambda\omega_{ph}/2T$ となることから，$T_c = \lambda\omega_{ph}/2$ という誤った結論を出すことがある．これは方程式 (2.81) に対して数学的には正しい解といえるが，そもそも，この方程式を得るときに前提とされていた仮定が満足されていない．実際，$T_c \gg \omega_{ph}$ が成り立つためには結合定数 $\lambda$ が 1 よりずっと大きい必要があるが，そのような強結合の状況はもともと BCS ハミルトニアンの想定外のものであるし，また，式 (2.81) そのものも弱結合の仮定下で導かれているのである．

次に，$T = 0$ でのギャップ $\Delta_0$ の大きさを求めよう．その場合，式 (2.80) は

$$1 = g\sum_{\boldsymbol{p}}{}' \frac{1}{2\sqrt{\xi_{\boldsymbol{p}}^2+\Delta_0^2}} = g\int_{-\omega_{ph}}^{\omega_{ph}} N(\xi)d\xi \frac{1}{2\sqrt{\xi^2+\Delta_0^2}}$$

$$\approx \lambda \int_0^{\omega_{ph}} \frac{d\xi}{\sqrt{\xi^2+\Delta_0^2}} = \lambda\ln\frac{\omega_{ph}+\sqrt{\omega_{ph}^2+\Delta_0^2}}{\Delta_0} \quad (2.82)$$

となる．なお，右辺最終項の結果は $y = \xi + \sqrt{\xi^2 + \Delta_0^2}$ という積分変数変換を行えば，容易に得られる．すると，式 (2.82) で $\omega_{ph} \gg \Delta_0$ を仮定すると，

$$\Delta_0 = 2\omega_{ph}\, e^{-1/\lambda} \tag{2.83}$$

が得られる．なお，図 2.19(a) や (b) から明らかなように，$2\Delta_0$ は $T = 0$ での光吸収スペクトルの基本的なエネルギーギャップを与えることになるので，これと式 (2.36) を比べると，BCS ハミルトニアンに含まれていた $g$ や $\omega_{ph}$，さらには $N(0)$ などのパラメータの値によらずに全く普遍的に

$$\frac{2\Delta_0}{T_c} = \frac{2\pi}{e^\gamma} \approx 3.528 \tag{2.84}$$

となる．この定数 "3.528"（あるいは，有効数字を一つ減らした "3.53"）は BCS 理論に特徴的に現れるいくつかの重要な定数の中の一つである．

この式 (2.84) の結果は BCS 理論の前提である弱結合条件を満たす元素金属超伝導体では概ね正しいことが知られている．たとえば，Al, Ga, In, Sn, Ta, Tl, V では，それぞれ，3.57, 3.50, 3.45, 3.46, 3.60, 3.57, 3.40 であり，Cd と Zn では少し小さくて 3.20 である．しかし，$\lambda$ が 1 のオーダーの Nb や Pb, Hg 等のいわゆる強結合超伝導体ではこの比は大きくなり，それぞれ，3.80, 4.38, 4.60 となる．そして，合金系強結合超伝導体ではほぼ例外なしにこの比は 3.528 より大きく，5.0 を越えることも稀ではない．

この比の 3.528 からの大幅な増加を定量的に説明するためには（少なくともフォノン機構では）エリアシュバーグ理論に基づく強結合計算を実行する必要があるが，定性的には次のように理解できる．

そもそも強結合計算では平均場では無視されている揺らぎの効果も（ある程度は）取り込まれるが，その揺らぎの効果は $T = 0$ でも存在する量子揺らぎと共に熱的揺らぎも加わる $T \neq 0$ の場合の方が大きくなるので，同じように揺らぎを取り込んだとしても，$\Delta_0$ よりも $T_c$ の方により大きくその効果が現れる．その結果，$\Delta_0$ と比べて $T_c$ には平均場近似の値からのより大きな減少がもたらされるので，$2\Delta_0/T_c > 3.528$ ということになる．

### 2.2.8　ギャップ関数の温度変化

式 (2.80) を任意の温度で解くと，温度の関数としてギャップ関数 $\Delta(T)$ が得

られる．そのうち，前項では $\Delta(0) = \Delta_0$ と $\Delta(T_c) = 0$ という 2 つの極限値を求めたが，$T$ が $T_c$ よりわずかに低温の場合，$\Delta(T)$ の振る舞いも解析的に正確に決定される．それを求めるために，まず，

$$\frac{2}{g} - {\sum_{\bm{p}}}' \frac{\tanh(\xi_{\bm{p}}/2T)}{\xi_{\bm{p}}} = {\sum_{\bm{p}}}' \left[ \frac{\tanh(\xi_{\bm{p}}/2T_c)}{\xi_{\bm{p}}} - \frac{\tanh(\xi_{\bm{p}}/2T)}{\xi_{\bm{p}}} \right] \quad (2.85)$$

の等式に注意しよう．なお，この等式の両辺第 1 項は $T = T_c$ でのギャップ方程式 (2.81) を用いた変形である．そこで，式 (2.85) の右辺を状態密度を用いて書き直すと容易に積分できて，

$$\frac{2}{g} - {\sum_{\bm{p}}}' \frac{\tanh(\beta \xi_{\bm{p}}/2)}{\xi_{\bm{p}}} = 2N(0) \left( \ln \frac{\omega_{ph}}{2T_c} - \ln \frac{\omega_{ph}}{2T} \right)$$
$$= 2N(0) \ln \frac{T}{T_c} \approx 2N(0) \frac{T - T_c}{T_c} \quad (2.86)$$

となる．一方，式 (2.85) の左辺で $T$ におけるギャップ方程式 (2.80) を用い，フェルミオン松原振動数の和の公式 (I.3.175) を逆に使って，

$$\frac{2}{g} - {\sum_{\bm{p}}}' \frac{\tanh(\xi_{\bm{p}}/2T)}{\xi_{\bm{p}}} = {\sum_{\bm{p}}}' \left[ \frac{\tanh(E_{\bm{p}}/2T)}{E_{\bm{p}}} - \frac{\tanh(\xi_{\bm{p}}/2T)}{\xi_{\bm{p}}} \right]$$
$$= 2T \sum_{\omega_p} {\sum_{\bm{p}}}' \left[ \frac{1}{\omega_p^2 + E_{\bm{p}}^2} - \frac{1}{\omega_p^2 + \xi_{\bm{p}}^2} \right] \quad (2.87)$$

を得る．そこで，$\omega_p$ の和より先に $\bm{p}$ の積分を行うことにするが，この $\bm{p}$ の積分では角度積分は自明に実行できる．残るエネルギー $\xi (\equiv \xi_{\bm{p}})$ についての積分では，その積分区間 $(-\omega_{ph}, \omega_{ph})$ を $(-\infty, \infty)$ に拡張しても積分は収束することに注意すれば，

$$\text{式 (2.87)} \approx 2T \sum_{\omega_p} N(0) \int_{-\infty}^{\infty} d\xi \left[ \frac{1}{\xi^2 + \omega_p^2 + \Delta^2} - \frac{1}{\xi^2 + \omega_p^2} \right]$$
$$= 2T \sum_{\omega_p} N(0) \pi \left[ \frac{1}{\sqrt{\omega_p^2 + \Delta^2}} - \frac{1}{\omega_p} \right] \approx -\pi T \sum_{\omega_p} N(0) \frac{\Delta^2}{\omega_p^3}$$
$$= -2TN(0) \sum_{p=0}^{\infty} \frac{\pi \Delta^2}{\pi^3 T^3 (2p+1)^3} \approx -2N(0) \frac{\Delta^2}{\pi^2 T_c^2} \frac{7}{8} \zeta(3) \quad (2.88)$$

と式変形ができるので，この式と式 (2.86) の右辺を等しいとして書き直すと，

$$\Delta^2(T) \approx \frac{8\pi^2 T_c^2}{7\zeta(3)} \frac{T_c - T}{T_c} \quad (2.89)$$

## 2.2 BCS超伝導体の熱力学的性質

が得られる．したがって，ギャップ関数 $\Delta(T)$ は $T \approx T_c$ で

$$\Delta(T) \propto (1 - T/T_c)^{0.5} \tag{2.90}$$

となる．なお，この振る舞いは，2次相転移を平均場近似で取り扱った場合，秩序変数に対する臨界指数が 0.5 というよく知られた一般的事実を再確認しただけともいえるが，式 (2.89) では，この自明の臨界指数だけに留まらず，比例係数も正確に求められていることに意義がある．

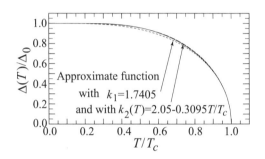

図 2.20　BCS 理論のギャップ関数の温度変化．数値計算で厳密に計算された結果（実線）が式 (2.91) の近似関数の結果と比較されている．なお，$k(T)$ として，$k_1$ や $k_2(T)$ を用いた場合を，それぞれ，点線と破線で示されている．

一般の温度 ($0 < T < T_c$) では，ギャップ方程式を数値的に解いて $\Delta(T)$ が得られる．この際，$\Delta(T)/\Delta_0$ を $T/T_c$ の関数で求めると，これは $N(0)$ や $g$，$\omega_{ph}$ などのいかなるパラメータにも依存しない普遍関数となる．得られた結果は図 2.20 に実線で示されているが，$T < 0.4T_c$ では $\Delta(T)$ はほぼ定数で，$\Delta_0$ に誤差 1% 以内で収束していることに注意されたい．

ちなみに，この $\Delta(T)/\Delta_0$ は次のような大変簡単な関数形

$$\frac{\Delta(T)}{\Delta_0} = \tanh\left[k(T)\sqrt{\frac{T_c - T}{T}}\right] \tag{2.91}$$

でよく近似される．ここで，$k(T)$ は $T \approx T_c$ でのギャップ関数 [式 (2.89)] を正確に再現する定数である $k_1$ と選んでもよい（その結果は図 2.20 の点線）が，$T$ の全域でほぼ正確に再現するように $k_1$ を改良した $k_2(T)$ を用いれば（その結果は図 2.20 の破線），ずっと精度の高い近似値が得られる．ここで，

$$k_1 \equiv \frac{\pi T_c}{\Delta_0}\sqrt{\frac{8}{7\zeta(3)}} \approx 1.7405, \quad k_2(T) \equiv 2.05\left(1-\frac{T}{T_c}\right)+k_1\frac{T}{T_c} \quad (2.92)$$

である.

### 2.2.9 熱力学ポテンシャル

次に，超伝導状態での熱力学ポテンシャル $\Omega_s$ を求めよう．そのために，まず，式 (2.56) のハミルトニアン $H$ を $H_0 + gV$ と書いて，$\Omega_s$ を $g$ の関数と考え，かつ，$g = 0$ では熱力学ポテンシャルは正常状態のそれ，$\Omega_n$，になることに注意しよう．そして，I.3.1.5 項で証明した有限温度でのヘルマン–ファインマンの定理を適用することにして，式 (I.3.55) を用いると，

$$\Omega_s = \Omega_n + \int_0^g dg\,\langle V\rangle \quad (2.93)$$

が得られる．ここで，$\beta = 1/T$ として，$\Omega_n$ は

$$\Omega_n = -T\ln\mathrm{tr}\bigl(\mathrm{e}^{-\beta H_0}\bigr) = -T\sum_{\boldsymbol{p}\sigma}\ln(1+e^{-\beta\xi_{\boldsymbol{p}}}) \quad (2.94)$$

となる．しかるに，式 (2.56) と式 (2.57) から $g\langle V\rangle = -\Delta^2/g$ であるので，

$$\Omega_s = \Omega_n - \int_0^g dg\,\frac{\Delta^2}{g^2} = \Omega_n + \int_0^g dg\,\frac{d(g^{-1})}{dg}\Delta^2 \quad (2.95)$$

が得られる．そして，ギャップ方程式 (2.80) によって $g$ と $\Delta$ は 1 対 1 に対応付けられているので，式 (2.95) における積分変数を $g$ から $\Delta$ へ変換できることに注意しよう．すると，部分積分して，

$$\Omega_s = \Omega_n + \frac{\Delta^2}{g} - \int_0^\Delta d\Delta\,\frac{2\Delta}{g} \quad (2.96)$$

となるが，右辺の被積分項で式 (2.80) を使って $1/g$ を書き換えると，

$$\Omega_s = \Omega_n + \frac{\Delta^2}{g} - \sum_{\boldsymbol{p}}{}' \int_0^\Delta d\Delta\,\frac{\Delta}{\sqrt{\xi_{\boldsymbol{p}}^2+\Delta^2}}\tanh\left(\frac{1}{2}\beta\sqrt{\xi_{\boldsymbol{p}}^2+\Delta^2}\right) \quad (2.97)$$

となる．そこで，この右辺の $\Delta$ に関する積分で変数を $\Delta$ から $y = \sqrt{\xi_{\boldsymbol{p}}^2+\Delta^2}$ へと変換しよう．すると，この積分は簡単に遂行できて，その結果は

$$\begin{aligned}\Omega_s =& \Omega_n + \frac{\Delta^2}{g} - 2T\sum_{\boldsymbol{p}}{}'\ln\left(\frac{\cosh\frac{1}{2}\beta\sqrt{\xi_{\boldsymbol{p}}^2+\Delta^2}}{\cosh\frac{1}{2}\beta|\xi_{\boldsymbol{p}}|}\right)\\ =& \frac{\Delta^2}{g} - \sum_{\boldsymbol{p}}{}'(E_{\boldsymbol{p}}-\xi_{\boldsymbol{p}}) - 2T\sum_{\boldsymbol{p}}\ln(1+e^{-\beta E_{\boldsymbol{p}}}) \end{aligned} \quad (2.98)$$

となる.ただし,フェルミ面から離れたところでは $E_{\bm{p}}$ は $|\xi_{\bm{p}}|$ であると見なすことによって,最終式の ln 項では和からプライムが外されている.

得られた $\Omega_s$ の式 (2.98) を $\Omega_n$ に対する式 (2.94) と比べると,$T$ と共に変化する部分は単に準粒子のエネルギースペクトルが $\xi_{\bm{p}}$ から $E_{\bm{p}}$ に変化しただけであることが分かる.これは相互作用の効果は $E_{\bm{p}}$ で表される準粒子の分散関係の中にすべて繰り込まれていて,しかも,その準粒子は自由粒子的に振る舞うという描像によく合致している.

ちなみに,この $\Omega_s$ を $\Delta$ で微分し,ギャップ方程式 (2.80) に注意すると,

$$\frac{\partial \Omega_s}{\partial \Delta} = \frac{2\Delta}{g}\left(1 - g\sum_{\bm{p}}{}' \frac{1}{2E_{\bm{p}}}\tanh\frac{1}{2}\beta E_{\bm{p}}\right) = 0 \qquad (2.99)$$

が得られる.これはギャップ方程式は $\Delta$ の変化に対して $\Omega_s$ が極値を取るように実際の $\Delta$ が決定されるという条件に他ならないことを示している.

### 2.2.10 エントロピーと電子比熱

系のエントロピーは $\Omega_s$ を微分することによって得られる.すなわち,

$$S = -\frac{\partial \Omega_s}{\partial T} = -\frac{\partial \Omega_s}{\partial \Delta}\frac{\partial \Delta}{\partial T} - \left.\frac{\partial \Omega_s}{\partial T}\right|_{\Delta} \qquad (2.100)$$

で求められる.ここで,最終式において第 1 項は $\Delta$ を通しての $\Omega_s$ の温度変化であり,第 2 項は $\Delta$ を固定した状況下での $\Omega_s$ の直接的な温度依存性に関する微分である.しかるに,式 (2.99) から第 1 項はゼロなので,

$$\begin{aligned}S =& 2\sum_{\bm{p}} \ln\left(1 + e^{-\beta E_{\bm{p}}}\right) + 2T\sum_{\bm{p}} \frac{E_{\bm{p}} f(E_{\bm{p}})}{T^2} \\ \approx& \frac{4N(0)}{T}\int_0^\infty d\xi \left[T\ln\left(1 + e^{-\beta E}\right) + E f(E)\right]\end{aligned} \qquad (2.101)$$

となる.なお,最終式では変数 $E$ は $E \equiv \sqrt{\xi^2 + \Delta^2}$ で与えられる.

一旦,エントロピー $S$ が計算されれば,電子比熱 $C_v$ は

$$C_v = T\frac{\partial S}{\partial T} \approx 4N(0)\int_0^\infty d\xi \left[\frac{1}{2}\frac{d\Delta^2}{dT} - \frac{E^2}{T}\right]\frac{\partial f(E)}{\partial E} \qquad (2.102)$$

で計算される.そこで,まず,式 (2.102) で決まる $C_v$ の低温極限 ($T \approx 0$) での振る舞いを調べてみよう.この領域では,$\Delta$ はほぼ $\Delta_0$ というゼロでない定

数と見なせるので,

$$\frac{\partial f(E)}{\partial E} \approx -\frac{1}{T} e^{-\Delta_0/T} \tag{2.103}$$

ということになる．したがって，$C_v$ は定数係数を別にすれば,

$$C_v \propto \frac{1}{T^2} e^{-\Delta_0/T} \to 0 \tag{2.104}$$

のような形で $T$ の減少と共に急速にゼロに近づくことになる．

次に，$T \approx T_c$ で考えよう．もし，$T > T_c$ なら，$\Delta = 0$ であるので,

$$C_v = -\frac{4N(0)}{T} \int_0^\infty d\xi\, \xi^2 \frac{\partial f(\xi)}{\partial \xi} = -\frac{4N(0)}{T} \beta \sum_{n=1}^\infty (-1)^n n \int_0^\infty d\xi\, \xi^2 e^{-n\beta\xi}$$

$$= -\frac{4N(0)}{T} \beta \sum_{n=1}^\infty (-1)^n n \frac{2}{\beta^3 n^3} = \frac{4N(0)}{T} 2T^2 \frac{\pi^2}{12} \tag{2.105}$$

となる．これは通常の正常金属状態の低温での電子比熱の値 $C_{v,n}$ であり,

$$C_{v,n} = \gamma T \quad \text{ここで} \quad \gamma \equiv \frac{2\pi^2}{3} N(0) \tag{2.106}$$

と書ける．一方，$T < T_c$ では，式 (2.102) の積分中第 2 項は上の $T > T_c$ の場合の計算と同じであり，$\gamma T_c$ となるが，第 1 項の方は式 (2.89) を利用して,

$$\frac{d\Delta^2}{dT} = -\frac{8\pi^2 T_c}{7\zeta(3)} \tag{2.107}$$

であるので，$C_v = \gamma T_c + \Delta C$ と書くと，第 2 項の "比熱の跳び" $\Delta C$ は

$$\Delta C = 4N(0) \frac{1}{2} (-1) \frac{8\pi^2 T_c}{7\zeta(3)} \int_0^\infty d\xi \frac{\partial f(\xi)}{\partial \xi} = \frac{8N(0)\pi^2}{7\zeta(3)} T_c \tag{2.108}$$

となる．したがって，$\Delta C$ は $T = T_c$ での正常相での比熱を単位とすると,

$$\frac{\Delta C}{\gamma T_c} = \frac{12}{7\zeta(3)} \approx 1.426 \tag{2.109}$$

であるので，$C_v$ は $T = T_c$ で跳びを持ち，しかも，その跳びの大きさは BCS 理論の今ひとつの普遍定数 "1.426" で決まるという特徴的な性質を持つことが分かる．実験的には，Al，Ga，In，Sn，Ta，Tl，V，Cd，Zn では，それぞれ，1.44，1.44，1.73，1.60，1.59，1.50，1.49，1.40，1.30 となり，BCS 理論との良好な一致を示すが，Nb，Pb，Hg では，それぞれ，2.07，2.71，2.37 となり,

## 2.2 BCS 超伝導体の熱力学的性質

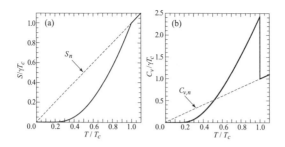

図 **2.21** BCS 理論の (a) エントロピー $S$ と (b) 電子比熱 $C_v$ を $\gamma T_c$ を単位として $T/T_c$ の関数として実線で描いたもの．それぞれの対応する正常状態の値，$S_n$ と $C_{v,n}$ は破線で表されている．

跳びが増大されている．これは強結合超伝導体では（臨界指数の平均場近似の値 0.5 からの変化も含めて $T$ が $T_c$ より下がると揺らぎの効果が急激に減ってくることの反映として，）$\Delta(T)$ のゼロからの変化率が大きくなっているためである．

図 2.21 には，温度全域にわたる $C_v$ についての数値計算による結果が $S$ に対するそれと並べて示されている．なお，数学的には比熱の跳びは上で述べたような計算によって与えられるが，低温での電子比熱はフェルミ面での状態密度によって決まるという正常相の考え方の延長として捉えると，この跳びは 2.2.6 項の最後で触れた超伝導状態での準粒子の状態密度 $N_s(E)$ の発散に対応していることになる．実際，$T = T_c - 0^+$ では $\Delta$ はほぼゼロであり，したがって，$N_s(E)$ の発散はフェルミ面に現れることになる．また，熱力学的にいうと，式 (2.102) の $S$ を使った $C_v$ の定義式を逆に見ると，

$$\frac{\partial S}{\partial T} = \frac{C_v}{T} \quad \text{より,} \quad S = \int_0^T dT \, \frac{C_v}{T} \tag{2.110}$$

であるが，2 次の相転移では転移点の上下で $S$ は連続であるため，$T \lesssim 0.2T_c$ で $C_v \approx 0$ でありながらも $T = T_c$ で正常相の $S$ と等しくしようと思えば，$0 < T < T_c$ のどこかで $C_v$ は正常相のそれである $\gamma T$（図 2.21(b) の破線）より大きくなる必要があることは明かであり，しかも，ギャップ関数の振る舞いから $T$ と共に $C_v$ が単調に増加することはたやすく予想されるので，$T = T_c - 0^+$ では $C_v > \gamma T_c$ であること，すなわち，比熱に $T = T_c$ で跳びを持つことは熱力学的にも必然的な要請であることが分かる．

### 2.2.11 電子対の波動関数

これまでは運動量表示で考えてきたが，ここでは実空間でのクーパー対の波動関数の振る舞いを調べよう．電子場の演算子 $\psi_\sigma(\bm{r})$ は $\psi_\sigma(\bm{r}) = \sum_{\bm{p}} e^{i\bm{p}\cdot\bm{r}} c_{\bm{p}\sigma}$ であるから，電子対の演算子に対する期待値は

$$\langle \psi_\downarrow(\bm{r}')\psi_\uparrow(\bm{r}) \rangle = \sum_{\bm{p}\bm{p}'} e^{i\bm{p}\cdot\bm{r}+i\bm{p}'\cdot\bm{r}'} \langle c_{\bm{p}'\downarrow} c_{\bm{p}\uparrow} \rangle = \sum_{\bm{p}} e^{i\bm{p}\cdot(\bm{r}-\bm{r}')} F_{\bm{p}\uparrow}(-0^+)$$

$$= {\sum_{\bm{p}}}' e^{i\bm{p}\cdot(\bm{r}-\bm{r}')} \frac{\Delta}{2E_{\bm{p}}} \tanh\frac{E_{\bm{p}}}{2T} \tag{2.111}$$

で計算される．ギャップ方程式 (2.80) を使うと，これは $\bm{r} = \bm{r}'$ で

$$\langle \psi_\downarrow(\bm{r})\psi_\uparrow(\bm{r}) \rangle = {\sum_{\bm{p}}}' \frac{\Delta}{2E_{\bm{p}}} \tanh\frac{E_{\bm{p}}}{2T} = \frac{\Delta}{g} \tag{2.112}$$

となる．そこで，相対距離 $r (\equiv |\bm{r} - \bm{r}'|)$ に対する依存性を見るために，$r$ が大きい場合を考えよう．そして，$T = 0$ として $\tanh(E_{\bm{p}}/2T) = 1$ であることに注意し，かつ，$|\bm{p}| \approx p_F + \xi_{\bm{p}}/v_F$ と近似すると，

$$\langle \psi_\downarrow(\bm{r}')\psi_\uparrow(\bm{r}) \rangle \approx \Delta_0 N(0) \int_{-\infty}^{\infty} d\xi \frac{1}{2\sqrt{\xi^2+\Delta_0^2}} \frac{\sin(p_F + \xi/v_F)r}{p_F r}$$

$$= \Delta_0 N(0) \frac{\sin p_F r}{p_F r} \int_0^{\infty} d\xi \frac{\cos(\xi r/v_F)}{\sqrt{\xi^2 + \Delta_0^2}}$$

$$= \Delta_0 N(0) \frac{\sin p_F r}{p_F r} K_0\left(\frac{\pi r}{\xi_0}\right) \tag{2.113}$$

が得られる．ここで，コヒーレンス長 $\xi_0$ は

$$\xi_0 \equiv \frac{v_F}{\pi \Delta_0} = \frac{2e^\gamma}{\pi^2} \frac{E_F}{T_c} \frac{1}{p_F} \approx 0.36092 \frac{E_F}{T_c} \frac{1}{p_F} \tag{2.114}$$

で定義される．また，$K_0(x)$ は第 0 次の変形されたベッセル (Bessel) 関数で，

$$K_0(x) = \int_0^{\infty} dt \frac{\cos xt}{\sqrt{t^2+1}} \tag{2.115}$$

のように積分表示される．その漸近形は $x \to \infty$ のとき

$$K_0(x) \to \sqrt{\frac{\pi}{2x}} e^{-x} \tag{2.116}$$

となるので，式 (2.113) から，$\langle \psi_\downarrow(\bm{r}')\psi_\uparrow(\bm{r}) \rangle$ はフェルミ面近傍にある電子の波動関数に特有の短い周期 $2\pi/p_F$ の振動の他に，$\xi_0$ の長さで減衰していく包

## 2.2 BCS 超伝導体の熱力学的性質

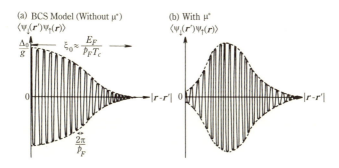

図 2.22　実空間でのクーパー対を表す波動関数の振る舞い．(a) 元の BCS 理論で，擬クーロンポテンシャル $\mu^*$ を考えない場合．(b) $\mu^*$ の効果を取り入れた場合．

絡関数の重ね合わせとして与えられていることが分かる．その模式的な様子は図 2.22(a) に示されている．

このように，クーパー対を表す束縛状態の波動関数は（バイポーラロンなどの）通常の束縛状態のそれとは異なり，細かな振動関数を緩やかに包絡しながら，その空間的な拡がりが $\xi_0$ の長さで規定されているものとなっており，これが**運動量空間における電子対形成に特有の束縛波動関数の描像**である．そして，この $\xi_0$ がクーパー対の束縛半径といえるもので，その大体の大きさは $T_c/E_F \sim 10^{-4}$ とすると，式 (2.114) から $\xi_0 \approx 10^3 p_F^{-1}$ となるが，これはもともとの引力は空間的にはデルタ関数型で，その空間的な拡がりは $p_F^{-1}$ 程度で極めて短距離であることと対照的である．この大きな違いは，この束縛状態を作り出している引力が弱く，束縛される電子対の波動関数の大部分は引力ポテンシャルの範囲外にあるためである．この意味で，これは古典力学的には考えがたい束縛状態で，極めて量子力学的なものといえる．

なお，参考までに，3.1.7 項で解説することになっている擬クーロンポテンシャル $\mu^*$ を考慮したときのクーパー対の波動関数の様子が図 2.22(b) に描かれている．この場合，2 電子間に働く直接のクーロン斥力を取り入れているので，その効果を弱めるために $|\boldsymbol{r} - \boldsymbol{r}'|$ が小さいところでの電子対の存在確率が小さくなっていることに注意されたい．

### 2.2.12 GL の自由エネルギーの導出

本節でこれまでに得られた結果に基づいて，式 (2.5) の GL の自由エネルギー $F$ を導こう．とりわけ，その $a$ や $b$ などの現象論的パラメータを BCS ハミルトニアン $H_{\rm BCS}$ に含まれる微視的なパラメータだけを用いて表そう．

さて，熱力学によれば，自由エネルギー $F$ と熱力学ポテンシャル $\Omega$ は $F = \Omega + \mu N$ という関係にあるが，超伝導転移の上下で化学ポテンシャル $\mu$ と全電子数の平均値 $N$ は不変なので，正常状態の自由エネルギーを $F_n$ とすれば，$F = F_n + \Omega_s - \Omega_n$ ということになる．そして，空間的に一様なバルクの系での超伝導体では $\Omega_s - \Omega_n$ は式 (2.98) で与えられる．そこで，その式，あるいは，式 (2.97) を $\Delta$ で偏微分すると，

$$\frac{\partial F}{\partial \Delta} = \frac{\partial \Omega_s}{\partial \Delta} = \Delta \left[ \frac{2}{g} - {\sum_{\bm{p}}}' \frac{\tanh(E_{\bm{p}}/2T)}{E_{\bm{p}}} \right] \tag{2.117}$$

が得られる．しかるに，GL 理論では $T \approx T_c$ の状況で $\Delta$ は小さいという条件で考えることになるので，式 (2.117) 右辺のカギ括弧内を $\Delta$ について展開することにし，そして，その展開に際して式 (2.86) と式 (2.88) を用いると，

$$\frac{\partial F}{\partial \Delta} = 2N(0) \frac{T - T_c}{T_c} \Delta + 2N(0) \frac{7}{8} \frac{\zeta(3)}{\pi^2 T_c^2} \Delta^3 \tag{2.118}$$

が得られる．これを $\Delta$ について積分し，$O(\Delta^6)$ 以上の項を無視すると，

$$F = F_n + N(0) \frac{T - T_c}{T_c} \Delta^2 + \frac{1}{2} N(0) \frac{7}{8} \frac{\zeta(3)}{\pi^2 T_c^2} \Delta^4 \tag{2.119}$$

ということになる．

ところで，GL 理論では非一様な系での空間的にゆっくりと変動する秩序変数 $\Psi(\bm{r})$ を取り扱うので，それに対応する物理量を考えるために式 (2.111) で導入した $\langle \psi_\downarrow(\bm{r}_2) \psi_\uparrow(\bm{r}_1) \rangle$ を見直してみよう．今，$\bm{R} \equiv (\bm{r}_1 + \bm{r}_2)/2$ で重心座標，$\bm{r} \equiv \bm{r}_1 - \bm{r}_2$ で相対座標を導入すると，全く一般的に，

$$\langle \psi_\downarrow(\bm{r}_2) \psi_\uparrow(\bm{r}_1) \rangle = {\sum_{\bm{p}_1 \bm{p}_2}}' e^{i\bm{p}_1 \cdot (\bm{R} + \bm{r}/2)} e^{i\bm{p}_2 \cdot (\bm{R} - \bm{r}/2)} \langle c_{\bm{p}_2 \downarrow} c_{\bm{p}_1 \uparrow} \rangle$$

$$= \sum_{\bm{q}} e^{i\bm{q} \cdot \bm{R}} {\sum_{\bm{p}}}' e^{i\bm{p} \cdot \bm{r}} \langle c_{-\bm{p}+\bm{q}/2 \downarrow} c_{\bm{p}+\bm{q}/2 \uparrow} \rangle \equiv \sum_{\bm{q}} e^{i\bm{q} \cdot \bm{R}} \Delta_{\bm{q}}(\bm{r}) \tag{2.120}$$

と書ける．ここで，$\bm{p}_1$ と $\bm{p}_2$ は $(\bm{p}_1, \bm{p}_2) = (\bm{p} + \bm{q}/2, -\bm{p} + \bm{q}/2)$ により，変数

## 2.2 BCS 超伝導体の熱力学的性質

$(\boldsymbol{p}, \boldsymbol{q})$ へ変換した. なお，この変換の際のヤコビアンは 1 であることに注意されたい. また，$\Delta_{\boldsymbol{q}}(\boldsymbol{r})$ の計算では $\langle c_{-\boldsymbol{p}+\boldsymbol{q}/2\downarrow} c_{\boldsymbol{p}+\boldsymbol{q}/2\uparrow} \rangle$ が含まれるが，一様系ではこの期待値は $\boldsymbol{q} \neq \boldsymbol{0}$ ではゼロとして，2.2.11 項でクーパー対の波動関数を議論した. また，式 (2.112) から，$\Delta_{\boldsymbol{0}}(\boldsymbol{0}) = \Delta/g$ であった. しかしながら，$\Psi(\boldsymbol{r})$ にはギャップの空間的な変化を取り入れるので，ゼロではない $\boldsymbol{q}$ における $\Delta_{\boldsymbol{q}}(\boldsymbol{r})$ が必要になる. ただ，$\Psi(\boldsymbol{r})$ は $\xi_0$ よりも長いスケールでの変化を考えるので，$\boldsymbol{q}$ 空間では $|\boldsymbol{q}|\xi_0 \ll 1$, 実空間では $|\boldsymbol{R}| \gg \xi_0$ という条件下で考えるので，$|\boldsymbol{r}| \lesssim \xi_0$ から $\boldsymbol{R} \pm \boldsymbol{r}/2 \approx \boldsymbol{R}$ としてよい. すると，$\Psi(\boldsymbol{R})$ は $\langle \psi_\downarrow(\boldsymbol{R})\psi_\uparrow(\boldsymbol{R}) \rangle$ に比例するとし，その比例係数を $gC$ と書くと，

$$\Psi(\boldsymbol{R}) = gC \langle \psi_\downarrow(\boldsymbol{R})\Psi_\uparrow(\boldsymbol{R}) \rangle = gC \sum_{\boldsymbol{q}} e^{i\boldsymbol{q}\cdot\boldsymbol{R}} \Delta_{\boldsymbol{q}}(\boldsymbol{0}) \tag{2.121}$$

という対応関係で GL 理論の $\Psi(\boldsymbol{R})$ を微視的に定義できる. すると，この式 (2.121) から直ちに，（さしあたり単位体積当たりの物理量を考えることにして系の体積 $\Omega_t$ は $\Omega_t = 1$ と取って計算することにして）

$$\int d\boldsymbol{R} \, |\Psi(\boldsymbol{R})|^2 = g^2 |C|^2 \sum_{\boldsymbol{q}} \Delta_{\boldsymbol{q}}(\boldsymbol{0})^2 \tag{2.122}$$

および，

$$\int d\boldsymbol{R} \, |\boldsymbol{\nabla}\Psi(\boldsymbol{R})|^2 = g^2 |C|^2 \sum_{\boldsymbol{q}} \boldsymbol{q}^2 \Delta_{\boldsymbol{q}}(\boldsymbol{0})^2 \tag{2.123}$$

が得られる.

さて，磁場がない一様な系では $\Psi(\boldsymbol{R})$ も一様で，$\Delta_{\boldsymbol{q}}(\boldsymbol{0})$ の中で $\boldsymbol{q} = \boldsymbol{0}$ の成分しか持たず，かつ，式 (2.112) を考慮すると，$\Psi(\boldsymbol{R}) = gC\Delta_{\boldsymbol{0}}(\boldsymbol{0}) = C\Delta$ となる. これを GL の自由エネルギー $F$ の式 (2.5) に代入すると，

$$F = F_n - a|C|^2 \Delta^2 + \frac{b}{2}|C|^4 \Delta^4 \tag{2.124}$$

となるので，これを式 (2.119) と比較すると，

$$a|C|^2 = N(0)\frac{T_c - T}{T_c}, \quad b|C|^4 = N(0)\frac{7}{8}\frac{\zeta(3)}{\pi^2 T_c^2} \tag{2.125}$$

であることが分かる. また，無磁場下で $\Psi(\boldsymbol{R})$ がごく緩やかな空間変化がある場合，$\Delta_{\boldsymbol{q}}(\boldsymbol{0})^2$ に比例する $F$ の成分は式 (2.122) と式 (2.123), 式 (2.125) に注

意し，電子対の重心運動に関するものなので $m^* = 2m$ として，

$$-ag^2|C|^2\Delta_{\bm{q}}(\bm{0})^2 + g^2|C|^2\frac{\bm{q}^2}{4m}\Delta_{\bm{q}}(\bm{0})^2$$
$$= g^2 N(0)\Delta_{\bm{q}}(\bm{0})^2 \left(\frac{T-T_c}{T_c} + \frac{|C|^2}{N(0)}\frac{\bm{q}^2}{4m}\right) \quad (2.126)$$

となるが，これは物理的には静的なクーパー対揺らぎの伝搬子に関係するもので，特にこの式 (2.126) 右辺の括弧内は式 (2.51) の分母，$\eta + B\bm{q}^2$，に一致するべきものである．したがって，式 (2.52) から，

$$\frac{|C|^2}{N(0)}\frac{1}{4m} = B = \frac{7}{48}\frac{\zeta(3)}{\pi^2}\frac{v_F^2}{T_c^2} \quad (2.127)$$

であるので，$|C|^2$ が決定されることになる．その $|C|^2$ を使うと，最終的に，

$$a = \frac{48}{7\zeta(3)}\frac{1}{4m}\left(\frac{\pi T_c}{v_F}\right)^2\frac{T_c - T}{T_c}, \quad b = \frac{12}{7\zeta(3)}\frac{1}{nm}\left(\frac{\pi T_c}{v_F}\right)^2 \quad (2.128)$$

が得られる．ここで，電子密度 $n$ は $n = p_F^3/(3\pi^2)$，また，$N(0)$ は $N(0) = mp_F/(2\pi^2)$ であることを用いた．なお，$\xi_0 \propto T_c^{-1}$ であるから，空間変化のスケールに対して，$a$ は $O(\xi_0^{-1})$，$b$ は $O(\xi_0^{-2})$ に注意すると，GL 理論の $F$ を構成する際に空間変化のオーダーでいえば，$|\bm{\nabla}\Psi(\bm{R})|^2$ は $|\Psi(\bm{R})|^4$ と同次の寄与になる．これが $\Psi(\bm{R})$ の 4 次の項と 2 次の空間変化項を同時に考える理由であるが，同じ理由で $\Psi(\bm{R})$ の 4 次の項では $|\Psi(\bm{R})|^4$ 以外で $\bm{\nabla}\Psi(\bm{R})$ を含む項は $O(\xi_0^{-3})$ 以上の高次の寄与になるので無視できる．このようなわけで式 (2.5) の $F$ の関数形が正当化される．

これまでは磁場なしで考えてきたが，磁場下ではゲージ変換不変性を要請すれば，式 (2.5) が容易に導かれる．すなわち，ベクトルポテンシャル $\bm{A}(\bm{r})$ を $\bm{A}(\bm{r}) + \bm{\nabla}\chi(\bm{r})$ にゲージ変換した場合，($\hbar$ と $c$ を明示して書けば，) $\psi_\sigma(\bm{r})$ は $e^{-ie\chi(\bm{r})/(\hbar c)}\psi_\sigma(\bm{r})$ へと変換するので，式 (2.121) から $\Psi(\bm{R})$ は $e^{-2ie\chi(\bm{r})/(\hbar c)}\Psi(\bm{R})$ へと変換する．したがって，この $\chi(\bm{r})$ の効果が GL の $F$ に反映しないためには無磁場での $\bm{\nabla}\Psi(\bm{R})$ を $[\bm{\nabla} + 2ie\bm{A}(\bm{r})/(\hbar c)]\Psi(\bm{R})$ に置き換えればよい．これに磁場エネルギー $[\bm{\nabla} \times \bm{A}(\bm{r})]^2/(8\pi)$ を加えれば，$e^* = 2e$ として式 (2.5) が得られる．（これ以降は $\hbar = c = 1$ の単位系に戻る．）

最後に，式 (2.52) で得た $A$ の物理的意味を考えよう．これは $D_s^R(\bm{q},\omega)$ に

おける $\omega$ に関係した項なので，時間依存性を考慮する必要がある．そこで，$\Psi$ は時間にも依存するとして $\Psi(\boldsymbol{R},t)$ と書こう．ところで，古典力学ではポテンシャル $F$ を位置 $x$ の関数とし，質量を $m$ で速度を $v$ とすれば，運動方程式は $m\dot{v} = -\partial F/\partial x$ である．そこで，$F$ を GL の自由エネルギーとし，$v$ と $x$ には，それぞれ，$\Psi(\boldsymbol{R},t)$ と $\Psi^*(\boldsymbol{R},t)$ を対応させ，$m$ を $\gamma$ と書くと，

$$\gamma \frac{\partial \Psi(\boldsymbol{R},t)}{\partial t} = -\frac{\partial F}{\partial \Psi^*} = a\Psi - b|\Psi|^2\Psi + \frac{1}{4m}\left(\boldsymbol{\nabla} + 2ie\boldsymbol{A}\right)^2 \Psi \quad (2.129)$$

という運動方程式が考えられる．時間依存性がない場合，これは GL 方程式に還元され，平衡状態での $\Psi(\boldsymbol{R})$ が決められる．一方，時間に依存する場合は系が非平衡状態にあって，そこから平衡状態へ復帰する様子を記述する方程式がこの式 (2.129) ということになる．この意味で，これは GL 方程式を時間依存型に拡張したものなので，TDGL 方程式[165]と呼ばれている．ここで，$\gamma$ は平衡状態への緩和時間を与えているが，その $\gamma$ を決めるために無磁場で $\Psi(\boldsymbol{R},t) \propto e^{i\boldsymbol{q}\cdot\boldsymbol{R}-i\omega t}$ の状況を考えよう．すると，式 (2.129) の右辺を左辺に移項して $\Psi$ の 1 次項を見ると，その係数は $-a + \boldsymbol{q}^2/(4m) - i\gamma\omega$ になる．この係数は式 (2.51) 右辺の分母，$\eta + B\boldsymbol{q}^2 - iA\omega$，に比例するものなので，$-a/\gamma = \eta/A$ ということになる．これから，$A$ は緩和時間を決める物理量であることが分かるが，$\gamma$ について書き直すと，

$$\gamma = aA\frac{T_c}{T_c - T} = \frac{3}{28}\frac{\pi^3}{\zeta(3)}\frac{T_c}{E_F} \quad (2.130)$$

が得られ，緩和時間は $T_c/E_F$ のオーダーであることが分かる．

## 2.3　BCS 超伝導体の応答関数

### 2.3.1　ロンドン方程式とマイスナー効果

1935 年，ロンドン兄弟（F. London と H. London）は 4 つのマックスウェル（Maxwell）方程式の中で磁場を決定する 2 つの関係式

$$\text{rot}\,\boldsymbol{B} = \frac{4\pi}{c}\boldsymbol{j}, \quad \boldsymbol{B} = \text{rot}\,\boldsymbol{A} \quad (2.131)$$

において，マイスナー効果が現れる必要十分条件は，$K$ を正の定数として

$$\bm{j} = -\frac{c}{4\pi} K \bm{A} \tag{2.132}$$

という構成方程式が成り立つことであることを見出した．ただし，定常状態での連続の式（電荷保存則の微分形）div$\bm{j} = -\partial\rho/\partial t = 0$ から

$$\mathrm{div}\,\bm{A} = 0 \tag{2.133}$$

が導かれるので，式 (2.132) を考える際には必ず式 (2.133) を満たすようにベクトルポテンシャル $\bm{A}$ のゲージ（ロンドン–ゲージ）を選ぶ必要がある．

実際，式 (2.132) が成り立つと，ベクトル解析の公式から，

$$-K\bm{A} = \mathrm{rot}\,(\mathrm{rot}\,\bm{A}) = \mathrm{grad}\,(\mathrm{div}\,\bm{A}) - \Delta\bm{A} = -\Delta\bm{A} \tag{2.134}$$

が得られるので，両辺に rot の演算を作用すると，

$$\Delta\bm{B} = K\bm{B} \tag{2.135}$$

が得られる．そこで，3 次元空間で $x$ 座標軸に垂直で原点を含む平面（$x = 0$ の平面）を考え，$x > 0$ の領域で超伝導，$x < 0$ では真空である系（図 2.1(b) 参照）を考えよう．そして，$+z$ 方向に真空中では一様な値 $B_0$ になるように磁場を印加したとして，磁場の空間変化を調べよう．このとき，系の対称性からこの磁場の変化は明らかに $x$ 座標にしかよらないので，$\bm{B} = (0, 0, B(x))$ と書ける．すると，式 (2.135) は

$$\frac{d^2 B(x)}{dx^2} = K\,B(x) \tag{2.136}$$

になるが，この微分方程式を $x < 0$ で $B(x) = B_0$ という境界条件で解くと，

$$B(x) = B_0 \theta(-x) + B_0 e^{-\sqrt{K}\,x} \theta(x) \tag{2.137}$$

が得られる．これは外部磁場が $1/\sqrt{K}$ の距離だけは超伝導中に侵入できるが，それ以上は超伝導体の内部には入らないことを示していて，バルクの性質としてマイスナー効果が現れていることを意味する．ここで現れる特徴的な長さ $\lambda \equiv 1/\sqrt{K}$ は磁場侵入長と呼ばれている．

ちなみに，スカラーポテンシャルをゼロとしているので，電場 $\bm{E}$ は $\bm{E} = -\partial\bm{A}/c\partial t = \bm{0}$ となる．しかるに，一般に電気伝導度 $\sigma$ は $\bm{j} \equiv \sigma\bm{E}$ で定義され

るが、今の場合、$\boldsymbol{E}=0$ なのに $\boldsymbol{j}\neq\boldsymbol{0}$ であるから、$\sigma=\infty$ ということになる。なお、$\boldsymbol{j}=(j_x,j_y,j_z)$ と書くと、$j_x=j_z=0$ であるが、$j_y$ は

$$j_y = \frac{c}{4\pi}\sqrt{K}\,B_0\,e^{-\sqrt{K}\,x}\,\theta(x) \tag{2.138}$$

となり、電流は超伝導体の表面に沿って $\lambda$ の幅を持って流れていることになる。これは外部磁場を遮蔽している定常電流である。

このマイスナー効果を超伝導体の性質という観点ではなく、電磁波の性質という観点から眺めてみることも有意義である。そのために、時間にも依存する場合を考えよう。すると、マックスウェル方程式 (2.131) の第 1 式は

$$\mathrm{rot}\,\boldsymbol{B} = \frac{4\pi}{c}\boldsymbol{j} + \frac{1}{c}\frac{\partial \boldsymbol{E}}{\partial t} \tag{2.139}$$

に置き換えられるので、これに $\boldsymbol{E}=-\partial \boldsymbol{A}/c\partial t$ を代入し、かつ、式 (2.132) の関係が時間に依存する場合にも成り立つとすると、式 (2.134) は

$$\left(\Delta - \frac{1}{c^2}\frac{\partial^2}{\partial t^2} - K\right)\boldsymbol{A} = \boldsymbol{0} \tag{2.140}$$

という方程式に置き換えられる。すると、これは真空中では質量がゼロで速度が $c$ である電磁波（光）が超伝導体中では質量が $\hbar\sqrt{K}/c$ である粒子になったために超伝導体中を透過できずに減衰してしまう現象がマイスナー効果と理解出来る。後年、この光における質量獲得の概念が素粒子物理学でのヒッグス (Higgs) 機構という概念[166]の形成に資すことになった。

GL 理論では、式 (2.5) の $F$ において $\delta F/\delta \boldsymbol{A}(\boldsymbol{r})=0$ から定常状態の $\boldsymbol{A}(\boldsymbol{r})$ を決定する方程式が求められるが、それはマックスウェル方程式 (2.131) となり、その際、電流密度 $\boldsymbol{j}(\boldsymbol{r})$ は

$$\boldsymbol{j}(\boldsymbol{r}) = i\frac{\hbar e}{2m}\Big(\Psi^*(\boldsymbol{r})\boldsymbol{\nabla}\Psi(\boldsymbol{r}) - \big[\boldsymbol{\nabla}\Psi^*(\boldsymbol{r})\big]\Psi(\boldsymbol{r})\Big) - \frac{2e^2}{mc}|\Psi(\boldsymbol{r})|^2\boldsymbol{A}(\boldsymbol{r}) \tag{2.141}$$

で与えられる。しかるに、表面からコヒーレンス長よりも内側の超伝導領域では $\boldsymbol{\nabla}\Psi(\boldsymbol{r})=\boldsymbol{0}$ であるから、式 (2.141) の $\boldsymbol{j}(\boldsymbol{r})$ は式 (2.132) の形に還元される。そして、超伝導電子密度 $n_s\,(=|\Psi|^2)$ を用いると $K=4\pi(2n_s)e^2/mc^2>0$ となり、マイスナー効果発現の必要十分条件が満たされていることになる。ただ、この GL 理論はその正当性が $T\approx T_c$ に限られるので、次項では $T=0$ までの全域でマイスナー効果を議論するために BCS ハミルトニアンに基づいて久保公式による微視的な議論でロンドン方程式を導こう。

### 2.3.2 外部電磁場下の電荷電流応答関数

$\{\boldsymbol{A}(\boldsymbol{r},t), \phi(\boldsymbol{r},t)\}$ で指定されるポテンシャル下では系には

$$\boldsymbol{B} = \operatorname{rot}\boldsymbol{A}, \quad \boldsymbol{E} = -\operatorname{grad}\phi - \frac{1}{c}\frac{\partial \boldsymbol{A}}{\partial t} \tag{2.142}$$

で決まる磁場 $\boldsymbol{B}$ と電場 $\boldsymbol{E}$ がかかっていることになる．これは系に対して

$$H_{\text{ext}} = \int \rho(\boldsymbol{r})\phi(\boldsymbol{r},t)d\boldsymbol{r} - \frac{1}{c}\int \boldsymbol{j}(\boldsymbol{r})\cdot\boldsymbol{A}(\boldsymbol{r},t)d\boldsymbol{r} \tag{2.143}$$

の外部摂動ハミルトニアン $H_{\text{ext}}$ が印可された状況である．ここで，電荷密度演算子 $\rho(\boldsymbol{r})$ と電流密度演算子 $\boldsymbol{j}(\boldsymbol{r})$ は運動量演算子 $\boldsymbol{p}\,(=-i\hbar\boldsymbol{\nabla})$ を用いて

$$\rho(\boldsymbol{r}) = -e\sum_\sigma \psi_\sigma^+(\boldsymbol{r})\psi_\sigma(\boldsymbol{r}),$$

$$\boldsymbol{j}(\boldsymbol{r}) = -\frac{e}{2m}\sum_\sigma\Big\{\psi_\sigma^+(\boldsymbol{r})\Big[\boldsymbol{p}+\frac{e}{c}\boldsymbol{A}\Big]\psi_\sigma(\boldsymbol{r}) + \Big[\Big(\boldsymbol{p}+\frac{e}{c}\boldsymbol{A}\Big)\psi_\sigma^+(\boldsymbol{r})\Big]\psi_\sigma(\boldsymbol{r})\Big\} \tag{2.144}$$

で定義される．今，$\boldsymbol{A}$ や $\phi$ は小さく，1 次の寄与まで考えればよいとしよう．この線形応答では重ね合わせの原理が成り立つので，$\boldsymbol{A}$ や $\phi$ をフーリエ分解して各フーリエ成分に対する応答を別々に計算すればよい．そこで，

$$\boldsymbol{A}(\boldsymbol{r},t) = e^{i\boldsymbol{q}\cdot\boldsymbol{r}-i\omega t}\boldsymbol{A}(\boldsymbol{q},\omega), \quad \phi(\boldsymbol{r},t) = e^{i\boldsymbol{q}\cdot\boldsymbol{r}-i\omega t}\phi(\boldsymbol{q},\omega) \tag{2.145}$$

であると仮定して，I.3.4.2 項の久保公式の一般論を適用すれば，誘起電荷密度 $\rho_{\text{ind}}(\boldsymbol{q},\omega)$ と誘起電流密度 $\boldsymbol{j}_{\text{ind}}(\boldsymbol{q},\omega)$ は

$$\rho_{\text{ind}}(\boldsymbol{q},\omega) = Q_{\rho\rho}^R(\boldsymbol{q},\omega)\phi(\boldsymbol{q},\omega) - \frac{1}{c}\boldsymbol{Q}_{\rho\boldsymbol{j}}^R(\boldsymbol{q},\omega)\cdot\boldsymbol{A}(\boldsymbol{q},\omega) \tag{2.146}$$

$$\boldsymbol{j}_{\text{ind}}(\boldsymbol{q},\omega) = -\frac{e^2}{mc}\boldsymbol{A}(\boldsymbol{q},\omega)\sum_\sigma \int d\boldsymbol{r}\langle \psi_\sigma^+(\boldsymbol{r})\psi_\sigma(\boldsymbol{r})\rangle$$
$$+ \boldsymbol{Q}_{\boldsymbol{j}\rho}^R(\boldsymbol{q},\omega)\phi(\boldsymbol{q},\omega) - \frac{1}{c}\boldsymbol{Q}_{\boldsymbol{jj}}^R(\boldsymbol{q},\omega)\boldsymbol{A}(\boldsymbol{q},\omega) \tag{2.147}$$

の関係式で与えられる．ここで，各種の応答関数 $Q_{AB}^R(\boldsymbol{q},\omega)$ は $A_{\boldsymbol{q}}$ や $B_{\boldsymbol{q}}$ を

$$\rho_{\boldsymbol{q}} = -e\sum_{\boldsymbol{p}\sigma} c_{\boldsymbol{p}\sigma}^+ c_{\boldsymbol{p}+\boldsymbol{q}\sigma}, \quad \boldsymbol{j}_{\boldsymbol{q}} = -\frac{e}{m}\sum_{\boldsymbol{p}\sigma}\Big(\boldsymbol{p}+\frac{1}{2}\boldsymbol{q}\Big)c_{\boldsymbol{p}\sigma}^+ c_{\boldsymbol{p}+\boldsymbol{q}\sigma} \tag{2.148}$$

のいずれかとして，

$$Q_{AB}^R(\boldsymbol{q},\omega) = -i\int_0^\infty dt\, e^{i\omega t}\langle [A_{\boldsymbol{q}}(t), B_{-\boldsymbol{q}}]\rangle \tag{2.149}$$

## 2.3 BCS 超伝休の応答関数

で定義される. なお, ここで導入された 4 つの応答関数は独立ではなく,

$$\frac{\partial \rho_{\mathrm{ind}}}{\partial t} + \mathrm{div}\, \boldsymbol{j}_{\mathrm{ind}} = 0 \tag{2.150}$$

という電荷保存則の要請, あるいは, それと同等のゲージ変換不変性の要請による関係式がある. 後者のゲージ変換とは $\chi(\boldsymbol{r},t)$ を任意のスカラー関数として $\{\boldsymbol{A}(\boldsymbol{r},t), \phi(\boldsymbol{r},t)\} \to \{\boldsymbol{A}+\mathrm{grad}\chi, \phi-\frac{1}{c}\frac{\partial \chi}{\partial t}\}$ のように電磁場のポテンシャルを変えることであるが, これをそれぞれのフーリエ成分で書き直すと,

$$\{\boldsymbol{A}(\boldsymbol{q},\omega), \phi(\boldsymbol{q},\omega)\} \to \{\boldsymbol{A}+i\boldsymbol{q}\,\chi(\boldsymbol{q},\omega), \phi+i\frac{\omega}{c}\chi(\boldsymbol{q},\omega)\} \tag{2.151}$$

という変換になる. この変換を式 (2.146) や式 (2.147) に施し, 得られる応答が $\chi(\boldsymbol{q},\omega)$ に依存しない (ゲージ変換不変性) という要請から,

$$\omega Q^R_{\rho\rho}(\boldsymbol{q},\omega) - \boldsymbol{q}\cdot\boldsymbol{Q}^R_{\rho\boldsymbol{j}}(\boldsymbol{q},\omega) = 0 \tag{2.152}$$

$$\omega \boldsymbol{Q}^R_{\boldsymbol{j}\rho}(\boldsymbol{q},\omega) - \frac{e^2}{m}\sum_{\boldsymbol{p}\sigma}\langle c^+_{\boldsymbol{p}\sigma}c_{\boldsymbol{p}\sigma}\rangle\,\boldsymbol{q} - \boldsymbol{Q}^R_{\boldsymbol{j}\boldsymbol{j}}(\boldsymbol{q},\omega)\,\boldsymbol{q} = 0 \tag{2.153}$$

が得られる. これらの関係式を用いると, $\boldsymbol{j}_{\mathrm{ind}}(\boldsymbol{q},\omega)$ は電場 $\boldsymbol{E}(\boldsymbol{q},\omega)$ に対して,

$$\boldsymbol{j}_{\mathrm{ind}}(\boldsymbol{q},\omega) = \sigma(\boldsymbol{q},\omega)\boldsymbol{E}(\boldsymbol{q},\omega), \quad \boldsymbol{E}(\boldsymbol{q},\omega) = \frac{i\omega}{c}\boldsymbol{A}(\boldsymbol{q},\omega) - i\boldsymbol{q}\phi(\boldsymbol{q},\omega) \tag{2.154}$$

で与えられることが分かる. ここで, 電気伝導度テンソル $\sigma(\boldsymbol{q},\omega)$ は

$$\sigma(\boldsymbol{q},\omega) = \frac{i}{\omega}\left[\boldsymbol{Q}^R_{\boldsymbol{j}\boldsymbol{j}}(\boldsymbol{q},\omega) + \frac{e^2}{m}\sum_{\boldsymbol{p}\sigma}\langle c^+_{\boldsymbol{p}\sigma}c_{\boldsymbol{p}\sigma}\rangle\right] \tag{2.155}$$

で計算される. 特に, ロンドン–ゲージで $\phi=0$ のときは

$$\boldsymbol{j}_{\mathrm{ind}}(\boldsymbol{q},\omega) = -\frac{1}{c}\left[\boldsymbol{Q}^R_{\boldsymbol{j}\boldsymbol{j}}(\boldsymbol{q},\omega) + \frac{e^2}{m}\sum_{\boldsymbol{p}\sigma}\langle c^+_{\boldsymbol{p}\sigma}c_{\boldsymbol{p}\sigma}\rangle\right]\boldsymbol{A}(\boldsymbol{q},\omega) \tag{2.156}$$

となる. したがって, 誘起電流密度は $\boldsymbol{j}_{\mathrm{ind}} = (j_x, j_y, j_z)$ と書いて

$$j_\mu \equiv -\frac{c}{4\pi}\sum_{\nu=x,y,z} K_{\mu\nu} A_\nu \tag{2.157}$$

によってベクトルポテンシャル $\boldsymbol{A}$ と関係付けられる. ここで, $3\times 3$ 行列である $\{K_{\mu\nu}\}$ は式 (2.156) で $\boldsymbol{j}_{\mathrm{ind}}$ と $\boldsymbol{A}$ の間の比例係数として定義されるもので, 電流応答核と呼ばれている. そして, $\omega=0$ で $\boldsymbol{q}\to\boldsymbol{0}$ の極限でこの行列が正の固有値を持てば, マイスナー効果が出現することになる.

**2.3.3 電流応答核とマイスナー効果**

上で定義された $K_{\mu\nu}$ を 2 つの部分に分けて，$K_{\mu\nu} = K_{\mu\nu}^{(\mathrm{para})} + K_{\mu\nu}^{(\mathrm{dia})}$ と書こう．ここで，第 2 項は**反磁性電流** (diamagnetic current) の寄与と呼ばれ，

$$K_{\mu\nu}^{(\mathrm{dia})} = \frac{4\pi e^2}{mc^2} \langle \sum_{\bm{p}\sigma} c_{\bm{p}\sigma}^{+} c_{\bm{p}\sigma} \rangle \delta_{\mu\nu} = \frac{4\pi n e^2}{mc^2} \delta_{\mu\nu} \qquad (2.158)$$

のように簡単に計算される．なお，その名前の由来は，この項から引き起こされる誘起電流密度は $j_\mu^{(\mathrm{dia})} = -\frac{ne^2}{mc} A_\mu$ であり，これはちょうどロンドン方程式 (2.132) の形になり，外部磁場を遮蔽する反磁性電流となるからである．

ところで，この反磁性電流の寄与はクーパー対形成の有無にかかわらず得られてしまったので，このままでは，たとえ正常状態の金属でも常にマイスナー効果が出現するという誤った結論に達してしまう．これを正すには $K_{\mu\nu}$ の第 1 項の役割が重要で，正常状態では $K_{\mu\nu}^{(\mathrm{dia})}$ の寄与をちょうど打ち消すが，クーパー対ができるとこの打ち消しが完全でないことを証明しなければならない．このように，第 1 項は反磁性電流と逆の働きをするので，**常磁性電流** (paramagnetic current) の寄与と呼ばれ，$K_{\mu\nu}^{(\mathrm{para})} [= (4\pi/c^2)(\bm{Q}_{\bm{jj}}^R)_{\mu\nu}]$ と表される．摂動計算でこの項 $K_{\mu\nu}^{(\mathrm{para})}(\bm{q},\omega)$ を得るには，まず，ボゾン松原振動数 $\omega_q \equiv 2\pi qT > 0$ に対して（$\beta = 1/T$ として）

$$\begin{aligned}
k_{\mu\nu}(\bm{q}, i\omega_q) &\equiv -\frac{4\pi}{c^2} \int_0^\beta d\tau\, e^{i\omega_q\tau} \langle T_\tau j_{\bm{q}}^\mu(\tau) j_{-\bm{q}}^\nu \rangle \\
&= -\frac{4\pi e^2}{m^2 c^2} \sum_{\bm{p}\bm{p}'\sigma\sigma'} \left(p_\mu + \frac{1}{2}q_\mu\right)\left(p'_\nu - \frac{1}{2}q_\nu\right) \\
&\quad \times \int_0^\beta d\tau\, e^{i\omega_q\tau} \langle T_\tau c_{\bm{p}\sigma}^{+}(\tau) c_{\bm{p}+\bm{q}\sigma}(\tau) c_{\bm{p}'\sigma'}^{+} c_{\bm{p}'-\bm{q}\sigma'} \rangle \qquad (2.159)
\end{aligned}$$

を計算して，それを解析接続（$i\omega_q \to \omega + i0^+$）すればよい．

そこで，式 (2.159) 右辺の相関関数を HFG 近似で計算してみると，

$$\begin{aligned}
\langle T_\tau c_{\bm{p}\sigma}^{+}(\tau) c_{\bm{p}+\bm{q}\sigma}(\tau) c_{\bm{p}'\sigma'}^{+} c_{\bm{p}'-\bm{q}\sigma'} \rangle &\approx \langle c_{\bm{p}\sigma}^{+}(\tau) c_{\bm{p}+\bm{q}\sigma}(\tau) \rangle \langle c_{\bm{p}'\sigma'}^{+} c_{\bm{p}'-\bm{q}\sigma'} \rangle \\
&\quad - \langle T_\tau c_{\bm{p}\sigma}^{+}(\tau) c_{\bm{p}'\sigma'}^{+} \rangle \langle T_\tau c_{\bm{p}+\bm{q}\sigma}(\tau) c_{\bm{p}'-\bm{q}\sigma'} \rangle \\
&\quad + \langle T_\tau c_{\bm{p}\sigma}^{+}(\tau) c_{\bm{p}'-\bm{q}\sigma'} \rangle \langle T_\tau c_{\bm{p}+\bm{q}\sigma}(\tau) c_{\bm{p}'\sigma'}^{+} \rangle \qquad (2.160)
\end{aligned}$$

となるが，まず，この式 (2.160) 右辺で第 1 項の寄与はない．それはその項は

## 2.3 BCS 超伝導体の応答関数

$\tau$ に依存しないので，$\tau$ での積分では因子 $e^{i\omega_q\tau}$ の積分だけになり，

$$\int_0^\beta d\tau\, e^{i\omega_q\tau} = \frac{e^{i\omega_q\beta}-1}{i\omega_q} = 0 \tag{2.161}$$

となるからである．次に，$\tau > 0$ として式 (2.160) 右辺第 2 項をグリーン関数を使って書き直すことにするが，これは 2 つの因子の積になっていて，そのうちの第 1 因子は

$$\begin{aligned}\langle T_\tau c^+_{\bm{p}\sigma}(\tau) c^+_{\bm{p}'\sigma'}\rangle &= \delta_{\bm{p},-\bm{p}'}\delta_{\sigma,-\sigma'}\langle c^+_{\bm{p}\sigma} c^+_{-\bm{p}-\sigma}(-\tau)\rangle \\ &= \delta_{\bm{p},-\bm{p}'}\delta_{\sigma,-\sigma'} F^+_{-\bm{p}-\sigma}(-\tau) \\ &= \delta_{\bm{p},-\bm{p}'}\delta_{\sigma,-\sigma'} T\sum_{\omega_p} F^+_{-\bm{p}-\sigma}(i\omega_p) e^{i\omega_p\tau}\end{aligned} \tag{2.162}$$

となる．第 2 因子も同じように書き直すと，

$$\begin{aligned}\langle T_\tau c_{\bm{p}+\bm{q}\sigma}(\tau) c_{\bm{p}'-\bm{q}\sigma'}\rangle &= -\delta_{\bm{p},-\bm{p}'}\delta_{\sigma,-\sigma'} F_{\bm{p}+\bm{q}\sigma}(\tau) \\ &= -\delta_{\bm{p},-\bm{p}'}\delta_{\sigma,-\sigma'} T\sum_{\omega_{p'}} F_{\bm{p}+\bm{q}\sigma}(i\omega_{p'}) e^{-i\omega_{p'}\tau}\end{aligned} \tag{2.163}$$

となる．全く同様に，式 (2.160) 右辺第 3 項の各因子は

$$\begin{aligned}\langle T_\tau c^+_{\bm{p}\sigma}(\tau) c_{\bm{p}'-\bm{q}\sigma'}\rangle &= \delta_{\bm{p},\bm{p}'-\bm{q}}\delta_{\sigma,\sigma'} G_{\bm{p}\sigma}(-\tau) \\ &= \delta_{\bm{p},\bm{p}'-\bm{q}}\delta_{\sigma,\sigma'} T\sum_{\omega_p} G_{\bm{p}\sigma}(i\omega_p) e^{i\omega_p\tau}\end{aligned} \tag{2.164}$$

$$\begin{aligned}\langle T_\tau c_{\bm{p}+\bm{q}\sigma}(\tau) c^+_{\bm{p}'\sigma'}\rangle &= -\delta_{\bm{p}+\bm{q},\bm{p}'}\delta_{\sigma,\sigma'} G_{\bm{p}+\bm{q}\sigma}(\tau) \\ &= -\delta_{\bm{p}+\bm{q},\bm{p}'}\delta_{\sigma,\sigma'} T\sum_{\omega_{p'}} G_{\bm{p}+\bm{q}\sigma}(i\omega_{p'}) e^{-i\omega_{p'}\tau}\end{aligned} \tag{2.165}$$

であるから，式 (2.160) 右辺第 2, 3 項における $\tau$ 積分は両方共に

$$\int_0^\beta d\tau\, e^{i(\omega_q+\omega_p-\omega_{p'})\tau} = \beta \delta_{\omega_q+\omega_p,\omega_{p'}} \tag{2.166}$$

という計算になる．この結果，式 (2.159) の $k_{\mu\nu}(\bm{q}, i\omega_q)$ は

$$k_{\mu\nu}(\bm{q}, i\omega_q) = \frac{4\pi e^2}{m^2 c^2}\sum_{\bm{p}\sigma}\left(p_\mu + \frac{1}{2}q_\mu\right)\left(p_\nu + \frac{1}{2}q_\nu\right) L^{(+)}_{\bm{p}\sigma}(\bm{q}, i\omega_q) \tag{2.167}$$

という形に書き上げることができる．ここで，$L^{(+)}_{\bm{p}\sigma}(\bm{q}, i\omega_q)$ は

$$L_{\bm{p}\sigma}^{(+)}(\bm{q},i\omega_q) \equiv T\sum_{\omega_p}\Big[G_{\bm{p}\sigma}(i\omega_p)G_{\bm{p}+\bm{q}\sigma}(i\omega_p+i\omega_q)$$
$$+ F^+_{-\bm{p}-\sigma}(i\omega_p)F_{\bm{p}+\bm{q}\sigma}(i\omega_p+i\omega_q)\Big] \quad (2.168)$$

のように定義された. 特に, $\omega_q \to 0$ のときは,

$$L_{\bm{p}\sigma}^{(+)}(\bm{q},0) = (u_{\bm{p}}u_{\bm{p}+\bm{q}} + v_{\bm{p}}v_{\bm{p}+\bm{q}})^2 \frac{f(E_{\bm{p}+\bm{q}}) - f(E_{\bm{p}})}{E_{\bm{p}+\bm{q}} - E_{\bm{p}}}$$
$$+ (u_{\bm{p}}v_{\bm{p}+\bm{q}} - v_{\bm{p}}u_{\bm{p}+\bm{q}})^2 \frac{f(E_{\bm{p}+\bm{q}}) + f(E_{\bm{p}}) - 1}{E_{\bm{p}+\bm{q}} + E_{\bm{p}}} \quad (2.169)$$

のように計算される.

以上の結果をまとめると, 求める $\omega = 0$ で $\bm{q} \to \bm{0}$ での電流応答核 $K_{\mu\nu}$ は

$$K_{\mu\nu} = \frac{4\pi n e^2}{mc^2}\delta_{\mu\nu} + \frac{4\pi e^2}{m^2 c^2}\sum_{\bm{p}\sigma} p_\mu p_\nu \frac{\partial f(E_{\bm{p}})}{\partial E_{\bm{p}}} \quad (2.170)$$

で与えられることになる.

式 (2.170) で得られた $K_{\mu\nu}$ の性質を調べてみよう. まず, $T > T_c$ の正常金属相で式 (2.170) がマイスナー効果をもたらさないことを確かめよう. そのために, 次の関係式に注意しよう:

$$\xi_{\bm{p}} = \frac{\bm{p}^2}{2m} - \mu, \quad \frac{p_\mu}{m} = \frac{\partial \xi_{\bm{p}}}{\partial p_\mu}, \quad \frac{\delta_{\mu\nu}}{m} = \frac{\partial^2 \xi_{\bm{p}}}{\partial p_\mu \partial p_\nu}, \quad n = \sum_{\bm{p}\sigma} f(\xi_{\bm{p}}) \quad (2.171)$$

また, $\xi_{\bm{p}} > 0$ では $E_{\bm{p}} = \xi_{\bm{p}}$ より, $\partial f(E_{\bm{p}})/\partial E_{\bm{p}} = \partial f(\xi_{\bm{p}})/\partial \xi_{\bm{p}}$ であるが, 一方, $\xi_{\bm{p}} < 0$ では $E_{\bm{p}} = -\xi_{\bm{p}}$ より, $\partial f(E_{\bm{p}})/\partial E_{\bm{p}} = \partial f(-\xi_{\bm{p}})/(-\partial \xi_{\bm{p}}) = \partial f(\xi_{\bm{p}})/\partial \xi_{\bm{p}}$ となり, いずれにしても, 式 (2.170) 右辺第 2 項のフェルミ分布関数の微分では $E_{\bm{p}}$ を $\xi_{\bm{p}}$ に置き換えればよい. すると,

$$K_{\mu\nu} = \frac{4\pi e^2}{c^2}\sum_{\bm{p}\sigma} \frac{\partial^2 \xi_{\bm{p}}}{\partial p_\mu \partial p_\nu} f(\xi_{\bm{p}}) + \frac{4\pi e^2}{c^2}\sum_{\bm{p}\sigma} \frac{\partial \xi_{\bm{p}}}{\partial p_\mu}\frac{\partial \xi_{\bm{p}}}{\partial p_\nu}\frac{\partial f(\xi_{\bm{p}})}{\partial \xi_{\bm{p}}}$$
$$= \frac{4\pi e^2}{c^2}\sum_{\bm{p}\sigma}\frac{\partial}{\partial p_\mu}\Big[\frac{\partial \xi_{\bm{p}}}{\partial p_\nu}f(\xi_{\bm{p}})\Big]$$
$$= -T\frac{4\pi e^2}{c^2}\sum_{\bm{p}\sigma}\frac{\partial^2}{\partial p_\mu \partial p_\nu}\Big[\ln\Big(1 + e^{-\beta \xi_{\bm{p}}}\Big)\Big] = 0 \quad (2.172)$$

となるので, マイスナー効果は出現しないことになる. なお, 式 (2.172) の最終

## 2.3 BCS 超伝導体の応答関数

式では, $\bm{p}$ での積分で $|\bm{p}| \to \infty$ での値のみが問題になるが, $\ln(1+e^{-\beta\xi_{\bm{p}}}) \to 0$ なので $K_{\mu\nu} = 0$ となる.

次に, $T=0$ の状況を考えてみよう. この場合, $E_{\bm{p}} \geq \Delta_0 > 0$ であるから式 (2.170) の第 2 項はゼロになる. すると,

$$K_{\mu\nu} = \frac{4\pi n e^2}{mc^2} \delta_{\mu\nu} \tag{2.173}$$

となり, これは明らかに正であるので, マイスナー効果が出現することになる. そして, その磁場侵入長 $\lambda$ は

$$\lambda = \frac{1}{\sqrt{K_{\mu\mu}}} = \lambda_{\mathrm{L}} \equiv \frac{c}{\omega_p} \tag{2.174}$$

となる. ここで, $\omega_p$ はプラズマ振動数で, 通常の超伝導体では $\hbar\omega_p \approx 1\mathrm{eV}$ 程度であり, そのため, $\omega_p \approx 2.4 \times 10^{14} s^{-1}$ で, この振動数に対応する光の波長である $\lambda_{\mathrm{L}}$ は $\lambda_{\mathrm{L}} \approx 10^{-4}\mathrm{cm}$ 程度となる.

一般の $0 < T < T_c$ のとき, 等方的な系であると仮定して, $p_\mu p_\nu = \delta_{\mu\nu} p_\mu^2 = \delta_{\mu\nu} \bm{p}^2/3$ に注意すると,

$$\begin{aligned}K_{\mu\nu} &= \delta_{\mu\nu} \frac{1}{\lambda_{\mathrm{L}}^2} \left[ 1 + \frac{1}{3nm} \sum_{\bm{p}\sigma} p_F^2 \frac{\partial f(E_{\bm{p}})}{\partial E_{\bm{p}}} \right] \\ &\approx \delta_{\mu\nu} \frac{1}{\lambda_{\mathrm{L}}^2} \left[ 1 + \frac{2E_F}{3n} 2N(0) \int_{-\infty}^{\infty} d\xi \frac{\partial f(\sqrt{\xi^2+\Delta^2})}{\partial \sqrt{\xi^2+\Delta^2}} \right]\end{aligned} \tag{2.175}$$

であるが, $N(0) = 3n/(4E_F)$ に注意すると,

$$\begin{aligned}K_{\mu\nu} &\approx \delta_{\mu\nu} \frac{1}{\lambda_{\mathrm{L}}^2} \left[ 1 + 2 \int_{\Delta}^{\infty} dE \frac{E}{\sqrt{E^2-\Delta^2}} \frac{\partial f(E)}{\partial E} \right] \\ &= \delta_{\mu\nu} \frac{1}{\lambda_{\mathrm{L}}^2} \left[ 1 - \frac{2}{1+e^{\Delta/T}} \right] = \delta_{\mu\nu} \frac{1}{\lambda_{\mathrm{L}}^2} \frac{1-e^{-\Delta/T}}{1+e^{-\Delta/T}}\end{aligned} \tag{2.176}$$

が得られる. 特に, $T \approx T_c$ では, この $K_{\mu\nu}$ は $K_{\mu\nu} \approx (\Delta/2T_c)\delta_{\mu\nu}/\lambda_{\mathrm{L}}^2$ となるので, 磁場侵入長 $\lambda(T)$ は無限大に発散するが, その臨界的な振る舞いは

$$\lambda(T) = \frac{1}{\sqrt{K_{\mu\mu}}} \propto \lambda_{\mathrm{L}}(T_c - T)^{-1/4} \tag{2.177}$$

である. また, $T \to 0$ では $\lambda(T) \approx \lambda_{\mathrm{L}}(1 + e^{-\Delta_0/T})$ であり, 特に $T < 0.4T_c$ では $\lambda(T)$ は $\lambda_{\mathrm{L}}$ と比べて 1% 以内の違いである (図 2.23 の $\lambda_{\mathrm{L}}/\lambda(T)$ 参照). このように, $\Delta \neq 0$ である限り, マイスナー効果が出現することが分かる.

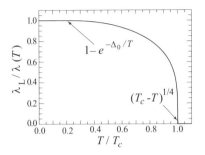

図 2.23 マイスナー効果における侵入長の温度変化

### 2.3.4 ロンドンの堅さ

前項では HFG 近似下で電流応答核を計算し，マイスナー効果が得られることを示したが，ここでは，この結果をもう少し物理的観点から見直そう．

一般に，系のハミルトニアン $H$ に対してベクトルポテンシャル $\boldsymbol{A}$ は

$$H = \sum_\sigma \int d\boldsymbol{r}\, \psi_\sigma^+(\boldsymbol{r}) \left[ -\frac{1}{2m}\left(\boldsymbol{p} + \frac{e}{c}\boldsymbol{A}\right)^2 \right] \psi_\sigma(\boldsymbol{r}) + \cdots \tag{2.178}$$

の形で含まれる．したがって，電流密度 $\boldsymbol{j}$ の期待値は

$$\boldsymbol{j} = -c \left\langle \frac{\delta H}{\delta \boldsymbol{A}} \right\rangle = -c \frac{\delta \langle H \rangle}{\delta \boldsymbol{A}} \tag{2.179}$$

で計算される．I.2.2.3 項で紹介したヘルマン–ファインマンの定理によれば，これは $\boldsymbol{j}$ はパラメータ $\boldsymbol{A}$ の変化によるエネルギー期待値の変化分ということになる．しかるに，電流応答核 $K_{\mu\nu}$ とは，$\boldsymbol{A}$ の変化による $\boldsymbol{j}$ の変化分なので，式 (2.179) においてもう一度 $\boldsymbol{A}$ の変分を取り，$\boldsymbol{A} \to 0$ とすると，

$$K_{\mu\nu} = -\frac{4\pi}{c} \frac{\delta j_\mu}{\delta A_\nu}\bigg|_{\boldsymbol{A}=0} = 4\pi \frac{\delta^2 \langle H \rangle}{\delta A_\mu \delta A_\nu}\bigg|_{\boldsymbol{A}=0} \tag{2.180}$$

となる．そして，式 (2.180) において $H$ の中で直接的に $\boldsymbol{A}$ に依存する部分を 2 回微分して得られるのが反磁性電流成分 $K_{\mu\nu}^{(\mathrm{dia})}$ である．一方，$\boldsymbol{A}$ の効果が波動関数の変化を通して寄与するのが常磁性電流成分 $K_{\mu\nu}^{(\mathrm{para})}$ である．

そこで，$\boldsymbol{A}$ の下での系の固有関数系を $\{|\Phi_n(\boldsymbol{A})\rangle\}$ $(n = 0, 1, 2, \cdots)$ と書こう．摂動論的には外場 $\boldsymbol{A}$ による摂動のハミルトニアン $H_{\mathrm{ext}}$ に対して

$$|\Phi_0(\boldsymbol{A})\rangle = |\Phi_0(\boldsymbol{0})\rangle + \sum_{n \neq 0} |\Phi_n(\boldsymbol{0})\rangle \frac{\langle |\Phi_n(\boldsymbol{0})|H_{\mathrm{ext}}|\Phi_0(\boldsymbol{0})\rangle}{E_0(\boldsymbol{0}) - E_n(\boldsymbol{0})} + \cdots \tag{2.181}$$

となるので，正常金属相のように，連続エネルギースペクトル中にフェルミ準位があると，たとえ $\boldsymbol{A} \to \boldsymbol{0}$ で $H_{\text{ext}} \to 0$ であったとしても，エネルギー分母 $E_n(\boldsymbol{0}) - E_0(\boldsymbol{0})$ がゼロになる準位が無限にあるので 1 次の摂動効果がゼロにならず，波動関数 $|\Phi_0(\boldsymbol{A})\rangle$ が $|\Phi_0(\boldsymbol{0})\rangle$ から有意に変化して反磁性電流成分を打ち消すだけの常磁性電流成分が出てくることは理解できる．また，超伝導相の $T=0$ で常磁性電流成分がゼロであったという結果は，$E_n(\boldsymbol{0}) - E_0(\boldsymbol{0})$ がゼロになる準位がないので弱い $\boldsymbol{A}$ の効果では超伝導相の基底状態の波動関数は何等の影響も受けず，$|\Phi_0(\boldsymbol{A})\rangle = |\Phi_0(\boldsymbol{0})\rangle$ のためであると理解できる．このように，弱いベクトルポテンシャルに対して基底波動関数が全く変化しないこと，言い換えれば，基底波動関数が外部摂動に対して "堅い" ことを指してロンドンの堅さ（London Rigidity）と呼ばれている．

### 2.3.5 バンド絶縁体とマイスナー効果

前節の説明では，マイスナー効果の出現とフェルミ準位でのエネルギーギャップの存在が同等であるような印象を与えるが，物事はそれほど単純ではない．実際，バンド絶縁体ではフェルミ準位のところにエネルギーギャップがあるが，マイスナー効果は出現しない．まず，この事実を証明しよう．

今，式 (2.180) で与えられた電流応答核の定義を $(\boldsymbol{q}, \omega)$ に依存する形に拡張しよう．すると，$K_{\mu\nu}(\boldsymbol{q},\omega)$ は電子場の演算子 $\psi_\sigma(\boldsymbol{r})$ を用いて

$$K_{\mu\nu}(\boldsymbol{q},\omega) = -\frac{4\pi i}{c^2}\int_0^\infty dt\, e^{i\omega t}\left\langle [j_\mu(\boldsymbol{q},t), j_\nu(-\boldsymbol{q})]\right\rangle$$
$$+ \frac{4\pi e^2}{mc^2}\delta_{\mu\nu}\sum_\sigma \int d\boldsymbol{r}\,\langle \psi_\sigma^+(\boldsymbol{r})\psi_\sigma(\boldsymbol{r})\rangle \qquad (2.182)$$

と書ける．ここで，$v_\mu\,(=\nabla_\mu/m)$ を速度演算子として $j_\mu(\boldsymbol{q})$ は

$$j_\mu(\boldsymbol{q}) = -\frac{e}{2i}\sum_\sigma \int d\boldsymbol{r}\, e^{-i\boldsymbol{q}\cdot\boldsymbol{r}}\{\psi_\sigma^+(\boldsymbol{r})[v_\mu\psi_\sigma(\boldsymbol{r})] - [v_\mu\psi_\sigma(\boldsymbol{r})]^+\psi_\sigma(\boldsymbol{r})\} \qquad (2.183)$$

ように定義された常磁性電流密度演算子である．

そこで，1 電子近似で取り扱えるバンド絶縁体を考えよう．この場合，（スピンに依存しない）ブロッホ関数の固有関数系 $\{\phi_{n\boldsymbol{k}}(\boldsymbol{r})\}$ とスピン固有関数 $\chi_\sigma$ を用いて展開しよう．ここで，$n$ はバンド指数，$\boldsymbol{k}$ は第 1 ブリルアン帯（$1^{\text{st}}$BZ）

中の波数である．そして，フェルミ準位を基準にして測った $\phi_{n\bm{k}}(\bm{r})$ に対応するエネルギー固有値を $\xi_{n\bm{k}}$ と書こう．すると，

$$\psi_\sigma(\bm{r}) = \sum_{n\bm{k}} c_{n\bm{k}\sigma} \phi_{n\bm{k}}(\bm{r}) \chi_\sigma, \quad H = \sum_{n\bm{k}\sigma} \xi_{n\bm{k}} c^+_{n\bm{k}\sigma} c_{n\bm{k}\sigma} \tag{2.184}$$

であるので，これを式 (2.182) に代入して計算し，$\omega = 0$ で $\bm{q} \to \bm{0}$ とすると，

$$\begin{aligned}
K_{\mu\nu}(\bm{0},0) = \frac{4\pi e^2}{c^2} \sum_{n\bm{k}\sigma} \Bigg[ & \langle \phi_{n\bm{k}} | v_\mu | \phi_{n\bm{k}} \rangle \langle \phi_{n\bm{k}} | v_\nu | \phi_{n\bm{k}} \rangle \frac{\partial f(\xi_{n\bm{k}})}{\partial \xi_{n\bm{k}}} \\
& + \sum_{n' \neq n} \langle \phi_{n\bm{k}} | v_\mu | \phi_{n'\bm{k}} \rangle \langle \phi_{n'\bm{k}} | v_\nu | \phi_{n\bm{k}} \rangle \frac{f(\xi_{n\bm{k}}) - f[\xi_{n'\bm{k}}]}{\xi_{n\bm{k}} - \xi_{n'\bm{k}}} + \frac{\delta_{\mu\nu}}{m} f(\xi_{n\bm{k}}) \Bigg]
\end{aligned} \tag{2.185}$$

が得られる．しかるに，一般に，ブロッホ関数系に対して"群速度公式"

$$\frac{\partial \xi_{n\bm{k}}}{\partial k_\mu} = \langle \phi_{n\bm{k}} | v_\mu | \phi_{n\bm{k}} \rangle \tag{2.186}$$

が成り立つほかに，"有効質量公式"

$$\frac{\partial^2 \xi_{n\bm{k}}}{\partial k_\mu \partial k_\nu} = \frac{\delta_{\mu\nu}}{m} + \sum_{n' \neq n} \frac{\langle \phi_{n\bm{k}} | v_\mu | \phi_{n'\bm{k}} \rangle \langle \phi_{n'\bm{k}} | v_\nu | \phi_{n\bm{k}} \rangle + \langle \phi_{n\bm{k}} | v_\nu | \phi_{n'\bm{k}} \rangle \langle \phi_{n'\bm{k}} | v_\mu | \phi_{n\bm{k}} \rangle}{\xi_{n\bm{k}} - \xi_{n'\bm{k}}} \tag{2.187}$$

が成り立つので，これらの公式を式 (2.185) に代入すると，

$$K_{\mu\nu}(\bm{0},0) = -T \frac{4\pi e^2}{c^2} \sum_{n\bm{k}\sigma} \frac{\partial^2}{\partial k_\mu \partial k_\nu} \left[ \ln\left(1 + e^{-\beta \xi_{n\bm{k}}}\right) \right] = 0 \tag{2.188}$$

が導かれる．なお，式 (2.188) の最終等式を導く際には $\bm{k}$ 積分を第 1 ブリルアン帯 ($1^{\text{st}}$BZ) にわたって行うことになるが，一般に $1^{\text{st}}$BZ 中の任意の $\bm{k}$ と任意の逆格子ベクトル $\bm{G}$ に対して $\xi_{n\bm{k}} = \xi_{n\bm{k}+\bm{G}}$ が成り立つことに注意した．このように，$K_{\mu\nu}$ はフェルミ準位の位置に関係なく（すなわち，正常金属相でも，絶縁相でも）厳密にゼロになるので，絶縁体のようにイオンポテンシャルの効果でフェルミ準位にエネルギーギャップができてもマイスナー効果は出現しない．これは式 (2.181) に戻っていえば，たとえエネルギー分母がゼロにならなくても，式 (2.187) で表現されているように多数のバンドが寄与して十分な振動子強度が与えられれば，$\bm{A} \to \bm{0}$ でも波動関数に有限の変化が現れるのである．

### 2.3.6 非対角長距離秩序（ODLRO）

それでは，イオンポテンシャルではなく，電子間相互作用の効果でエネルギーギャップが生じるとマイスナー効果が現れるのだろうか．答は否である．実際，電荷密度波（CDW）相やスピン密度波（SDW）相，励起子絶縁（Excitonic Insulator：EI）相などでは電子間相互作用でフェルミ準位にエネルギーギャップが出現するが，これらの相では同様の計算で $K_{\mu\nu} = 0$ が導かれる．それでは何が原因で超伝導相ではロンドンの堅さが生じるのであろうか？

実はマイスナー効果にとって本質的なことは**時間反転対称性**である．そもそも，磁場はこの時間反転対称性を破るが，CDW や SDW，EI では秩序パラメータは $\langle c^+ c \rangle$ 型であるため，時間反転対称性が破れても影響を受けず，磁場に対して波動関数が応分に変形し，マイスナー効果が生じなくなる．それに対して，$\langle c_{\boldsymbol{p}\uparrow} c_{-\boldsymbol{p}\downarrow} \rangle$ という時間反転対称な状態間の電子対からなる秩序パラメータを持つ超伝導状態では，時間反転対称性がなくなることはこの秩序パラメータの存亡にかかわる重大事であるので，磁場の侵入に抵抗して超伝導体の内部から磁場を排除しているのである．このように，マイスナー効果の本当の原因はエネルギーギャップの存在ではなく，$\langle cc \rangle$ 型の秩序パラメータの存在であり，これが波動関数が堅さを示す根本的な原因でもある．

実際，磁性不純物が含まれる超伝導体では，その不純物に起因する局在状態のエネルギー準位が超伝導エネルギーギャップ中に存在することになる（図 2.24(a) 参照）．そして，その磁性不純物が多数になる状況では不純物準位が広がってし

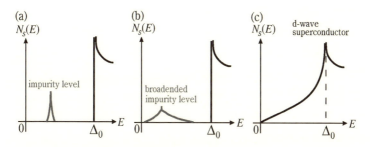

図 2.24 (a) s 波超伝導体中に磁性不純物がある場合の状態密度．(b) その磁性不純物の数が増えて，不純物準位が広がった場合の状態密度．(c) d 波超伝導体の状態密度．

まい，その結果，状態密度 $N_s(E)$ にエネルギーギャップが見られなくなってくる（図 2.24(b) 参照：これを "ギャップレス超伝導体" と呼ぶ）が，$\langle cc \rangle \neq 0$ である限り，マイスナー効果は出現する．もちろん，不純物が存在しなくても d 波超伝導体では $N_s(E)$ にエネルギーギャップがなくなっている（図 2.24(c) 参照）ものの，マイスナー効果は見られるのである．

1962 年，この $\langle cc \rangle \neq 0$ 型の秩序をヤン（C. N. Yang）は "非対角長距離秩序（Off–Diagonal Long–Range Order：ODLRO）" と名付け，CDW や SDW のような $\langle c^+c \rangle \neq 0$ 型の "対角長距離秩序（Diagonal Long–Range Order：DLRO）" と区別[167]した．"非対角" という言葉はフォック空間での非対角成分（すなわち，全電子数が違うヒルベルト空間の間での電子対）を考えているという意味である．そして，同じ長距離秩序とはいえ，ODLRO は DLRO とは違うゲージ変換をすることが大きな特徴である．これは 2.2.12 項でも述べたことであるが，スカラー関数 $\chi$ で規定されるゲージ変換を施した場合，$c \to c \exp(-ie\chi/c\hbar)$ であるので，DLRO では $\langle c^+c \rangle \to \langle c^+c \rangle$ となり不変であるが，ODLRO では $\langle cc \rangle \to \langle cc \rangle \exp(-2ie\chi/c\hbar)$ という変換になり，ゲージ関数が秩序パラメータの位相因子に陽に現れることになる．ところで，この秩序パラメータは GL 理論の巨視的な電子場 $\Psi$ に（定数係数を別にすれば）そのまま対応するので，この位相因子も巨視的な量となり，測定可能な（すなわち，実験的に固定することができる）物理量ということになる．したがって，$\Psi$ の位相を決めることを通して，いわば，ゲージが固定されることになるが，これはゲージが自由に選択できるという意味での "ゲージ変換不変性" に反することになる．これはゲージに対する対称性が破れたことでもあり，それゆえ 2 次の相転移である超伝導相では，その転移に際して破れる対称性はゲージ変換のそれであると考えられるのである．

### 2.3.7　電流密度バーテックス：南部表示とワード恒等式

以上のマイスナー効果に対する計算と考察は概ね BCS の元の論文に沿って行ったものだが，この BCS 理論の計算に対して，当初から疑義が出されていた．それは局所的な電荷保存に関する**連続の式**という基本的な物理法則が満たされている正当な理論かどうかということである．実際，この物理法則のおか

げで常伝導相や絶縁相では反磁性電流の寄与が常磁性電流の寄与で常に相殺されるという結果が導かれていたのである．しかしながら，物理的には連続の式はゲージ変換に対する不変性と同等であることが知られている一方で，先に述べたように超伝導自身がゲージ対称性を破った状態であるとなると，この物理理論としての正当性に関する議論はそれほど簡単ではない．この一見複雑な問題に決着をつけたのは南部（Y. Nambu）[57]である．

ここでは，まず，物理的な観点からこの問題の解決に至る道筋を解説してみよう．今，等方的な系の場合，$K_{\mu\nu} \propto \delta_{\mu\nu}$ は明らかであろう．そこで，たとえば，$\boldsymbol{q} = (0,0,q)$ としよう．すると，静的なベクトルポテンシャル $\boldsymbol{A}$ に対するゲージ不変性の要請，あるいは同等のことだが，電荷保存の要請とは，式 (2.157)を用いて，

$$\sum_{\mu} q_{\mu} j_{\mu} = -\frac{c}{4\pi} \sum_{\mu\nu} q_{\mu} K_{\mu\nu} A_{\nu} = 0 \qquad (2.189)$$

が任意の $\boldsymbol{A}$ について成り立つことであり，今の $\boldsymbol{q}$ の場合，これは，$qK_{zz}(\boldsymbol{q},0) = 0$ が成り立つことになる．ところで，この等式が任意の小さな $q$ について成り立つためには $q \to 0$ の極限で

$$K_{zz} = 0 \qquad (2.190)$$

でないといけない．なお，常伝導相では全電荷保存則（f-総和則）のために常に反磁性電流成分と常磁性電流成分がキャンセルし，この関係が厳密に成り立つことが式 (2.172) や式 (2.188) で証明されていた．これに対して，マイスナー効果の存在を議論するためには $\{K_{\mu\nu}\}$ の縦成分である $K_{zz}$ ではなく，ロンドン方程式の横成分が問題になり，$K_{xx}$ や $K_{yy}$ に対して，

$$K_{xx} = K_{yy} > 0 \qquad (2.191)$$

を証明する必要がある．しかるに，今の等方的な系で $\boldsymbol{q} = \boldsymbol{0}$ の場合，物理的な直感からいえば，空間の等方性から縦方向と横方向が区別されるとは考えられず，それゆえ，$K_{xx} = K_{yy} = K_{zz} = 0$ が常に成り立つように思える．実際，常伝導相の金属や絶縁体でマイスナー効果が現れないとの結論も結局はこの縦横の区別がつかないという対称性のためといえる．

しかしながら，長波長極限で縦成分と横成分が必ず等しくなければならないという厳密な対称性，あるいは，保存則があるわけではなく，それらが違っていてもよい．この縦成分と横成分の分離という概念が超伝導におけるゲージ問題を解決する鍵になった．すなわち，超伝導では縦成分と横成分の分離が起こり，連続の式という基本的物理法則は $K_{zz}=0$ で厳密に満たされながらも，$K_{xx}=K_{yy}>0$ という形でゲージ対称性が破られてマイスナー効果が出現したというわけである．

上で述べたシナリオを数学的に証明しよう．そのためには南部の原論文に基づいて BCS 理論における $K_{\mu\nu}$ の計算を見直す必要があるが，その第一歩として，定式化における表現の基底を "南部表示" と呼ばれるものに変換しよう．これはスピン一重項のクーパー対を組む時間反転対称な状態の消滅演算子と生成演算子を組とした $SU(2)$ 対称性をあらわに示した 2 次元表現で，

$$\Psi_{\boldsymbol{p}} = \begin{pmatrix} c_{\boldsymbol{p}\uparrow} \\ c^{+}_{-\boldsymbol{p}\downarrow} \end{pmatrix}, \quad \Psi^{+}_{\boldsymbol{p}} = (c^{+}_{\boldsymbol{p}\uparrow}\ c_{-\boldsymbol{p}\downarrow}) \tag{2.192}$$

として具体的に与えられる．そこで，$\tau_i\ (i=1,2,3)$ をパウリ行列

$$\tau_1 = \begin{pmatrix} 0 & 1 \\ 1 & 0 \end{pmatrix},\ \tau_2 = \begin{pmatrix} 0 & -i \\ i & 0 \end{pmatrix},\ \tau_3 = \begin{pmatrix} 1 & 0 \\ 0 & -1 \end{pmatrix} \tag{2.193}$$

とし，また，2 次元表現の単位行列を $\tau_0$ と書くことにしよう．すると，

$$\Psi^{+}_{\boldsymbol{p}}\tau_3\Psi_{\boldsymbol{p}'} = c^{+}_{\boldsymbol{p}\uparrow}c_{\boldsymbol{p}'\uparrow} - c_{-\boldsymbol{p}\downarrow}c^{+}_{-\boldsymbol{p}'\downarrow} = c^{+}_{\boldsymbol{p}\uparrow}c_{\boldsymbol{p}'\uparrow} + c^{+}_{-\boldsymbol{p}'\downarrow}c_{-\boldsymbol{p}\downarrow} - \delta_{\boldsymbol{p},\boldsymbol{p}'} \tag{2.194}$$

であるので，定数因子を別として，$H_0$ は

$$H_0 = \sum_{\boldsymbol{p}} \xi_{\boldsymbol{p}}\, \Psi^{+}_{\boldsymbol{p}}\, \tau_3\, \Psi_{\boldsymbol{p}} \tag{2.195}$$

と書けることになる．そして，この表示での温度グリーン関数 $G_{\boldsymbol{p}}(\tau)$ は

$$\begin{aligned} G_{\boldsymbol{p}}(\tau) &\equiv -\langle T_\tau \Psi_{\boldsymbol{p}}(\tau)\Psi^{+}_{\boldsymbol{p}}\rangle \\ &= \begin{pmatrix} -\langle T_\tau c_{\boldsymbol{p}\uparrow}(\tau)c^{+}_{\boldsymbol{p}\uparrow}\rangle & -\langle T_\tau c_{\boldsymbol{p}\uparrow}(\tau)c_{-\boldsymbol{p}\downarrow}\rangle \\ -\langle T_\tau c^{+}_{-\boldsymbol{p}\downarrow}(\tau)c^{+}_{\boldsymbol{p}\uparrow}\rangle & -\langle T_\tau c^{+}_{-\boldsymbol{p}\downarrow}(\tau)c_{-\boldsymbol{p}\downarrow}\rangle \end{pmatrix} \\ &= \begin{pmatrix} G_{\boldsymbol{p}\uparrow}(\tau) & F_{\boldsymbol{p}\uparrow}(\tau) \\ F_{-\boldsymbol{p}\downarrow}(\tau) & -G_{-\boldsymbol{p}\downarrow}(-\tau) \end{pmatrix} \end{aligned} \tag{2.196}$$

## 2.3 BCS 超伝導体の応答関数

で定義され,そのフーリエ成分は $\omega_p$ をフェルミオン松原振動数として,

$$G_{\bm{p}}(i\omega_p) = -\int_0^{1/T} d\tau\, e^{i\omega_p\tau} \langle T_\tau \Psi_{\bm{p}}(\tau)\Psi_{\bm{p}}^+\rangle \tag{2.197}$$

で計算される.相互作用がない $H_0$ の場合の $G_{\bm{p}}(i\omega_p)$ を $G_{\bm{p}}^0(i\omega_p)$ と書くと,

$$G_{\bm{p}}^0(i\omega_p) = \frac{1}{i\omega_p\,\tau_0 - \xi_{\bm{p}}\,\tau_3} = \frac{i\omega_p\,\tau_0 + \xi_{\bm{p}}\,\tau_3}{(i\omega_p)^2 - \xi_{\bm{p}}^2} \tag{2.198}$$

であることは式 (2.195) を見れば容易に分かる.相互作用がある場合,$G_{\bm{p}}(i\omega_p)$ を決定するダイソン方程式は自己エネルギーを $\Sigma_{\bm{p}}(i\omega_p)$ と書くと,

$$G_{\bm{p}}(i\omega_p) = G_{\bm{p}}^0(i\omega_p) + G_{\bm{p}}^0(i\omega_p)\,\Sigma_{\bm{p}}(i\omega_p)\,G_{\bm{p}}(i\omega_p) \tag{2.199}$$

であるが,HFG 近似では式 (2.70)〜(2.74) の結果を用いると,

$$G_{\bm{p}}(i\omega_p) = \frac{1}{i\omega_p\,\tau_0 - \xi_{\bm{p}}\,\tau_3 + \Delta\,\tau_1} = \frac{i\omega_p\,\tau_0 + \xi_{\bm{p}}\,\tau_3 - \Delta\,\tau_1}{(i\omega_p)^2 - E_{\bm{p}}^2} \tag{2.200}$$

となるので,この場合の $\Sigma_{\bm{p}}(i\omega_p)$ は

$$\begin{aligned}\Sigma_{\bm{p}}(i\omega_p) &= -\Delta\,\tau_1 = g\sum_{\bm{p}'}{}' T\sum_{\omega_{p'}} \frac{\Delta}{(i\omega_{p'})^2 - E_{\bm{p}'}^2}\,\tau_1\, e^{i\omega_{p'}0^+}\\ &= g\sum_{\bm{p}'}{}' T\sum_{\omega_{p'}} \tau_3\, G_{\bm{p}'}(i\omega_{p'})\,\tau_3\, e^{i\omega_{p'}0^+}\end{aligned} \tag{2.201}$$

ということになる.なお,式 (2.200) や式 (2.201) の導出に際しては,前節と同様に,$\Delta$ は実数である($\Delta^* = \Delta$)と仮定した.また,$\Delta$ には式 (2.78),あるいは,ギャップ方程式 (2.79) を用いて書き直し,かつ,式 (2.201) の最終式で $\tau_0$ や $\tau_3$ に比例する部分は,それぞれ,$\omega_{p'}$ の和や $\bm{p}'$ による積分でゼロになることに注意されたい.

この南部表示では,裸の電荷密度演算子 $\rho_{\bm{q}} \equiv j_0(\bm{q})$ や裸の電流密度演算子 $\bm{j}_{\bm{q}} \equiv (j_\mu(\bm{q}))$ は裸の 3 点バーテックス $\gamma_i(\bm{p}, \bm{p}+\bm{q})$ を用いて,それぞれ,

$$j_i(\bm{q}) = -e\sum_{\bm{p}} \Psi_{\bm{p}}^+\,\gamma_i(\bm{p}, \bm{p}+\bm{q})\,\Psi_{\bm{p}+\bm{q}}, \quad (ここで,\ i = 0, x, y, z) \tag{2.202}$$

と書き表される.なお,$\gamma_0(\bm{p}, \bm{p}+\bm{q})$ や $\gamma_\mu(\bm{p}, \bm{p}+\bm{q})$ は

$$\gamma_i(\bm{p}, \bm{p}+\bm{q}) = \begin{cases} \tau_3 & (i = 0\ \text{の場合}) \\ \dfrac{1}{m}\left(p_\mu + \dfrac{q_\mu}{2}\right)\tau_0 & (i = \mu = x, y, z\ \text{の場合}) \end{cases} \tag{2.203}$$

であるが，これは式 (II.2.478) を南部表示に変えたものである．

さて，II.2 章で解説したように，相互作用のある系では裸の $\gamma_i(\boldsymbol{p}, \boldsymbol{p}+\boldsymbol{q})$ は繰り込まれた 3 点バーテックス関数 $\Gamma_i(p, p+q)$ に変化する．ここで，$p = (\boldsymbol{p}, i\omega_p)$ は運動量と松原振動数の一括表示であり，$q = (\boldsymbol{q}, i\omega_q)$ も同様である．すると，式 (2.159) で定義された $k_{\mu\nu}(\boldsymbol{q}, i\omega_q)$ を南部表示で厳密に書き直すと，

$$k_{\mu\nu}(\boldsymbol{q}, i\omega_q) = \frac{4\pi e^2}{c^2} \sum_{\boldsymbol{p}} T \sum_{\omega_p} \mathrm{tr} \Big[ \gamma_\mu(\boldsymbol{p}, \boldsymbol{p}+\boldsymbol{q}) G_{\boldsymbol{p}+\boldsymbol{q}}(i\omega_p + i\omega_q) \\ \times \Gamma_\nu(p+q, p) G_{\boldsymbol{p}}(i\omega_p) \Big] \tag{2.204}$$

が得られる．この式で，$\Gamma_\nu(p+q, p)$ を $\gamma_\nu(\boldsymbol{p}+\boldsymbol{q}, \boldsymbol{p})$ に置き換え，$G_{\boldsymbol{p}}(i\omega_p)$ に式 (2.200) を代入すると，$k_{\mu\nu}(\boldsymbol{q}, i\omega_q)$ は式 (2.167) に還元され，最終的に $K_{\mu\nu}$ は式 (2.170) の BCS 理論の結果を再現する．しかしながら，式 (2.200) の $G_{\boldsymbol{p}}(i\omega_p)$ は式 (2.201) の自己エネルギー $\Sigma_{\boldsymbol{p}}(i\omega_p)$ を含むので，$\Gamma_\nu(p+q, p)$ を $\gamma_\nu(\boldsymbol{p}+\boldsymbol{q}, \boldsymbol{p})$ とする近似と整合しないという理論上の欠陥がある．すなわち，グリーン関数法では，II.2.5.6 項や II.2.8.7 項で強調したように，連続の式が満たされるためには自己エネルギーと 3 点バーテックス関数の間には "ワード (Ward) 恒等式" が成り立つ必要があるが，BCS 理論はそれを満たしていないのである．

このワード恒等式の厳密な関係式を南部表示で書き表すと，

$$\sum_\mu q_\mu \Gamma_\mu(p, p+q) - i\omega_q \Gamma_0(p, p+q) = \tau_3 G_{\boldsymbol{p}}^{-1}(i\omega_p) - G_{\boldsymbol{p}+\boldsymbol{q}}^{-1}(i\omega_p + i\omega_q) \tau_3 \tag{2.205}$$

となる．与えられた自己エネルギーに対してワード恒等式を満たすバーテックス関数を得るためのファインマン–ダイアグラムを用いた一般的，かつ，具体的な方法は，まず，自己エネルギーを表すダイアグラムを書き下し，次に，その各ダイアグラムの内部電子線（のどれか）に 3 点バーテックスを一つ取り付けたダイアグラムを次々に可能な限りすべて書き上げ，得られたダイアグラムの全体から構成されたものをバーテックス関数とすることである．すると，HFG 近似の自己エネルギーの式 (2.201) と整合的なバーテックス関数ははしご型のダイアグラムによるバーテックス補正を考えればよいので，それをベーテ–サルペーター (Bethe–Salpeter) 型の積分方程式で表すと，

## 2.3 BCS 超伝導体の応答関数

$$\Gamma_i(p+q,p) = \gamma_i(\boldsymbol{p}+\boldsymbol{q},\boldsymbol{p}) + g{\sum_{\boldsymbol{p}'}}' T \sum_{\omega_{p'}} \tau_3 \, G_{\boldsymbol{p}'+\boldsymbol{q}}(i\omega_{p'}+i\omega_q)$$
$$\times \Gamma_i(p'+q,p') \, G_{\boldsymbol{p}'}(i\omega_{p'}) \tau_3 \qquad (2.206)$$

ということになる．なお，式 (2.206) の $\Gamma_i(p+q,p)$ が式 (2.205) を満たすことは直接的に代入すれば，容易に確かめられる．

ところで，式 (2.206) 右辺第 2 項は $p$ に依存しないので，それを $C_i(q)$ と書き，$\Gamma_i(p+q,p) = \gamma_i(\boldsymbol{p}+\boldsymbol{q},\boldsymbol{p}) + C_i(q)$ を式 (2.206) に代入すると，$C_i(q) = C_i^0(q) + C_i(q)D(q)$ となる．ここで，$C_i^0(q)$ と $D(q)$ は，それぞれ，

$$C_i^0(q) = g{\sum_{\boldsymbol{p}}}' T \sum_{\omega_p} \tau_3 G_{\boldsymbol{p}+\boldsymbol{q}}(i\omega_p+i\omega_q)\gamma_i(\boldsymbol{p}+\boldsymbol{q},\boldsymbol{p})G_{\boldsymbol{p}}(i\omega_p)\tau_3 \qquad (2.207)$$

$$D(q) = g{\sum_{\boldsymbol{p}}}' T \sum_{\omega_p} \tau_3 G_{\boldsymbol{p}+\boldsymbol{q}}(i\omega_p+i\omega_q) G_{\boldsymbol{p}}(i\omega_p)\tau_3 \qquad (2.208)$$

で定義された．このように，バーテックス補正は $C_i(q) = C_i^0(q)/[1-D(q)]$ で計算されることが分かるが，ワード恒等式を使えば，$C_i^0(q)$ や $D(q)$ を詳しく計算しなくても $K_{\mu\nu}$ は以下のような計算で比較的簡単に得られる．

まず，等方的な系で $\boldsymbol{q}=(0,0,q)$ の場合，式 (2.207) で $\boldsymbol{p}$ の角度積分から $C_x^0(0) = C_y^0(0) = 0$ となる．したがって，$K_{xx} = K_{yy}$ の計算において電流密度バーテックス補正は一切ないので，これら横成分については BCS 理論の計算がそのまま正しいことになる．一方，縦成分については，式 (2.200) で与えられる $G_{\boldsymbol{p}}^{-1}(i\omega_p)$ の表式をワード恒等式 (2.205) に代入すると，

$$q\,C_z(\boldsymbol{q},i\omega_q) - i\omega_q\,C_0(\boldsymbol{q},i\omega_q) = 2i\,\Delta\,\tau_2 \qquad (2.209)$$

が得られる．ここで，$q\gamma_z(\boldsymbol{p}+\boldsymbol{q},\boldsymbol{p}) = \xi_{\boldsymbol{p}+\boldsymbol{q}} - \xi_{\boldsymbol{p}}$ に注意した．すると，$C_z(q,0) = 2i\,\Delta\,\tau_2/q$ となり，縦成分のバーテックス補正は $q\to 0$ で $O(q^{-1})$ で発散することになり，$K_{zz}$ が BCS 理論の値からズレることを示唆している．具体的にこの $C_z(q,0)$ を使って式 (2.204) から $k_{zz}(\boldsymbol{q},0)$ を計算しよう．まず，$\Gamma_z(p+q,p) = \gamma_z(\boldsymbol{p}+\boldsymbol{q},\boldsymbol{p}) + C_z(q)$ という成分分解に対応して $k_{zz}(\boldsymbol{q},0) = k_{zz}^{\mathrm{BCS}}(\boldsymbol{q},0) + k_{zz}^{\mathrm{VC}}(\boldsymbol{q},0)$ と分解しよう．すると，$k_{zz}^{\mathrm{BCS}}(\boldsymbol{q},0)$ は既に BCS 理論で計算されたもので，

$$k_{zz}^{\text{BCS}}(\boldsymbol{q},0) = \frac{4\pi e^2}{m^2 c^2} \sum_{\boldsymbol{p}} \left(p_z + \frac{q}{2}\right)^2 \left[ \frac{\xi_{\boldsymbol{p}}\xi_{\boldsymbol{p}+\boldsymbol{q}} + \Delta^2 + E_{\boldsymbol{p}}E_{\boldsymbol{p}+\boldsymbol{q}}}{E_{\boldsymbol{p}}E_{\boldsymbol{p}+\boldsymbol{q}}} \frac{f(E_{\boldsymbol{p}+\boldsymbol{q}}) - f(E_{\boldsymbol{p}})}{E_{\boldsymbol{p}+\boldsymbol{q}} - E_{\boldsymbol{p}}} \right.$$
$$\left. + \frac{\xi_{\boldsymbol{p}}\xi_{\boldsymbol{p}+\boldsymbol{q}} + \Delta^2 - E_{\boldsymbol{p}}E_{\boldsymbol{p}+\boldsymbol{q}}}{E_{\boldsymbol{p}}E_{\boldsymbol{p}+\boldsymbol{q}}} \frac{1 - f(E_{\boldsymbol{p}+\boldsymbol{q}}) - f(E_{\boldsymbol{p}})}{E_{\boldsymbol{p}+\boldsymbol{q}} + E_{\boldsymbol{p}}} \right] \qquad (2.210)$$

となる．また，$k_{zz}^{\text{VC}}(\boldsymbol{q},0)$（VC: Veretex Correction）は

$$k_{zz}^{\text{VC}}(\boldsymbol{q},0) = -\frac{8\pi e^2}{mc^2} \sum_{\boldsymbol{p}} \left(p_z + \frac{q}{2}\right) \frac{\Delta^2}{E_{\boldsymbol{p}}E_{\boldsymbol{p}+\boldsymbol{q}}} \frac{\xi_{\boldsymbol{p}+\boldsymbol{q}} - \xi_{\boldsymbol{p}}}{q} \left[ \frac{f(E_{\boldsymbol{p}+\boldsymbol{q}}) - f(E_{\boldsymbol{p}})}{E_{\boldsymbol{p}+\boldsymbol{q}} - E_{\boldsymbol{p}}} \right.$$
$$\left. + \frac{1 - f(E_{\boldsymbol{p}+\boldsymbol{q}}) - f(E_{\boldsymbol{p}})}{E_{\boldsymbol{p}+\boldsymbol{q}} + E_{\boldsymbol{p}}} \right] \qquad (2.211)$$

のように計算される．そして，反磁性成分 $K_{zz}^{(\text{dia})}$ は式 (2.77) を用いて，

$$K_{zz}^{(\text{dia})} = \frac{4\pi ne^2}{mc^2} = \frac{4\pi e^2}{mc^2} 2\sum_{\boldsymbol{p}} \left[ u_{\boldsymbol{p}}^2 f(E_{\boldsymbol{p}}) + v_{\boldsymbol{p}}^2 f(-E_{\boldsymbol{p}}) \right] \qquad (2.212)$$

であるので，上の 3 つの寄与を足し合わせて $q \to 0$ の極限を取ると，$K_{zz}$ は

$$K_{zz} = \frac{4\pi e^2}{c^2} \sum_{\boldsymbol{p}} \left[ \frac{1}{m} - \left( \frac{1}{m} \frac{\xi_{\boldsymbol{p}}}{E_{\boldsymbol{p}}} + \frac{p_z^2}{m^2} \frac{\Delta^2}{E_{\boldsymbol{p}}^3} \right) [1 - 2f(E_{\boldsymbol{p}})] \right.$$
$$\left. + 2\left( \frac{p_z^2}{m^2} - \frac{p_z^2}{m^2} \frac{\Delta^2}{E_{\boldsymbol{p}}^2} \right) \frac{\partial f(E_{\boldsymbol{p}})}{\partial E_{\boldsymbol{p}}} \right] \qquad (2.213)$$

と書ける．そこで，$\partial \xi_{\boldsymbol{p}}/\partial p_z = p_z/m$, $\partial^2 \xi_{\boldsymbol{p}}/\partial p_z^2 = 1/m$, そして，

$$\frac{\partial E_{\boldsymbol{p}}}{\partial p_z} = \frac{\xi_{\boldsymbol{p}}}{E_{\boldsymbol{p}}} \frac{\partial \xi_{\boldsymbol{p}}}{\partial p_z}, \quad \frac{\partial^2 E_{\boldsymbol{p}}}{\partial p_z^2} = \frac{\Delta^2}{E_{\boldsymbol{p}}^3} \left( \frac{\partial \xi_{\boldsymbol{p}}}{\partial p_z} \right)^2 + \frac{\xi_{\boldsymbol{p}}}{E_{\boldsymbol{p}}} \frac{\partial^2 \xi_{\boldsymbol{p}}}{\partial p_z^2} \qquad (2.214)$$

の関係式を式 (2.213) に代入すると，最終的に $K_{zz}$ は

$$K_{zz} = \frac{4\pi e^2}{c^2} \sum_{\boldsymbol{p}} \frac{\partial^2}{\partial p_z^2} \left[ \xi_{\boldsymbol{p}} - E_{\boldsymbol{p}} - 2T\ln(1 + e^{-E_{\boldsymbol{p}}/T}) \right] = 0 \qquad (2.215)$$

という所期の結果を得る．

### 2.3.8 南部–ゴールドストーンモード

このように，超伝導体ではたとえ等方的な系であっても静的電磁応答の長波長極限で縦成分と横成分の分離が起こっていて，特にその分離に際して，縦成分には電流密度バーテックスの発散という特異性が伴っていることが分かった．

2.3 BCS 超伝導体の応答関数    293

そこで，ここでは，その特異性をもたらす物理的な実体を探ろう．そのために，小さな $q = (\boldsymbol{q}, i\omega_q)$ の場合の $C_z(q)$ や $C_0(q)$ を調べてみよう．

まず，$C_i(q) = C_i^0(q)/[1 - D(q)]$ から，比 $C_z(q)/C_0(q)$ は $C_z^0(q)/C_0^0(q)$ で与えられる．また，式 (2.209) から $C_z(q)$ や $C_0(q)$ は $\Delta\tau_2$ に比例することが分かるので，式 (2.207) の $C_i^0(q)$ で $\Delta\tau_2$ に比例する部分を取り出すと，

$$C_z^0(q) = i\Delta\tau_2\, q\, g \sum_{\boldsymbol{p}}{}' T\sum_{\omega_p} \frac{1}{(i\omega_p + i\omega_q)^2 - E_{\boldsymbol{p}+\boldsymbol{q}}^2} \frac{1}{(i\omega_p)^2 - E_{\boldsymbol{p}}^2}$$
$$\times \left[\frac{1}{m}\left(p_z + \frac{q}{2}\right)\right]^2 \qquad (2.216)$$

$$C_0^0(q) = i\Delta\tau_2\, i\omega_q\, g \sum_{\boldsymbol{p}}{}' T\sum_{\omega_p} \frac{1}{(i\omega_p + i\omega_q)^2 - E_{\boldsymbol{p}+\boldsymbol{q}}^2} \frac{1}{(i\omega_p)^2 - E_{\boldsymbol{p}}^2} \qquad (2.217)$$

であるが，式 (2.216) で $[(p_z + q/2)/m]^2 \approx p_z^2/m^2 \approx v_F^2/3$ と近似すると，$C_z(q)/C_0(q) = C_z^0(q)/C_0^0(q) = (v_F^2 q/3)/(i\omega_q)$ となる．この比の関係を式 (2.209) に代入すると，$C_z(q)$ や $C_0(q)$ は，それぞれ，

$$C_z^0(q) = 2i\,\Delta\,\tau_2\, \frac{v_F^2 q/3}{v_F^2 q^2/3 - (i\omega_q)^2} \qquad (2.218)$$

$$C_0^0(q) = 2i\,\Delta\,\tau_2\, \frac{i\omega_q}{v_F^2 q^2/3 - (i\omega_q)^2} \qquad (2.219)$$

であることが分かる．これは $i\omega_q \to \omega$ と物理空間に解析接続して考えると，$\omega = (v_F/\sqrt{3})\,q$ というソフトモードがゲージ対称性の破れに付随して現れたことを意味する．そして，その出現のために縦成分と横成分の分離が起こり，縦成分に関してはゲージ対称性が回復されるように働いたと理解される．

一般に，2次相転移の際に起こる連続的な対称性の自発的な破れに付随して，その対称性を回復する働きをするソフトモード（ゴールドストーンモード）が存在することはよく知られていて，超伝導体の場合，ここで明らかになったソフトモードは南部–ゴールドストーンモードと呼ばれている．

ところで，荷電粒子系では BCS ハミルトニアンには含まれていない長距離クーロン力が存在しているので，この南部–ゴールドストーンモードを実験で観測する際には注意が必要である．実際，II.2.5.8〜II.2.5.9 項にわたって詳しく解説したように，バーテックス関数 $\Gamma_i(p+q,p)$ の発散が直接的に見られるわけではなく，これを既約バーテックス関数として，無限個足し合わせた $\Lambda_i(p+q,p)$

が実験で観測される物理量にかかわるものになる．そして，分極関数を $\Pi(q)$，長距離クーロンポテンシャルを $V(q) = 4\pi e^2/\boldsymbol{q}^2$ とすると（フレーリッヒ–ポーラロン系を議論したときの式 (1.244) の場合と同様に），

$$\Lambda_0(p+q,p) = \frac{\Gamma_0(p+q,p)}{1+V(q)\Pi(q)} \tag{2.220}$$

となる．このとき，$\Pi(q)$ に $\Gamma_0(p'+q,p')$ が含まれるので，$\Gamma_0(p+q,p)$ の発散は式 (2.220) の分母分子で相殺される．その結果，$\Lambda_i(p+q,p)$ の発散として現れるモードの分散関係は $\omega = (v_F/\sqrt{3})q$ ではなく，$\omega = \omega_{pl} (\equiv \sqrt{4\pi n e^2/m})$ というプラズマ振動のそれに変わることになる．

なお，式 (2.207) の $C_i^0(q)$ をそのまま計算すると，上で議論した $\tau_2$ に比例した部分以外に $\tau_0$ や $\tau_3$ に比例した部分もゼロでない値として出てくるが，これらは考慮する必要のない項である．なぜなら，これらの部分は自己エネルギーの HF 近似項（対角項）に対応して出てきたバーテックスであり，自己エネルギーの HF 近似項は $\xi_p$ の中に既に含まれているとして無視してきた取り扱いの下では，このバーテックス部分も無視すべきものなのである．

### 2.3.9 光学伝導度

これまではマイスナー効果の解析を主眼としたので，式 (2.204) で与えた $k_{\mu\nu}(\boldsymbol{q}, i\omega_q)$ の静的長波長極限（$q$–極限：$\omega_q = 0$ とした後に $\boldsymbol{q} \to \boldsymbol{0}$）に注目したが，この $k_{\mu\nu}(\boldsymbol{q}, i\omega_q)$ はこの極限以外にもいろいろと有用な物理情報を持っている．実際，$i\omega_q \to \omega + i0^+$ と解析接続すると，式 (2.155) で導入された電気伝導度テンソル $\sigma_{\mu\nu}(\boldsymbol{q},\omega)$ は $(c^2/4\pi)(i/\omega)k_{\mu\nu}(\boldsymbol{q},i\omega_q) \to \sigma_{\mu\nu}(\boldsymbol{q},\omega)$ の関係で直接的に得られる．特に，$\omega_q$ が有限の大きさのままで先に $\boldsymbol{q} \to \boldsymbol{0}$ とする極限（$\omega$–極限）を取ると光（あるいは，マイクロ波）の吸収スペクトルを与える光学伝導度に結びつくので，ここではまずそれを計算しよう．

さて，式 (2.218) から分かるように，この $\omega$–極限ではバーテックス補正は無視できるので，$k_{\mu\nu}(\boldsymbol{q},i\omega_q)$ の計算は BCS 理論のレベルで行ってよいことになる．すると，$\boldsymbol{q} \approx \boldsymbol{0}$ で吸収スペクトルを与える $\mathrm{Re}\,\sigma_{\mu\nu}(\boldsymbol{q},\omega)$ は

$$\mathrm{Re}\,\sigma_{\mu\nu}(\bm{q},\omega) = \mathrm{Re}\left\{\frac{i}{\omega}\frac{e^2}{m^2}\sum_{\bm{p}}\left(p_\mu+\frac{1}{2}q_\mu\right)\left(p_\nu+\frac{1}{2}q_\nu\right)\right.$$
$$\times\left[(uu'+vv')^2\left(\frac{f(E')-f(E)}{\omega+i0^++E'-E}+\frac{f(E')-f(E)}{-\omega-i0^++E'-E}\right)\right.$$
$$\left.\left.+(uv'-vu')^2\left(\frac{f(E')-f(-E)}{\omega+i0^++E'+E}+\frac{f(E')-f(-E)}{-\omega-i0^++E'+E}\right)\right]\right\} \quad (2.221)$$

と書ける．ここで，$E=E_{\bm{p}}$, $E'=E_{\bm{p}+\bm{q}}$, $u=u_{\bm{p}}$, $u'=u_{\bm{p}+\bm{q}}$, $v=v_{\bm{p}}$, $v'=v_{\bm{p}+\bm{q}}$ と書いた．なお，$T\approx 0$ で考えると，$E,E'\geq \Delta \gg T\geq 0$ なので，式 (2.221) の右辺カギ括弧内の第 1 項はゼロになる．また，第 2 項の方も $\omega>0$ とすれば，第 2 成分のみが残る．そして，$\xi=\xi_{\bm{p}}$, $\xi'=\xi_{\bm{p}+\bm{q}}$ とすると，$(uv'-vu')^2=[1-(\xi\xi'+\Delta^2)/EE']/2$ であるので，

$$\mathrm{Re}\,\sigma_{\mu\nu}(\bm{q},\omega) \approx \delta_{\mu\nu}\frac{\pi}{2\omega}\frac{e^2}{m^2}\frac{p_F^2}{3}\sum_{\bm{p}}\left(1-\frac{\xi\xi'+\Delta^2}{EE'}\right)$$
$$\times [f(-E)-f(E')]\,\delta(\omega-E'-E) \quad (2.222)$$

ということになる．これから，光吸収は始状態としてフェルミ面直下のエネルギー $-E$ の準粒子が終状態としてフェルミ面直上のエネルギー $E'=(-E)+\omega$ の準粒子状態に励起される過程か，$E$ と $E'$ を入れ替えて考えた過程によって起こることになる．そして，終電子状態は実験過程で指定できないので，可能なあらゆる終状態での和が実験で観測されることになる．これは光学伝導度 $\mathrm{Re}\,\sigma(\omega)$ の計算では式 (2.222) において $\bm{p}$ の和だけでなく，$\bm{p}'\equiv\bm{p}+\bm{q}$ についての和も取る必要があることを意味するので，$\mathrm{Re}\,\sigma(\omega)$ は

$$\mathrm{Re}\,\sigma(\omega)\approx \frac{\pi}{2\omega}\frac{e^2 p_F^2}{3m^2}\sum_{\bm{p}}\sum_{\bm{p}'}\left(1-\frac{\xi\xi'+\Delta^2}{EE'}\right)[f(-E)-f(E')]\,\delta(\omega-E'-E)$$
$$\propto \frac{N(0)^2}{\omega}\int d\xi\int d\xi'\left(1-\frac{\xi\xi'+\Delta^2}{EE'}\right)[f(-E)-f(E')]\,\delta(\omega-E'-E)$$
$$\propto \frac{N(0)^2}{\omega}\int d\xi\int d\xi'\left(1-\frac{\Delta^2}{EE'}\right)[f(-E)-f(E')]\,\delta(\omega-E'-E) \quad (2.223)$$

で与えられることになる．なお，$\xi\xi'$ に比例する部分は $\xi$，あるいは，$\xi'$ の奇関数であるので $d\xi$ 積分，あるいは，$d\xi'$ 積分でゼロになる．そして，式 (2.223) の最終項で $d\xi$ 積分や $d\xi'$ 積分を式 (2.76) の状態密度，$N_s(E)$ や $N_s(E')$，を

用いた $dE$ 積分や $dE'$ 積分に変え，かつ，$-E \to E'$ に励起する過程のみを考え，$-E' \to E$ への過程はちょうど同じ寄与を与えるので全体を 2 倍すると，

$$\mathrm{Re}\,\sigma(\omega) \propto \frac{2N(0)^2}{\omega} \int_{\Delta-\omega}^{-\Delta} dE \frac{|E(E+\omega)+\Delta^2|}{\sqrt{E^2-\Delta^2}\sqrt{(E+\omega)^2-\Delta^2}} \quad (2.224)$$

となる．なお，この式では $-E$ を $E$ と書き換えて $E < 0$ の状況になるようにしたが，この $E$ を使うと $dE'$ 積分はデルタ関数の寄与から $E' = E + \omega$ となる．そして，$\omega > 2\Delta$ でない限り，$\mathrm{Re}\,\sigma(\omega) = 0$ であるので，光学エネルギーギャップは $2\Delta$ であることが分かる．

正常状態の光学伝導度 $\mathrm{Re}\,\sigma_n(\omega)$ は式 (2.224) で $\Delta = 0$ として得られるものなので，超伝導状態のそれ $\mathrm{Re}\,\sigma_s(\omega)$ と $\mathrm{Re}\,\sigma_n(\omega)$ の比は

$$\frac{\mathrm{Re}\,\sigma_s(\omega)}{\mathrm{Re}\,\sigma_n(\omega)} = \frac{1}{\omega} \int_{\Delta-\omega}^{-\Delta} dE \frac{|E(E+\omega)+\Delta^2|}{\sqrt{E^2-\Delta^2}\sqrt{(E+\omega)^2-\Delta^2}} \quad (2.225)$$

となる．そこで，$k_1 \equiv 1 - 2\Delta/\omega$, $k_2 \equiv 1 + 2\Delta/\omega$ によって $k_1$ と $k_2$ を導入し，$E = \omega(-1 + k_1 u)/2$ という関係で積分変数を $E$ から $u$ に変換すると，

$$\frac{\mathrm{Re}\,\sigma_s(\omega)}{\mathrm{Re}\,\sigma_n(\omega)} = \frac{1}{2} \int_{-1}^{1} du \frac{k_1(1-ku^2)}{\sqrt{1-u^2}\sqrt{1-k^2u^2}} \quad (2.226)$$

となる．ここで，$k \equiv k_1/k_2$ である．これを書き直すと，最終的に

$$\frac{\mathrm{Re}\,\sigma_s(\omega)}{\mathrm{Re}\,\sigma_n(\omega)} = k_2 \int_0^1 du \frac{\sqrt{1-k^2u^2}}{\sqrt{1-u^2}} + (k_1 - k_2) \int_0^1 du \frac{1}{\sqrt{1-u^2}\sqrt{1-k^2u^2}}$$

$$\equiv k_2\,E(k) + (k_1 - k_2)\,K(k) \quad (2.227)$$

が得られる．ここで，$K(k)$ と $E(k)$ は，それぞれ，第 1 種と第 2 種の完全楕円積分である．そして，光学エネルギーギャップの閾値近傍である $\omega \approx 2\Delta$ では $k \approx 0$ であるので，$K(0) = E(0) = \pi/2$ に注意すると，$\mathrm{Re}\,\sigma_s/\mathrm{Re}\,\sigma_n \approx (\pi/2)(\omega-2\Delta)/\omega$ のような振る舞いで吸収スペクトルがゼロになっていくことが分かる．もちろん，$\omega \gg \Delta$ の極限では，$k_1 \to 1$, $k_2 \to 1$, $E(k) \to E(1) = 1$ なので，$\mathrm{Re}\,\sigma_s/\mathrm{Re}\,\sigma_n \to 1$ となる．

### 2.3.10 ランダウ反磁性

この $k_{\mu\nu}(\boldsymbol{q}, i\omega_q)$ が $q$-極限で持つ情報のもう一つの例を（少し蛇足になるが）

挙げておこう．そもそも，超伝導体のマイスナー効果は電子の軌道運動による完全反磁性の性質，$\chi = -1/(4\pi)$，を指してのものだが，超伝導相ほどに大きくはないとしても，正常相であっても金属電子の軌道運動による反磁性効果は存在する．そして，それはランダウ（Landau）の**反磁性**と呼ばれていて，スピン分極によるパウリ（Pauli）の**常磁性**と並べて議論されるものである．実は，このランダウ反磁性も $k_{\mu\nu}(\bm{q}, i\omega_q)$ の計算結果の中に含まれているものなので，それについて簡単に触れておこう．

まず，磁化 $\bm{M}$ があると磁気電流 $\bm{J} = c\,\mathrm{rot}\,\bm{M}$ が流れる．これと式 (2.131)〜(2.132) と組み合わせると，$\bm{q}^2 \bm{M} = -K\bm{B}/(4\pi)$ となる．そこで，等方的な系で $\bm{q} = (0,0,q)$ とすると，$\bm{B}$ や $\bm{M}$ は $xy$ 面内にあることになるが，静的で長波長極限では $\bm{M} = \chi_{\mathrm{Landau}} \bm{B}$ で帯磁率 $\chi_{\mathrm{Landau}}$ を定義すると，

$$\chi_{\mathrm{Landau}} = \lim_{q \to 0} \left[ -\frac{K_{xx}(\bm{q},0)}{4\pi q^2} \right] = \lim_{q \to 0} \left[ \frac{k_{xx}(\bm{0},0) - k_{xx}(\bm{q},0)}{4\pi q^2} \right] \quad (2.228)$$

で計算される．ここで，右辺第 2 式から最終式への変形はマイスナー効果を記述する $K_{xx}(\bm{0},0)$ の部分を差し引いたものである．また，横成分の寄与なので，2.3.7〜2.3.8 項で考えたバーテックス補正は考慮しなくてよい．

ちなみに，式 (2.167) を参考に，この $\chi_{\mathrm{Landau}}$ を正常金属で評価すると，

$$\chi_{\mathrm{Landau}} = -\left(\frac{e}{mc}\right)^2 \lim_{q \to 0} \left\{ \sum_{\bm{p}\sigma} \frac{p_x^2}{q^2} \left[ \frac{f(\xi_{\bm{p}+\bm{q}}) - f(\xi_{\bm{p}})}{\xi_{\bm{p}+\bm{q}} - \xi_{\bm{p}}} - \frac{\partial f(\xi_{\bm{p}})}{\partial \xi_{\bm{p}}} \right] \right\}$$

$$= -\left(\frac{e}{mc}\right)^2 \sum_{\bm{p}\sigma} p_x^2 \left[ \frac{1}{4m} \frac{\partial^2 f(\xi_{\bm{p}})}{\partial^2 \xi_{\bm{p}}} + \frac{p_z^2}{6m} \frac{\partial^3 f(\xi_{\bm{p}})}{\partial^3 \xi_{\bm{p}}} \right]$$

$$= -\frac{1}{3} 2N(0) \mu_{\mathrm{B}}^2 \quad (2.229)$$

となる．ここで，$\mu_{\mathrm{B}} = e/(2mc)$ はボーア磁子であり，また，最終式を得るときには $\partial f(\xi_{\bm{p}})/\partial \xi_{\bm{p}} = -\delta(\xi_{\bm{p}})$ と近似できるほどに低温であると仮定した．このランダウの軌道反磁性帯磁率の値は式 (I.4.93) のパウリの常磁性スピン帯磁率の値，$2N(0)\mu_{\mathrm{B}}^2$，と符号を含めて比較すると面白い．

### 2.3.11　時間反転対称な摂動：超音波吸収

この項と次項では，電流応答関数以外の応答関数におけるクーパー対の影

を調べよう.なお,印加される外部摂動が時間反転対称性を破るか否かで系の応答が大きく異なるので,まずその対称性を保持する代表例として超音波吸収を,次項ではそれを破る代表例として核磁気共鳴を取り扱おう.

図 2.25(a) は超音波吸収実験の概要模式図である.今,縦波音波のエネルギーを試料の一端から注入して長さ $L$ のところで抽出されるエネルギーを $E$, $L+\Delta L$ のところでは $E+\Delta E$ としよう.ところで,波数 $q$ の縦波音波のエネルギー $E$ はその波数に対応するフォノン(エネルギー分散は $\omega_q = v_s q$ で,$v_s$:音速,$q = |q|$)の数 $n_q$ に対して $E = \omega_q(n_q + 1/2)$ であるので,エネルギー $E$ の変化量 $\Delta E$ はフォノン数の変化量 $\Delta n_q$ に比例し,

$$\frac{\Delta E}{\Delta L} = \frac{\omega_q \Delta n_q}{v_s \Delta t} = q \frac{\Delta n_q}{\Delta t} \tag{2.230}$$

となるので,エネルギー減衰率 $dE/dL$ を測定すれば,$dn_q/dt$ が得られる.ところで,そのフォノン数の物質中での減衰は現象論的にレート方程式

$$\frac{dn_q}{dt} = -\alpha n_q \tag{2.231}$$

で表される.ここで,$\alpha$ はフォノンの物質による吸収係数である.しかるに,縦波音波と金属電子との相互作用は 1.3～1.5 節で述べたように

$$H_{e-ph} = \sum_q \sum_{p\sigma} g_q (b_{-q} + b_q^+) c_{p\sigma}^+ c_{p+q\sigma} \tag{2.232}$$

という電子フォノン相互作用 $H_{e-ph}$ で与えられる.そこで,吸収係数 $\alpha$ をこの $H_{e-ph}$ に基づいて "フェルミの黄金則" を使って微視的に計算しよう.なお,式 (2.232) では横波フォノンを無視しているが,横波音波を含む励起では電磁

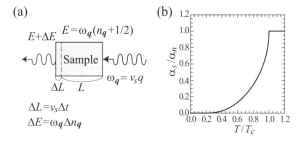

図 2.25 (a) 超音波吸収実験の概要をごく簡単に模式的に表したもの.(b) 超伝導相での超音波吸収係数 $\alpha_s$ と対応する常伝導相の値 $\alpha_n$ の比 $\alpha_s/\alpha_n$ の温度変化.

## 2.3 BCS 超伝導体の応答関数

波励起との混成も考えられ，実験の解析が複雑になるので，通常は縦波音波だけの注入になるように実験をデザインすることになる．

さて，この $\alpha$ は電子による 1 個のフォノンの散乱問題として計算される．そして，この散乱問題の初期状態 $|i\rangle$ も終状態 $|f\rangle$ も共に電子部分の状態とフォノン部分のそれとの積の形に書けることになるが，$|f\rangle$ のフォノン数は $|i\rangle$ でのフォノン数 $n_{\bm{q}}$ に比べて 1 つ増えたか，1 つ減ったかのどちらかであるので，初期状態の全エネルギーを $E_{\text{i}}$，終状態のそれを $E_{\text{f}}$ と書くと，

$$E_{\text{i}} = E_m + \omega_{\bm{q}}(n_{\bm{q}} + 1/2), \quad E_{\text{f}} = E_n + \omega_{\bm{q}}(n_{\bm{q}} \pm 1 + 1/2) \tag{2.233}$$

である．ここで，$|i\rangle$ や $|f\rangle$ の電子部分を $|m\rangle$ や $|n\rangle$ で表すことにして，$|i\rangle = |m, n_{\bm{q}}\rangle = |m\rangle|n_{\bm{q}}\rangle$, $|f_\pm\rangle = |n, n_{\bm{q}} \pm 1\rangle = |n\rangle|n_{\bm{q}} \pm 1\rangle$ である．すると，フォノン数の変化率 $R (= dn_{\bm{q}}/dt)$ はフェルミの黄金則によって

$$\begin{aligned}R =& 2\pi \sum_{m,n} e^{\beta(\Omega - E_m)} \langle \text{i}|H_{e-ph}|\text{f}_+\rangle \langle \text{f}_+|H_{e-ph}|\text{i}\rangle \delta(E_m - E_n - \omega_{\bm{q}}) \\ & - 2\pi \sum_{m,n} e^{\beta(\Omega - E_m)} \langle \text{i}|H_{e-ph}|\text{f}_-\rangle \langle \text{f}_-|H_{e-ph}|\text{i}\rangle \delta(E_m - E_n + \omega_{\bm{q}})\end{aligned} \tag{2.234}$$

で与えられる．ここで，$e^{-\beta\Omega} = \sum_m e^{-\beta E_m}$ である．この式 (2.234) で $H_{e-ph}$ に式 (2.232) を代入し，デルタ関数の部分を書き直すと，

$$\begin{aligned}R =& \text{Re}\Bigg\{-2i \sum_{m,n} e^{\beta(\Omega - E_m)} |g_{\bm{q}}|^2 \\ & \times \Bigg[(n_{\bm{q}} + 1)\frac{\langle m|\sum_{\bm{p}\sigma} c^+_{\bm{p}\sigma} c_{\bm{p}-\bm{q}\sigma}|n\rangle \langle n|\sum_{\bm{p}'\sigma'} c^+_{\bm{p}'\sigma'} c_{\bm{p}'+\bm{q}\sigma'}|m\rangle}{E_m - E_n - \omega_{\bm{q}} - i0^+} \\ & + n_{\bm{q}} \frac{\langle m|\sum_{\bm{p}\sigma} c^+_{\bm{p}\sigma} c_{\bm{p}+\bm{q}\sigma}|n\rangle \langle n|\sum_{\bm{p}'\sigma'} c^+_{\bm{p}'\sigma'} c_{\bm{p}'-\bm{q}\sigma'}|m\rangle}{E_m - E_n + \omega_{\bm{q}} + i0^+}\Bigg]\Bigg\}\end{aligned} \tag{2.235}$$

となるが，フォノンはマクロに観測されるほどに多数ある状況 ($n_{\bm{q}} \gg 1$) なので，これはさらに書き直すと，

$$\begin{aligned}R \approx& 2|g_{\bm{q}}|^2 n_{\bm{q}} \text{Re}\Bigg\{\frac{1}{i}\sum_{m,n} [e^{\beta(\Omega - E_m)} - e^{\beta(\Omega - E_n)}] \\ & \times \frac{\langle m|\sum_{\bm{p}\sigma} c^+_{\bm{p}\sigma} c_{\bm{p}+\bm{q}\sigma}|n\rangle \langle n|\sum_{\bm{p}'\sigma'} c^+_{\bm{p}'\sigma'} c_{\bm{p}'-\bm{q}\sigma'}|m\rangle}{\omega_{\bm{q}} + i0^+ + E_m - E_n}\Bigg\} \\ =& |g_{\bm{q}}|^2 n_{\bm{q}} \text{Re}\left[\frac{2}{ie^2} Q^R_{\rho\rho}(\bm{q}, \omega)\right]\bigg|_{\omega = \omega_{\bm{q}}}\end{aligned} \tag{2.236}$$

が得られる．ここで，$Q_{\rho\rho}^R(\boldsymbol{q},\omega)$ は式 (2.146) などでも登場した電荷応答関数である．よって，$\alpha = -R/n_{\boldsymbol{q}}$ で与えられる吸収係数 $\alpha$ は $\mathrm{Re}\,[-2iQ_{\rho\rho}^R(\boldsymbol{q},\omega)]$ に比例しており，それゆえ，超音波吸収実験というのは電荷応答関数を直接観測するものといえる．なお，実際の実験では $\omega$ は大体 $10^9$ Hz 程度であり，これを温度の単位で見ると 0.05 K 程度であって，電子系のエネルギースケールで考えてみると，この $\omega$ は大変小さいことになる．したがって，ここで問題になる物理量は $\omega \approx 0$ での $Q_{\rho\rho}^R(\boldsymbol{q},\omega)$ ということになる．

以上のような状況を踏まえて，まず計算すべき量は

$$q_{\rho\rho}(\boldsymbol{q},i\omega_q) \equiv -\int_0^\beta d\tau\, e^{i\omega_q \tau} \langle T_\tau \rho_{-\boldsymbol{q}}^+(\tau)\rho_{-\boldsymbol{q}}\rangle \tag{2.237}$$

である．これは式 (2.204) の $k_{\mu\nu}(\boldsymbol{q},i\omega_q)$ と同様に南部表示で書くと，

$$q_{\rho\rho}(\boldsymbol{q},i\omega_q) = e^2 \sum_{\boldsymbol{p}} T \sum_{\omega_p} \mathrm{tr}\Big[\tau_3 G_{\boldsymbol{p}+\boldsymbol{q}}(i\omega_p+i\omega_q)\Gamma_0(p+q,p)G_{\boldsymbol{p}}(i\omega_p)\Big] \tag{2.238}$$

であるが，$\omega_q \to 0$ の極限を考えるので，式 (2.219) からバーテックス補正は無視できる．すると，式 (2.238) で $\Gamma_0(p+q,p) = \tau_3$ とおいて計算すると，

$$q_{\rho\rho}(i\omega_q) = e^2 \sum_{\boldsymbol{p}\sigma} L_{\boldsymbol{p}\sigma}^{(-)}(\boldsymbol{q},i\omega_q) \tag{2.239}$$

が得られる．ここで，$L_{\boldsymbol{p}\sigma}^{(-)}(\boldsymbol{q},i\omega_q)$ は

$$\begin{aligned}L_{\boldsymbol{p}\sigma}^{(-)}(\boldsymbol{q},i\omega_q) \equiv T\sum_{\omega_p}\Big[&G_{\boldsymbol{p}\sigma}(i\omega_p)G_{\boldsymbol{p}+\boldsymbol{q}\sigma}(i\omega_p+i\omega_q)\\&-F_{-\boldsymbol{p}-\sigma}^+(i\omega_p)F_{\boldsymbol{p}+\boldsymbol{q}\sigma}(i\omega_p+i\omega_q)\Big]\end{aligned} \tag{2.240}$$

で定義されている．これと式 (2.167) の $k_{\mu\nu}$ を比べると，違いは式 (2.168) で定義された $L_{\boldsymbol{p}\sigma}^{(+)}(\boldsymbol{q},i\omega_q)$ が $L_{\boldsymbol{p}\sigma}^{(-)}(\boldsymbol{q},i\omega_q)$ に入れ替わり，$F^+F$ の前の符号が変化したことである．これは，物理的にいえば，$k_{\mu\nu}$ における電流密度演算子 $-ep_\mu/m$ では時間反転で $ep_\mu/m$ に変わるという符号変化が起こるのに対して，$q_{\rho\rho}$ における電荷密度演算子にそのような符号変化がないからである．いずれにしても，$L_{\boldsymbol{p}\sigma}^{(+)}(\boldsymbol{q},i\omega_q)$ に対するものと同様の計算を行うと，

## 2.3 BCS 超伝導体の応答関数

$$L_{\bm{p}\sigma}^{(-)}(\bm{q},i\omega_q) = \frac{(u_{\bm{p}}u_{\bm{p+q}}-v_{\bm{p}}v_{\bm{p+q}})^2}{2}\left[\frac{f(E_{\bm{p+q}})-f(E_{\bm{p}})}{i\omega_q+E_{\bm{p+q}}-E_{\bm{p}}}+\frac{f(E_{\bm{p+q}})-f(E_{\bm{p}})}{-i\omega_q+E_{\bm{p+q}}-E_{\bm{p}}}\right]$$
$$+\frac{(u_{\bm{p}}v_{\bm{p+q}}+v_{\bm{p}}u_{\bm{p+q}})^2}{2}\left[\frac{f(E_{\bm{p+q}})+f(E_{\bm{p}})-1}{i\omega_q+E_{\bm{p+q}}+E_{\bm{p}}}+\frac{f(E_{\bm{p+q}})+f(E_{\bm{p}})-1}{-i\omega_q+E_{\bm{p+q}}+E_{\bm{p}}}\right]$$
(2.241)

という結果が簡単に得られる.

なお,電荷応答では,南部–ゴールドストーンモードの観測問題と同様に,BCSハミルトニアンには含まれていない長距離クーロン力を考慮する必要がある.そのため,誘電関数による遮蔽効果の取り入れが必須であるが,$\omega \approx 0$なので遮蔽そのものは静的で,この場合,誘電関数によって何か特徴的な構造がもたらされる訳ではなく,したがって,式 (2.239) から導かれる密度応答関数 $Q_{\rho\rho}^R(\bm{q},\omega)$ を使って $\alpha \propto \mathrm{Re}[-2iQ_{\rho\rho}^R(\bm{q},\omega)]$ という比例関係は保たれる.

そこで,式 (2.241) において $i\omega_q \to \omega + i0^+$ と解析接続し,その関数の虚部で $\omega \approx 0$ における主要項を残していくと,

$$\alpha \propto \mathrm{Re}\left[-2iQ_{\rho\rho}^R(\bm{q},\omega)\right] = \pi\sum_{\bm{p}\sigma}(uu'-vv')^2[f(E')-f(E)]\delta(\omega-E'+E)$$
$$\approx \pi\omega\sum_{\bm{p}}\left(1+\frac{\xi\xi'-\Delta^2}{EE'}\right)\frac{\partial f(E)}{\partial E}\delta(\omega-E'+E) \quad (2.242)$$

となる.ここで,式 (2.221) の場合と同様に,$E=E_{\bm{p}}$, $E'=E_{\bm{p+q}}$, $\xi=\xi_{\bm{p}}$, $\xi'=\xi_{\bm{p+q}}$, $u=u_{\bm{p}}$, $u'=u_{\bm{p+q}}$, $v=v_{\bm{p}}$, $v'=v_{\bm{p+q}}$ である.しかるに,$E' \approx E + \xi(\xi'-\xi)/E$ と展開できるので,これと $E'=E+\omega$ を組み合わせると,$\xi'=\xi+(E/\xi)\omega$ となる.これらの展開式を式 (2.242) に代入し,$\omega$ の主要項に限って書き下すと,

$$\alpha \propto 2N(0)\omega\int d\xi\left(\frac{\xi}{E}\right)^2\frac{\partial f(E)}{\partial E}\left|\frac{E}{\xi}\right|\delta(\omega-\xi'+\xi) \quad (2.243)$$

となる.

ところで,正常相の吸収係数 $\alpha_n$ は式 (2.243) で $\Delta=0$ を代入して得られるので,超伝導相での吸収係数を $\alpha_s$ と書くと,その比 $\alpha_s/\alpha_n$ は

$$\frac{\alpha_s}{\alpha_n} = \int_0^\infty d\xi\,\frac{\xi}{E}\frac{\partial f(E)}{\partial E}\Big/\int_0^\infty d\xi\,\frac{\partial f(\xi)}{\partial\xi}$$
$$= \int_\Delta^\infty dE\,\frac{\partial f(E)}{\partial E}\Big/[f(\infty)-f(0)] = 2f(\Delta) = \frac{2}{1+e^{\Delta/T}} \quad (2.244)$$

で与えられる．図 2.25(b) には，この比 $\alpha_s/\alpha_n$ の温度変化が示されている．

ここで注意すべきことは，$T_c$ の直下から $\alpha_s/\alpha_n$ は $\Delta$ の直接的な情報を与えていることである．このため，超音波吸収の実験はギャップ関数の実験的決定に大変便利な情報を与えていることになる．これに関連して，状態密度の特異性がこの物理量には現れないことに注意されたい．数学的には，これは状態密度の発散は式 (2.244) において $|E/\xi|$ の因子に対応するが，その発散は $(uu' - vv')^2 \approx (\xi/E)^2$ という因子によって打ち消されている．この $uu'$ と $vv'$ が差で入る位相因子 $uu' - vv'$ はもともとの摂動が時間反転対称なためである．したがって，状態密度の特異性がこの物理量の温度変化に現れないことは，印加外部摂動項である電子フォノン相互作用が時間反転に対して対称なためであると結論できる．物理的には，このような摂動は時間反転対称な状態から作られているクーパー対にとっては比較的穏やかな摂動であるので，その反応自体も穏やかであるためであると考えられる．

### 2.3.12　時間反転対称性を破る摂動：核磁気共鳴

金属中の原子核のスピンを $\boldsymbol{I}$ としよう．すると，$\gamma_N$ を核磁子として原子核の磁気モーメントは $\boldsymbol{m}_N = \gamma_N \boldsymbol{I}$ である．この核スピンは定静磁場 $\boldsymbol{H}$ 中で歳差運動をするが，それを記述する運動方程式は古典力学的な表現で，

$$\frac{d\boldsymbol{I}}{dt} = \boldsymbol{m}_N \times \boldsymbol{H} \tag{2.245}$$

となる．そして，この歳差運動における共鳴振動数 $\omega_0$ は $\omega_0 = \gamma_N H$ である．

さて，金属中では伝導電子はこの原子核スピンと式 (I.2.7) のフェルミ接触相互作用 $H_{\text{Fermi}}$ を通して相互作用する．その $H_{\text{Fermi}}$ を伝導電子のスピン演算子 $\boldsymbol{\sigma}$ やその原子核の位置での存在確率 $|\psi(0)|^2$ を用いて具体的に書くと

$$H_{\text{Fermi}} = \frac{8\pi}{3}\mu_B |\psi(0)|^2 \boldsymbol{\sigma} \cdot \sum_i \gamma_N \boldsymbol{I}_i \equiv A \sum_i \boldsymbol{\sigma} \cdot \boldsymbol{I}_i \tag{2.246}$$

となる．ここで，$\mu_B$ はボーア磁子，$\boldsymbol{I}_i$ の添え字 $i$ は各原子核の存在位置を指定している．そして，伝導電子はこの $H_{\text{Fermi}}$ の働きで核スピンによって散乱されることになるが，これは核スピン側から見ると，磁場方向に整列していた核スピンがこの散乱過程で乱され，整列状態が緩和されることになる．

## 2.3 BCS 超伝導体の応答関数

ところで，この $H_{\text{Fermi}}$ を通した伝導電子の散乱は異なる位置の核スピン間の相関を引き起こすほどには強くなく，その意味でこれは1つの原子核における核スピンと伝導電子との散乱問題に還元して考えられるものなので，$H_{\text{Fermi}}$ の中で1つの原子核だけ（それを座標の原点におこう）を取り出せばよい．すると，この散乱問題を記述する微視的なハミルトニアン $H_{I\sigma}$ を第2量子化表現の $\sigma$ を使って書くと，

$$H_{I\sigma} = A\bm{I}\cdot\bm{\sigma} = A\sum_{\bm{pp'}}\left[I_z(c^+_{\bm{p'}\uparrow}c_{\bm{p}\uparrow} - c^+_{\bm{p'}\downarrow}c_{\bm{p}\downarrow}) + I_+ c^+_{\bm{p'}\downarrow}c_{\bm{p}\uparrow} + I_- c^+_{\bm{p'}\uparrow}c_{\bm{p}\downarrow}\right] \tag{2.247}$$

となる．ここで，$\bm{I}$ は古典変数でなく，量子力学的な核スピン演算子と考えている．なお，電子系からみて，この $H_{I\sigma}$ は時間反転対称性を破る．

まず，この問題での特徴的なエネルギーである $\omega_0$ の大きさを見積もろう．$m$ と $M$ を，それぞれ，電子と原子核の質量として，$\gamma_N$ は $\gamma_N \approx (m/M)\mu_B \approx (m/M)\times 0.927\times 10^{-20}$ emu であるので，原子核がたとえ陽子としても，$H\approx 1\text{T}$ で $\omega_0 \approx 10^8$ s$^{-1}$ で，これは $\omega_0 \approx 0.01$ K を意味する．このように，$\omega_0$ は伝導電子のエネルギースケールでいえば $\omega_0 \approx 0$ ということになる．

次に，$H_{I\sigma}$ を伝導電子のスピン帯磁率 $\chi$ を用いて書き直そう．この $\chi$ を使うと磁場 $\bm{H}$ 中の伝導電子の磁化 $\bm{M}$ は $\bm{M}=\chi\bm{H}$ であるが，一方，$\bm{M}$ はスピン演算子 $\bm{\sigma}$ と $\bm{M}=-\mu_B\bm{\sigma}$ の関係で結びつくから，

$$H_{I\sigma} = -A\frac{\bm{m}_N}{\gamma_N}\cdot\frac{\bm{M}}{\mu_B} = -\frac{A\chi}{\mu_B\gamma_N}\bm{H}\cdot\bm{m}_N \tag{2.248}$$

となる．この式 (2.248) と，伝導電子が存在しないときに $\bm{m}_N$ が磁場 $\bm{H}$ 中で持つエネルギーの表式 $-\bm{H}\cdot\bm{m}_N$ を比べると，伝導電子のスピン分極効果のために核スピンは $1+A\chi/(\mu_B\gamma_N)$ の因子分だけ強い磁場を感じていると解釈される．すると，共鳴振動数が元の $\omega_0$ から増加して，

$$\tilde{\omega}_0 = \omega_0\left(1+\frac{A\chi}{\mu_B\gamma_N}\right) = \omega_0\left(1+\frac{8\pi}{3}|\psi(0)|^2\chi\right) \tag{2.249}$$

に変わることになる．このときのずれの比 $K$ は

$$K \equiv \frac{\tilde{\omega}_0 - \omega_0}{\omega_0} = \frac{8\pi}{3}|\psi(0)|^2\chi \tag{2.250}$$

で与えられるので，この $K$ が測定されれば，帯磁率 $\chi$ の情報が直接的に得られることになる．この共鳴周波数がずれる現象をナイト（Knight）シフトという．そして，常伝導相，超伝導相での $K$ や $\chi$ を，それぞれ，$K_n$ や $K_s$，および，$\chi_n$ や $\chi_s$ と書くと，$K_s/K_n = \chi_s/\chi_n$ である．

そこで，スピン帯磁率 $\chi$ を計算しよう．今，$z$ 方向に印加する外部振動磁場を $H(\boldsymbol{q},\omega)e^{i\boldsymbol{q}\cdot\boldsymbol{r}-i\omega t}$ と書こう．すると，電子スピン系に対して，

$$H_{\text{ext}} = \mu_B H(\boldsymbol{q},\omega)e^{-i\omega t}\sigma^z_{-\boldsymbol{q}}, \quad \sigma^z_{-\boldsymbol{q}} = \sum_{\boldsymbol{p}}(c^+_{\boldsymbol{p}\uparrow}c_{\boldsymbol{p}+\boldsymbol{q}\uparrow} - c^+_{\boldsymbol{p}\downarrow}c_{\boldsymbol{p}+\boldsymbol{q}\downarrow}) \quad (2.251)$$

という外部摂動ハミルトニアン $H_{\text{ext}}$ が印加されたことになる．すると，久保公式から，伝導電子の磁化 $M(\boldsymbol{q},\omega)$ は

$$M(\boldsymbol{q},\omega) = -\mu_B \langle \sigma^z_{\boldsymbol{q}} \rangle = -\mu_B^2 Q^R_{zz}(\boldsymbol{q},\omega)H(\boldsymbol{q},\omega) \quad (2.252)$$

と書ける．ここで，伝導電子系の縦スピン応答関数 $Q^R_{zz}(\boldsymbol{q},\omega)$ は

$$Q^R_{zz}(\boldsymbol{q},\omega) = -i\int_0^\infty dt\, e^{i\omega t}\langle[\sigma^z_{\boldsymbol{q}}(t),\sigma^z_{-\boldsymbol{q}}]\rangle \quad (2.253)$$

で，そして，スピン帯磁率は $\chi(\boldsymbol{q},\omega) = -\mu_B^2 Q^R_{zz}(\boldsymbol{q},\omega)$ で与えられる．

具体的に $Q^{(R)}_{zz}(\boldsymbol{q},\omega)$ を計算するためには，まず，温度応答関数

$$q_{zz}(\boldsymbol{q},i\omega_q) = -\int_0^\beta d\tau\, e^{i\omega_q \tau}\langle T_\tau \sigma^z_{\boldsymbol{q}}(\tau),\sigma^z_{-\boldsymbol{q}}\rangle \quad (2.254)$$

を導入しよう．$k_{\mu\nu}(\boldsymbol{q},i\omega_q)$ や $q_{\rho\rho}(\boldsymbol{q},i\omega_q)$ の場合と同様に南部表示では，この応答関数は縦スピンバーテックス関数 $\Gamma_\sigma(p+q,p)$ を用いて，

$$q_{zz}(\boldsymbol{q},i\omega_q) = \sum_{\boldsymbol{p}} T \sum_{\omega_p} \text{tr}\left[\tau_0 G_{\boldsymbol{p}+\boldsymbol{q}}(i\omega_p+i\omega_q)\Gamma_\sigma(p+q,p)G_{\boldsymbol{p}}(i\omega_p)\right] \quad (2.255)$$

と厳密に書けるが，バーテックス補正を無視して $\Gamma_\sigma(p+q,p) = \tau_0$ とすると，

$$q_{zz}(\boldsymbol{q},i\omega_q) = \sum_{\boldsymbol{p}\sigma} L^{(+)}_{\boldsymbol{p}\sigma}(\boldsymbol{q},i\omega_q) \quad (2.256)$$

となる．ここで，$L^{(+)}_{\boldsymbol{p}\sigma}(\boldsymbol{q},i\omega_q)$ は式 (2.168) で定義されたものである．しかるに，$\omega_q \to 0$ を取った後に $\boldsymbol{q} \to \boldsymbol{0}$ を取る極限では，式 (2.169) から容易に

$$L^{(+)}_{\boldsymbol{p}\sigma}(\boldsymbol{0},0) = \frac{\partial f(E_{\boldsymbol{p}})}{\partial E_{\boldsymbol{p}}} \quad (2.257)$$

## 2.3 BCS 超伝導体の応答関数

が導かれるので，静的長波長極限でのスピン帯磁率 $\chi$ は

$$\chi = -\mu_B^2 \sum_{\bm{p}\sigma} \frac{\partial f(E_{\bm{p}})}{\partial E_{\bm{p}}} = -4\mu_B^2 N(0) \int_0^\infty d\xi \, \frac{\partial f(E)}{\partial E} \tag{2.258}$$

となる．ここで，$E = \sqrt{\xi^2 + \Delta^2}$ である．式 (2.257) に $\Delta = 0$ を代入すると，

$$\chi_n = -4\mu_B^2 N(0) \left[ f(+\infty) - f(0) \right] = 2N(0)\mu_B^2 \tag{2.259}$$

が得られる．もちろん，この $\chi_n$ の値はよく知られているパウリの常磁性スピン帯磁率である．この $\chi_n$ を使って比 $\chi_s/\chi_n$ の温度変化を見てみよう．まず，低温 ($T \to 0$) では，$f(E) \approx e^{-E/T}$，かつ，$\Delta \approx \Delta_0$ であるので，

$$\begin{aligned}
\frac{\chi_s}{\chi_n} &= -2 \int_{\Delta_0}^\infty dE \, \frac{E}{\sqrt{E^2 - \Delta_0^2}} \, e^{-E/T} \left( -\frac{1}{T} \right) \\
&= 2\frac{\Delta_0}{T} \int_1^\infty dx \, \frac{x}{\sqrt{x^2 - 1}} e^{-\Delta_0 x/T} = 2\frac{\Delta_0}{T} \int_0^\infty dt \, e^{-(\Delta_0/T)\sqrt{1+t^2}} \\
&\approx 2\frac{\Delta_0}{T} e^{-\Delta_0/T} \int_0^\infty dt \, e^{-(\Delta_0/2T)t^2} = \sqrt{2\pi \frac{\Delta_0}{T}} \, e^{-\Delta_0/T} \to 0 \quad (2.260)
\end{aligned}$$

となる．一方，$T \approx T_c$ では，$E \approx \xi + \Delta^2/(2\xi)$ なので，

$$\begin{aligned}
\frac{\chi_s}{\chi_n} &\approx 2\frac{1}{T} \int_0^\infty d\xi \, \frac{e^{\xi/T}}{(1 + e^{\xi/T})^2} \left( 1 - \frac{\Delta^2}{2T\xi} \frac{e^{\xi/T} - 1}{e^{\xi/T} + 1} \right) \\
&= 1 - \frac{\Delta^2}{T^2} \frac{7\zeta(3)}{4\pi^2} = 1 - 2\frac{T_c - T}{T_c} \tag{2.261}
\end{aligned}$$

であることが分かる．なお，最終式に至るためには式 (2.89) の結果を用いた．一般の温度における $K_s/K_n = \chi_s/\chi_n$ の値を得るには式 (2.258) を数値積分する必要があるが，その計算結果は図 2.26(a) に示されている．ちなみに，クーパー対はスピン一重項であるため，低温ではスピン分極が全く生じないことになる．このため，$T \to 0$ で $\chi_s \to 0$ となる．また，Al ではこの計算が適用できるが，Sn や Hg などの重い原子核の超伝導体になると，スピン軌道相互作用の影響も考慮に入れて計算し直す必要がある．それから，厳密にいえば，I.4.2 節や I.4.5.3 項で議論した正常相でも有効に働くバーテックス補正を含めた計算が必要になるが，BCS 理論の立場では，そのようなバーテックス補正は正常相と超伝導相の間でほぼ変化せず，そのため，その種のバーテックス補正を考慮しても $K_s/K_n$ の結果にはあまり大きな変化が起こらないものと仮定されている．

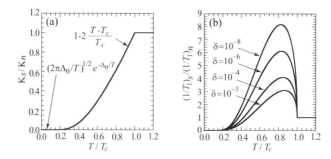

図 2.26 (a) 超伝導相でのナイトシフト $K_s$ と対応する常伝導相でのそれ $K_n$ の比の温度変化, および, (b) 超伝導相での縦スピン緩和率 $(1/T_1)_s$ とその常伝導相での値 $(1/T_1)_n$ の比の温度変化. (b) では $E$ についての積分の下端を $\Delta(1+\delta)$ と書くと, 計算結果は $\delta$ に依存し, $\delta \to 0^+$ の極限で $\ln\delta$ の形で発散する.

最後に核磁気緩和を考えよう. これは静磁場で核スピンの方向 ($z$方向としよう) を揃えた後に, 伝導電子との散乱による核スピンの $z$ 成分 $\langle I_z \rangle$ の緩和を測定することになる. この $\langle I_z \rangle$ の変化率は通常 $1/T_1$ と書かれるが, その変化率を前項の超音波吸収係数 $\alpha$ と同様にフェルミの黄金則を用いて計算しよう. 今の場合, 核スピンの量子数 $M$ ($-I \leq M \leq I$) が揺らぐ散乱を考えるので, 伝導電子状態を $|m\rangle$ や $|n\rangle$ と書いて始状態 $|i\rangle = |m\rangle|M\rangle$ から終状態 $|f\rangle = |n\rangle|M+1\rangle$ への遷移確率 $W_{M \to M+1}$ は

$$W_{M \to M+1} = 2\pi \sum_{m,n} e^{\beta(\Omega - E_m)} |\langle f|H_{I\sigma}|i\rangle|^2 \delta(E_m - E_n - \omega_0)$$

$$= 2\pi A^2 |\langle M+1|I_+|M\rangle|^2 \sum_{m,n} e^{\beta(\Omega - E_m)} \langle m|\sigma_+^0|n\rangle \langle n|\sigma_-^0|m\rangle \int_{-\infty}^{\infty} \frac{dt}{2\pi} e^{i(E_m - E_n - \omega_0)t}$$

$$= A^2 (I-M)(I+M+1) \int_{-\infty}^{\infty} dt \, \langle \sigma_+^0(t) \sigma_-^0 \rangle e^{-i\omega_0 t} \qquad (2.262)$$

となる. ここで, 原子核が位置する座標原点 ($\boldsymbol{r} = \boldsymbol{0}$) でのスピン演算子 $\sigma_\pm^0$ は電子場演算子が $\psi_\sigma(\boldsymbol{r}) = \sum_{\boldsymbol{p}} e^{i\boldsymbol{p}\cdot\boldsymbol{r}} c_{\boldsymbol{p}\sigma}$ であるので,

$$\sigma_+^0 \equiv \psi_\uparrow^+(\boldsymbol{0})\psi_\downarrow(\boldsymbol{0}) = \sum_{\boldsymbol{p}\boldsymbol{p}'} c_{\boldsymbol{p}'\uparrow}^+ c_{\boldsymbol{p}\downarrow}, \quad \sigma_-^0 \equiv \psi_\downarrow^+(\boldsymbol{0})\psi_\uparrow(\boldsymbol{0}) = \sum_{\boldsymbol{p}\boldsymbol{p}'} c_{\boldsymbol{p}'\downarrow}^+ c_{\boldsymbol{p}\uparrow} \qquad (2.263)$$

で定義された. また, $H_e$ を伝導電子系のハミルトニアンとして, $\sigma_+^0(t) = e^{iH_e t} \sigma_+^0 e^{-iH_e t}$ である. すると, $1/T_1$ を与える計算式は

## 2.3 BCS 超伝導体の応答関数

$$\frac{1}{T_1} \equiv \frac{W_{M \to M+1} + W_{M+1 \to M}}{(I-M)(I+M+1)}$$
$$= A^2 \int_{-\infty}^{\infty} dt \Big( \langle \sigma_+^0(t)\sigma_-^0 \rangle + \langle \sigma_-^0(t)\sigma_+^0 \rangle \Big) e^{-i\omega_0 t} \tag{2.264}$$

であるが，揺動散逸定理として知られる式 (I.4.149) や式 (II.2.433) の動的構造因子と密度応答関数の間の関係式をスピン応答関数に応用して得られる

$$\int_{-\infty}^{\infty} dt \Big( \langle \sigma_+^0(t)\sigma_-^0 \rangle + \langle \sigma_-^0(t)\sigma_+^0 \rangle \Big) e^{-i\omega_0 t} = -\frac{1}{1-e^{-\omega_0/T}} \frac{1}{\pi} \mathrm{Im} Q_{+-}^R(\omega_0)$$
$$\longrightarrow -\frac{T}{\pi \omega_0} \mathrm{Im} Q_{+-}^R(\omega_0) \quad (\omega_0 \to 0^+ \text{の場合}) \tag{2.265}$$

の関係式を用いると，

$$\frac{1}{T_1} \approx -A^2 \frac{T}{\pi \omega_0} \mathrm{Im} Q_{+-}^R(\omega_0) \tag{2.266}$$

ということになる．ここで，横スピン応答関数 $Q_{+-}^R(\omega)$ は

$$Q_{+-}^R(\omega) = -i \int_0^{\infty} dt\, e^{i\omega t} \Big[ \langle [\sigma_+^0(t), \sigma_-^0] \rangle + \langle [\sigma_-^0(t), \sigma_+^0] \rangle \Big] \tag{2.267}$$

で与えられる．この $Q_{+-}^R(\omega)$ も $Q_{zz}^R(\boldsymbol{q},\omega)$ と同じように計算することができるが，この場合は，①スピンバーテックスでスピン反転が起こる，②そのバーテックスでエネルギー保存則は成り立つが運動量保存則は成り立たず，$\boldsymbol{p}$ と $\boldsymbol{p}'$ は独立して和を取ることになる，という 2 つの点が異なるので，それに注意しつつ，これまでと同じように $E = E_{\boldsymbol{p}}$ や $E' = E_{\boldsymbol{p}'}$, $u = u_{\boldsymbol{p}}$, $u' = u_{\boldsymbol{p}'}$, $v = v_{\boldsymbol{p}}$, $v' = v_{\boldsymbol{p}'}$ と簡略化して書くと，$Q_{+-}^R(\omega)$ の具体的な形は

$$Q_{+-}^R(\omega) = \sum_{\boldsymbol{p}\boldsymbol{p}'} \Bigg\{ (uu'+vv')^2 \Bigg[ \frac{f(E')-f(E)}{\omega+i0^++E'-E} + \frac{f(E')-f(E)}{-\omega-i0^++E'-E} \Bigg]$$
$$+ (uv'-vu')^2 \Bigg[ \frac{f(E')+f(E)-1}{\omega+i0^++E'+E} + \frac{f(E')+f(E)-1}{-\omega-i0^++E'+E} \Bigg] \Bigg\} \tag{2.268}$$

となる．この虚部を $\omega = 0^+$ で評価すると，$\xi = \xi_{\boldsymbol{p}}$ や $\xi' = \xi_{\boldsymbol{p}'}$ を導入して

$$\mathrm{Im} Q_{+-}^R(\omega) = \pi \sum_{\boldsymbol{p}\boldsymbol{p}'} \left( 1 + \frac{\xi\xi' + \Delta^2}{EE'} \right) [f(E') - f(E)] \delta(\omega - E' + E)$$
$$\approx 2\pi \omega N(0)^2 \int_{\Delta}^{\infty} \frac{E^2}{\xi^2} dE \left( 1 + \frac{\Delta^2}{E^2} \right) \frac{\partial f(E)}{\partial E} \tag{2.269}$$

が得られるので，最終的に $1/T_1$ は

$$\frac{1}{T_1} \approx -2T\, A^2\, N(0)^2 \int_\Delta^\infty dE\, \frac{E^2 + \Delta^2}{E^2 - \Delta^2}\, \frac{\partial f(E)}{\partial E} \qquad (2.270)$$

ということになる．この式で $\Delta = 0$ とおいた正常相での値 $(1/T_1)_n$ は

$$(1/T_1)_n \approx -2T\, A^2\, N(0)^2 \int_0^\infty d\xi\, \frac{\partial f(\xi)}{\partial \xi} = A^2\, N(0)^2\, T \qquad (2.271)$$

であるので，$(T_1)_n T = $（一定）というコリンハ（Korringa）の関係式が確認される．そして，超伝導相と正常相との比 $(1/T_1)_s/(1/T_1)_n$ は

$$\frac{(1/T_1)_s}{(1/T_1)_n} = -2 \int_\Delta^\infty dE\, \frac{E^2 + \Delta^2}{E^2 - \Delta^2}\, \frac{\partial f(E)}{\partial E} \qquad (2.272)$$

となる．なお，この式 (2.272) の積分には式 (2.76) の超伝導状態での状態密度 $N_s(E)$ の 2 乗の因子が入っていて，それが $E \to \Delta$ で発散することから，このままでは式 (2.272) は ln 的に発散してしまう．しかし，実際の実験では，何らかの緩和機構が働いて $N_s(E)$ の発散は抑えられ，その結果，$(1/T_1)_s/(1/T_1)_n$ には発散が見られなくなる．

この実験状況を再現する一つの方法は，式 (2.272) における積分の下端を $\Delta$ から $\Delta(1+\delta)$ に置換することによって $N_s(E)$ の発散点が積分範囲に入らなくすることである．図 2.26(b) には，ここで導入された小さな正の数 $\delta$ を $10^{-3}$ から $10^{-8}$ まで減少させたときの温度変化の違いを示してあるが，この図から分かるように，いかなる $\delta$ でも $(1/T_1)_s/(1/T_1)_n$ の温度変化には $0.8T_c$ から $T_c$ の範囲内のある温度 $T$ でピークを持つ特有の構造が見られている．この $T_c$ 近傍のピーク構造は実験でも見られ，ヘーベル–シュリヒター (Hebel–Schlichter) ピークと呼ばれていて，s 波超伝導体を同定する上での一つの重要なシグナルと考えられている．いずれにしても，核磁気共鳴（Nuclear Magnetic Resonance：NMR）実験における $T_c$ 直下のこのような大きくて特徴的な系の応答は，時間反転対称性を破る摂動が BCS 超伝導体に働いた結果であるといえる．

## 2.4 BCS 理論の周辺

BCS 理論の誕生後 60 年あまりが経ったが，その間，いろいろな方向への BCS

理論の拡張（普遍化とそれとは対照的に現実物質で現れる様々な状況に対応できる多様化）がなされた．本節では，その拡張のうちで2つの項目をごく簡単に解説しよう．なお，このような拡張で本質的に新しい数学的な知識が必須となるわけではないので，もし必要な場合，読者各自が本書で解説した方法を参考にしてここでは紹介しなかった拡張項目を研究されたい．

### 2.4.1 異方的クーパー対形成と非従来型超伝導

BCS 理論のシナリオでは，球対称のフェルミ面近傍にある伝導電子が式 (2.6) の BCS ハミルトニアンの働きで球対称（s 波）のギャップ関数で記述されるクーパー対を形成して $U(1)$ ゲージ対称性を破って超伝導状態が出現する．しかし，同じ球対称のフェルミ面を持つ金属でも，式 (2.9) におけるもっと一般的な有効相互作用 $V_{\tau_1\tau_2\tau_3\tau_4}(\boldsymbol{p},\boldsymbol{p}')$ の下では形成されるギャップ関数が必ずしも球対称ではなく，p 波や d 波などの異方的なものにもなり得る．これはフェルミ面の持つ対称性よりも低い対称性のクーパー対が形成され得ることを意味している．この状況を一般化すれば，$U(1)$ 対称性の破れと同時に正常相の持つ（フェルミ面に反映されている）結晶対称性も破れたギャップ関数が出現することがあるということであって，それは非従来型超伝導が出現したといわれる．もちろん，フェルミ面とギャップ関数の結晶対称性が同じ場合は BCS 理論が想定したものになり，従来型超伝導と呼ばれる．なお，"離散的な対称性"である結晶対称性がギャップ関数の形成時にたとえ破れたとしても，その対称性の破れが原因で新たなゴールドストーンモードが発生するわけではないことに注意されたい．

さて，非従来型超伝導を最も簡単に解説するために，伝導帯が1つでフェルミ面は球対称，スピン軌道相互作用も弱くて無視できると仮定しよう．すると，式 (2.9) の $\tau_i$ はスピン変数 $\sigma_i$ であり，式 (I.4.288) を参考にすると，

$$V_{\tau_1\tau_2\tau_3\tau_4}(\boldsymbol{p},\boldsymbol{p}') \to V_c(\boldsymbol{p}-\boldsymbol{p}')\delta_{\sigma_1\sigma_4}\delta_{\sigma_2\sigma_3} + V_s(\boldsymbol{p}-\boldsymbol{p}')\boldsymbol{\sigma}_{\sigma_1\sigma_4}\cdot\boldsymbol{\sigma}_{\sigma_2\sigma_3} \tag{2.273}$$

のような形に $V_{\tau_1\tau_2\tau_3\tau_4}(\boldsymbol{p},\boldsymbol{p}')$ は還元される．そして，HFG 近似下では超伝導の秩序変数は $\langle c_{-\boldsymbol{p}\sigma_2}c_{\boldsymbol{p}\sigma_1}\rangle = -\langle c_{\boldsymbol{p}\sigma_1}c_{-\boldsymbol{p}\sigma_2}\rangle \neq 0$ であるが，座標とスピンの

空間が分離された今の系ではクーパー対のような 2 電子系ではスピン一重項 ($S=0$) 成分とスピン三重項 ($S=1$) 成分を別々に考えられる.

まず, $S=0$ では電子間相互作用 $V_0(\bm{p}-\bm{p}')$ は $V_c(\bm{p}-\bm{p}')-3V_s(\bm{p}-\bm{p}')$ であり, また, 秩序変数の一般形は空間反転対称な $g_{\bm{p}}$ ($g_{\bm{p}}=g_{-\bm{p}}$) を用いて

$$\langle c_{-\bm{p}\sigma_2} c_{\bm{p}\sigma_1}\rangle = g_{\bm{p}}(i\sigma_y)_{\sigma_1\sigma_2} = \begin{pmatrix} 0 & g_{\bm{p}} \\ -g_{\bm{p}} & 0 \end{pmatrix}_{\sigma_1\sigma_2} \tag{2.274}$$

と書ける. そして, 式 (2.56) の HFG 近似下の有効ハミルトニアン $H_{\mathrm{HFG}}$ は

$$\tilde{H}_{\mathrm{HFG}} = H_0 - \sum_{\bm{p}}{}' \left( \Delta_{\bm{p}}^* c_{-\bm{p}\downarrow} c_{\bm{p}\uparrow} + \Delta_{\bm{p}} c_{\bm{p}\uparrow}^+ c_{-\bm{p}\downarrow}^+ \right) + \sum_{\bm{p}}{}' \Delta_{\bm{p}}^* g_{\bm{p}} \tag{2.275}$$

に置き換えられる. ここで, 対ポテンシャル (ギャップ関数) $\Delta_{\bm{p}}$ やその複素共役 $\Delta_{\bm{p}}^*$ は式 (2.57) を少し拡張して,

$$\Delta_{\bm{p}} \equiv -\sum_{\bm{p}'}{}' V_0(\bm{p}-\bm{p}') g_{\bm{p}'}, \quad \Delta_{\bm{p}}^* \equiv -\sum_{\bm{p}'}{}' V_0(\bm{p}-\bm{p}') g_{\bm{p}'}^* \tag{2.276}$$

で定義されている. もちろん, $g_{\bm{p}}$ と同様に $\Delta_{\bm{p}}$ は空間反転対称 (すなわち, 偶パリティ: $\Delta_{\bm{p}}=\Delta_{-\bm{p}}$) である. この $\tilde{H}_{\mathrm{HFG}}$ を用いて 2.2.6〜2.2.7 項で行った計算をやり直すと, 準粒子の励起エネルギー $E_{\bm{p}}$ やギャップ方程式は

$$E_{\bm{p}} = \sqrt{\xi_{\bm{p}}^2 + |\Delta_{\bm{p}}|^2}, \quad \Delta_{\bm{p}} = -\sum_{\bm{p}'}{}' V_0(\bm{p}-\bm{p}') \frac{\Delta_{\bm{p}'}}{2E_{\bm{p}'}} \tanh \frac{E_{\bm{p}'}}{2T} \tag{2.277}$$

に変化することは容易に分かる. 特に $T_c$ 近傍では $\Delta_{\bm{p}}$ について線形化すると

$$\Delta_{\bm{p}} = -\sum_{\bm{p}'}{}' V_0(\bm{p}-\bm{p}') \frac{\Delta_{\bm{p}'}}{2\xi_{\bm{p}'}} \tanh \frac{\xi_{\bm{p}'}}{2T} \tag{2.278}$$

となる. しかるに, $|\bm{p}|\approx|\bm{p}'|\approx p_F$ であるので, $\Delta_{\bm{p}}$ は $\bm{p}$ を極座標表示した場合の角度部分 $(\theta,\varphi)$ だけの関数になる. すると, これは式 (1.9)〜(1.10) で定義された球面調和関数の正規直交完全系 $\{Y_{lm}(\theta,\varphi)\}$ を用いて

$$\Delta_{\bm{p}} = \sum_{l=0}^{\infty} \sum_{m=-l}^{l} \Delta_{lm} Y_{lm}(\theta,\varphi) \tag{2.279}$$

のように展開される. なお, $\Delta_{\bm{p}}$ は偶関数なので, $l$ は偶数 ($l=0, 2, 4, \cdots$) に限られる. また, $V_0(\bm{p}-\bm{p}')$ は $\cos\Theta\ [\equiv \bm{p}\cdot\bm{p}'/p_F^2]$ の関数になるので,

## 2.4 BCS 理論の周辺

$$V_0(\boldsymbol{p}-\boldsymbol{p}') = \sum_{l=0}^{\infty} V_0^{(l)} P_l(\cos\Theta)$$

$$=4\pi \sum_{l=0}^{\infty} \sum_{l=-m}^{m} \frac{V_0^{(l)}}{2l+1} Y_{lm}(\theta,\varphi) Y_{lm}^*(\theta',\varphi') \qquad (2.280)$$

のように展開される．ここで，$(\theta',\varphi')$ は $\boldsymbol{p}'$ の角度部分である．そこで，式 (2.278) に式 (2.279)～(2.280) を代入して角度積分を行うと，各 $\Delta_{lm}$ に関する方程式がそれぞれ独立して得られる．特に $\Delta_{lm} = 0^+$ の解が存在する臨界温度は $m$ によらずに $l$ だけに依存することになるが，その温度 $T_c^{(l)}$ は

$$-\frac{N(0)V_0^{(l)}}{2l+1} \int_{-\omega_c}^{\omega_c} d\xi \, \frac{1}{2\xi} \tanh\frac{\xi}{2T_c^{(l)}} = 1 \qquad (2.281)$$

で決定される．これは $l=0$ の s 波で $V_0^{(0)} = -g$（と同時にカットオフエネルギーを $\omega_c$ から $\omega_{ph}$）にすれば，式 (2.81) の $T_c = T_c^{(0)}$ を与えるギャップ方程式に還元される．もし，この $T_c^{(0)}$ が他の $T_c^{(l)}$ を凌駕すると従来型の s 波超伝導が出現することになるが，他の $l(=2,4,\cdots)$ で $T_c^{(l)} > T_c^{(0)}$ になるとすれば，$T_c = T_c^{(l)}$ の非従来型異方的超伝導が得られることになる．

ところで，$\Delta_{\boldsymbol{p}}$ が角度に依存する場合，角度の関数として $|\Delta_{\boldsymbol{p}}|$ は変化するが，今，各温度 $T$ での $|\Delta_{\boldsymbol{p}}|$ の最大値を $\Delta_0(T)$ と書こう．そして，その因子を取り出して $\Delta_{\boldsymbol{p}} = \Delta_0(T) f_{\boldsymbol{p}}$ と書くと，$f_{\boldsymbol{p}}$ は各 $T$ での角度依存性を記述する部分である．この $f_{\boldsymbol{p}}$ の存在を考慮して 2.2 節の熱力学量に対する計算を見直すと，たとえば，式 (2.84) の $2\Delta_0(0)/T_c$ や式 (2.109) の $\Delta C/\gamma T_c$ は[168]

$$\frac{2\Delta_0(0)}{T_c} = \frac{2\pi}{\exp\{\gamma + \langle|\Delta_{\boldsymbol{p}}|^2 \ln[|\Delta_{\boldsymbol{p}}|/\Delta_0(0)]\rangle_{\text{FS}}/\langle|\Delta_{\boldsymbol{p}}|^2\rangle_{\text{FS}}\}} \qquad (2.282)$$

$$\frac{\Delta C}{\gamma T_c} = \frac{12}{7\zeta(3)} \frac{\langle|\Delta_{\boldsymbol{p}}|^2\rangle_{\text{FS}}^2}{\langle|\Delta_{\boldsymbol{p}}|^4\rangle_{\text{FS}}} \qquad (2.283)$$

のような形に変更される．ここで，$\langle\cdots\rangle_{\text{FS}}$ はフェルミ面上での角度平均量を表す．もちろん，s 波ではこれらの量は，それぞれ，3.528 と 1.426 になるが，たとえば，$\Delta_{\boldsymbol{p}} \propto \cos\theta\sin\theta$ である $l=2$ で $m=\pm 1$ の場合，これらの量は，それぞれ，$\pi e^{47/30}/2e^\gamma = 4.225$ と $6/5\zeta(3) = 0.998$ となる．また，$\Delta_{\boldsymbol{p}} \propto 3\cos^2\theta - 1$ である $l=2$ で $m=0$ の場合には，これらは，それぞれ，$2\pi e^{16/15}(2+\sqrt{3})^{-2/3\sqrt{3}}/e^\gamma = 6.175$ と $4/5\zeta(3) = 0.666$ となる．な

お，式 (2.282) で $|\Delta_{\bm{p}}|/\Delta_0(0) \leq 1$ であるので，常に $2\Delta_0(0)/T_c \geq 2\pi/e^\gamma = 3.528$ であるが，$\Delta_0(0)$ の代わりに $T=0$ での角度平均されたギャップ $\bar{\Delta}_0$ ($\equiv \sqrt{\langle |\Delta_{\bm{p}}|^2 \rangle_{\rm FS}}$) を用いて $2\bar{\Delta}_0/T_c$ を計算すると，$l=2$ で $m=\pm 1$ と $m=0$ では，それぞれ，3.086 と 2.761 となり，いずれも 3.528 より小さくなる．

次に，$S=1$ の場合を考えると，電子間に働く有効相互作用 $V_1(\bm{p}-\bm{p}')$ は $V_c(\bm{p}-\bm{p}') + V_s(\bm{p}-\bm{p}')$ であり，また，秩序変数は空間反転反対称なベクトル関数 $\bm{g}_{\bm{p}} \equiv (g_{\bm{p}x}, g_{\bm{p}y}, g_{\bm{p}z})$ (ここで，$\bm{g}_{\bm{p}} = -\bm{g}_{-\bm{p}}$) を用いて，全く一般的に

$$\langle c_{-\bm{p}\sigma_2} c_{\bm{p}\sigma_1} \rangle = (\bm{g}_{\bm{p}} \cdot \bm{\sigma} i\sigma_y)_{\sigma_1\sigma_2} = \begin{pmatrix} -g_{\bm{p}x}+ig_{\bm{p}y} & g_{\bm{p}z} \\ g_{\bm{p}z} & g_{\bm{p}x}+ig_{\bm{p}y} \end{pmatrix}_{\sigma_1\sigma_2} \quad (2.284)$$

と書ける．そして，この $\bm{g}_{\bm{p}}$ を用いてやはり空間反転反対称なベクトル $\bm{d}_{\bm{p}}$ を

$$\bm{d}_{\bm{p}} \equiv -\sum_{\bm{p}'}{}' V_1(\bm{p}-\bm{p}') \bm{g}_{\bm{p}'} \quad (2.285)$$

で導入すると，対ポテンシャルテンソル $\bm{\Delta}_{\bm{p}}$ は

$$\bm{\Delta}_{\bm{p}} = \begin{pmatrix} -d_{\bm{p}x}+id_{\bm{p}y} & d_{\bm{p}z} \\ d_{\bm{p}z} & d_{\bm{p}x}+id_{\bm{p}y} \end{pmatrix} \quad (2.286)$$

で与えられ，$\bm{q}_{\bm{p}} \equiv i(\bm{d}_{\bm{p}} \times \bm{d}_{\bm{p}}^*)$ とすると，準粒子の励起エネルギーは $E_{\bm{p}\pm} = \sqrt{\xi_{\bm{p}}^2 + |\bm{d}_{\bm{p}}|^2 \pm |\bm{q}_{\bm{p}}|^2}$ となる．このとき，$\bm{q}_{\bm{p}} = 0$ の場合は時間反転対称であるので "ユニタリー状態"，そうでないときは時間反転対称性が破れる "非ユニタリー状態" であると呼ばれる．このユニタリー状態の場合には $E_{\bm{p}\pm} = E_{\bm{p}}$ と書いて，ギャップ方程式は $2\times 2$ の行列形式で

$$\bm{\Delta}_{\bm{p}} = -\sum_{\bm{p}'}{}' V_1(\bm{p}-\bm{p}') \frac{\bm{\Delta}_{\bm{p}'}}{2E_{\bm{p}'}} \tanh \frac{E_{\bm{p}'}}{2T} \quad (2.287)$$

となる．非ユニタリー状態では上式の右辺で $V_1(\bm{p}-\bm{p}')$ に続く因子を

$$\left[ \frac{1}{2E_{\bm{p}'+}} \left( \bm{d}_{\bm{p}'} + \frac{\bm{q}_{\bm{p}'} \times \bm{d}_{\bm{p}'}}{|\bm{q}_{\bm{p}'}|} \right) \tanh \frac{E_{\bm{p}'+}}{2T} \right.$$
$$\left. + \frac{1}{2E_{\bm{p}'-}} \left( \bm{d}_{\bm{p}'} - \frac{\bm{q}_{\bm{p}'} \times \bm{d}_{\bm{p}'}}{|\bm{q}_{\bm{p}'}|} \right) \tanh \frac{E_{\bm{p}'-}}{2T} \right] \bm{\sigma} i\sigma_y \quad (2.288)$$

に置き換えればよい．

このように，ベクトル関数 $\bm{d}_{\bm{p}}$ で記述される $S=1$ の場合はスカラー関数

$\Delta_{\bm p}$ で済む $S=0$ のときよりもずっと複雑な取り扱いになるが,$T_c$ を決定する方程式はユニタリー状態でも非ユニタリー状態でも共に式 (2.281) の形に還元される.なお,式 (2.281) で $V_0^{(l)}$ は $V_1(\bm{p}-\bm{p}')$ をルジャンドル関数系で展開した場合の係数 $V_1^{(l)}$ に置き換えられることになり,また,$\Delta_{\bm p}$ は奇関数であることから $l$ は奇数 (1, 3, $\cdots$) に限られる.そして,$S=1$ の超伝導が出現するためには,ある正奇数の $l$ での $T_c^{(l)}$ が他のあらゆる非負の整数である $l$ における $T_c^{(l)}$ よりも大きくなること[169] が必要である.なお,この $S=1$ の場合も $2\Delta_0(0)/T_c$ や $\Delta C/\gamma T_c$ について,それぞれ,式 (2.282) や式 (2.283) で計算[168]される.そして,前者は常に BCS 理論の値である 3.528 より大きくなり,後者は 1.426 より小さくなる.

ところで,$S$ の値にかかわらず,非従来型の超伝導ではギャップ関数の角度依存性からフェルミ面上で準粒子の励起エネルギー $E_{\bm p}$ がゼロになり得る.そのため,BCS 理論の場合と異なり,準粒子の状態密度 $N_s(E)$ にエネルギーギャップが消えて,$E$ が小さい場合,$N_s(E) \propto E^\alpha$ のようにべき的な振る舞いを示すようになる.そして,そのべき指数 $\alpha$ はフェルミ面上における $E_{\bm p}$ のゼロ点(ノード)の並び方によって決まっていて,ノードが点状の場合は $\alpha=2$,線状の場合は $\alpha=1$,そして,面状の場合は $\alpha=0$ である.この $N_s(E)$ の振る舞いを反映して,いろいろな物理量の低温極限での温度依存性が BCS 理論の場合のような指数関数型のものと異なってくる.たとえば,磁場侵入長 $\lambda(T)$ の $\lambda_L$ からの変化は $T^\alpha$ に比例したものになる.また,核磁気緩和率 $1/T_1$ は $T^{2\alpha+1}$ に比例して変化する.これらのより詳しい議論や実際の超伝導体への応用例は他の文献[129,170]を参照されたい.

### 2.4.2 不純物効果

非磁性不純物が存在する場合,そのポテンシャル項 $H_{\mathrm{imp}}$ を式 (2.6) の BCS ハミルトニアン $H_{\mathrm{BCS}} = H_0 + H_1$ に付加すると,系のハミルトニアン $H$ は

$$H = H_0 + H_1 + H_{\mathrm{imp}} \equiv H_0 + H_1 + \sum_{\bm{p}\bm{p}'\sigma} u_{\bm{p},\bm{p}'} c_{\bm{p}\sigma}^+ c_{\bm{p}'\sigma} \quad (2.289)$$

となる.ここで,不純物ポテンシャル $u_{\bm{p},\bm{p}'}$ は,不純物の位置を $\bm{R}_j$,その不純物から電子に働くポテンシャルを $U_j(\bm{r}-\bm{R}_j)$ とすれば,

$$u_{\boldsymbol{p},\boldsymbol{p}'} = \sum_j \frac{1}{\Omega_t} \int d\boldsymbol{r} e^{-i\boldsymbol{p}\cdot\boldsymbol{r}} U_j(\boldsymbol{r}-\boldsymbol{R}_j) e^{i\boldsymbol{p}'\cdot\boldsymbol{r}} \qquad (2.290)$$

である.そして,不純物の分布状態 $\{\boldsymbol{R}_j\}$ は乱雑であるものの,$U_j$ の関数形自体は $j$ に依存しないと仮定し,$U_j(\boldsymbol{r}-\boldsymbol{R}_j) = (1/\Omega_t)\sum_{\boldsymbol{q}} U(\boldsymbol{q}) e^{i\boldsymbol{q}\cdot(\boldsymbol{r}-\boldsymbol{R}_j)}$ とフーリエ変換すると,不純物形状因子 $\rho_{\boldsymbol{q}}^{\text{imp}} \equiv \sum_j e^{i\boldsymbol{q}\cdot\boldsymbol{R}_j}$ を用いて,

$$u_{\boldsymbol{p},\boldsymbol{p}'} = \frac{1}{\Omega_t} \sum_j U(\boldsymbol{p}-\boldsymbol{p}') e^{i(\boldsymbol{p}'-\boldsymbol{p})\cdot\boldsymbol{R}_j} = \frac{1}{\Omega_t} U(\boldsymbol{p}-\boldsymbol{p}') \rho_{\boldsymbol{p}'-\boldsymbol{p}}^{\text{imp}} \qquad (2.291)$$

と書ける.この不純物ポテンシャルの効果で金属電子の波動関数は乱され,平面波としての位相のコヒーレンスは有限の長さ $\ell$(平均自由行程)になる.すると,マクロな量子現象である超伝導自体もこの効果で壊されるのではないかという疑問が湧くが,非磁性不純物の場合はその効果は限定的であること[171] が知られている.ここでは,これに関して簡単に解説しておこう.

さて,式 (2.289) の中で BCS の結合定数 $g$ はごく小さく,そのため,$\ell \ll \xi_0$ であるので,エネルギースケールの観点からは $H_{\text{imp}}$ の効果は $H_1$ のそれよりもずっと大きい.すると,$H_1$ を取り入れる前に $\tilde{H}_0 \equiv H_0 + H_{\text{imp}}$ で記述される状態を考えておかなければならない.これは汚れた金属(dirty metal)における電気伝導率を含む各種物理量を計算するという課題[172] になる.

その $\tilde{H}_0$ の系では並進対称性が壊れているので,それを厳密に解くには $G_{\boldsymbol{p}\boldsymbol{p}'}(\tau) \equiv -\langle T_\tau c_{\boldsymbol{p}\sigma}(\tau) c_{\boldsymbol{p}'\sigma}^+ \rangle$ という 1 電子温度グリーン関数を導入しなければならないが,観測される物理量はこの $G_{\boldsymbol{p}\boldsymbol{p}'}(\tau)$ そのものではなく,それを不純物の位置について平均化した関数を通したものになる.しかるに,その不純物平均を取ると並進対称性が回復されるので,平均化された 1 電子温度グリーン関数は運動量 $\boldsymbol{p}$ で指定されることになる.そこで,そのフーリエ級数を $G_{\boldsymbol{p}}(i\omega_p)$ と書こう.そして,その自己エネルギー $\Sigma_{\boldsymbol{p}}(i\omega_p)$ の計算に摂動論が使えるほどに $U(\boldsymbol{q})$ の効果は $H_0$ を特徴付ける $E_F$ に比べて小さい(すなわち,$\ell \gg p_F^{-1}$)としよう.すると,$\Sigma_{\boldsymbol{p}}(i\omega_p)$ の 1 次の項 $\Sigma_{\boldsymbol{p}}^{(1)}(i\omega_p)$ は

$$\Sigma_{\boldsymbol{p}}^{(1)}(i\omega_p) = n_{\text{imp}} U(\boldsymbol{0}) \qquad (2.292)$$

となる.ここで,$n_{\text{imp}}$ は不純物の濃度である.また,2 次の項 $\Sigma_{\boldsymbol{p}}^{(2)}(i\omega_p)$ は

$$\Sigma_{\boldsymbol{p}}^{(2)}(i\omega_p) = n_{\text{imp}} \sum_{\boldsymbol{p}'} |U(\boldsymbol{p}-\boldsymbol{p}')|^2 G_{\boldsymbol{p}'}(i\omega_p) \qquad (2.293)$$

で与えられる．なお，$\{R_j\}_{j=1,\cdots,N_{\text{imp}}}$ における不純物平均 $\langle\cdots\rangle_{\text{imp}}$ は

$$\langle\cdots\rangle_{\text{imp}} = \prod_{j=1}^{N_{\text{imp}}} \frac{1}{\Omega_t} \int d\boldsymbol{R}_j \cdots \tag{2.294}$$

で定義される．すると，1次の平均は $\langle\rho_{\boldsymbol{q}}^{\text{imp}}\rangle_{\text{imp}} = N_{\text{imp}}\delta_{\boldsymbol{q},\boldsymbol{0}} = n_{\text{imp}}\Omega_t\,\delta_{\boldsymbol{q},\boldsymbol{0}}$，2次の平均は $\langle\rho_{\boldsymbol{q}}^{\text{imp}}\rho_{\boldsymbol{q}'}^{\text{imp}}\rangle_{\text{imp}} = N_{\text{imp}}^2\delta_{\boldsymbol{q},\boldsymbol{0}}\delta_{\boldsymbol{q}',\boldsymbol{0}} + N_{\text{imp}}\delta_{\boldsymbol{q}+\boldsymbol{q}',\boldsymbol{0}}$ であるが，このうち，第1項は $\Sigma_{\boldsymbol{p}}^{(1)}(i\omega_p)^2$ の形で取り込まれていて，残った第2項が $\Sigma_{\boldsymbol{p}}^{(2)}(i\omega_p)$ を与えている．ここでは，この2次のボルン近似の項までを取り入れることにして，$T$ 行列理論で取り扱える高次の同一不純物サイトでの多重散乱効果や異なる不純物サイト間の干渉散乱効果は無視しよう．すると，$G_{\boldsymbol{p}}(i\omega_p)$ は式 (2.292) や式 (2.293) と自己無撞着に解くことができて，$|\boldsymbol{p}| \approx p_F$ では

$$G_{\boldsymbol{p}}(i\omega_p) = \frac{1}{i\tilde{\omega}_p - \xi_{\boldsymbol{p}}}, \quad \tilde{\omega}_p \equiv \omega_p\left(1 + \frac{1}{2\tau_i|\omega_p|}\right) \tag{2.295}$$

で与えられる．ここで，不純物散乱時間 $\tau_i$ は $\cos\theta = \boldsymbol{p}\cdot\boldsymbol{p}'/p_F^2$ として，

$$\frac{1}{\tau_i} \equiv 2\pi\,n_{\text{imp}}\,N(0)\,\frac{1}{2}\int_0^\pi \sin\theta\,d\theta\,|U(\boldsymbol{p}-\boldsymbol{p}')|^2 \tag{2.296}$$

で定義される．なお，式 (2.292) の1次項や式 (2.293) の2次項の実部は $\boldsymbol{p}$ によらないので，それらの効果は化学ポテンシャル $\mu$ を定義し直して取り込んだ．また，式 (2.293) において，$\sum_{\boldsymbol{p}'} = N(0)\int d\xi' d\Omega/(4\pi)$ とし，$U(\boldsymbol{p}-\boldsymbol{p}')$ での $|\boldsymbol{p}'|$ を $p_F$ と取り，かつ，$E_F$ が一番大きなエネルギースケールであることから $d\xi'$ の積分区間を $(-\infty,\infty)$ にして $\xi'$ の複素空間における経路積分を実行すると，$\Sigma_{\boldsymbol{p}}^{(2)}(i\omega_p) = -i\,\text{sgn}(\omega_p)/(2\tau_i)$ であることが分かる．ここで，$\text{sgn}(x) \equiv x/|x|$ は符号関数である．ちなみに，$U_j(\boldsymbol{r})$ がデルタ関数型の短距離ポテンシャルでは $U(\boldsymbol{q})$ は $\boldsymbol{q}$ に依存せず，そのため，式 (2.296) は簡単化され，$\tau_i^{-1} = 2\pi n_{\text{imp}}N(0)|U(\boldsymbol{0})|^2$ となる．この状況は s 波散乱と呼ばれる．簡単のために今後はこの状況を仮定しよう．図 2.27(a) には式 (2.295) の $G_{\boldsymbol{p}}(i\omega_p)$ がファインマンダイアグラムによって模式的に示されている．

ところで，2.2.1 項で解説したように，クーパー対形成の議論は不純物がない場合は $H_0$ 系での対分極関数 $\Pi_{s0}(\boldsymbol{q},i\omega_q)$ の計算から始まった．同じように，今の不純物系では，まず，$\tilde{H}_0$ 系でのそれ $\tilde{\Pi}_{s0}(\boldsymbol{q},i\omega_q)$ を考えねばならない．すると，$G_{\boldsymbol{p}\sigma}^0(i\omega_p)$ を式 (2.295) の $G_{\boldsymbol{p}}(i\omega_p)$ に置き換えると同時に，$G_{\boldsymbol{p}}(i\omega_p)$ に

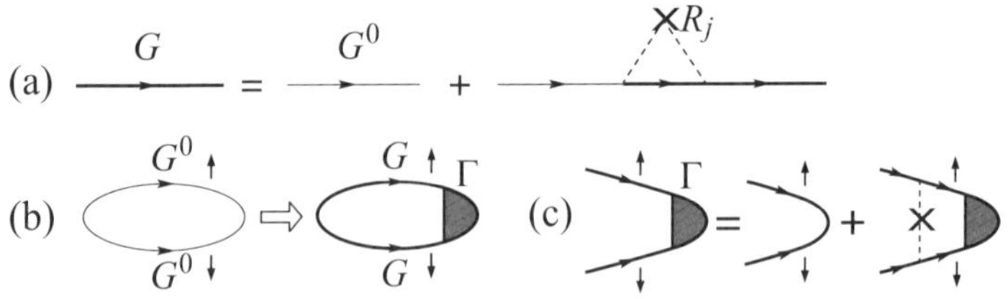

図 2.27 (a) 不純物効果を 2 次のボルン近似で自己無撞着に取り込んだ 1 電子グリーン関数. (b) $H_0$ 系の対分極関数から $\tilde{H}_0$ 系でのそれへの移行. (c) その際に必要になるはしご型補正を取り込んだバーテックス関数.

含まれる自己エネルギーと整合的なバーテックス関数 $\Gamma$ を導入する必要がある．そのバーテックス関数 $\Gamma$ は図 2.27(c) に示すようなはしご型のバーテックス補正を含むものになるので，それが満たすべき方程式は

$$\Gamma_{\bm{p}+\bm{q},-\bm{p}}(i\omega_p+i\omega_q,-i\omega_p) = 1 + n_{\mathrm{imp}} \sum_{\bm{p}'} |U(\bm{p}-\bm{p}')|^2$$
$$\times G_{\bm{p}'+\bm{q}}(i\omega_p+i\omega_q) G_{-\bm{p}'}(-i\omega_p) \Gamma_{\bm{p}'+\bm{q},-\bm{p}'}(i\omega_p+i\omega_q,-i\omega_p) \quad (2.297)$$

となるが，s 波散乱では $\Gamma$ は $\bm{q}$, $i\omega_p$, および, $i\omega_{p'} \equiv i\omega_p+i\omega_q$ にのみ依存するので，$\Gamma_{\bm{q}}(i\omega_{p'},-i\omega_p)$ と書き，$|\bm{q}| \ll p_F$ として式 (2.297) を書き直すと，

$$\begin{aligned}\Gamma_{\bm{q}}(i\omega_{p'},-i\omega_p) &= 1 + \frac{1}{2\pi\tau_i} \Gamma_{\bm{q}}(i\omega_{p'},-i\omega_p) \frac{1}{2} \int_0^\pi \sin\theta d\theta \\ &\quad \times \int_{-\infty}^{\infty} d\xi' \frac{1}{i\tilde{\omega}_{p'}-\xi'-v_F q\cos\theta} \frac{1}{-i\tilde{\omega}_p-\xi'} \\ &= 1 + \frac{\Gamma_{\bm{q}}(i\omega_{p'},-i\omega_p)}{\tau_i} \frac{\theta(\omega_{p'}\omega_p)}{|\tilde{\omega}_{p'}+\tilde{\omega}_p|} \left(1 - \frac{v_F^2 q^2/3}{|\tilde{\omega}_{p'}+\tilde{\omega}_p|^2}\right) \quad (2.298)\end{aligned}$$

が得られる．そこで，$\ell = v_F \tau_i$ ($\ll \xi_0$) で平均自由行程を，また，$D = \ell v_F/3$ で拡散係数を導入しよう．すると，$\xi_0$ の定義式 (2.8) から $\ell/\xi_0 \approx \tau_i T_c$ であるので，$T \le T_c$ では $T \ll 1/\tau_i$ となる．これから式 (2.298) の最終式の大括弧内で $|\tilde{\omega}_{p'}+\tilde{\omega}_p|^2$ は $\tau_i^{-2}$ と置き換えられるので，最終的に $\Gamma_{\bm{q}}(i\omega_{p'},-i\omega_p)$ は

$$\Gamma_{\bm{q}}(i\omega_{p'},-i\omega_p) = \begin{cases} 1 & (\omega_{p'}\omega_p < 0 \text{ のとき}) \\ \dfrac{|\tilde{\omega}_{p'}+\tilde{\omega}_p|}{|\omega_{p'}+\omega_p|+Dq^2} & (\omega_{p'}\omega_p > 0 \text{ のとき}) \end{cases} \quad (2.299)$$

で与えられることになる．

この $\Gamma_{\boldsymbol{q}}(i\omega_{p'}, -i\omega_p)$ を用い，$i\omega_{p'} = i\omega_p + i\omega_q$ として図 2.27(b) に示される $\tilde{\Pi}_{s0}(\boldsymbol{q}, i\omega_q)$ の表式を書き下すと，

$$\tilde{\Pi}_{s0}(\boldsymbol{q}, i\omega_q) = T\sum_{\omega_p}\sum_{\boldsymbol{p}}{}' G_{\boldsymbol{p}+\boldsymbol{q}}(i\omega_{p'}) G_{-\boldsymbol{p}}(-i\omega_p) \Gamma_{\boldsymbol{q}}(i\omega_{p'}, -i\omega_p) \quad (2.300)$$

となる．これを $\omega_q$ や $q$ が小さいと考えて計算すると，

$$\tilde{\Pi}_{s0}(\boldsymbol{q}, i\omega_q) = T\sum_{\omega_p} \Gamma_{\boldsymbol{q}}(i\omega_{p'}, -i\omega_p) N(0) \int d\xi \frac{1}{2}\int_0^\pi \sin\theta d\theta$$

$$\times \frac{1}{i\tilde{\omega}_{p'} - \xi - v_F q\cos\theta} \frac{1}{-i\tilde{\omega}_p - \xi}$$

$$= N(0)T \sum_{\omega_p} \theta(\omega_{p'}\omega_p) \frac{2\pi \Gamma_{\boldsymbol{q}}(i\omega_{p'}, -i\omega_p)}{|\tilde{\omega}_{p'} + \tilde{\omega}_p|} \left(1 - \frac{v_F^2 q^2/3}{|\tilde{\omega}_{p'} + \tilde{\omega}_p|^2}\right)$$

$$= N(0)T \sum_{\omega_p} \theta(\omega_{p'}\omega_p) \frac{2\pi}{|\omega_{p'} + \omega_p| + Dq^2(1 + \tau_i|\omega_{p'} + \omega_p|)}$$

$$= N(0)T \sum_{\omega_p} \theta(\omega_{p'}\omega_p) \frac{2\pi}{|\omega_{p'} + \omega_p| + Dq^2} \quad (2.301)$$

が得られる．なお，最終式に移行する際には，$\tau_i|\omega_{p'} + \omega_p| \sim \tau_i T \ll 1$ であることに注意して，$Dq^2\tau_i|\omega_{p'} + \omega_p|$ の項を無視した.

この式 (2.301) から，$T_c$ を決める $\tilde{\Pi}_{s0}(\boldsymbol{0}, 0)$ は

$$\tilde{\Pi}_{s0}(\boldsymbol{0}, 0) = N(0)T\sum_{\omega_p} \frac{\pi}{|\omega_p|} = T\sum_{\omega_p}\sum_{\boldsymbol{p}}{}' \frac{1}{i\omega_p - \xi_{\boldsymbol{p}}} \frac{1}{-i\omega_p - \xi_{-\boldsymbol{p}}}$$

$$= \Pi_{s0}(\boldsymbol{0}, 0) \quad (2.302)$$

となり，不純物がないときの対分極関数 $\Pi_{s0}(\boldsymbol{0}, 0)$ に還元される．したがって，遅延対分極関数 $\tilde{\Pi}_{s0}^R(\boldsymbol{0}, 0)$ は式 (2.32) から

$$\tilde{\Pi}_{s0}^R(\boldsymbol{0}, 0) = N(0)\ln\left(\frac{2e^\gamma}{\pi}\frac{\omega_{ph}}{T}\right) \quad (2.303)$$

となるので，非磁性不純物は $T_c$ を変化させないというアンダーソンの定理[171] が証明されたことになる．ただ，上の議論の展開からも分かるように，この証明は多くの仮定の下になされていて，それらが満たされない場合はこの定理が破れる．たとえば，磁性不純物の場合や異方的超伝導の場合は $T_c$ が大きく下がることがよく知られている．また，たとえ非磁性不純物で s 波超伝導の場合

でも $\ell$ が $p_F^{-1}$ と同程度になって金属電子が局在化してくると $T_c$ は大きく低下するようになる．なお，$\xi_0$ が小さい高温超伝導体では不純物がどのような効果を持つかは微妙な問題になる．定性的にいえば，$\xi_0$ が平均的な不純物間隔よりもずっと小さいと，たとえ異方的超伝導としても $T_c$ に対する不純物効果は無視できるほど小さいものと考えられる．

式 (2.301) に戻って，次は有限の $\omega_q$ や $q$ の場合を考えよう．2.2.4 項と同じように $\delta\tilde{\Pi}_{s0} \equiv \tilde{\Pi}_{s0}(\bm{q}, i\omega_q) - \tilde{\Pi}_{s0}(\bm{0}, 0)$ を考えよう．これは

$$\delta\tilde{\Pi}_{s0} = 2N(0)T \sum_{\omega_p,\omega_{p'}>0} \left( \frac{2\pi}{\omega_{p'} + \omega_p + Dq^2} - \frac{\pi}{\omega_p} \right)$$

$$= N(0) \sum_{p\geq 0} \left[ \frac{1}{p + 1/2 + (\omega_q + Dq^2)/(4\pi T)} - \frac{1}{p + 1/2} \right]$$

$$= N(0) \left[ \Psi\left(\frac{1}{2}\right) - \Psi\left(\frac{1}{2} + \frac{\omega_q + Dq^2}{4\pi T}\right) \right]$$

$$\approx N(0) \left( -\frac{\pi}{8T}\omega_q - \frac{\pi}{8T}Dq^2 \right) \tag{2.304}$$

となる．ここで，$\Psi(z)$ はダイガンマ関数で，式 (2.49) の展開式を用いた．すると，不純物があっても式 (2.51) の $\eta$ や定数 $A$ は不変だが，定数 $B$ は

$$B = \frac{7}{48}\frac{\zeta(3)}{\pi^2}\frac{v_F^2}{T_c^2} \quad \to \quad B_i = \frac{\pi}{8T_c}D \tag{2.305}$$

のように変化する．この変化に伴って 2.2.12 項で議論した GL パラメータ $a$ や $b$ は式 (2.128) から変化して $a_i$ や $b_i$ に変わる．これら $a_i$ や $b_i$ を具体的に求めるためには定数 $A$ や $B_i$ だけでなく，式 (2.119) の自由エネルギーにおける 4 次項の係数が必要になる．この係数はクーパー対間の相互作用を計算すれば求められるが，それは図 2.28 に示した "箱形バーテックス" $\Gamma_{\text{box}}$ を $\omega_q = q = 0$ で計算すればよい．実際，不純物のない系では図 2.28(a) に示してある $\Gamma_{\text{box}}^0$ を計算すると，

$$\Gamma_{\text{box}}^0 = T\sum_{\omega_p}\sum_{\bm{p}} G_{\bm{p}\uparrow}^0(i\omega_p)^2 G_{-\bm{p}\downarrow}^0(-i\omega_p)^2 = N(0)T\sum_{\omega_p}\int_{-\infty}^{\infty} d\xi \frac{1}{(\xi^2+\omega_p^2)^2}$$

$$= 2N(0)T\sum_{\omega_p>0}\frac{\pi}{2\omega_p^3} = N(0)\frac{1}{\pi^2 T^2}\sum_{p=0}^{\infty}\frac{1}{(2p+1)^3}$$

$$= N(0)\frac{7}{8}\frac{\zeta(3)}{\pi^2 T^2} \tag{2.306}$$

2.4 BCS 理論の周辺

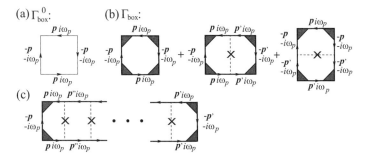

図 2.28 (a) 不純物がない系での箱形バーテックス $\Gamma_{\text{box}}^0$ を表すファインマンダイヤグラム．(b) 不純物系での $\Gamma_{\text{box}}$．(c) 高次の梯子形バーテックス補正の例．

となり，式 (2.119) の結果と整合する．

不純物のある系では，図 2.28(b) の 3 つの項を足し合わせると，

$$\begin{aligned}
\Gamma_{\text{box}} =& T\sum_{\omega_p}\sum_{\boldsymbol{p}} G_{\boldsymbol{p}}(i\omega_p)^2 G_{-\boldsymbol{p}}(-i\omega_p)^2 \Gamma_0(i\omega_p,-i\omega_p)^4 \\
&+ T\sum_{\omega_p}\sum_{\boldsymbol{p}}\sum_{\boldsymbol{p}'} G_{\boldsymbol{p}}(i\omega_p)^2 G_{-\boldsymbol{p}}(-i\omega_p) G_{\boldsymbol{p}'}(i\omega_p)^2 G_{-\boldsymbol{p}'}(-i\omega_p) \\
&\qquad\times \Gamma_0(i\omega_p,-i\omega_p)^4 n_{\text{imp}}|U(\boldsymbol{p}-\boldsymbol{p}')|^2 \\
&+ T\sum_{\omega_p}\sum_{\boldsymbol{p}}\sum_{\boldsymbol{p}'} G_{\boldsymbol{p}}(i\omega_p) G_{-\boldsymbol{p}}(-i\omega_p)^2 G_{\boldsymbol{p}'}(i\omega_p) G_{-\boldsymbol{p}'}(-i\omega_p)^2 \\
&\qquad\times \Gamma_0(i\omega_p,-i\omega_p)^4 n_{\text{imp}}|U(\boldsymbol{p}-\boldsymbol{p}')|^2 \quad (2.307)
\end{aligned}$$

であるが，$\Gamma_0(i\omega_p,-i\omega_p) = |\tilde{\omega}_p|/|\omega_p|$ であり，また，s 波散乱を仮定して $n_{\text{imp}}|U(\boldsymbol{p}-\boldsymbol{p}')|^2 = 1/[2\pi N(0)\tau_i]$ であることに注意すると，$\Gamma_{\text{box}}$ は

$$\begin{aligned}
\Gamma_{\text{box}} =& N(0)T\sum_{\omega_p}\left|\frac{\tilde{\omega}_p}{\omega_p}\right|^4 \Bigg\{\int_{-\infty}^{\infty} d\xi \frac{1}{(\tilde{\omega}_p^2+\xi^2)^2} \\
&+ \frac{1}{2\pi\tau_i}\left[\int_{-\infty}^{\infty} d\xi \frac{1}{(i\tilde{\omega}_p-\xi)^2}\frac{1}{-i\tilde{\omega}_p-\xi}\right]^2 \\
&+ \frac{1}{2\pi\tau_i}\left[\int_{-\infty}^{\infty} d\xi \frac{1}{i\tilde{\omega}_p-\xi}\frac{1}{(-i\tilde{\omega}_p-\xi)^2}\right]^2\Bigg\} \quad (2.308)
\end{aligned}$$

であるが，$d\xi$ 積分を実行すると，最終的に $\Gamma_{\text{box}}$ は

$$\Gamma_{\text{box}} = 2N(0)T \sum_{\omega_p>0} \left(\frac{\tilde{\omega}_p}{\omega_p}\right)^4 \left(\frac{\pi}{2\tilde{\omega}_p^3} + 2 \times \frac{1}{2\pi\tau_i} \frac{-\pi^2}{4\tilde{\omega}_p^4}\right)$$

$$= N(0)\pi T \sum_{\omega_p>0} \frac{1}{\omega_p^3} = N(0)\frac{7}{8}\frac{\zeta(3)}{\pi^2 T^2} \tag{2.309}$$

となり，$\Gamma_{\text{box}} = \Gamma_{\text{box}}^0$ であるので，$\Gamma_{\text{box}}$ には $T_c$ と同様に不純物効果が現れないことが分かる．これらの結果を用いると，不純物系での GL パラメータ，$a_i$ と $b_i$，は式 (2.128) の $a$ や $b$ と比べて，

$$\frac{a_i}{a} = \frac{7\zeta(3)}{0.361\pi^3}\frac{\xi_0}{\ell} = 0.752\frac{\xi_0}{\ell}, \quad \frac{b_i}{b} = \left(\frac{a_i}{a}\right)^2 = 0.565\frac{\xi_0^2}{\ell^2} \tag{2.310}$$

であるという結果が得られる．すると，第 1 種と第 2 種の超伝導体を区別するパラメータ $\kappa\ (=\lambda/\xi)$ は $\xi_0/\ell$ に比例するために不純物の効果が大きくなって $\ell$ が小さくなると，通例，第 2 種超伝導体になることが分かる．

ちなみに，図 2.28(b) でバーテックス補正として最低次の項だけを取り入れていて，高次の梯子型の項をすべて無視していることに疑問を抱くかも知れないが，これらの梯子型の項はすべて厳密にゼロになる．それは図 2.28(c) にその例を示すように，これらの項では $\sum_{\bm{p}''} G_{\bm{p}''}(i\omega)^2 = N(0)\int d\xi''(i\tilde{\omega}_p - \xi'')^{-2}$ の因子を必ず含んでいて，これは $\xi''$ の複素平面上で 2 次の極のみを持つので複素積分を実行するとゼロになるからである．

これまで行った不純物系でのいろいろな計算を推し進めると，$T > T_c$ での超伝導揺らぎに起因する電気伝導度の増大効果がアスラマゾフ–ラーキン（Aslamazov–Larkin）項や真木–トンプソン（Maki–Thompson）項の評価を通して議論される．ここでは，この問題にはこれ以上触れないことにするが，興味のある読者は専門書[173]を参考にされたい．

# 3

# 超伝導機構の微視的機構とその転移温度の第一原理計算

## 3.1 グリーン関数法のアプローチとエリアシュバーグ理論

### 3.1.1 超伝導転移温度 $T_c$ の定量評価はなぜ必要かつ重要か？

前章で詳しく解説したように，BCS 理論によれば，超伝導という 2 次相転移現象は電子間に引力が有効的に働いて巨視的な数のクーパー対が形成されたために出現したものである．この引力誘起機構の微視的な詳細がよく理解され，その引力の大きさが正しく評価されれば，超伝導転移温度 $T_c$ が精度よく決定されるはずである．しかし，理論研究の現状ではこの引力機構の同定や評価に多くの曖昧さや不確定さがあって，いかなる物質系に対しても有効で信頼できる $T_c$ を与える予測理論は完成されていない．この状況を鑑みて，本章では，$T_c$ の定量的な計算についてグリーン関数法のアプローチにおける一般的基礎厳密理論の枠組みから始めて，フォノン機構の超伝導で $T_c$ を第一原理から計算することにおいてある程度の成功を収めているエリアシュバーグ理論を解説する．次に，この理論の問題点を指摘しながら，密度汎関数理論のアプローチにおける超伝導理論（SCDFT）を紹介する．そして，SCDFT の発展や改良の立場に立ちつつ，大規模数値計算手法との組み合わせも考えながら強相関強結合系で $T_c$ を精度よく予測する超伝導理論建設への展望を述べる．最後に，2.1 節での議論も踏まえながら物性科学における大きな夢である室温超伝導体合成に向けての考察や示唆を行う．

さて，量子統計力学の世界では，通常，運動エネルギーとポテンシャルエネルギーの妥協点を探る中で，すなわち，"遍歴化と局在化の相克" の中で熱力学的に安定な状態が決定される．また，多体系のポテンシャルエネルギーには粒

子間相互作用が含まれるので,"運動の相関化"という複雑さも加わる中でこの安定状態が決まっていることになる.そして,超伝導機構の微視的な解明と $T_c$ の定量的評価という作業には,このような量子統計力学が持つ本質的な難しさが最も先鋭的な形で現れてくる.具体的には,荷電粒子である電子がフォノンなり,プラズモンなり,エキシトンなり,スピンや軌道の揺らぎなりを介して得られる引力とクーロン斥力との競合によって,そのスピンや軌道の違いに依存したお互いの引き合いや避け合いの効果の総決算の果てに対凝縮する状況を定量的に適正に記述しなければならない.

このように,$T_c$ の定量計算は電荷-スピン-軌道-フォノン複合系において発現する引力誘起機構の詳細情報と電子間相関効果の取り入れに関して正確な物理的洞察を要求していて,基本的に大変難しい問題である.しかしながら,"高温超伝導体の物質設計"というような社会的にも強く要請されている案件を効率的に解決するための前提条件としても,また,$T_c$ が室温のオーダーになるほどに高いということが唯一で最大の特徴といえる"高温超伝導"という研究テーマの理論的解明のためにも,$T_c$ を正確に予測する理論の枠組みを確立することは物性理論における喫緊の最重要課題の一つ[174]といえる.

ところで,学問上のディシプリンの違いによってこの $T_c$ 予測理論に期待される最終完成形も異なってくる.物質科学の立場からいえば,超伝導体の構成元素の基本情報のみで $T_c$ が小さい誤差で正しく第一原理的に予測されることが究極的な目的と認識される.一方,物理理論の立場からは,個別の物質における $T_c$ のデータ収集を目的とするよりも,特徴のある共通の物性を持つ"物質群"とそれを規定する物理模型の構築,そして,その物理模型全般に有効な $T_c$ の十分に正確な評価法が得られることが最も重要であると考えられる.実際,この評価法が得られれば,$T_c$ のその物理模型を規定するパラメータ(群)に対する依存性が詳細に分かり,それによってその物理模型特有の超伝導機構が同定され,かつ,そこにおける電子間に働く引力と斥力の競合(もしくは協奏)関係が深く理解される.しかも,そのパラメータ(群)を広い範囲で変化させて,その機構で期待される最大の $T_c$ が検索されると同時に,最大の $T_c$ が実現されるための具体的な条件が明らかになる.本章では,この物理理論の観点を念頭において議論を進める.

### 3.1.2 電子フォノン模型における超伝導理論の基礎

まず，フォノン機構の超伝導を念頭において電子フォノン模型を取り上げよう．基本的に BCS 理論では結晶格子の存在はあらわではなく，この場合，電子フォノン系を微視的に記述する代表的なハミルトニアンは 1.4.1 項で紹介したフレーリッヒ模型である．そこで，式 (1.202) の $H$ を少し一般化したハミルトニアン $H_{ep}$ に基づく電子フォノン模型を導入しよう．この $H_{ep}$ は

$$H_{ep} = \sum_{\boldsymbol{p}\sigma} \xi_{\boldsymbol{p}} c^+_{\boldsymbol{p}\sigma} c_{\boldsymbol{p}\sigma} + \frac{1}{2} \sum_{\boldsymbol{q}(\neq 0)} \sum_{\boldsymbol{p}\sigma} \sum_{\boldsymbol{p}'\sigma'} V_c(\boldsymbol{q}) c^+_{\boldsymbol{p}+\boldsymbol{q}\sigma} c^+_{\boldsymbol{p}'-\boldsymbol{q}\sigma'} c_{\boldsymbol{p}'\sigma'} c_{\boldsymbol{p}\sigma}$$

$$+ \sum_{\boldsymbol{q}(\neq 0)\lambda} \omega_{\boldsymbol{q}\lambda} b^+_{\boldsymbol{q}\lambda} b_{\boldsymbol{q}\lambda} + \sum_{\boldsymbol{q}(\neq 0)\lambda} \sum_{\boldsymbol{p}\sigma} g_\lambda(\boldsymbol{q}) c^+_{\boldsymbol{p}+\boldsymbol{q}\sigma} c_{\boldsymbol{p}\sigma} (b_{\boldsymbol{q}\lambda} + b^+_{-\boldsymbol{q}\lambda}) \quad (3.1)$$

で与えられる．ここで，$\xi_{\boldsymbol{p}}$ はフェルミ準位 $\mu$ を起点とした伝導電子系のバンド分散関係でスピンによらないとした．また，$V_c(\boldsymbol{q})$ は電子間クーロン斥力で，簡単のために系全体は等方的と仮定して $V_c(\boldsymbol{q}) = 4\pi e^2/(\Omega_t \varepsilon_\infty \boldsymbol{q}^2)$ としよう（$\varepsilon_\infty$ は光学誘電率）．なお，一般的には $V_c$ は伝導電子のブロッホ関数を基底としたクーロンポテンシャルの行列要素で，$\boldsymbol{p}$ や $\boldsymbol{p}'$ にも依存するが，ここではその依存性を無視しよう．第 3 項のフォノン系のハミルトニアンは式 (1.112) の（定数項を除いた）一般的なものである．そして，第 4 項は式 (1.164) の電子フォノン相互作用であるが，その相互作用定数 $g_{\boldsymbol{p}\boldsymbol{p}'\boldsymbol{q}\lambda}$ は $V_c$ と同様に（そして，フレーリッヒ系や 1.3.5 項で議論した場合と同様に）$\boldsymbol{p}$ や $\boldsymbol{p}'$ に依存せず，$\boldsymbol{q}$ だけに依存するとして $g_\lambda(\boldsymbol{q})$ と書こう．

さて，一般に，フォノン機構では s 波のクーパー対が形成されるが，少し制限を緩め，d 波などの可能性も含めてスピン一重項のクーパー対形成を仮定しよう．すると，式 (2.193) で導入された南部表示で考えるのが便利である．この表示で式 (3.1) の $H_{ep}$ を書き直すと，定数項は別にして，

$$H_{ep} = \sum_{\boldsymbol{p}} \xi_{\boldsymbol{p}} \Psi^+_{\boldsymbol{p}} \tau_3 \Psi_{\boldsymbol{p}} + \frac{1}{2} \sum_{\boldsymbol{q}(\neq 0)} \sum_{\boldsymbol{p}\boldsymbol{p}'} V_c(\boldsymbol{q}) (\Psi^+_{\boldsymbol{p}+\boldsymbol{q}} \tau_3 \Psi_{\boldsymbol{p}})(\Psi^+_{\boldsymbol{p}'-\boldsymbol{q}} \tau_3 \Psi_{\boldsymbol{p}'})$$

$$+ \sum_{\boldsymbol{q}(\neq 0)\lambda} \omega_{\boldsymbol{q}\lambda} b^+_{\boldsymbol{q}\lambda} b_{\boldsymbol{q}\lambda} + \sum_{\boldsymbol{q}(\neq 0)\lambda} \sum_{\boldsymbol{p}} g_\lambda(\boldsymbol{q}) \Psi^+_{\boldsymbol{p}+\boldsymbol{q}} \tau_3 \Psi_{\boldsymbol{p}} (b_{\boldsymbol{q}\lambda} + b^+_{-\boldsymbol{q}\lambda}) \quad (3.2)$$

となる．また，この表示での温度グリーン関数 $G_{\boldsymbol{p}}(\tau)$ は式 (2.196) で，そして，そのフーリエ成分 $G_{\boldsymbol{p}}(i\omega_p)$ は式 (2.197) で定義される．この $G_{\boldsymbol{p}}(i\omega_p)$ を

決定するダイソン方程式は式 (2.199) であるが，その際，相互作用がないときの $G_{\bm{p}}(i\omega_p)$ である $G_{\bm{p}}^0(i\omega_p)$ は式 (2.198) で与えられる．また，自己エネルギー $\Sigma_{\bm{p}}(i\omega_p)$ は 1.4.2～1.4.4 項で述べた理論展開と全く同様のことを南部表示でやり直すと，その厳密な表式が得られる．その具体的な表式は式 (1.236) を南部表示に書き直したものになっていて，

$$\Sigma_{\bm{p}}(i\omega_p) = -T \sum_{\omega_{p'}} \sum_{\bm{p}'(\neq \bm{p})} V_{ee}(\bm{p}'-\bm{p}, i\omega_{p'}-i\omega_p) \tau_3 G_{\bm{p}'}(i\omega_{p'})$$
$$\times \Lambda_{\bm{p}',\bm{p}}(i\omega_{p'}, i\omega_p) \tag{3.3}$$

で与えられる．ここで，3点バーテックス関数 $\Lambda_{\bm{p}',\bm{p}}(i\omega_{p'}, i\omega_p)$ は

$$\Lambda_{\bm{p}',\bm{p}}(i\omega_{p'}, i\omega_p) = G_{\bm{p}'}(i\omega_{p'})^{-1} \int_0^{1/T} d\tau\, e^{i\omega_{p'}\tau} \int_0^{1/T} d\tau' e^{i(\omega_p - \omega_{p'})\tau'}$$
$$\times \langle T_\tau \Psi_{\bm{p}'}(\tau) \rho_{\bm{p}-\bm{p}'}(\tau') \Psi_{\bm{p}}^+ \rangle G_{\bm{p}}(i\omega_p)^{-1} \tag{3.4}$$

で定義されたもので，式 (1.235) に対応する．なお，式 (3.4) 中の密度演算子行列 $\rho_{\bm{q}}$ は $\rho_{\bm{q}} = \sum_{\bm{p}} \Psi_{\bm{p}}^+ \tau_3 \Psi_{\bm{p}+\bm{q}}$ で定義され，また，電子間相互作用 $V_{ee}(\bm{q}, i\omega_q)$ はフレーリッヒ系の式 (1.230) においてフォノン部分を一般化したもので，

$$V_{ee}(\bm{q}, i\omega_q) = V_c(\bm{q}) + \sum_\lambda |g_\lambda(\bm{q})|^2 \frac{2\omega_{\bm{q}\lambda}}{(i\omega_q)^2 - \omega_{\bm{q}\lambda}^2} \equiv V_c(\bm{q}) + V_{ph}(\bm{q}, i\omega_q) \tag{3.5}$$

であり，$V_{ph}(\bm{q}, i\omega_q)$ はフォノンを媒介にした電子間相互作用の総体である．

ところで，II.2.5.8～II.2.5.9 項で解説したように，また，1.4.5 項で式 (1.244) の導出の際に注意したように，$\Lambda_{\bm{p}',\bm{p}}(i\omega_{p'}, i\omega_p)$ そのものよりもそこからインプロパー・ダイアグラムを取り除いて構成されるプロパーな3点バーテックス関数 $\Gamma_{\bm{p}',\bm{p}}(i\omega_{p'}, i\omega_p)$ を用いた定式化が望まれる．すると，式 (3.3) は

$$\Sigma_{\bm{p}}(i\omega_p) = -T \sum_{\omega_q} \sum_{\bm{q}(\neq \bm{0})} \tilde{V}_{ee}(\bm{q}, i\omega_q) \tau_3 G_{\bm{p}+\bm{q}}(i\omega_p + i\omega_q)$$
$$\times \Gamma_{\bm{p}+\bm{q},\bm{p}}(i\omega_p + i\omega_q, i\omega_p) \tag{3.6}$$

のように書き換えられる．ここで，電子間有効相互作用 $\tilde{V}_{ee}(\bm{q}, i\omega_q)$ は

$$\tilde{V}_{ee}(\bm{q}, i\omega_q) \equiv \frac{V_{ee}(\bm{q}, i\omega_q)}{1 + V_{ee}(\bm{q}, i\omega_q) \Pi(\bm{q}, i\omega_q)} \tag{3.7}$$

である.そして,電子系の分極関数 $\Pi(\bm{q},i\omega_q)$ は $\Gamma_{\bm{p}',\bm{p}}(i\omega_{p'},i\omega_p)$ を用いて,

$$\Pi(\bm{q},i\omega_q) = -T\sum_{\omega_p}\sum_{\bm{p}}\mathrm{tr}\Big[\tau_3 G_{\bm{p}}(i\omega_p)$$
$$\times \Gamma_{\bm{p},\bm{p}+\bm{q}}(i\omega_p,i\omega_p+i\omega_q)G_{\bm{p}+\bm{q}}(i\omega_p+i\omega_q)\Big] \quad (3.8)$$

で計算される.なお,この $\Gamma_{\bm{p}',\bm{p}}(i\omega_{p'},i\omega_p)$ は 2.3.7 項で議論した $\Gamma_0(p',p)$ と同じもので,自己エネルギーや電流密度バーテックス関数と関連して式 (2.205) のワード恒等式を満たす.また,$\tilde{V}_{ee}(\bm{q},i\omega_q)$ においてボゾンの松原振動数 $i\omega_q$ からの解析接続で得られる遅延電子間有効相互作用 $\tilde{V}_{ee}^R(\bm{q},\Omega)$ は $\Omega$ の上半面で解析的であるが,それに加えて $\Omega$ の虚軸上では実数であるという条件から

$$\tilde{V}_{ee}(\bm{q},i\omega_q) = V_c(\bm{q}) - \int_0^\infty \frac{d\Omega}{\pi}\frac{2\Omega}{(i\omega_q)^2-\Omega^2}\mathrm{Im}\tilde{V}_{ee}^R(\bm{q},\Omega) \quad (3.9)$$

という KK の関係式(式 (1.375) も参照のこと)が得られ,$\mathrm{Im}\tilde{V}_{ee}^R(\bm{q},\Omega)$ の情報から $\tilde{V}_{ee}(\bm{q},i\omega_q)$ は完全に分かることになる.

ちなみに,$G_{\bm{p}}(i\omega_p)$ が対角的な正常相で $V_{ee}(\bm{q},i\omega_q)$ が $V_c(\bm{q})$ である場合,式 (3.6)〜(3.8) の方程式群はヘディン(Hedin)理論として知られている正常金属の自己エネルギーを厳密に計算する関係式群そのもの(II.2.7.2 項を参照のこと)に還元される.このように,南部表示を用いると形式上同一表現で正常相から超伝導相への理論の拡張がシームレスに行える.そして,もし,この方程式群全体が自己無撞着に解ければ,2.1.3 項で BCS ハミルトニアンを提出する際に "物理的妥当性" という理由をつけてなされた一連の仮定(正常相や超伝導相にかかわらず,自己エネルギーの対角成分を一切無視することや $|\bm{p}|$ を $p_F$ に限定したこと,また,エネルギーカットオフを導入したことなど)が全くなしで超伝導状態が正常状態と整合的に取り扱われることになる.さらにいえば,このように解くことによって初めて BCS 理論の前提条件になっている様々な仮定の正当性を吟味できることになる.

### 3.1.3　1 電子グリーン関数の解析性・対称性と成分分解

前項では方程式群を $2\times 2$ の行列表示で書いたが,ここでは,1 電子グリーン関数の持つ解析性や対称性に注目しつつ自己エネルギーの行列 $\Sigma_{\bm{p}}(i\omega_p)$ の各成分ごとの一般的な性質を議論しておこう.

まず，$G_{\boldsymbol{p}}(i\omega_p)$ で $i\omega_p \to \omega + i0^+$ と解析接続して $\omega$ の上半面で解析的な遅延グリーン関数 $G_{\boldsymbol{p}}^R(\omega)$ を導入しよう．すると，その関数の解析性から，

$$G_{\boldsymbol{p}}(i\omega_p) = -\int_{-\infty}^{\infty} \frac{d\omega'}{\pi} \frac{\mathrm{Im} G_{\boldsymbol{p}}^R(\omega')}{i\omega_p - \omega'} \tag{3.10}$$

という分散関係が得られる．この式 (3.10) から直ちに，$G_{\boldsymbol{p}}(-i\omega_p) = G_{\boldsymbol{p}}(i\omega_p)^+$ であることが分かる．さらに，これから自己エネルギーについても同様の関係式 $\Sigma_{\boldsymbol{p}}(-i\omega_p) = \Sigma_{\boldsymbol{p}}(i\omega_p)^+$ が導かれる．すると，$\Sigma_{\boldsymbol{p}}(i\omega_p)$ を

$$\Sigma_{\boldsymbol{p}}(i\omega_p) = [1 - Z_{\boldsymbol{p}}(i\omega_p)]i\omega_p\tau_0 + \chi_{\boldsymbol{p}}(i\omega_p)\tau_3 + \phi_{\boldsymbol{p}}(i\omega_p)\tau_1 + \psi_{\boldsymbol{p}}(i\omega_p)\tau_2 \tag{3.11}$$

のように成分分解すると，対角成分である "繰り込み関数" $Z_{\boldsymbol{p}}(i\omega_p)$ や "レベルシフト関数" $\chi_{\boldsymbol{p}}(i\omega_p)$ は実関数で，しかも $i\omega_p$ に関して偶関数であることが直ちに分かる．あるいは，対角成分を $i\omega_p$ に関して虚数となる奇関数の部分を $Z_{\boldsymbol{p}}(i\omega_p)$，また，実数となる偶関数の部分を $\chi_{\boldsymbol{p}}(i\omega_p)$ と定義したといってもよい．一方，非対角成分の "ギャップ関数"，$\phi_{\boldsymbol{p}}(i\omega_p)$ や $\psi_{\boldsymbol{p}}(i\omega_p)$，に関しては $\phi_{\boldsymbol{p}}(-i\omega_p) = \phi_{\boldsymbol{p}}^*(i\omega_p)$，かつ，$\psi_{\boldsymbol{p}}(-i\omega_p) = \psi_{\boldsymbol{p}}^*(i\omega_p)$ であるので，$\phi_{\boldsymbol{p}}(i\omega_p)$ や $\psi_{\boldsymbol{p}}(i\omega_p)$ のそれぞれの実部は $i\omega_p$ に関して偶関数，虚部は奇関数であることが分かる．運動量 $\boldsymbol{p}$ を $-\boldsymbol{p}$ と反転させたときの対称性は時間反転対称な状態間で対を組むスピン一重項を考えているので，$Z_{\boldsymbol{p}}(i\omega_p)$, $\chi_{\boldsymbol{p}}(i\omega_p)$, $\phi_{\boldsymbol{p}}(i\omega_p)$, $\psi_{\boldsymbol{p}}(i\omega_p)$ のすべてがこの変換で不変である．

この自己エネルギーの成分分解式 (3.11) に対応して，グリーン関数は

$$\begin{aligned} G_{\boldsymbol{p}}(i\omega_p) &= \frac{1}{G_{\boldsymbol{p}}^0(i\omega_p)^{-1} - \Sigma_{\boldsymbol{p}}(i\omega_p)} \\ &= \frac{Z_{\boldsymbol{p}}(i\omega_p)i\omega_p\tau_0 + \tilde{\xi}_{\boldsymbol{p}}(i\omega_p)\tau_3 + \phi_{\boldsymbol{p}}(i\omega_p)\tau_1 + \psi_{\boldsymbol{p}}(i\omega_p)\tau_2}{[Z_{\boldsymbol{p}}(i\omega_p)i\omega_p]^2 - \tilde{\xi}_{\boldsymbol{p}}(i\omega_p)^2 - \phi_{\boldsymbol{p}}(i\omega_p)^2 - \psi_{\boldsymbol{p}}(i\omega_p)^2} \end{aligned} \tag{3.12}$$

のように成分分解される．ここで，$\tilde{\xi}_{\boldsymbol{p}}(i\omega_p) \equiv \xi_{\boldsymbol{p}} + \chi_{\boldsymbol{p}}(i\omega_p)$ であり，また，パウリ行列の関係式 $\tau_i\tau_j + \tau_j\tau_i = 2\tau_0\delta_{ij}$ $(i,j = 1,2,3)$ を使った．なお，2次相転移である超伝導のギャップ関数は $T_c$ 近傍では微少なので，$T_c$ の評価に際してはギャップ関数の最低次のみを考慮すればよい．すると，式 (3.12) の分母に現れる $\phi_{\boldsymbol{p}}(i\omega_p)^2$ や $\psi_{\boldsymbol{p}}(i\omega_p)^2$ は無視できるので，これらの関数を決定する方程式（ギャップ方程式）は線形になる．したがって，$\phi_{\boldsymbol{p}}(i\omega_p)$ や $\psi_{\boldsymbol{p}}(i\omega_p)$ のそれ

ぞれを独立に（さらにいえば，それぞれの実部と虚部も独立に）議論できるので，今後は $\phi_{\bm{p}}(i\omega_p)$ だけに注目して $\psi_{\bm{p}}(i\omega_p) = 0$ とする．

### 3.1.4 クーロン斥力部分の分離とエリアシュバーグ関数

これまでは形式的に厳密な理論の枠組みを示してきたが，具体的な計算結果を得るためには何らかの近似を導入する必要がある．エリアシュバーグ（Eliashberg）理論[113]はBCS理論の前提条件を引き継ぎながらこの厳密理論の枠組みを簡単化したものである．本節ではこの理論における $T_c$ の第一原理計算法に重点をおいて紹介していこう．なお，BCS理論における一番重要な前提はフォノンエネルギー $\omega_{ph}$ が伝導電子系の（クーロン斥力も含めた）エネルギースケールであるフェルミエネルギー $E_F$ に比べてずっと小さいことである．そして，この $\omega_{ph}/E_F \ll 1$ という条件は通常の金属超伝導体では確かに満たされている（通例，$\omega_{ph}/E_F \approx 0.01$）ので，このエリアシュバーグ理論の適用可能な物質群は実際に多数あることになる．

さて，この $\omega_{ph}/E_F \ll 1$ という条件からいくつかの重要な事柄が導かれる．まず第一に，この条件下では $V_{ph}(\bm{q}, i\omega_q)$ が有効なエネルギースケールがクーロン斥力 $V_c(\bm{q})$ のそれとは随分と違っているので，式 (3.5) や式 (3.7) のように $V_c$ と $V_{ph}$ を対等な立場で取り扱うことは物理的にも数値計算上も妥当とはいえない．そこで，式 (3.7) の $\tilde{V}_{ee}(\bm{q}, i\omega_q)$ を書き直して

$$\tilde{V}_{ee}(\bm{q}, i\omega_q) = \frac{V_c(\bm{q})}{1 + V_c(\bm{q})\Pi(\bm{q}, i\omega_q)} + \frac{1}{[1 + V_c(\bm{q})\Pi(\bm{q}, i\omega_q)]^2} \frac{V_{ph}(\bm{q}, i\omega_q)}{1 + \dfrac{V_{ph}(\bm{q}, i\omega_q)\Pi(\bm{q}, i\omega_q)}{1 + V_c(\bm{q})\Pi(\bm{q}, i\omega_q)}} \quad (3.13)$$

のようにクーロン斥力だけが関与する部分を別途取り出そう．そして，BCS理論の前提として考えたように，そもそもクーロン斥力の効果の大部分は正常相における準粒子形成の際に考慮されていて，しかも，それは現象論的に $\xi_{\bm{p}}$ の中に既に取り込まれているとして，とりあえず，式 (3.13) の右辺第1項を完全に無視する近似を採用しよう．

すると，$\tilde{V}_{ee}(\bm{q}, i\omega_q)$ が有意な大きさを保つエネルギースケールは（$E_F$ よりずっと小さい）$\omega_{ph}$ なので，そこに含まれる電子分極関数は静的なもの $\Pi(\bm{q}, 0)$

としてよい．そして，フォノン分散関係や電子フォノン相互作用は金属電子系の完全遮蔽効果で再規格化されたものに変化し，$q$ 依存性は弱くなると期待される．そこで，その $q$ 依存性も全く無視して $\tilde{V}_{ee}(\bm{q}, i\omega_q)$ を $\tilde{V}_{ee}(i\omega_q)$ と書き，さらに式 (3.9) の形も参考にして，それを

$$\tilde{V}_{ee}(i\omega_q) = \frac{1}{N(0)} \int_0^\infty d\Omega\ \alpha^2 F(\Omega)\ \frac{2\Omega}{(i\omega_q)^2 - \Omega^2} \tag{3.14}$$

の形に書こう．ここで導入された $\alpha^2 F(\Omega)$ は"エリアシュバーグ関数"と呼ばれているものである．そして，"無次元化された電子フォノン結合定数" $\lambda$ と電子と相互作用するフォノンの平均エネルギー $\langle \Omega \rangle$ は，それぞれ，

$$\lambda = \int_0^\infty d\Omega\ \frac{2}{\Omega}\ \alpha^2 F(\Omega), \quad \langle \Omega \rangle = \frac{2}{\lambda} \int_0^\infty d\Omega\ \alpha^2 F(\Omega) \tag{3.15}$$

で計算されること[175)]になる．通例，この $\lambda$ は 0.2〜2.0 程度である．

なお，一般的には $\alpha^2 F(\Omega)$ は多くのフォノンの寄与からなる連続スペクトルの関数になるが，フレーリッヒ模型のように，もしも式 (3.5) の $V_{ph}(\bm{q}, i\omega_q)$ の定義の中でただ一つのフォノンモード $\lambda_0$ だけが効き，そのフォノンの分散関係が平坦である場合，すなわち，$\omega_{\bm{q}\lambda_0} = \omega_0$ のとき，伝導電子系の遮蔽効果で $\omega_0$ から再規格化されたフォノンエネルギーを $\Omega_0$ とすると，それは

$$\Omega_0^2 = \omega_0^2 - 2\omega_0 \left\langle |g_{\lambda_0}(\bm{q})|^2 \frac{\Pi(\bm{q}, 0)}{1 + V_c(\bm{q})\Pi(\bm{q}, 0)} \right\rangle \tag{3.16}$$

となる．ここで，$\langle \cdots \rangle$ はフェルミ面上での平均を表す．そして，$\alpha^2 F(\Omega)$ は

$$\alpha^2 F(\Omega) = N(0) \left\langle \frac{|g_{\lambda_0}(\bm{q})|^2}{[1 + V_c(\bm{q})\Pi(\bm{q}, 0)]^2} \right\rangle \frac{\omega_0}{\Omega_0} \delta(\Omega - \Omega_0) \tag{3.17}$$

のように，連続スペクトルではなく，ただ一個のデルタ関数から構成されることになる．もちろん，この場合，$\langle \Omega \rangle = \Omega_0$ である．

### 3.1.5 ミグダルの定理

条件 $\omega_{ph}/E_F \ll 1$ から導かれる重要な事柄の 2 つ目は自己エネルギーの計算式 (3.6) においてバーテックス補正を全く無視する近似，すなわち，

$$\Gamma_{\bm{p}+\bm{q}, \bm{p}}(i\omega_p + i\omega_q, i\omega_p) = \tau_3 \tag{3.18}$$

という近似が正当化される（"ミグダルの定理"[114)] が成立する）ことである．こ

れは正常相の計算では II.2.7.4 項で述べた "GW 近似" に対応するが，II.2.8.5 項でも強調したように電子ガス系などの金属ではこの近似は決して正当化されないものであった．そこで，電子ガス系などで問題になるクーロン斥力に起因するバーテックス補正と電子フォノン系でのフォノン交換引力におけるそれとの違いに注意しながら，ミグダルの定理を見直してみよう．

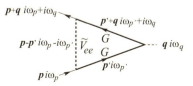

図 3.1  1 次のバーテックス補正項 $\Gamma^{(1)}_{\bm{p}+\bm{q},\bm{p}}(i\omega_p+i\omega_q,i\omega_p)$ のダイアグラム表示．

まず，原論文でのこの定理の証明法に沿ってバーテックス関数の摂動展開を考えよう．そして，その展開の 1 次項 $\Gamma^{(1)}_{\bm{p}+\bm{q},\bm{p}}(i\omega_p+i\omega_q,i\omega_p)$ の大きさを評価しよう．図 3.1 のダイアグラムを参考にして $\Gamma^{(1)}$ を具体的に書き下すと，

$$\Gamma^{(1)} = -T\sum_{\omega_{p'}}\sum_{\bm{p}'} \tilde{V}_{ee}(i\omega_p-i\omega_{p'})G_{\bm{p}'+\bm{q}}(i\omega_{p'}+i\omega_q)\tau_3 G_{\bm{p}'}(i\omega_{p'}) \qquad (3.19)$$

であるが，式 (3.14) や式 (3.10) の分散関係を使って式 (3.19) を書き直すと

$$\begin{aligned}\Gamma^{(1)} = &-T\sum_{\omega_{p'}}\sum_{\bm{p}'}\frac{1}{N(0)}\int_0^\infty d\Omega\, \alpha^2 F(\Omega)\,\frac{2\Omega}{(i\omega_p-i\omega_{p'})^2-\Omega^2}\\ &\times \int_{-\infty}^\infty \frac{d\omega}{\pi}\int_{-\infty}^\infty \frac{d\omega'}{\pi}\frac{\mathrm{Im}G^R_{\bm{p}'+\bm{q}}(\omega)}{i\omega_{p'}+i\omega_q-\omega}\tau_3\frac{\mathrm{Im}G^R_{\bm{p}'}(\omega')}{i\omega_{p'}-\omega'}\end{aligned} \qquad (3.20)$$

となる．そこで，最初に $\omega_{p'}$ の和を公式 (I.3.175) を使って取ることにしよう．すると，フェルミ分布関数 $f(\omega)$ や $f(\omega')$，および，ボース分布関数 $n(\Omega)$ が現れるが，$T \ll \omega_{ph}$ であるような低温では $n(\Omega)=0$ としてよい．さらに，$\omega \pm \Omega - i\omega_p - i\omega_q$ や $\omega' \pm \Omega - i\omega_p$ の形のエネルギー分母が現れるが，$E_F$ のオーダーである $\omega$ や $\omega'$ に比べて $\omega_{ph}$ のオーダーである $\Omega$ を無視するという近似を用いると，式 (3.20) の $\Gamma^{(1)}$ は

$$\Gamma^{(1)} = \int_0^\infty d\Omega\ \alpha^2 F(\Omega)\ \frac{1}{N(0)} \sum_{\boldsymbol{p}'} G_{\boldsymbol{p}'+\boldsymbol{q}}(i\omega_p+i\omega_q)\tau_3 G_{\boldsymbol{p}'}(i\omega_{p'})$$

$$\approx \frac{\lambda}{2}\langle\Omega\rangle \int_{-E_F}^{E_F} d\xi'\ \frac{1}{E_F^2} = \lambda\ \frac{\langle\Omega\rangle}{E_F} \approx \lambda\ \frac{\omega_{ph}}{E_F} \ll 1 \quad (3.21)$$

となる．ここで，$\alpha^2 F(\Omega)$ の積分は式 (3.15) を用いて評価した．また，$\sum_{\boldsymbol{p}'} = N(0)\int d\xi'$ で $\xi' (\equiv \xi_{\boldsymbol{p}'})$ の積分範囲は $(-E_F, E_F)$ とし，それに対応して 1 電子グリーン関数は $1/E_F$ のオーダーであることに注意した．このように，$\omega_{ph}/E_F \ll 1$ の場合，$\Gamma^{(1)}$ は無視できるほどに小さく，そして，高次の項はさらに小さくなっていくので，ミグダルの定理が成り立つことになる．

ちなみに，$\omega_{ph}/E_F \gg 1$ の逆極限では $\Gamma^{(1)} \approx \lambda E_F/\omega_{ph} \ll 1$ となり，やはりバーテックス補正は無視できること[176]になる．これから，バーテックス補正が重要になる条件は，クーロン斥力のように電子間相互作用のエネルギースケールが $E_F$ のオーダーであると結論される．物理的には，バーテックス補正というのは，電子が相互作用のために散乱される途上でその電子の波動関数自体が動的に変形されている効果を取り入れることであるが，相互作用のエネルギースケールが電子運動のエネルギースケールである $E_F$ と比べて，小さいにせよ，大きいにせよ，あまりにかけ離れているとその変形が有効に起こらないためにミグダルの定理が成立するようになると理解される．

### 3.1.6 電子正孔対称性とエリアシュバーグ理論の構成

3.1.4 項における式 (3.14) の $\tilde{V}_{ee}(i\omega_q)$ と 3.1.5 項の式 (3.18) を式 (3.6) に代入して $\Sigma_{\boldsymbol{p}}(i\omega_p)$ を計算しよう．ここでは振動数の和よりも先に運動量 $\boldsymbol{q}$ の和を取ることにするが，その際に $\boldsymbol{p}' (\equiv \boldsymbol{p}+\boldsymbol{q})$ の和に変換して $\sum_{\boldsymbol{p}'} G_{\boldsymbol{p}'}(i\omega_p+i\omega_q)$ の積分を考えよう．ところで，$\omega_{ph}/E_F \ll 1$ の場合，この積分の重要な寄与はフォノン交換引力が有効になるフェルミ面近傍であるので，積分変数 $\boldsymbol{p}'$ をエネルギー積分 $d\xi' (\equiv d\xi_{\boldsymbol{p}'})$ と角度積分に分けた場合，前者については $\omega_{ph}$ のオーダーのエネルギーカットオフ $\omega_c$ を導入して $(-\omega_c, \omega_c)$ の区間で積分しよう．そして，その区間では状態密度 $N(\xi')$ をフェルミ面での $N(0)$ に近似しよう．すると，少なくともその積分範囲については "電子正孔対称性" が成り立つので，電子レベルのシフトがその対称性から起こらなくなる．すなわち，$\chi_{\boldsymbol{p}}(i\omega_p) = 0$

になる. これに注意し, かつ, $Z_{\bm{p}'}(i\omega_p)$ や $\phi_{\bm{p}'}(i\omega_p)$ もフェルミ面上の $\bm{p}'$ で平均化したものを使う (s 波超伝導を考える) として単に $Z(i\omega_p)$ や $\phi(i\omega_p)$ と書くと, $i\omega_{p'} \equiv i\omega_p + i\omega_q$ として

$$\sum_{\bm{p}'} G_{\bm{p}'}(i\omega_{p'}) = N(0) \int_{-\omega_c}^{\omega_c} d\xi' \frac{Z(i\omega_{p'})i\omega_{p'}\tau_0 + \xi'\tau_3 + \phi(i\omega_{p'})\tau_1}{[Z(i\omega_{p'})i\omega_{p'}]^2 - \xi'^2}$$

$$= -2N(0)\left(i\tau_0 + \frac{\phi(i\omega_{p'})}{Z(i\omega_{p'})\omega_{p'}}\tau_1\right)\tan^{-1}\left(\frac{\omega_c}{Z(i\omega_{p'})\omega_{p'}}\right) \quad (3.22)$$

が得られる. ここで, $\omega_c$ は十分に大きい値 ($\omega_{ph}$ の 2～10 倍) を取って $T_c$ がそれに依存せずに決まるようにする. なお, カットオフの導入方式には曖昧さがあって, 今は運動量積分にカットオフを入れたが, これとは別に $|\tan^{-1}(\omega_c/Z(i\omega_{p'})\omega_{p'})|$ を常に $\pi/2$ と取り, $\omega_{p'}$ で和を取るときに階段関数 $\theta(x)$ を使って $\theta(\omega_c - |\omega_{p'}|)$ という条件でカットオフを入れる方式がある. もちろん, もし, いずれのカットオフ方式であっても $T_c$ が最終的に $\omega_c$ に依存せずに決めることが可能な場合, 最終的に得られる $T_c$ の値は同じになる.

上の積分を通して得られる $\Sigma_{\bm{p}}(i\omega_p)$ が式 (3.11) 右辺の成分分解式と自己無撞着に決定されるという条件から繰り込み関数 $Z(i\omega_p)$ や $\phi(i\omega_p)$ が決められる. 具体的には, ギャップ関数を $\Delta(i\omega_p) \equiv \phi(i\omega_p)/Z(i\omega_p)$ で再定義して,

$$Z(i\omega_p) = 1 + \frac{\pi}{\omega_p} T \sum_{\omega_{p'}} \lambda(p'-p)\, \eta_{p'}(\omega_c) \quad (3.23)$$

$$\Delta(i\omega_p) = \frac{\pi}{Z(i\omega_p)} T \sum_{\omega_{p'}} \lambda(p'-p)\, \frac{\Delta(i\omega_{p'})}{\omega_{p'}}\, \eta_{p'}(\omega_c) \quad (3.24)$$

となる. ここで, $\lambda(n)$ ($n$ は整数) とカットオフ関数 $\eta_p(\omega_c)$ は, それぞれ,

$$\lambda(n) = \int_0^\infty d\Omega \frac{2\Omega}{\Omega^2 + (2\pi Tn)^2}\, \alpha^2 F(\Omega) \quad (3.25)$$

$$\eta_p(\omega_c) = \frac{2}{\pi}\tan^{-1}\left(\frac{\omega_c}{Z(i\omega_p)\omega_p}\right) \quad (3.26)$$

のように定義された. なお, 式 (3.15) の $\lambda$ は式 (3.25) の $\lambda(0)$ である. ここで得られた式 (3.24) がギャップ方程式で, $T_c$ はこの方程式が恒等的にゼロでないギャップ関数 $\Delta(i\omega_p)$ が得られる最も高い温度として定義される. 数値的に $T_c$ を求める場合は「べき乗法 (Power Method)」[177] が便利である.

### 3.1.7 擬クーロンポテンシャルの導入

これまで式 (3.13) 第 1 項のクーロン斥力を無視してきたが，その効果も取り込もう．既に式 (3.16) や式 (3.17) で行ったように，この第 1 項も適当にフェルミ面上で平均化を施せば，クーロン斥力を評価するパラメータ $\mu_c$ は

$$\mu_c = N(0) \left\langle \frac{V_c(q)}{1 + V_c(q)\Pi(\mathbf{q},0)} \right\rangle \tag{3.27}$$

のように定義される．そして，これは $|\omega_p| < E_F$，かつ，$|\omega_{p'}| < E_F$ の広いエネルギー範囲で働くものである．この $\mu_c$ の効果を式 (3.14) の $\tilde{V}_{ee}(i\omega_q)$ に含めて $Z(i\omega_p)$ や $\Delta(i\omega_p)$ の決定方程式を求め直すと，$\mu_c$ がない場合の方程式で $\lambda(p'-p)\eta_{p'}(\omega_c)$ を $\lambda(p'-p)\eta_{p'}(\omega_c) - \mu_c \eta_{p'}(E_F)$ に置き換えればよいことが分かる．すると，$Z(i\omega_p)$ を決める式 (3.23) はそのまま成り立つ．なぜなら，$\mu_c$ は $\omega_{p'}$ の正負を入れ替えに対して対称的であるが，$\eta_{p'}(E_F)$ は反対称的なので，$\omega_{p'}$ で和を取ると $\mu_c$ の寄与は消えるからである．

これに対して，$\Delta(i\omega_p)$ を決める式 (3.24) は変更を受けて，

$$\Delta(i\omega_p) = \frac{\pi}{Z(i\omega_p)} T \sum_{\omega_{p'}} \frac{\Delta(i\omega_{p'})}{\omega_{p'}} [\lambda(p'-p)\eta_{p'}(\omega_c) - \mu_c \eta_{p'}(E_F)] \tag{3.28}$$

になる．しかるに，$\omega_c < |\omega_p| < E_F$ では相互作用は $\mu_c$ だけなので，この範囲で $\Delta(i\omega_p)$ は一定で $\Delta_\infty$ とすると，まず，式 (3.28) で $|\omega_p| < \omega_c$ では，

$$\begin{aligned}\Delta(i\omega_p) =& \frac{\pi}{Z(i\omega_p)} T \sum_{\omega_{p'}} \frac{\Delta(i\omega_{p'})}{\omega_{p'}} [\lambda(p'-p) - \mu_c]\eta_{p'}(\omega_c) \\ & - \mu_c \Delta_\infty \frac{\pi}{Z(i\omega_p)} T \sum_{\omega_{p'}} \frac{\theta(E_F - |\omega_{p'}|)\theta(|\omega_{p'}| - \omega_c)}{|\omega_{p'}|}\end{aligned} \tag{3.29}$$

ということになる．次に，$\omega_c < |\omega_p| < E_F$ では $\Delta(i\omega_p) = \Delta_\infty$ であり，また，$Z(i\omega_p) = 1$ と取ることができるので，式 (3.28) は

$$\begin{aligned}\Delta_\infty =& -\mu_c \pi T \sum_{\omega_{p'}} \frac{\Delta(i\omega_{p'})}{\omega_{p'}} \eta_{p'}(\omega_c) \\ & - \mu_c \Delta_\infty \pi T \sum_{\omega_{p'}} \frac{\theta(E_F - |\omega_{p'}|)\theta(|\omega_{p'}| - \omega_c)}{|\omega_{p'}|}\end{aligned} \tag{3.30}$$

となる．この式 (3.30) から $\Delta_\infty$ を決め，式 (3.29) に代入すると，式 (3.28) は

$$\Delta(i\omega_p) = \frac{\pi}{Z(i\omega_p)} T \sum_{\omega_{p'}} \frac{\Delta(i\omega_{p'})}{\omega_{p'}} [\lambda(p'-p) - \mu^*] \eta_{p'}(\omega_c) \quad (3.31)$$

という形にまとめられる．この式 (3.31) がクーロン斥力の効果を現象論的に取り込んだギャップ方程式である．ここで，"擬クーロンポテンシャル" $\mu^*$ は

$$\mu^* = \frac{\mu_c}{1 + \mu_c \pi T \sum_{\omega_{p'}} \theta(E_F - |\omega_{p'}|)\theta(|\omega_{p'}| - \omega_c)/|\omega_{p'}|} \quad (3.32)$$

で定義されたが，十分低温では任意の関数 $F(x)$ についてオイラー–マクローリン公式から $2\pi T \sum_{\omega_p=\omega_1}^{\omega_2} F(\omega_p) = \int_{\omega_1}^{\omega_2} dx\, F(x)$ が成り立つので，これを使って式 (3.32) の分母を評価すると，擬クーロンポテンシャルとして $\mu^* = \mu_c/[1 + \mu_c \ln(E_F/\omega_c)]$ というよく知られた形[117]が導かれる．

ちなみに，式 (3.27) において $V_c(q)\,(\propto q^{-2})$ は裸のクーロン斥力で大きいため，$\mu_c \approx N(0)/\Pi(\mathbf{0},0)$ であるが，スピンの自由度も考慮すると $\Pi(\mathbf{0},0) = 2N(0)$ なので，$\mu_c \approx 0.5$ と評価される．したがって，$E_F/\omega_c = 0.01 \sim 0.001$ の場合，$\mu^* = 0.11 \sim 0.15$ 程度であると想定される．このように，もともとのクーロン斥力の大きさ $\mu_c$ に比べてクーパー対形成の際に実際に働く斥力 $\mu^*$ は約 1/5 程度というように随分と減少していることが分かる．数学的には，$\Delta_\infty$ の符号が $\Delta(0)$ のそれとは逆転している（すなわち，振動数の関数として $\Delta(i\omega_p)$ は節点を持つ）ことがポイントであるが，物理的にはフォノンを媒介とした引力の動的反応時間（$\approx \omega_c^{-1}$）はクーロン斥力のそれ（$\approx E_F^{-1}$）とは大きく違うので，その時差を利用してクーロン斥力をうまく避けながら引力の恩恵を受けてクーパー対が形成されるということになる．

### 3.1.8 エリアシュバーグ関数の第一原理計算

これまでの理論展開を要約すると，エリアシュバーグ理論では式 (3.23) で $Z(i\omega_p)$ を決め，それを用いて式 (3.31) から $T_c$ を求める．これらの方程式で共に鍵になる物理量はエリアシュバーグ関数 $\alpha^2 F(\Omega)$ である．したがって，この理論を現実物質に適用するためには，その物質に対する $\alpha^2 F(\Omega)$ を第一原理からの大規模計算で得る必要がある．なお，$\mu^*$ は超伝導発現を促進せず，単に実験結果とのよりよい一致を目指して現象論的に導入されたものなので，そのような大規模計算は $\mu^*$ には必要でないと認識されている．

ところで，1.3.2 項で示した定式化で電子フォノン相互作用を実際の結晶で計算する場合，電子場演算子の展開基底は平面波ではなく，ブロッホ関数系 $\{|n\bm{k}\rangle\}$ を使う方がよい．ここで，$n$ はバンド指標，$\bm{k}$ は第 1 ブリルアン帯（1$^{\mathrm{st}}$BZ）中の波数であり，この状態 $|n\bm{k}\rangle$ のバンドエネルギーを（フェルミ準位をエネルギーの原点として）$\xi_{n\bm{k}}$ と書こう．すると，電子フォノン相互作用は $g_\lambda(\bm{q})$ のように簡単な指標ではなく，たとえば，電子状態が $|n\bm{k}\rangle$ から $|n'\bm{k}'\rangle$ への遷移では，$g_{\lambda n'\bm{k}';n\bm{k}}$ と書くことになる．そして，$\bm{q}$ は $\bm{k}'-\bm{k}$ を 1$^{\mathrm{st}}$BZ に還元したものである．すると，$\alpha^2 F(\Omega)$ は式 (3.17) を拡張して，

$$\alpha^2 F(\Omega) = \frac{\sum_{n\bm{k}}\sum_{n'\bm{k}'}\sum_\lambda |g_{\lambda n'\bm{k}';n\bm{k}}|^2 \delta(\Omega - \omega_{\bm{k}'-\bm{k}\lambda})\delta(\xi_{n\bm{k}})\delta(\xi_{n'\bm{k}'})}{\sum_{n\bm{k}}\delta(\xi_{n\bm{k}})} \quad (3.33)$$

のように定義される．なお，この分母は $N(0)$ そのものであり，また，分子に現れる $g_{\lambda n'\bm{k}';n\bm{k}}$ やフォノン分散関係 $\omega_{\bm{q}\lambda}$ は裸の量ではなく，式 (3.17) 中のように金属電子系で完全に静的遮蔽された量である．実際，通常の断熱近似下でのバンド計算で求められるこれらの量は静的遮蔽後のもの[29]である．

ちなみに，中性子散乱実験で各フォノン $\omega_{\bm{q}\lambda}$ に対応するピークの半値半幅 $\gamma_{\bm{q}\lambda}$ がある程度精度よく求められる場合，$\alpha^2 F(\Omega)$ は

$$\alpha^2 F(\Omega) = \frac{1}{2\pi N(0)} \sum_{\bm{q}\lambda} \frac{\gamma_{\bm{q}\lambda}}{\omega_{\bm{q}\lambda}} \delta(\Omega - \omega_{\bm{q}\lambda}) \quad (3.34)$$

で与えられる．これはアレン（Allen）の公式[178]と呼ばれている．しかしながら，通常，実験的にすべての $\omega_{\bm{q}\lambda}$ で $\gamma_{\bm{q}\lambda}$ を得るのは難しいことである．ただ，たとえ実験による $\gamma_{\bm{q}\lambda}$ の決定が困難としても，フェルミの黄金則を用いた第一原理計算として，$\gamma_{\bm{q}\lambda}$ は，$\omega_{\bm{q}\lambda}$ が小さいとして

$$\begin{aligned}\gamma_{\bm{q}\lambda} &= 2\pi \sum_{nn'\bm{k}'} |g_{\lambda n'\bm{k}';n\bm{k}}|^2 [f(\xi_{n\bm{k}}) - f(\xi_{n\bm{k}} + \omega_{\bm{q}\lambda})]\delta(\xi_{n'\bm{k}'} - \xi_{n\bm{k}} - \omega_{\bm{q}\lambda}) \\ &\approx 2\pi \omega_{\bm{q}\lambda} \sum_{nn'\bm{k}'} |g_{\lambda n'\bm{k}';n\bm{k}}|^2 \delta(\xi_{n\bm{k}})\delta(\xi_{n'\bm{k}'})\end{aligned} \quad (3.35)$$

で計算されるので，それを式 (3.34) に代入して $\alpha^2 F(\Omega)$ が得られる．この他，$\alpha^2 F(\Omega)$ を決定する手段として（曖昧さがある手段ではあるが）トンネル分光実験がある．これは $T \ll T_c$ での超伝導状態でトンネル分光を行って準粒子スペクトルを得て，その実験結果がエリアシュバーグ理論の対応する計算結果と

## 3.1 グリーン関数法のアプローチとエリアシュバーグ理論

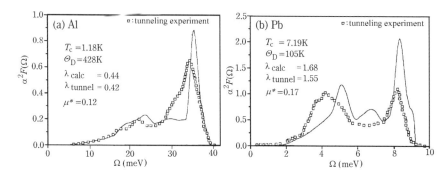

**図 3.2** fcc 元素金属でのエリアシュバーグ関数. (a) アルミニウム, (b) 鉛. $\Theta_D$ はデバイエネルギーで, 白抜きの四角点はトンネル分光実験の結果. S. Y. Savrasov and D. Y. Savrasov, Phys. Rev. B **54**, 16487 (1996) より改変.

合うように $\alpha^2 F(\Omega)$ を自己無撞着に調整し, 決定するものである.

図 3.2 には fcc 構造の元素金属であるアルミニウムと鉛に対して, LDA での第一原理計算によって得られた $\alpha^2 F(\Omega)$ の計算結果がトンネル分光実験で得られた結果(白抜きの四角点)と共に示されている. $\Omega$ の関数としての全般的な様相は定性的には一致しているとはいえ, 定量的には問題が残っている. とはいうものの, 得られた $\alpha^2 F(\Omega)$ を式 (3.15) に代入して計算される $\lambda$ の値については理論と実験の一致は悪くない. また, $T_c$ に関しては, 実験では 1.18 K (アルミニウム)と 7.19 K (鉛)であるが, 計算では式 (3.23) と式 (3.31) のギャップ方程式を数値的に解いたとき, 実験値を再現するために必要な $\mu^*$ の値は 0.12 (アルミニウム)と 0.17 (鉛)であった. これらの $\mu^*$ の値はおおむね想定される範囲にあるので, 妥当な結果を得たといえよう.

### 3.1.9 マクミランやアレン–ダインスの $T_c$ 公式

上の計算例からも分かるように, 現象論的に $T_c$ を再現するように $\mu^*$ を決定するやり方では, たとえ $\alpha^2 F(\Omega)$ を第一原理からの大規模数値計算で得たとしても, 真の意味で $T_c$ の定量的予測はできない. しかしながら, 多くのフォノン機構の超伝導物質について $\alpha^2 F(\Omega)$ や $\mu^*$ を変えながらギャップ方程式を数値的に解いて $T_c$ を計算し, 実験値と比べるという作業を続けてデータを集積し, 得られた多数のデータを統計的に処理すると, ギャップ方程式を実際に数値的

に解かなくても $\lambda$ や $\Theta_D$ の関数として $T_c$ の動向を半定量的に分析できる．そのような統計処理の結果として生み出されたものが

$$T_c = \frac{\Theta_D}{1.45} \exp\left[-\frac{1.04(1+\lambda)}{\lambda - \mu^*(1+0.62\lambda)}\right] \tag{3.36}$$

の "マクミラン（McMillan）の $T_c$ 公式" [115] である．その後，同じ $\alpha^2 F(\Omega)$ を使って $T_c$ を数値計算し直すと同時に，式 (3.15) で計算される $\lambda$ や $\langle\Omega\rangle$ を用いて $T_c$ 公式を再吟味した結果，式 (3.36) で $\Theta_D/1.45$ を $\langle\Omega\rangle/1.20$ へ置換した方がよいとの提案がなされた．この修正された公式は "アレン–ダインス（Allen–Dynes）の $T_c$ 公式" [116] といわれることがある．

ところで，式 (3.15) と式 (3.17) を参照すれば，$\lambda$ は $\lambda \sim N(0)\langle|g_\lambda(\boldsymbol{q})|^2/\omega_{\boldsymbol{q}\lambda}\rangle$ である．また，式 (1.165) から $|g_\lambda(\boldsymbol{q})|^2 \sim C/M\omega_{\boldsymbol{q}\lambda}$ である．ここで，$M$ はイオンの質量，$C$ は電子イオン相互作用ポテンシャルによって決まるもので，$M$ や $\langle\Omega\rangle$ には無関係のものである．これらを組み合わせると，$\lambda \sim N(0)C/M\langle\Omega\rangle^2$ であり，これから，$\Theta_D \sim \langle\Omega\rangle \propto 1/\sqrt{\lambda}$ であるので，式 (3.36) の $T_c$ は $\lambda$ だけの関数ということになる．そこで，$\lambda$ を変化させて $T_c$ の最大値を求めると，その値は $\mu^* = 0.1$ として $\lambda \sim 2$ のときに約 30 K であることが導かれた．

しかし，アレンとダインスは $\lambda \gtrsim 2$ のとき，ギャップ方程式 (3.31) を数値的に解いて得られる $T_c$ は式 (3.36) の $T_c$ でうまく再現できなくなることを見出した．そして，実際には $T_c$ は $\lambda$ の関数として単調に緩やかに増加し，ついには $\lambda > 10$ で $T_c \sim 0.15\sqrt{\lambda\langle\Omega^2\rangle}$ となる．ここで，$\langle\Omega^2\rangle$ は

$$\langle\Omega^2\rangle = \frac{2}{\lambda} \int_0^\infty d\Omega\ \Omega\ \alpha^2 F(\Omega) \tag{3.37}$$

で計算される．ただし，$\lambda$ が大きい物質は超伝導出現以前に電荷密度波相などの絶縁相に転移してしまうので，$\lambda$ が大きいために式 (3.36) の $T_c$ 公式が無効になるフォノン機構の超伝導体は実在しないと考えられる．また，そもそも，大きな $\lambda$ で $T_c$ が大きくなると，エリアシュベルグ理論における前提条件を再吟味する必要があり，ギャップ方程式 (3.31) の正当性が問題になる．

いずれにしても，式 (3.36) の $T_c$ 公式によってフォノン機構での $T_c$ の動向が大局的に捉えられると，2.1.6 項で触れた $T_c$ の同位体効果がすぐに理解される．実際，$\mu^* = 0$ で BCS 理論に還元される場合，$\omega_{ph} \sim \langle\Omega\rangle \propto M^{-1/2}$ なの

で, 同位体指数 $\alpha$ は 0.5 となる. ここで, $\lambda \propto 1/M\langle\Omega\rangle^2 \propto M^0$ なので, $\lambda$ は $M$ によらないことに注意されたい. しかし, $\mu^* \neq 0$ では $\mu^*$ は式 (3.32) に示したように対数関数的に $\omega_c (\sim \omega_{ph})$ に依存するので, $\alpha$ は式 (3.36) から

$$\alpha = \frac{1}{2}\left\{1 - \left[\mu^* \ln \frac{\Theta_D}{1.45 T_c}\right]^2 \frac{1 + 0.62\lambda}{1.04(1+\lambda)}\right\} \qquad (3.38)$$

で与えられる. これから, $\alpha$ は 0.5 以下であることが結論されるが, 多くの場合, $\alpha \approx 0.2 \sim 0.4$ であることが観測されている. ちなみに, $\alpha$ が実験で測定された場合, $T_c$ を再現するために現象論的に決定された $\mu^*$ の値の妥当性は式 (3.38) で計算される $\alpha$ が実験値と一致するかどうかで判断される.

### 3.1.10　$MgB_2$：BCS 超伝導体の代表例

エリアシュバーグ理論が適用される BCS 超伝導体の代表例と考えられている $MgB_2$ を解説しておこう. まず, $MgB_2$ は六方晶の層状物質で, B の蜂の巣格子が層状に積層した間を Mg が三角格子を形成しながら挿入された結晶構造 ($AlB_2$ 型) である. B–B 間の最短距離は 1.78 Å で, ホウ素固体での 1.67 Å よりもかなり長く, この B–B 間を狭めるフォノンモードの重要性を示唆する. 角度分解光電子分光 (ARPES) やドハース–ファンアルフェン効果などで確認されたように, 電子のバンド構造は LDA で正しい描像が得られる (図 3.3(a) 参照). その計算から明らかになった電子状態の特徴をまとめると, Mg は完全にイオン化 ($Mg^{2+}$) し, 2 個の電子は B に移動するので, 層間はイオン結合的であること, B の層内結合軌道である $2p_\sigma$ 軌道から成る $\sigma$ バンドはフェルミ準位を横切ること, この $\sigma$ バンドのフェルミ面は 2 枚の円柱状で正のホール係数を持つ正孔キャリアを与えて層内伝導を担うこと, そして, B の層間方向に延びる $2p_\pi$ 軌道から成る $\pi$ バンドもフェルミ準位を横切り, 2 つのフェルミ面を形成し, 負のホール係数を持つ電子キャリアを与えて層間伝導を担うことである.

2001 年, 秋光グループはこの $MgB_2$ で $T_c = 40.2$ K であることを発見[119]した. その当時, これは銅酸化物高温超伝導体を除けば最高の $T_c$ であった. その後, この物質の超伝導物性が詳しく測定された結果, これは s 波超伝導体であること, そのキャリア数が $7 \times 10^{22}$ cm$^{-3}$ 程度であること, 第 2 種超伝導体で GL パラメータは 26, 第 2 上部臨界磁場 $H_{c2}$ は 18 T, コヒーレンス長は 50 Å

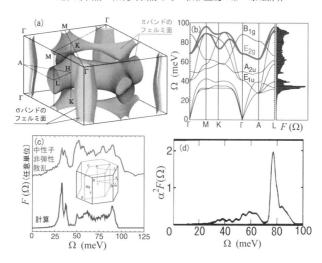

図 3.3　$MgB_2$ の (a) フェルミ面. 出典：J. Kortus et al., Phys. Rev. Lett. **86**, 4656 (2001). (b) フォノン分散関係と状態密度 $F(\Omega)$ の計算結果と (c) その $F(\Omega)$ と中性子非弾性散乱実験の結果の比較. 出典：T. Yildirim et. al., Phys. Rev. Lett. **87**, 037001 (2001) (d) エリアシュバーグ関数 $\alpha^2 F(\Omega)$ の計算結果. 出典：H. J. Choi et. al., Phys. Rev. B **66**, 020513(R)(2002).

程度などが分かった．また，同位体効果も測定され，$^{10}B \rightarrow ^{11}B$ の置換で $T_c$ は 1 K 程度下がるので同位体係数 $\alpha$ は 0.26〜0.30 であるが，$^{24}Mg \rightarrow ^{26}Mg$ では $T_c$ はほとんど変化せず，この場合の $\alpha$ は 0.02 と見積もられた．これらのことから，B の変位を伴うフォノンを媒介とした典型的な BCS 超伝導体という見方が定着した．しかしながら，超伝導ギャップを詳しく調べた実験（ARPES, トンネル分光, 比熱, 磁場侵入長の温度変化, 偏光が層間方向, 層面内の両方の電子ラマン散乱分光, $H_{c2}$ の温度依存性, 磁場下の比熱係数の異方性など）の結果を矛盾なく解釈するためには，単一の s 波ギャップではなく，2 種の超伝導ギャップが必要であると結論された．

このように，2 ギャップ系という特徴はあるものの，$MgB_2$ は理想的な BCS 超伝導体であると判明したので，これは第一原理からの $T_c$ 評価と超伝導の微視的機構の解明（すなわち，鍵となるフォノンモードの同定）という課題を遂行する理想的な舞台ということになる．試みに，$\Theta_D$ を 700〜1000 K 程度に取って式 (3.36) に従って $T_c$ を評価すれば 40 K は簡単に得られるが，このような

簡便なやり方ではなく，$\alpha^2 F(\Omega)$ も含めてエリアシュバーグ方程式を 2 ギャップ系に拡張し，$\mu^*$ 以外はすべてを第一原理的に解くことが求められた．

まず，フォノン構造について 1.2 節で解説した方法で第一原理から分散関係や状態密度 $F(\Omega)$ が計算された（図 3.3(b) 参照）．図 3.3(c) には，この $F(\Omega)$ の計算結果と中性子非弾性散乱による実験結果の比較されている．完全な一致とはいえないが，概ねよく特徴が捉えられている．次に，式 (3.33) に従って $\alpha^2 F(\Omega)$ が計算された．図 3.3(d) には，フォノンの非調和性も考慮されたその結果が示されている．上の $F(\Omega)$ と比べれば，エネルギーが 75 meV 近傍のフォノンが他を圧倒して強く電子と結合していることが分かる．詳しくいえば，このフォノンは $E_{2g}$ 対称な B の層内振動モードで最短 B–B 距離を伸縮させるので，$\sigma$ バンドの電子と強く結びつき，$\lambda$ が 1 を超えるほど大きくなっている．なお，この振動モードは $\pi$ バンドと直交するので，$\pi$ バンドとの結合は弱く，空間的に離れている 2 つのバンド間で電子フォノン相互作用の大きさが極端に違う．そこで，$\alpha^2 F(\Omega)$ を電子の性質によって $\sigma$–$\sigma$，$\pi$–$\pi$，そして，$\sigma$–$\pi$ の各成分に分割し，それに伴って $Z(i\omega_p)$ や $\Delta(i\omega_p)$ も $\sigma$ 成分と $\pi$ 成分に分割してエリアシュバーグ方程式を解き直すと，$T_c$ の実験値が再現される．この際，$\sigma$ バンドの $\lambda$ は 1.2，$\pi$ バンドのそれは 0.4，また，$\mu^*$ は 0.12 程度である．そして，これらの値を用いて同位体指数 $\alpha$ や $T_c$ 以下での比熱変化を計算すると，実験とよく合う結果が得られる．

以上のような経緯で $MgB_2$ の超伝導は理論・実験両面でよく理解されたので，その知識に基づき，$T_c$ をより高めようとする実験的，または，物質開発的な試みが種々なされてきた．たとえば，圧力をかけたり，B や Mg をそれぞれ部分的に C や Al に置換したり，また，磁性元素を導入するために Mg を部分的に Mn に置換したりした．しかしながら，どのような操作をしても，結局は $MgB_2$ 自身が最適の $T_c$ を与えていることを確認するに留まっているので，この $MgB_2$ を母結晶とした物質群開発の展望はあまり明るくない．

ごく最近，200 K を越える $T_c$ を持つことが分かった 200 GPa 程度の超高圧下の水素化合物（硫化水素[120, 121] やランタン化水素[122]）も典型的な BCS 超伝導体であることが分かっている．今後，金属水素自体[179] も含めて更なる新し

い水素関連高温超伝導体が発見されていくことが予想される.

### 3.1.11 エリアシュバーグ理論のまとめと問題点

エリアシュバーグ理論は1960年の提案から約60年間にわたる着実な発展を経て，材料科学者を含む広範な実験家に現実のフォノン機構の超伝導体における超伝導物性に関して有益な情報を提供するものになっている．そして，今日，「$T_c$ の第一原理予測」といえば，通常，この理論のことを指す．実際，上で述べた $MgB_2$ を含む数多くの既知の（特に俗に弱相関系と呼ばれている）超伝導体の $T_c$ が"定量的に"再現され，その際，超伝導出現の鍵になったフォノンモードの特定がなされた．今後も $\omega_{ph}/E_F \ll 1$ の条件が満たされる限り，これが最も有効で信頼できる理論であり続けるであろう．

しかしながら，いくつかの観点からこれを超える理論が必要になる．まず，エリアシュバーグ理論の枠組みによる $T_c$ 予測では，たとえフォノン機構に限定し，かつ，$\omega_{ph}/E_F \ll 1$ が満たされるとしても，現象論パラメータ $\mu^*$ の存在のために本当の意味での $T_c$ 予測理論とはなり得ない．また，$\mu^*$ の概念を一旦採用すれば，電子間斥力効果の詳細に全く触れないことになる．これでは強相関物質の超伝導体ではもちろんのこと，一般の超伝導体でもプラズモン機構[180]を含む電荷ゆらぎやスピンゆらぎ，軌道ゆらぎに起因する斥力起源の超伝導機構を全く取り扱えない．そして，これらの機構とフォノン機構との競合や共存，さらにはそれらの間の協奏（とそれによるクーパー対形成時に期待される高度に量子力学的な相互干渉効果）の研究に無力である．

この協奏の物理に関連していえば，電子フォノン相互作用を電子系の分極効果で遮蔽する場合，エリアシュバーグ理論で行ったような静的遮蔽ではこの物理は決して語れない．これはフォノンによるクーパー対形成というような典型的な非断熱効果を議論する際に電子フォノン相互作用やフォノン分散関係を断熱近似下のバンド計算で評価しているというある種の矛盾が浮き彫りになる問題である．この矛盾を回避するためには，クーパー対形成時の電子分極を動的に取り扱うことが必要で，それによってはじめて協奏の物理が議論できる．また，協奏といわなくても，この静的遮蔽の問題は $\omega_{ph}/E_F \ll 1$ の条件が満たされないと一層深刻になり，動的遮蔽の必然性が増す．

さて，$\mu^*$ の概念に問題があっても $\mu^* = 0$ と取れば，$\omega_{ph}/E_F \ll 1$ でその有効性が確認済みのエリアシュバーグ理論を使って理論上の $T_c$ の最大値が精度よく予測される．実際，$T_c$ 公式を作った一つの動機がこの $T_c$ 最大化の課題解決のためといえる．しかしながら，この $\omega_{ph}/E_F \ll 1$ という縛りがあまりに強すぎて，これでは（最近の超高圧下水素化合物を除外すれば）常圧下での高温超伝導体発見には決して結びつかないことを指摘しよう．

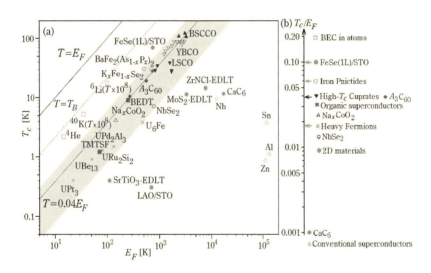

図 3.4 (a) 種々の超伝導体の $T_c$ を $E_F$ の関数としてプロットしたもの（植村プロット）．(b) 各種超伝導体（群）において観測される代表的な $T_c/E_F$ の値．出典：Y. Cao et al., Nature **556**, 43 (2018) より改変．

図 3.4 にはいわゆる植村プロット[182]が示されている．これは種々の超伝導体について電子系のエネルギースケールである $E_F$（これは磁場侵入長から超伝導電子密度とその有効質量の比 $n_s/m^*$ を出し，それから試算された有効フェルミエネルギー）の関数として $T_c$ をプロットしたものである．ここで興味深いことは，いわゆるエキゾチック超伝導体では $T_c/E_F$ が 0.02～0.06 の間にあり，とりわけ，関心が高い一群の高温超伝導体は大抵 $T_c \approx 0.04 E_F$ のライン付近に位置することである．なお，この図で $T_B$ は，電子 2 個が何らかの力で強く結びついてボソンを作ったとして，そのボソン集団の理想ボーズ–アインシュ

タイン凝縮温度であり，$T_B/E_F = (9\pi\zeta(3/2)^2/2)^{-1/3} \approx 0.218$ となる．その定義から，これがマクロな量子現象である超伝導における $T_c$ のほぼ上限を与えるとみてよい．

ところで，フォノン機構の超伝導では，通常，$T_c/\omega_{ph}$ は約 0.01 で，これがいくら大きくても 0.1 を超えないとされる．すると，エリアシュバーグ理論で取り扱える $T_c/E_F$ の上限は $T_c/E_F = (T_c/\omega_{ph})(\omega_{ph}/E_F) \approx 0.001$（Nb や $CaC_6$ の場合）となり，これでは 0.218 はいうに及ばず，植村プロットで示唆される 0.04 近傍の値にも遠く及ばない．したがって，「常圧下の高温超伝導を議論するためにはエリアシュバーグ理論は不適当」という結論に達する．

なお，フォノン機構自体が高温超伝導に不適当というわけではないことに注意されたい．実際，フォノン機構とされているフラーレン超伝導体 $A_3C_{60}$ では $T_c \approx 30$ K であり，$T_c/E_F = 0.04$ のライン上にある．このとき，鍵となるフォノンのエネルギー $\omega_0$ が 0.2 eV 程度で大きく，$\omega_0/E_F \approx 1$ となるので，エリアシュバーグ理論の適用限界の遥か外側にあり，バーテックス補正の導入が不可避になる．これに関連した理論上の問題として，たとえば，複数のフォノン全体の効果をそれぞれのフォノンの効果の和と見なすこと（すなわち，$\lambda$ が各フォノン $i$ の寄与 $\lambda_i$ の和であること）すら（フォノン間の干渉効果のため）正当化されないので，$\alpha^2 F(\Omega)$ がフォノン媒介引力機構の全容を表現しているとはいえなくなる．ただ，もしも各 $\lambda_i$ が小さくて電子フォノン相互作用の 2 次摂動でフォノン媒介引力が取り扱える場合，このバーテックス補正を無視してもよいが，それでは高温超伝導が期待されない．

## 3.2　$G^0W^0$ 近似：第一原理からの $\mu^*$ の決定

### 3.2.1　エリアシュバーグ理論を超える試み：GISC 法

前節最後の 3.1.11 項で掲げたエリアシュバーグ理論におけるいろいろな問題を最終的に解決するためには，結局のところ，式 (3.6) に立ち戻り，$\omega_{ph}/E_F$ の大きさに関わりなく，自己エネルギー $\Sigma_{\boldsymbol{p}}(i\omega_p)$ を自己無撞着に高精度に解くことが必要になる．これは超伝導理論の王道に沿ったものではあるが，多体

## 3.2 $G^0W^0$ 近似：第一原理からの $\mu^*$ の決定

理論の難しさが凝縮した大変に難しい課題であり，2つの大きな関門を越えなければならない．その第一の関門はバーテックス関数 $\Gamma_{\boldsymbol{p}',\boldsymbol{p}}(i\omega_{p'},i\omega_p)$ を適正に取り込むことであり，また，第二は $\mu^*$ の概念を借りずにフォノン媒介引力とクーロン斥力の両者を対等に取り込んだ式 (3.7) の動的電子間有効相互作用 $\tilde{V}_{ee}(\boldsymbol{q},i\omega_q)$ を式 (3.13) のような分割をせず，かつ，人工的なカットオフを全く導入せずに微視的に正しく取り扱うことである．そして，これらの関門を突破できれば，電子系の動的遮蔽（と非断熱性）の問題が解決されるのは当然として，クーロン斥力起源の超伝導機構やそれとフォノン機構との競合・共存・協奏を正しく議論する足場が固められることになる．

ところで，電子フォノン系の超伝導相ではなく，単に金属正常相の多体問題としても，この王道に関して現在でもその解決策が活発に模索されている．そして，II.2.5〜II.2.9 節で述べたように，クーロン斥力だけが働く系では大規模な数値計算に基づいて着実な進展が見られている．それを第一原理計算コミュニティの言葉でいえば，「$G^0W^0$ 近似（あるいは，ワンショット GW 近似）」から自己エネルギーを取り込んだ「GW 近似」へ，そして，それを超えて $\Gamma_{\boldsymbol{p}',\boldsymbol{p}}(i\omega_{p'},i\omega_p)$ を適切に組み入れた「GWΓ 法」への歩みが主流である．そして，このバーテックス補正に関して（GWΓ 法のように）それをうまく組み込むことがベストではあるが，もし，それが無理な場合，ワード恒等式で示唆されるように自己エネルギーとバーテックス補正は相殺するという物理を勘案すれば，バーテックス補正を全く無視しながら自己エネルギーだけを取り込む GW 近似よりは一切の補正を含まない $G^0W^0$ 近似がよりよい選択であり，実験との比較でも優れていること[55]が明らかになっている．

そこで，フォノン機構の $T_c$ の評価でも同様の相殺効果があることを確かめよう．そのために，エリアシュバーグ理論を基礎にして，それに 1.4.14 項で紹介した GISC 法[56]でバーテックス補正の効果を組み込んでみよう．

まず，エリアシュバーグ理論で導入されたような平均化で物理量から運動量依存性を取り除くことにして，バーテックス関数 $\Gamma_{\boldsymbol{p}',\boldsymbol{p}}(i\omega_{p'},i\omega_p)$ を単に $\Gamma(i\omega_{p'},i\omega_p)$ と書き，また，$\Sigma_{\boldsymbol{p}}(i\omega_p)$ も $\Sigma(i\omega_p)$ と書いて式 (3.11) の成分分解を行おう．そして，南部表示でのワード恒等式 (2.205) において各物理量が運動量に依存しないことから，特に $\boldsymbol{p} = \boldsymbol{p}'$ でのワード恒等式を考えると

$$(i\omega_{p'} - i\omega_p)\Gamma(i\omega_{p'}, i\omega_p) = [i\omega_{p'} Z(i\omega_{p'}) - i\omega_p Z(i\omega_p)]\tau_3$$
$$+ [\phi(i\omega_{p'}) + \phi(i\omega_p)]i\tau_2 \qquad (3.39)$$

が厳密に成り立つ．ところで，2.3.8 項で述べたように，$\tau_2$ に比例する項は（集団位相変動成分の）南部–ゴールドストーンモードに関連し，プラズモンエネルギー $\omega_{pl}$ ($\sim E_F$) のスケールで変化する物理量を与えるが，そもそも，エリアシュバーグ理論の枠組みでは $\omega_{ph}$ ($\ll E_F$) のエネルギースケールで変化する物理量しか明示的に取り扱わず，残余の効果はすべて $\mu^*$ に押し込められると仮定するので，この項は無視されるべきものとなる．ちなみに，一般的にはバーテックス関数に $\tau_1$ に比例する項（これは振幅変動成分[183,184]の南部–ゴールドストーンモードに関連するもの）もあり得るが，この項は $T_c$ に何らの変更も与えないことが分かっている[185]ので，これも無視してよい．

以上のことを考慮すると，$\Gamma(i\omega_{p'}, i\omega_p)$ は式 (3.39) から

$$\Gamma(i\omega_{p'}, i\omega_p) = \frac{i\omega_{p'} Z(i\omega_{p'}) - i\omega_p Z(i\omega_p)}{i\omega_{p'} - i\omega_p} \tau_3, \quad (\omega_{p'} \neq \omega_p \text{の場合}) \qquad (3.40)$$

となる．一方，$\omega_{p'} = \omega_p$ の場合，式 (3.39) からは $\Gamma(i\omega_{p'}, i\omega_p)$ を決められず，自己エネルギーの化学ポテンシャル依存性が定量的に分かっている必要がある[186]が，それが不明な場合は式 (3.40) をそのまま踏襲しようという近似を採用する通常の GISC 法では，$\omega_{p'} = \omega_p$ において $\Gamma(i\omega_p, i\omega_p)$ は

$$\Gamma(i\omega_p, i\omega_p) = \lim_{\omega_{p'} \to \omega_p} \Gamma(i\omega_{p'}, i\omega_p) = \left[ Z(i\omega_p) + i\omega_p \frac{\partial Z(i\omega_p)}{\partial (i\omega_p)} \right] \tau_3 \qquad (3.41)$$

で与えられる．なお，この $\Sigma(i\omega_p)$ の化学ポテンシャル依存性と松原振動数依存性の違いは 1 サイトのハバード–ホルスタイン模型を議論した 1.5.3 項，特に，式 (1.431)～(1.434) で明らかにされている[64]が，基本的にポーラロン効果が強い強結合系では 2 つの依存性の違いは大きく，式 (3.41) で採用される近似はあまり適切ではないが，弱結合から中間結合系ではそれほど悪い近似ではない．しかも，$T_c$ の計算において必要になる松原振動数の無限和 $T \sum_{\omega_{p'}}$ の中でこの近似が問題になるのは $\omega_{\omega_{p'}} = \omega_{\omega_p}$ におけるただ一つの項の寄与に過ぎないので，$T_c$ の最終結果への影響は限定的と考えられる．

さて，式 (3.40) と式 (3.41) で決められた $\Gamma(i\omega_{p'}, i\omega_p)$ の効果を考慮して 3.1.6

~3.1.7 項で展開したエリアシュバーグ理論を再構成すると, $Z(i\omega_p)$ に対する式 (3.23) や $T_c$ を決めるギャップ方程式 (3.31) は, それぞれ,

$$Z(i\omega_p) = 1 + \frac{\pi}{\omega_p} T \sum_{\omega_{p'}} \lambda(\omega_{p'} - \omega_p) \Gamma(i\omega_{p'}, i\omega_p) \eta_{p'}(\omega_c) \qquad (3.42)$$

$$\Delta(i\omega_p) = \frac{\pi}{Z(\omega_p)} T \sum_{\omega_{p'}} \frac{\Delta(i\omega_{p'})}{\omega_{p'}} [\lambda(\omega_{p'} - \omega_p) - \mu^*] \Gamma(i\omega_{p'}, i\omega_p) \eta_{p'}(\omega_c) \qquad (3.43)$$

のように変更される. ちなみに, 式 (3.42) の場合, 式 (3.23) とは異なり, ("Gauge–Invariant Self–Consistent：GISC" 法という名前が示唆するように) $Z(i\omega_p)$ もゲージ不変対称性を満たすように自己無撞着に決める必要がある.

この GISC 法の結果を GW 近似に対応するエリアシュバーグ理論のそれ, および, 自己エネルギーもバーテックス補正も無視する (したがって, $Z(i\omega_p) = \Gamma(i\omega_{p'}, i\omega_p) = 1$ である) $G^0W^0$ 近似のそれと比較してみよう. 具体的には, 弱相関弱結合系の代表例である fcc 構造のアルミニウムで考えてみる. これはエリアシュバーグ理論がうまく適用される例として図 3.2(a) で取り上げたものであるが, 今回, 式 (3.33) における $\bm{k}$ や $\bm{k}'$ 空間での積分点を ($48 \times 48 \times 48$ のように) 格段に増やして $\alpha^2 F(\Omega)$ を計算し直したところ, 図 3.5(a) に示すように $\Omega \sim 36$ meV 付近のピーク値は 0.7 程度になって実験値とより一致するようになった. この $\alpha^2 F(\Omega)$ を使ってそれぞれの近似法で $T_c$ を $\mu^*$ の関数として得た結果が図 3.5(b) である. なお, この際, カットオフエネルギー $\omega_c$ は $5\langle\Omega\rangle$ 程度に取れば $T_c$ の最終結果が $\omega_c$ に依存しなくなる.

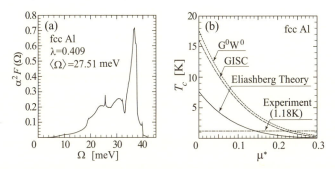

図 **3.5** (a) fcc 構造のアルミニウムにおける $\alpha^2 F(\Omega)$ と, (b) $\mu^*$ の関数としての $T_c$ を描いたもの. GISC 法 (破線) の結果をエリアシュバーグ理論 (実線) や $G^0W^0$ 近似 (点線) と比較した. 実験値は 1.18 K (一点鎖線) である.

この図 3.5(b) に関連して 3 つのコメントを与えておこう．①すべての $\mu^*$ について，GISC 法における $T_c$ はエリアシュバーグ理論のそれとは大きく異なるが，$G^0W^0$ 近似の結果に比較的よく一致している．これから，$T_c$ の評価において GISC 法に含まれるバーテックス補正の効果の大部分は自己エネルギーの繰り込み効果で相殺されていることが分かる．②逆にいえば，バーテックス補正が全く無視されている GW 近似（ここでは，エリアシュバーグ理論）よりも（バーテックス補正をちょうど自己エネルギー補正とキャンセルするだけ取り入れていると見なせる）$G^0W^0$ 近似の方が精度が高いということになる．さらにいえば，これは電子フォノン結合定数をゼロから次第に増大させたとき，近似が正当化される結合定数領域は $G^0W^0$ の方が GW よりも広いことを意味する．③3.1.5 項で述べたミグダルの定理によれば，アルミニウムでは $\omega_{ph}/E_F \ll 1$ なのでバーテックス補正は無視できてエリアシュバーグ理論は正当化され，そのため，通常，それに基づく $T_c$ の計算結果は精度が高いものと期待されてきた．しかしながら，①で述べた結果はその期待に反するもののように見える．この一見矛盾し，困惑させる事実は次のように説明される．まず，ミグダルの定理における言明を確認すると，バーテックス補正の 1 次項は無視されるほど小さく，また，高次項はより小さくなって無視できるということであった．そして，これを自己エネルギーを摂動論的に計算する際に適用すると，バーテックス補正は全く無視してもよいという結論であった．ところが，詳細に見てみると，自己エネルギー補正とバーテックス補正が同時に入ってくる（応答関数のような）物理量の計算に対して，これまでミグダルの定理は何の言明もしていないことが分かる．実際はこのような物理量の計算では局所的な電子数の保存則を保証するワード恒等式を満たすことが必要で，もしもバーテックス補正を全く無視する近似が正当化されるのであれば，ワード恒等式の要請から自己エネルギー補正もすべて無視すべきである（すなわち，$G^0W^0$ 近似を採用すべきである）という結論になり，これが応答関数などの計算における言明としてミグダルの定理の内容に付け加えるべきものということになる．

ところで，$T_c$ の実験値は 1.18 K なので，各近似法においてその実験値が再現される $\mu^*$ を決定できる．具体的には，エリアシュバーグ理論，GISC 法，$G^0W^0$ 近似で，それぞれ，0.144，0.219，そして，0.236 である．すると，$T = 1.18$ K

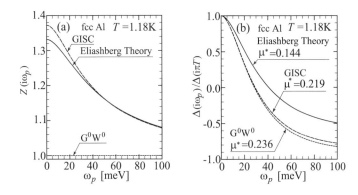

図 3.6 fcc 構造の Al における (a) 繰り込み関数 $Z(i\omega_p)$ と (b) 規格化されたギャップ関数 $\Delta(i\omega_p)/\Delta(i\pi T)$ を $T = 1.18$ K で計算したもの. GISC 法（破線）の結果をエリアシュバーグ理論（実線）や $G^0W^0$ 法（点線）と比較している.

での繰り込み関数 $Z(i\omega_p)$ や規格化されたギャップ関数 $\Delta(i\omega_p)/\Delta(i\pi T)$ を松原振動数 $\omega_p$ の関数としてプロットできる. それらの結果が示された図 3.6 によれば, 正常状態の自己エネルギーに直接関連する $Z(i\omega_p)$ では, はじめから $Z(i\omega_p) = 1$ としている $G^0W^0$ 近似は論外として, GISC 法はエリアシュバーグ理論とほぼ同じ結果を与える. 一方, 対相関関数と関連する $\Delta(i\omega_p)/\Delta(i\pi T)$ では GISC 法は $G^0W^0$ 近似とよく一致する結果を与え, エリアシュバーグ理論の結果とはあまり一致しないという $T_c$ と同じ状況が得られている. これらの結果は上の③で述べたミグダルの定理の新解釈法と整合的である.

### 3.2.2 $G^0W^0$ 近似におけるギャップ方程式

前項の解析から, 少なくとも弱相関弱結合系で $T_c$ を第一原理から計算する場合, エリアシュバーグ理論よりも $G^0W^0$ 近似を採用すべきであることが分かる. しかも, この簡単な近似では $\omega_{ph}/E_F \ll 1$ の条件は計算遂行上, 必須の要件ではなくなる. すると, $\tilde{V}_{ee}(\bm{q}, i\omega_q)$ を式 (3.13) のような分割をせずにフォノン媒介引力とクーロン斥力を対等な形のままで計算が可能になるという大きな利点があり, それによって非フォノン機構にも適用できる広い汎用性のある手法となり得る. しかも, このように $\tilde{V}_{ee}(\bm{q}, i\omega_q)$ を直接的に取り扱えることから $\mu^*$ の概念を導入することなく, その効果を暗黙裏に第一原理から決定す

る道が開けていることになる．実際，図 3.5(b) からも分かるように，$T_c$ の $\mu^*$ 依存性は大きいので，$\mu^*$ の効果を第一原理から決めない限り，「$T_c$ の第一原理からの決定」という課題は決して解決されない．

さて，$G^0W^0$ 近似でのギャップ方程式を求めるために，まず，厳密な方程式である式 (3.6) に戻ろう．この左辺 $\Sigma_{\bm p}(i\omega_p)$ には式 (3.11)，右辺の $G_{\bm p+\bm q}(i\omega_p+i\omega_q)$ には式 (3.12)，そして，バーテックス関数には $\tau_3$ を代入し，両辺の $\tau_1$ 成分を比べると，$T=T_c$ で $\phi_{\bm p}(i\omega_p)$ の満たすべき方程式は

$$\phi_{\bm p}(i\omega_p) = T \sum_{\omega_{p'}} \sum_{\bm p' \neq \bm p} \frac{\phi_{\bm p'}(i\omega_{p'})}{(i\omega_{p'})^2 - \xi_{\bm p'}^2} \tilde{V}_{ee}(\bm p - \bm p', i\omega_p - i\omega_{p'}) \qquad (3.44)$$

であることが分かる．ここで，正常状態のグリーン関数は $G^0$ で近似するので，$Z_{\bm p}(i\omega_p)=1$，$\chi_{\bm p}(i\omega_p)=0$ としている．この $\phi_{\bm p}(i\omega_p)$ の実部と虚部は独立なので，式 (3.44) は 2 種類のギャップ方程式を表している．物理的にはより高い $T_c$ を持つ方に興味があり，$T_c$ の高低は系の詳細による．一般的にいって $i\omega_p$ についての対称性が偶である実部の方が奇である虚部[187]よりも $T_c$ が高くなるので，ここでは $\phi_{\bm p}(i\omega_p)$ は $i\omega_p$ について偶関数と仮定しよう．

このようにして得られた式 (3.44) をそのまま解いてもよいが，その前に $\omega$ 平面の虚軸上の $\phi_{\bm p}(i\omega_p)$ から実軸上の $\phi_{\bm p}^R(\omega)$ へ解析接続 $(i\omega_p \to \omega + i0^+)$ しよう．そして，式 (3.9) や式 (3.10) を用いて式 (3.44) を変形すると，

$$\begin{aligned}\phi_{\bm p}^R(\omega) =& \int_0^\infty \frac{d\omega'}{\pi} \sum_{\bm p'} \mathrm{Im}\left[\frac{\phi_{\bm p'}^R(\omega')}{\omega'^2 - \xi_{\bm p'}^2 + i0^+}\right] \Big\{ [1 - 2f(\omega')] V_c(\bm p - \bm p') \\ &+ \int_0^\infty \frac{d\Omega}{\pi} \mathrm{Im}\tilde{V}_{ee}^R(\bm p - \bm p', \Omega) \\ &\times \Big[ [f(-\omega') + n(\Omega)] \left( \frac{1}{\omega + \Omega + \omega' + i0^+} - \frac{1}{\omega - \Omega - \omega' + i0^+} \right) \\ &+ [f(\omega') + n(\Omega)] \left( \frac{1}{\omega - \Omega + \omega' + i0^+} - \frac{1}{\omega + \Omega - \omega' + i0^+} \right) \Big] \Big\} \end{aligned} \qquad (3.45)$$

が得られる．そこで，$(\bm p, \omega)$ 空間の関数である $\phi_{\bm p}^R(\omega)$ から $\bm p$ だけの関数である $\Delta_{\bm p}$ に射影してギャップ関数を再定義しよう．具体的には，この $\Delta_{\bm p}$ は

$$\Delta_{\bm p} \equiv 2|\xi_{\bm p}| \int_0^\infty \frac{d\omega}{\pi} \mathrm{Im}\left[\frac{\phi_{\bm p}^R(\omega)}{\omega^2 - \xi_{\bm p}^2 + i0^+}\right] \qquad (3.46)$$

で定義される．そして，式 (3.45) の両辺を $\omega^2 - \xi_{\bm{p}}^2 + i0^+$ で割った後に両辺の虚部を取り，さらに区間 $(0, \infty)$ にわたって $\omega$ で積分すると，

$$\Delta_{\bm{p}} = -\sum_{\bm{p}'} \frac{\Delta_{\bm{p}'}}{2|\xi_{\bm{p}'}|}\Bigg\{ \left[1 - 2f(|\xi_{\bm{p}'}|)\right]\left[V_c(\bm{p}-\bm{p}') + \int_0^\infty \frac{2}{\pi}d\Omega \frac{\mathrm{Im}\tilde{V}_{ee}^R(\bm{p}-\bm{p}',\Omega)}{\Omega + |\xi_{\bm{p}}| + |\xi_{\bm{p}'}|}\right]$$

$$+ \int_0^\infty \frac{2}{\pi}d\Omega\; \mathrm{Im}\tilde{V}_{ee}^R(\bm{p}-\bm{p}',\Omega)\left[f(|\xi_{\bm{p}'}|) + n(\Omega)\right]$$

$$\times \left[\frac{1}{\Omega + |\xi_{\bm{p}}| + |\xi_{\bm{p}'}|} + \frac{\theta(|\xi_{\bm{p}'}| - \Omega)}{-\Omega + |\xi_{\bm{p}}| + |\xi_{\bm{p}'}|} + \frac{\theta(-|\xi_{\bm{p}'}| + \Omega)}{-\Omega - |\xi_{\bm{p}}| + |\xi_{\bm{p}'}|}\right]\Bigg\} \quad (3.47)$$

が得られる．しかるに，式 (3.47) の最後の $\Omega$ 積分の被積分関数は常に非常に小さくて無視しても問題がないことが確認できるので，結局，

$$\Delta_{\bm{p}} = -\sum_{\bm{p}'} \mathcal{K}_{\bm{p},\bm{p}'} \frac{\Delta_{\bm{p}'}}{2\xi_{\bm{p}'}} \tanh\frac{\xi_{\bm{p}'}}{2T_c} \quad (3.48)$$

というギャップ方程式[180, 181]が得られる．ここで，**対相互作用** $\mathcal{K}_{\bm{p},\bm{p}'}$ の定義は

$$\mathcal{K}_{\bm{p},\bm{p}'} \equiv V_c(\bm{p}-\bm{p}') + \int_0^\infty \frac{2}{\pi}d\Omega \frac{\mathrm{Im}\tilde{V}_{ee}^R(\bm{p}-\bm{p}',\Omega)}{\Omega + |\xi_{\bm{p}}| + |\xi_{\bm{p}'}|}$$

$$= \int_0^\infty \frac{2}{\pi}d\Omega \frac{|\xi_{\bm{p}}| + |\xi_{\bm{p}'}|}{\Omega^2 + (|\xi_{\bm{p}}| + |\xi_{\bm{p}'}|)^2} \tilde{V}_{ee}(\bm{p}-\bm{p}',i\Omega) \quad (3.49)$$

である．なお，$G^0W^0$ 近似であるので，式 (3.49) 中の $\tilde{V}_{ee}(\bm{q},i\Omega)$ を式 (3.7) に沿って計算する際には，$\Pi(\bm{q},i\Omega)$ は式 (3.8) において $G$ を $G^0$ に，そして，$\Gamma$ を $\tau_3$ に置き換えた無摂動系の電子分極関数 $\Pi^0(\bm{q},i\Omega)$ で代用される．

ちなみに，式 (3.44) から式 (3.48) への一連の変形は 1.4.12 項でのバイポーラロンを記述するシュレディンガー方程式 (1.380) を求める際の変形と数学的には同等のものである．物理的には，化学ポテンシャルの位置が伝導バンド中にあるか，バンドギャップ中にあるかの違いがあり，それが運動量空間における電子対か，実空間における電子対かの違いを与える．

### 3.2.3 $G^0W^0$ 近似における対相互作用の意味合い

前項で得られたギャップ方程式 (3.48) は 2.4.1 項で述べた拡張された BCS 理論におけるギャップ方程式 (2.278) そのものである．したがって，これは角度依存性も含めて $\Delta_{\bm{p}}$ を自動的に決めるものであって，s 波超伝導だけでなく，

異方的超伝導出現の状況も記述できるものである．そして，$\mathcal{K}_{\bm{p},\bm{p}'}$ はその超伝導特性を決定する鍵になるもので，式 (2.278) における $V_0(\bm{p}-\bm{p}')$ に対応する．ここで注目すべきことは，$\mathcal{K}_{\bm{p},\bm{p}'}$ は観測可能な物理量である $\tilde{V}_{ee}^R(\bm{p}-\bm{p}',\Omega)$ そのものではなく，その "振動数依存性を適切に平均化した" 後に得られる有効相互作用ということになる．このように，$\mathcal{K}_{\bm{p},\bm{p}'}$ 自体は観測可能な物理量というわけではないが，もし，$\tilde{V}_{ee}^R(\bm{q},\Omega)$ の振動数依存性がなくてその静的極限 $\tilde{V}_{ee}^R(\bm{q},0)$ でよく近似されるとすれば，$\mathcal{K}_{\bm{p},\bm{p}'} = \tilde{V}_{ee}^R(\bm{p}-\bm{p}',0)$ となるので，現象論的に導入された $V_0(\bm{p}-\bm{p}')$ が直接的に物理的な意味を持つのは，この静的極限の仮定が妥当である場合に限られることになる．

そこで，一般の動的な有効相互作用 $\tilde{V}_{ee}^R(\bm{p}-\bm{p}',\Omega)$ の場合にこの "振動数依存性の平均化" の意味を調べてみよう．今，仮に $V_c(\bm{q})=0$ で $\Pi^0=0$ とし，また，フォノンのうちのただ一つのモード $\lambda_0$ のみが効くとすると，

$$\tilde{V}_{ee}(\bm{q},i\Omega) = \tilde{V}_{ee}^{\text{BCS}}(\bm{q},i\Omega) \equiv |g_{\lambda_0}(\bm{q})|^2 \frac{2\omega_{\bm{q}\lambda_0}}{(i\Omega)^2 - \omega_{\bm{q}\lambda_0}^2} \qquad (3.50)$$

という形に還元されるので，これを式 (3.49) に代入して $\mathcal{K}_{\bm{p},\bm{p}'}$ を計算すると，

$$\mathcal{K}_{\bm{p},\bm{p}'} = -\frac{2|g_{\lambda_0}(\bm{p}-\bm{p}')|^2}{\omega_{\bm{p}-\bm{p}'\lambda_0} + |\xi_{\bm{p}}| + |\xi_{\bm{p}'}|} \qquad (3.51)$$

となるが，フェルミ面上での平均を $\langle \cdots \rangle$ と書いて $\omega_{ph}$ や $g$ を，それぞれ，$\omega_{ph} = \langle \omega_{\bm{p}-\bm{p}'\lambda_0} \rangle$ や $g = \langle 2|g_{\lambda_0}(\bm{p}-\bm{p}')|^2/\omega_{\bm{p}-\bm{p}'\lambda_0} \rangle$ で導入すれば，$\mathcal{K}_{\bm{p},\bm{p}'}$ は

$$\mathcal{K}_{\bm{p},\bm{p}'} \approx -\frac{g}{1 + (|\xi_{\bm{p}}| + |\xi_{\bm{p}'}|)/\omega_{ph}} \approx -g\,\theta(\omega_{ph} - |\xi_{\bm{p}}|)\,\theta(\omega_{ph} - |\xi_{\bm{p}'}|) \qquad (3.52)$$

のように近似される．これが式 (2.7) のカットオフを含めて式 (2.6) の BCS ハミルトニアンにおける対相互作用になる．このように，"振動数依存性の平均化" の方法を明示した式 (3.49) を用いれば，BCS 理論での現象論的な対相互作用が微視的有効電子間相互作用から一意的に決定されることになる．

次に，擬クーロンポテンシャル $\mu^*$ の概念を生み出す $\mathcal{K}_{\bm{p},\bm{p}'}$ の特徴的な構造を調べてみよう．そのために，上の例で $\Pi^0=0$ ではあるものの今度は $V_c(\bm{q}) \neq 0$ として，$\tilde{V}_{ee}(\bm{q},i\Omega) = V_c(\bm{q}) + \tilde{V}_{ee}^{\text{BCS}}(\bm{q},i\Omega)$ としよう．すると，

$$\mathcal{K}_{\bm{p},\bm{p}'} = V_c(\bm{p}-\bm{p}') - \frac{2|g_{\lambda_0}(\bm{p}-\bm{p}')|^2}{\omega_{\bm{p}-\bm{p}'\lambda_0} + |\xi_{\bm{p}}| + |\xi_{\bm{p}'}|} \qquad (3.53)$$

## 3.2 $G^0W^0$ 近似：第一原理からの $\mu^*$ の決定

が得られる．ところで，$|\bm{p}|, |\bm{p}'| \gg p_F$ では $V_c(\bm{p}-\bm{p}') \propto (\bm{p}-\bm{p}')^{-2} \to 0$ なので，$|\xi_{\bm{p}}| > E_F (\gg \omega_{ph})$ か，$|\xi_{\bm{p}'}| > E_F$ の場合，式 (3.53) の第 1 項は無視できる．これを考慮し，また，式 (3.52) にも注意すると，$N(0)\mathcal{K}_{\bm{p},\bm{p}'}$ は

$$N(0)\mathcal{K}_{\bm{p},\bm{p}'} \approx \mu_c \,\theta(E_F - |\xi_{\bm{p}}|)\,\theta(E_F - |\xi_{\bm{p}'}|)$$
$$- g\,\theta(\omega_{ph} - |\xi_{\bm{p}}|)\,\theta(\omega_{ph} - |\xi_{\bm{p}'}|) \qquad (3.54)$$

と近似できる．ここで，$\mu_c$ は $\mu_c = N(0)\langle V_c(\bm{p}-\bm{p}')\rangle$ で，また，$\lambda$ は $\lambda = gN(0)$ で定義された．この $\mathcal{K}_{\bm{p},\bm{p}'}$ は「2 つ井戸 (two–square–well) ポテンシャル」[117] と呼ばれ，これをギャップ方程式 (3.48) に代入して解くと，s 波の超伝導解が得られる．そして，その際の規格化されたギャップ関数 $\Delta_{\bm{p}}/\Delta_{p_F}$ と $T_c$ は

$$\Delta_{\bm{p}}/\Delta_{p_F} = \theta(\omega_{ph} - |\xi_{\bm{p}}|) - \frac{\mu^*}{\lambda - \mu^*}\theta(|\xi_{\bm{p}}| - \omega_{ph})\,\theta(E_F - |\xi_{\bm{p}}|) \qquad (3.55)$$

$$T_c = 1.134\,\omega_{ph}\,\exp\left(-\frac{1}{\lambda - \mu^*}\right) \qquad (3.56)$$

となる．ここで，「擬クーロンポテンシャル」と呼ばれる $\mu^*$ は

$$\mu^* = \frac{\mu_c}{1 + \mu_c \ln(E_F/\omega_{ph})} \qquad (3.57)$$

のように定義された．なお，式 (3.55) の $\Delta_{\bm{p}}/\Delta_{p_F}$ を $\xi_{\bm{p}}$ の関数としてみると，$(\mu_c - \lambda)/N(0)$ のように斥力ポテンシャルと引力ポテンシャルが共に働く領域から $\mu_c/N(0)$ という斥力ポテンシャルだけが働く領域へ移行する際に節点 $(\Delta_{\bm{p}} = 0)$ を持ち，その前後で符号を変えているということが大きな特徴である．これは $\Delta_{\bm{p}}/\Delta_{p_F} = \theta(\omega_{ph} - |\xi_{\bm{p}}|)$ という単純な構造を持つ BCS 理論でのギャップ関数の振る舞いとは大きく異なるものである．

ちなみに，今の 2 つ井戸ポテンシャルでの超伝導出現の条件は $\lambda > \mu_c$ ではなく，$\lambda > \mu^*$ であることに注意されたい．これは $\mu^* < \lambda < \mu_c$ の条件下では $\mathcal{K}_{\bm{p},\bm{p}'}$ は常に正（すなわち，常に斥力的）としても，その運動量依存性が大きくてフェルミ面近傍で $(\mu_c - \lambda)/N(0)$ という弱い斥力がフェルミ面から $E_F$ 程度離れると強い斥力 $\mu_c/N(0)$ に変化する場合，強い斥力が働く領域ではギャップ関数の符号を自動的に変えて（電子対波動関数の振る舞いを実空間でいえば，強い斥力領域における存在確率を自律的に減らすことで相対的に引力も働いている領域でのそれを増やす効果）"見かけ上" 斥力の効果が弱まって，結果とし

てフェルミ面近傍で引力が斥力に勝るようになったために超伝導が出現したと解釈される．したがって，この強い斥力が働く領域での $\mathcal{K}_{\boldsymbol{p},\boldsymbol{p}'}$ の効果をギャップ方程式の中でまじめに取り込めば，現象論的にパラメータ $\mu^*$ を明示的に導入しなくてもクーロン斥力が $\mu_c$ から $\mu^*$ に実効的に弱められるという物理が暗黙裏に自然に組み込まれることになる．

このように，$\mathcal{K}_{\boldsymbol{p},\boldsymbol{p}'}$ 自体が常に斥力的としてもその運動量依存性が十分に大きければ，s 波超伝導が出現し得ることが分かった．ところで，クーロン斥力だけが働く電子ガス模型でも，その電子密度が十分に低い ($r_s \gtrsim 6$) とプラズモンの効果で $\mathcal{K}_{\boldsymbol{p},\boldsymbol{p}'}$ の運動量依存性が超伝導を引き起こせるほどに十分に大きくなること[169,176,177,180,188]が分かっている．しかも，$r_s$ が十分に大きくなると，このプラズモン機構での $T_c$ は $T_c/E_F \to 0.04$ となり，3.1.11 項で述べた植村プロットにおける $T_c/E_F$ の代表的な値に一致していることは注目に値する．ただ，$r_s$ の大きな電子ガス系では超伝導相以外の秩序相の出現も可能で，それらとの競合の問題が未解決である．いずれにしても，$r_s \gtrsim 10$ の低密度系では $E_F$ が小さくなるので，$T_c \sim 0.04 E_F$ であるプラズモン機構だけでは室温超伝導は決して期待されないことは確かなことである．

### 3.2.4　$SrTiO_3$：強誘電量子臨界領域の超伝導

この $G^0 W^0$ 近似の有用性を現実物質で確かめてみよう．そのために，前項での単純な模型に簡単化された $\mathcal{K}_{\boldsymbol{p},\boldsymbol{p}'}$ ではなく，第一原理的に計算された微視的有効相互作用 $\tilde{V}_{ee}(\boldsymbol{p}-\boldsymbol{p}',i\Omega)$ を式 (3.49) に組み込んで得られる $\mathcal{K}_{\boldsymbol{p},\boldsymbol{p}'}$ を積分核としたギャップ方程式 (3.48) を解いて $T_c$ を計算し，実験値と比較しよう．ここでは，この $\tilde{V}_{ee}(\boldsymbol{p}-\boldsymbol{p}',i\Omega)$ が実験データから精度よく決められるペロブスカイト型結晶 $SrTiO_3$（STO）での超伝導機構を考えよう．

さて，STO はバンドギャップが約 3.2 eV のバンド絶縁体で，1.6 kbar の 1 軸性圧力を [100] 方向にかけると強誘電性フォノンが完全にソフト化する変位型の強誘電体に相転移する．また，Nb ドープ，あるいは，酸素欠損の導入で n 型の縮退半導体に変わるが，その際，伝導電子は Ti 3d バンドのうち $t_{2g}$ バンドの Γ 点近傍に留まり，その有効質量 $m^*$ はバンド計算[189]から $m_e$（自由電子質量）程度とされている．そして，1964 年，これは低温で超伝導体[190]にな

## 3.2 $G^0W^0$ 近似：第一原理からの $\mu^*$ の決定

り，その $T_c$ は電子密度 $n$ が $n \approx 10^{20}$ cm$^{-3}$ で最大になり，その値は約 0.4 K 程度で低いとはいえ，ドーム型の特徴ある $n$ 依存性を示す．同時に，1 軸性圧力下では $T_c$ は上昇し，静水圧下では逆に低下するという独特の圧力依存性も示す．このように，正方晶結晶の n 型半導体 STO は強誘電量子相転移点近傍における超伝導体ということで大変興味深い．

この STO の特徴の中でソフト化する極性結合フォノンに焦点を当て，そのフォノンを媒介とした長距離引力とクーロン斥力を対等に取り込んだ裸の微視的相互作用から出発して伝導電子の遮蔽効果を RPA で評価した電子間有効相互作用 $\tilde{V}_{ee}(\bm{q}, i\Omega)$ を考えよう．これは 1.4.1 項で紹介したフレーリッヒ系の問題になり，1.4.5 項を参考にすれば，$\tilde{V}_{ee}(\bm{q},i\Omega)$ は $V^0(\bm{q}) \equiv 4\pi e^2/(\Omega_t q^2)$ として，$\tilde{V}_{ee}(\bm{q},i\Omega) = V^0(\bm{q})/\varepsilon(\bm{q},i\Omega)$ となる．ここで，多数の伝導電子が極性フォノンと結合している系の誘電関数 $\varepsilon(\bm{q},i\Omega)$ は

$$\varepsilon(\bm{q},i\Omega) = \varepsilon_\infty + V^0(\bm{q})\Pi^0(\bm{q},i\Omega) + [\varepsilon_0(\bm{q}) - \varepsilon_\infty]\frac{\omega_t(\bm{q})^2}{\omega_t(\bm{q})^2 + \Omega^2} \quad (3.58)$$

と書ける．なお，伝導電子は 1 バンドの 3 次元（3D）電子ガス系であるとし，その分散関係は $\xi_{\bm{p}} = \bm{p}^2/2m^* - \mu$ で近似する．そして，この場合，$\Pi^0(\bm{q},i\Omega)$ は式 (I.4.201) で与えられる RPA での分極関数となる．また，$\omega_t(\bm{q})$ は STO の絶縁相における極性横フォノンのエネルギー分散関係，$\varepsilon_0(\bm{q})$ は静的誘電率である．この $\varepsilon_0(\bm{q})$ の $\bm{q}$ 依存性は $\omega_t(\bm{q})$ のそれとは関係式 (1.243) を使って $\varepsilon_0(\bm{q}) = \varepsilon_0(0)\omega_t(0)^2/\omega_t(\bm{q})^2$ で結びつくことが分かる．なお，極性縦フォノンのエネルギー $\omega_0$ は分散がなく，$\omega_0 = \sqrt{\varepsilon_0(0)/\varepsilon_\infty}\,\omega_t(0)$ である．

この式 (3.58) の中で実験から $\varepsilon_\infty$，$\varepsilon_0(0)$，そして，$\omega_t(\bm{q})$ は，それぞれ，5.2，23000，そして，$\omega_t(\bm{q}) = 6.34 + 1.40 \times 10^{-13} q^2$ [cm$^{-1}$] となる．すると，$m^*$ さえ与えれば，$\tilde{V}_{ee}(\bm{p}-\bm{p}',i\Omega)$ は完全に指定することができて，それを用いてギャップ方程式 (3.48) を解けば，$T_c$ は $n$ の関数として一意的に定まる．図 3.7 にはこうして得られた $T_c$ を $n$ の関数として示してある．パラメータ $m^*$ はどのような値を取ろうとも，ドーム型の $n$ 依存性を示すが，特に，(1.5〜2.6) $m_e$ の範囲にある場合は定量的にも実験値をよく再現する．また，圧力依存性も一軸性か静水圧かの違いも含めて，実験を再現し，とりわけ，$m^* \approx 1.8\,m_e$ では定量的にも実験によく一致する．

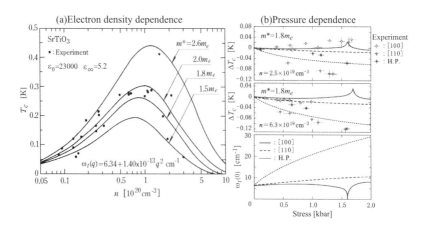

図 3.7 (a) n 型半導体 SrTiO$_3$ における $T_c$ の電子密度依存性の計算結果 ($m^*$ は 1.5〜2.5 $m_e$ の間で変化させた) と実験値の比較. (b) [100] や [110] の 1 軸圧力下や静水圧 (H.P.) 下での $T_c$ の変化量 $\Delta T_c$ の $m^* = 1.8 \; m_e$ における計算値と実験値の比較. $\omega_t(0)$ はソフトフォノンモードのエネルギー.

以上の計算結果は 1980 年に発表されたもの[191]であったが,それから 33 年を経た 2013 年,この STO での超伝導が詳細な実験[192,193]で再検討された.その結果,$n = 5.5 \times 10^{17}$ cm$^{-3}$ で $E_F = 13.5$ K の状況でも $T_c = 86$ mK の超伝導が発見された.なお,$t_{2g}$ バンドはスピン軌道相互作用と正方晶における結晶場効果から三重縮退は完全に解けていて,図 3.8(a) に示すように,$n < n_{c1} \approx 10^{18}$ cm$^{-3}$ では 1 バンド系であり,たとえ $n > n_{c2} \approx 2 \times 10^{19}$ cm$^{-3}$ でも大部分の電子は一番下のバンドに入っていることになる.また,図 3.8(b) に示すように,その一番下のバンドの分散関係には大きな非放物性が見られ,低濃度の状況では $m^* \approx m_e$ であるが,高濃度では $m^* \approx 2.5 \; m_e$ が適当ということになる.そこで,とりあえず,低濃度と高濃度の領域で $m^*$ を変えて G$^0$W$^0$ 近似で $T_c$ を再計算して,新たに得られた実験値と比較した.その結果は図 3.8(c) に示されているが,ここでも驚くほどうまく実験を再現することが分かる.なお,中間の移行領域では分散関係を $m^*$ を用いた放物線とすることに問題がありそうであるが,高低両密度領域の結果を補間して捉えられるものであろう.なお,低密度での超伝導では,$T_c/E_F = 0.0066$ となり,フォノン機構で通常受け入れられている $T_c/E_F$ の上限値 (約 0.001) を大きく超えている.これは式 (3.58) で

## 3.2 $G^0W^0$ 近似:第一原理からの $\mu^*$ の決定

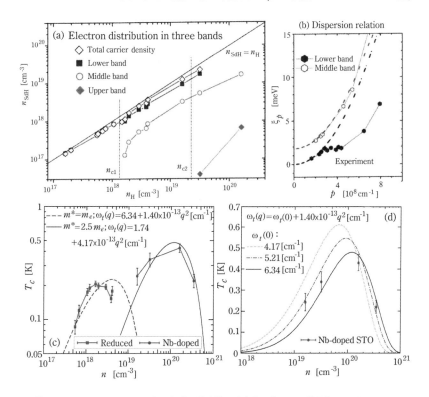

図 **3.8** (a) 3 つの $t_{2g}$ バンドにおける電子数の分布状況をホール効果とシュブニコフ-ドハース振動で調べたもの.(b) 実験的に得られたバンド分散関係.(c) 一番下の $t_{2g}$ バンドの分散関係の非放物性を考慮して $T_c$ の $n$ 依存性を計算し直したもの.(d) 強誘電フォノンのソフト化に伴う $T_c$ の変化状況.

は $\Pi^0(\boldsymbol{q}, i\Omega)$ もフルに動的に取り扱っているので,フォノン機構と共にプラズモン機構も寄与しうることになり,後者では $T_c/E_F \to 0.04$ であるから,この $T_c/E_F = 0.0066$ という値はこのプラズモン機構の部分的な寄与を反映しているものと考えられる.

ちなみに,$T_c$ に対する強誘電性の効果を調べた結果の一例が図 3.8(d) である.これから,$\omega_t(0) \to 0$ で強誘電転移点に接近するとき,$T_c$ の最大値は増大する.これは $T_c$ に対する一軸性圧力効果と同じものである.圧力をかけずに $\omega_t(0) \to 0$ の状況を実現するためには,たとえば,Sr を部分的に Ca に変えた $Ca_xSr_{1-x}TiO_3$ を考えることができる.

### 3.2.5 グラファイト層間化合物:その標準模型と最高 $T_c$ 予測

前項の STO に加えて,$G^0W^0$ 近似の成功例をもう一つ与えよう.図 3.9(a) にその結晶構造を示すように,層状結晶の黒鉛に金属原子をその層間に挿入したグラファイト層間化合物(Graphite Intercalation Compounds:GIC)は物理・化学・工学の境界にある興味深い物質系で,その研究の歴史は長い.超伝導については 1965 年の $KC_8$ での発見以降(その $T_c$ は当初,0.5 K 程度といわれた[194] が,後に 0.15 K に訂正された[195]),特に 1980 年代,より高い $T_c$ を求めて GIC 超伝導体探索が盛んに行われたが,大体は数 K 程度(たとえば,$LiC_2$ では $T_c = 1.9$ K[196])であり,沈滞した状況が長く続いた.

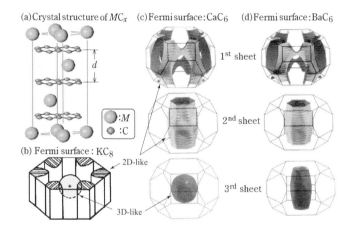

図 3.9 (a) $MC_x$ ($x = 2, 6, 8$) の結晶構造.図は $x = 6$ の場合で,一般に金属原子 $M$ は $(x/2)$ 枚の炭素層ごとに蜂の巣格子上の同じ位置を占める.(b) $KC_8$ の[203],そして,(c) $CaC_6$ と (d)$BaC_6$ の[204] フェルミ面.これらはグラファイトの $\pi$ バンドにある 2D 電子のものと層間バンドにある 3D 電子から構成される.

この探索研究は 2005 年に驚くべき急展開を遂げた.挿入原子をアルカリではなく,Ca などのアルカリ土類に代えると $T_c$ は劇的に上昇した.たとえば,$CaC_6$ では $T_c = 11.5$ K[197,198](圧力下ではさらに上昇して 15.1 K[199])である.その後,$YbC_6$ ($T_c = 6.5$ K[198]),$SrC_6$ ($T_c = 1.65$ K[200]),そして,$BaC_6$ ($T_c = 0.065$ K[201])などの超伝導体が次々に発見された.同時に,これら GIC

における超伝導物性は実験的にも理論的にも精力的に調べられ，その結果，これは異方性はあるものの，基本的にはs波超伝導であり，その電子対形成は主にアルカリ土類原子の振動に関連したフォノン媒介引力機構によるものという一般的なコンセンサスが得られている．そして，この結論は同位体効果の実験[202] (その指数 $\alpha \approx 0.5$) からも支持されている．

しかしながら，$CaC_6$ や $KC_8$ のそれぞれを個別に説明しようとする物質科学的な理論研究では次のような本当に重要な疑問には答えられない．(i) $T_c \approx 0.01$ ～1 K のアルカリ挿入系と $T_c \approx 1～10$ K のアルカリ土類挿入系を統一的に捉えられる模型（"**標準模型**"）があるか？ (ii) K を（ほぼ同じ原子質量を持つ）Ca に代えただけで $T_c$ が約100倍に上昇したが，この急激な上昇をもたらした根本的な原因は何か？ それは標準模型の観点からは，どのような物理量の変化か？ (iii) GIC 系でより高い $T_c$ が可能か？ 可能ならば，その最高値はいくらか？ そして，それはどのような原子を挿入した GIC か？

ここでは，筆者の原著論文[205]に基づいてこれらの課題に答えよう．まず，課題 (i) を考えよう．基本的に強相関系でない GIC 系の電子状態は通常のバンド計算でその本質をよく捉えられる．そのバンド計算（図 3.9(b)〜(d) 参照）によれば，アルカリ挿入系とアルカリ土類挿入系の定性的な違いはなく，GIC 超伝導体 $MC_x$ に共通の重要事項は以下のようにまとめられる．①金属原子 $M$ は完全にイオン化する．そのイオン価数を $Z$ とすると，$M^{Z+}$ イオンの形でグラファイトの層間に位置する．②このイオン化に伴い，1金属原子あたり $Z$ 個の電子が伝導電子となる．このうち，$Zf$ 個がグラファイトの $\pi$ バンドに入り，残りの $Z(1-f)$ 個が層間バンドに入る．③ $\pi$ バンドは炭素層に沿って拡がる 2D バンドで，その分散関係は（グラフェンにおけるディラックコーンとして知られる）線形である．④層間バンドは元々のグラファイト中では 3D の自由電子的な状態であり，そのため，炭素原子上での存在確率は小さいのでその準位はフェルミ準位よりもずっと高い位置にある．GIC となって層間に $M^{Z+}$ が入ると，その正イオンの引力効果で層間バンドの準位が下がってフェルミ準位よりも低くなる．このバンドは基本的に 3D 電子ガス的な状態であり，$\xi_{\bm{p}} = \bm{p}^2/2m^* - \mu$ の分散関係を想定してよい．ここで，$m^*$ は有効質量で，$M^{Z+}$ の電子準位の状況によって変化を受ける．たとえば，アルカリ挿入系ではs電子との混成に

なるので $m^* \approx m_e$ である. 一方, アルカリ土類挿入系では d 電子の混成が大きくなり, たとえば, バンド計算[206] から $CaC_6$ や $YbC_6$ では $m^* \approx 3m_e$ である. ⑤伝導電子の分岐比, $f:(1-f)$, を決める $f$ の値は自己無撞着なバンド計算によって決定される. たとえば, $KC_8$ では $f \approx 0.6$ であるが, $CaC_6$ では $f \approx 0.16$ で, 3D 電子密度 $n_{3D}$ がずっと増える. これは $K^+$ よりも $Ca^{2+}$ の方が層間バンドの準位をより大きく下げるためである. 具体的には, $a = 1.419$ Å をグラファイト層の炭素原子間の結合長, $n_M = 4/(3\sqrt{3}a^2 dx)$ を正イオン密度とすると, $n_{3D} = (1-f)Z n_M$ であるので, $KC_8$ では $n_{3D} = 3.5 \times 10^{21}$ cm$^{-3}$ であるが, $CaC_6$ では炭素層の層間距離 $d$ や $x$ が小さくなったこともあって, $n_{3D} = 2.4 \times 10^{22}$ cm$^{-3}$ にまで増える. ⑥超伝導は 3D 電子系にのみ起こっていて, 全般的な物性がよく似ているものの層間バンドに電子が入っていない $LiC_6$ や $KC_{24}$ では超伝導が出現しない.

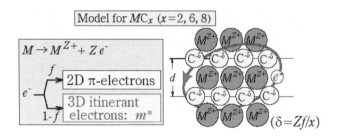

図 **3.10** $MC_x$ 超伝導体に共通する簡単化されたモデル ("標準模型"). 層間バンドの 3D 電子系において, $M^{Z+}$ イオンと $C^{-\delta}$ イオンのゆらぎに起因する極性フォノン媒介引力を感じて電子対を組む超伝導機構を考えるものとなっている.

上の状況を捉えて導入された模型が図 3.10 に示されているが, 実はこの簡単な模型はアルカリ挿入系だけを想定して 1982 年に提唱されたもの[207]である. この模型の 3D 電子が結晶中を動き回る際には, $+Ze$ の正イオンの点電荷が密度 $n_M$ で分布したものと平均として負に帯電した炭素イオン $C^{-\delta}$ (ここで, $\delta \equiv Zf/x$) の負電荷分布を感じている. すると, イオン変位の位相が揃った音響型 (LA) フォノンであれ, 反位相の光学型 (LO) フォノンであれ, フォノンの発生による電荷密度の揺らぎによって 3D 電子間に極性結合に由来する引力が誘起されることが期待される. 実際, その引力を式 (3.5) における $V_{ee}(\boldsymbol{q}, i\Omega)$

## 3.2 $G^0W^0$ 近似：第一原理からの $\mu^*$ の決定

中のフォノン媒介引力 $V_{ph}(\boldsymbol{q}, i\Omega)$ の形で書くと，

$$V_{ph}(\boldsymbol{q}, i\Omega) = V^0(\boldsymbol{q}) \frac{\omega_{pl}^2 (1-f)^2}{(i\Omega)^2 - \omega_{\boldsymbol{q}\mathrm{LA}}^2} + V^0(\boldsymbol{q}) \frac{\bar{\omega}_{pl}^2 \left(\frac{\bar{M}}{M_M} + \frac{f\bar{M}}{xM_C}\right)^2}{(i\Omega)^2 - \omega_{\boldsymbol{q}\mathrm{LO}}^2} \quad (3.59)$$

となる．ここで，$M_M$ と $M_C$ を，それぞれ，M や C の原子質量，$\bar{M} = M_M x M_C/(M_M + xM_C)$ を $MC_x$ の換算質量として $\omega_{pl}$ や $\bar{\omega}_{pl}$ は，それぞれ，

$$\omega_{pl} = \sqrt{\frac{4\pi e^2 Z^2 n_M}{M_M + xM_C}}, \quad \bar{\omega}_{pl} = \sqrt{\frac{4\pi e^2 Z^2 n_M}{\bar{M}}} \quad (3.60)$$

である．そして，この $V_{ph}(\boldsymbol{q}, i\Omega)$ と裸のクーロン斥力 $V_c(\boldsymbol{q})$ を対等に取り扱い，2D 電子系と 3D 電子系の双方の遮蔽効果を RPA で取り込んで電子間有効相互作用 $\tilde{V}_{ee}(\boldsymbol{q}, i\Omega)$ を計算し，その結果を使って $G^0W^0$ 近似のギャップ方程式 (3.48) を解いて第一原理から $T_c$ を計算したところ，$KC_8$ では $f \approx 0.6$ で $T_c \sim 0.1$ K となった．また，$RbC_8$ や $CsC_8$ では $f \approx 0.5$ として，それぞれ，0.02 K や 0.007 K である．なお，アルカリ原子が重いほど $T_c$ が下がるのは $\omega_{pl}$ や $\bar{\omega}_{pl}$ で特徴付けられる電子フォノン結合が弱くなるからである．このように，アルカリ挿入系の実験結果が定量的に再現された．（GIC に即したより詳細な $T_c$ の計算法と計算結果は原著論文[207] を参照されたい.）

2009 年，この模型を（その計算コードも含めて）そのままアルカリ土類挿入系にも適用[205]した．この際，それぞれのアルカリ土類挿入 GIC 超伝導体についてバンド計算で与えられた $E_F$ を再現するように $m^*$ を決定した後，$T_c$ を $f$ の関数としてプロットし，実験結果と比べたのが図 3.11(a) である．ほぼ完璧に実験結果が再現されており，それゆえ，1982 年の模型はこの場合にも有効であることが分かったので，これは GIC 超伝導体全般に適用される"標準模型"といえる．なお，$YbC_6$ を $CaC_6$ と比べると，$T_c$ は約半分であるが，Yb の質量数が 173.0 で Ca のそれの約 4 倍になっているため，この $T_c$ の変化は指数 $\alpha \approx 0.5$ の同位体効果とも解釈される．

もう少し詳しく $KC_8$ と $CaC_6$ を比較するために標準模型の観点からこれらの違いを見ると，① $f$ は 0.6 から 0.16，② $m^*$ は $m_e$ から約 $3\,m_e$，③イオン価 $Z$ が 1 から 2 に変わるので，$Z^2$ に比例する $V_{ph}$ でのフォノン媒介引力は 4 倍，④層間距離 $d$ は 5.42 Å から 4.524 Å，⑤イオンの質量数はほぼ同じで 39.1 から 40.1，である．これらの変化に注意しながら，$CaC_6$ を想定して $m^*$

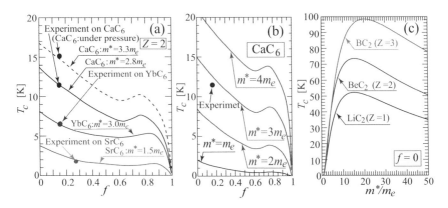

図 3.11 (a) アルカリ土類挿入 GIC 超伝導体に対する $f$ の関数としての $T_c$ の計算結果. (b) $CaC_6$ に対する $f$ の関数としての $T_c$ の計算結果. 3D 電子の有効質量 $m^*$ は $m_e \sim 4\,m_e$ の範囲で変化させている. (c) 標準模型における $T_c$ の最高値探索の一例で,$T_c$ を $m^*$ の関数として描いたもの. なお,$f = 0$ をはじめから想定したので,電子間有効相互作用は STO の場合と実質的に同じである.

を変えつつ $f$ の関数としての $T_c$ を計算した結果が図 3.11(b) である.これから,① $f$ が小さい方が極性結合を弱める 2D 電子系の遮蔽効果が小さくなるため,概略的には $f$ が小さい方が $T_c$ は高い,② $Z$ が 2 倍になると同じ $m^*$ なら $T_c$ は約 10 倍上昇する,③ $m^*$ が $3\,m_e$ になると $m^* = m_e$ に比べて $T_c$ は約 10 倍上昇する,などが分かる.したがって,$KC_8$ を $CaC_6$ に変えたときに得られる約 100 倍の $T_c$ は $Z$ と $m^*$ の上昇が相乗効果となって $T_c$ が押し上げられたためと理解される.これが課題 (ii) に対する解答である.

こうして得られたアルカリやアルカリ土類金属挿入の GIC に対する $T_c$ の計算結果をまとめて図 3.12 に $d$ の関数としてプロットした.基本的に,これらの計算結果は実験値を定量的にもうまく再現している.この成功によって GIC における超伝導は「層間に挿入された金属原子がイオン化し,それによって供給された伝導電子の一部から成る 3D 電子ガス系(層間バンド中の電子系)が主に金属イオンの振動による極性フォノン機構で超伝導転移したもの」という描像で捉えられることになる.ちなみに,$BaC_6$ だけが例外的に誤差が大きいことに気付くが,これは,図 3.9(d) から分かるように,$BaC_6$ では層間バンドの電子系に対するフェルミ面は球面ではなくなっていて,このため,完全には

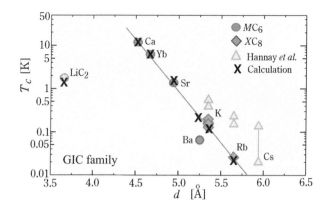

図 3.12 アルカリ金属やアルカリ土類金属を挿入した GIC で観測されている $T_c$ を炭素層の間隔 $d$ の関数としてプロットしたもので，実験値と理論値を比較している．

3D 電子系と見なし難い状況になっていることが分かる．したがって，標準模型そのままの形では $BaC_6$ に適用できず，標準模型で計算された $T_c$ が実験値を再現していないためと考えられる．

ところで，1982 年の段階で $CaC_6$ について標準模型による計算を遂行していれば，$T_c = 11.5$ K を予言できていたはずである．これから，この模型による $T_c$ の予測能力が高いと判断される．そこで，この標準模型に基づいて $T_c$ の最高値を予測してみることは興味深い．その試みの一例が図 3.11(c) に示してある．これから分かるように，GIC 超伝導体における $T_c$ の最高値は 50〜100 K の範囲にあり，それは決して 100 K を越えないものと予測される．

もう少し詳しくいえば，$T_c$ を制御する最重要パラメータは $m^*$ であり，$T_c$ は $m^*$ が 10〜20 $m_e$ のときに最大化される．その $T_c$ の最大値は比較的大きな $Z$ 依存性があり，$Z$ が大きいほどよい．また，極性横フォノンのエネルギーは大きい方がよいので，挿入原子は軽い方がよい．ただ，Be や B などの軽元素ではそのイオンの電子状態の中に d 波や f 波の成分が含まれないので，層間バンドの $m^*$ が大きくならず，したがって，たとえ $BeC_2$ や $BC_2$ などの GIC が合成されたとしても，その $T_c$ は 10 K よりも低いと考えられる．

以上の諸点を考慮すると，1 種類の原子を挿入した GIC を合成するのであれば，Ti や V 等の挿入で $T_c$ が 10 K を大きく上回るものが合成されると想像さ

れる. より高い $T_c$ を求めるのであれば，2 種以上の原子の挿入を考え，$m^*$ を高める役割と $Z$ や極性横フォノンエネルギーを大きくする役割を分けて担わせるのがよいと思われる. 以上が課題 (iii) に対する解答である.

## 3.3 密度汎関数超伝導理論

### 3.3.1 基本的な状況認識

これまでグリーン関数法に基づいて議論を進めてきたが，この汎用的な理論手法の根幹要素は 1 電子グリーン関数 $G_{\bm{p}}(i\omega_p)$ であるので，それを精度よく得られていることが前提となって各種の応答関数の計算からいろいろな物理量が導かれる. そして，その応答関数の計算で実験との比較に耐えうる結果が得られるためには，精度のよい $G_{\bm{p}}(i\omega_p)$ と共に種々の基本的な保存則を満たすように適切に近似されたバーテックス補正を施しておく必要がある.

この計算過程を高温側からの $T_c$ 決定問題で具体的にいえば，まず，超伝導相に至る直前の状態で $G_{\bm{p}}(i\omega_p)$ が精度よく得られ，しかも，その妥当性が十分に検証される必要がある. 次に，ワード恒等式による微視的局所電子数保存則などを満たすようにバーテックス関数を考慮した上で電子対揺らぎの伝搬子 $D_s(\bm{q}, i\omega_q)$ を計算し，最後に，その $D_s(\bm{0}, 0)$ の発散温度から $T_c$ が理論予測されることになる. もちろん，弱相関弱結合系では $G_{\bm{p}}(i\omega_p)$ を裸のそれ $G_{\bm{p}}^0(i\omega_p)$ で近似すれば十分であり，また，バーテックス補正なしに（すなわち，$G^0W^0$ 近似で）$D_s(\bm{0}, 0)$ を計算して，その発散温度を求めればよい.

この弱相関弱結合領域を越えて強結合領域に近づいたとしても超伝導相直前の状態が通常の正常金属相であれば，エリアシュバーグ理論のレベルの多体摂動理論で自己エネルギー $\Sigma_{\bm{p}}(i\omega_p)$ を自己無撞着に計算すると多くの目的で有用な $G_{\bm{p}}(i\omega_p)$ が得られる. そして，弱相関系のフォノン機構ではこの試みは概ね成功を収めている. なお，これは GW 近似に対応するので，II.2.5〜II.2.9 節や 3.2.1 項で注意したように，$T_c$ を含むある種の物理量でワード恒等式が満たされていることが必須なものでは，実験との比較で GW 近似よりもむしろ $G^0W^0$ 近似の方が有効[55]であることがしばしば起こる.

しかしながら，このエリアシュバーグ理論の考え方ではフォノンエネルギー

が $E_F$ と同程度以上の場合やクーロン斥力起源の機構（たとえば，スピン揺らぎ機構）が働く場合には（弱相関弱結合領域を除いて）適切な $G_{\bm{p}}(i\omega_p)$ は得られない．そもそも，仮にフォノン機構であっても 1.4 項や 1.5 項で取り扱ったような強いポーラロン効果は記述されない．また，その効果が弱いとしても電子相関が強い系では超伝導相直前の状態が量子臨界点近傍に位置し，非フェルミ流体状態が出現する可能性がある状況では $G_{\bm{p}}(i\omega_p)$ を第一原理から精度よく決定することは至難の問題となってくる．

ところで，現在，この強い電子相関効果を取り込む試みとして問題を前後 2 段階に分離する方策が取られている．すなわち，第一原理系を簡単化してハバード模型か，その類似模型に還元し，その模型を記述するパラメータ群を第一原理計算から見積もる前段階とその簡単化された模型を多体問題の対象にして $G_{\bm{p}}(i\omega_p)$ を得る後段階である．ただ，この方策には以下のような問題点が挙げられる．①第一原理系を簡単な模型に還元できる条件を明確にし，還元化の際に生じる誤差を定量的に評価して制御可能なものにする必要がある．通常，還元化の誤差を減らそうとすれば，模型が複雑になりすぎてその多体問題が解けなくなる．②パラメータ群を決定する際に用いる密度汎関数理論（Density functional theory：DFT）では，II.1.3 節でも強調したように，現実の物理系ではなく，相互作用のない参照系を対象とした計算を行って自己無撞着に最終的に決定される基底状態での電子密度とそのエネルギーのみが物理的な意味を持つことになる．しかるに，問題のパラメータ群は非物理的なコーン–シャム（Kohn–Sham：KS）軌道の情報を用いて決められるので，その結果の物理的妥当性に根本的な疑問が残る．とりわけ，最終的に得られる物理系の本当の基底状態は後段階のプロセスを経て初めて決定されるものなので，前段階の（真の基底状態でないものに即して得られた）KS 軌道の意味付けが難しい．③そもそも，3D のハバード模型をはじめとしたごく簡単な模型ですら，強相関強結合系で正確な $G_{\bm{p}}(i\omega_p)$ を決定するという多体問題について，現状では最終的な解決からほど遠いという事実がある．

ちなみに，③に関連した研究動向について簡単に触れておこう．大別すれば，この問題は 2 つのルートから挑戦されている．一つは強相関効果は電子の局在化を促進するものと捉え，そのため，まずは $G_{\bm{p}}(i\omega_p)$ において振動数

依存性だけを考慮するものである．この立場から**動的平均場近似**（Dynamival mean–field theory：DMFT）が確立されたが，超伝導のように電子が動く場合は $p$ 依存性を完全に無視するわけにはいかないので，DMFT を拡張したクラスター **DMFT**[208] が提案されている．今後，この手法の熟成化が求められる．もう一つのルートははじめから運動量依存性にも注意を払うもので，揺らぎ交換（Fluctuation exchange：FLEX）近似を出発点にしている．この FLEX は既に II.2.6.6 項で触れたものであり，パルケー近似の簡略化といえる．基本的に，これは GW 近似のレベルのもので，ベイム–カダノフ流の全電子数などの"巨視的な保存則"を満たすが，ワード恒等式のような"微視的な保存則"を満たさない．そして，このような多体摂動論の弱結合領域からのアプローチでは強相関強結合系における有用性は限定的である．

このように，グリーン関数法では"$T_c$ 計算の前処理"段階で大きな困難が横たわるので，弱相関弱結合領域を越えて精度のよい $T_c$ の第一原理計算は望み薄である．実際，銅酸化物高温超伝導体発見から 30 年以上経た現在でも広く認知された高温超伝導理論が未確立である主な理由は，この困難のためといえる．そこで，この困難を克服するためにグリーン関数法に頼らない手法が求められる．この観点から，この節では密度汎関数超伝導理論（Superconducting Density Functional Theory：SCDFT）を紹介しよう．この SCDFT では，超伝導転移直前の状態を詳しく調べて適切な $G_p(i\omega_p)$ を決定するという"前処理"の段階を一切省略することができるにもかかわらず，形式上は"$T_c$ を第一原理から厳密に決定する理論の枠組み"が与えられている．

### 3.3.2 　基本原理：KS–BdG 方程式

DFT の基本概念は既に II.1.1 節で詳しく解説した．特に，その注釈 12) や II.1.7.4 項で述べたように，ここには理論計算におけるパラダイムシフトがあって，グリーン関数法のようにあらゆる物理量を一遍に正確に得る手法を追求するのではなく，DFT ではある限られた少数の物理量に着目し，それらについてのみ厳密，かつ，簡便に計算できる手法を提供している．

具体的には，多電子系の基底状態での電子密度 $n(\boldsymbol{r})$ とそのエネルギー $E_0$ だけを厳密に得ることを目的にして，まず，全物理情報は $n(\boldsymbol{r})$ を与えれば一意

的に定まるというホーエンバーグ–コーン（Hohenberg–Kohn）の基本定理に基づいて，交換相関エネルギー $E_{xc}$ をはじめとしてあらゆる物理量を $n(\boldsymbol{r})$ の汎関数として捉えることから出発する．そして，$n(\boldsymbol{r})$ 自身は KS 方程式と呼ばれる1体シュレディンガー方程式を解いて得られる基底電子密度から決定される．この KS 方程式を規定する1体ポテンシャル $V_{KS}(\boldsymbol{r})$ には多体効果を反映する交換相関ポテンシャル $V_{xc}(\boldsymbol{r})$ が含まれるが，これは交換相関エネルギー汎関数 $E_{xc}[n(\boldsymbol{r})]$ の汎関数微分で与えられる．なお，厳密に正しい $n(\boldsymbol{r})$ を1体問題に射影して解くという数学的な便宜上導入された $V_{xc}(\boldsymbol{r})$ や KS 方程式の各1電子準位 $i$ の1体波動関数 $\phi_i(\boldsymbol{r})$ とそのエネルギー固有値 $\xi_i$ は物理的に意味のあるものではない．（仮に物理的に正当であるとすれば，1体近似で常に厳密な $n(\boldsymbol{r})$ が得られるという誤った結論が導かれる．）

ところで，フェルミ流体相を対象にする場合，DFT の中核であるこの $E_{xc}[n(\boldsymbol{r})]$ は断熱接続で得られる式 (II.1.103) を参考に決めればよいが，II.1.2.4 項における制限付き探索法で $E_{xc}[n(\boldsymbol{r})]$ を一般的に定義すれば，正常相だけでなく，非フェルミ流体相や何かの秩序相でも意味を持つことになり，いずれの場合でも $n(\boldsymbol{r})$ や $E_0$ は KS 方程式を通して厳密に決定される．

しかし，$n(\boldsymbol{r})$ だけが厳密に分かっても秩序相の出現が探知できない．そこで，秩序相を特徴付ける秩序変数も $n(\boldsymbol{r})$ と同等の基本変数に加えた方がよい．たとえば，II.1.5 節における磁気秩序相の問題では磁化密度 $\boldsymbol{m}(\boldsymbol{r})$ を導入し，制限付き探索法を式 (II.1.174) によって拡張して交換相関エネルギー汎関数 $E_{xc}[n(\boldsymbol{r}),\boldsymbol{m}(\boldsymbol{r})]$ を定義すると，$n(\boldsymbol{r})$ と同時に $\boldsymbol{m}(\boldsymbol{r})$ も厳密に決められる．そして，もし $\boldsymbol{m}(\boldsymbol{r}) \neq \boldsymbol{0}$ なら，磁気秩序相の出現を意味する．

同様に，スピン一重項の超伝導では $n(\boldsymbol{r})$ の他に電子対密度 $\chi(\boldsymbol{r},\boldsymbol{r}')$ を

$$\chi(\boldsymbol{r},\boldsymbol{r}') \equiv \langle \psi_\uparrow(\boldsymbol{r})\psi_\downarrow(\boldsymbol{r}') \rangle \tag{3.61}$$

で定義し，これも基本変数に加えた制限付き探索法で交換相関エネルギー汎関数 $E_{xc}[n(\boldsymbol{r}),\chi(\boldsymbol{r},\boldsymbol{r}')]$ を構成した方がよい．なお，ここでは $T_c$ を問題とするので，基底状態の DFT ではなく，II.1.4 節で述べた有限温度の DFT を用いることになる．すると，$E_{xc}[n(\boldsymbol{r}),\chi(\boldsymbol{r},\boldsymbol{r}')]$ にエントロピー項から寄与も取り込んだ $F_{xc}[n(\boldsymbol{r}),\chi(\boldsymbol{r},\boldsymbol{r}')]$ が SCDFT における中核の量になる．

そこで，1988 年に発表された基本論文[118] に沿って SCDFT における変分原理から出発しよう．これは $F_{xc}[n(\boldsymbol{r}), \chi(\boldsymbol{r},\boldsymbol{r}')]$ を含む熱力学ポテンシャルの汎関数は厳密な $n(\boldsymbol{r})$ や $\chi(\boldsymbol{r},\boldsymbol{r}')$ で最小化されるということであるが，その厳密な $n(\boldsymbol{r})$ や $\chi(\boldsymbol{r},\boldsymbol{r}')$ は，$T=0$ での DFT における KS 法と同様に，II.1.3.4 項で解説したような相互作用のない参照系に射影して決定される．そして，今の場合，その参照系を記述するハミルトニアン $H_s$ は原子単位で

$$H_s = \sum_\sigma \int d\boldsymbol{r}\, \psi_\sigma^+(\boldsymbol{r}) \left[-\frac{\boldsymbol{\nabla}^2}{2} + V_{\mathrm{KS}}(\boldsymbol{r}) - \mu\right] \psi_\sigma(\boldsymbol{r})$$
$$- \int d\boldsymbol{r} d\boldsymbol{r}' \left[\Delta_s^*(\boldsymbol{r},\boldsymbol{r}')\psi_\uparrow(\boldsymbol{r})\psi_\downarrow(\boldsymbol{r}') + \Delta_s(\boldsymbol{r},\boldsymbol{r}')\psi_\downarrow^+(\boldsymbol{r}')\psi_\uparrow^+(\boldsymbol{r})\right] \quad (3.62)$$

となる．ここで，$V_{\mathrm{KS}}(\boldsymbol{r})$ や対ポテンシャル $\Delta_s(\boldsymbol{r},\boldsymbol{r}')$ は

$$V_{\mathrm{KS}}(\boldsymbol{r}) = V^{\mathrm{ext}}(\boldsymbol{r}) + \int d\boldsymbol{r}' \, \frac{n(\boldsymbol{r}')}{|\boldsymbol{r}-\boldsymbol{r}'|} + \frac{\delta F_{xc}[n,\chi]}{\delta n(\boldsymbol{r})} \quad (3.63)$$

$$\Delta_s(\boldsymbol{r},\boldsymbol{r}') = -\frac{\chi(\boldsymbol{r},\boldsymbol{r}')}{|\boldsymbol{r}-\boldsymbol{r}'|} - \frac{\delta F_{ex}[n,\chi]}{\delta \chi^*(\boldsymbol{r},\boldsymbol{r}')} \equiv -\frac{\delta F_s[n,\chi]}{\delta \chi^*(\boldsymbol{r},\boldsymbol{r}')} \quad (3.64)$$

で与えられる．なお，$V_{\mathrm{KS}}(\boldsymbol{r})$ には外部から加えられる 1 体ポテンシャル（金属結晶を構成するために必要な電子イオン相互作用）$V^{\mathrm{ext}}(\boldsymbol{r})$ を考慮したが，対ポテンシャルについては外部からのものはないとした．また，$F_s[n,\chi]$ は

$$F_s[n,\chi] \equiv \int d\boldsymbol{r} d\boldsymbol{r}' \, \frac{|\chi(\boldsymbol{r},\boldsymbol{r}')|^2}{|\boldsymbol{r}-\boldsymbol{r}'|} + F_{xc}[n,\chi] \quad (3.65)$$

のように定義された．ところで，交換関係 $[\psi_\sigma(\boldsymbol{r}), H_s]$ を計算すると，

$$[\psi_\sigma(\boldsymbol{r}), H_s] = \left[-\frac{\boldsymbol{\nabla}^2}{2} + V_{\mathrm{KS}}(\boldsymbol{r}) - \mu\right] \psi_\sigma(\boldsymbol{r}) + \int d\boldsymbol{r}' \Delta_s(\boldsymbol{r},\boldsymbol{r}') \psi_{-\sigma}^+(\boldsymbol{r}') \quad (3.66)$$

であることに注意して，$H_s$ を対角化するために次のボゴリューボフ変換

$$\psi_\sigma(\boldsymbol{r}) = \sum_i \left[ u_i(\boldsymbol{r})\gamma_{i\sigma} - \mathrm{sgn}(\sigma) v_i^*(\boldsymbol{r}) \gamma_{i-\sigma}^+ \right] \quad (3.67)$$

を導入しよう．ここで，$\{u_i(\boldsymbol{r})\}$ と $\{v_i(\boldsymbol{r})\}$ は（これから適切に決定される）正規直交関数系，$\gamma_{i\sigma}$ はフェルミオン演算子，$\mathrm{sgn}(\uparrow) = -\mathrm{sgn}(\downarrow) = 1$ である．すると，$H_s = \sum_{i\sigma} E_i \gamma_{i\sigma}^+ \gamma_{i\sigma}$ と対角化され，その際，$u_i(\boldsymbol{r})$ と $v_i(\boldsymbol{r})$ は

$$\left[-\frac{\boldsymbol{\nabla}^2}{2} + V_{\mathrm{KS}}(\boldsymbol{r}) - \mu\right] u_i(\boldsymbol{r}) + \int d\boldsymbol{r}' \, \Delta_s(\boldsymbol{r},\boldsymbol{r}') v_i(\boldsymbol{r}') = E_i u_i(\boldsymbol{r})$$
$$-\left[-\frac{\boldsymbol{\nabla}^2}{2} + V_{\mathrm{KS}}(\boldsymbol{r}) - \mu\right] v_i(\boldsymbol{r}) + \int d\boldsymbol{r}' \, \Delta_s^*(\boldsymbol{r},\boldsymbol{r}') u_i(\boldsymbol{r}') = E_i v_i(\boldsymbol{r}) \quad (3.68)$$

というボゴリューボフ–ドゥジャン（Bogoliubov–de Gennes：BdG）型の連立方程式を満たす．これは DFT での KS 方程式の SCDFT への拡張である．そして，$n(\boldsymbol{r})$ と $\chi(\boldsymbol{r},\boldsymbol{r}')$ は，それぞれ，次の式で計算される：

$$n(\boldsymbol{r}) = 2\sum_i \left[|u_i(\boldsymbol{r})|^2 f(E_i) + |v_i(\boldsymbol{r})|^2 f(-E_i)\right] \tag{3.69}$$

$$\chi(\boldsymbol{r},\boldsymbol{r}') = \sum_i \left[u_i(\boldsymbol{r})v_i^*(\boldsymbol{r}')f(-E_i) - v_i^*(\boldsymbol{r})u_i(\boldsymbol{r}')f(E_i)\right] \tag{3.70}$$

### 3.3.3　$T_c$ を決定するギャップ方程式

さて，問題を $T_c$ 近傍に限定しよう．この場合，$u_i(\boldsymbol{r})$ や $v_i(\boldsymbol{r})$ を決定する式 (3.68) で，まず $\Delta_s(\boldsymbol{r},\boldsymbol{r}')$ の項を無視しよう．すると，この式は超伝導秩序のない状態（"正常状態"）での KS 方程式に還元される．ところで，$T_c/E_F$ はせいぜい 0.04 程度で小さいので，この KS 方程式は $T=0$ で考えればよい．その"正常状態"における KS 準位 $i$ の（固有エネルギーが $\xi_i$ に対応する）固有関数を $\phi_i(\boldsymbol{r})$ として $u_i(\boldsymbol{r})$ と $v_i(\boldsymbol{r})$ は共にそれに比例する（すなわち，$u_i(\boldsymbol{r}) = u_i\phi_i(\boldsymbol{r})$，$v_i(\boldsymbol{r}) = v_i\phi_i(\boldsymbol{r})$）としよう．そして，その $u_i(\boldsymbol{r})$ と $v_i(\boldsymbol{r})$ を式 (3.68) に代入し直すと，問題は $2\times 2$ 行列の固有値問題に簡単化され，それを解くと，固有値 $E_i$ は $E_i = \sqrt{\xi_i^2 + |\Delta_i|^2}$，また，その正規化された固有ベクトルの成分である $u_i$ と $v_i$ は，$u_i = \sqrt{(1+\xi_i/E_i)/2}$，$v_i = \sqrt{(1-\xi_i/E_i)/2}$ となる．ここで，$\Delta_i$ は準位 $i$ のギャップ関数で，その定義は

$$\Delta_i \equiv \int d\boldsymbol{r} \int d\boldsymbol{r}'\, \phi_i^*(\boldsymbol{r})\Delta_s(\boldsymbol{r},\boldsymbol{r}')\phi_i(\boldsymbol{r}') \tag{3.71}$$

である．なお，$T \approx T_c$ に注意して $\Delta_i$ の 1 次項まで残すと，$E_i = |\xi_i|$ であり，また，$u_i v_i = \Delta_i/2|\xi_i|$ であるので，式 (3.70) の電子対密度 $\chi(\boldsymbol{r},\boldsymbol{r}')$ は

$$\chi(\boldsymbol{r},\boldsymbol{r}') = \sum_i \frac{\Delta_i}{2\xi_i}\tanh\left(\frac{\xi_i}{2T_c}\right)\phi_i(\boldsymbol{r})\phi_i^*(\boldsymbol{r}') \equiv \sum_i \chi_i\,\phi_i(\boldsymbol{r})\phi_i^*(\boldsymbol{r}') \tag{3.72}$$

となる．なお，この第 2 式は $\chi_i$ を定義していて，変分 $\delta\chi(\boldsymbol{r},\boldsymbol{r}')$ は変分の組 $\{\delta\chi_i\}$ に変換される．すると，$\Delta_i$ は式 (3.64) と式 (3.71) から

$$\Delta_i = -\int d\boldsymbol{r}\int d\boldsymbol{r}'\,\phi_i^*(\boldsymbol{r})\frac{\delta F_s[n,\chi]}{\delta\chi^*(\boldsymbol{r},\boldsymbol{r}')}\phi_i(\boldsymbol{r}') = -\frac{\delta F_s[n,\chi]}{\delta\chi_i^*} \tag{3.73}$$

ということになる．

ところで, $T_c$ 近傍では $\chi$ は微少なので, $F_s[n,\chi]$ を $\chi=0$ の周りで展開できる. しかるに, "正常状態" では $F_s[n,\chi]$ の $\chi$ についての最小値は $\chi=0$ で達成されるので, そこでの 1 次微分はゼロになる. これに注意すると,

$$\frac{\delta F_s[n,\chi]}{\delta \chi_i^*} = \sum_j \frac{\delta^2 F_s[n,\chi]}{\delta \chi_i^* \delta \chi_j}\bigg|_{\chi=0} \chi_j \equiv \sum_j \mathcal{K}_{i,j}\,\chi_j \qquad (3.74)$$

が得られ, この第 2 式が対相互作用 $\mathcal{K}_{i,j}$ の定義である. そして, この式 (3.74) を式 (3.73) に代入し, $\chi_i$ の定義式である式 (3.72) にも注意すると, $T_c$ は

$$\Delta_i = -\sum_j \mathcal{K}_{i,j} \frac{\Delta_j}{2\xi_j} \tanh\left(\frac{\xi_j}{2T_c}\right) \qquad (3.75)$$

という BCS 型のギャップ方程式を解いて厳密に決定されることになる.

ちなみに, ここで現れた対ポテンシャル $\Delta_s(\boldsymbol{r},\boldsymbol{r}')$ は $V_{\mathrm{KS}}(\boldsymbol{r})$ と同様に相互作用のない参照系で定義されたものなので, 直接の物理的な意味はない. また, KS 準位 $i$ でのギャップ関数 $\Delta_i$ も $\xi_i$ と同様に物理的に実在する観測量ではなく, さらに対相互作用 $\mathcal{K}_{i,j}$ も物理的な実体ではない. しかし, 原理上, 正しい汎関数 $F_{xc}[n,\chi]$ の下では $\mu^*$ の概念で捉えられる効果も含めてクーロン斥力が起源のあらゆる機構が暗黙裏に取り込まれており, また, もしフォノン機構が働けば, そのフォノン媒介引力も適切に繰り込まれるものであり, その結果, 厳密に正しい $\chi(\boldsymbol{r},\boldsymbol{r}')$ が決められる. そして, ゼロでない物理量 $\chi(\boldsymbol{r},\boldsymbol{r}')$ が得られる最高温度として厳密に正確な $T_c$ が得られることになる.

### 3.3.4 対相互作用汎関数：弱相関弱結合領域

そこで, 焦点の問題は $F_{xc}[n,\chi]$ の正確な汎関数形を知ることであるが, $T_c$ を計算するだけなら, 単に $\mathcal{K}_{i,j}$ の充分に正確な汎関数形が "正常状態" で得られている $\{\phi_i(\boldsymbol{r})\}$ や $\{\xi_i\}$ の汎関数として具体的に与えられていればよい.

この $\mathcal{K}_{i,j}$ のよい汎関数形を推測する問題は, DFT が一様密度の電子ガス系での情報に基づいた $V_{xc}(\boldsymbol{r})$ を用いる局所密度近似（Local–density approximation：LDA）から出発したことを参考にすれば, 一様密度の弱相関弱結合系における $T_c$ 計算の状況を調べることが第一歩になる.

さて, 一様密度系の KS 準位 $i$ は波数 $\boldsymbol{p}$ で指定される平面波状態にほかならない. すなわち, $\xi_{\boldsymbol{p}} = \boldsymbol{p}^2/2 - \mu$, かつ, $\phi_i(\boldsymbol{r}) = e^{i\boldsymbol{p}\cdot\boldsymbol{r}}/\sqrt{\Omega_t}$ となる. ちなみ

に, $\phi_i^*(\boldsymbol{r}) = e^{-i\boldsymbol{p}\cdot\boldsymbol{r}}/\sqrt{\Omega_t}$ なので, 式 (3.71) で定義される $\Delta_{\boldsymbol{p}}$ は $\boldsymbol{p}\uparrow$ の電子と $-\boldsymbol{p}\downarrow$ の電子から構成されるクーパー対ということになる.

一方, 弱相関弱結合系では 3.2.2 項で議論した $G^0W^0$ 近似が適切であり, その場合, $T_c$ を決めるギャップ方程式は式 (3.48) であることがほぼ近似なしに導かれている. そして, これは正に式 (3.75) の形であるので, この場合の対相互作用汎関数 $\mathcal{K}_{\boldsymbol{p},\boldsymbol{p}'}$ は式 (3.49) そのものであることが分かる.

この式 (3.49) の $\mathcal{K}_{\boldsymbol{p},\boldsymbol{p}'}$ を基礎にすると, 不均一系に移った場合の $\mathcal{K}_{i,j}$ は

$$\mathcal{K}_{i,j} = \int_0^\infty \frac{2}{\pi} d\Omega \frac{|\xi_i| + |\xi_j|}{\Omega^2 + (|\xi_i| + |\xi_j|)^2} \tilde{V}_{i,j}(i\Omega) \tag{3.76}$$

という汎関数形でよいことが理解される. ここで, $\tilde{V}_{i,j}(i\Omega)$ は KS 軌道 $\phi_i(\boldsymbol{r})$ とその時間反転対称軌道 $\phi_i^*(\boldsymbol{r})$ にある電子対 $(i, i^*)$ が散乱して電子対 $(j, j^*)$ に遷移したときの動的有効相互作用を RPA で求めたもの (図 3.13(c) 参照) である. なお, 結晶中では $i$ はバンド指数 $n$ と第 1 ブリルアン帯中の波数ベクトル $\boldsymbol{k}$ の組, $i = n\boldsymbol{k}$, ということになる. そして, $\Delta_i$ は $n$ バンドの $\boldsymbol{k}\uparrow$ と $-\boldsymbol{k}\downarrow$ の電子対に対するギャップ関数となる. また, KS 軌道は基底状態の電子密度 $n(\boldsymbol{r})$ から一意的に決まるものなので, 明示的ではないとはいえ, この $\mathcal{K}_{i,j}$ も $n(\boldsymbol{r})$ の汎関数として一意的に決まっているものといえる.

### 3.3.5　対相互作用汎関数：グロスらの試み

このように, 不均一密度の弱相関弱結合系では式 (3.76) の対相互作用汎関数は十分に正確で有用なものと期待されるが, これでは常圧下での高温超伝導を発現する舞台であろうと予期される強相関強結合系での超伝導を適切に記述できない. そこで, 次の段階として, 弱相関ながら媒介するボソンと強く結合する系にも有効な $\mathcal{K}_{i,j}$ の汎関数形の探索が問題になる.

この問題解決に向けて, 2005 年, グロス (E. K. U. Gross) のグループは強結合フォノン機構の現実物質に適用可能な $\mathcal{K}_{i,j}$ の汎関数形を提案[209]した. 彼らのアイデアはエリアシュバーグ理論にならって $\mathcal{K}_{i,j}$ を構成しようとするもので, 結果として, フォノン媒介引力部分はエリアシュバーグ関数 $\alpha^2 F(\Omega)$ の情報を $\mathcal{K}_{i,j}$ の中に組み込むことで記述した. また, クーロン斥力部分にはトーマス-フェルミ近似 (すなわち, RPA の静的長波長極限形) を基本とした近似汎

関数形を提案したが，これは実質的には 3.1.7 項で説明したプロセスを振動数空間ではなくて運動量空間で行うことになっている．そして，そのプロセス実行過程で特筆すべきことは，井戸型ポテンシャル模型ではなく，微視的な静的遮蔽クーロン斥力に基づいて数値計算で自動的に $\mu^*$ を決定しているということである．なお，基本的に，相互作用のない参照系ではエネルギー（振動数）$\omega$ と運動量 $k$ とは $\omega = \xi_{nk}$ の分散関係で 1 対 1 に対応するので，振動数空間から運動量空間へ変換できることに注意されたい．

さて，2005 年以降，この提案がマシーダ（S. Massidda）グループの数値計算能力と結びつき，フォノン機構のいろいろな超伝導体が SCDFT で研究[210]されている．たとえば，元素金属のアルミニウムでは実験値 $T_c^{\text{exp}} = 1.18$ K に対して $T_c = 0.9$ K，鉛では $T_c^{\text{exp}} = 7.19$ K に対して $T_c = 6.9$ K が得られていて，図 3.2 に示したエリアシュバーグ理論の結果とほぼ同等である．最近では，超高圧下の金属水素や硫化水素，Li，Ca なども取り扱っている．この他，$MgB_2$ では $T_c^{\text{exp}} = 40.2$ K に対して $T_c = 35.1$ K，$CaC_6$ では $T_c^{\text{exp}} = 11.5$ K に対して $T_c = 9.4$ K を得ていて，概ね実験値よりも 10％程度低めの値である．

これらの結果を総合的に判断すれば，グロスらの汎関数形を使う限り，その導出過程からも予想されるように，得られる結果は，せいぜい，エリアシュバーグ理論の結果の再現に過ぎないと見られる．また，$\mu^*$ を自動的に決めているという（エリアシュバーグ理論を超える最大の）利点に関しても，クーロン斥力効果を静的に取り扱っている限りでは $G^0W^0$ 近似よりも劣っていて，これではプラズモン効果が入ってこない．このため，$T_c$ の計算値が実験値よりも 10％程度低めになったものと想像される．実際，その効果を I.4.6.4 項で紹介したプラズモン–ポール近似を用いて取り込むという試み[211]がなされたところ，$T_c$ の計算値が改善され，実験結果の再現に近づいている．

いずれにしても，この $\mu^*$ の精度を高めるためには $\mathcal{K}_{i,j}$ の汎関数形のうちクーロン斥力部分の再考を促しているが，その再考以前に，そもそも，$\mu^*$ の概念を用いないで定式化することの意義を問い直さねばならない．3.1.11 項でエリアシュバーグ理論にまつわる問題点を指摘した際に，常圧下の高温超伝導ではおそらく $T_c \approx 0.04 E_F$ と予測されることを強調した．すると，その $T_c$ を生み出すボゾンの平均エネルギー $\langle \Omega \rangle$ は $E_F$ と同程度か，それ以上のはずである．

すると，そのボゾン媒介引力部分とクーロン斥力部分を分割する物理上，並びに，数値計算上の理由は全くない．むしろ，分割してはいけないのである．したがって，グロスらによる $\mathcal{K}_{i,j}$ の構成法はその初期段階から高温超伝導には不適当であると結論される．また，トーマス–フェルミの静的遮蔽近似では斥力相互作用が起源になるいかなる電子機構が一切取り扱えないので，この点からも彼らの理論の限界は明白である．

ちなみに，ボゾン媒介引力部分とクーロン斥力部分が非分割になっていることやあらゆる電子機構が自由に取り込めることなどの観点から見ると，3.2.2 項で紹介した $G^0W^0$ 近似における取り扱い，そして，その情報を使って推定された式 (3.76) の $\mathcal{K}_{i,j}$ の汎関数形は大変優れたものといえよう．そこで，これらの長所を生かしたままで強相関強結合系でも有効な $\mathcal{K}_{i,j}$ の汎関数形を構成することが重要な，そして，最終的な課題となる．

### 3.3.6 対相互作用汎関数：一般の場合

この最終課題解決のためのヒントを得るために，3.1.2 項で議論したグリーン関数法での結果を思い出そう．そこで導かれた式 (3.6)〜(3.8) の方程式群は，たとえ強相関強結合系であっても，それを解くことによって厳密な $T_c$ が得られることになるので，これは $\mathcal{K}_{i,j}$ の汎関数形を構築する際のよい出発点であると考えられる．ただ，これは形式的な方程式群なので，そこから何らかの情報を具体的に得るためには何らかの近似を導入する必要がある．

ところで，3.1.2 項でも指摘したように，これらの方程式群は正常状態ではII.2.7.2 項で紹介したヘディンの方程式群に還元される．そして，その方程式群を解くために，ヘディンは II.2.7.3 項で説明した逐次展開の方法を採用した．すなわち，まず，バーテックス関数 $\Gamma$ を $\Gamma = \Gamma^{(0)} + \Gamma^{(1)} + \Gamma^{(2)} + \cdots$ のように有効相互作用 $W$ のべきで展開し，その展開の各次数ごとに自己無撞着に自己エネルギー $\Sigma^{(n)}$ を決定しながら，漸次 $\Sigma$ を改善するというプロセスである．このとき，$\Gamma^{(0)} = 1$ （超伝導の南部表示では，$\Gamma^{(0)} = \tau_3$）とするバーテックス補正を一切考えない段階で自己エネルギーを自己無撞着に決定するプロセスを GW 近似（超伝導では，エリアシュバーグ理論）と呼んだ．実際，グロスらはこのヘディンの示した指針に従って $\Gamma^{(0)}$ の段階でフォノン機構に対する彼らの

汎関数形を構成し，その後，$\Gamma^{(1)}$ の段階を考慮することでスピン揺らぎ機構に対する $\mathcal{K}_{i,j}$ の汎関数形を提案[212]している．

しかしながら，II.2.8 節で強調したように，このヘディンの指針に従ったやり方ではワード恒等式は満たされず，それに伴って局所的な電子数の保存則が破れているという物理的に不都合なことが生じている．そこで，$\Sigma$ と $\Gamma$ の調和を取りながら，常にワード恒等式を満たすような逐次近似の新規の手法が求められることになるが，それを実現したのが II.2.8.10 項で導入された GWΓ 法であり，また，それを簡便化したのが 3.2.1 項で触れた GISC 法である．これを踏まえると，ヘディンの指針よりも GWΓ 法を生み出した指針に沿って $\mathcal{K}_{i,j}$ の汎関数形を探ってみるべきであろう．

この新しい指針に沿った $\mathcal{K}_{i,j}$ を具体的に求めるために，$T > T_c$ での電子対揺らぎの伝搬子 $D_s^R(\boldsymbol{q}, \omega)$ の定義に戻って考え直してみよう．まず，その定義式 (2.19) で $H_{\mathrm{BCS}}$ を一般のハミルトニアン $H$ に置き換え，また，$\Phi_{\boldsymbol{q}}$ の定義式 (2.16) にある人工的なカットオフを廃止して，強相関強結合系でも有効なものにしよう．すると，$T_c$ はこの $D_s^R(\boldsymbol{0}, 0)$ が発散する温度であるが，通常のグリーン関数法では，この $D_s^R(\boldsymbol{q}, \omega)$ は対分極関数 $\Pi_s^R$ と既約電子電子相互作用 $\tilde{J}$ を基礎ブロックとしてダイアグラムを構成している（図 2.16 参照）．その結果，抽象的に書けば，$D_s^R = -\Pi_s^R / (1 + \tilde{J}\, \Pi_s^R)$ となる．

一方，図 3.13(a) に示すように，同じ $D_s^R(\boldsymbol{q}, \omega)$ を式 (2.22) で定義される $\Pi_{s0}$ を軸にして展開し直すと，

$$D_s^R = -\frac{\Pi_{s0}^R}{1 + \tilde{K}\, \Pi_{s0}^R} \tag{3.77}$$

と書ける．ここで新たに導入された有効対相互作用 $\tilde{K}$ は

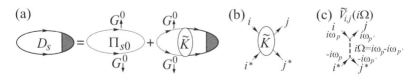

図 3.13　(a) $\Pi_{s0}$ を軸に展開した電子対揺らぎの伝搬子．(b) その展開における有効対相互作用 $\tilde{K}_{i,j}$．(c) 弱相関弱結合領域での $\tilde{K}_{i,j}$ である有効相互作用 $\tilde{V}_{i,j}(i\Omega)$．

## 3.3 密度汎関数超伝導理論

$$\tilde{K} \equiv \tilde{J} + \frac{1}{\Pi_s^R} - \frac{1}{\Pi_{s0}^R} = -\frac{1}{D_s^R} - \frac{1}{\Pi_{s0}^R} \tag{3.78}$$

で定義されたもので, 自己エネルギー補正とバーテックス補正の両方を含んでいるものである. ちなみに, このような有効相互作用の"再定義"(すなわち, 元来のグリーン関数法では摂動展開の基本量と考えられていなかったものを主役に取り立てること) は DFT では常套手段である. たとえば, II.1.7.3 項で説明したように, 時間依存密度汎関数理論 (TDDFT) で電子分極関数 $\Pi$ を計算する場合, KS 軌道では $\Pi^0$ しか計算できないので, この $\Pi^0$ と $\Pi$ の差を埋めるものとして "交換相関積分核" $f_{xc}$ が導入されたが, 今は KS 軌道で計算される $\Pi_{s0}$ と物理的な $\Pi_s$ の差に関連して式 (3.78) の $\tilde{K}$ が現れたので, これは"対形成積分核"であると認識される. そして, この $\tilde{K}$ を軸にして摂動展開を進めることは, 自己エネルギー補正とバーテックス補正を調和させながらこれら 2 つの補正を各次数で同時に繰り込んでいくものであるので, これはヘディンの指針ではなく, GWΓ 法の思想と整合的なものといえる. このように, DFT 計算で要になる積分核の汎関数形の構築は GWΓ 法における指針に沿って行うのが自然であることが理解されよう.

さて, 式 (3.77) によれば, $T_c$ は $1 + \tilde{K} \Pi_{s0}^R = 0$ が満たされる温度を求めることで厳密に決められるが, 弱相関弱結合系では $\tilde{K}$ は $\tilde{V}$ に還元されるので, $T_c$ は $1 + \tilde{V} \Pi_{s0}^R = 0$ から決まる. しかるに, その $T_c$ はギャップ方程式 (3.75) で式 (3.76) の $\mathcal{K}_{i,j}$ を用いて決められるものと同じものであることに注意すると, 一般の場合にも, 同じギャップ方程式 (3.75) で $\mathcal{K}_{i,j}$ の定義式 (3.76) において $\tilde{V}$ を $\tilde{K}$ に置き換えたものでよいことが分かる. すなわち,

$$\mathcal{K}_{i,j} = \int_0^\infty \frac{2}{\pi} d\Omega \, \frac{|\xi_i| + |\xi_j|}{\Omega^2 + (|\xi_i| + |\xi_j|)^2} \tilde{K}_{i,j}(i\Omega) \tag{3.79}$$

が厳密に正しい $\mathcal{K}_{i,j}$ の汎関数形ということになる. そして, 残る問題は $\tilde{K}$ のよい近似形を得ることである.

ところで, クーロン斥力だけが働く一様密度の電子ガス系では, I.4.5.4 項で解説したように, 裸の電子間に働く有効相互作用で自己エネルギー補正とバーテックス補正の両方を含むものは式 (I.4.288) の $V_{\boldsymbol{\sigma\sigma'}}(\boldsymbol{q}, i\Omega)$ である. したがって, $\tilde{K}(\boldsymbol{q}, i\Omega)$ はそのスピン一重項の場合に対応していて,

$$\tilde{K}(\boldsymbol{q},i\Omega) = V_c(\boldsymbol{q}) + \frac{f_+(\boldsymbol{q},i\Omega) + f_+^{-1}(\boldsymbol{q},i\Omega) - 2}{\varepsilon^0(\boldsymbol{q},i\Omega)Q_+^0(\boldsymbol{q},i\Omega)}$$
$$- 3\frac{f_-(\boldsymbol{q},i\Omega) + f_-^{-1}(\boldsymbol{q},i\Omega) - 2}{Q_-^0(\boldsymbol{q},i\Omega)} \tag{3.80}$$

と書けて，右辺最終項がスピン揺らぎ機構を記述する．ここで，$f_\pm(\boldsymbol{q},i\Omega)$ は

$$f_+(\boldsymbol{q},i\Omega) = \frac{Q_+(\boldsymbol{q},i\Omega)}{\varepsilon^0(\boldsymbol{q},i\Omega)Q_+^0(\boldsymbol{q},i\Omega)}, \quad f_-(\boldsymbol{q},i\Omega) = \frac{Q_-(\boldsymbol{q},i\Omega)}{Q_-^0(\boldsymbol{q},i\Omega)} \tag{3.81}$$

で定義され，また，$Q_+(\boldsymbol{q},i\Omega)$ $(= -\Pi(\boldsymbol{q},i\Omega)/[1+V_c(\boldsymbol{q})\Pi(\boldsymbol{q},i\Omega)])$ は電荷応答関数，$Q_-(\boldsymbol{q},i\Omega)$ はスピン応答関数，$Q_+^0(\boldsymbol{q},i\Omega)$ $(= -\Pi^0(\boldsymbol{q},i\Omega)/\varepsilon^0(\boldsymbol{q},i\Omega))$ や $Q_-^0(\boldsymbol{q},i\Omega)$ は相互作用のない系での（KS軌道で計算した）対応するそれぞれの応答関数，$\varepsilon^0(\boldsymbol{q},i\Omega) = 1 + V_c(\boldsymbol{q})\Pi^0(\boldsymbol{q},i\Omega)$ は RPA での誘電関数である．そして，この $\tilde{K}(\boldsymbol{q},i\Omega)$ を用いると，不均一系での $\tilde{K}_{i,j}(i\Omega)$ は

$$\tilde{K}_{i,j}(i\Omega) = \sum_{\boldsymbol{q}} \langle j|e^{i\boldsymbol{q}\cdot\boldsymbol{r}}|i\rangle \tilde{K}(\boldsymbol{q},i\Omega)\langle i|e^{-i\boldsymbol{q}\cdot\boldsymbol{r}}|j\rangle \tag{3.82}$$

で与えられる．そして，$Q_\pm(\boldsymbol{q},i\Omega)$ は何らかの近似で計算することになるが，その近似の精度が $T_c$ 計算の精度を支配する．なお，フォノン媒介引力が含まれる場合は，式 (3.80) で $V_c(\boldsymbol{q})$ を式 (3.5) の $V_{ee}(\boldsymbol{q},i\omega_q)$ に置き換えると同時に，同じ置き換えをして $Q_+(\boldsymbol{q},i\Omega)$ の計算をすればよい．

## 3.4　強相関強結合系：常圧下室温超伝導の夢

### 3.4.1　短コヒーレンス長の超伝導における $T_c$ 計算の一般論

前項では電子ガスでの電子間有効相互作用の情報を基に式 (3.78) で定義された $\tilde{K}$ の近似形を推定して SCDFT の具体的運用法を提案した．しかし，$\tilde{J}$ ではなく $\tilde{K}$ を通した $D_s^R$ の計算という新たな視点に立つと，SCDFT によらずに強相関強結合系に適用可能な $T_c$ 計算の新手法[74, 213] が視野に入る．

その手法開発のヒントを得るために，式 (2.8)，あるいは，式 (2.114) に戻ろう．すると，比 $T_c/E_F$ が大きいと必然的にコヒーレンス長 $\xi_0$ は短いことが分かる．実際，銅酸化物高温超伝導体（2.1.10 項参照）をはじめ，有機超伝導体やアルカリ金属をドープしたフラーレン超伝導体（2.1.9 項参照）などの強相

関強結合系では $\xi_0$ は数 nm 以下で，格子定数 $a_0$ のオーダーである．この状況では，エリシュバーグ理論のような運動量空間での理論構成による $T_c$ 計算では問題が大変難しくなるが，一転して実空間で考えると計算が簡単になる可能性がある．ただ，超伝導でのクーパー対はバルクな系全体を動き回るので，実空間での小さなクラスター系で $D_s^R$ を単純に計算したとしても，そのままでは直接的に $T_c$ が得られるわけではなく，いわば，局在と遍歴の両方の性格をバランスよく考慮して初めて $T_c$ が高精度に計算される．

ところで，式 (3.77) の枠組みはそのバランスを取る上で大変有用なものであることが分かった．具体的には，以下に示すようなプロセスを踏めば，小さなクラスター系における $D_s^R$ の情報を使って $T_c$ を第一原理的な計算からよい精度で評価でき，しかも，$\xi_0$ が $a_0$ 以下（図 2.3(c) 参照）となる強相関強結合極限ではこの計算で簡単に厳密な $T_c$ が得られることが期待される．

今，$N$ サイトの小さな系を考えて，数値厳密対角化や量子モンテカルロ法をはじめとする何らかの方法で（$D_s^R$ というよりも，解析接続する前の）$D_s(\boldsymbol{q}, i\omega_q)$ をその定義式 (2.20) に沿って正確に求めて，それを $D_s^{(N)}(\boldsymbol{q}, i\omega_q)$ と書こう．なお，式 (2.20) の定義で $H_{\text{BCS}}$ を $N$ サイト系のハミルトニアン $H^{(N)}$ に置き換えてこの計算を行うものとする．そして，この $D_s^{(N)}(\boldsymbol{q}, i\omega_q)$ と共に，$H^{(N)}$ に対応する相互作用のない系におけるハミルトニアン $H_0^{(N)}$（DFT で考える場合は，KS ハミルトニアン $H_{\text{KS}}^{(N)}$）を用いて式 (2.22) で定義される $\Pi_{s0}(\boldsymbol{q}, i\omega_q)$ も計算し，それを $\Pi_{s0}^{(N)}(\boldsymbol{q}, i\omega_q)$ と書こう．すると，関係式 (3.77) によって $N$ サイト系での $\tilde{K}$ の値，$\tilde{K}^{(N)}(\boldsymbol{q}, i\omega_q)$, が具体的に

$$\tilde{K}^{(N)}(\boldsymbol{q}, i\omega_q) = -\frac{1}{D_s^{(N)}(\boldsymbol{q}, i\omega_q)} - \frac{1}{\Pi_{s0}^{(N)}(\boldsymbol{q}, i\omega_q)} \qquad (3.83)$$

によって得られる．形式的にいえば，バルク系での $\tilde{K}$ は $N \to \infty$ での $\tilde{K}^{(N)}$ の極限値 $\tilde{K}^{(\infty)}$ ということになるが，物理的には $\tilde{K}$ はクーパー対の束縛状態を形成する有効ポテンシャルのようなものなので，実空間でいえば，$\tilde{K}$ の拡がりはせいぜい $\xi_0$ の大きさということになる．すると，$\xi_0$ が十分に小さければ，$N$ がそれほど大きくないある値 $N_0$ を超えたときに $\tilde{K}^{(N)}$ は既に $\tilde{K}^{(\infty)}$ に十分に収束していると考えられるので（あるいは，実際にこの収束をチェックした後には），$\tilde{K}^{(\infty)} = \tilde{K}^{(N_0)}$ としてバルク系の $\tilde{K}$ が決定される．

一旦，上のアルゴリズムで局在的な性格を特徴付ける $\tilde{K}(\boldsymbol{q}, i\omega_q)$ が決まると，遍歴的な性格を反映するバルク系での $\Pi_{s0}(\boldsymbol{q}, i\omega_q)$ は現実物質をよく記述する無限系での $H_{\mathrm{KS}}^{(\infty)}$ に基づいて簡単に計算されるので，これら両者を式 (3.77) に代入すれば，バルク系での $D_s(\boldsymbol{q}, i\omega_q)$ が局在性と遍歴性を統合したものとして得られ，その $D_s(\boldsymbol{0}, 0)$ が発散する温度から $T_c$ が決定される．

この $T_c$ 決定のアルゴリズムに関して3つの注意を与えよう．① II.2.3.1 項で説明したように，強相関強結合極限では2サイト系を解けば，空間次元数や結晶構造の詳細によらずに問題の本質が理解できる．同じことはここでもいえて，$\tilde{K}^{(2)}$ を計算すれば，この極限での $\tilde{K}$ が決められる．② $N$ サイト系としてはモデル系に限らず，第一原理系でもよい．後者の場合は分子系を解く問題となり，量子化学的な手法が主たるアプローチになる．③強相関強結合極限ではない一般の場合，$N > 2$ を考えると同じ $N$ でもサイト間の電子ホッピングの仕方が違うと $\tilde{K}^{(N)}$ は異なってくる．そこで，この場合には最終的に解こうとするバルク系における局所的な配位構造（電子ホッピングのネットワーク）を反映した $N$ サイト系の空間構造を選択する必要がある．

### 3.4.2　強相関強結合極限でのハバード–ホルスタイン模型

前項で紹介した $T_c$ 計算法の応用例として，1.5.1 項で導入したハバード–ホルスタイン（HH）模型を取り上げよう．この模型でハーフフィルドの場合，クーロン斥力 $U$ が勝ると SDW 相，フォノン媒介引力 $-U_{ph} (\equiv -2g^2/\omega_0 = -2\alpha\omega_0)$ が勝ると CDW 相が出現するが，1.5.5〜1.5.6 項で詳述したように，これら2相の境界領域では（すなわち，$U \approx U_{ph}$ の場合）金属相出現が示唆される．そこで，この HH 模型を $U \approx U_{ph} \gg te^{-\alpha}$ である強相関強結合領域で考え，その金属相は実はポーラロン対の超伝導相であること[74]を示そう．

さて，この HH 模型のハミルトニアンは式 (1.386)〜(1.388) で与えられるが，強相関強結合極限で $\tilde{K}$ を計算する際には2サイト系を取り扱えばよい．すると，"運動量表示" での運動エネルギー項 $H_{\mathrm{K}}$ は $c_{k\sigma} = (c_{1\sigma} + e^{ik}c_{2\sigma})/\sqrt{2}$ ($k = 0$ か $\pi$) として，式 (1.473) のように書かれる．そして，電子数密度応答関数 $Q_+^R(\omega)$ と電子スピン密度応答関数 $Q_-^R(\omega)$ は

$$Q_{\pm}^{R}(\omega) = -i \int_{0}^{\infty} dt\, e^{i\omega t - 0^+ t} \langle [\rho_{\pm}(\pi,t), \rho_{\pm}^{+}(\pi)] \rangle \tag{3.84}$$

で定義される．ここで，電子数（スピン）密度演算子 $\rho_{\pm}(\pi)$ は

$$\begin{aligned}
\rho_{\pm}(\pi) &= \frac{1}{2}\sum_{k}\left(c_{k\uparrow}^{+}c_{k+\pi\uparrow} \pm c_{k\downarrow}^{+}c_{k+\pi\downarrow}\right) \\
&= \frac{1}{2}\left[\left(c_{1\uparrow}^{+}c_{1\uparrow} \pm c_{1\downarrow}^{+}c_{1\downarrow}\right) - \left(c_{2\uparrow}^{+}c_{2\uparrow} \pm c_{2\downarrow}^{+}c_{2\downarrow}\right)\right]
\end{aligned} \tag{3.85}$$

である．なお，II.2.3.7 項で解説したように，2 サイト系ではスペクトル関数をその定義に沿って直接計算することから，これらの応答関数は数値計算で簡単に得られる．その際，低温極限で十分に収束した結果を得るためには，光学フォノンの基底をサイトごとに 30 個ほど取る必要がある．これらの応答関数は CDW や SDW の各不安定性の大きさを定量的に表すものである．

また，超伝導不安定性の大きさを表す電子対揺らぎの伝搬子 $D_{s}^{R}(\omega)$ は

$$D_{s}^{R}(\omega) = -i \int_{0}^{\infty} dt\, e^{i\omega t - 0^+ t} \langle [\Phi(t), \Phi^{+}] \rangle \tag{3.86}$$

で定義され，これも簡単に計算される．ここで，電子対演算子 $\Phi$ は

$$\begin{aligned}
\Phi &= \sum_{k}\Delta_{k}c_{-k\downarrow}c_{k\uparrow} \\
&= \frac{\Delta_0 + \Delta_\pi}{\sqrt{2}}\frac{1}{\sqrt{2}}\left(c_{1\downarrow}c_{1\uparrow} + c_{2\downarrow}c_{2\uparrow}\right) + \frac{\Delta_0 - \Delta_\pi}{\sqrt{2}}\frac{1}{\sqrt{2}}\left(c_{2\downarrow}c_{1\uparrow} - c_{2\uparrow}c_{1\downarrow}\right)
\end{aligned} \tag{3.87}$$

であり，$\{\Delta_k\}$ は $\Delta_0^2 + \Delta_\pi^2 = 1$ で規格化された変分パラメータで超伝導不安定性を最大化するように決められる．同様に，式 (3.86) の定義で $\Phi$ における $c_{k\sigma}$ を $\tilde{c}_{k\sigma}$ に置き換えたポーラロン対揺らぎの伝搬子 $\tilde{D}_{s}^{R}(\omega)$ も定義される．なお，$\tilde{c}_{k\sigma}$ は式 (1.390) で定義された $\tilde{c}_{i\sigma}$ を運動量表示に変えたもの ($\tilde{c}_{k\sigma} \equiv (\tilde{c}_{1\sigma} + e^{ik}\tilde{c}_{2\sigma})/\sqrt{2}$) であり，これは $D_{s}^{R}(\omega)$ と異なる物理量である．このため，裸の電子から成るクーパー対形成の不安定性を記述する $D_{s}^{R}(\omega)$ はポーラロン対形成に関係する $\tilde{D}_{s}^{R}(\omega)$ とは物理的に明確に区別されることになる．ちなみに，$Q_{\pm}^{R}(\omega)$ については，式 (3.85) で電子演算子 $c$ をポーラロン演算子 $\tilde{c}$ に変換しても全く同じ物理量に還元されることに注意されたい．

なお，相互作用のない系 ($H_{\mathrm{HH}} = H_{\mathrm{K}}$) でハーフフィルドの電子密度では $Q_{\pm}^{R}(0) = D_{s}^{R}(0) = \tilde{D}_{s}^{R}(0) = -1/(2t)$ となるので，今後はそれぞれの応

答関数を $-1/(2t)$ で規格化して，$\chi_\pm [\equiv -2t Q^R_\pm(0)]$ や $\chi_{sc}[\equiv -2t D^R_s(0)]$，$\chi_{p-sc}[\equiv -2t \tilde{D}^R_s(0)]$ を導入しよう．すると，$j = \pm$, $sc$, $p-sc$ のうちで最大になる $\chi_j$ が 1 を越えるとき，その不安定性が系を支配することになる．

これらの $\chi_j$ をハーフフィルドの HH 模型で計算した結果の例が図 3.14(a) と (b) に示されている．ここで得られた $\chi_j$ における競合の特徴は次の通りである．① $U \geq U_{ph}(= 2\alpha\omega_0)$ では常に $\chi_-$ が最大で 1 より大きくなる．これは各サイトに電子が 1 個ずつ局在してそのスピンが逆向きである反強磁性的なスピン密度波（SDW）相が常に出現することを意味する．②一方，$U < U_{ph}$ ではほとんどの領域で $\chi_+$ が最大で，しかも $\chi_+ \gg 1$ である．これは 2 つの電子がスピン一重項のバイポーラロンを形成して局在したサイトと電子が不在のサイトが交互に並んだ電荷密度波（CDW）相の安定的な出現を意味する．③しかし，$U$ が $U_{ph}$ よりわずかに小さいと $\chi_{p-sc}$ が最大で，しかも 1 より大きいので，ポーラロン対形成による超伝導（SC）相出現が示唆される．この SC 相の存在領域はかなり限定されたもので，図 3.14(c) に示すように，$U/U_{ph}$ や $\alpha$, $t/\omega_0$ の値に依存して決まる．なお，この領域は 1.5.5〜1.5.6 項で議論された金属相の領域と概ね重なるので，その金属相が超伝導転移してこの SC 相になったと考えられる．物理的にいえば，$U_{ph}$ の効果で作られるはずのバイポーラロンが

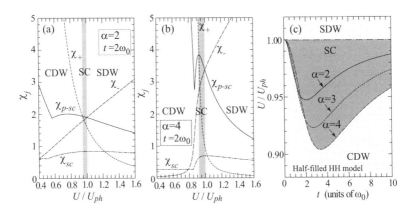

**図 3.14** ハーフフィルドの HH 模型における規格化された各種応答関数 $\chi_j$ の計算例．$t = 2\omega_0$ で (a) $\alpha = 2$ と (b) $\alpha = 4$ の場合に $U$ を $U_{ph} = 2\alpha\omega_0$ の近傍で変化させたもの．(c) $U \approx U_{ph}$ で出現する超伝導（SC）相の存在領域．

$U_{ph}$ とほぼ同じ大きさの $U$ でオフセットされたために作られず，その結果として出現したほとんど自由なポーラロン液体である金属相が低温で SC 相に転移したという描像である．④CDW 相内ではあるが，$\chi_{sc}$ や $\chi_{p\text{-}sc}$ にはキンクが現れる．これは式 (3.87) で導入した $\{\Delta_k\}$ による最適化過程の結果である．すなわち，キンクよりも左側（$U$ が小さい方）ではその最適化で $\Delta_0 = \Delta_\pi = 1/\sqrt{2}$ となり，サイト内ペアリングであることが分かる．一方，キンクよりも右側では $\Delta_0 \approx -\Delta_\pi$ であるので，サイト間ペアリングの状態に変化している．なお，サイト間ペアリングといっても，それが直ちに d 波対を意味しない．実際，たとえ s 波対でもクーロン斥力の効果を入れると，図 2.22(b) に示すように，対束縛波動関数の振幅はサイト内よりもサイト間の方が大きくなる．⑤ $\chi_{sc}$ は常に 1 より小さいので，通常の意味でのクーパー対は決して形成されないことになる．ちなみに，HH 模型を取り扱った多くの理論研究では，ここで見出された SC 相の存在を認識できなかったが，その理由として，この SC 相の存在領域が大変狭いために見逃したという以上に，通常のクーパー対の不安定性を調べただけで，そこにポーラロン効果を適切に取り込むことができなかったためと思われる．

最後に，この SC 相の $T_c$ を 3.4.1 項で示した処方箋で見積もろう．まず，バルク系の $\tilde{K}^R(\mathbf{0},0)$ は式 (3.83) から $\tilde{K}^R(\mathbf{0},0) = 2t(1-\chi_{p\text{-}sc})/\chi_{p\text{-}sc}$ となる．また，バルク系での $\Pi_{s0}^R(\mathbf{0},0)$ は式 (2.30) や式 (2.32) を参考にすると，

$$\Pi_{s0}^R(\mathbf{0},0) = \int_{-W/2}^{W/2} N(\xi)\, d\xi \frac{1-2f(\xi)}{2\xi} = \frac{1}{W}\ln\left(\frac{2e^\gamma}{\pi}\frac{W}{2T}\right) \quad (3.88)$$

となる．ここで，簡単のために状態密度 $N(\xi)$ は伝導帯のバンド幅 $W$ 全体にわたって一定と仮定して $N(\xi) = N(0) = 1/W$ を代入している．なお，ハーフフィルドなので $N(\xi)$ が一定の下では $E_F = W/2$ である．すると，$D_s(\mathbf{0},0)$ が発散する条件，すなわち，$1 + \tilde{K}^R(\mathbf{0},0)\Pi_{s0}^R(\mathbf{0},0) = 0$ の条件から $T_c/E_F$ は

$$\frac{T_c}{E_F} = 1.134 \exp\left(-z\frac{\chi_{p\text{-}sc}}{\chi_{p\text{-}sc}-1}\right) \quad (3.89)$$

で与えられる．ここで，$z\,[\equiv W/(2t)]$ は "配位数" といわれるものである．これは 1D 系では $z=2$，空間次元が上がるとこれよりもずっと大きくなり，結晶構造に依存して決まる．しかし，空間次元数だけではなく，$N(\xi)$ の一定値か

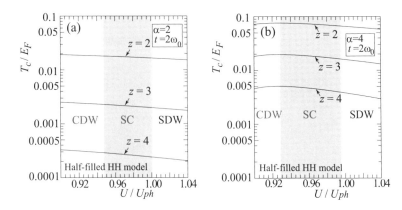

図 3.15 ハーフフィルドの HH 模型で期待される $T_c/E_F$ の計算例. $t = 2\omega_0$ で (a) $\alpha = 2$ と (b) $\alpha = 4$ の場合に $U$ を $U_{ph} = 2\alpha\omega_0$ の近傍で変化させたもの.

らのズレを修正する効果や多重バンド効果も $z$ の値に影響してくるので, $z$ は整数値とは限らなくなる. 一般的にいえば, $N(0)$ が $1/W$ よりも大きくなるような効果があると有効的に小さい $z$ が導かれる.

図 3.15 には $T_c/E_F$ の計算例が示されている. この $T_c$ は $z$ に大きく依存することが分かると同時に, 得られる最大の $T_c/E_F$ は図 3.4(b) で示したエキゾチック超伝導体で観測されている範囲にあることが見て取れよう.

### 3.4.3　$A_3C_{60}$：引力斥力拮抗系におけるポーラロン対の超伝導

2.1.9 項で $A_3C_{60}$ における超伝導に触れ, その超伝導機構は大まかには斥力–引力–$E_F$ 拮抗ハーフフィルド系に特有のものとして捉えられるという考えを述べた. ここではその考え方を支持するために, $A_3C_{60}$ で観測されている $T_c$ の振る舞いが前項の理論で定量的に再現されること[214, 215] を示そう.

さて, 図 2.10(a) で示すようにフラーレン超伝導体では $C_{60}$ 分子を格子点として三重縮退した $t_{1u}$ 電子が狭いバンド幅 $W (\approx 0.5$ eV$)$ の伝導帯を半分占めている状態 $(E_F \approx W/2)$ になっている. この電子は $C_{60}$ 分子内で 8 個の $H_g$ モードのヤーン–テラー（JT）フォノンと結合する. そのフォノンエネルギー $\omega_0$ は平均として約 $0.2$ eV であり, また, 全体の電子フォノン相互作用の大きさ $\lambda [= 2\alpha\omega_0 N(0) \approx 2\alpha\omega_0/W]$ は 0.6 程度[216~218] であるので, $\alpha \approx 2$ となる. 一

方，電子は分子内でクーロン斥力 $U$ も感じることになるが，この $U$ は炭素原子上の直接のクーロン斥力 $U_{atom}$ (= 5〜10 eV) そのものではなく，$U_{atom}$ と $C_{60}$ 分子内の 60 個の π 電子による分子内電子分極効果による引力 $-U_{pol}$ との和[219]で，その結果として $U$ は $W$ と同程度の大きさになっている．そして，$U \approx W$ のために図 2.10(b) に示すように超伝導相に隣接して反強磁性（AF）相が出現している．また，この $U$ の値はフォノン媒介引力の大きさ $U_{ph} = 2\alpha\omega_0$ ともほぼ同じ大きさであるので，フラーレン超伝導体は引力–斥力–$E_F$ 拮抗ハーフフィルド系ということになる．

このフラーレン超伝導体を正確に記述しようとすれば，$t_{1u} \otimes H_g$ の JT 構造を含むハミルトニアンから出発する必要があり，実際，この方向に沿った理論研究が多数[220〜222]ある．特に，AF 相の安定性を定量的に理解するためには $t_{1u}$ バンドの三重縮退性が重要とのこと[223]であるが，超伝導そのものについてはその縮退性やフォノンの多重性も重要でないこと[224]も指摘されている．そこで，ここでは，フラーレンにおける超伝導では JT 構造の存在が不可欠なものではなく，むしろ"強相関強結合極限にある引力斥力拮抗系"ということが本質であることを示すために，あえて 1 バンドの HH 模型に基づき，その模型に含まれるパラメータを適切に選ぶことによってこの超伝導体の $T_c$ を特徴付ける重要な実験事実が見事に再現されることを示そう．

この目標となる重要な実験事実としては，① "$T_c$–$a_0$ 相関" と② "異常同位体効果" の 2 つを挙げることができる．①は結晶の格子定数 $a_0$ の増加に伴って $T_c$ が単調に増大すること[135]である．なお，この増大率は結晶構造が $A$ が K や Rb のときに見られる面心立方晶（fcc）か，Na を含む場合の単純立方格子（sc）かで違うことも重要である．②は，たとえば，50%の $^{12}$C 原子を $^{13}$C 原子に置き換える場合，各 $C_{60}$ 分子作成時に 50%混合のものを作って結晶全体を構成した "原子混合試料" と分子全体が $^{12}$C 原子のみから作られた $C_{60}$ 分子と $^{13}$C 原子のみの $C_{60}$ 分子を 50%ずつ混合させて結晶を作った "分子混合試料" が考えられるが，この混合方法の違いで同位体効果による $T_c$ の減少幅 $\delta T_c$ が大幅に違うこと[225]である．とりわけ，50%の分子混合試料における $\delta T_c$ は $^{12}$C を 100%完全に $^{13}$C に置換した場合のそれよりも大きくなっている．ちなみに，原子混合と分子混合で $\delta T_c$ の違いが見られることはコヒーレンス長 $\xi_0$ が

$\xi_0 \approx a_0$ であることの反映であり,もし $\xi_0 \gg a_0$ であれば,この違いは決して観測されないはずのものである.

図 3.16(a) には,$T_c$–$a_0$ 相関に関して実験結果と HH 模型に基づく計算結果が比較されている.なお,HH 模型を規定するパラメータの選択に際して,まず,$\alpha = 2$ や $\omega_0 = 0.195$ eV は既知であった.また,$C_{60}$ 分子間の電子の跳び移り積分を $t$ とすると,$W = 2tz$ であるが,配位数 $z$ はいろいろな物理量を 1 バンド模型で有効的に再現するもの[217]として fcc では $z = 3.2$,sc では $z = 3.705$ と取ればよい.そして,$Rb_3C_{60}$ の諸物性が再現されるためには,$t = t_{Rb}$ ($\equiv 1.79\omega_0$),$U = 3.81\omega_0$ であればよい.さらに,一般の $a_0$ における $t$ が必要になるが,これは $t/t_{Rb} = N(0)_{Rb}/N(0)$ の関係に注意し,図 3.16(b) に示す $N(0)/N(0)_{Rb}$ のバンド計算結果[226]を再現するように

$$t = t_{Rb} \frac{d}{d_{Rb}} \exp\left(-\frac{d - d_{Rb}}{\Delta}\right) \quad (3.90)$$

の関係式で $t$ が決められる.ここで,$d = a_0/\sqrt{2} - 6.95$ Å,$\Delta = 0.55$ Å であり,また,$d_{Rb}$ は $Rb_3C_{60}$ における $d$ の値である.このように決められたパラメータを使って前項で説明した $T_c$ の計算法を用いて得られた結果が図 3.16(a) における実線(fcc)や破線(sc)であるが,結晶構造の違いも含めて実験の $T_c$–$a_0$

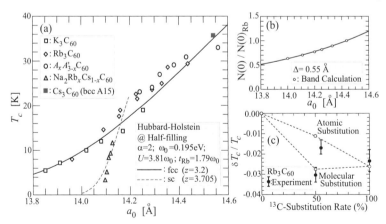

図 3.16 (a) アルカリ金属をドープしたフラーレン超伝導体(fcc, sc, bcc A15 構造がある)の $T_c$ を格子定数 $a_0$ の関数としてプロットしたもの.実験結果と HH 模型に基づく計算結果が比較されている.(b) $a_0$ と $N(0)$ の関係.(c) $Rb_3C_{60}$ において $^{13}C$ の置換割合の関数としての同位体効果による $T_c$ の減少幅 $\delta T_c$.

相関が見事に定量的に再現されている．また，図 3.16(c) に示すように，同じ引力斥力拮抗系という立場から $T_c$ の異常同位体効果も定量的に再現されている．なお，この同位体効果解明の詳細は原著論文[214]（著者の知る限り，今日に至るまで同位体効果の解明を報告した論文は 1996 年のこの論文のみである）を参照されたい．

このように，ハーフフィルドの HH 模型に立脚し，斥力–引力–$E_F$ 拮抗の状況で出現するコヒーレンス長の短いポーラロン対の超伝導（SC）という描像でフラーレン超伝導体の $T_c$ に関する重要な実験結果が再現されることが分かった．ちなみに，図 3.16(a) には示されていないが，$a_0$ が 14.6 Å より大きくなって $T_c$ が 40 K に近づくと，SC 相は絶縁体である CDW 相に取って代わられるので，この理論における $T_c$ の上限は約 40 K である．なお，図 2.10(b) から分かるように，実験でもやはり約 40 K が上限で，しかも $a_0$ が大きくなると，最終的に SC 相は（CDW 相ではなく，）AF 相の絶縁体に転移している．この絶縁相における CDW と AF の違いを理解するためには，これに隣接する SC 相が $T > T_c$ では JT 金属相に転移することが観測されていることからも分かるように，バンド多重性を組み込んだ理論を展開することが必要不可欠であることを示唆している．

### 3.4.4　常圧下室温超伝導体への見通し

前項で議論したフラーレンでは，平面構造のグラファイトと比べて $\pi$ 電子に対する電子フォノン相互作用 $V_{e-ph}$ がずっと強くなっている．これは曲面構造のフラーレンでは $\pi$ 電子に $\sigma$ 電子の成分が混じって $V_{e-ph}$ が大きくなったためである．この $V_{e-ph}$ と曲率の関係は興味深いものであるので，フラーレンの場合を一般化して，分子に含まれる $\pi$ 結合原子数 $N_\pi$ の関数として $V_{e-ph}$ が第一原理的に計算[227]された．その結果は図 3.17(a) に示されているが，大まかには $V_{e-ph} \approx 1.8\text{eV}/N_\pi$ で近似される．すると，$N_\pi = 60$ の $C_{60}$ に比べて $N_\pi$ が約半分の $C_{28}$ や $C_{36}$ では $\alpha \approx 4$ ということになる．実際，$C_{36}$ 固体は既に作成されている[228]が，現在，ドープがうまくできないので絶縁体のままであるが，$V_{e-ph}$ が大変強くなっていること[229]は分かっている．また，同じ $C_{60}$ でも電子ドープではなく，正孔ドープした場合に問題になる $h_u$ 価電子バ

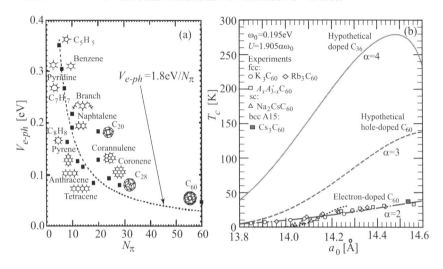

図 3.17 (a) $\pi$ 結合原子数と電子フォノン相互作用の関係. (b) ハーフフィルドの HH 模型における $T_c$ の計算例. 電子ドープのフラーレン超伝導体 ($\alpha = 2$) の実験結果をよく再現するパラメータの組を用いて, 仮想的なホールドープのフラーレン ($\alpha = 3$) や仮想的な電子ドープの $C_{36}$ ($\alpha = 4$) に対応する結果を示した.

ンドでは $V_{e-ph}$ は強くなり[230], $\alpha \approx 3$ と考えられる.

ところで, 図 3.15 の結果を見れば分かるように, $\alpha$ が大きくなれば $T_c$ は有意に大きくなる. とりわけ, $z > 3$ では桁違いに大きくなりうるので, 図 3.16(a) の場合と全く同じ手法と同じパラメータの組で, ただ $\alpha$ が 2 ではなく, 3 や 4 の場合について $T_c$ を計算してみた. そして, その結果は図 3.17 に示されている. この図から分かるように, $\alpha = 3$ では $T_c$ は 100 K を越える程度であるが, $\alpha = 4$ になると室温超伝導も可能になる.

この他の室温超伝導の可能性としては, 2.1.8 項で触れたスピン揺らぎ機構において図 2.7(a) の $T_c$ と近藤温度 $T_K$ との比例関係を利用して, $T_K$ の高い物質を探索・作成することである. とりわけ, 水素吸蔵金属での可能性が注目されるが, これは超高圧下の水素母体固体における 100 K を大きく越える高温超伝導体において, ホスト原子とゲスト原子を入れ替えて常圧下での室温超伝導を目指す試みといえる.

いずれにしても, 常圧下での室温超伝導では強相関強結合領域で $T_c \approx 0.04 E_F$ という状況の物質を合成する必要がある. そのため, $T_c \approx 300$ K なら, まず, $T_c$

より高温側で $E_F \approx 8000 \sim 10000$ K の金属であることが必要条件となる．なお，SCDFT の立場からいえば，その金属状態が通常の正常状態である必要は全くない．ただ重要なことは，その物質を記述するハミルトニアンをコーン–シャムの意味での相互作用のないハミルトニアンに射影したときに $E_F \approx 10000$ K を持つ"金属状態"になっていて，かつ，妥当な $\mathcal{K}_{i,j}$ の汎関数形を使って $T_c$ を計算したときに $T_c \approx 0.04 E_F$ を満たすものであるということである．今後，このような考えに沿った探索で大きな成果を挙げることを期待して，ここで筆を置きたい．

# 参考文献と注釈

I 巻や II 巻と同様に,本書は自己完結的で,これを読む上で特に参考書を必要としないように配慮したつもりではあるが,より深い理解や別の角度から考える機会を得るために必要と思われる関連する教科書や文献,および,本文中にはあえて記さなかった議論を注釈として付け加えておこう.

1) たとえば,I.1.2 節や東京大学物性研究所編,"物性科学ハンドブック – 概念・現象・物質 – ",朝倉書店 (2016) の 2.1 節参照.
2) 初等量子力学の教科書は,どのようなものであれ,水素原子の厳密解の解説を与えているが,近年出版される教科書では,往々にして,それがあまり親切に説明されていないように思われる.初学者にはハイブロウな解説よりも,たとえば,古典的な名著である L. I. Schiff, "Quantum Mechanics", McGraw-Hill (1968) の第 4 章に見られる丁寧な記述の方がずっと参考になろう.また,原子や分子の量子力学を丁寧にまとめ上げた教科書も多数あり,これを勉強するのもよい.たとえば,M. Weissbluth, "Atoms and Molecules", Academic (1978) がある.ちなみに,原子系や分子系を量子力学を使って理論(というか,数値計算で)研究する分野は「量子化学」と呼ばれている.この量子化学の問題を光学も含めて網羅的にまとめたものとして,"Atomic, Molecular, & Optical Physics Handbook", edited by G. W. F. Drake, American Institute of Physics (1996) を挙げることができる.
3) 本書では I 巻や II 巻と同様に,$\hbar = c = k_B = 1$ という単位系で考える.
4) たとえば,藤永茂,"入門分子軌道法",講談社サイエンティフィク (1989) や高塚和夫,"化学結合論入門",東京大学出版会 (2007) を参考にされたい.
5) 配位間相互作用(あるいは,配置間相互作用)法については II 巻で挙げた教科書の他に,原田義也,"量子化学 下巻",裳華房 (2007) の 19.3 項なども参考にされたい.
6) 拡散モンテカルロ法の解説としては,P. J. Reynolds, D. M. Ceperley, B. J. Alder and W. A. Lester, J. Chem. Phys. **77**, 5593 (1982) や W. M. C. Foulkes, L. Mitas, R. J. Needs, and G. Rajagopal, Rev. Mod. Phys. **73**, 33 (2001) を挙げることができる.また,教科書としては,たとえば,B. L. Hammond, W. A. Lester, Jr. and P. J. Reynolds, "Monte Carlo Methods in Ab Initio Quantum Chemistry", World Scientific (1994).
7) Y. Takada and T. Cui, J. Phys. Soc. Jpn. **72**, 2671 (2003).
8) M. Shimomoto and Y. Takada, J. Phys. Soc. Jpn. **78**, 034706 (2009).
9) W. Kolos, Adv. Quantum Chem. **5**, 99 (1970) 99; W. Kolos, K. Szalewicz and H.

J. Monkhorst. J. Chem. Phys. **84**, 3278 (1986); W. Kolos and J. Rychlewski, J. Chem. Phys. **98**, 3960 (1993); L. Wolniewicz, J. Chem. Phys. **78**, 6173 (1983).

10) $R \to 0$ という極限操作で陽子間距離がゼロというのは実際的には原子核としての陽子の大きさ程度の距離 $r_p \approx 1\mathrm{fm}\,(= 10^{-15}\mathrm{m})$ まで $R$ を小さくすることである．この場合，陽子間のクーロン斥力 $(\approx r_p^{-1}$ hartree) が大変大きいので，通常の物性物理学では考慮されない状況であるが，陽子の運動エネルギーの大きさがこの $r_p^{-1}$ hartree に匹敵するぐらいの超高温下では核融合反応の可能性に関連して調べるべき問題になる．ちなみに，常温核融合の問題とは，何らかの媒質とか触媒作用で，この直接の重陽子間クーロン斥力エネルギーの効果を劇的に小さくして，たとえ低温であっても2つの重水素が融合してアルファ粒子に変化する確率が無視できないような状況の実現可能性を研究するものである．

11) Y. Takada and H. Yamagami, J. Phys. Soc. Jpn. **64**, 3606 (1995); H. Yamagami and Y. Takada, J. Phys. Soc. Jpn. **67**, 2695 (1998).

12) $R_0 \approx \sqrt{2}a_B$ という事実は大変面白く，これは以下に述べるような幾何学的な考察から解釈されよう．まず，2つの陽子と1つの電子の3点から決定される平面を考えよう．そして，次に，もう一つの電子の位置を考えよう．この電子は2つの陽子にはできるだけ近くに，（といっても，量子力学的な位置と運動量の不確定性関係から概ね $a_B$ の距離を保つことになるが，）そして，他の電子からはできるだけ離れた状況が望ましいわけである．このような好ましい状況を実現するためには，その電子もやはり同じ平面内にあって，かつ，一辺 $a_B$ の正方形の頂点を4つの粒子が電子陽子交互に占めるという配置を考えればよい．この"正方形配置"では，その対角線に位置する2陽子間の距離は $\sqrt{2}a_B$ ということになる．

13) W. Heitler and F. London, Z. Physik **44**, 455 (1927); Y. Sugiura, Z. Physik **45**, 484 (1927).

14) K. Ruedenberg, Rev. Mod. Phys. **34**, 326 (1962).

15) 固体や液体などのマクロな物質の高圧下物性を局所的な電子相関効果も含めて比較的簡単に解析・評価する量子化学的な手段として，「閉じ込め分子模型（Confined Molecular Model）」がある．これは考えるマクロな物質を構成する単位胞（あるいは，単位胞数個）を独立した分子（あるいはクラスター）と考え，それを有限の体積 $V$（たとえば、半径 $a$ の球体）に閉じ込め，まず，$V$ の関数としてその基底状態エネルギー $E_0(V)$ を CI 法などの量子化学的手法か，DMC などで計算する．すると，$p = -\partial E_0/\partial V$ の関係式によって圧力 $p$ が計算されるので，このようなデータを集積して，圧力の関数として $E_0$ や $V$（そして，それに対応する基底状態の性質）が決まるので，この情報を基にしてマクロな物質の高圧下物性を調べられるのである．参考文献としては，たとえば、次のものを挙げておこう：W. Jaskólski, Phys. Rep. **271**, 1 (1996); S. A. Cruz and J. Soullard, Chem Phys. Lett. **391**, 138 (2004).

16) S. E. Koonin and D. C. Meredith, "Computational Physics *Fortran Version*", Addison-Wesley (1990), 221–229; J. M. Thijssen, "Computational Physics", 2nd Edition, Cambridge (2007), 372–397.

17) N. Metropolis, A. W. Rosenbluth, M. N. Rosenbluth, A. H. Teller, and E. Teller, J. Chem. Phys. **21**, 1087 (1953).

18) P. A. Whitlock, D. M. Ceperley, G. V. Chester and M. H. Kalos, Phys. Rev. B

**19**, 5598 (1979); P. A. Whitlock, M. H. Kalos, G. V. Chester and D. M. Ceperley, Phys. Rev. B **21**, 999 (1980); D. F. Coker and R. O. Watts, J. Chem. Phys. **86**, 5703 (1987); R. N. Barnett and K. B. Whaley, J. Chem. Phys. **96**, 2953 (1992); Phys. Rev. A **47**, 4082 (1993). なお，これと関連して，量子モンテカルロ法で物理量を計算する際の誤差（分散）を少なくする一般的な手法が開発されている：R. Assaraf and M. Caffarel, Phys. Rev. Lett. **83**, 4682 (1999).

19) R. K. Wehner, Solid State Commun. **7**, 457 (1969) での議論を参考にすると，式 (1.58) の結果は次のように導かれる．まず，$x \equiv m/M$ として変数 $x$ を導入し，4体クーロン系の基底状態エネルギーを hartree 単位で $E_0(x)$ と書こう．すると，電子陽子対称性から，$xE_0(x) = E_0(1/x)$ が成り立つ．この両辺を $x$ で微分して $x = 1$ とおくと，$E_0(1) + 2E_0'(1) = 0$ が得られる．そこで，$F(x) \equiv (1+x)E_0(x)$ で関数 $F(x)$ を定義すると，$F'(1) = E_0(1) + 2E_0'(1) = 0$ なので，$x = 1 + \delta$ と書き，$\delta$ を小さいとすると，$F(x) = F(1) + O(\delta^2)$ ということになる．したがって，$x = 1$ 近傍では $F(x) \approx F(1)$ であり，これから $E_0(x) \approx 2E_0(1)/(1+x)$ が得られるが，ポジトロニウム分子に対する基底状態エネルギー $E_0(1) = -0.5160$ hartree の結果を使うと，式 (1.58) が得られる．

20) 通常，固体物理で重要課題とされる「強相関系」は電子間の避け合い指数の大きい系というよりも，むしろ，相関エネルギーの絶対値が大きい電子系と認識されている．ちなみに，相関エネルギーが大きくなるためには，強い1体引力ポテンシャルが働いて複数の電子が狭い空間に束縛され局在した（あるいは，ほぼ局在した）電子系，タイトバインディング近似的にいえば，d 電子系や f 電子系などが関与する系を考える必要がある．このような系で，強い1体ポテンシャルの効果と同時に，その1体ポテンシャルと同じような強さの2体斥力相互作用が存在することによる電子間の避け合い効果の競合を議論することが強相関問題の核心である．

21) M. Born and K. Huang, "Dynamical Theory of Crystal Lattices", Oxford (1954).
22) L. Wolniewicza and K. Dressler, J. Chem. Phys. **100**, 444 (1994).
23) P. W. Anderson, Science **317**, 1705 (2007).
24) エリ・デ・ランダウ，イェ・エム・リフシッツ，佐藤常三訳，"弾性理論"，ランダウ–リフシッツ理論物理学教程，東京図書 (1964).
25) フォノンに対するボルンの初期の取り扱いから始まってボルン–フォンカルマン (von Kármán) 模型などを含めて 1950 年代中頃までの理論の進展を俯瞰したボルン–黄（参考文献 21）の古典的教科書に描かれた理論の枠組みは現在でもそのまま通用する．
26) B. G. Dick, Jr., and A. W. Overhauser, Phys. Rev. **112**, 90 (1958). これは，当初，アルカリハライド系結晶への応用を考えたものであったが，U. Schröder, Solid State Commun. **4**, 347 (1966) や W. Kress, phys. statu solidi b **49**, 239 (1972) などにより，変形殻模型 (deformable shell model) という形に展開された．著者が Overhauser 先生 (1925–2011) の研究室に滞在していた 1980 年代初頭において，先生は鉛などの金属系についての応用も手がけられており，著者はその計算手法を先生から直接の指導を受けた．
27) J. C. Phillips, Phys. Rev. **166**, 832 (1968); R. M. Martin, Phys. Rev. **186**, 871 (1969); W. Weber, Phys. Rev. Lett. **33**, 371 (1974); K. C. Rustagi and W. Weber, Solid State Commun. **18**, 673 (1976); W. Weber, Phys. Rev. B **15**, 4789 (1977)

などの論文を参考にされたい.
28) K. Kunc and R. M. Martin, Phys. Rev. Lett. **48** 406 (1982); in "Ab Initio Calculation of Phonon Spectra", ed. J. T. Devereese, V. E. van Doren, and P. E. van Camp, Plenum, p. 65 (1983).
29) S. Baroni, S. de Gironcoli, A. Dal Corso, and P. Giannozzi, Rev. Mod. Phys. **73**, 515 (2001). なお，この論文に基づいて，「Quantum Espresso」(ホームページは http://www.quantum-espresso.org/)に含まれるフォノン分散の第一原理計算コードは書かれている．また，このパッケージには電子フォノン相互作用やエリアシュバーグ関数の第一原理計算コードも含まれている．
30) P. B. Allen and V. Heine, J. Phys. C **9**, 2305 (1976); F. Giustino, S. G. Louie, and M. L. Cohen, Phys. Rev. Lett. **105**, 265501 (2010).
31) H. Frölich, H. Pelzer, and S. Zienau, Phil. Mag. **41**, 221 (1951); H. Frölich, Adv. Phys. **3**, 325 (1954).
32) 詳しくは，I.2.4.4 項参照のこと.
33) これを証明するためには $\int_0^{1/T} d\tau' e^{i\omega_{p'}(\tau'-\tau)} G_{p'\sigma}(\tau'-\tau)$ の計算が必要になるが，これは，まず，$\tau' \to \tau'+\tau$ と積分変数変換して $\int_\tau^{1/T+\tau} d\tau' e^{i\omega_{p'}\tau'} G_{p'\sigma}(\tau')$ と書き直し，次に，積分区間 $(\tau, 1/T)$ の部分はそのまま残すものの，積分区間 $(1/T, 1/T+\tau)$ の部分については，再び，$\tau' \to \tau'+1/T$ と積分変数変換をして，$G_{p'\sigma}(\tau'+1/T) = -G_{p'\sigma}(\tau')$, および, $e^{i\omega_{p'}(\tau'+1/T)} = -e^{i\omega_{p'}\tau'}$ に注意すると，全体の積分は $\int_0^{1/T} d\tau' e^{i\omega_{p'}\tau'} G_{p'\sigma}(\tau') = G_{p'\sigma}(i\omega_{p'})$ となる.
34) たとえば，J. Mathews and R. L. Walker, "Mathematical Mehtods of Physics", Benjamin/Cummings (1964), p.366.
35) T. D. Lee, F. E. Low, and D. Pines, Phys. Rev. **90**, 297 (1953).
36) R. P. Feynman, Phys. Rev. **97**, 660 (1955); "Statistical Mechanics", W. A. Benjamin (1972), pp. 231-241.
37) N. V. Prokof'ev and B. V. Svistunov, Phys. Rev. Lett. **81**, 2514 (1998); A. S. Mishchenko, N. V. Prokof'ev, A. Sakamoto, B. V. Svistunov, Phys. Rev. B **62**, 6317 (2000); A. S. Mishchenko, in "Computational Many-Particle Physics", edited by H. Fehske, R. Schneider, and A. Weiße, Springer (2008), pp. 367-395; A. S. Mishchenko and N. Nagaosa, in "Polarons in Advanced Materials", edited by A. S. Alexandrov, Springer (2007), pp. 503-544.
38) この議論は，もともと，超流動液体ヘリウム中の準粒子の存在条件を考えた L. P. Pitaevskii, Zh. Eksp. Teor. Fiz. **36**, 1168 (1959) [Sov. Phys. JETP **9**, 830 (1959)] の論文を起源にしているが，ファインマンはチェレンコフ輻射のアナロジーで捉えている．数値的な解析は上に挙げた DQMC の文献でも議論されている.
39) L. D. Landau, Phys. Zeits. Sowjetunion **3**, 664 (1933); S. I. Pekar, J. Phys. **10**, 347 (1946); Zh. ESKP. Teor. Fiz. **19**, 796 (1954).
40) S. J. Miyake, J. Phys. Soc. Jpn. **41**, 745 (1976).
41) B. Gerlach and H. Löwen, Phys. Rev. B **37**, 8042 (1988); Rev. Mod. Phys. **63**, 63 (1991).
42) G. Höhler and A. M. Mullensiefen, Z. Phys. **157**, 159 (1959).
43) P. Sheng and John D. Dow, Phys. Rev. B **4**, 1343 (1971).

44) M. A. Smondyrev, Theor. Math. Phys. **68**, 653 (1986).
45) ラプラス変換やその逆変換の詳しい解説は，たとえば，清水辰次郎，"応用数学"，朝倉書店 (1961)，第 3 章，pp.62–123; A. D. Polyanin and A. V. Manzhirov, "Handbook of Integral Equations", Chapman & Hall/CRC (2008), pp. 505-510 & pp. 969-982; 数値的解法については，P. K. Kythe and M. R. Schäferkotter, "Handbook of Computational Methods for Integration", Chapman & Hall/CRC (2005), pp.323–395; T. Matsuura and S. Saitoh, Procedia Social and Behavioral Sciences **2**, 111 (2010) を参照のこと．
46) 数値的解析接続において，筆者は可能な限りはパデ近似をお勧めする．なお，パデ近似でティールの逆差法を用いる場合，有理関数の次数を上げようとするとすぐにオーバーフローのエラーが出てしまうが，これを避ける 1 つの簡便な方法は 4 倍精度で計算することである．
47) E. A. Burovski, A, S, Mishchenko, N. V. Prokof'ev and B. V. Svistunov, Phys. Rev. Lett. **87**, 186402 (2001).
48) A. Macridin, G. A. Sawatzky, and M. Jarrell, Phys. Rev. B **69**, 245111 (2004).
49) たとえば，P. Nozières, "Theory of Interacting Fermi Systems", W. A. Benjamin (1964), p. 249 を参照のこと．
50) Y. Takada, Phys. Rev. B **26**, 1223 (1982).
51) H. Hiramoto and Y. Toyozawa, J. Phys. Soc. Jpn. **54**, 245 (1985).
52) J. Adamowski, Phys. Rev. B **39**, 3649 (1989).
53) V. K. Mukhomorov, Opt. Spectrosc. **74**, 149，および，644 (1993).
54) 第 II 巻を出版して以降の GWΓ 法関連の論文としては次のものが挙げられる：H. Maebashi and Y. Takada, Phys. Rev. B **84**, 245134 (2011); Y. Takada, Phys. Rev. **94**, 245106 (2016). 特に，後者は 1950 年台初頭のボーム–パインズ（Bohm–Pines）によるプラズモンの発見以来初めて，相互作用する電子ガス中に 2 つ目の集団励起モード（励起子集団モード）を発見したもので，プラズモン励起で生成される電子正孔対がお互いに独立であるのに対して，それらが束縛状態にある集団励起になっている．これら以外にも，$G^0W^0$ 近似の物理的意味合いを深く考察した次の文献[55]も重要である．
55) Y. Takada, Molecular Phys. **114**, 1041 (2016).
56) Y. Takada, J. Phys. Chem. Solids **54**, 1779 (1993).
57) Y. Nambu, Phys. Rev. **117**, 648 (1960).
58) J. Hubbard, Proc. Roy. Soc.(London) A **276**, 238 (1963).
59) N. F. Mott, Philos. Mag. **6**, 287 (1961).
60) J. Hubbard, Proc. Roy. Soc.(London) A **281**, 401 (1964).
61) T. Holstein, Ann. Phys. (N.Y.) **8**, 325 & 343 (1959).
62) W. P. Su, J. R. Schrieffer, and A. J. Heeger, Phys. Rev. Lett. **42**, 1698 (1979); Phys. Rev. B **22**, 2099 (1980); A. J. Heeger, S. Kivelson, J. R. Schrieffer, and W. P. Su, Rev. Mod. Phys. **60**, 781 (1988).
63) I. G. Lang and Yu. A. Firsov, Sov. Phys. JETP **16**, 1301 (1963).
64) Y. Takada and T. Higuchi, Phys. Rev. B **52**, 12720 (1995).
65) T. Hotta and Y. Takada, J. Phys. Soc. Jpn. **65**, 2922 (1996).
66) Y. Takada, "Proceedings of the International School of Physics 'Enrico Fermi'

Course CLXI - Polarons in Bulk Materials and Systems with Reduced Dimensionality", edited by G. Iadonisi and J. Ranninger, IOS Press, Amsterdam (2006), pp.207–226.
67) T. Hotta and Y. Takada, Phys. Rev. Lett. **76**, 3180 (1996).
68) たとえば,夏目雄平・小川健吾・鈴木敏彦,"計算物理 III", 朝倉書店 (2002), pp.36–42.
69) R. Haydock, "Solid State Physics", edited by H. Ehrenreich, F. Seitz, and D. Turnbull, Academic Press (1980), pp.215–294.
70) S. R. White, Phys. Rev. Lett. **69**, 2863 (1992); Phys. Rev. B **48**, 10345 (1993); E. Jeckelmann and S. R. White, Phys. Rev. B **57**, 6376 (1998); 夏目雄平・小川健吾・鈴木敏彦, "計算物理 III", 朝倉書店 (2002), pp.97–115.
71) J. Bonča, S. A. Trugman, and I. Batistić, Phys. Rev. B **60**, 1633 (1999); J. Bonča, T. Katrasnoc, and S. A. Trugman, Phys. Rev. Lett. **84**, 3153 (2000); L. -C. Ku, S. A. Trugman, and J. Bonča, Phys. Rev. B **65**, 174306 (2002); H. Fehske and S. A. Trugman, in "Polarons in Advanced Materials", edited by A. S. Alexandrov, Springer (2007), pp.393–461.
72) M. Berciu, Phys. Rev. Lett. **97**, 036402 (2006); G. L. Goodvin, M. Berciu, and G. A. Sawatzky, Phys. Rev. B **74**, 245104 (2006); L. Covaci and M. Berciu, Europhys. Lett. **80**, 67001 (2007); M. Berciu and G. L. Goodvin, Phys. Rev. B **76**, 165109 (2007).
73) S. Ciuchi, F. de Pasquale, S. Fratini and D. Feinberg, Phys. Rev. B **56**, 4494 (1997).
74) Y. Takada, J. Phys. Soc. Jpn. **65**, 1544 (1996).
75) T. Hotta and Y. Takada, Physica B **230-232**, 1037 (1997).
76) P. W. Anderson, Science **235**, 1196 (1987); P. W. Anderson, G. Baskaran, Z. Zou, and T. Hsu, Phys. Rev. Lett. **58**, 2790 (1987); G. Baskaran and P. W. Anderson, Phys. Rev. B **37**, 580 (1988).
77) Y. Takada and A. Chatterjee, Phys. Rev. B **67**, 081102(R) (2003); 1次元 HH 模型の最近の研究としては,F. Hébert, B. Xiao, V. G. Rousseau, R. T. Scalettar, and G. G. Batrouni, Phys. Rev. B **99**, 075108 (2019) とそこに含まれる参考文献を参照されたい.
78) A. Chatterjee and Y. Takada, J. Phys. Soc. Jpn. **73**, 964 (2004).
79) H. A. Jahn and E. Teller, Proc. Roy. Soc. (London) A **161**, 220 (1937); A **164**, 117 (1938); 最近の教科書として,たとえば,I. B. Bersuker, "The Jahn-Teller Effect", Cambridge Press (2006); "The Jahn-Teller Effect: Fundamentals and Implications for Physics and Chemistry", edited by H. Köppel, D. R. Yarkony, and H. Barentzen, Springer (2009) などが挙げられる.
80) J. Kanamori, J. Appl. Phys. **31**, 14S (1960).
81) M. D. Kaplan and B. G. Vekhter, "Cooperative Phenomena in Jahn-Teller Crystals", Plenum Press (1995).
82) Y. Tokura, A. Urushibara, H. Moritomo, T. Arima, A. Asamitsu, G. kido, and N. Furukawa, J. Phys. Soc. Jpn. **63**, 3931 (1994); A. Urushibara, H. Moritomo, T. Arima, A. Asamitsu, G. kido, and Y. Tokura, Phys. Rev. B **51**, 11103 (1995); S.

Jin, T. H. Tiefel, M. McCormack, R. A. Fastnacht, R. Ramesh, and J. H. Chen, Science **264**, 413 (1994); Y. Tokura, Y. Tomioka, H. Kuwabara, A. Asamitsu, Y. Moritomo, and M. Kasai, J. Appl. Phys. **79**, 5288 (1996); "Colossal Magnetoresistance , Charge Ordering, and related Properties of Manganese Oxides", edited by C. N. R. Rao and B. Raveau, World Scientific, Singapore (1998).

83) J. G. Bednorz and K. A. Müller, Z. Phys. B **64**, 189 (1986).
84) A. F. Hebard, M. J. Rosseinsky, R. C. Haddon, D. W. Murphy, S. H. Glarum, T. T. M. Palstra, A. P. Ramirez, and A. R. Kortan, Nature **350**, 600 (1991).
85) P. E. Kornilovitch, Phys. Rev. Lett. **84**, 1551 (2000).
86) Y. Takada, Phys. Rev. B **61**, 8631 (2000).
87) S. El Shawish, J. Bonča, L. -C. Ku, and S. A. Trugman, Phys. Rev. B **67**, 014301 (2003).
88) T. Hotta, Y. Takada, H. Koizumi, and E. Dagotto, Phys. Rev. Lett. **84**, 2477 (2000).
89) $TO_6$ クラスターから成る JT 中心の場合には，このクラスターが [111] 方向につながっていれば $e_g$ 電子が関係する $E \otimes e$ 系が，また，[010] 方向なら $t_{2g}$ 電子が関係する $T \otimes t$ 系が式 (1.506) の条件を満たすことになる．
90) たとえば，E. Dagotto, T. Hotta, and A. Mareo, Phys. Rep. **344**, 1 (2001) を参照のこと．
91) 一般に，量子力学ではハミルトニアン $H$ だけでそのエネルギー固有状態 $\varphi: H\varphi = \varepsilon\varphi$ が決まるわけではなく，$\varphi$ が定義される空間領域とその境界での条件を指定する必要がある．また，多電子系ではフェルミ統計による反対称性の要請があり，電子の交換に伴って $\varphi$ に位相因子 $e^{i\pi}$ が付加される．この位相因子 $e^{i\pi}$ と全スピン $S$ の保存則が絡み合うと，"交換エネルギー" $J$ という概念が生み出される．すなわち，相互作用する 2 電子系では $S=0$ のスピンシングレット状態と $S=1$ のスピントリプレット状態に分かれるが，$e^{i\pi}$ のために $S=0$ の方がエネルギーは低くなり，そのエネルギーと $S=1$ のそれとの差が $J$ ということになる．
92) Y. Takada, T. Hotta, and H. Koizumi, Int. J. Mod. Phys. B **13**, 3778 (1999).
93) T. Hotta, Y. Takada, and H. Koizumi, Int. J. Mod. Phys. B **12**, 3437 (1998).
94) P. E. Kornilovitch, Phys. Rev. Lett. **81**, 5382 (1998).
95) 弱結合領域で結合定数の規格化をする必要があるという認識が欠けていたため，量子モンテカルロ計算では $\alpha_{A\otimes a} = \alpha_{E\otimes e}$ での比較であることに注意されたい．なお，結合定数規格化の認識欠如は次の論文でも同様である： H. Barentzen, Eur. Phys. J. B **24**, 197 (2001).
96) D. R. Pooler, J. Phys. A: Math. Gen. **11**, 1045 (1978).
97) Y. Takada and M. Masaki, J. Molecular Structure **838**, 207 (2007); Y. Takada and M. Masaki, J. Supercond. and Nov. Magn. **20**, 629 (2007).
98) M. C. M. O'Brien, J. Phys. A: Math. Gen. **22**, 1779 (1989).
99) T. Okuda, A. Asamitsu, Y. Tomioka, T. Kimura, Y. Taguchi, Y. Tokura, Phys. Rev. Lett. **81**, 3203 (1998).
100) C. Hori and Y. Takada, "Polarons and Bipolarons in Jahn-Teller Crystals", in "The Jahn-Teller Effect: Fundamentals and Implications for Physics and Chem-

istry", edited by H. Köppel, D. R. Yarkony, and H. Barentzen, Springer (2009), pp.841–871.
101) V. L. Ginzburg and L. D. Landau, Zh. Eksp. Teor. Fiz. **20**, 1064 (1950); これはロシア語の論文で，その英語訳は，L. D. Landau, "Collected Papers", Oxford: Pergamon Press (1965), p.546.
102) A. A. Abrikosov, Sov. Phys. JETP **5**, 1174 (1957).
103) 家泰弘，"超伝導"，朝倉物性物理シリーズ 5，朝倉書店（2005）.
104) 池田隆介，"超伝導転移の物理"，シュプリンガー現代理論物理学シリーズ第 4 巻，丸善（2012）.
105) J. Bardeen, L. N. Cooper, and J. R. Schrieffer, Phys. Rev. **108**, 1175 (1957).
106) P. W. Anderson, Phys. Rev. **112**, 1900 (1958).
107) N. N. Bogolyubov, Sov. Phys. JETP **7**, 41, 51 (1958).
108) L. P. Gor'kov, Sov. Phys. JETP **7**, 505 (1958).
109) A. A. Abrikosov and L. P. Gor'kov, Sov. Phys. JETP **8**, 1090 (1958); **9**, 220 (1959).
110) L. P. Gor'kov, Sov. Phys. JETP **9**, 1364 (1959); **10**, 998 (1960).
111) M. R. Schafroth, S. T. Butler, and J. M. Blatt, Helv. Phys. Acta **30**, 93 (1957).
112) 筆者が超伝導理論を本格的に志したのは修士 1 年（1974）の初夏であったが，所属した植村研究室は半導体物理を研究していて超伝導の専門家がいなかった．そこで，超伝導理論研究の重鎮であった物性研究所の中嶋貞雄教授を訪ねて超伝導の重要文献を伺ったところ，中嶋先生や栗原進助手から丁寧な応対を受けると共に，「(1974 年当時でいえば）超伝導の実験と理論の重要なものはすべて "Superconductivity", Volume 1 and 2, edited by R. D. Parks, Marcel Dekker (NY) (1969) にまとめられているので，それ（全部で約 1400 ページ）を熟読すればよい」と教えられた．これは 1986 年の銅酸化物高温超伝導体の発見までは真実であって，実際，1980 年代前半には超伝導理論としては重要な問題は何も残っていないとかなり多くの人は考えていた．
113) G. M. Eliashberg, Sov. Phys. JETP **11**, 696 (1960).
114) A. B. Migdal, Sov. Phys. JETP **7**, 996 (1958).
115) W. L. McMillan, Phys. Rev. **167**, 331 (1968).
116) P. B. Allen and R. C. Dynes, Phys. Rev. B **12**, 905 (1975).
117) P. Morel and P. W. Anderson, Phys. Rev. **125**, 1263 (1962).
118) L. N. Oliveira, E. K. U. Gross, and W. Kohn, Phys. Rev. Lett. **60**, 2430 (1988).
119) J. Nagamatsu, N. Nakagawa, T. Muranaka, Y. Zenitani, and J. Akimitsu, Nature (London) **410**, 63 (2001).
120) A. P. Drozdov, M. I. Eremets, I. A. Troyan, V. Ksenofontov, and S. I. Shyein, Nature (London) **525**, 73 (2015).
121) D. Duan., Y. Liu, F. Tian, D. Li, X. Huang, Z. Zhao, H. Yu, B. Liu, W. Tian, and T. Cui, Sci. Rep. **4**, 6968 (2014).
122) H. Liu, I. I. Naumov, Z. M. Geballe, M. Somayazulu, J. S. Tse, and R. J. Hemley, Phys. Rev. B **98**, 100102(R) (2018); H. Liu, I. I. Naumov, R. Hoffmann, N. W. Ashcroft, and R. J. Hemley, Proc. Natl. Acad. Sci. (U S A) **114**, 6990 (2017); A. P. Drozdov, V. S. Minkov, S. P. Besedin, P. P. Kong, M. A. Kuzovnikov,D.

A. Knyazev, and M. I. Eremets, arXiv:1808.07039; M. Somayazulu, M. Ahart, A. K Mishra, Z. M. Geballe, M. Baldini, Y. Meng, V. V. Struzhkin, and R. J. Hemley, arXiv:1808.07695; I. A. Kruglov, D. V. Semenok, R. Szczśniak, M. M. D. Esfahani, A. G. Kvashnin, and A. R. Oganov, arXiv:1810.01113.
123) 芳田奎, "近藤効果とは何か", 丸善 (1990).
124) M. A. Ruderman and C. Kittel, Phys. Rev. **96**, 99 (1954); T. Kasuya, Prog. Theor. Phys. **16**, 45 (1956); K. Yosida, Phys. Rev. **106**, 893 (1957).
125) S. Doniach, Phys. B (Amsterdam) **91**, 231 (1977).
126) F. Steglich, J. Aartz, C.D. Bredle, W. Lieke, D. Meschede, W. Franz, and H. Schaefer, Phys. Rev. Lett. **43**, 1892 (1979).
127) K. Miyake, S. Schmitt-Rink, and C. M. Varma, Phys. Rev. B **34**, 6554 (1986).
128) Y. Takada, R. Maezono, and K. Yoshizawa, Phys. Rev. B **92**, 155140 (2015); Y. Takada, Eur. Phys. J. B **91**, 189 (2018).
129) この拡張に至る物理的な考え方は,たとえば,次の解説を参考にされたい：東京大学物性研究所編, "物性科学ハンドブック-概念・現象・物質-", 朝倉書店 (2016) の第1章（上田和夫著）.
130) 当初,d波型と信じられていた $CeCu_2Si_2$ や $UBe_{13}$ は最近多バンドの s 波型であることが確認された：S. Kittaka, Y. Aoki, Y. Shimura, T. Sakakibara, S. Seiro, C. Geibel, F. Steglich, H. Ikeda, K. Machida, Phys. Rev. Lett. **112**, 067002 (2014); Y. Shimizu, S. Kittaka, T. Sakakibara, Y. Haga, E. Yamamoto, H. Amitsuka, Y. Tsutsumi, and K. Machida, Phys. Rev. Lett. **114**, 147002 (2015); T. Yamashita, T. Takenaka, Y. Tokiwa, J. A. Wilcox, Y. Mizukami, D. Terazawa,Y. Kasahara, S. Kittaka, T. Sakakibara, M. Konczykowski, S. Seiro, H. S. Jeevan, C. Geibel, C. Putzke, T. Onishi, H. Ikeda, A. Carrington, T. Shibauchi and Y. Matsuda, Sci. Adv. **23**, e1601667 (2017); なお,s 波型といっても直ちに磁気揺らぎが無力であるとは言い切れず,現象論的なハミルトニアン $\hat{H}_{BCS}$ を越えて,より根本的なハミルトニアンから出発して超伝導機構を吟味しないと結論は出ない. このようなわけで,一般的にいって,クーパー対の対称性が分かったといっても超伝導機構が直ちに特定できるものではない. さらに付言すれば,超伝導機構の同定に際して対称性と同等に重要な情報はクーパー対の拡がりを示すコヒーレンス長 $\xi_0$ であるが,このことについての認識は一般に低いという現状があるので,本書では $\xi_0$ を意識的に強調して筆を進めている.
131) D. Jérome, A. Mazaud, M. Ribault, K. Bechgaard, J. Phys. (Paris) Lett. **41**, L95 (1980).
132) H. Urayama, H. Yamochi, G. Saito, K. Nozawa, T. Sugano, M. Kinoshita, S. Sato, K. Oshima, A. Kawamoto, and J. Tanaka, Chem Lett. **17**, 55 (1988); H. Urayama, H. Yamochi, G. Saito, S. Sato, A. Kawamoto, J. Tanaka, T. Mori, Y. Maruyama, and H. Inokuchi, Chem. Lett. **17**, 463 (1988); K. Oshima, T. Mori, H. Inokuchi, H. Urayama, H. Yamochi, and G. Saito, Phys. Rev. B **38**, 938 (1988).
133) K. Kanoda, Hyperfine Interact. **104**, 235 (1997).
134) K. Kuroki, Sci. Technol. Adv. Mater. **10**, 024312 (2009)：確かに電荷秩序相を弱結合理論からの CDW と考える場合には次近接クーロン斥力 $V$ の効果を考えるだけでも電荷秩序相の形成を十分に論じることができようが,電荷局在性が強まる場合には局

在した電子間のスピン一重項形成を正当化する必要がある．それは $V$ だけでは容易ではなく，何らかの引力（たとえば，フォノン媒介引力）の存在が欠かせない．この点からも $V$ だけでなく，電子フォノン結合も導入したモデルで考える必要があろう．

135) A. F. Hebard, M. J. Rosseinsky, R. C. Haddon, D. W. Murphy, S. H. Glarum, T. T. M. Palstra, A. P. Ramirez, and A. R. Kortan, Nature **350**, 600 (1991); K. Tanigaki, T. W. Ebbesen, S. Saito, J. Mizuki, J. S. Tsai, Y. Kubo, and S. Kuroshima, Nature **352**, 222 (1991); R. M. Fleming, A. P. Ramirez, M. J. Rosseinsky, D. W. Murphy, R. C. Haddon, S. M. Zahurak, and A. V. Makhija, Nature **352**, 787 (1991); M. J. Rosseinsky, A. P. Ramirez, S. H. Glarum, D. W. Murphy, R. C. Haddon, A. F. Hebard, T. T. M. Palstra, A. R. Kortan, S. M. Zahurak, and A. V. Makhija, Phys. Rev. Lett. **66**, 2830 (1991).

136) A. Y. Ganin, Y. Takabayashi, Y. Z. Khimyak, S. Margadonna, A. Tamai, M. J. Rosseinsky, K. Prassides, Nat. Mater. **7**, 367 (2008); Y. Takabayashi, A. Y. Ganin, P. Jegli, D. Aron, T. Takano, Y. Iwasa, Y. Ohishi, M. Takata, N. Takeshita, K. Prassides, M. J. Rosseinsky, Science **323**, 1585 (2009); A. Y. Ganin, Y. Takabayashi, P. Jeglič, D. Arčon, A. Potočnik, P. J. Baker, Y. Ohishi, M. T. McDonald, M. D. Tzirakis, A. McLennan, G. R. Darling, M. Takata, M. J. Rosseinsky, and K. Prassides, Nature **466**, 221 (2010).

137) R. H. Zadik, Y. Takabayashi, G. Klupp, R. H. Colman, A. Y. Ganin, A. Potočnik, P. Jeglič, D. Arčon, P. Matus, K. Kamarás, Y. Kasahara, Y. Iwasa, A. N. Fitch, Y. Ohishi, G. Garbarino, K. Kato, M. J. Rosseinsky, and K. Prassides, Sci. Adv. **1**, e1500059 (2015); Y. Kasahara, Y. Takeuchi, R. H. Zadik, Y. Takabayashi, R. H. Colman, R. D. McDonald, M. J. Rosseinsky, K. Prassides, and Y. Iwasa, Nat. Commun. **10**, 14467 (2017).

138) T. Yildirim, L. Barbedette, J. E. Fischer, C. L. Lin, J. Robert, P. Petit, and T. T. M. Palstra, Phys. Rev. Lett. **77**, 167 (1996).

139) 2000 年から 2002 年にかけてシェーン（J. H. Schön）による論文捏造問題が世界的に大問題になった．彼は電界効果トランジスター構造（FET）に組み込んだフラーレン固体では $C_{60}$ 分子の五重縮重した HOMO である $h_u$ 軌道からなるバンドに正孔を注入して伝導バンドを形成できること，さらに，その伝導バンドは最高で 117K の $T_c$ を持つ超伝導出現の舞台になることを発表していた．この伝導バンドが実際に容易に形成できないことから，この発表は捏造とされたが，彼の示したシナリオ自体は，科学的な見地からすれば，あながち途方もない作り事とはいえず（それゆえ，2 年以上もだまし続けることができたのだが），このシナリオをさらに追求してみる価値はありそうである．

140) 2010 年，5 個のベンゼン環がジグザグにつながった芳香族分子ピセン（picene）$C_{22}H_{14}$ に K や Rb をドープすると超伝導になるとの報告があった．$T_c$ は，たとえば，$K_3$ picene で 18 K である：R. Mitsuhashi, Y. Suzuki, Y. Yamanari, H. Mitamura, T. Kambe, N. Ikeda, H. Okamoto, A. Fujiwara, M. Yamaji, N. Kawasaki, Y. Maniwa, Y. Kubozono, Nature **464**, 76 (2010). その後，アルカリ原子をドープしたフェナントレン（phenatoren）$C_{14}H_{10}$ で $T_c = 5$ K：X. F. Wang, R. H. Liu, Z. Gui, Y. L. Xie, Y. J. Yan, J. J. Ying, X. G. Luo, X. H. Chen, Nat. Commun. **2**, 1513 (2011)、コロネン（Coronene）$C_{24}H_{12}$ で $T_c = 15$ K：Y. Kubozono, H. Mitamura, X. Lee, X. He,

Y. Yamanari, Y. Takahashi, Y. Suzuki, Y. Kaji, R. Eguchi, K. Akaike, T. Kambe, H. Okamoto, A. Fujiwara, T. Kato, T. Kosugi, and H. Aoki, Phys. Chem. Chem. Phys. **13**, 16476 (2011). さらに，1,2:8,9-ジベンゾペンタセン (dibenzopentacene) $C_{30}H_{18}$ で $T_c = 33$ K：M. Xue, T. Cao, D. Wang, Y. Wu, H. Yang, X. Dong, J. He, F. Li, G. F. Chen, Sci. Rep. **2**, srep00389, (2012) という報告が続いた．しかしながら，これらの超伝導発見について疑義も出されているので，今後の推移に注目したい：S. Heguri, M. Kobayashi, and K. Tanigaki, Phys. Rev. B **92**, 014502 (2015).

141) J. G. Bednorz and K. A. Müller, Z. Phys. B **64**, 189 (1986).
142) N. Takeshita, A. Yamamoto, A. Iyo, and H. Eisaki, J. Phys. Soc. Jpn. **82**, 023711 (2013).
143) O. Matsumoto, A. Utsuki, A. Tsukada, H. Yamamoto, T. Manabe, and M. Naito, Phys. Rev. B **79**, 100508(R) (2009); **81**, 099904(E) (2010); 内藤方夫，山本秀樹，日本物理学会誌 **73**, 204 (2018).
144) 銅酸化物高温超伝導物質における実験結果の要約とそこから導かれる物理概念についての解説として，たとえば，"物性物理学ハンドブック"，川畑有郷，鹿児島誠一，北岡良雄，上田正仁編集，朝倉書店 (2012) の 2.3 項（高木英典著）をお勧めする．また，3 バンド d–p 模型をザン–ライス一重項の概念を使って有効 1 バンド模型に還元する手続きの解説は 2.3.2 項（上田和夫著）参考にされたい．なお，同じ本の 2.4.1 項（松田祐司著）と 2.4.2 項（鹿野田一司著）の記事も面白い．
145) F. C. Zhang and T. M. Rice, Phys. Rev. B **37**, 3759 (1988).
146) Y. Kamihara, T. Watanabe, M. Hirano, and H. Hosono, J. Am. Chem. Soc. **130**, 3296 (2008).
147) Z.-A. Ren, J. Yang, W. Lu, W. Yi, X.-L. Shen, Z.-C. Li, G.-C. Che, X.-L. Dong, L.-L. Sun, F. Zhou, and Z.-X. Zhao, Europhys. Lett. **82**, 57002 (2008).
148) H. Kito, H. Eisaki, A. Iyo, J. Phys. Soc. Jpn. **77**, 063707 (2008).
149) Z.-A. Ren, W. Lu, J. Yang, W. Li, X.-L. Shen, Z.-C. Li, G.-C. Che, X.-L. Dong, L.-L. Sun, F. Zhou, Z.-X. Zhong, Chin. Phys. Lett. **25**, 2215 (2008).
150) C. Wang, L. Li, S. Chi, Z. Zhu, Z. Ren, Y. Li, Y. Wang, X. Lin, Y. Luo, S. Jiang, X. Xu, G. Cao, and Z. Xu, Europhys. Lett. **83**, 67006 (2008).
151) J.-F. Ge, Z.-L. Liu, C. Liu, C.-L. Gao, D. Qian, Q.-K. Xue, Y. Liu, and J.-F. Jia, Nat. Mater. **14**, 285 (2015).
152) G. R. Stewart, Rev. Mod. Phys. **83**, 1589 (2011); A. A. Kordyuk, Low Temp. Phys. **38**, 888 (2012); M. Yi, Y. Zhang, Z.-X. Shen, and D. Lu, Quantum Materials **2**, 57 (2017); H. Hosono, A. Yamamoto, H. Hiramatsu, and Y. Ma, Materials Today **21**, 278 (2018).
153) たとえば，A. Chubukov, Annu. Rev. Condens. Matter Phys. **3**, 57 (2012); A. Chubukov and P. J. Hirschfeld, Phys. Today **68**, 6, 46 (2015).
154) S. Onari and H. Kontani, Phys. Rev. Lett. **103**, 177001 (2009); **109**, 137001 (2012); S. Onari, Y. Yamakawa, and H. Kontani, Phys. Rev. Lett. **112**, 187001 (2014); 大成誠一郎，紺谷浩，日本物理学会誌 **68**, 231 (2013).
155) R. Yu and Q. Si, Phys. Rev. Lett. **110**, 146402 (2013); L. de'Medici, G. Giovannetti, and M. Capone, Phys. Rev. Lett. **112**, 177001 (2014); M. Yi, Z.-K. Liu,

Y. Zhang, R. Yu, J.-X. Zhu, J. J. Lee, R. G. Moore, F. T. Schmitt, W. Li, S. C. Riggs, J.-H. Chu, B. Lv, J. Hu, M. Hashimoto, S.-K. Mo, Z. Hussain, Z. Q. Mao, C. W. Chu, I. R. Fisher, Q. Si, Z. -X. Shen, and D. H. Lu, Nat. Commun. **6**, 7777 (2015); A. Kreisel, B. M. Andersen, P. O. Sprau, A. Kostin, J. C. Séamus Davis, and P. J. Hirschfeld, Phys. Rev. B **95**, 174504 (2017).

156) Y. Cao, V. Fatemi, S. Fang, K. Watanabe, T. Taniguchi, E. Kaxiras, and P. Jarillo-Herrero, Nature **556**, 43 (2018).

157) D. W. Kidd, D. K. Zhang, and K. Varga, Phys. Rev. B **93**, 125423 (2016).

158) A. P. Petrović, R. Lortz, G. Santi, C. Berthod, C. Dubois, M. Decroux, A. Demuer, A. B. Antunes, A. Paré, D. Salloum, P. Gougeon, M. Potel, and ø. Fischer, Phys. Rev. Lett. **106**, 017003 (2011).

159) C. M. Varma, Phys. Rev. Lett. **61**, 2713 (1988); I. Hase and T. Yanagisawa, Phys. Rev. B **76**, 174103 (2007); H. Matsuura1, and K. Miyake, J. Phys. Soc. Jpn. **81**, 113705 (2012).

160) M. Kawamura, R. Akashi, and S. Tsuneyuki, Phys. Rev. B **95**, 054506 (2017).

161) A. P. Mackenzie and Y. Maeno, Rev. Mod. Phys. **75**, 657 (2003).

162) J. M. Maldacena, Adv. Theor. Math. Phys. **2**, 231 (1998); 高柳匡, 日本物理学会誌 **69**, 72 (2014); S. Sachdev, Ann. Rev. Condensed Matter Phys. **3**, 9 (2012); Phys. Rev. X **5**, 041025 (2015).

163) S. A. Hartnoll, C. P. Herzog, and G. T. Horowitz, Phys. Rev. Lett. **101**, 031601 (2008); この論文では2種類の超伝導解が得られるとしているが, $T \to 0$ で発散しない2番目の解が物性実験で実際に観測されているものであるので, 1番目の解を捨てて, 2番目の解に関する結果のみに注目している.

164) レビュー論文としては, たとえば, A. Salvio, J. Phys.: Conf. Ser. **442**, 012040 (2013) (ArXiv: 1301.0201).

165) I. Aranson and L. Kramer, Rev. Mod. Phys. **74**, 99 (2002).

166) P. W. Higgs, Phys. Lett. **12**, 132 (1964).

167) C. N. Yang, Rev. Mod. Phys. **34**, 694 (1962).

168) D. Einzel, J. Low Temp. Phys. **126**, 867 (2002).

169) Y. Takada, Phys. Rev. B **47**, 5202 (1993).

170) M. Sigrist and K. Ueda, Rev. Nod. Phys. **63**, 239 (1991).

171) P. W. Anderson, J. Phys. Chem. Solids **11**, 26 (1959).

172) 金属における不純物効果の基礎的で丁寧な解説は, たとえば, S. Doniach and E. H. Sondheimer, "Green's Functions for Solid State Physicists", W. A. Benjamin (1974), Chapter 5 を参照されたい.

173) A. Larkin and A. Varlamov, "Theory of Fluctuations in Superconductors", Clarendon Press, Oxford (2005).

174) 地球惑星科学関連学会では「地震発生予知」を"学問的に真面目に"追求するに値するテーマかどうかで異論があるように,「$T_c$ 予測をする超伝導理論研究」が重要かどうかは自明でない. とりわけ, 30年を超す銅酸化物高温超伝導体についての研究進展状況がそれを如実に示している. しかしながら, 筆者は, 逆に, この $T_c$ 予測理論の現状における不備とその理論を"正しい方向に"発展させようとする"真摯な"研究の遅れが高温

超伝導理論研究の正しい方向への進展を妨げている真の要因ではないかと考えている.
175) フレーリッヒ模型では，ここで定義された $\lambda$ と式 (1.251) で与えられた $\alpha$ との関係は LO フォノンエネルギーを $\omega_0$ とすると，$\lambda = 2\omega_0 N(0)\alpha$ である.
176) Y. Takada, J. Phys. Soc. Jpn. **61**, 3849 (1992).
177) Y. Takada, J. Phys. Soc. Jpn. **61**, 238 (1992).
178) P. B. Allen, Phys. Rev. B **6**, 2577 (1972).
179) N. W. Ashcroft, Phys. Rev. lett. **21**, 1748 (1968); N. W. Ashcroft, Phys. Rev. lett. **92**, 187002 (2004); P. Cudazzo, G. Profeta, A. Sanna, A. Floris, A. Continenza, S. Massidda, and E. K. U. Gross, Phys. Rev. B **81**, 134506 (2010); J. M. McMahon and D. M. Ceperley, Phys. Rev. B **84**, 144515 (2011).
180) Y. Takada, J. Phys. Soc. Jpn. **45**, 786 (1978).
181) この手法開発のヒントは D. A. Kirzhnits, E. G. Maksimov, and D. I. Khomskii, J. Low Temp. Phys. **10**, 79 (1973) にあったが，その論文の目的は $T_c$ や $\mu^*$ の数値的決定になかった．そのため，上の文献[180] に示したプラズモン機構の超伝導発見という重要なポイントを見逃した．なお，当時，筆者はこの定式化に現れる $\Delta_p$ や $\mathcal{K}_{p,p'}$ の意味を正しく理解していなかった．それらの正しい意味付けが分かったのは，3.3 節で解説する SCDFT をよく理解できるようになった 2008 年であった.
182) Y. J. Uemura, L. P. Le, G. M. Luke, B. J. Sternlieb, W. D. Wu, J. H. Brewer, T. M. Riseman, C. L. Seaman, M. B. Maple, M. Ishikawa, D. G. Hinks, J. D. Jorgensen, G. Saito, and H. Yamochi, Phys. Rev. Lett. **66**, 2665 (1991); Y. J. Uemura, A. Keren, L. P. Le, G. M. Luke, B. J. Sternlieb, W. D. Wu, J. H. Brewer, R. L. Whetten, S. M. Huang, S. Lin, R. B. Kaner, F. Diederich, S. Donovan, G. Grüner and K. Holczer, Nature **352**, 605 (1991); Y. J. Uemura (2006): Physica B **374-375**, 1 (2006).
183) P. B. Littlewood and C. M. Varma, Phys. Rev. B **26**, 4883 (1982).
184) D. Pekker and C. M. Varma, Annu. Rev. Condens. Matter Phys. **6**, 269 (2015).
185) T. Gherghetta and Y. Nambu, Phys. Rev. B **49**, 740 (1994).
186) Y. Takada, Phys. Rev. B **52**, 12708 (1995).
187) これは奇周波数の超伝導と呼ばれるもので，特殊な条件下で実現しているとの理論的提案がある．たとえば，V. L. Berezinskii, Sov.-Phys. JETP **20**, 287, (1974); M. Vojta and E. Dagotto, Phys. Rev. B **59**, 713, (1999); Y. Fuseya, H. Kohno, and K. Miyake, J. Phys. Soc. Jpn. **72**, 2914, (2003); H. Kusunose, Y. Fuseya, K. Miyake: J. Phys. Soc. Jpn. **80**, 044711 (2011).
188) Y. Takada, Phys. Rev. B **37**, 155 (1988).
189) L. F. Mattheiss, Phys. Rev. B **6**, 4740 (1972); J. L. M. van Mechelen, D. van der Marel, C. Grimaldi, A. B. Kuzmenko, N. P. Armitage, N. Reyren, H. Hagemann, and I. I. Mazin, Phys. Rev. Lett. **100**, 226403 (2008); D. van der Marel, J. L. M. van Mechelen, and I. I. Mazin, Phys. Rev. B **84**, 205111 (2011).
190) J. F. Schooley, W. R. Hosler, and M. L. Cohen, Phys. Rev. Lett. **12**, 474 (1964); J. F. Schooley, W. R. Hosler, E. Ambler, J.H. Becker, M. L. Cohen, and C. S. Koonce, Phys. Rev. Lett. **14**, 305 (1965); C. S. Koonce, M. L. Cohen, J. F. Schooley, W. R. Hosler, and E. R. Pfeiffer, Phys. Rev. **163**, 380 (1967).

191) Y. Takada, J. Phys. Soc. Jpn. **49**, 1267 (1980).
192) X. Lin, Z. Zhu, B. Fauqué, and K. Behnia, Phys. Rev. X **3**, 021002 (2013).
193) X. Lin, G. Bridoux, A. Gourgout, G. Seyfarth, S. Krämer, M. Nardone, B. Fauqué, and K. Behnia, Phys. Rev. Lett. **112**, 207002 (2014).
194) N. B. Hannay, T. H. Geballe, B. T. Matthias, K. Andres, P. Schmidt, and D. MacNair, Phys. Rev. Lett. **14**, 225 (1965).
195) Y. Koike, H. Suematsu, K. Higuchi, and S. Tanuma, Solid State Commun. **27**, 623 (1978).
196) I. T. Belash, O.V. Zharikov, and A.V. Pal'nichenko, Synth. Met. **34**, 455 (1989).
197) T. E. Weller, M. Ellerby, A. S. Saxena, R. P. Smith, and N. T. Skipper, Nature Phys. **1**, 39 (2005).
198) N. Emery, C. Heérold, M. d'Astuto, V. Garcia, C. Bellin, J. F. Marêché, P. Lagrange, and G. Loupias, Phys. Rev. Lett. **95**, 087003 (2005).
199) A. Gauzzi, S. Takashima, N. Takeshita, C. Terakura, H. Takagi, N. Emery, C. Hérold, P. Lagrange, and G. Loupias, Phys. Rev. Lett. **98**, 067002 (2007).
200) J. S. Kim, L. Boeri, J. R. O'Brien, F. S. Razavi, and R. K. Kremer, Phys. Rev. Lett. **99**, 027001 (2007).
201) S. Heguri, N. Kawade, T. Fujisawa, A. Yamaguchi, A. Sumiyama, K. Tanigaki, and M. Kobayashi, Phys. Rev. Lett. **114**, 247201 (2015).
202) D. G. Hinks, D. Rosenmann, H. Claus, M. S. Bailey, and J. D. Jorgensen, Phys. Rev. B **75**, 014509 (2007).
203) G. Wang, W. R. Datars, and P. K. Ummat, Phys. Rev. B **44**, 8294 (1991).
204) M. Calandra and F. Mauri, Phys. Rev. B **74**, 094507 (2006).
205) Y. Takada, J. Phys. Soc. Jpn. **78**, 013703 (2009); Y. Takada, in "Reference Module in Materials Science and Materials Engineering", Elsevier (2016) doi: 10.1016/B978-0-12-803581-8.00774-8.
206) M. Calandra and F. Mauri, Phys. Rev. Lett. **95**, 237002 (2005).
207) Y. Takada, J. Phys. Soc. Jpn. **51**, 63 (1982).
208) II 巻の参考文献 134 を参照のこと. また, そこに挙げた文献以外にも, たとえば, K. Aryanpour, M. H. Hettler, and M. Jarrell, Phys. Rev. B **65**, 153102 (2002); G. Kotliar, S. Y. Savrasov, K. Haule, V. S. Oudovenko, O. Parcollet, and C. A. Marianetti, Rev. Mod. Phys. **78**, 865 (2006); Y. Nomura, S. Sakai, and R. Arita, Phys. Rev. B **89**, 195146 (2014); J. Vučičević, N. Wentzell, M. Ferrero, and O. Parcollet, Phys. Rev. B **97**, 125141 (2018).
209) M. Lüders, M. A. L. Marques, N. N. Lathiotakis, A. Floris, G. Profeta, L. Fast, A. Continenza, S. Massidda, and E. K. U. Gross, Phys. Rev. B **72**, 024545 (2005).
210) M. A. L. Marques, M. Lüders, N. N. Lathiotakis, G. Profeta, A. Floris, L. Fast, A. Continenza, E. K. U. Gross, and S. Massidda, Phys. Rev. B **72**, 024546 (2005); A. Floris, G. Profeta, N. N. Lathiotakis, M. Lüders, M. A. L. Marques, C. Franchini, E. K. U. Gross, A. Continenza, and S. Massidda, Phys. Rev. Lett. **94**, 037004 (2005); G. Profeta, C. Franchini, N. N. Lathiotakis, A. Floris, A. Sanna, M. A. L. Marques, M. Lüders, S. Massidda, E. K. U. Gross, and A. Continenza,

Phys. Rev. Lett. **96**, 047003 (2006); A. Sanna, C. Franchini, A. Floris, G. Profeta, N. N. Lathiotakis, M. Lüders, M. A. L. Marques, E. K. U. Gross, A. Continenza, and S. Massidda, Phys. Rev. B **73**, 144512 (2006); A. Sanna, G. Profeta, A. Floris, A. Marini, E. K. U. Gross, and S. Massidda, Phys. Rev. B **75**, 020511(R) (2007); A. Floris, A. Sanna, S. Massidda, and E. K. U. Gross, Phys. Rev. B **75**, 054508 (2007).

211) R. Akashi and R. Arita, Phys. Rev. Lett. **111**, 057006 (2013); R. Akashi and R. Arita, J. Phys. Soc. Jpn. **83**, 061016 (2014).
212) F. Essenberger, P. Buczek, A. Ernst, L. Sandratskii, and E. K. U. Gross, Phys. Rev. B **86**, 060412(R) (2012).
213) Y. Takada, Int. J. Mod. Phys. B **21**, 3138 (2007).
214) Y. Takada, J. Phys. Soc. Jpn. **65**, 3134 (1996).
215) Y. Takada and T. Hotta, Int. J. Mod. Phys. B **12**, 3042 (1998).
216) A. P. Ramirez, Superconductivity Review **1**, 1 (1994).
217) M. P. Gelfand, Superconductivity Review **1**, 103 (1994).
218) O. Gunnarsson, Rev. Mod. Phys. **69**, 575 (1997).
219) S. Chakravarty, M. Gelfand, and S. Kivelson, Science **254**, 970 (1991); S. Chakravarty, S. Kivelson, and M. Gelfand, Science **256**, 1306 (1992).
220) C. M. Varma, J. Zaanen, and K. Raghavachari, Science **254**, 989 (1991).
221) A. Auerbach, N. Manini, and E. Tosatti, Phys. Rev. B **49**, 12998 (1994); A. Auerbach, N. Manini, and E. Tosatti, Phys. Rev. B **49**, 13008 (1994).
222) J. E. Han, O. Gunnarsson, and V. H. Crespi, Phys. Rev. Lett. **90**, 167006 (2003).
223) J. E. Han, E. Kock, and O. Gunnarsson, Phys. Rev. Lett. **84**, 1276 (2000).
224) E. Cappelluti, P. Paci, C. Grimaldi, and L. Pietronero, Phys. Rev. B **72**, 054521 (2005).
225) C. -C. Chen and C. M. Lieber, Science **259**, 655 (1993).
226) S. Satpathy, V. P. Antropov, O. K. Andersen, O. Jepsen, O. Gunnarsson and A. I. Liechtenstein, Phys. Rev. B **46** 1773, (1992); A. Oshiyama and S. Saito, Solid State Commun. **82**, 41 (1992).
227) A. Devos and M. Lannoo, Phys. Rev. B **58**, 8236 (1998).
228) C. Piskoti, J. Yarger, and A. Zettl, Nature **393**, 771 (1998);
229) M. Côté, J. C. Grossman, M. L. Cohen, and S. G. Louie, Phys. Rev. Lett. **81**, 697 (1998).
230) I. I. Mazin, S. N. Rashkeev, V. P. Antropov, O. Jepsen, A. I. Lichtenstein, and O. K. Andersen, Phys. Rev. B **45**, 5114 (1992).

# 索　引

## 欧　文

$1/T_1$　306

A15 構造　217
$A \otimes a$ 系　180
AdS 空間　241
AdS/CFT 対応　241
AF 相　381
$AlB_2$ 型　337
ARPES　337

BCS
　　——の壁　219
　　——の試行関数　212
BCS 超伝導体（群）　218, 337
BCS ハミルトニアン　209
BCS 理論　209
　　——の典型物質群　218
BCS–BEC クロスオーバー　243
BdG 型連立方程式　367
BO 近似　4
BPBO–BKBO 系　238
BS 方程式　131

CDW　150
CDW 相　285
CFT　241
CI 法　10

d 波（型）　222, 309, 323
$d\gamma$ 軌道系　179
$d\varepsilon$ 軌道系　179
DFPT 法　58, 59, 64
DFT　363
dirty metal　314
DLRO　286
DMC 法　10, 23
DMFT　153, 157, 364
DQMC 法　97, 122

$E_{2g}$ 対称　339
$E \otimes e$ 系　179
$e_g$ 電子系　179
EI 相　285
EPX 法　112
ET　224
ET 二量体　224

f-総和則 (sum rule)　212, 287
FLEX 近似　364

$G^0W^0$ 近似　343
GIC　356
GISC 法　140, 343, 345, 372
GL の自由エネルギー　270
GL パラメータ　337
GL 理論　205
GW 近似　329, 343
GWΓ 法　90, 343, 372

HFG（平均場）近似　213, 254
HH 模型　142

JT 結合エネルギー　181
JT 結合系　228
JT 結晶　176
JT 効果　175
JT 構造　381
JT 模型　142

KK の関係式　133, 325
$k \cdot p$ 近似　236
KS 軌道　369
KS 方程式　365

large polaron　129
LDA　368
LF 変換　144, 169
LLP 近似　97
LLP 理論　108
LUMO　226

MA 近似法　157
$MgB_2$　337

NaCl 構造　217
NMR 実験　308

ODLRO　286

p 波　309
p 波型　222
pairing glue　41

RKKY 相互作用　219
RVB 状態　167

s 波　222, 309, 323
s 波散乱　315
SCDFT　217, 364
SDW　150
SDW 相　235, 285

SIS 接合　204
small polaron　129
$SO(2)$ 対称性　194
$SO(3)$ 対称性　197
$SO(n)$ 対称性　194
SSH 模型　144
STO　352
$SU(2)$ 対称性　194, 288

$t_{1u} \otimes H_g$　381
$t_{2g}$ 電子系　179
$T_c$
　——の異常同位体効果　383
　——の第一原理予測　340
$T_c$–$a_0$ 相関　381
TDDFT　373
TDGL 方程式　273
TDGL 理論　254
$T \otimes h$ 系　179, 194
$T \otimes t$ 系　179, 194

$U(1)$ ゲージ対称性　309
$U(1)$ 対称性の破れ　208

VMC 法　25

$\mu^*$　333
$\mu_c$　332
$\pi$ 電子　383

## ア　行

アインシュタイン模型　66
アスラマゾフ–ラーキン項　320
圧縮率　47
アッシュクロフトの空芯ポテンシャル　52
アペリー定数　252
アルカリ挿入系　357
アルカリ土類挿入系　357
アレン–ダインスの ($T_c$) 公式　216, 336
アレンの公式　334
アンダーソンの定理　317

索　引

イオン性絶縁結晶　78
イオン分極の雲　102
異常（温度）グリーン関数　213, 256
異常金属相　229
異常同位体効果　381
位相的不変量　182
1サイト系　196
1サイト問題　180
1次元HH模型　174
1電子（温度）グリーン関数　81, 161, 255
1電子スペクトル関数　100, 111, 122, 127
1励起子問題　4
一般化されたBCSハミルトニアン　215, 222
異方的超伝導　350
インプロパー・ダイアグラム　324
引力斥力拮抗系　383
引力的ハバード模型　173

ウィグナー結晶化　30
植村プロット　341
渦糸　206
渦糸状態　208
渦物質　208
運動エネルギー圧　15
運動の相関化　322
運動方程式の方法　82
運動量空間での電子対　212
運動量表示　162
運動量分布関数　259
運動量平均化近似法　157

エキシトン　237, 322
エキゾチック超伝導体　214, 341, 380
エキゾチックな超伝導　222
エネルギーギャップ　211, 258
エリアシュバーグ関数　216, 328
エリアシュバーグ理論　216
エントロピー　265

オイラー数　247
オイラー–マクローリンの積分公式　95, 333
応力テンソル　47
重い電子系　219
重い電子系超伝導体　220
オルソ水素　18
音響型総和則　72, 74
音響型フォノン　210
音波モード　57

カ　行

外挿推定値　25
回転自由度　19
解離エネルギー　20
ガウスの合流型超幾何関数　183, 199
ガウス分布　128
化学結合　9, 38
化学糊　28
角運動量演算子　182
拡散係数　316
拡散モンテカルロ法　10, 23
核磁気緩和　306
核磁気共鳴　211, 298, 308
角度分解光電子分光　234, 337
角度平均対分布関数　28
殻模型　57
確率過程最適化法　128
価数スキップ揺らぎ　239
カスプ定理　26
カットオフ　331
カットオフ関数　331
価電子イオン複合系　67
下部臨界磁場　208
干渉散乱効果　315
完全遮蔽効果　328

擬1次元系　224
幾何学的エネルギー　182
擬角運動量　185, 187
擬角運動量演算子　184, 186
擬角運動量保存則　193
奇関数　313, 326

404　　　　　　　　　索　　引

擬ギャップ　229
擬クーロンポテンシャル　216, 333, 351
擬スピン　184
基底断熱ポテンシャル　196
軌道間　177
軌道交換　177
軌道選択性　236
軌道内　177
軌道保存ホッピング　177
軌道揺らぎ　236, 322
擬2次元的な層状物質　233
擬2次元伝導体　224
既約電子電子相互作用　372
既約電子電子有効相互作用　131
ギャップ関数　309, 310, 326
ギャップ方程式　260, 326, 349
ギャップレス超伝導体　286
吸収係数　298
共形場理論　241
強結合領域　102, 121, 362
凝集機構　9
強相関強結合極限にある引力斥力拮抗系　381
強相関強結合系　363
強相関強結合領域　376
強相関極限状態　102
共鳴共有結合状態　167
共鳴振動数　303
強誘電性フォノン　352
強誘電体
　　変位型の——　352
強誘電量子相転移点　353
協力的ヤーン–テラー効果　175
局在　375
局在化　321
局在振動　66
局在性　142
局所擬角運動量保存則　191
局所スピンモーメント　173
局所場補正因子　141
局所密度近似　368
極性光学フォノン　210

極性フォノン機構　360
曲面構造　383
巨視的な複素電子場　205
巨視的な保存則　364
巨大磁気抵抗効果　175
近接効果　236
金属相　376
金属中間相　175
金属的な状況　163
ギンツブルグ–ランダウ理論　205

偶関数　326
偶パリティ　310
クーパー対　209, 323
　　——の波動関数　268
クーパー不安定性　244, 249
クラスター DMFT　364
グラファイト層間化合物　356
クラマース–クローニッヒの関係式　133
繰り込み因子　92
繰り込み関数　326
クーロン斥力　216, 332
　　——起源の超伝導機構　217, 343
クーロン斥力パラメータ　177
群速度公式　284

ゲージ対称性　205
　　——の破れ　208
ゲージ不変自己無撞着法　140
ゲージ変換不変性　272, 277
結合軌道　162
結合長　21
結合電荷模型　57
結晶場効果　354
ゲルマン行列　179
原子極限　149
原子混合試料　381

高温超伝導　322
高温超伝導理論　214, 241
光学縦フォノン　78
光学伝導度　294

# 索引

光学フォノン 78
光学モード 57
光学誘電定数 80
交換エネルギー 182
交換相関エネルギー 365
交換相関エネルギー汎関数 365
交換相関核 61
交換相関積分核 373
交換相関ポテンシャル 365
格子構造の離散性 142
格子模型 143
構成方程式 274
コヒーレンス長 206, 213, 254, 337
コリンハの関係式 308
ゴールドストーンモード 293
コーン–シャム軌道 62
コーン–シャムの方法 60
近藤一重項 219
近藤温度 219
近藤効果 219
近藤格子 219
近藤格子物質 221

## サ 行

再帰法 157
最低非占有分子軌道 226
作用積分 116
三角格子状態 206
三角格子モデル 225
3点バーテックス 289
3点バーテックス関数 86, 152, 188, 190, 290
ザン–ライス一重項軌道の概念 231

シェブレル系 238
ジェリウム 54
ジェリウム模型 54
磁化 303
時間依存密度汎関数理論 373
時間反転対称軌道 369
時間反転対称（性） 247, 285

自己エネルギー 87, 188, 195
磁束の量子化 204
室温超伝導体 321
実空間での電子対 213
質量増加効果 201
磁場侵入長 203, 274, 281
弱結合領域 90, 121
弱相関系 340
弱相関弱結合系 362
ジャストロー因子 26
シャピロ階段 204
遮蔽電流層 207
集団位相変動成分 344
充填率 231
従来型超伝導 309
準粒子 244, 257
常磁性電流 278
常磁性電流成分 282
常磁性不純物 214
状態密度 258
上部臨界磁場 208
小ポーラロン 129
ジョセフソン効果 204
振動自由度 19
振幅変動成分 344

水素吸蔵金属 221
水素原子 4, 8
水素分子 9, 18
数値厳密対角 375
数値的解析接続法 128
スカラーバーテックス関数 77
スー–シュリーファー–ヒーガー模型 144
スーパーセル 58
スピン 322
スピン演算子 303
スピン応答関数 374
スピン軌道相互作用 354
スピングラス 229
スピン三重項のp波超伝導体 240
スピン・シングレット状態 11
スピン帯磁率 303

スピンパイエルス相　223
スピン分極効果　303
スピン密度波　150
スピン密度波相　285
スピン揺らぎ　219
スピン揺らぎ機構　220, 240, 363, 374
スペクトル表示　133

正孔ドーピング　229
正準変換　104, 109, 144
静的遮蔽　340
静的ヤーン–テラー効果　176
静的誘電定数　87
正方形相関　33
正方格子　228, 233
斥力–引力–$E_F$ 拮抗ハーフフィルド系
　　227, 380
ゼータ関数　252
節点　221
ゼロ点振動　21
全擬角運動量保存条件　187
剪断歪み　47
剪断率　47
全電荷保存則　287

層状窒化物系　239
ソフトモード　293

## タ 行

ダイアグラム量子モンテカルロ法　97, 122
第一原理のハミルトニアン　1, 67
第 1 種超伝導体　207
第 1 ブリルアン帯　63, 334
対角長距離秩序　286
ダイガンマ関数　252
対称性の破れ　205
代数構造　201
ダイソン方程式　85, 188, 289, 324
第 2 種超伝導体　207, 337
第 2 上部臨界磁場　337
大ポーラロン　129

多軌道・多バンド系　234
多重散乱効果　135, 315
縦スピン応答関数　304
縦スピンバーテックス関数　304
縦成分と横成分の分離　288
縦波音波　48
縦波モード　57
弾性率テンソル　47
断熱極限　7, 38
断熱近似　1
断熱接続　244
断熱補正　3
断熱ポテンシャル　3
断熱領域　8

小さなクラスター系　375
遅延グリーン関数　326
遅延電子間有効相互作用　325
秩序相　365
秩序パラメータ　205
秩序変数　365
中央極限定理　128
超音波吸収　211, 298
超音波吸収係数　306
超弦理論　241
超交換相互作用　219
超高密度金属　219
超伝導ギャップ　218
超伝導現象　202
超伝導相　249
超伝導体–絶縁体–超伝導体接合　204
超伝導転移温度　321
超伝導揺らぎ　215
調和（フォノン）近似　19, 42, 69, 174

対形成積分核　373
対形成のための糊　41
対交換　177
対相互作用　349, 368
対分極関数　245, 372
対ポテンシャル　255, 310

鉄系超伝導体　233
デバイエネルギー　210
デバイ模型　66
デバイ–ワーラー項　76
電荷移動錯体　223
電荷応答関数　374
電荷縞構造　182
電荷・スピン・軌道・フォノン複合物性
　　176, 322
電荷・スピン・軌道複合物性　143
電荷・スピン・フォノン複合物性　143
電荷秩序相　226
電荷保存則　277
電荷密度演算子　276
電荷密度波　150
電荷密度波相　285
電荷揺らぎ機構　240
電荷励起ギャップ　150
電気的中性条件　69
電気伝導度　202
電気伝導度テンソル　277
電子間相関効果　136
電子間有効相互作用　134
電子数保存則　208, 258
　　局所的な――　212
電子正孔液滴状態　30
電子正孔系　236
電子正孔対称性　149, 330
電子相関　142
　　――の効果　15
電子対　204
電子対演算子　377
電子対凝縮　209
電子対密度　365
電子対揺らぎの伝搬子　245, 362
電子電子散乱振幅　131
電子ドーピング　229
電子の反跳効果　109
電子比熱　265
電子フォノン相互作用
　　実効的な――　77
電子フォノン相互作用定数　70

電子フォノン模型　323
電子分極関数　72
電子密度　364
電子密度演算子　83
電子陽子液滴状態　30
電流応答核　277
電流密度演算子　276

同位体効果　215, 336
同位体指数　215, 337
凍結フォノンの方法　58
銅酸化物高温超伝導体　175
銅酸化物超伝導体　228
銅酸素 2 次元面　228
動的行列　44
動的局在化　153
動的局在化転移　153
動的遮蔽　340
動的電子間有効相互作用　343
動的平均場近似　153, 364
動的平均場理論　157
動的ヤーン–テラー効果　176
動的有効相互作用　369
ドニアックの相図　220
ドハース–ファンアルフェン効果　337
トーマス–フェルミの遮蔽定数　77

## ナ　行

ナイトシフト　304
南部–ゴールドストーンモード　212, 293
南部表示　288, 323

2 ギャップ系　338
2 サイト HH 模型　162
2 サイト系　156, 196
2 サイト–ハバード模型　225
2 次の相転移　202
二重交換相互作用　175
二重蜂の巣構造　239
2 体クーロン系　4
2 電子グリーン関数　130

二量体　224

ネスティング　223, 235
熱力学ポテンシャル　264
ネマチック相　235

ハ　行

配位間相互作用法　10
配位構造
　　局所的な――　376
配位数　379
バイエキシトニック揺らぎ　237
バイエキシトン　237
パイエルス不安定性　224
ハイトラー–ロンドン–杉浦理論　12
バイブロン　19
バイポーラロン　130, 137, 349
バイポーラロン形成条件　251
パウリ行列　179, 288
パウリ常磁性　297
箱形バーテックス　318
はしご型　316
　　――のダイアグラム　290
バーテックス関数　140, 316
バーテックス補正　191, 290
ハートリー–フォック近似　87, 209
ハートリー–フォック–ゴルコフ（平均場）
　　近似　213, 254
跳ね返り効果　67
ハバード–ホルスタイン模型　142, 228, 344
ハーフフィルド　236, 376
パラ水素　18
パラダイムシフト　364
バルケー近似　364
反強磁性スピン揺らぎ　220
反強磁性絶縁相　229
反強磁性相　381
反結合軌道　162
反磁性電流　278
反磁性電流成分　282
反断熱極限　156, 163

反断熱領域　196
半値半幅　334
バンド　231
バンド計算　234
反ドジッター空間　241
バンド絶縁体　283
反フェルミ球状態　165, 168
非磁性不純物　214, 313
微視的な保存則　364
非従来型異方的超伝導　311
非従来型超伝導　222, 309
歪みテンソル　47
非線形シュレディンガー方程式　107
非対角長距離秩序　286
非断熱効果　2, 33
非断熱遷移　35
非断熱遷移振動子強度　37
非断熱相互分極機構　41
非断熱分極効果　36, 39
非調和項　174
非調和性　11, 21
非調和フォノン系　175
ヒッグス機構　275
比熱　211
　　――の跳び　266
非フェルミ液体　220
非フェルミ流体状態　363
非フォノン機構　347
非放物性　354
非ユニタリー状態　312
標準模型　357
ビリアル定理　6, 13, 106

ファインマンの経路積分　97
ファインマン理論　117
ファン項　75
ファンデルワールス力　11
ファンホーフ特異点　235
フェルミエネルギー　211
フェルミ球状態　165, 168
フェルミ接触相互作用　302

索引　409

フェルミの黄金則　298, 306
フェルミブロッキング効果　251
フェルミ面効果　249
フェルミ流体　220, 244
フォノン　50, 322
　　——の状態密度　64
　　——の平均エネルギー　328
　　——を媒介とした引力　209
フォノン機構　41, 211, 218
フォノングリーン関数　81
復元力テンソル　43
不純物形状因子　314
不純物散乱時間　315
2つ井戸ポテンシャル　351
プラズマ振動　55, 294
プラズマ振動数　207, 281
プラズモン　322
プラズモン機構　340, 352
プラズモン効果　370
プラズモン–ポール近似　370
ブラックホール　241
フラーレン固体　228
フラーレン超伝導体　175, 380
フラーレン分子　226
ブリルアン–ウィグナーの縮退摂動論　94
フレーリッヒ系　87
フレーリッヒ・バイポーラロン　139
フレーリッヒ模型　57, 78, 323
ブロッホ–ドドミニシスの定理　124, 246
ブロッホの定理　43, 181
プロパーな3点バーテックス関数　324
分極関数　325
分極ベクトル　44
分散関係　257
分子軌道　13
分子混合試料　381
分子性有機結晶　222
分子性有機導体　142
分子内格子振動　142
分子内電子分極効果　381
分子場近似　246
フント結合　177

フント則　138, 176, 236

平均自由行程　314
平均フォノンエネルギー　216
平均励起エネルギー　37
平行移動　181
ベーカー–キャンベル–ハウスドルフの公式
　　111, 147
べき乗法　331
ヘディンの方程式群　371
ヘディン理論　325
ベーテ仮説法　171
ベーテ–サルペーター方程式　131, 290
ヘーベル–シュリヒターピーク　308
ベリー位相　143, 181, 185
ヘルマン–ファインマンの定理　59, 173, 282
ペロブスカイト型結晶　352
ペロブスカイト構造　238
変分モンテカルロ法　25
遍歴　375
遍歴化　321
遍歴性　142
遍歴描像　236

ポアソン分布　111, 128
硼炭化物系　239
ホーエンバーグ–コーンの基本定理　365
母結晶　240
ボゴリューボフ–ドゥジャン型連立方程式
　　367
ボゴリューボフ変換　366
ボーズ–アインシュタイン凝縮温度　139
ホッピング
　　相関のある——　231
ポーラロン
　　——の閉じ込め　103
　　——の分散関係　92, 156
　　——の有効質量　120
ポーラロン効果　363
ポーラロン状態
　　相関のある——　168

ポーラロン単位　90
ポーラロン対
　——の超伝導相　376
　——揺らぎの伝搬子　377
ポーラロン流体　173
ボルン–オッペンハイマー近似　4
ホログラフィー原理　241

## マ 行

マイスナー効果　203, 273
巻き数　181
真木–トンプソン項　320
マクミランの ($T_c$) 公式　216, 336
マックスウェル方程式　273

ミグダルの定理　216, 328
密度行列繰り込み群　157
密度相関関数　71
密度汎関数摂動理論　58
密度汎関数超伝導理論　217, 364
密度汎関数理論　363

無限相関の輪　116
無次元化された電子フォノン結合定数
　　216, 328

モット転移　153
モット転移系物質群　225
モット–ハバード絶縁体　173
モット–ハバード転移　142

## ヤ 行

ヤーン–テラー結晶　175
ヤーン–テラー効果　175
ヤーン–テラー変形転移　227
ヤーン–テラー模型　142

有機超伝導体　224
誘起電荷密度　276
誘起電流密度　276

有効 1 バンド系　231
有効結合定数　152
有効質量　93, 156, 191
有効質量公式　284
有効対相互作用　372
有効（電子間）相互作用　89, 309
有効ホッピング積分　156, 163
有効ポテンシャル展開法　112
誘電定数　80
ユニタリー状態　312
揺らぎ交換近似　364

揺動散逸定理　307
横スピン応答関数　307
横波音波　48
横波モード　57
汚れた金属　314
4 サイト系　164
四重極揺らぎ機構　222
4 体クーロン系　9

## ラ 行

ラプラス変換　127
ラーベス相　217
ラング–フィルゾフ変換　144
ランダウ反磁性　297
ランダウ–ペカー理論　103
ランタン化水素　219, 339
ランチョス法　157, 184

理想ボーズ–アインシュタイン凝縮温度
　　341
リデイン–ザックス–テラーの関係式　88
リトル–パークス振動　242
硫化水素　219, 339
粒子間相関　30
量子化学的な手法　376
量子重力　241
量子振動効果　4, 23
量子相転移　220
量子モンテカルロ法　10, 375

量子臨界点　363
量子臨界点近傍　241
リー–ロウ–パインス近似　97
リー–ロウ–パインス理論　108
臨界指数　267
臨界磁場　206
臨界波数　98

ルテニウム酸化物　240

励起子　237
励起子絶縁相　285
励起子単位　23
励起子分子　237
励起子揺らぎ　237
レイリー–シュレディンガーの非縮退摂動論　93

レート方程式　298
レベルシフト関数　326
連結クラスター定理　123
連続体近似　142
連続体模型　143
連続弾性体　45
連続的な対称性の自発的な破れ　293
連続の式　274, 286

ロンドン–ゲージ　274
ロンドンの堅さ　283

## ワ行

ワード恒等式　97, 140, 152, 290, 325, 346, 372

**著者略歴**

高田　康民
たか　だ　やす　たみ

1950 年　兵庫県に生まれる
1979 年　東京大学大学院理学系研究科
　　　　　博士課程修了（物理学専攻）
現　在　東京大学名誉教授
　　　　　理学博士

朝倉物理学大系 22
**超　伝　導**

定価はカバーに表示

2019 年 8 月 1 日　初版第 1 刷
2020 年 4 月 10 日　　　第 2 刷

著　者　高　田　康　民
発行者　朝　倉　誠　造
発行所　株式会社　朝　倉　書　店

東京都新宿区新小川町 6-29
郵便番号　162-8707
電　話　03(3260)0141
Ｆ Ａ Ｘ　03(3260)0180
http://www.asakura.co.jp

〈検印省略〉

© 2019 〈無断複写・転載を禁ず〉　　　　　　中央印刷・渡辺製本

ISBN 978-4-254-13692-0　C 3342　　Printed in Japan

JCOPY　〈出版者著作権管理機構　委託出版物〉

本書の無断複写は著作権法上での例外を除き禁じられています．複写される場合は，
そのつど事前に，出版者著作権管理機構（電話 03-5244-5088，FAX 03-5244-5089，
e-mail: info@jcopy.or.jp）の許諾を得てください．

# ◆ 朝倉物理学大系 ◆

荒船次郎・江沢　洋・中村孔一・米沢富美子 編集

駿台予備学校 山本義隆・前明大 中村孔一著
朝倉物理学大系1
## 解　析　力　学　I
13671-5 C3342　　　　A5判 328頁 本体5600円

満を持して登場する本格的教科書。豊富な例題を通してリズミカルに説き明かす。本巻では数学的準備から正準変換までを収める。〔内容〕序章―数学的準備／ラグランジュ形式の力学／変分原理／ハミルトン形式の力学／正準変換

駿台予備学校 山本義隆・前明大 中村孔一著
朝倉物理学大系2
## 解　析　力　学　II
13672-2 C3342　　　　A5判 296頁 本体5800円

満を持して登場する本格的教科書。豊富な例題を通してリズミカルに説き明かす。本巻にはポアソン力学から相対論力学までを収める。〔内容〕ポアソン括弧／ハミルトン-ヤコビの理論／可積分系／摂動論／拘束系の正準力学／相対論的力学

前阪大 長島順清著
朝倉物理学大系3
## 素粒子物理学の基礎 I
13673-9 C3342　　　　A5判 288頁 本体5400円

実験物理学者が懇切丁寧に書き下ろした本格的教科書。本書は基礎部分を詳述。とくに第7章は著者の面目が躍如。〔内容〕イントロダクション／粒子と場／ディラック方程式／場の量子化／量子電磁力学／対称性と保存則／加速器と測定器

前阪大 長島順清著
朝倉物理学大系4
## 素粒子物理学の基礎 II
13674-6 C3342　　　　A5判 280頁 本体5300円

実験物理学者が懇切丁寧に書き下ろした本格的教科書。本巻はIを引き継ぎ、クォークとレプトンについて詳述。〔内容〕ハドロン・スペクトロスコピィ／クォークモデル／弱い相互作用／中性K中間子とCPの破れ／核子の内部構造／統一理論

前阪大 長島順清著
朝倉物理学大系5
## 素粒子標準理論と実験的基礎
13675-3 C3342　　　　A5判 416頁 本体7200円

実験物理学者が懇切丁寧に書き下ろした本格的教科書。本巻は高エネルギー物理学の標準理論を扱う。〔内容〕ゲージ理論／中性カレント／QCD／Wボソン／Zボソン／ジェットの性質／高エネルギーハドロン反応

前阪大 長島順清著
朝倉物理学大系6
## 高エネルギー物理学の発展
13676-0 C3342　　　　A5判 376頁 本体6800円

実験物理学者が懇切丁寧に書き下ろした本格的教科書。本巻は高エネルギー物理学最前線を扱う。〔内容〕小林-益川行列／ヒッグス／ニュートリノ／大統一と超対称性／アクシオン／モノポール／宇宙論

北大 新井朝雄・前学習院大 江沢　洋著
朝倉物理学大系7
## 量子力学の数学的構造 I
13677-7 C3342　　　　A5判 328頁 本体6000円

量子力学のデリケートな部分に数学として光を当てた待望の解説書。本巻は数学的準備として、抽象ヒルベルト空間と線形演算子の理論の基礎を展開。〔内容〕ヒルベルト空間と線形演算子／スペクトル理論／付：測度と積分、フーリエ変換他

北大 新井朝雄・前学習院大 江沢　洋著
朝倉物理学大系8
## 量子力学の数学的構造 II
13678-4 C3342　　　　A5判 320頁 本体5800円

本巻はIを引き継ぎ、量子力学の公理論的基礎を詳述。これは、基本的には、ヒルベルト空間に関わる諸々の数学的対象に物理的概念あるいは解釈を付与する手続きである。〔内容〕量子力学の一般原理／多粒子系／付：超関数要項／等

前東大 高田康民著
朝倉物理学大系9
## 多　体　問　題
13679-1 C3342　　　　A5判 392頁 本体7400円

グリーン関数法に基づいた固体内多電子系の意欲的・体系的解説の書。〔内容〕序／第一原理からの物性理論の出発点／理論手法の基礎／電子ガス／フェルミ流体理論／不均一密度の電子ガス：多体効果とバンド効果の競合／参考文献と注釈

前広大 西川恭治・首都大 森 弘之著
朝倉物理学大系10
# 統 計 物 理 学
13680-7 C3342　　　　A 5 判 376頁 本体6800円

量子力学と統計力学の基礎を学んで，よりグレードアップした世界をめざす人がチャレンジするに好個な教科書・解説書。〔内容〕熱平衡の統計力学：準備編／熱平衡の統計力学：応用編／非平衡の統計力学／相転移の統計力学／乱れの統計力学

前東大 高柳和夫著
朝倉物理学大系11
# 原 子 分 子 物 理 学
13681-4 C3342　　　　A 5 判 440頁 本体7800円

原子分子を包括的に叙述した初の成書。〔内容〕水素様原子／ヘリウム様原子／電磁場中の原子／一般の原子／光電離と放射再結合／二原子分子の電子状態／二原子分子の振動・回転／多原子分子／電磁場と分子の相互作用／原子間力，分子間力

北大 新井朝雄著
朝倉物理学大系12
# 量 子 現 象 の 数 理
13682-1 C3342　　　　A 5 判 548頁 本体9000円

本大系第7，8巻の続編。〔内容〕物理量の共立性／正準交換関係の表現と物理／量子力学における対称性／物理量の自己共役性／物理量のスペクトル／散乱理論／固有値の安定性／物理量のスペクトル／散乱理論／虚数時間と汎関数積分の方法／超対称的量子力学

前筑波大 亀淵 迪・慶大表 実著
朝倉物理学大系13
# 量 子 力 学 特 論
13683-8 C3342　　　　A 5 判 276頁 本体5000円

物質の二重性（波動性と粒子性）を主題として，場の量子論から出発して粒子の量子論を導出する。〔内容〕場の一元論／場の方程式／場の相互作用／量子化／量子場の性質／波動関数と演算子／作用変数・角変数・位相／相対論的な場と粒子性

前東大 高柳和夫著
朝倉物理学大系14
# 原 子 衝 突
13684-5 C3342　　　　A 5 判 472頁 本体8800円

本大系第11巻の続編。基本的な考え方を網羅。〔内容〕ポテンシャル散乱／内部自由度をもつ粒子の衝突／高速荷電粒子と原子の衝突／電子-原子衝突／電子と分子の衝突／原子-原子，イオン-原子衝突／分子の関与する衝突／粒子線の偏極

前東大 高田康民著
朝倉物理学大系15
# 多 体 問 題 特 論
—第1原理からの多電子問題—
13685-2 C3342　　　　A 5 判 416頁 本体7400円

本大系第9巻の続編。2章構成。まず不均一密度電子ガス系の問題に対する強力な理論手段であるDFTを解説。そして次章でハバート模型を取り扱い，模型の妥当性を吟味。〔内容〕密度汎関数理論／1電子グリーン関数と動的構造因子

前京大 伊勢典夫・前京産大 曽我見郁夫著
朝倉物理学大系16
# 高 分 子 物 理 学
—巨大イオン系の構造形成—
13686-9 C3342　　　　A 5 判 400頁 本体7200円

イオン性高分子の新しい教科書。〔内容〕屈曲性イオン性高分子の希薄溶液／コロイド分散系／巨大イオンの有効相互作用／イオン性高分子およびコロイド希薄分散系の粘性／計算機シミュレーションによる相転移／粒子間力についての諸問題

前東大 村田好正著
朝倉物理学大系17
# 表 面 物 理 学
13687-6 C3342　　　　A 5 判 320頁 本体6200円

量子力学やエレクトロニクス技術の発展と関連して進歩してきた表面の原子・電子の構造や各種現象の解明を物理としての面白さを意識して解説〔内容〕表面の構造／表面の電子構造／表面の振動現象／表面の相転移／表面の動的現象／他

元九大 高田健次郎・前新潟大 池田清美著
朝倉物理学大系18
# 原 子 核 構 造 論
13688-3 C3342　　　　A 5 判 416頁 本体7200円

原子核構造の最も重要な3つの模型（殻模型，集団模型，クラスター模型）の考察から核構造の統一的理解をめざす。〔内容〕原子核構造論への導入／殻模型／核力から有効相互作用へ／集団運動／クラスター模型／付：回転体の理論／他

前九大 河合光路・元東北大 吉田思郎著
朝倉物理学大系19
# 原 子 核 反 応 論
13689-0 C3342　　　　A 5 判 400頁 本体7400円

核反応理論を基礎から学ぶために，その起源，骨組み，論理構成，導出の説明に重点を置き，応用よりも確立した主要部分を解説。〔内容〕序論／核反応の記述／光学模型／多重散乱理論／直接過程／複合核過程-共鳴理論・統計理論／非平衡過程

| | |
|---|---|
| 大系編集委員会編<br>朝倉物理学大系20<br>**現代物理学の歴史 I**<br>―素粒子・原子核・宇宙―<br>13690-6 C3342　　A5判 464頁 本体8800円 | 湯川秀樹・朝永振一郎・江崎玲於奈・小柴昌俊といったノーベル賞研究者を輩出した日本の物理学の底力と努力，現代物理学への貢献度を，各分野の第一人者が丁寧かつ臨場感をもって俯瞰した大著。本巻は素粒子・原子核・宇宙関連33編を収載 |
| 大系編集委員会編<br>朝倉物理学大系21<br>**現代物理学の歴史 II**<br>―物性・生物・数理物理―<br>13691-3 C3342　　A5判 552頁 本体9500円 | 湯川秀樹・朝永振一郎・江崎玲於奈・小柴昌俊といったノーベル賞研究者を輩出した日本の物理学の底力と努力，現代物理学への貢献度を，各分野の第一人者が丁寧かつ臨場感をもって俯瞰した大著。本巻は物性・生物・数理物理関連40編を収載 |
| 前東邦大 小野嘉之著<br>シリーズ〈これからの基礎物理学〉1<br>初歩の統計力学を取り入れた **熱　力　学**<br>13717-0 C3342　　A5判 216頁 本体2900円 | 理科系共通科目である「熱力学」の現代的な学び方を提起する画期的テキスト。統計力学的な解釈を最初から導入し，マクロな系を支えるミクロな背景を理解しつつ熱力学を学ぶ。とりわけ物理学を専門としない学生に望まれる「熱力学」基礎。 |
| 前阪大 窪田高弘著<br>シリーズ〈これからの基礎物理学〉2<br>初歩の量子力学を取り入れた **力　　　学**<br>13718-7 C3342　　A5判 240頁 本体3400円 | 古典力学と量子力学の有機的な接続に重点を置き，二つの世界を縦横に行き来することで力学理論のより深い理解を目指す新しい型の教科書。解析力学による前期量子論の構築という物理学史的な発展を遠望に，知的刺激に溢れる解説を展開。 |
| 前東大 米谷民明著<br>シリーズ〈これからの基礎物理学〉3<br>初歩の相対論から入る **電　磁　気　学**<br>13719-4 C3342　　A5判 232頁 本体3400円 | 冒頭から特殊相対性理論の基礎を導入し，電気と磁気をすべて統一的視点で解説。新しい教程を示す基礎テキスト。〔内容〕特殊相対性原理とは／力と4元ポテンシャルの場／場の運動方程式／電磁場の保存則／物質と電磁場／電磁波と光／他 |
| 京大基礎物理学研究所監修<br>京大･高エネ研 久徳浩太郎著<br>Yukawaライブラリー1<br>**重　力　波　の　源**<br>13801-6 C3342　　A5判 224頁 本体3400円 | 重力波の観測成功によりさらなる発展が期待される重力波天文学への手引き。〔内容〕準備／重力波の理論／重力波の観測方法／連星ブラックホールの合体／連星中性子星の合体／大質量星の重力崩壊と重力波／飛翔体を用いた重力波望遠鏡／他 |
| 京大基礎物理学研究所監修　国立台湾大 細道和夫著<br>Yukawaライブラリー2<br>**弦　と　ブ　レ　ー　ン**<br>13802-3 C3342　　A5判 232頁 本体3500円 | 超弦理論の成り立ちと全体像を丁寧かつ最短経路で俯瞰。〔内容〕弦理論の基礎／共形不変性とワイルアノマリー／ボソン弦の量子論／超弦理論／開いた弦／1ループ振幅／コンパクト化とT双対性／Dブレーンの力学／双対性と究極理論／他 |
| 前阪大 占部伸二著<br>**個　別　量　子　系　の　物　理**<br>―イオントラップと量子情報処理―<br>13123-9 C3042　　A5判 232頁 本体4000円 | 1～数個の原子やイオンをほぼ静止状態で分離し，操作するイオントラップの理論と応用を第一人者が解説。〔内容〕イオントラップ／原子と電磁波の相互作用／イオンのレーザー冷却／量子状態の操作と測定／量子情報処理への応用／他 |
| 前東大 小柳義夫監訳<br>実践Pythonライブラリー<br>**計　算　物　理　学　I**<br>―数値計算の基礎／HPC／フーリエ・ウェーブレット解析―<br>12892-5 C3341　　A5判 376頁 本体5400円 | Landau et al., Computational Physics: Problem Solving with Python, 3rd ed.を2分冊で。理論からPythonによる実装まで解説。〔内容〕誤差／モンテカルロ法／微積分／行列／データのあてはめ／微分方程式／HPC／フーリエ解析／他 |
| 前東大 小柳義夫監訳<br>実践Pythonライブラリー<br>**計　算　物　理　学　II**<br>―物理現象の解析・シミュレーション―<br>12893-2 C3341　　A5判 304頁 本体4600円 | 計算科学の基礎を解説したI巻につづき，II巻ではさまざまな物理現象を解析・シミュレーションする。〔内容〕非線形系のダイナミクス／フラクタル／熱力学／分子動力学／静電場解析／熱伝導／波動方程式／衝撃波／流体力学／量子力学／他 |

上記価格（税別）は2020年3月現在